中国地质大学
CHINA UNIVERSITY OF GEOSCIENCES
1952

Zhongguo Dizhi Daxue (Wuhan) Nianjian

中国地质大学(武汉)年鉴

2021

中国地质大学(武汉)学校办公室　编

中国地质大学出版社
ZHONGGUO DIZHI DAXUE CHUBANSHE

图书在版编目(CIP)数据

中国地质大学(武汉)年鉴.2021/中国地质大学(武汉)学校办公室编.—武汉:中国地质大学出版社,2022.9

ISBN 978-7-5625-5417-2

Ⅰ.①中…　Ⅱ.①中…　Ⅲ.①中国地质大学-2021-年鉴　Ⅳ.①P5-40

中国版本图书馆 CIP 数据核字(2022)第 182694 号

中国地质大学(武汉)年鉴 2021　　中国地质大学(武汉)学校办公室　编

责任编辑:舒立霞　　责任校对:徐蕾蕾

出版发行:中国地质大学出版社(武汉市洪山区鲁磨路 388 号)　　邮编:430074

电　　话:(027)67883511　传　　真:(027)67883580　E-mail:cbb@cug.edu.cn

经　　销:全国新华书店　　http://cugp.cug.edu.cn

开本:787 毫米×960 毫米　1/16　　字数:826 千字　印张:33.25　图版:60

版次:2022 年 9 月第 1 版　　印次:2022 年 9 月第 1 次印刷

印刷:湖北睿智印务有限公司

ISBN 978-7-5625-5417-2　　定价:98.00 元

▲▶ 1 月 1 日，学校举行“零点升旗”活动。

▲ 1 月 11 日，山西省副省长贺天才一行来校考察调研，推动落实山西省与学校战略合作协议内容、共建山西研究院等事宜。

◀ 1月11日，学校召开法治工作会议。校党委书记黄晓玫作《全面加强法治工作，推进治理体系和治理能力现代化》大会主题报告。

▶ 1月17日，学校召开新一届学科建设委员会第一次全体会议。

▲ 孔少飞、娄筱叮入选共青团湖北省委组建的“青年宣讲团”。

◀ 1月23日—27日，学校人大代表、政协委员在湖北省“两会”展风采。

▲ ▶ 2月11日除夕，校领导慰问春节留校的学生。

▲▶ 2月18日，湖北省委、省政府召开湖北省科技创新大会。学校16项科研成果获湖北省科学技术奖励。学校作为第一完成单位获湖北省科学技术奖励9项，其中一等奖2项、二等奖4项、三等奖3项；作为参与单位获湖北省科学技术奖励7项，其中一等奖1项、二等奖2项、三等奖4项。

◀ 2月23日，校长王焰新一行赴中国地质调查局广州海洋地质调查局，签署共建联合研究院合作协议。

◀2月25日，湖北省政协主席黄楚平、省政协秘书长翟天山一行来校，看望省政协委员、学校党委书记黄晓玫，全国政协委员、校长王焰新，全国政协委员童金南。

▶学校获评2020年度武汉市征兵工作先进单位。

◀▲3月2日，学校召开新学期工作布置会。

◀ 3月4日，学校召开党委工作会议，研究年度党建工作。

▶ 3月8日，学校在南望山校区教职工活动中心，组织召开“追梦新时代　巾帼绽芳华”女教职工座谈会。

◀ 3月，学校逸夫博物馆获评2020年“湖北省卫生先进单位”。

▲ 3 月 12 日，学校获评洪山区 2020 年度党员干部下沉工作“最佳下沉单位党组织”。全区共 10 个单位获此荣誉，学校是关山街 27 个社区中唯一获评单位。

▲ 3 月 15 日，湖北省科技厅厅长王炜、副厅长杜耘一行来校调研，并就湖北实验室建设工作展开座谈。

▲▶ 3月16日，学校召开党史学习教育动员大会。校长王焰新主持会议，党委书记黄晓玫作动员讲话。

◀▲ 3月16日，学校传达学习全国两会精神。校长王焰新主持会议，全国政协委员童金南教授传达全国两会精神。

◀学校环境学院二级教授、博士生导师王红梅获“湖北省三八红旗手”荣誉称号。

▲3月17日，湖北省纪委副书记、省监委副主任李莹应邀来校，以《充分发挥全面从严治党引领保障作用》为题作专题报告。校党委书记黄晓玫主持会议。

▲ 3 月 18 日，学校逸夫博物馆馆长刘先国获评“第五届湖北省科普先进工作者”。

▲ 3 月 18 日，学校智能信息门户启用暨网上办事大厅服务与电子签章应用推广会议举行。副校长王华主持会议，党委书记黄晓玫总结发言。

▲ 3 月 24 日，长江实验室建设推进会在学校召开。生态环境部长江流域监管局局长徐翀、湖北省生态环境厅副厅长李国斌，校领导王焰新、赖旭龙等参加会议。

► 3 月 25 日，湖北省、武汉市人大等领导调研学校技术转移市场化平台。

▲▶ 3 月 25 日，学校第九届教职工代表大会第三次会议暨第十八届工会会员代表大会第三次会议在弘毅堂举行。校党委副书记唐辉明致开幕词。

◀ 3 月 25 日，学校召开全校学生党员党史学习教育动员大会。校党委副书记王林清作党史学习教育动员讲话。

▲ 3 月 25 日，学校召开精神文明建设委员会全体会议。

▲ 3 月 28 日，固体地球科学大数据学术研讨会在学校召开。会上，学校成立固体地球科学大数据研究中心。学校党委书记黄晓玫和成秋明院士为研究中心揭牌。

▲ 3 月 29 日，教育部党史学习教育高校第十巡回指导组组长欧可平、副组长罗中枢一行来校调研指导。

◀▼ 3月，校友张犇、孔耀祖入选“全国大学生就业创业典型人物”（左图一排左七为张犇，下图中间为孔耀祖）。

◀ 3月29日，学校与巴东县人民政府深化合作座谈会举行。

◀ 3 月 31 日，学校与宜兴市签署全面合作框架协议。

▶ 4 月 2 日，学校与中海油天津化工研究设计院开展合作座谈。

▲ 4 月 6 日，学校与华为技术有限公司举行“智能基座”产教融合协同育人基地签约仪式。

▲4月7日，学校党委举行理论学习中心组学习扩大会议，专题学习中国共产党历史。中国井冈山干部学院党史教研中心罗庆宏教授应邀作专题辅导报告。党委书记黄晓玫主持会议。

◀4月8日，由中国非洲研究院、湖北省人民政府外事办和学校共同举办的“第四届中国讲坛”在学校举行。

▶4月9日，学校与中国石油化工集团有限公司在北京签署战略合作协议。

▲▶ 4 月 10 日，由学校联合武汉东湖新技术开发区举办的 2021 届毕业生春季双选会，在未来城校区大学生活动中心举行。

◀ 4 月 12 日，地大“钢铁侠”亮相外交部湖北全球特别推介活动。

▲▶ 4月13日，学校驻十堰市竹山县秦古镇小河村扶贫工作队获评“全省脱贫攻坚先进集体”。上图为学校在东苑食堂设立竹山县消费扶贫专柜，右图为学校捐赠教学设备。

◀ 4月14日，校党委理论学习中心组读书班专题交流研讨习近平总书记在党史学习教育动员大会上的重要讲话精神。

▲ 4 月 15 日，全国劳动模范、全国五一劳动奖章、大国工匠年度人物获得者谭文波，做客学校震旦讲坛，为师生作《青春心向党，筑梦新时代：学党史，明哲理，解密自己的人生密码》主题讲座。

▲▶ 4 月 15 日，华东冶金地质勘查局副局长朱昆扬一行来校合作座谈，并与学校签署战略合作协议。

▲4 月 19 日，学校参与研发的氢能商用车品牌“中极”两款产品全球首发。

▲4 月 24 日，学校地球科学学院 2017 级本科生刘一龙作为青年嘉宾登上央视《开讲啦》栏目，讲述他与古生物鱼类的不解之缘，并和古生物学家沈树忠院士一起探讨了神奇的古生物背后的精彩故事。

刘佳伟

陈行时

徐方

梅金华

王杜江

熊伟

▲ 4 月 27 日，1987 届地质力学专业陈行时校友、2009 届水文与水资源工程专业刘佳伟校友、2006 届环境工程专业硕士毕业生徐方校友、2009 届地质工程专业王杜江校友、2017 届地质工程专业硕士毕业生梅金华校友、2007 届市场营销专业熊伟校友 6 位校友荣获 2021 年全国五一劳动奖章。

► 4 月 29 日，学校第 70 期入党积极分子培训班开班。校党委书记黄晓玫为 2800 余名入党积极分子作党史学习教育专题党课报告。

▲宋海军教授获 2021 年“湖北青年五四奖章”。

▲ 4 月 30 日，长江经济带“碳达峰”和“碳中和”研讨交流会在学校南望山校区迎宾楼报告厅举行。

▲5月4日晚，由中宣部、教育部、共青团中央指导，中央广播电视总台承制的《2021年五四青年节特别节目》于黄金时间在CCTV-1综合频道、CCTV-3综艺频道联合播出。今年是学校连续第八次受邀演出，学校学子与全国各地青年一同在央视舞台绽放青春光彩。图为彩排期间学校党委书记黄晓玫到演播厅问候参演师生。

▲5月6日，“青年马克思主义者培养工程”第十期攀登班举行开班仪式，校长王焰新院士为学员讲授专题党课。

奋斗·创新·奉献

▲ 5 月 6 日—13 日，学校在全国第六届大学生艺术展演中获艺术表演类一等奖。

▲ 5 月 7 日—10 日，首届中国国际消费品博览会在海南国际会展中心举行，学校自主研发的“海百合”智能音乐情感机器人以全新的形象和功能参加了本次展会。展会期间，湖北省副省长赵海山观看“海百合”演奏。

▲5月8日，民盟中国地质大学（武汉）委员会获评民盟湖北省委员会“纪念中国民主同盟成立80周年先进集体”。

▲5月15日—16日，学校举办“全桂矿业·地大杯”第六届校友足球赛。

▲5月16日，学校逸夫博物馆藏品图文信息登上江城科普快车地铁2号线“文博快车”专列。

▲ 5 月 16 日，党史学习教育中央宣讲团成员、中共党史学会副会长李忠杰，为学校师生作《从党的历史中汲取力量和智慧》主题报告。

▲ 5 月 17 日，“颂歌献给党”——第三届地大好声音教职工歌手大赛总决赛在艺术与传媒学院音乐厅举行。

▲ 5 月 20 日，学校第六届“国际青年学者地大论坛”主论坛在南望山校区北区音乐厅举行。

◀5月21日，中国气象局副局长宇如聪一行来到未来城校区参观调研，并为“中国气象局－中国地质大学（武汉）极端天气气候与水文地质灾害研究中心”揭牌。

▲►5月25日，乌拉圭驻华大使费尔南多·卢格里斯、乌拉圭驻上海总领事莱昂纳多·奥利维拉·德·安德烈一行来校访问。

▲5月27日，湖北欧美同学会留英分会成立大会举行，学校党委副书记唐辉明当选湖北欧美同学会留英分会首届会长。

▲5 月 27 日—30 日，第 24 届中国大学生羽毛球锦标赛丁组（超级组）在成都举行，学校代表队获 2 金 1 银 1 铜。

▲6 月 5 日，学校全球大地构造中心第四届学术年会暨“板块构造启动与演化”学术研讨会在南望山校区举行。

▲▶ 6 月 11 日、13 日，学校在南望山校区弘毅堂、未来城校区弘雅堂分别举行了“不忘百年路，奋斗新征程”“韶华未竟　艺熠生辉”两场 2021 届毕业晚会暨毕业生红毯仪式。

▲ 6 月 21 日，学校举办庆祝中国共产党成立 100 周年编钟音乐会。

◀▼6月23日，湖北省委常委、组织部部长李荣灿一行来校走访慰问“全国模范教师”焦养泉和离休干部于新洲。

◀6月25日，学校举行“光荣在党50年”纪念章颁发仪式，72名在党50年老党员获“光荣在党50年”纪念章。

▲ 6 月 25 日，《中华人民共和国教师法》修订专家座谈会在学校召开。教育部政策法规司副司长王大泉、教育部政策法规司一级主任科员于春林，湖北省教育厅政策法规处处长张彦昌，武汉市教育局局长孟晖，校党委书记黄晓玫，党委常委、宣传部部长储祖旺出席，学校相关部门负责人参加会议。

▲ 6 月 27 日，中国地质大学甘肃校友分会成立。

▲ 6 月 27 日，学校机关举行庆祝中国共产党成立 100 周年红歌汇演。

▶ 6 月 28 日，学校举办中国共产党成立 100 周年办学成就展。

◀ 6 月 29 日，学校师生创作百米长卷献礼建党百年。

▲ 6 月 29 日，学校“奋斗百年路　启航新征程”庆祝中国共产党成立 100 周年主题党日活动暨“七一”表彰大会举行。

▶ 6月30日，学校举办赵鹏大院士执教70年主题座谈会。中国科学院院士赵鹏大，党委书记黄晓玫、校长王焰新等学校领导，张锦高、郝翔、赵克让、姚书振等学校老领导，资源学院师生代表，相关单位负责人等参加座谈会。

▲ ▶ 7月8日，学校召开脱贫攻坚总结表彰暨乡村振兴工作推进会，党委组织部等10个单位获评“脱贫攻坚优秀组织单位”，富硒农业团队等10个团队获评“脱贫攻坚突出贡献团队”，梁本哲等20人获评“脱贫攻坚先进个人”。

▶7月8日，学校举办第二期高层次人才及党外代表人士红色教育实践培训班，图为出征仪式。

◀7月9日，国家能源集团董事长王祥喜一行来校调研，并与学校领导及相关单位负责人围绕强化校企合作、服务行业发展等进行座谈交流。

▶学校资源学院谢丛姣教授被授予“全省优秀共产党员”称号。

▲▶ 7月9日，2021年湖北省大中专学生志愿者暑期文化科技卫生“三下乡”“返家乡”社会实践活动出征仪式暨“大学生长江大保护行动计划”启动仪式在学校举行。

▲ 7月12日，国家航天局探月与航天工程中心在北京举行嫦娥五号任务第一批月球科研样品发放仪式。学校汪在聪教授和何琦教授领到了第一批月球样品，共200毫克。

▲ 7 月 14 日，学校召开师生干部大会。

▲ ▶ 7 月 15 日—18 日，学校举办第八届湖北省大学生结构设计竞赛暨第十四届全国大学生结构设计竞赛湖北省分区赛。学校代表队获一等奖 1 项、二等奖 3 项，学校获“优秀组织奖”。

▶ 7月17日，中华人民共和国第十四届学生运动会闭幕，学校第七次获“校长杯”。

▲▶ 7月23日，学校参加第五次全国高校网络文化建设工作推进会并作为代表单位发言。学校获第四届“全国大学生网络文化节”优秀组织奖。

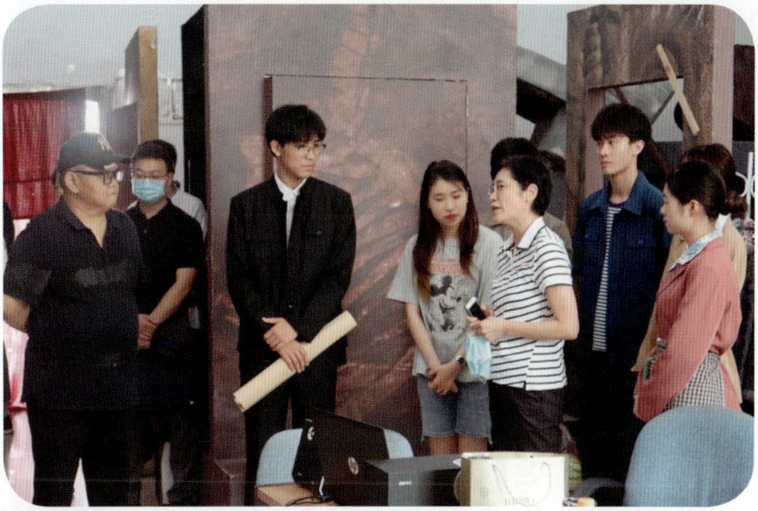

▶大学生艺术教育中心开展2021年暑期集训。集训期间，学校领导到排练现场看望学生。

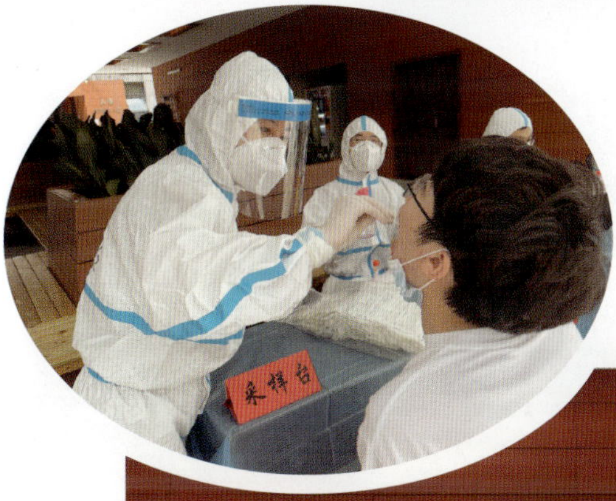

◀▼8月4日—6日，学校开展南望山校区全员核酸检测。白衣天使以“仁心”续写战疫故事。

◀“八一”建军节前夕，学校组织开展“八一”建军节慰问活动，图为学校党委副书记成金华慰问张观华同志。

◀▲8月8日，东京奥运会闭幕。8名地大人随中国代表团出征，其中体育学院2018级硕士研究生王懿律夺得羽毛球混双比赛金牌，公共管理学院2015级黄雅琼、2017级郑思维夺得羽毛球混双比赛银牌，体育学院2018级硕士研究生闫子贝夺得男女4×100m混合泳接力比赛银牌。

◀ 8 月 25 日，学校获“武汉市碳中和先锋示范创建单位”称号。

▶ 8 月 26 日，学校举行党史学习教育暑期读书班暨学校领导班子新学期工作研讨会。

◀ 8 月 31 日，武汉市洪山区政府给学校送来感谢信，感谢学校为洪山疫情防控做出的重要贡献。

▲►9月，校党委书记黄晓玫为2021级新生讲授“开学第一课”。

◄9月3日，学校组织180名党员教师志愿者承担迎新接站任务。

▲学校主办的《宝石和宝石学杂志（中英文）》及《中国地质大学学报（社会科学版）》入选 2021 中国精品期刊展，并在“中国共产党建党 100 周年主题宣传精品期刊”区域展出。

▲ 9 月 13 日，学校选送作品《“科学精神 薪火相传”文化传承志愿服务项目》获湖北青年志愿公益项目大赛公益创业赛金奖。

◀▲ 9 月 15 日—27 日，在第十四届全国运动会上，学校代表队在攀岩、羽毛球、游泳等项目中获 5 金 2 银 3 铜。

▲ 9 月 17 日，全国劳动模范、全国五一劳动奖章获得者王华君到秭归产学研基地，为实习师生作题为《弘扬劳模精神　做新时代优秀地质人》的报告。

▲▶ 9 月 24 日，学校 2021 级大学生军训汇演暨开学典礼在南望山校区西区操场举行。

▲▶ 9 月 24 日，学校在召开党委理论学习中心组学习（扩大）会议，专题学习习近平总书记在庆祝中国共产党成立 100 周年大会上的重要讲话精神，教育部政策法规司司长邓传淮应邀作专题辅导报告，学校党委书记黄晓玫主持会议。

▲ 9 月 24 日，学校召开师德专题教育推进会暨毕业生就业动员会。

▲ 9 月 25 日，学校 2021 年就业协作会暨校友企业专场招聘会在南望山校区西区操场举行。

◀ 9 月 26 日，自然资源部矿业权管理司司长谢承祥、副司长朱振芳一行来校调研自然资源部深部地热资源重点实验室。

▲ 9 月 30 日，学校经济管理学院邓宏兵教授获评湖北省第二届“最美社科人”。

▲ 9月30日，中国地质调查局西安地质调查中心主任李志忠一行来校调研。

▲ 9月，学校首个省校合作智库示范基地“中国地质大学（武汉）晋城市水务局合作智库基地”揭牌。

▲10月7日—8日，学校党委书记黄晓玫、副校长王华一行前往巴东县，调研学校巴东科教基地维修改造项目建设和野外试验场运行情况，并与巴东县人民政府对接共建实践教学基地、野外观测研究基地和研究生支教团等事项。

◀10月10日，学校李长安教授入选武汉市2021年第三季度“武汉楷模”。

◀ 10 月 12 日—15 日，在第七届中国国际“互联网 +”大学生创新创业大赛全国总决赛上，学校代表队获 1 金 2 银 5 铜，创历史最好成绩。

▶ 10 月 22 日，由自然资源部中国地质调查局主办的首届“中国－非洲地调局长论坛”举行。学校副校长赖旭龙受邀作《打造“留学中国”品牌暨非洲地学人才培养现状及展望》主旨报告。

◀ 10 月 22 日—24 日，在第五届全国油气地质大赛决赛上，学校代表队获二等奖 1 项、三等奖 4 项，学校获“优秀组织奖”。

▲ 10 月 23 日，建党百年中国反贫困历程与经验研讨会在学校举行。

▲ 10 月 30 日，学校参加西安电子科技大学承办的 2021 年中外大学校长论坛。

◀ 11 月 1 日，学校与中国交通建设股份有限公司签署战略合作协议。

▶ 11 月 4 日，学校与烽火通信科技股份有限公司签署战略合作协议。

◀ 11 月 5 日，学校党委书记黄晓玫、副校长刘杰一行前往十堰市洽谈深化校地合作，并与十堰市委书记胡亚波等座谈。

▲▶ 11 月 7 日，学校 70 周年校庆工作动员大会在南望山和未来城两校区同步举行。

▲ 11 月 10 日，湖北省生态环境厅厅长吕文艳一行到学校未来城校区调研，并为湖北省大气复合污染研究中心揭牌。

▲ 11 月 16 日，2021 年度全国高校学籍学历注册和管理工作视频会议召开。副校长王华以《全面提升学籍学历全过程管理工作水平》为题，介绍了学校的相关经验做法。

谢树成

邓军

朱敏

孙友宏

谢玉洪

◀▲ 11 月 18 日，谢树成、邓军、校友朱敏当选中国科学院院士，孙友宏、校友谢玉洪当选中国工程院院士。

▶ 11 月 19 日，全国大学生数学建模竞赛获奖名单公布，学校代表队获一等奖 3 项、二等奖 5 项，这是学校历年来在该竞赛中取得的最好成绩。

▲▶ 11 月 26 日—28 日，第三届巴东国际地质灾害学术论坛在学校举办，并为“研究生联合培养基地”揭牌。

▲ 11 月 30 日，殷鸿福院士获首届“湖北省杰出人才奖”。

▲ 12 月 6 日，学校与安康市人民政府签署市校战略合作协议。

▲12月7日，湖北省委常委、组织部部长李荣灿来校宣讲党的十九届六中全会精神，并调研学校党建工作。

▲12月10日，学校在山东省济宁市与济宁市人民政府、山东省地质矿产勘查开发局签署战略合作协议。

◀ 12 月 22 日，在第十三届全国舞龙舞狮锦标赛上，学校女子舞龙队获自选套路冠军。

▶ 12 月 30 日，学校与中国工商银行湖北分行在未来城校区举行智慧校园建设合作签约仪式。

◀ 12 月 31 日，学校与中国地质调查局武汉地质调查中心合作建设的湖北省研究生工作站揭牌。

《中国地质大学(武汉)年鉴 2021》编委会

主　任:黄晓玫　王焰新

副主任:王林清

委　员:傅安洲　成金华　唐辉明　赖旭龙　王　华
刘　杰　刘勇胜　周爱国　储祖旺　蒋少涌

《中国地质大学(武汉)年鉴 2021》编辑部

主　编:侯志军　陶继东

副主编:王　芳　汪再奇　尚东光　邓云涛　单红峰
李周波　袁　江　朱　军　黄少成

编辑人员(以姓氏笔画为序):

丁　为　丁继国　王　珩　王艳波　邓锡琴
刘庆庆　杨贵仙　余尚蔚　张　冰　张　磊
张　霞　林　莉　宫斯宁　潘　娜

编辑说明

年鉴是记录学校发展历史的重要载体，是汇集学校事业发展情况的资料性文献汇编。《中国地质大学(武汉)年鉴 2021》全面系统地反映 2021 年中国地质大学(武汉)事业发展及重大活动的基本情况，重点反映学校党的建设、教学科研、学科建设、人才培养、师资队伍建设、学校管理、对外合作交流、校园文化建设等方面的重要工作、事件、活动和所取得的经验、成果等，为中国地质大学(武汉)教职员工提供学校的基本文献、基本数据、最新工作进展和经验，是兄弟院校和社会各界了解中国地质大学(武汉)的窗口。中国地质大学(武汉)年鉴自 2012 年起开始编写，每年一期。

一、年鉴客观地记述 2021 年学校各领域、各方面的建设发展情况，分特载、专题、学校概况、党建与思想政治工作、发展规划与学科建设、人才培养、科学研究及学术管理与社会服务、教师队伍建设、校园文化建设、国内外交流与合作、学院基本情况、财务与资产管理、办学支撑体系建设与保障服务、机构与干部、学校发布规范性文件、表彰与奖励、院士及高层次人才计划入选者、学校十大新闻、大事记、媒体地大等栏目。

二、年鉴的内容表述有专文、条目、图片、附录等几种形式，以条目为主。年鉴主体内容按分类排列，分栏目、分目和条目。

三、年鉴选题基本范围为 2021 年 1 月 1 日至 2021 年 12 月 31 日间的重大事件、重要活动及各个领域的新进展、新成果、新信息，依实际情况，部分内容时间上有前后延伸。

四、年鉴编委会确定年鉴编写框架体系，年鉴所刊内容由学校各二级单位负责撰稿，年鉴编辑部负责统稿。

《中国地质大学(武汉)年鉴 2021》编委会

目　录

国内外交流与合作/253

学院基本情况/266

Nianjian

专题

中国地质大学（武汉）2021 年工作要点

2021 年是中国共产党成立 100 周年，是“十四五”规划开局之年，是学校建设地球科学领域国际知名研究型大学的关键之年，也是学校落实巡视、审计整改任务的见效之年。学校工作的总体要求是：以习近平新时代中国特色社会主义思想为指导，贯彻落实党的十九大和十九届二中、三中、四中、五中全会精神，深入学习贯彻习近平总书记关于教育的重要论述和全国教育大会精神，加强党的全面领导，坚持社会主义办学方向，落实立德树人根本任务，以“整改落实”为年度主题，以更高水平的开放为牵引，以更深层次的改革为驱动，推动高质量发展，为学校“十四五”事业发展开好局、起好步，以优异成绩向中国共产党百年华诞献礼。

一、深入学习贯彻习近平新时代中国特色社会主义思想和党的十九届五中全会精神，坚持和加强党的全面领导

1. 认真落实巡视、审计整改任务

将巡视、审计反馈问题整改作为学校重大政治任务，扎实推进整改落实。一是提高政治站位，聚焦问题短板，深入剖析研究，形成《贯彻落实教育部党组第八巡视组巡视反馈意见整改工作方案》和审计整改工作方案。二是健全整改工作机制，细化整改工作台账，明确整改时限，压实整改责任。指导各单位按照要求制定本单位整改工作方案和台账，将整改责任压紧压实到各级党组织和领导干部。三是聚焦问题、对照要求、着眼长远，坚决做到严格整改、务

实整改、科学整改,将整改与当前重要工作紧密结合,切实推动学校事业高质量发展。四是强化督促检查,对重点问题开展"点穴式"监督检查,开展专项督查和"回头看",对不整改、假整改,上推下卸、敷衍塞责的单位和个人依法依规问责,全力确保整改工作取得实效。(责任单位:学校办公室、党委组织部、党委宣传部、纪委办公室、监察处、巡察办公室、人事处、审计处、财务处、国资监管办、经资监管办、基建处、采购与招标管理中心、后勤保障处,各二级党组织)

2.开展庆祝中国共产党成立100周年系列活动

按照党中央统一部署,教育部党组和湖北省委工作安排,结合学校实际,精心组织开展庆祝中国共产党成立100周年系列活动。一是深入开展党史学习教育活动,学史明理、学史增信、学史崇德、学史力行,学党史、悟思想、办实事、开新局,高标准高质量完成学习教育各项任务。二是持续实施建党100周年"学习·诊断·建设"行动,开展全面诊断,加强整改落实,不断提升各级党组织的政治领导力、思想引领力、群众组织力、社会号召力。三是组织收看庆祝中国共产党成立100周年大会,组织主题党日活动,开展"七一"表彰大会,创编"建党百年"文艺作品,举办主题展览。四是在机关部门率先开展"我为师生办实事"系列实践活动,以此带动各级党组织切实为师生办实事、解难题,推动学习教育成效转化为工作实效。五是结合校庆70周年筹备工作开展具有校本特色的系列活动,挖掘校友中优秀党员奋斗事迹,举办理论研讨会和座谈会,强化使命担当,激励开拓奋斗。(责任单位:党委宣传部、党委组织部、学校办公室、党委教师工作部、党委学生工作部、党委统战部、党委人才工作办公室、校工会、校团委、档案馆,各二级党组织)

3.加强党的创新理论武装

常态化开展习近平新时代中国特色社会主义思想学习教育,在学深、悟透、弄懂、做实上下功夫。一是优化校院两级的党委理论学习中心组学习制度,加强指导和督促检查,引导党员干部自觉用"四个意识"导航、用"四个自信"强基、用"两个维护"铸魂。二是坚持日常学习与集中学习、理论学习与实践教育、线上与线下相结合,加强阵地建设,完善学习内容,丰富学习形式,提升学习效果,增强对党的创新理论的政治认同、思想认同和情感认同。三是加强对党的创新理论的实践转化,进一步把党的创新理论与学校改革发展紧密结合,引领领导干部和党员师生把握新发展规律,破解发展矛盾,在推动形成新发展格局中担当作为。(责任单位:党委宣传部、党委组织部、党委教师工作部、党委学生工作部、党委统战部、发展规划处、教务处、校团委、马克思主义学院,各二级党组织)

4.落实新时代党的组织路线

充分发挥学校党委领导核心作用,落实党委领导下的校长负责制,贯彻落实民主集中制。一是规范执行学校《党政会议议事规则》,加强党委常委会、校务会议议题前置审核把关,提高决策科学性和会议效率,强化主体责任和决策落实力度。二是加强二级党组织建设,抓好二级党组织书记抓基层党建述职评议考核。健全二级党组织党政议事规则，加大对各单位党政议事、"三重一大"决策等事项的指导、督导。三是制定党支部规范化建设实施办法，优化基层党组织设置，完善校院党委班子成员联系指导师生党支部制度。深入推进教师党支部书记"双带头人"培育和党建"双创"工作。四是制订实施干部队伍建设规划，扎实规范做好中层干部选拔任用工作，加强党员干部日常管理和教育培训，强化领导干部个人有关事项管理监督。五是扎实开展党员干部下沉社区工作，强化党员先锋示范引领作用。六是高质量完成党员发展倍增计划，积极加强高层次人才、青年教师党员发展工作。（责任单位：党委组织部、党委宣传部、党委教师工作部、党委学生工作部、学校办公室，各二级党组织）

5.扎实推进全面从严治党

聚焦"两个维护"，压紧压实全面从严治党"两个责任"，严格落实"一岗双责""党政同责"。一是改善党委管党治党的薄弱环节。强化压力传导，加快推动党委主体责任、纪委监督责任、党委书记第一责任人责任、班子成员"一岗双责"协同落实。高质量开展校内巡察、经济责任审计，强化巡察、审计及考核结果运用。二是加强源头治理，有效运用"四种形态"，加强风险防控和有效监督。重点加强对组织人事、招生考试、招标采购、基建后勤、未来城校区运行管理、科研管理、财务收支、国有资产与校办企业、学术诚信等重点领域和关键环节的监督执纪。三是持续正风肃纪，严格贯彻落实中央八项规定，力戒"四风"及其新变化、新形式，坚决整治师生身边的不正之风。坚决清理乱发津补贴等现象，规范国有资产管理。四是加强纪检队伍建设，优化纪检干部年度考核办法。（责任单位：学校办公室、党委组织部、纪委办公室、监察处、巡察办公室、审计处，各二级党组织）

6.推进脱贫攻坚与乡村振兴有效衔接

坚决贯彻落实习近平总书记关于"四个不摘"的重要指示精神，充分发挥学校优势，服务乡村振兴。一是继续做好云南省施甸县、湖北省竹山县定点帮扶工作，全方位总结宣传脱贫攻坚帮扶工作成效，巩固拓展教育脱贫攻坚成果同乡村振兴有效衔接。二是继续推进滇西应用技术大学、塔里木大学的援建工作及恩施州巴东县、宜昌市夷陵区等"616"工程对口支援工作，确保完成年度帮扶工作任务。三是加强定点扶贫队伍的管理与服务，推进"乡村振兴学校"建设。（责任单位：社会合作办公室、党委组织部、党委宣传部、科学技术发展院、党委学生工作部、校团委，各二级单位）

7.压实意识形态与安全稳定工作责任

强化意识形态与安全稳定工作责任，牢牢把握意识形态工作领导权。一是严格课堂教学、学术会议、社团活动、橱窗展板、图书出版、国际合作领域意识形态阵地管理，加强地大隧道等校园景观的正向价值引领。二是做好民族宗教工作，加强师生教育管理，坚决抵御渗透和防范校园传教。三是加强网络意识形态阵地建设与管理，提高干部媒介素养，做好舆情监测和疏导,提升舆情处置能力。四是扎实推进"平安校园"建设。严格落实安全稳定工作考核和责任追究制度。加强校园治安巡查和校园周边环境治理,建立健全形势研判、矛盾纠纷排查调处、校园安全防范和突发事件应急处置长效机制。五是认真落实保密工作责任制,落实保密归口管理和国防科研项目的保密管理。(责任单位:党委宣传部、党委统战部、党委学生工作部、研究生院、教务处、基建处、期刊社、出版社、维稳办、保卫处、实验室与设备管理处、科学技术发展院、保密办、网络与信息中心、校团委,各二级单位)

二、落实立德树人根本任务,培养拔尖创新人才

8.全力推进一流本科建设

坚持"以本为本",持续优化一流本科教育体系。一是不断深化和完善"三融合"人才培养模式,持续做好与中国科学院系统、自然资源行业的科教协同育人。二是加强一流本科专业建设,统筹推进地质学"珠峰计划"建设。大力推进"新工科""新文科"建设。三是建强一流课程,加强5类国家级一流本科课程建设,持续打造具有高阶性、创新性、挑战度的"金课"。规范在线通识课程管理,建设高质量通识在线课程。四是加强教材建设,制定教材建设规划,形成高水平教材建设的长效机制。五是做好教学保障,按照新一轮本科教育教学审核评估实施方案和指标体系,加强自评诊断和整改工作,完善教学质量保障机制。规范和健全基层教学组织功能。加大专业教学实验室发展规划和项目库建设力度,强化科研实验室育人功能。拓展多元、便捷的大学生国际化培养平台。加强野外实习实践基地建设,支持非地学类专业实习基地建设。(责任单位:教务处、发展规划处、学生工作处、实验室与设备管理处、国际合作处、后勤保障处,各培养单位)

9.深化研究生培养改革

创新研究生培养模式,打造特色鲜明的高质量研究生教育。一是加强体系和能力建设,推动学校研究生教育会议精神落地见效。按照"三导三融三跨"(目标导向、需求导向、质量导向,科教融合、产教融合、本研融合,跨学科、跨平台、跨文化)的培养目标,着力打造特色鲜明的高质量研究生教育。二是推动思政教育与研究生培养全过程紧密融合,强化课程育人成效,加强研究生课程思政建设。建立导学思政体系,发挥导师言传身教作用。三是落实新时代教育评价改革要求,加强导师队伍建设,探索推行"双导师制""多导师制",鼓励支持跨院系、跨学科专业组建交叉学科联合指导团队。四是制定贯通培养方案,完善"本—硕—博"贯通培养机制,完善研究生资格审查、中期考核和年度考核制度,严格学位论文的审查、审核工作和质量督导制度。五是加强学位点建设,做好学位点自主审核单位和一级学科博士点申报工作,实现交叉学科学位点的突破。(责任单位:研究生院、教务处、学生工作处,各培养单位)

10. 牢牢把握思政工作“生命线”

以习近平总书记关于高校思想政治工作的重要讲话精神为根本遵循，筑牢思想政治工作生命线。一是深化“三全育人”综合改革，持续做好“学习之路”系列教育，强化政治引领，健全思想政治工作体系。二是强化思想政治理论课“主渠道”作用，完善以习近平新时代中国特色社会主义思想为核心的思政课课程体系。打造思政课程＋课程思政融通工作坊，打造“美丽中国”系列课程思政品牌。系统推进党史、新中国史、改革开放史和社会主义建设史教育，把思想政治工作贯穿教育教学全过程。三是改革学生评价，完善德智体美劳“五育并举”教育体系，健全并实施第二成绩单制度，建立学生荣誉体系。四是合理规划配备思政工作队伍，完善选聘、培养、使用、激励等机制，推进思政工作队伍专业化、职业化、专家化。完善“一站式”学生服务体系。加强心理健康咨询工作，加强队伍建设，完善“六全”模式，构建校院家医协同联动的心理健康教育体系。（责任单位：党委宣传部、党委学生工作部、学生就业创业指导处、教务处、研究生院、马克思主义学院、校团委、人事处，各教学单位）

11. 切实提高招生就业质量

强化“招生－培养－就业”“三位一体”协同联动，提升招生就业质量。一是积极应对高考改革，创新招生宣传工作，突出“宜居地球”和“美丽中国”主题，加强招生宣传力度。二是深化研究生考试招生改革，推进选拔培养机制改革，用好博士生“申请－考核”政策，建立研究生生源质量评估反馈和奖惩机制。三是做好就业工作，完善“互联网＋就业”体系建设，提高就业指导和服务水平，引导毕业生赴重点行业领域就业。四是继续加强创新创业教育，完善创新创业教学、科研和实践指导体系，丰富“五位一体”双创实践活动，提升大学生自主创新能力。（责任单位：学生工作处、就业创业指导处、教务处、研究生院、校团委，各培养单位）

12. 做好继续教育和留学生教育工作

提升继续教育和来华留学生教育质量，扩大行业、区域和国际声誉。一是着力提高远程与继续教育办学层次和办学质量，优化人才培养方案，全面提高管理服务水平，实现继续教育的规模、结构、质量、效益协调发展。二是建设一批反映学校优势学科前沿、具有国际招生吸引力的全英文研究生专业，提升国际生源质量。三是着力发展来华留学生事业，提升中外合作办学项目和孔子学院办学质量，推进趋同管理试点。（责任单位：远程与继续教育学院、国际合作处，各培养单位）

13. 扎实推进文化育人

深入挖掘“地大精神”，注重以文化人、以文育人，营造良好校风学风。一是巩固“全国文明校园”建设成果，制定大学文化建设中长期实施方案，打造特色校园文化品牌。二是结合70周年校庆筹备工作，打造珠穆朗玛文化景观，建设校园特色实体书店，拍摄校园文化系列微电影，推出有地大特色的系列文创产品。三是用好博物馆科普基地资源，推进地学科普工作，培育出一批在全国有重要影响的科普作品。四是广泛组织“爱校、爱家、爱生”、新教师认家、老教师荣休等教育活动，营造尊师重教的良好氛围。五是持续做好原创话剧《大地之光》排演工作，大力推进“编钟艺术”中华优秀传统文化传承基地建设。（责任单位：党委宣传部、党委教师工作部、党委学生工作部、基建处、博物馆、科学技术发展院、校友工作与基金管理处、校工会、校团委、出版社、离退休干部处，各二级单位）

三、增强核心竞争力，推进学校高质量发展

14. 科学谋划“十四五”发展

深入学习贯彻党的十九届五中全会精神，谋划和推动学校“十四五”事业高质量发展。一是对学校“十三五”事业改革发展工作进行全面总结，凝练经验成效、分析问题不足，为事业发展提供科学参考。二是坚持系统思维，广泛听取校内外专家意见，科学、准确、务实谋划“十四五”事业发展。三是健全各项规划落实工作机制，科学分解任务，推进规划实施，开好局、起好步，为实现学校 2035 年远景目标奠定坚实基础。四是落实“书记校长开局项目”，健全精准思政体制机制，建设高质量育人体系；改革教师评价机制，践行教书育人使命，打好建设地球科学领域世界一流大学的“龙头之战”。（责任单位：发展规划处、党委宣传部、人事处，各二级单位）

15. 优化学科生态布局

坚持“四个面向”，瞄准世界一流，优化学科布局，提升学科建设水平。一是强化首轮“双一流”建设和第五轮学科评估结果运用，建立学科分层建设和动态调整机制。充分发挥学科动态监测平台作用，完善学位点申报、建设、评估和退出机制。二是积极开辟新的学科增长点，加强学科群、学科组织、学科结构治理，优化学科群之间协同合作机制，不断完善学科生态。推动基础学科建设，继续支持相关学科特区建设。三是加强地球科学、特色工科、特色文科、基础学科、交叉学科战略发展研究。四是构建跨学科研究中心，周密部署实施“双一流”第二周期建设项目，做好国家“顶尖学科”和优势特色学科（群）申报建设工作。（责任单位：学科办、科学技术发展院，各二级单位）

16. 打造高素质师资队伍

落实《深化新时代教育评价改革总体方案》，加强教师队伍顶层设计，不断完善学校岗位设置管理实施方案。一是严把教师聘用、人才引进政治关，突出师德师风首要要求和第一标准，健全教师荣誉制度。二是推进教师评价改革，建立以高质量成果产出为导向的科研绩效实施办法和科技奖励体系，扩大人才评价指标观测点，探索长周期评价和团队评价方式，激发人才创新活力。三是以绩效分配为导向，优化机构设置和编制管理，完善教职员工分类考核评价体系，推进实施定编、定岗、定责工作，提升人力资源配置效能。四是系统谋划人才队伍建设规划，继续完善“地大学者”人才引育体系，提升“国际青年学者地大论坛”效果。加强高水平学术团队建设，持续做好高层次拔尖人才培育工作。五是强化教师培训与实践锻炼，做好青年教师担任辅导员、班主任和学务指导教师制度设计，将教师担任党支部书记纳入职称评审重要条件之一。（责任单位：人事处、党委教师工作部、党委人才办，各二级单位）

17. 提升科技创新质量

深化科技创新体制改革，深入实施创新驱动发展战略，加快推进高质量科技创新。一是坚持四个面向，以跨学科、跨学院，大纵深研究策源重大原始创新，探索建立“科学精神、创新质量、服务贡献”为主线的团队考核机制，推动有组织的科技创新。二是强力提升国家自然科学基金、国家社会科学基金申报和获批力度，大力加强国家重点研发计划项目和企业重大科技攻关项目的谋划、申报和获批力度，科研经费总量较 2020 年增加 10%以上。三是加大平台和基地建设力度。完善国家重点实验室优化整合方案，启动学术创新基地 2.0 计划，推进国家和省部级重点平台建设，推动重大科技奖励培育与申报，加强学校重大科技成果的宣传与展示。四是推动产学研融合，加大产业技术创新中心建设力度，优化学校 GF 特区建设，探索特色智库建设，提高学校知识产权与技术转移管理水平，促进科技成果转移转化。（责任单位：科学技术发展院、先进技术研究院、地质调查研究院、协同创新中心、地矿国重、生环国重、三峡中心、GIS 工程中心、知识产权与技术转移中心、社会合作办公室，有关二级单位）

18. 提升开放合作与社会服务水平

精准识变、积极应变、主动求变，推进更高水平的开放合作，在服务社会中谋求发展。一是召开社会合作工作会议，探索建立与新发展格局相适应的开放合作体系，更好服务于国家、行业、区域和地方发展。二是进一步加强与国家部委、地方政府、大型企业、各地校友会等的联系与交流，推进社会合作资源与信息共建共享，提升社会服务能力和质量。三是调动校院两级积极性，充分发挥学科优势，挖掘校友等社会资源，找准发力点和着力点，主动融入国家发展战略和地区社会发展。（责任单位：社会合作办公室、校友工作与教育基金管理处，各二级单位）

19. 提升国际化办学水平

坚持全球视野，力争更高层次的国际合作，努力提升国际化办学水平。一是持续加大与世界知名高校、机构的合作力度，进一步做强做实“地球科学国际大学联盟”等平台建设。二是扎实推进“中国-上海合作组织地学合作研究中心武汉学院”“中国一东盟地学合作中心东盟学院”建设，以“中约大学”中国校区建设为契机，加快推进“一带一路国际地学教育中心”建设。三是规范外籍专家聘请和管理机制，积极组织申报“111 计划”项目、国家联合实验室或国际联合研究中心。四是积极开展线上线下学术、文化交流活动，搭建学校对外交流的桥梁和纽带，不断完善国际化建设管理与服务支撑体系。［责任单位：国际合作处（国际教育学

院)、党委人才工作办公室、社会合作办公室、网络与信息中心,各二级单位]

四、加强校园基础建设,提升事业发展保障能力

20.持续优化内部治理

深刻认识学校面临新发展阶段的机遇和挑战,以新发展理念指导学校进一步深化改革,不断提升学校综合治理能力,优化内部治理水平。一是依法修订学校章程,加强学校内控体系及制度建设。二是完善学术治理和民主管理体系,完善大统战工作格局,充分发挥学术委员会、教代会、学代会职能,完善民主党派、无党派人士、教师、学生、专家建言献策机制,持续做好教代会提案、校领导接待日等工作。三是落实学校法治工作会议精神,推进依法治校,加强制度规范化建设、管理,推进各项制度文件的“废改立释”,提高学校依法治校意识和制度执行能力。(责任单位:发展规划处、政策法规办、人事处、党委组织部、党委统战部、纪委监察处、学术委员会、校工会、校团委,各二级单位)

21.提升资源筹措与配置能力

落实“过紧日子”精神,不断提升资源筹措能力和使用效率。一是完善资金筹措的体制机制,进一步争取中央和地方财政资金支持,推进与相关部委、省份、企业的战略合作。加强校友会、基金会建设,完善校友与基金等工作管理相关制度,积极争取更广泛的校友及社会支持。二是提升学校自身造血能力。盘活校内资金存量,全面执行零基预算管理。探索校内资源归口管理、合理利用与有偿使用机制,强化成本定额与成本分摊管理,提升资源配置效率。三是激发各办学实体活力,探索建立增收节支表彰奖励和铺张浪费问责惩处的工作机制。四是加强内控机制建设,确保国有资产使用安全和效能。强化责任落实,提高各类国拨专项资金执行率。(责任单位:财务处、审计处、国资监管办、经资监管办、社会合作办公室、后勤保障处、校友工作与教育基金管理处、实验室与设备管理处、采购与招标管理中心,各二级单位)

22.统筹推进学校信息化建设与改革

促进信息技术与学校治理深度融合,运用信息化提升学校治理现代化水平。一是加快推进数据治理,制定数据归口管理规范,构建统一的师生个人数据中心,基本实现“一数一源”。二是强力推动“一网通办”,促进两校区数据信息互通互联,加强业务模块功能优化与流程再造,加快网上办事大厅服务和电子签章自助服务应用推广。三是完善校园信息化基础设施建设,推进未来城校区数据机房建设,提升数据容灾备份能力。更新改造老旧设施,提升校园网络稳定性和可靠性。(责任单位:网络与信息中心、学校办公室、未来城校区管理办公室,全校各单位)

23.做好常态化疫情防控和卫生健康工作

切实发挥党委领导核心作用,统筹推进疫情防控和学校事业发展。一是巩固现有疫情防控成果，继续精细化、人性化、柔性化做好常态化疫情防控工作。二是完善校园传染病预防控制机制。坚持疫情防控日报告、零报告制度，继续加强聚集性活动和发热人员管理，完善应急情况工作预案，确保校园应急响应顺畅。三是扎实开展新时代爱国卫生运动，提高师生卫生与健康防护意识，不断改善师生就医条件，提高师生医疗保障水平。四是加强部门协调联动，推动公费医疗管理制度、教职工子女统筹医疗制度改革。（责任单位：疫情防控办公室、学校办公室、未来城校区管理办公室、纪委办公室、监察处、保卫处、后勤保障处、人事处、学生工作处、研究生院、国际教育学院、校医院、离退休干部处，各二级单位）

24.提升民生保障与公共服务能力

努力满足师生日益增长的美好生活需要，完善民生保障和公共服务体系。一是积极推进各项重大基础设施建设，确保校史馆、宝谷创新创业中心、雨污分流改造（三期）、部分教学科研用房维修改造等工程如期完工。推进新校区建设收尾工作，做好资产入库、资料归档和确权登记。二是进一步改善师生住宿条件。加强校内周转房管理，确保教职工三期住宅项目按时完工并交付使用。优化学生宿舍调整，提升学生宿舍管理服务质量。三是加强公共服务体系建设。加强档案馆、博物馆、图书馆展陈和信息化建设工作。加强期刊、科技情报和机构知识库、科技专利服务中心建设，提升服务学科建设能力。四是完善民生保障体系。强化对离退休人员的精准服务，做好关心、慰问和帮扶工作。加强附属学校真美教育和真美校园建设，持续提高附属学校教育教学质量。持续做好计划生育和社区服务工作。（责任单位：基建处、人事处、后勤保障处、学校办公室、未来城校区管理办公室、新校区建设指挥部、离退休干部处、校工会、档案馆、图书馆、博物馆、校医院、期刊社、附属学校）

中国地质大学(武汉)2021年工作总结

2021年是中国共产党成立100周年，是"十四五"规划开局之年，是学校建设地球科学领域国际知名研究型大学的关键之年，也是学校落实巡视、审计整改任务的见效之年。学校以习近平新时代中国特色社会主义思想为指导，贯彻落实党的十九大和十九届历次全会精神，深入学习贯彻习近平总书记在党史学习教育动员大会、庆祝中国共产党成立100周年大会、党的十九届六中全会上的重要讲话精神，深入开展党史学习教育，加强党的全面领导，坚持社会主义办学方向，落实立德树人根本任务，以"整改落实年"为年度主题，以更高水平的开放为牵引，以更深层次的改革为驱动，推动高质量发展，在全校干部师生的共同努力下，海内外校友及社会各界的鼎力支持下，在疫情防控常态化背景下，改革提效、创新提质、开放提速，各项事业发展取得新进展，呈现良好的发展态势。

一、坚持和加强党的全面领导，高质量党建引领作用持续深化

1.扎实开展党史学习教育。学校党委将党史学习教育作为重要政治任务，紧扣"学党史、悟思想、办实事、开新局"总体要求和"学史明理、学史增信、学史崇德、学史力行"目标任务，扎实推进各项工作。一是加强领导，全面部署。成立党史学习教育领导小组，印发《党史学习教育实施方案》，细分党史学习教育对象，细化66项工作清单，明确全年重点任务，明晰阶段工作任务。二是强化组织，分类推进。学校党委先后召开党委常委会、推进会、领导小组办公室会，确保党史学习教育各项任务落地落实。校领导班子带头示范领学，通过党委理论学习中心组开展集体学习13次，加强自学研学互学，举办寒、暑假专题读书班，讲授专题党课30余次；各级党组织及全体师生跟进学，导学、讲学、研学、比学、践学、督学，形成了立体化、多形式的学习局面，举办全校性党史学习教育专题讲座16场，累计培训5000余人次。面向校领导、中层干部、机关科级干部、党外人士、教工支部书记、校内挂职干部、学生党支部书记等7类群体共计950余人次开展6类专题培训，累计学习38 800学时。三是突出特色，融合开展。注重将"四史"与地大创校史相衔接，讲好地大红色人物爱国奋斗故事，通过新华网、人民网等平台展播《池际尚：大师风范》《党的女儿》《攀登》《我读党史》等专题片，制作《中国，需要地质人》微视频，举办"与党同行　初心如磐"办学成就展等，引导广大教师牢记为党育人、为国育才初心使命。注重将身边人、身边事与时代发展结合，讲好成才报国故事。上好"红色党史大课"

"四史思政大课""奥运思政大课""抗疫思政大课",举行多场展览、征文、汇演活动,激励学生牢铸爱国报国情怀。注重将学科特色与"国之大者"相结合,实施"大学生长江大保护行动计划",组建 50 支社会实践重点团队和 1200 余支社会调查小分队,1 万余名师生奔赴长江流域各地开展主题教育活动,以青春绘就长江大保护最亮底色。四是落脚力行,办好实事。学用结合,以学促用。学校党委坚持把学习转化为落脚点,做好党史学习教育"下半篇"文章,挂图作战确保办实事成效。围绕师生聚焦、师生关心的问题,各级党组织通过建台账、列清单、明责任、盯进度、促落实,在"干实事、解难事、谋大事、创新事、长本事"上下功夫,校领导领办实事 13 项,分党委(党总支部)领办实事 149 项,党支部领办服务事项 1264 项,用心用情用力解决师生的困难事、群众的烦心事。抓好原汉口校区教职工房改房征收重启及职工安置,解决教职工二期住宅办证难题,实现教职工三期住宅如期交房,梳理优化 414 项服务流程,实现 128 项业务线上办理,开展全覆盖的专题防骗教育,完善校领导带班制度,建立机关部门领导干部值班制度,建设计算机学院职工之家,优化研究生教育管理制度流程,提升两校区管理服务能力,搭建离退休服务管理信息化新平台,设立绿色通道做好贴心服务,开展上门核酸采样、走访慰问生病老人、爱心便民服务、防诈知识讲座、金婚银婚摄影留念、书画影艺作品展等 10 余项活动,办实事、解难题、送便利、暖人心的成效显著。

2. 坚决认真落实巡视、审计整改任务。把巡视、审计整改一体推进,形成问题清单、责任清单、整改清单,明确了整改时限,推动整改方案和台账事事有回音、件件有落地。一是压实责任,严格整改。把握整改工作的总体进度、紧盯整改的关键环节,常委会、校务会定期听取巡视、审计整改进展情况汇报,及时加强督促整改。针对共性普遍存在的问题,先后召开全体中层干部会、二级党组织书记会、党委部门工作会等传导压力、压实责任。对照整改方案和台账,每月督办整改进展,对已经完成的整改措施,持续完善、深化成果,对未完成的整改举措,倒排时间、挂图作战,完成一项销号一项,形成层层抓整改、事事有人改、时时推整改的局面。推进整改。二是有机结合,务实整改。针对具体整改任务,先后召开巡视整改重要问题专题会、整改任务相关工作会,聚焦问题、深入研究剖析拿出具体举措,有机融入到班子队伍建设、全面从严治党、深化改革,治理能力提升等正在做的工作,产生了实效。针对巡视反馈意见中指出的 4 个方面、33 项需要整改的问题,制定了 122 项整改措施,已完成 120 项,2 项措施持续推进中,完成率 98.36%。校长经济责任审计发现的 7 类 33 个问题中,28 个问题已完成整改,其余 5 个问题正在整改,整改完成率为 84.85%。三是实地督查,巩固成果。开展"回头看"和"点穴式"监督检查,整改工作办公室牵头组建督查工作组,深入二级单位开展专项督查,实地查看巡视整改工作进度和工作成效,强化整改落实工作日常监督,巩固深化巡视整改成果。

3. 党的创新理论武装头脑持续加强。深入学习贯彻习近平新时代中国特色社会主义思想和党的十九大精神和十九届六中全会精神,党委对学校工作的全面领导持续加强,坚持把方向、管大局、作决策、抓班子、带队伍、促改革、保落实,书记、校长履行第一责任人职责,严格执行新形势下党内政治生活若干准则,严肃党内政治生活;不断强化理论武装,制订党委理论学习中心组学习计划,组织校党委理论学习中心组深入学习研讨,以多种形式组织开展党委理论学习中心组学习。强化日常交流提醒机制,发放学习记录本,编印 29 期《理论学习》,13 期《党史学习教育简报》,提供学习服务支持,推动学习系统化、制度化、常态化,大力营造深学的学习氛围,不断提高领导班子和领导干部政治素质、理论水平和领导能力。学思践悟相结合,坚持"两个确立"、做到"两个维护",不断从百年党史中汲取智慧和力量,弘扬伟大建党精神,坚持和发展党的百年奋斗历史经验,坚持社会主义办学方向,坚持和完善党委领导下的校长负责制,自觉践行"一线规则",落实请示报告制度,认真落实党政议事规则,严格执行"三重一大"制度,全年召开党委常委会 15 次,校务会议 11 次,领导班子成员按照分工认真履行职责。

4. 新时代党的组织路线落到实处。学校汇聚 13 个党群部门、31 个二级党组织、468 个党支部、10 617名党员、371 名党务工作和专职思想政治工作者的力量,形成了"突出一个统领,瞄准两项目标,抓好三支队伍,推进四级联动,强化五个聚焦"的总体思路抓牢抓实党建工作。一是聚焦功能强组织。突出二级党组织政治功能作用发挥,积极推进二级党组织"五个到位"建设,修订印发《中国地质大学(武汉)学院党委会会议议事规则》《中国地质大学(武汉)学院党政联席会议议事规则(修订)》,建立定期研究部署推进党建工作常态化机制,设立体育学院党委、图书档案与文博党委,成立高等研究院党委、教育研究院党总支部、远程与继续教育学院党总支部,指导资源学院党委等 8 个二级党组织开展换届工作,指导高等研究院党委等 3 个新设党组织开展选举工作,完成 5 个二级党组织纪委书记调整和 5 个二级党组织委员补选工作,确保党组织政治功能有效发挥。推进内设管理与服务机构设置改革,精简 13 个管理与服务机构。开展年度党组织书记抓基层党建述职评议考核,以评促建提升党建工作质量。二是聚焦关键强队伍。扎实推进选人用人问题整改落实,所有问题基本整改到位。着力加强干部队伍建设战略谋划,构建以"铸魂、提质、壮腰、强基"四项工程,"培育、激励、监督、责任"四项体系为核心的干部队伍建设"四梁八柱"。进一步完善选任制度和工作规范,修订《中国地质大学(武汉)中层领导干部选拔任用工作办法》《中国地质大学(武汉)三级、四级职员岗位聘任暂行办法》《中国地质大学(武汉)组织员工作管理办法(修订)》。扎实做好中层干部选拔任用工作,推动干部队伍结构持续优化,持续加强学院行政领导班子建设,完成 3 个学院行政领导班子换届,提任学术岗位中层干部 17 人(正职 8 人,其中校外引进 5 人;副职 9 人)。有序完成 78 名中层岗位干部轮岗交流(正职 27 人、副职 51 人),新提任中层干部 7 人(正职 4 人、副职 3 人),完成 2 名中层正职和 12 名中层副职干部试用期满考核,完成 7 名中层正职和 11

名中层副职跨岗或跨单位兼任职务。不断优化干部教育培训体系建设，多层次分类别完成干部培训任务，全年度校外培训253人次、校内培训科级以上干部5600人次、线上培训960人次。多措并举持续加强年轻干部培养使用，加强不同领域、不同岗位之间干部双向交流，选派青年干部参与干部考察、校内巡察、民主生活会督导等专项工作，积极推荐青年教师和干部到校外借调、挂职、任职。三是聚焦标准强基础。不断强化党支部和党员作用发挥，进一步规范党支部建设，制定《关于进一步加强和改进党支部建设的实施办法》，落实校院党委班子成员联系指导师生党支部制度。深入推进教师党支部书记"双带头人"培育工程建设，有效落实"双带头人"激励保障措施。加强党员志愿服务队建设，带动党员下沉社区，学校党委获评洪山区2020年度"最佳下沉单位党组织"。着力提升发展党员质量，强化过程管理，完善发展党员工作培训体系，高质量完成党员发展培增计划和党员管理工作，圆满完成发展党员倍增至3100人的政治任务。四是聚焦特色强品牌。着力探索党建工作创新实践，持续开展党建示范创建与质量创优，学校党委和2个学院党委、6个师生党支部参加教育部评选，培育校级"标杆院系"4个、"样板支部"28个。鼓励各学院党委积极探索"党建＋教学科研＋基地(团队)"创新模式，继续推进实施"结对领航"工程，完善"党建＋共建"创新实践，加入左岭街道"大工委"，参加关山街道区域化党建会议和左岭"基层党建共同体"联合主题党日活动。举行庆祝中国共产党成立100周年主题党日活动暨"七一"表彰大会，表彰"先进基层党组织"50个、"优秀共产党员"86名、"优秀党务工作者"20名。6个党组织获评"湖北省高等学校先进基层党组织"，1名党员获评"湖北省优秀共产党员"，5名党员获评"湖北省高等学校优秀共产党员"，6名党员获评"湖北省高等学校优秀党务工作者"，环境学院党建工作案例入选2019—2020年度"湖北十大党建案例"。

5.全面从严治党向纵深推进。制定《中国地质大学(武汉)党建、思政和全面从严治党工作清单》《中国地质大学(武汉)"清廉地大"建设实施方案》《中国地质大学(武汉)关于加强二级党组织全面从严治党"四责协同"机制的实施办法》，进一步推动"四责协同"、一体落实。学校召开全面从严治党工作会，提高政治觉悟，加强政治建设，扎实推动"两个维护"具体化。学校推动各级党组织主体责任、书记第一责任人责任、班子成员"一岗双责"与纪委监督责任一体落实。开展党风廉政建设宣传教育月活动和"清廉地大"建设工作，推动干部清廉担当、教师清正从教、学生清新向学。完成第六、七轮对基层党组织的校内巡察，开展前3轮12个单位的巡察整改深化工作，全面加强政治监督，落细日常监督，持续加强对选人用人、考试招生、财务管理、科研经费、基建后勤、校办企业、附属医院、合作办学、学术不端、采购招标等10个重点领域和关键环节的监督检查，实事求是运用"四种形态"，严肃执纪问责，加强纪检监察干部队伍建设，推动双重领导制度化、具体化。

6.有效衔接脱贫攻坚与乡村振兴。强化组织领导，建立健全帮扶长效工作机制，将"脱贫攻坚领导小组”调整为“乡村振兴与定点帮扶工作领导小组”,形成“统一领导、归口管理、分级负责、协同配合”帮扶工作模式。召开全校脱贫攻坚总结表彰暨乡村振兴工作推进会,全面总结经验、凝聚共识、推进部署帮扶工作。党委常委会、校务会多次听取帮扶工作专题汇报,专题研究定点帮扶和乡村振兴工作,分管校领导每周调度定点帮扶工作,及时协调解决各类问题,保障了各项任务顺利推进。加大帮扶力度,巩固拓展帮扶施甸县、竹山县脱贫攻坚成果,均达到或超额完成年初上级要求的帮扶责任目标和任务。依托学校组织、学科、人才和智力优势,结合帮扶县自然资源禀赋和实际需求,大力开展组织、产业、人才、文化、生态五大振兴工程。发挥学校学科、科技、教育优势,深入推进科技帮扶施甸富硒产业、竹山绿松石产业,教育帮扶施甸二中、竹山秦古中心学校,积极参与教育部“银龄讲学”专项工作,全力对口帮扶滇西应用技术大学珠宝学院、塔里木大学、西藏山南市东辉中学,顺利完成对口援建恩施州巴东县、宜昌市夷陵区湖北省“616”工程等。学校先后与湖北恩施等8个市县共建“乡村振兴学校实践育人基地”,共有70余支社会实践团队,1000余人次开展驻村实践活动。竹山县扶贫工作队被评为“湖北省脱贫攻坚先进集体”。

7.进一步压实意识形态责任,严守意识形态阵地。制定印发《意识形态工作责任制实施细则》,修订《网络意识形态工作责任制实施办法》,实行意识形态清单管理,建立主体责任清单、工作责任清单,健全党委统一领导、党政齐抓共管、宣传部门组织协调、有关部门分工负责的意识形态工作格局。强化意识形态工作巡察,加强课堂教学、哲学社会科学类讲座、学术会议、社团活动、橱窗展板、图书出版、国际合作领域意识形态阵地管理,严格执行“一会一报”“一事一报”制度,强化审批环节。加强地大隧道创意作品指导监管,完成隧道壁画整改。做好网络舆情管控,推进学校网络评论员队伍建设,严把信息发布关,落实新媒体平台责任监管。组织开展干部媒介素养培训,增强突发舆情应对处置能力和网络舆论引导能力。学校组建舆情工作专家队伍,规范突发舆情应对处置工作流程,加强网络平台工作人员队伍建设与管理,加强敏感时期、关键对象、重大事件舆情监控。加强融媒体内容供给、形式创新和传播拓展,开展我为师生办实事、卓越教学团队、地大红色故事、党史学习教育系列宣传报道,受到社会、校友、师生好评关注。

8.平安校园建设稳中向好。持续加强制度保障,及时修订调整安全管理、值班备勤、请假报备、自查巡查、应急处置、信息报送等维稳工作制度。持续完善学校突发事件应急预案,建立健全安全稳定风险隐患排查、矛盾纠纷排查调处、重大事项稳定风险评估等工作机制。完善“学校—二级单位—具体岗位”多级联动的安全稳定工作体系,全面落实目标管理责任,强化责任督查督导,重点做好政治安全、经济安全、学业和就业、心理健康、公共安全、网络安全等工作,稳妥处置各类应急突发事件。定期组织召开维稳工作会,加强形势研判,部署维稳工作,落实工作任务,明确工作要求。认真抓好重点人教育管理,对重点人员和特殊群体实行

“一对一”帮教管控。完善校园安防设施，加强师生安全教育。完善人防、物防、技防措施，加强监控、指挥系统建设，对校园安防设施进行改造升级，重点部位的技防设施安装率、完好率达到95%以上；强化国家安全、政治安全、消防安全、交通安全、食品安全、网络安全等宣传教育，组织开展校园消防安全演练，协调相关部门认真开展思想政治、法治、安全防范、自救互救等教育。强化风险隐患排查整改，持续加强与属地联动联防联治协同工作。开展校园安全专项整治行动，积极配合上级有关部门和属地政府专题调研、重点督查、常态化督查和联合排查整治工作，全年累计开展安全风险隐患排查10余次，重点部门开展专项整治行动。加强与省市区街道四级地方政府和国安、公安、教育行政等职能部门的沟通协调，建立和完善信息通报渠道。细致做好信访接待工作，及时化解矛盾纠纷，积极回应解决师生诉求，维护师生合法权益。学校连续6年获评“湖北省平安校园”。

9.扎实开展统战、群团、保密等工作。组织统一战线“百年华诞　同心祝福”活动，召开党外代表人士庆祝中国共产党成立100周年座谈会，开展“重温多党合作光荣历史　提升咨政建言能力水平”南望同心论坛活动，引导党外代表人士自觉同以习近平同志为核心的党中央保持高度一致，进一步增强“四个意识”，坚定“四个自信”，做到“两个维护”。坚定与中国共产党想在一起、站在一起、干在一起，做中国共产党的好参谋、好帮手、好同事。学校引导各民主党派基层组织加强以思想建设为核心的自身建设，团结动员广大成员不忘多党合作建立初心，发挥新型政党制度优势，不断提高履职能力水平。举办高层次人才及党外代表人士红色教育实践培训班，组织开展统一战线“学党史、强信念、跟党走”专题研修活动。健全完善党外人士工作机制，密切与党外人士之间的联系，畅通党外人士建言献策渠道，切实支持民主党派（统战团体）加强自身建设，引导完成学校6个民主党派基层组织（民革、民盟、民建、民进、致公党、九三学社）换届工作。民盟地大委员会被民盟湖北省委会授予纪念民盟成立80周年先进集体称号。依法依规落实完成洪山区人大代表换届选举工作，区、市代表委员换届工作。持续开展年度师生信教情况调研，开展少数民族学生党史学习教育“十个一”行动、“民族团结一家亲”文化展演活动、法制安全教育、学生骨干培训班等工作，持续推动民族团结进步创建工作，促进各民族学生交流交往交融。激发团组织活力，深入推进“青马工程”建设，健全科创育人、实践育人、志愿服务育人体系，坚持榜样引领，2人获评“中国大学生自强之星”，1人获评“湖北青年五四奖章”，2人获评2021年“中国电信奖学金”，1人入选联合国青年外交官计划，3人入选“湖北省大学生骨干班”。坚持党建引领，推进团学改革落实落细，成立校院两级学生会和研究生会临时党支部，成功召开共青团中国地质大学（武汉）第十六次代表大会、第二十一次学生（研究生）代表大会。当好桥梁纽带，引导青年学生助力学校建设发展，夯实校领导接待日和学代表提案等有效途径，全年开展5期校领导接待日、2期师生午餐会。强化学生社团规范建设管理，鼓励支持学术型社团发展，逸夫科普讲解队获评2020年“全国高校百强学生社团”，1 人当选“2021 湖北省十佳科普使者”。认真落实保密工作责任制，落实保密归口管理和机要通信管理，开展涉密人员的教育培训，提高保密安全意识，组织保密自查自评，全年无失泄密事件发生。

二、落实立德树人根本任务，高质量育人体系不断完善

10. 完善“三全育人”工作格局，牢牢把握思政工作生命线。构建并不断完善“全程贯通、空间联通、队伍互通、内容打通、评价融通”的“三全育人”工作格局，推进“五育”并举。成立人才培养工作领导小组，对学校各层次各类别人才培养工作中的专业教育和党建思想政治教育实施顶层设计、统筹协调、督促落实。推进管理与服务机构改革，组建本科生院、优化研究生院、成立高等研究院，进一步贯通关键育人链条。严格学业标准，改革学生评价，从党建、思政、科研、双创等多个维度，完善学生成长荣誉体系等，激发学生自主意识，引导学生健康成长。开展“一站式”学生社区建设。加强思政课程和课程思政建设，制定完善《中国地质大学（武汉）马克思主义理论学科特区建设方案》《中国地质大学（武汉）课程思政建设实施方案》。选优配强党务干部、辅导员、心理健康教师、班主任、学务指导教师、思想政治理论课教师等专职队伍，充分发挥离退休老同志作用，形成“六员六导”工作品牌。加强研究生思想政治教育工作，构建研究生德育队伍体系、和谐导学关系、研究生综合素质模块、研究生荣誉体系、守牢研究生安全底线，着力构建全链条、全生态的高质量培养体系建设。修订《中国地质大学（武汉）辅导员队伍建设办法》，用政策、制度、平台给予辅导员足够发展支持，支持学生工作示范团队建设，选拔优秀青年教师、管理干部担任兼职辅导员或转聘专职辅导员，不断提升辅导员队伍专业化水平。坚持实行班主任（学务指导）制度。2021 年“地球科学概论”“工程伦理”2 门课程入选首批“全国课程思政示范项目”。打造 5 个“湖北省高校思政课名师示范课堂”，2 个团队获评课程思政教学名师和团队。加强体育工作，引导疫情防控常态化下的群众体育活动开展，改进大学生体质健康测试工作，举办校运动会，组织好竞技性体育活动，地大学子在奥运会、全运会上大放异彩，学校女子舞龙队勇夺第十三届全国舞龙舞狮锦标赛自选套路冠军。构建美育工作格局，坚持以美育人、以文化人。地大学子连续八年登上央视舞台，获湖北省第七届大学生艺术展演优秀组织奖 1 项、甲组一等奖 3 项；获全国大学生艺术展演活动一等奖 1 项、二等奖 1 项，学校被授予“高校优秀组织奖”。推进劳动育人，开设“劳动教育”通识选修课，结合“五一”劳动节、暑期基地实践教学，组织开展劳动教育主题实践活动。

11. 全力推进一流本科建设。制定《中国地质大学（武汉）一流本科专业建设管理办法》，分层分类推进学校全部专业提档升级。地球物理学入选 2021 年基础学科拔尖学生培养计划 2.0 基地。学校新增 18 个一流本科专业建设点，2 个专业通过工程教育专业认证。成立未来技术学院，招收首批 60 名学生，探索形成以科技前沿技术为驱动的面向未来技术的人才培养新模式。本研融合育人深入推进，探索本科生教育与研究生教育有机衔接一体化培养模式。加强课程内涵建设，全面提升课程建设水平与人才培养质量。24 门课程获批省级一流课程。利用网络平台开课优势，开设面向本校学生的通识教育选修 MOOC 课程 12 门；打造以"美丽中国　宜居地球"为主题的系列特色通识课程、精品通识课程；力推特色通识课程"地球科学大讲坛"，新建特色通识课程"通识教育大讲坛"。召开教育教学会，专题研究高质量教材建设，进一步加大教材建设投入，完善教材激励等制度，制订"十四五"本科教材规划。赵珊茸主编的《结晶学及矿物学》、赵鹏大和魏俊浩主编的《矿产勘查理论与方法》荣获全国优秀教材二等奖，地球科学学院荣获全国教材建设先进集体称号。加强基层教学组织建设，4 个基层教学组织荣获 2021 年"省级优秀基层教学组织"荣誉称号。强化实践教学特色，加强秭归、周口店实习路线保护，推进巴东实习路线建设，拓展非地质实习基地，丰富实习资源。重视学科、"互联网＋"创新创业竞赛，引导、组织师生积极参与。学生在 ACM 国际大学生程序设计竞赛亚洲区域赛、全国大学生数学建模竞赛、全国大学生电子设计竞赛、全国大学生英语竞赛、全国大学生数学竞赛、机器人等比赛近 30 项全国和湖北省学科竞赛中获奖 300 多项，在 ACM 国际大学生程序设计竞赛亚洲区域赛济南站中勇夺冠军，在全国大学生数学建模竞赛中获全国一等奖 3 项、全国二等奖 5 项，在第七届中国国际"互联网＋"大赛中斩获 1 金 2 银 5 铜，获"挑战杯"全国大学生课外学术科技作品竞赛红色专项全国一等奖。

12. 研究生培养改革深入推进。按照"三融三跨"研究生培养模式，系统梳理研究生教育的全过程全链条，充分融合研究生院与党委研究生工作部工作职责，形成业务培养、发展支持、思想政治相互融合共同支持的全生态融合体系。积极推动交叉学科博士点建设，新增"遥感科学与技术""健康地学""人工智能与地球探测""绿色矿业""自然灾害与应急管理""自然资源与国土空间规划""碳中和与高质量发展管理""地学大数据"8 个交叉学科博士点。积极做好新增的资源与环境专业学位博士点建设工作，启动第二轮（2020—2025 年）学位点合格评估工作，启动 MBA、MPA、MFA 三个专业学位点的质量专项巡查工作。召开博士学位点申报工作总结与反思会，部署动员做好新一轮申报工作。为加强培养过程管理，出台《中国地质大学（武汉）研究生教质量督导监控工作实施办法》。加强学位论文管理，完善质量评价机制，增加对盲审不通过学位论文指导教师和单位的限制措施，全面推行博士预答辩制度，强化硕士学位论文答辩前盲审质量把关，加大抽检力度，构建学位论文质量倒逼机制。加强研究生导师队伍建设，修订《中国地质大学（武汉）博士生指导教师遴选办法》《中国地质大学（武汉）博士生指导教师招生资格审核办法》《中国地质大学（武汉）硕士生导师招生资格审核办法》，坚持把师德师风作为第一标准，强化导师思想政治素质考察，突出质量导向，坚持遴选高标准，严把入口关，强化导师岗位管理，建立导师退出机制，实施遴选与聘任分离，实现导师动态管理。深化科教融合育人机制，不断完善科教融合学术学位研究生培养模式，强化系统科研训练，推进学科交叉和跨学科人才培养，出台《中国地质大学(武汉)“本—硕—博”贯通培养高水平人才计划实施细则》，打造《科学方法论》《重大重点项目前沿科技介绍》等系列科教融合“金课”。强化产教融合育人机制，充分利用社会资源，大力推进校企(所)合作联合培养和研究生联合培养基地建设，与华为共建“智能基座”产教融合协同育人基地，66 个项目获批教育部 2021 年产学合作协同育人项目，获批建设湖北省研究生工作站 6 个，立项建设校级研究生联合培养实践基地 59 个，聘用企业导师 279 人。继续推进研究生培养国际化发展战略，公派 106 名优秀研究生到世界一流大学攻读博士学位或联合培养。设立的“研究生国际合作与交流基金”，资助 31 名研究生参加线上国际会议，5 名博士研究生短期联合培养。严格学籍管理过程，完善分流选择机制，精准完成各类研究生奖助学金的评定及发放。

13. 招生就业质量稳中有升。坚决执行“阳光高考”政策，构建全员招生育人格局，不断丰富“四个一”招生宣传体系，持续推进“本源计划”落细落实，实行分片包干、挂图作战、网格化联动推进招生宣传，不断加强“美丽中国讲师团”“重点中学数据库”“优质生源基地”建设，持续完善教师“走访—讲座—先修课”和学生“基础—拓展—深化”的三级宣传模式，本科生源质量持续提高。加强研究生招生工作的顶层设计，优化指标分配模型，改革考试招生制度，加大研究生面试考察权重、更加全面地选拔符合学科专业发展需要的优质生源，建立以导师和学科为主导，以精细化管理和人性化服务为理念，以增强针对性和提高影响力为目标的招生宣传新模式，整合研究生教育资源，推行学校、培养单位、导师、学位点四位一体的提高生源质量责任制，实施博士研究生“业绩计划”，提升优质生源比例和服务水平。2021 年录取的全日制研究生中，优质生源占比 56%，生源质量不断提高。强化就业育人，构建全程化就业指导体系，引导学生树立积极的就业观；强化专创融合，构建协同化双创育人体系，培养学生创新创业意识；强化供需对接，提供精细服务，建立全员参与的就业工作格局，2021 届毕业生毕业去向落实率为 94.53%，达到预期目标。《“四全”理念凝共识，同心抗疫促就业》案例入选全国普通高校毕业生就业创业工作百强典型案例，学校获批“全国高校毕业生就业能力培训基地”。

14. 继续教育和留学生教育工作稳步推进。以“四个融通”为目标，推进网络成人教育专业建设。强化校外教学点管理，严格网络成人教育招生、注册和管理工作，深入推进教学改革，重视网上课程资源建设，面向行业和社会积极开展各类培训。召开非学历继续教育工作会，进一步加强学校非学历继续教育的规范管理。

在疫情防控常态化背景下，加强留学生教育管理，保障境内外国际学生的线上线下教学工作有序进行；做好国际学生毕业管理工作，完成“云答辩”；始终坚持学风建设与培养质量两手抓，通过加大培养过程监督力度和树立学术典型，积极搭建学术交流平台，实施高水平学术论文激励制度，组织学生参加丝路博士论坛、丝路讲坛、国际学生学术能力提升工程、丝路工程科技发展专项培训等学术交流活动；继续守牢疫情防控底线，组织国际学生进行核酸检测、疫苗接种等，推进校内信息资源涵盖国际学生，实现国际学生每日健康打卡数据信息化。成立国际学生联合会，推进国际学生互帮互助，打造国际学生管理的新抓手。以“中约大学”等国家重大项目建设为牵引，积极争取教育对外开放优质资源。巩固与加拿大滑铁卢大学、美国伊利诺伊理工大学中外合作办学成果，成功获批教育部“高层次国际化人才培养创新实践基地”建设项目。切实为学生参加国际交流做好服务，组织筹划各“111”引智基地与国际专家团队的线上学术交流活动。创新优质资源引进模式，联合开设国际高水平交叉创新课程，加速“英文课程和英文专业”建设，构建多层次立体式招生外宣格局，我校获批中国政府奖学金生总名额数量位居全国第一。顺利完成两所孔子学院的转隶工作，平稳开启孔子学院民间化、品牌化转型之路。讲好中国故事，宣介中国主张、中国智慧、中国方案，让留学生通过亲身经历更好读懂中国。在外交部举办的“英雄的湖北：浴火重生，再创辉煌”全球特别推介会上，3名留学生向各国讲述中国抗疫故事，多名非洲留学生参加“延安精神与中国脱贫”国际研讨会，“首届非洲留学生论坛”“促进中非命运共同体建设国际会议”等。我校正式加入中国南南合作网，3名国际学生获“中国政府优秀来华留学生”荣誉称号。

15. 扎实推进文化育人，文明校园创建成果不断巩固。组织开展“六大文明”创建评比、表彰活动，大力宣传文明创建工作成果，推广创建经验，持续营造文明创建浓厚氛围。采取“读起来、写起来、唱起来、演起来、画起来、建起来，传开来”等方式，统筹推进文化建设。发布学校视觉形象识别系统，规范校歌，加强校园文创产品制作与管理。启动以“七秩荣光　逐梦未来”为主题的70周年校庆活动，发布校庆一号公告、校庆标识和校庆网站，有序推进各项筹备工作。开展书香校园创建活动，推动建设以校园实体书店为主体的校园文化综合体。加强“编钟艺术”教育部中华优秀传统文化传承基地建设，举办“奋斗百年路　颂歌献给党”编钟专场音乐会，开展“编钟的前世今生”编钟体验营活动。依托大学生文化艺术节，厚植文化艺术土壤，引领校园文化风尚。建立“专业类、特长类、大众类”相结合，“广而全、小而特”相互补的学生美育社团37个，举办“笛萧晚会”“社团文化体验营”等特色活动50余场。持续加强出版、期刊、科普工作，出版、期刊在服务教学科研，传播地大文化，扩大学术影响等方面的作用进一步凸显。1部作品获评“全国优秀科普作品奖”，1人获评“第五届湖北省科普先进工作者”，5本图书入选2020年湖北省优秀科普作品名单，2种期刊入选2021中国精品期刊展，并在“建党100周年主题宣传精品期刊”区域展出。*Journal of Earth Science* 荣获“2021中国最具国际影响力学术期刊”，《地球科学》荣获“2021中国国际影响力优秀学术期刊”，《中国地质大学学报（社会科学版）》入选国家社科基金资助期刊。“科学精神　薪火相传”文化传承志愿服务项目获湖北青年志愿服务公益创业赛金奖。

三、增强核心竞争力，高质量发展成效不断显现

16. 科学谋划“十四五”，推动新一轮深化改革。开展广泛调研、深入比较、综合分析，多轮

修改“十四五”规划，在全员参与、深化研讨中找准学校在新时代发展中的目标定位和历史使命，以更高水平开放和更深层次改革引领新时代治理创新，推动学校事业持续高质量发展。按照“1+7+N”的架构制定“十四五”规划，三者上下联动、协同推进。“十四五”期间，学校将围绕“立德树人取得新成效、学科发展形成新优势、学术创新实现新突破、文化建设开创新局面、治理改革迈出新步伐”5个目标，实现以“教育卓越、学术卓越、文化卓越、管理卓越”为特征的内涵式发展。坚持问题导向，推进深化改革。为着力破解办学资源短缺和高质量内涵式发展的矛盾，学校开启新一轮深化改革，瞄准当前制约学校发展的瓶颈问题，明确了加强党的全面领导、深化学科专业改革、深化人才培养改革、强化治理能力建设、深化资源管理改革、提升信息化建设水平等六大改革任务。同时注意将深化改革与“十四五”规划有机衔接，围绕“结构、机制、保障”三方面进行优化，在管理服务机构调整、干部队伍建设、人才培养体系构建、党建与业务融合、学科专业机构调整、信息化建设等方面取得阶段性进展和实质性突破，充分激发了学校发展的内生动力。举行战略发展委员会第二次工作会，为学校奋进“十四五”提供了真知灼见，凝聚了深化改革的思想合力。

17. 开启新一轮“双一流”建设，学科生态进一步优化。总结首轮“双一流”建设成果，分析存在的问题和不足，针对短板和新形势下的新任务，深入推进新一轮“双一流”建设，以地质学、地质资源与地质工程两个一级学科为核心，围绕地球科学领域国际前沿、国家战略和经济社会发展需求，形成地球生物学、深地科学、地质环境与健康、战略性矿产资源、地质工程与人居安全、深地探测与地球动力学6个核心建设项目和长江流域自然资源全息监测与智慧管理、智能地质装备、自然资源管理与政策3个延伸建设项目的“6+3”建设项目布局。推进学科专业调整改革，明确以软件工程学科调整为突破口深化学科专业改革，正推进软件工程学科调整至计算机学院。完善学科分层分类建设机制，启动新一轮学科培育计划。积极推进优势特色学科群申报与建设，城市地灾防控与地下空间开发、地质环境保护与生态修复、智能地球探测、绿色纳米矿物新材料、国土空间治理与生态文明等5个学科获批“湖北省优势特色学科(群)”。切实加强基础学科和社会科学发展，推进数学、马克思主义理论学科特区建设。依托特色文科学科发展战略规划组，为特色文科发展开方抓药。

18. 师资队伍水平不断提升，人才引育成效显著。扎实推进教育评价改革，落实《深化新时代教育评价改革总体方案》要求，制定123项整改措施，先后出台10余项措施，修订岗位聘任方案，修订《岗位设置管理实施方案》《“地大学者”岗位管理办法》等制度，完善师德考核评价体系，完善教学科研评价体系，建立多维、多元评价体系，深化人才体制机制改革，着力推进一流师资队伍建设。举办第六、七届国际青年学者地大论坛，2021年，学校新增国家级人才计划项目入选者14人，其中新增中国科学院院士1人；新增省部级人才计划入选者30人；新增地大学者58人，从海内外引进高层次人才87人；引进高水平团队1个。开展师德师风宣传教育月活动，开展“师德模范”“师德标兵”“研究生的良师益友”“最美地大教工”等先进典型评选活动。殷鸿福院士获评“首届湖北省杰出人才奖”，王焰新院士当选国际地球化学协会会士(IAGC Fellow)，郭海湘等9位老师入选2021年自然资源部高层次科技创新人才工程，邓宏兵教授获评第二届湖北省“最美社科人”，“山水教授”李长安获评“武汉楷模”，宋海军教授获“湖北青年五四奖章”。推进科级干部轮岗交流，完成教职工岗位评聘、2016—2020年聘期和年度考核工作。干部人事档案管理、社会保障、进修深造等工作有条不紊开展。

19.科技创新质量不断提升，创新成果不断涌现。扎实做好基础研究、科研经费体量再创新高，全年科研合同经费8.33亿元，实到科研经费达6.51亿元。213个项目获国家自然科学基金资助，其中重点类项目11项，张仲石获国家杰出青年科学基金项目资助，杨江海、李辉、张伟军、刘双获优秀青年科学基金项目资助。此外，学校牵头承担国家重点研发计划项目3项、课题6项。16个项目获得国家社会科学基金、教育部人文社会科学研究项目资助，其中徐德义获国家社会科学基金重大项目资助，张伟、郭海湘获国家社会科学基金重点项目资助。获国家科技进步二等奖1项，湖北省科技奖励一等奖2项、二等奖9项，获湖北省高价值专利培育项目2项，湖北省高校院所专利转化项目1项。2项成果入选“2020年中国古生物十大进展”，1项成果获2021年度中国仿真学会科学技术奖一等奖。23份成果受到有关领导批示和采纳，科学技术发展院获评2021年中国智库综合评价研究项目“组织参与奖”。19位教授入围“2020年中国高被引学者”榜单。5位教授入选2021科睿唯安“高被引科学家”榜单。组建高等研究院，推进跨学科学术平台和基地建设。推进国家实验室建设及国家重点实验室体系重组，在固体地球科学、地球生物学、地下水科学、深部零碳能源资源等学科领域积极谋划国家实验室、国家重点实验室、国家技术创新中心建设。成功获批湖北巴东地质灾害国家野外科学观测研究站，获批国家环境保护水污染溯源与管控重点实验室、自然资源部深部地热资源重点实验室、湖北省氢能技术创新中心3个省部级基地。筹建碳中和研究院，持续推进湖北长江实验室建设。完善成果转化管理体系，挂牌建设9个产业技术创新中心。积极组织申报湖北省中试基地建设，获批先进钻掘机械装备技术转化、全空间智能信息处理技术及系统2个中试基地。通过知识产权贯标现场审核认证，成为湖北省首家通过知识产权贯标认证的高校。国防科研工作取得重要突破，经费稳定，质量体系覆盖领域不断扩大。科协桥梁纽带作用不断发挥，积极组织“全国科技工作者日活动”，学校科协获评“全国科技工作者日”高校科协十佳优秀组织单位。提升科普服务保障能力，获评全国科普日活动优秀组织单位，2项科普作品获评科技部2020—2021年度全国优秀科普作品。

20.进一步完善合作机制，服务社会能力不断提升。社会合作稳步推进，先后与23个单位签署合作协议，大力推进“名企合作计划”，与中国石化、中国交建、烽火通信、中控技术、腾讯、精测电子等上市公司(龙头企业)签署了合作协议，为争取合作项目搭建了新平台，为各人才培养单位开展学生联合培养项目、建设高水平实习实训基地提供了新渠道，为促进科研经费持续增长、提高人才培养质量作出了积极贡献。积极推进校地合作，抓住山西省人民政府、云南省人民政府召开“省校合作大会”契机，争取地方政府支持布局共建科研平台、开展重大合作项目，提升合作质量，与陕西安康市、山东济宁市等签署合作协议并部署合作项目，进一步提高合作覆盖面。开展校校(所)合作，与生态环境部土壤与农业农村生态环境监管技术中心、中国科学院武汉岩土力学研究所、南京土壤研究所、西安电子科技大学、东华理工大学等单位建立全面合作关系，通过加强在人才联合培养、实习基地建设、科研学科建设等方面的交流合作，实现基础研究与应用研究的良性互补。修订《接受社会捐赠管理办法》，努力构建“学校—学院—教职工”三级募资网络，健全校院两级相结合的多层次、多渠道的社会支持长效机制，年度获捐赠 944.82 万元，获配比资助 251.7 万元。继续加强校友工作，校领导分赴各地看望校友，增强校友与母校联系，举办“全桂矿业·地大杯”第六届校友足球赛、“地二代”地学科普线上夏令营、“校友节·值年返校”活动，聘任 273 位校友担任 70 周年校庆大使，更新校友数据库，上线“地大人”校友小程序，信息化手段更好服务校友。

四、提升事业发展保障能力，高水平治理局面初步形成

21. 内部治理持续优化，治理水平不断提升。完成《中国地质大学(武汉)章程》修订工作。充分发挥学术委员会及其专门委员会的各项职能，支持工会、教代会、学代会在学校民主管理和监督中的作用发挥，积极推进教代会提案办理、办结。推进规范性制度清理，建立校内规范性文件定期清理机制，动态更新、发布现行有效文件清单，不断加强内控制度体系建设。加强法治工作，落实法治建设任务，认真履行制度建设、决策咨询、法治宣传、合同管理、涉法事务和信息公开等职责，承办《中华人民共和国教师法》修订专家座谈会，组织“学宪法、讲宪法”演讲、知识竞赛，做好信息公开工作。大兴抓落实之风，加强督查督办工作，全面推行台账管理，建立“互联网+督办”管理平台，实施全周期的管理和监控，加大学校重大事项跟踪推进力度，在持之以恒抓落实中提高执行力。

22. 着力提升办学资源筹措能力，不断优化办学资源配置水平。在财政收紧的背景下，学校积极主动谋资源、想方设法保收入，最大限度地保障和拓展办学资金，持续增强资金筹措能力，全年收入 27 亿元，略高于 2020 年。坚决落实中央“过紧日子”的要求，有保有压，重点保障学科建设、人才培养、基础办学条件改善、学生奖励资助和教职工薪资等领域的资金需求，严格控制“三公经费”、日常运行费等一般性支出，将有限的资金用到刀刃上。推进项目预算绩效管理，以做好项目预算绩效为先导，深化预算管理体制机制改革，探索学院预算拨付机制改革。推行“零基预算”管理，进一步盘活存量资金和沉淀资金，有效提高资金使用效益。提升监管效能，持续保障国有资产保值增值。提高采购工作效率和效益，规范开展各类项目采购招标工作，顺利完成年度采购任务。加强实验室管理，有序推进教学实验室建设，积极推进大型仪器开放共享工作。高度重视实验室安全管理和教育，完善多级实验室安全管理体系，加强实验室安全教育培训和日常监督管理。统筹实验室安全和管理信息化议题建设，实现实验室安全线上巡检，升级化学品管理平台功能，推动大型仪器物联网建设，实现学校重点学院和在用仪器设备全覆盖，在中央级高校和科研院所等单位重大科研基础设施和大型科研仪器开放共享评价考核工作中获评“良好”，并获得后补助经费奖励。

23.信息化建设成果初显，信息化水平不断提升。建立“双线协同、两办联动、主事会商、定期调度”的信息化工作机制，推进学校线上服务大厅的建设，建设学校智能门户、网上办事大厅、电子签章等平台，推进“一网一门一次”改革，梳理优化 414 项服务流程，让“信息多跑路，师生少跑腿”。数据治理初见成效，对学校 11 个部门 50 多个主要业务系统的数据进行了治理，梳理原始表单13 877张，按照教育部高校数据标准规范形成 12 个标准数据集，已完成 54 个业务系统的全量数据入库，其中 34 个业务系统完成标准化入仓工作，发布数据清单 448 个。服务保障能力持续加强，坚持主动服务响应机制，开展一日三巡，主动发现、提前解决 90%以上涉及全域性、区域性的重大问题。全年提供视频会议及重大活动保障工作共计 141 次。网络安全防护体系初步形成，坚持网络安全“月扫季巡”制度，开展渗透测试专项工作。80 余个系统的漏洞得到整改，发现并处置敏感信息泄露事件 8 起，非法外链 4 个，渗透测试发现网站风险 9 个。学校获评湖北省“2021 年度等级保护工作先进单位”。

24.做好常态化疫情防控和卫生健康工作。始终把疫情防控作为一项重大政治任务来抓，压实“四方责任”，落实“四早”要求，坚持常态化防控和应急处置相结合，完善疫情防控应急方案，强化对疫情防控重点环节督查检查，从严从紧科学精准扎实做好学校疫情防控工作。构筑群防群治的严密防线，严格落实常态化疫情防控措施。组织开展疫情防控沙盘演练、隔离点建设、防控物质储备等工作，坚持人、物、环境同防，特别是加强校门管理及对重点人员管控，加强对公共卫生传染病的预防，早发现、查短板、补漏洞、强弱项，压实责任，确保疫情防控措施和要求落地落实。组织全员核酸检测 3 次，共计近 6.7 万人次，组织疫苗加强针接种 1.7 万人次，协调学校隔离人员近千人次，处置突发公共卫生事件 2 起。做好疫情防控信息公开及报送工作。经受住了今年国内本土疫情多点散发的考验，实现新学期如期开学，全年学校零疫情、师生零感染，有效维护了校园正常的教学生活秩序，保障师生生命健康。坚持加强“一院三地”服务管理，积极开展医保宣传，持续做好家庭医生签约服务，加强重点人群健康服务、健康管理，扎实开展健康教育。

25.民生保障与公共服务能力不断提升。完善校领导带班制度，优化两校区运行管理。开通两校区学生通勤班车，优化接驳巴士班次，响应师生多样化乘车需求。建设生态校园，学校荣获“武汉市碳中和先锋示范创建单位”称号，入选“湖北省节水标杆高校”试点。南望山校区宝谷创新创业中心项目、学生宿舍改造、校园雨污分流改造一期、二期工程等顺利完成,震旦园教师餐厅、印刷厂楼群改造、校园雨污分流改造三期、部分教学科研用房一期维修正抓紧推进。新校区建设接近尾声,工程验收、资产转固、项目结算、档案整理等各项工作逐项落实、扎实推进。推进后勤各项服务水平再上新台阶,及时响应、尽量满足师生需求。修订《教职工重大疾病互助基金管理办法》,解决教职工因病致困问题,开展新入职教职工"认家"入会仪式及相关活动,以"初心如磐、薪火相传"为主题举办第三届教职工荣休典礼活动,开展"摇篮之旅"实践活动,组织讲课比赛、歌唱比赛、体育竞赛、集体秋游等活动,营造"爱校、爱家、爱生"氛围。搭建离退休服务管理信息化新平台,举办健康养生和心理健康讲座,启动"敬老月"系列活动,与老同志共享改革发展成果。多方搭建工作平台,充分发挥老同志的作用,校关工委获评"全国教育系统关心下一代工作先进集体"。强化图书馆育人功能,加强书香校园建设。加强博物馆藏资源建设和硬件建设,提升展陈水平。完善远程档案服务体系,开拓档案网络化利用新功能。不断深化校史展陈设计,推动校史馆建设各项工作。落实双减政策,附属学校"真美教育""品质教育"较好地服务了学校发展,附属学校获洪山区教育教学立功单位、教育教学提升单位和教学常规管理先进学校等荣誉。积极推进未来城校区附属幼儿园建设,推动青年教职工子女就学问题有效解决。

2022 年,党的二十大召开是政治生活中的一件大事,学校也即将迎来建校 70 周年,我们将以习近平新时代中国特色社会主义思想为指导,深入学习贯彻党的十九届六中全会精神和党的二十大精神,坚持"两个确立",做到"两个维护",坚持和发展党的百年奋斗历史经验,激发历史自觉,践行时代使命,勇于担当作为,贯彻党的教育方针和党中央决策部署,贯彻新发展理念,构建新发展格局,统筹推进"十四五"规划,扎实推进新一轮"双一流"建设,推进治理体系和治理能力现代化,以更大的决心和更坚定的毅力持续深化改革,奋力实现高质量发展,为建设地球科学领域国际知名研究型大学奠定更扎实的基础,以更优异的成绩迎接党的二十大胜利召开!

在庆祝中国共产党成立100周年主题党日活动暨“七一”表彰大会上的讲话

黄晓玫

老师们、同学们：

大家下午好！

今天，我们在这里隆重集会，举行庆祝中国共产党成立100周年主题党日暨“七一”表彰大会，表彰在学校事业发展中涌现出来的优秀共产党员、优秀党务工作者、先进基层党组织和精神文明建设先进集体，为学校首批全国党建工作“标杆院系”“样板支部”授牌，为“光荣在党50年”老党员代表颁发纪念章。在此，我谨代表学校党委，向受表彰的先进集体和个人表示热烈的祝贺，向在学校各个岗位上辛勤工作、无私奉献的师生党员表示衷心的感谢，向为党和学校的事业发展作出重要贡献的老党员致以崇高的敬意！

今年是中国共产党成立100周年，为了从党的百年历史中汲取前进的智慧和力量，党中央作出重大决策部署，在全党扎实开展党史学习教育，引导全体党员以史为镜、以史明志，做到“学史明理、学史增信、学史崇德、学史力行”，达到学党史、悟思想、办实事、开新局的目的。100年来，中国共产党，从石库门到天安门，从兴业路到复兴路，从一叶红船到巍巍巨轮，一百年前的红色火种，在中国革命、建设、改革的道路上已成燎原之势，始终不变的是中国共产党人的初心和使命。百年党史催人奋进，七秩芳华薪火相传，地大自诞生之日起就将自身的发展融入党和国家发展的大势，始终坚守为党育人、为国育才初心，始终保持艰苦朴素、求真务实本色，始终坚持扎根大地、放眼世界胸怀，始终传承开拓进取、奋勇攀登气概，书写了一代代地大人教育报国、科研报国的华彩篇章。

星光不问赶路人，历史属于奋斗者，全校31个二级党组织、468个党支部、1万多名师生党员要继续深入开展党史学习教育，赓续红色血脉，用党的奋斗历程和伟大成就鼓舞斗志、指引方向，用党的历史经验和实践创造启迪智慧、砥砺品格，以永不懈怠的精神状态和一往无前的奋斗姿态，投身第二个百年新征程的伟大实践，始终让党旗在地大高高飘扬。

中国地质大学从1952年建校开始，就承担着“为国找矿”的光荣使命，刘型、高元贵等老一辈红色革命家孕育了地大的红色基因，池际尚等老一代科学家发展了地大的红色血脉。他们用革命者的情怀和艰苦奋斗的精神彰显了地大坚毅质朴的底色,鼓舞一代代地大人团结奋斗。1970 年,学校迁至湖北江陵,更名为湖北地质学院,全体教职员工在极端困难的条件下努力恢复教学秩序,在地质教育几近中断的情况下为国家培养出一批经济建设急需的地质领域专门人才。1974 年,学院定址武汉,更名为武汉地质学院,教职员工顾全大局,艰苦办学,师生共同参与校园基础建设,在一片荒地上建起了 12.72 万平方米校舍和 2.8 万平方米教学用房。1987 年中国地质大学成立,全校上下抢抓机遇、励精图治,实现了学校由单科地质院校向综合性地质大学的转型,先后进入"211 工程"和"985 工程优势学科创新平台",建成全国重点大学。走进新时代,学校锐意进取,提前实现"三步走"第一阶段办学目标,地质学、地质资源与地质工程入选国家"双一流"建设学科,开启地球科学领域国际知名研究型大学的建设新征程。

回顾地大近 70 年的发展历程,党的领导始终是学校各项事业不断发展的重要法宝,是取得一项项成绩、实现一个个跨越的坚强保障。近年来,学校党委带领各级党组织全面落实新时代党的建设总要求,贯彻新时代党的组织路线,落实立德树人根本任务,不断强化党组织"六个过硬""五个到位""七个有力"各项功能。学校获评"第二届全国文明校园",材料与化学学院党委、环境学院党委入选"全国党建工作标杆院系",工程学院工程地质与岩土工程系党支部、经济管理学院旅游管理系党支部、经济管理学院经济学系党支部、地球科学学院地质学国家基地班本科生党支部、体育学院学生联合党支部入选"全国党建工作样板支部",资源学院石油工程系党支部入选全国教师党支部"双带头人"工作室,地球科学学院党委、材料与化学学院党委获评"湖北省先进基层党组织",环境学院党建案例入选"湖北十大党建案例",涌现了以"全国最美教师"殷鸿福院士,"全国模范教师"焦养泉,"湖北省优秀共产党员"单红峰、谢丛姣,"中国大学生年度人物"王奉宇,"中国大学生自强之星"韩磊为代表的一批优秀共产党员。

使命呼唤担当,榜样引领前行。这些成绩的取得,是新时代地大人担当作为、锐意进取的成果,是地大人忠诚于党、报效祖国的缩影。在此,我提议:让我们用掌声向为地大奉献智慧和汗水、向为地大不懈奋斗的所有共产党员和教职员工,致以最崇高的敬意。

站在新的历史起点上,我们庆祝中国共产党成立 100 周年,是为了赓续红色血脉,把党的优良传统作为应对风险挑战的重要法宝,把党治国理政的经验作为推动学校改革发展的行动指南。当前,立足中华民族伟大复兴战略全局和世界百年未有之大变局,党和国家对科技创新和高素质人才的渴望从未像现在这样迫切,对高质量高等教育的渴望从未像现在这样迫切。面向"十四五",学校改革发展进入一个新的关键时期,挑战前所未有,机遇同样前所未有。今天的地大人,要像地大前辈一样,将建设地球科学领域世界一流大学的"地大梦",融入中华民族伟大复兴的"中国梦",坚持更高水平开放、更深层次改革、更高质量创新,以"重整行囊再出发”的精神状态，克服前进道路上的阻碍和挑战，推动事业不断向前发展。

我们要进一步强化政治建设，筑牢思想根基

习近平总书记强调：我们党要始终做到不忘初心、牢记使命，把党和人民的事业长长久久推进下去，必须增强政治意识，不断提高政治判断力、政治领悟力、政治执行力。

要强化党对学校的政治领导。不断坚定干部师生政治信仰，突出育人的政治标准，增强基层党组织政治功能，提高领导干部政治能力，涵养良好的校园政治生态，教育引导师生党员坚定不移始终同以习近平同志为核心的党中央保持高度一致，确保党中央、教育部党组和湖北省委各项决策部署在学校落地生根。

要推进党的创新理论武装。持续在学懂弄通做实习近平新时代中国特色社会主义思想上下功夫，坚持用党的创新理论武装头脑、指导实践、推动工作，把理论学习抓紧、抓细、抓常、抓实，把党的创新理论与学校改革发展有机融合，不断推进学校治理体系和治理能力现代化。

要建设忠诚干净担当的干部队伍。毛主席指出，“政治路线确定之后，干部就是决定的因素”。抓好政治建设，核心的是抓好领导班子和干部队伍建设，最主要的是抓好中层干部和党支部书记。要选拔重用敢于担当的好干部，形成“一级带着一级干、一级做给一级看”的良好氛围，鼓励广大干部在实践奋斗中提升能力，建设一支忠诚干净担当、与研究型大学建设需要相适应的高质量干部队伍。

我们要进一步传承奉献精神，践行初心使命

习近平总书记指出：“追梦需要激情和理想，圆梦需要奋斗和奉献。”奋斗与奉献是中华民族的传统美德，更是共产党人的重要精神特质，我们党百年历史，就是一部为中国革命、建设、改革奋斗与奉献的历史。《党章》明确规定，共产党员必须“坚持党和人民的利益高于一切，个人利益服从党和人民的利益，吃苦在前，享受在后，克己奉公，多作贡献”。

我们党创立形成的井冈山精神、长征精神、延安精神、抗震救灾精神、伟大抗疫精神等，无一不包含着奋斗与奉献。在这个过程中，有的人奉献了辛劳和汗水，有的人奉献了青春和才智，有的人在奋斗中甚至献出了宝贵的生命。在我们身边，也有淡泊名利、不懈奋斗、甘于奉献的模范。他们当中有少年立志作勘探，为祖国地质研究与教育事业倾尽心血的“华人教育名家”赵鹏大院士；有潜心教书育人，坚守“问道争朝夕、治学忌功利”的“全国最美教师”殷鸿福院士；有矢志不渝、至诚报国，临终前写下“开发固热能、中国能崛起”的“全国优秀教师”李德威教授；还有成百上千在疫情期间坚守教学、管理、服务一线的普通教职员工，他们都用行动践行了地大人的艰苦奋斗、无私奉献精神。

在学校改革发展的关键时期，我们要不断强化“主人翁”意识，清醒地认识到学校的事业发展只能依靠我们自己的奋斗和奉献。我们要进一步强化使命担当、勇挑重担、发愤图强，积极投身于建设地球科学领域国际知名研究型大学的征程，始终让党旗在地大高高飘扬。

我们要进一步加强引领保障，促进事业发展

党的全面领导是办好教育的根本保证，要坚持把党的领导落实到办学治校全过程各方面，为学校改革发展稳定、完成党和国家重大战略任务提供思想保证、政治保证、组织保证。

要压实党建工作责任。深入学习贯彻落实《中国共产党组织工作条例》，强化党建工作责任意识，把党的全面领导落实到本单位各项工作，把管党治党的主体责任握在手中、扛在肩上、落实到行动上。

要推进落实立德树人根本任务。全校各级党组织要聚焦“为谁培养人、培养什么人、怎样培养人”这一根本命题，深入推进“三全育人”综合改革，切实把党建和思政工作贯穿到人才培养的各个环节。要坚定正确政治方向，对照高等教育“四个服务”要求，把落实立德树人根本任务，融入校院人才培养方案、学科发展规划、师资队伍建设计划、综合改革方案等各方面，强化中国特色社会主义大学政治属性。

要强化党建与业务工作融合。认真学习贯彻《中国共产党普通高等学校基层组织工作条例》，推动党建和业务工作深度融合，将党建思政工作与“双一流”建设、“十四五”规划、落实巡视整改任务、推进深化改革等业务工作结合起来，同研究、同部署、同考核，着力破除党建与业务“两张皮”现象。要立足新发展阶段、贯彻新发展理念、构建新发展格局，坚持“四个面向”要求，聚焦解决国家“卡脖子”问题，助力区域经济社会发展。发挥党的政治优势和组织优势，以高质量党建引领带动学校事业不断发展。

奋斗百年路，启航新征程。同志们，重温党的历史，我们倍感自豪，展望美好未来，我们豪情满怀。在中国共产党成立100周年之际，让我们更加紧密地团结在以习近平同志为核心的党中央周围，坚守为党育人、为国育才初心，落实立德树人根本任务，争做“地球科学领域世界一流大学”的追梦人，为实现中华民族伟大复兴的中国梦作出新的更大贡献。

谢谢大家！

胸怀天下　问学求新

——在2021级本科生开学典礼上的讲话

王焰新

（2021年9月24日，南望山校区西区运动场）

亲爱的2021级同学们，各位来宾、老师们：

大家上午好！

凡有等待，必有启程！从签发第一张通知书开始到现在两个多月的等待，我们相聚在这里共同欢迎4796名新“CUGERS”（地大人）的到来，开启新的人生旅程。刚刚，你们用铿锵的脚步、嘹亮的口号、飒爽的英姿、豪迈的气概向我们展现了最年轻地大人的风采，我提议大家把掌声送给顺利完成了大学里第一堂爱国实践课的自己！送给与我们一起流汗、一起欢笑、一起晒得更黑的承训教官们！送给一直陪伴、一直鼓励、一直关心我们成长的家人和师长们！

盛世如所愿，百年再出发！一百年前，为了救民于水深火热之中，一批先进知识分子和革命青年怀抱伟大理想，毅然举起马克思主义真理的旗帜。在中国人民和中华民族的伟大觉醒中，中国共产党应运而生。从长征的血雨到抗日的腥风，从建设的探索到改革的攻坚，从发展的事业到复兴的伟业，实现中华民族伟大复兴进入不可逆转的历史进程。69年年前，应国家建设对矿产资源的需要，一所大学干起了“动地”的事业，刘型、高元贵等老一辈红色革命家孕育了她的红色基因，池际尚等老一代科学家发展了她的红色血脉。他们用革命者的情怀和艰苦奋斗的精神彰显了这所大学坚毅质朴的底色，鼓舞一代代地大人团结奋斗。虽几经辗转，在地质教育几近中断的情况下仍牢记育人初心，为国家培养了一批经济建设急需的地矿行业专门化人才；定址武汉，百废待兴，但师生们顾全大局，在极端困难的条件下在南望山麓一片荒野上建起了校舍。此后，历经30余载的接续奋斗，地大人抢抓机遇、励精图治，实现了学校由单科地质行业院校向学科特色型高水平大学的转型，先后首批进入“211工程”和国家“双一流”建设高校行列。迈入新时代，地大人锐意进取、顽强拼搏，建成未来城校区，提前实现“三步走”第一阶段办学目标，开启地球科学领域国际知名研究型大学的建设新征程。同学们！你们选择的这所大学，自诞生之日起就将自身的发展融入党和国家发展大势，始终坚守为党育人、为国育才的初心,始终坚持艰苦朴素、求真务实的本色,始终保持扎根中国、放眼世界的胸怀,始终传承锐意创新、勇攀高峰的气概,满怀无限的希望,书写了一代代地大人爱国、奉献、求真、担当的华彩篇章。

明年的11月7日,全球地大人将共同欢庆母校七十华诞。七秩荣光,逐梦未来!今天,奋斗的接力棒交到了你们的手上。习近平总书记在庆祝中国共产党成立100周年大会上强调,新时代的中国青年要以实现中华民族伟大复兴为己任,增强做中国人的志气、骨气、底气,不负时代,不负韶华,不负党和人民的殷切期望!在新的赶考之路,要想成为新时代出彩的"CUGERS"、交出令人满意的答卷,更应在大学这个人生的关键阶段,胸怀天下、立青云志,问学求新、做追梦人。

胸怀天下就是要始终怀揣爱国的赤子之心。刚入学,一见面,我与大家分享的就是这个既厚重,但又充满时代特点的话题。这是因为"爱国,是人世间最深层、最持久的情感,是一个人立德之源、立功之本"。古往今来,无数仁人志士都有胸怀天下、忧国忧民之志,从"天下兴亡,匹夫有责"到"问苍茫大地,谁主沉浮?"还有见证初心与使命的"过去吃过草,准备还吃草""拼将七尺男儿血,争得神州遍地红""未惜头颅新故国,甘将热血沃中华"。他们或兼济苍生,或成就伟业,或视死如归,或为国捐躯,生动诠释了中华民族的爱国主义精神。仰望历史的天空,家国情怀熠熠生辉;跨越时间的长河,家国情怀绵绵不断。百年前,红船启航,星火燎原,中国之命运掌握在平均年龄28岁的一群青年手中;新时代,嫦娥飞天,北斗指航,民族之复兴借力于不过而立的热血团队。坚持祖国至上,毅然回国;深藏敌后,在隐蔽战线作战;忠诚教育,开创岩石学学科学脉,为国培育英才,这是我校南迁建校功勋池际尚先生的"以身许国"。年轻时听从国家号召,放弃了自己最喜欢的天文学和化学,报考了当时国家人才紧缺的地质专业。"跳出"地球看地球,提出用人造卫星找矿设想,最终成长为我国月球探测工程首席科学家,这是1952届校友欧阳自远院士把个人的成长成才和祖国的需要紧紧联系在一起的"以身许国"。还有近30万地大人在平凡的岗位上默默奉献,把个人事业融入地大资源富国、环境护国、教育报国、科技强国的生动实践中,如果说红色是地大最厚重的底色,那么爱国则是地大人始终不改的本色。天下大势,浩浩汤汤。无限机遇,未知挑战,国将何往、民之所向,将由你们来定义。来到大学,你们的体型、发型可以非线性变化,但是德行应当是线性的,向上、向善、向好的。希望大家接力擎起"一心爱国、奋斗一生"的旗帜,心怀"国之大者",把立大志、明大德、成大才、担大任牢记心中,传承"艰苦朴素、求真务实"的校训精神,把青春和热血融入祖国的山河。

胸怀天下就是要砥砺践行共同体理念。"大道之行,天下为公""二月湖水清,家家春鸟鸣",这是古代先贤对美好世界和生活的朴素愿望;"共同走向人类命运共同体更加光明的未来""共同构建人与自然生命共同体",这是大国领袖向世界提供中国方案的责任与担当。当今世界，人与人、国与国连接日益紧密，成为你中有我、我中有你的命运共同体，没有哪个国家可以孤立于世界之外，更没有哪个个体能够离群而歌。我们都生活在同一片蓝天下、拥有地球这同一个家园，没有谁能独善其身、置身事外。地大是共同体理念忠实的践行者。过去，我们以“山谷的风、狂暴的雨、天上的星、林中的鸟”为伴，弘扬“谋求人与自然和谐发展”的价值观，为祖国寻找丰富的矿藏，为经济社会发展提供地质支撑；如今，我们正瞄准“美丽中国　宜居地球”的建设，希望更加深刻地认识复杂的地球系统，更加可持续地勘探、开发、利用地球资源，更加有效地防治灾害、保护环境，推动绿色发展，更加科学地管控人地关系，为维系人类福祉和地球健康提供“地大方案”。这些研究都需要硬科学、软实力协同并进，都需要基于地球内、外，天、空、海、地于一体的跨学科融通，都需要大家宏大的眼光、宽阔的视野、厚实的专业知识。同学们，我们的征途是星辰大海。试想，我们的所思、所学、所行与人类的前途命运紧密地联系在一起，这是一件多么令人心潮澎湃的事。希望大家能把“求知”变为“求道”，把个人发展融入世界整体、地球健康、人类安全，牢固树立共同体理念，在这所“仰望星空、脚踏实地”的大学里构建放眼天地的大时空观、沧海桑田的大历史观、知行合一的大实践观，既能“仰观宇宙之大”，又能“俯察品类之盛”；既能“纵横一万里”，又能“上下五千年”，在大变局中找准定位，在大格局中担当奋进！

选择地大，成就梦想！两个月前，收到录取通知书时就意味着大家最重要的选择得以实现，也意味着你们选择将自己的青春和梦想托付给这所大学，但是绝不意味着选择即实现、来到便放纵、躺平会成就，中间还面临无数个是自律还是他律，是坚持还是放弃，是60分万岁还是探寻究竟的选择。我以为，如果说胸怀天下是做好了扬帆何处方向上的准备，那么在“问学”中成长、在“求新”中蜕变，则是练就过硬本领为远航做行动上的准备。

问学就是要潜心探索，孜孜以求。古人云：“非学无以致疑，非问无以广识；好学而不勤问，非真能好学者也。”如今，我们处在最好的时代，也是最坏的时代，互联网、大数据可以让我们轻松获得信息，尤其是对你们这些网络原住民来说，网络就是生活，数字化就是生存方式。然而，令人担忧的是，“网上都有”可能成为你们不听课、不记笔记、不请教师长的借口。我始终认为，获取信息不意味着获得知识和智慧，大学存在的意义就是在教与学、学与问的不断交锋中去发现问题、探索真理、习得知识、增长智慧。问学、问学，前提在学，关键在问。“世界杰出女科学家奖”获得者、我校1953级校友张弥曼院士，长期从事比较形态学、古鱼类学、中—新生代地层、古地理学、古生态学及生物进化论研究，“第一条鱼如何爬上陆地?”这是她和她的古鱼类学同行们所感兴趣的终极命题，为了给这些命题一个尽可能准确的答案，她付出了毕生的时间，不管是过去还是现在，在能够拼尽全力的时候，她从没吝啬过一丝力气。刚开始工作的时候，为了搞明白在浙江发现的中生代鱼化石的归属细节，她一到周末就带着化石去挨个拜访当时出名的鱼类专家，向他们求教。鱼类登陆呼吸需要内鼻孔，但属于总鳍鱼类的杨氏鱼没有发现内鼻孔,这是古生物学史上最重要的一次反对,也是张弥曼院士反对导师雅尔维克的理论得出的结论。虚心求教、敢于质疑、不断坚持、追求真理,正是这种精神让她成为受人尊敬的科学家。同学们,所有优秀都是在苦行中修成,所有真理都是在质疑中明晰。与搜搜头条、晒晒票圈、刷刷抖音这种来得快的信息获取相比,我更希望你们传承和弘扬向学、乐学之风,以谦逊之态度、探索之精神,在美丽的地大校园里静下心来,投入课堂、倾心作业、畅游专业,把厚书读薄,把薄书读厚;在课堂上抬起头来、举起手来、提出问题来,多问几个"为什么";在求学路上,充分运用学校丰富的学习资源,拜真师、求真知、塑真我。

求新就是要厚植基础,追求卓越。为学须觉今是而昨非,日改月化,便是长进。我们现在的生活,每天都饱含"新"意,从2G到5G的更快、更顺、更便捷;在"嫦娥"揭秘月球背面风景后,我们的"祝融"又登上了火星;从"和谐号"到"复兴号",神州大地上跑出了中国加速度……这一切的一切都表明:新一轮科技革命和产业变革突飞猛进,科学研究的范式正在发生深刻变化,科学技术和经济社会发展正在不断加速融合。科技创新既是大国博弈的硬核比拼,也是人民渴望过上美好生活的关键支撑,我们一些关键核心技术受制于人,根子是基础理论研究跟不上,源头和底层的东西没有搞清楚。科技创新的实践一再证明:基础研究是科技创新之源,其使命不仅要服务于今天,更重要的是引领未来,创造新的需求和发展优势。对于大家而言,没有扎实的数理化基础,深厚的人文素养、跨文化交流能力和过硬的专业功底,所有关于创新的讨论都只是妄想和空话。我们正在建设的研究型大学,一个典型的特征就是它培养的学生应该具备较强的独立学习和创新能力。学习的真谛在于一点一滴的奋斗带来的集腋成裘的变化和成长。希望同学们从上好每堂课、做好每个实验开始,认真对待基础课和公共课,让基础厚实、专业精深成为你们的基本素养;希望你们广泛涉猎知识,培养多元化、批判性思维,在学科交叉中建立完整的知识体系,寻找从无到有的新方向、开辟前所未有的新领域,让"开物前民"成为求学的基本思维;希望你们善于求新,在老师们的指引下,善于观察、勤于思考、勇于实践,立志勇闯"无人区"、笃行攻克"卡脖子"。

胸中存山河,笔下有乾坤。身处"最有理由自信""最有豪情奋斗"的时代,你们继选择地大之后,将要认识地大、了解地大、融入地大、成就地大,真诚地希望你们与家国同心、与时代同向、与正念为伴,一路追随光亮,在高山大海上抒写豪情壮志,在日月星辰下反躬自省,在艰难困苦中玉汝于成,做爱国者、奋斗者、攀登者,在为祖国和人民奋斗中书写青春的灿烂篇章!

再过一周,我们将迎来新中国七十二岁的生日。让我们共同祝福伟大的祖国繁荣昌盛,共同祝愿非凡的地大再创辉煌!

谢谢大家!

Nianjian

中国地质大学（武汉）概况

中国地质大学（武汉）简介

中国地质大学是教育部直属全国重点大学，是国家批准设立研究生院的大学，是国家“211工程”、国家“双一流”建设高校。现有两个校区，南望山校区位于武汉东湖之畔、南望山麓，未来城校区坐落在武汉“太阳最早升起的地方”——未来科技城。学校以地球科学为主要特色，学科涵盖理学、工学、文学、管理学、经济学、法学、教育学、艺术学等门类，地质学、地质资源与地质工程2个一级学科入选“双一流”建设学科。

历史沿革

中国地质大学创建于1952年，前身是北京大学、清华大学、天津大学、唐山铁道学院等院校的地质系（科）合并组建而成的北京地质学院。学校于1960年被确定为全国重点院校。1970年，学校整体迁至湖北办学，更名为湖北地质学院。1974年，学校定址武汉，更名为武汉地质学院。1978年，武汉地质学院在原北京旧校址设立武汉地质学院北京研究生部。1987年，国家教育委员会批准组建中国地质大学，武汉、北京两地办学，总部在武汉。2000年2月，学校由原国土资源部划归教育部管理。2006年10月，教育部、原国土资源部签署共建中国地质大学协议。2018年，教育部、湖北省共建中国地质大学（武汉）。

校园概貌

中国地质大学位于武汉东湖国家自主创新示范区腹地，现有南望山校区、未来城校区两个校区，校园占地总面积1 474 353.99平方米，校舍总面积1 385 752.04平方米。学校拥有国家AAAA级旅游景区——逸夫博物馆，校园环境优美，教育、科研、学术氛围浓厚，拥有现代化的教学楼群、图书馆、学生公寓、体育场馆等相关配套设施，为莘莘学子提供了良好的学习、生活和成长的环境。2019年8月,未来城校区建成投入使用,一座崭新的生态型、现代化大学校园屹立在未来科技城。

办学思想

学校坚持为国育才的初心不改,特色、高水平发展的定位不改,人与自然和谐发展的追求不改,艰苦朴素、求真务实的本色不改,坚持弘扬“严在地大”的校风学风,着力培养能够担当民族复兴大任、“品德高尚、基础厚实、专业精深、知行合一”的高素质人才,着力为解决区域、行业乃至人类面临的资源环境问题提供高水平的人才和科技支撑。

学校秉承“强化特色、争创一流、依法治校、开放包容”的治校理念,营造“独立思考、严谨治学、勇于探索、追求卓越”的文化氛围,努力构建优越而独特的教学和科研环境。以提高办学质量为中心,确定“1331”的一流人才培养思路,落实立德树人这一根本任务,坚持面向需求、面向世界、面向未来,推进“跨学科专业交叉融合、教学与科研实践融合、创新创业教育与专业教育融合“的“三融合”人才培养模式改革,树立“严在地大”品牌,不断提升科技创新和社会服务能力。大力实施人才强校、科技兴校和国际化战略,推进以学术卓越计划为核心的综合改革,在建成地球科学一流、多学科协调发展的高水平大学的基础上,努力建设地球科学领域国际知名研究型大学。

当前,学校在高质量达成首轮“双一流”建设目标的基础上高起点启动新一轮“双一流”建设任务,科学谋划布局“十四五”发展,进一步深化改革,推动更深层次改革、更高水平开放,努力实现更高质量发展。学校将按照描绘的“美丽中国　宜居地球”的发展蓝图,围绕教育创新与人才培养、学术创新与社会参与、全球视野与国际交流、文化创新与价值引领、治理变革与管理创新5个方面的战略重点,努力建设成为一所彰显中国特色优势、深度参与国际交流合作,教育卓越、学术卓越、文化卓越、管理卓越的大学,为我们实现地球科学领域世界一流大学的“地大梦”奠定坚实基础。

办学条件

学校现有教职员工3445人,其中教师1960人。中国科学院院士13人,中国工程院院士1人,博士生导师516人,教授470人,副教授879人。

学校拥有国家级人才计划入选者136人次,其中两院院士14人,国家杰出青年科学基金项目资助24项,国家优秀青年科学基金项目资助30项,教育部“新世纪优秀人才”入选者29人。学校拥有国家自然科学基金委创新研究群体6个,教育部创新团队3个,国家级教学团队6个,国家级教学名师2人,2018最美教师1人,全国优秀教师1人,国家级教学荣誉称号教师1人,湖北省教学名师11人。

学校现有各类科研机构、实验室、研究院(所、中心)86个,其中国家重点实验室2个,国家工程技术研究中心1个,国家级野外观测台站1个,科技部地质工程国际科技合作基地1个，地球深部钻探与深地资源开发国际联合研究中心1个，科技部创新人才培养示范基地1个。学校拥有完善的实验实践教学体系，有国家级实验教学示范中心3个，国家级虚拟仿真实验教学中心1个。自建校起，学校相继在周口店、北戴河、秭归、巴东等地建立了教学实习基地。其中周口店野外实习基地被誉为“地质工程师的摇篮”，为“全国地质实验(实践)教学示范中心”“国家基础学科人才培养能力(野外实践)基地”。学校图书馆馆舍面积2.7万余平方米，拥有丰富的文献资源，形成了以科技文献为主体，以地学文献为特色的馆藏体系，构建了以信息技术为基础的服务平台，为师生提供有效的文献资源保障。

学科布局

学校围绕学科前沿和经济社会发展的需求，构建以地球科学为主导，多学科相互支撑、协调发展的学科生态系统。现有2个国家一级重点学科，16个湖北省重点学科，“地质学”“地质资源与地质工程”两个一级学科在全国历次学科评估中均排名第一；有19个学院、68个本科专业；有16个一级学科博士点，1个专业学位博士点，34个一级学科硕士点，15个博士后科研流动站；有资源与环境、MBA、MPA等15个硕士专业学位授予权。地球科学、工程学、环境/生态学、材料科学、化学、计算机科学、社会科学7个学科领域进入ESI全球前1%，其中地球科学和工程学进入前1‰。

人才培养

学校拥有“学士—硕士—博士”完整的人才培养体系。学校现有国家级一流专业建设点34个，省级一流专业建设点17个。全日制在校学生31 040人，包括本科生18 214人、硕士研究生10 758人、博士研究生2068人、国际学生738人；成教及网络教育注册学生5万余人。拥有国家地质学理科人才培养基地和国土资源部地质工科人才培养基地。建校近70年来，为国家培养了近30万名高级人才。

学校全面落实立德树人根本任务，以培养“品德高尚、基础厚实、专业精深、知行合一”的优秀人才为目标，不断完善跨学科专业交叉融合、教学与科研实践融合、创新创业教育与专业教育融合的“三融合”本科人才培养模式，努力构建科教融合、产教融合、本研融合，跨学科、跨平台、跨文化的“三融三跨”高质量研究生教育体系。我校学生在具有广泛影响力的“挑战杯”全国大学生系列科技学术竞赛、数学建模大赛、英语竞赛、电子设计大赛等高水平赛事中屡获佳绩。

学校把弘扬优良体育传统与健全人格培养相结合，逐步形成了特色鲜明的体教融合育人体系。学校学生在国际国内重大体育比赛中，累计获得金牌250余枚、银铜牌500余枚。2012年5月，学校登山队成功登顶珠峰，成为我国第一支登上世界最高峰的大学登山队。2016年学校圆满完成“7+2”登山科考计划，成为世界第一支征服七大洲最高峰、南北极点在校大学生登山队。

科学研究

学校在地质学、矿产资源能源、地质工程、地球物理、水文地质与环境地质、地理信息系统与测绘、材料科学与化学、经济与管理等研究领域具有特色和优势,取得一批重要成果。2010年以来,获国家科技进步特等奖2项(参与)、国家自然科学二等奖1项、国家科技进步二等奖3项,省部级科技奖励38项,获“中国科学十大进展”1项、“十大地质科技进展”2项、“十大地质找矿成果”2项。入选科睿唯安(原汤森路透)“高被引科学家”5人,爱思唯尔“高被引学者”9人,入选ESI高被引论文作者61人。学校主办的《地球科学》(中文版)被国际著名检索系统EI Compendex收录,《地球科学学刊》(英文版)被国际著名检索系统SCIE收录,《中国地质大学学报》(社会科学版)进入CSSCI。

学校坚持立足湖北和长江经济带,面向全国,大力推进政产学研合作,积极服务行业、区域和地方经济社会发展。学校与武汉市人民政府联合组建武汉地质资源环境工业技术研究院,采用市场化运营模式,搭建创新创业生态系统,着力促进科技成果转化,服务国家创新驱动战略。学校还在“珠三角”和“长三角”地区分别建立产学研平台和产业孵化基地(深圳研究院、浙江研究院)。

国际交流

学校积极开展对外学术、科技和文化交流,先后与美国、法国、澳大利亚、俄罗斯等国家的100多所大学签订了友好合作协议。2012年成立由我校发起,联合斯坦福大学、麦考瑞大学、滑铁卢大学、香港大学、牛津大学等12所世界知名大学组建“地球科学国际大学联盟”,联盟高校在地学领域通过资源共享、交流合作,实现人才培养和科技创新的发展共赢。近年来,学校公派出国访问、留学,攻读硕士、博士学位的师生每年900余人次,邀请来校访问、讲学、与会的境外专家每年400余人次。

以学校为支撑建立了美国布莱恩特大学孔子学院、美国阿尔弗莱德大学孔子学院、保加利亚大特尔诺沃大学孔子学院。拥有“中美联合非开挖工程研究中心”等6个国际科研合作中心。贯彻落实习近平总书记构建人类命运共同体的理念,服务国家“一带一路”建设,设立“丝绸之路学院”“约旦研究中心”和“丝绸之路地质资源国际研究中心”。2019年,“中国-上海合作组织地学合作研究中心武汉学院”落户学校。2021年学校正式加入中国南南合作网,成为湖北地区高等院校的首例。加入中国南南合作网,将进一步促进学校在亚非拉等发展中国家开展长期研究实践与国际教育,将加强学校与“一带一路”沿线国家和地区的国际科技交流合作。

中国地质大学(武汉)章程

序 言

中国地质大学(武汉)前身是创建于

1952 年的北京地质学院，1960 年成为全国重点院校。1970 年，学校整体迁至湖北办学，更名为湖北地质学院。1974 年，学校定址武汉，更名为武汉地质学院。1987 年，国家教育委员会批准组建中国地质大学，武汉、北京两地办学，总部在武汉。1997 年，学校成为国家“211 工程”重点建设高校。2000 年，学校由国土资源部划归教育部主管。

学校坚持谋求人与自然和谐发展，为解决国家和人类社会面临的资源环境问题提供高水平的人才和科技支撑，在建成地球科学一流、多学科协调发展的高水平大学的基础上，努力建设成为国内外知名的研究型大学，致力于实现地球科学领域世界一流大学的办学目标。

第一章　总　则

第一条　为保障学校依法自主办学，建设现代大学制度，依据《中华人民共和国教育法》《中华人民共和国高等教育法》等法律法规，立足学校实际，结合改革发展需要，制定本章程。

第二条　学校中文名称为：中国地质大学(武汉)，简称：地大，英文名称为：China University of Geosciences；缩写：CUG。学校网址为 http://www.cug.edu.cn。

第三条　学校法定住所地为：湖北省武汉市洪山区鲁磨路 388 号。学校根据事业发展需要，经举办者或主管部门同意，可新建或者调整校区。

第四条　学校是国家举办、国务院教育行政部门主管的具有独立法人资格的非营利性事业单位，由国务院教育行政部门与国土资源部门、湖北省人民政府依据合作协议共同建设。

第五条　举办者和主管部门对学校进行宏观指导、依法监督，为学校提供办学经费，保障学校办学的基本条件，任免学校负责人，支持学校依照法律法规和学校章程自主办学，保护学校的合法权益；确定学校的分立、合并与终止。

第六条　学校坚持社会主义办学方向，全面贯彻国家教育方针，以立德树人作为办学的根本任务，以人才培养、学术研究、社会服务、文化传承与创新为基本职能，根据法律法规及本章程的规定制定学校事业发展战略、专项发展规划和规章制度，自主管理，推动学校各项事业协调发展，主动接受社会监督和评价。

第七条　学校围绕学科前沿和经济社会发展的需求，不断优化资源配置，努力构建以地球科学为主导，多学科相互支撑、协调发展的学科生态系统。

第八条　学校以实施普通高等教育为主，稳步发展继续教育，积极拓展中外合作办学，努力培养“品德高尚、基础厚实、专业精深、知行合一”的高素质人才。

第九条　学校的校训是“艰苦朴素，求真务实”。

第二章　治理结构

第一节　领导体制

第十条　学校依法实行中国共产党中

国地质大学（武汉）委员会（以下简称学校党委）领导下的校长负责制。

第十一条 学校党委是事业发展的领导核心，统一领导学校工作，支持校长依法独立行使职权并开展工作。

第十二条 学校党委由党员代表大会选举产生，党委常委由党委全委会选举产生，每届任期5年。

第十三条 学校党委依法履行下列职责：

（一）宣传和执行党的路线方针政策，以及上级组织和本级组织的决议，依靠全校师生员工推进学校科学发展，培养德智体美全面发展的社会主义事业建设者和接班人；

（二）审议确定学校基本管理制度，讨论决定学校改革发展稳定以及教学、科研和行政管理中的重大事项；

（三）讨论决定学校中层组织机构设置及其负责人人选，按照干部管理权限，负责干部的选拔、教育、培养、考核和监督，负责领导班子建设、干部队伍建设和人才队伍建设；

（四）领导学校的思想政治工作和德育工作，促进和谐校园建设；

（五）领导学校的工会、共青团、学生会等群众组织和教职工代表大会；

（六）做好统一战线工作；

（七）法律和党内法规规定的其他职责。

第十四条 党委书记、副书记根据法规和党内规定产生。党委书记主持学校党委的全面工作，党委副书记协助党委书记工作。

第十五条 校长是学校的法定代表人，由符合法定任职条件的中国公民担任，按照国家有关规定产生，由国务院教育行政部门任命。

第十六条 校长全面负责学校的教学、科学研究和行政管理工作，依法行使下列职权：

（一）拟订发展规划，制定具体规章制度和年度工作计划并组织实施；

（二）组织开展学科建设、教学活动、科学研究、社会服务、文化传承创新、人才队伍建设、思想品德教育、国际交流与合作等活动；

（三）拟订学校组织机构的设置方案，按有关规定推荐副校长人选，按干部管理权限任免学校组织机构负责人；

（四）依照法律法规和学校规定聘任与解聘教职工，对学生进行学籍管理，实施奖励或者处分；

（五）拟订和执行年度经费预算方案，保护和管理学校资产，筹措办学经费，维护学校的合法权益；

（六）行使学校教育教学和行政管理等其他相关职权。

第十七条 学校按国家有关规定和程序设副校长若干人，协助校长行使职权。根据办学需要可设校长助理若干人。

第二节 决策和监督机制

第十八条 学校党委全委会、党委常委会、校务会依照议事规则履行职责，对学校重大决策、重要人事任免、重大项目安排和大额资金使用等重大问题和事项进行集体决策。

第十九条　学校党委全委会是学校的最高决策机构，按照民主集中制原则进行决策。

第二十条　学校党委全委会由党委书记召集，每学期至少召开一次，如遇重大问题可随时召开。学校党委委员1/2以上到会，党委全委会方能召开。重大议题和中层正职干部任免事项，出席人数需达到应出席人数的2/3以上，采取无记名投票表决方式作出决定，以赞成票超过应出席人数的1/2为通过。

党委全委会闭会期间，党委常委会作为常设机构行使其职权。

第二十一条　党委常委会由学校党委常委组成，可根据会议内容确定列席人员。

学校党委常委会由党委书记或其委托的副书记主持，一般每两周召开一次，如遇重要情况可随时召开。学校党委常委1/2以上出席方可召开常委会。讨论机构设置、任免中层干部等重要事项应有2/3以上的党委常委出席。

党委书记按照民主集中制原则作出决定。会议决策中意见分歧较大的一般应暂缓决策；干部任免表决采取票决制，以赞成票超过应出席人数的1/2为通过。

第二十二条　校务会是校长在学校党委领导下依法独立行使职权、对重要行政事项进行研究和决策的议事形式。校务会的组成人员为校长、副校长、校长助理以及校长指定的职能部门负责人。党委书记、党委副书记、党委常委可根据议事需要参加。

校务会一般每两周召开一次，如遇重要事项可随时召开。校务会应有1/2以上成员到会方可召开。校长在充分听取各方面意见的基础上作出决定；议题意见分歧较大或调研论证不充分的，应暂缓决策。

第二十三条　中国共产党中国地质大学(武汉)纪律检查委员会是学校党内监督机构，在学校党委和上级纪委领导下，维护党的章程和其他党内法规，检查和监督学校各级组织落实党的路线、方针、政策和决议的执行情况，协助学校党委加强党风建设和组织协调反腐败工作。

第二十四条　学校设立行政监督机构，在校长领导下对学校组织机构及其工作人员遵守国家法律法规、政策和贯彻执行学校规章制度、决议、决定情况进行监督检查，对廉政、效能、信息公开等进行监察，受理投诉举报、来信来访，并依法调查处理，纠正损害师生员工权益的行为。

第三节　组织机构

第二十五条　学校根据实际和需要，自主设置教学科研单位、职能部门、直属单位和非常设机构等内部组织。中层组织机构的设置、撤并经充分论证后由学校党委会研究决定。其中，教学科研单位的设置、撤并须经学术委员会论证与审议。

第二十六条　教学科研单位主要包括学院(课部)和具有独立建制的科研机构，由学校根据学科专业发展和科学研究需要设置，是学校组织实施办学活动的基本单位。

第二十七条　学院(课部)在学校授权范围内享有组织办学活动、学术管理、人事管理和资源配置等权利,组织实施学科专业、师资队伍、科研平台等方面的建设工作,可根据需要设置系、所、中心、室等教学和学术机构,报学校备案并接受评估与检查。

具有独立建制的科研机构,参照学院(课部)管理模式、依照学校授权自主管理。

第二十八条　院长(主任)是学院(课部)的行政负责人,全面负责学科建设、教育教学、科学研究、师资队伍建设及其他行政管理事务。学院(课部)党委(党总支部)负责党建与思想政治工作,发挥政治核心作用。学院(课部)重大事项实行党政联席会议集体决策制度。

第二十九条　系是学院(课部)领导下的基层教学科研组织,其主要职责是制定和落实人才培养方案,强化教学管理,推动教学改革;加强师资队伍和学术平台建设,开展学术交流与合作。

系主任是教学管理、专业和学科建设的具体组织者,由学院(课部)党政联席会议决定并报学校任命。

第三十条　职能部门根据学校党的工作和行政管理工作需要设置,主要承担学校党政工作的管理、服务等职责。职能部门实行部门领导负责制,重大事项由领导集体讨论决定。

第三十一条　直属单位根据学校办学活动需要设置,为教学科研工作和师生员工学习、工作与生活提供保障服务。直属单位实行领导负责制,重大事项由领导集体讨论决定。

第三十二条　学校根据需要设立或撤销非学术性的非常设机构。

第四节　学术组织

第三十三条　学术委员会是学校最高学术机构,统筹行使学术事务的决策、审议、评定和咨询等职权。

第三十四条　学校下列事务决策前,应当提交学术委员会审议或作出决定:

(一)学科、专业及教师队伍建设规划,以及科学研究、对外学术交流合作等重大学术规划;

(二)自主设置或者申请设置学科、专业;

(三)教学科研机构设置方案,交叉学科、跨学科协同创新机制的建设方案、学科资源的配置方案;

(四)教学科研成果、人才培养质量的评价标准及考核办法;

(五)学位授予标准及细则,学历教育的培养标准、教学计划方案、招生的标准与办法;

(六)学校教师岗位(职务)聘任的学术标准与办法;

(七)学术评价、争议处理规则,学术道德规范;

(八)学术委员会专门委员会组织规程,学术分委员会章程;

(九)学校认为需要提交审议的其他学术事务。

第三十五条　学校实施以下事项,涉及

对学术水平作出评价的，应当由学术委员会或者其授权的学术组织进行评定：

（一）学校教学、科学研究成果和奖励，对外推荐教学、科学研究成果奖；

（二）各类学术、科研基金、科研项目等的遴选；

（三）需要评价学术水平的其他事项。

第三十六条　学校作出下列决策前，应当通报学术委员会，由学术委员会提出咨询意见：

（一）制订与学术事务相关的全局性、重大发展规划和发展战略；

（二）学校预决算中教学、科研经费的安排；

（三）开展中外合作办学、赴境外办学，对外开展重大项目合作；

（四）高层次人才的选拔与引进、名誉教授的聘任等；

（五）学校认为需要听取学术委员会意见的其他事项。

学术委员会对上述事项提出明确不同意见的，学校应当作出说明、暂缓决策或暂缓执行。

第三十七条　学术委员会主要由不同学科、专业的教授及具有正高级专业技术职务的人员组成，其中45岁以下的优秀青年教师比例应不低于10%。

学术委员会委员分为职务委员、教授委员、特邀委员、学生委员。担任学校及职能部门党政领导的职务委员，不超过委员总人数的1/4；不担任党政领导职务及学院主要负责人的专任教师，不少于委员总人数的1/2。可根据需要确定特邀委员和学生委员。

教授委员和学生委员经自下而上的民主推荐、公开遴选等方式产生候选人，由民主选举等程序确定。

学术委员会委员由校长聘任，实行任期制，任期4年，连任最长不超过2届。学术委员会每次换届，连任委员人数不超过委员总数的2/3。

第三十八条　学术委员会主任委员由校长提名，学术委员会审议通过，校务会审定。副主任委员由主任提名，学术委员会审议通过。

学术委员会设立秘书处，处理学术委员会的日常事务。

第三十九条　学术委员会下设学科建设委员会、教学工作指导委员会、科学技术委员会、学术道德委员会等专门委员会，具体承担相关学术事务。专门委员会主任由学术委员会主任提名学术委员会委员担任，专门委员会会议通过，校务会审定。

各学院（课部）设置学术分委员会。学术分委员会统筹基层学术事务的决策、审议、评定、咨询等事宜，向学术委员会报告工作，接受学术委员会的指导和监督。

第四十条　学术委员会每学期至少召开1次全体会议。议事决策实行少数服从多数的原则，与会委员超过2/3方能开会，重大事项应当以与会委员的2/3以上同意，方可通过。

第四十一条　学校依法设立学位评定委员会。学位评定委员会负责审议博士、硕士学位授权点的设置、撤销，审议博士生导师资格,依法履行学位授予等相应职责。

第五节　民主管理

第四十二条　坚持民主管理,重大决策须广泛听取师生员工意见。通过不断完善教职工代表大会制度、学生代表大会制度,充分发挥群众组织的桥梁纽带作用和民主党派、无党派人士的建言献策作用,为师生员工参与民主管理、实施民主监督创造条件。

第四十三条　学校依法制订教职工代表大会规则,保障教职工参与学校民主管理和监督的权利。

第四十四条　教职工代表大会由具有正式人事关系的教职工代表组成。

第四十五条　教职工代表大会的主要职责:

(一)听取学校章程草案的制定和修订情况报告,提出修改意见和建议;

(二)听取学校发展规划、教职工队伍建设、教育教学改革、校园规划以及其他重大改革方案的报告,提出意见和建议;

(三)听取学校年度工作、财务工作、工会工作报告以及其他专项工作报告,提出意见和建议;

(四)讨论通过学校岗位设置管理办法、人事分配制度改革方案;

(五)审议上一届(次)教职工代表大会提案的办理情况报告;

(六)通过多种方式对学校工作提出意见和建议,监督学校规章制度和决策的落实,提出整改意见和建议;

(七)讨论法律法规、规章制度规定的以及学校与工会商定的其他事项。

教职工代表大会的意见和建议,应以会议决议的方式作出。

第四十六条　教职工代表大会休会期间,学校重大决策须充分听取和征求教职工代表大会执行委员会的意见。

第四十七条　学校工会是学校党委和上级工会组织领导下的教职工自愿参加的群众组织,按照《中华人民共和国工会法》和《中国工会章程》开展工作,履行工会职责,参与学校管理与监督。

第四十八条　学校建立健全两级教职工代表大会制度和工会组织。

第四十九条　学校妇女委员会是学校党委和上级妇委会组织领导下的女教职工和女学生自愿参加的群众组织,按照《中华全国妇女联合会章程》开展工作,履行妇委会职责。

第五十条　学校民主党派的基层组织依照各自章程开展活动,参与学校管理与监督。

第五十一条　学校共青团组织在学校党委和上级团组织的领导下,围绕中心工作,加强大学生思想政治教育、服务青年学生成长成才、促进校园文化建设。学校支持共青团按照团章独立自主地开展工作,充分保证其工作正常开展的需要。

第五十二条　学生代表大会在学校党委领导和团委指导下,依照《中华全国学生联合会章程》开展工作。

学生代表大会的主要职责:

（一）审议通过学生委员会工作报告；

（二）审议通过学生委员会工作方针和任务；

（三）选举产生新一届学生委员会；

（四）形成关于学校管理和发展事项的提案；

（五）制定和修订学生代表大会章程；

（六）讨论法律法规规定的应由学生代表大会决定的其他事项。

学生代表大会闭会期间，由学生会、研究生会主持其日常工作。

第五十三条　学生会、研究生会是学生自我服务、自我管理、自我教育的主体组织，是学校联系广大学生的主要桥梁和纽带，可通过学生代表大会提案机制、校领导接待日和学生组织负责人列席学校相关会议等方式，参与学校民主管理。

第五十四条　学校有关学生教育和发展的重要制度和改革措施应当向学生通报并征求意见。

第六节　社会监督与参与

第五十五条　学校建立健全信息公开制度，通过发布教学质量报告、就业质量报告等各种形式，主动接受社会监督，为社会力量参与学校管理创造条件。

第五十六条　学校设立理事会作为支持学校发展的咨询、协商、审议与监督机构。理事会是学校实现科学决策、民主监督、社会参与的重要组织形式和制度平台。

第五十七条　理事会由学校联合相关政府部门、行业主管部门以及行业大型骨干企业和事业单位代表、社会知名人士、著名学者、企业家和知名校友等组成，根据其章程开展工作。

第三章　办学活动

第一节　人才培养

第五十八条　学校的基本教育形式为全日制本科生教育和研究生教育，兼顾继续教育。

学校依照国家法规和政策，制订学历、学位授予标准与办法，对符合条件的申请者授予相应的学历、学位证书。

学校根据法律法规、社会需求和办学条件，自主调整办学规模、结构和学科专业设置，确定和调整学历教育修业年限。

第五十九条　学校建立学科专业动态调整机制，优化学科专业结构，持续提高学科专业水平。

第六十条　人才培养方案制定、调整需在充分调研社会、行业需求以及学科发展的基础上，由学校统一组织，各系具体论证，学术分委员会与专门委员会审议，学术委员会或学位评定委员会审定。

第六十一条　学校建立毕业生培养质量社会反馈机制和教育教学质量保障体系。校、院、系三级教学管理组织按照各自的权限和职责实施质量监督。

第六十二条　学校积极开展教学改革与实践。不断优化教学内容和课程体系，完善教学评价标准，创新教学模式，优化教学活动的反馈及改进机制。

第六十三条　学校加强教学实验室与校内外实习(实践)基地建设,推动第一课堂与第二课堂、教学与科研、理论与实践紧密结合,培养学生的实践能力和创新能力。

第六十四条　学校充分借鉴国际先进教育理念,利用国外优质教育资源,积极推动与国外高水平大学学分互认、学生互换和联合培养,着力培养具有国际视野和竞争力的高素质人才。

第六十五条　学校根据经济社会需求和人才成长规律,通过基地班、实验班、科教结合协同育人等举措,形成以提高创新能力为导向的"学术型"人才培养模式;通过"卓越工程师计划"、校地、校企联合培养等举措形成以提高实践能力为导向的"应用型"人才培养模式,努力提高本科生培养质量。

第六十六条　学校建立并完善以提升创新能力为目标的学术学位研究生培养模式和以提升实践与创业能力为导向的专业学位研究生培养模式,提高研究生教育教学水平。

第六十七条　学校积极发展国际学生教育,培养知华、友华的高素质国际学生。

第六十八条　学校完善包括现代远程教育、成人教育、高等教育自学考试和非学历培训在内的继续教育体系。

第二节　学术研究

第六十九条　学校坚持科技兴校,追求学术卓越,围绕学科前沿和经济社会发展的重要需求,凝练学术方向,汇聚学术资源,推动学术创新。

第七十条　学校制定学术发展战略,注重基础研究和应用研究,强化学科特色,加强原始创新,提升科技创新能力,促进各学科协调发展。

第七十一条　学校建立健全学术管理体制和以绩效考核为主线的多元学术评价体系,为学术创新人才、团队成长创造良好的条件。

第七十二条　学校强化学术创新基地建设,建立开放共享、布局合理、保障有力、高效运行的学术创新平台体系。

第七十三条　学校弘扬科学精神,倡导学术自由和学术民主,加强学术规范和学术道德建设,杜绝学术不端行为。

第三节　社会服务

第七十四条　学校坚持协同创新,努力在地质勘探、防灾减灾、环境保护、信息、材料等领域为行业进步和经济社会发展提供科技和人才支撑,并致力于发挥智库作用。

第七十五条　学校采用项目合作、资源共享、技术转移等多种方式,大力推进科技成果的转化与应用。

第四节　文化传承与创新

第七十六条　学校积极培育和践行社会主义核心价值观,把"谋求人与自然和谐发展"的理念融入办学活动全过程,把培育科学精神和人文素养等作为大学文化建设的重要任务,积极引领社会风尚,推动社会主义先进文化的传承创新。

第七十七条　学校充分发挥文化育人

功能，构筑特色鲜明的大学文化体系，促进师生的全面发展。

第七十八条　学校深入开展可持续发展、生态文明等理论的创新研究，积极参与国家文化事业发展，向社会公众传播人与自然和谐发展理念、地球科学科普等知识。

第七十九条　学校积极传播中华民族优秀传统文化，加强国际理解教育，推动跨文化交流。

第四章　学　生

第一节　招生与学籍

第八十条　学生是指按照国家招生政策被学校依法录取、取得入学资格、有学籍的受教育者。

第八十一条　学校根据社会需求、办学条件和国家核定的办学规模，制订招生方案，自主调节系科招生比例。

第八十二条　学校设立招生委员会，制定招生制度，规范招生程序，监督招生过程，审核年度招生方案，按照公开、公平、公正原则，依法依规招收各类学生。

第八十三条　学生按规定办理注册，取得学籍。学校依照规定为学生办理休学、转专业、转学、退学、毕业等手续。

第二节　权利与义务

第八十四条　学生在校期间享有下列权利：

(一)平等接受学校教育，利用学校公共教育资源，参加教育教学活动；

(二)公正获得学业及思想品德评价，获得满足学业条件相应的学历学位证书；

(三)获得在国内外深造学习和参加学术文化交流活动的机会；

(四)获得荣誉和奖学金、助学金、助学贷款等资助的机会；

(五)依照法律规定参加社会服务、勤工助学，发起成立、参加学生团体；

(六)参与学校民主管理和教职工评价，对学校教育教学、改革发展等提出意见和建议；

(七)对涉及自身利益的相关决定表达意见和提出申诉；

(八)法律法规规定的其他权利。

第八十五条　学生在校期间应履行下列义务：

(一)遵守学校的各项规章制度；

(二)参加学校教育教学活动，完成规定学业；

(三)遵守行为规范、学术规范，恪守学术道德；

(四)尊敬师长，养成良好的思想品德和行为习惯；

(五)按规定缴纳相关费用，履行获得奖励资助约定的义务；

(六)爱护学校提供的设备和设施；

(七)珍惜学校声誉，维护学校利益；

(八)法律法规规定的其他义务。

第三节　管理与服务

第八十六条　学校坚持以学生为本，建立健全学生服务体系，为学生学习、生活提供必需的条件保障,并根据办学能力不断改善学习生活环境。

第八十七条　学校按照相关规定,支持学生成立学生组织和社团。学生组织和社团依法依规开展活动。

第八十八条　学校支持学生开展有益身心健康的学术、科技、文艺、体育等活动,并提供相关条件。

第八十九条　学校建立科学的学生评价机制,对在思想道德、学业成绩、科学研究、体育锻炼、创新创业、服务社会等方面表现优异的学生集体和个人给予表彰奖励,对违法违纪的学生集体和个人依法依规给予处分、处理。

第九十条　学校在学生学业、就业、创新创业、职业发展、心理健康等方面提供指导和服务,为家庭经济困难学生提供适当帮助。

第四节　权益保障

第九十一条　学校建立学生权益保障机制,设立学生申诉处理机构,维护学生正当权益。

第九十二条　学生对学校的处理或处分决定有异议,有权向学校申诉机构进行申诉,学校按照申诉程序受理学生申诉。

第五章　教职工

第一节　遴选与聘任

第九十三条　教职工是指教师、其他专业技术人员、管理服务人员、工勤技能人员。

第九十四条　学校按照“科学设岗、总量控制、按岗聘用、规范管理”的原则,实行岗位设置管理制度;依据岗位职责、任职条件和程序公开招聘、自主聘任(聘用)各类人员。

第九十五条　学校成立教师岗位聘任委员会、专业技术岗位聘任委员会、管理岗位聘任委员会、工勤技能岗位聘任委员会,组织实施岗位聘任工作。

第二节　权利与义务

第九十六条　教职工享有以下权利:

(一)教师依法自由选择学术方向,按照岗位要求和任务,自主开展教学和科学研究;

(二)根据工作职责和贡献,依法获得相应薪酬、医疗、休假、保险等待遇,使用学校的公共资源,公平获得自身发展所需的机会和条件;

(三)公正获得评价,公平获得各级各类奖励及各种荣誉称号;

(四)知悉学校改革、建设和发展以及关系切身利益的重大事项,参与民主管理和监督,对学校工作提出意见和建议;

(五)对岗位聘任(聘用)、待遇、评优评奖、纪律处分等涉及切身利益的相关决定,有权表达异议,提出申诉,并请求处理;

(六)法律法规规定及聘用合同约定的其他权利。

第九十七条　教职工应履行下列义务:

(一)遵守学校规章制度和教师职业道德规范;

（二）贯彻国家教育方针，掌握本岗位工作技能，认真履行岗位职责，不断提高教学质量、科研水平、管理能力、服务质量；

（三）尊重和爱护学生，为人师表，坚持教书育人、管理育人、服务育人；

（四）制止有害于学生的行为或者其他侵犯学生合法权益的行为，批评和抵制有害于学生健康成长的现象；

（五）珍惜学校荣誉，维护学校利益；

（六）法律法规规定及聘用合同约定的其他义务。

第九十八条　教职工符合国家规定的退休（退职）条件的应当退休（退职），退休（退职）后享受政策规定的待遇。

第三节　管理与服务

第九十九条　学校坚持人才强校战略，注重培养和引进高层次人才，建设高水平师资队伍。

第一百条　学校建立健全符合现代大学制度要求的人事管理制度。实行教职工分类管理，明确岗位职责，实行年度考核和聘期考核，考核结果作为聘任、晋升和奖惩的依据。

第一百零一条　学校建立与学校发展水平相适应的教职工薪酬福利制度。

第一百零二条　学校建立健全教职工发展促进制度，完善教职工职业生涯发展支持体系。

第一百零三条　学校建立奖惩制度。对在办学活动中作出突出成绩与贡献的教职工给予表彰和奖励；对违反法律法规、规章制度和聘任（聘用）合同规定的教职工，依法依规进行处理。

第一百零四条　学校依据法律和双方约定的协议等，对讲座教授、兼职教授、名誉教授、客座教授、在站博士后、进修教师等其他非学校正式教职工进行管理，提供服务。

第四节　权益保障

第一百零五条　学校依法建立教职工权利保障和救济机构，维护教职工合法权益。

第一百零六条　教职工对学校的处理或处分决定等有异议，可通过教职工申诉机构进行陈述、申辩和提起申诉。学校按照申诉程序受理教职工申诉。

第六章　校友与国内外合作

第一节　校友及校友会

第一百零七条　学校校友是指 1952 年建校以来在校学习过的各种层次、各种类型的学生和学员，学校授予的名誉博士，学校聘请的讲座教授、客座教授、名誉教授、兼职教授和在校工作过的教职工。

第一百零八条　学校加强与校友的联系与交流，支持校友事业发展，鼓励校友参与学校建设。

第一百零九条　学校设立校友会。校友会依据国家有关规定及其章程开展活动。

第二节　教育发展基金会

第一百一十条　学校设立教育发展基

金会。教育发展基金会是具有独立法人资格的非营利性组织，是学校接受社会捐赠的主体。

第一百一十一条　教育发展基金会加强与境内外企事业单位、社会团体和个人的联系与合作，接受社会各界的捐赠，依法管理基金，接受监督。

第三节　国内外交流与合作

第一百一十二条　学校积极利用、整合行业与社会资源，广泛参与和推动政产学研用合作。

第一百一十三条　学校加强与地方和企业的合作，促进学校与区域经济社会的协同发展。

第一百一十四条　学校与国内高水平大学和科研机构开展深度合作，推动协同育人和科教资源共享。

第一百一十五条　学校坚持国际化办学，加强与国际高水平大学和科研机构、企业的合作与交流，提高师资队伍国际化水平，提升科技创新能力和人才培养质量。加强对外汉语教学与师资队伍建设，推进孔子学院建设。

第七章　基础条件与保障体系

第一节　校园规划与建设

第一百一十六条　学校依法依规编制、修订校园规划与建设方案。校园规划与建设方案未经规定程序不得修改。

第一百一十七条　学校校园建设坚持以人为本、保护环境、科学布局、统筹规划的原则，合理利用校园资源，加强基础设施建设，积极构建智慧校园、生态校园和人文校园。

第二节　财务管理

第一百一十八条　学校经费来源主要包括财政补助收入、事业收入、上级补助收入、附属单位上缴收入、经营收入和其他收入。

第一百一十九条　学校积极拓展办学经费来源，构建以财政拨款为主、多渠道筹措办学经费为辅的工作机制。

第一百二十条　学校建立健全各项财务管理制度，实行预决算管理，强化财务运行管理，提高资金使用效益。

第一百二十一条　学校依法依规建立审计监督和经济责任制等内部控制制度，做好财务信息公开工作，接受有关部门和社会各界的监督。

第三节　资产管理

第一百二十二条　学校国有资产是指学校占有、使用的，在法律上确认为国家所有、能以货币计量的各种经济资源的总称，其表现形式为流动资产、固定资产、在建工程、无形资产和对外投资等。

第一百二十三条　学校实行“统一领导、归口管理、分级负责、责任到人”的国有资产管理体制，依法使用和管理国有资产。

第一百二十四条　学校建立健全国有资产管理制度，合理配置、有效使用和规范处置国有资产，推行绩效评价和成本分担机制，提高国有资产使用效益。

第一百二十五条　学校依法保护和利用专利权、商标权、著作权、土地使用权、非专利技术、校誉等无形资产。

第一百二十六条　学校对利用国有资产对外投资等形式形成的国有资产依法合理经营，实现国有资产的保值增值。

第四节　馆藏资源及信息化建设

第一百二十七条　图书馆、博物馆、档案馆、校史馆作为学校的馆藏资源中心，为学校事业发展提供支撑服务，为社会提供公共服务。

第一百二十八条　学校加强对各类馆藏资源的收集、管理与利用，运用信息化手段实现各类馆藏资源的共知、共建和共享。

第一百二十九条　学校大力建设教育教学、科学研究与管理服务信息化保障体系，提升信息技术服务学校发展的能力。

第五节　后勤保障

第一百三十条　后勤保障以服务学校中心工作为根本任务，强化服务意识和成本意识，科学管理，不断提高服务水平。

第一百三十一条　学校加强对医疗、学前与基础教育、饮食、房产等公共资源的合理配置与利用，为教学、科研及师生员工生活提供公共服务。

第八章　学校标识

第一百三十二条　学校校徽由中英文校名、学校成立时间、地质锤、罗盘、放大镜、地球等元素构成(如下图)：

第一百三十三条　学校校标为长方形，分为教职工和学生两种，教职工校标为红底白字，学生校标为白底红字(如下图)：

教师徽章

学生徽章

第一百三十四条　学校校旗为蓝色底与红色底两种，中央为“中国地质大学”中英文全称与校徽的标准组合。

第一百三十五条　学校校歌为《勘探队员之歌》。

第一百三十六条　学校校庆日为 11 月 7 日。

第九章　附　则

第一百三十七条　章程草案经学校教职工代表大会审议、校务会通过、党委全委会审定，报国务院教育行政部门核准后，由学校予以发布。

第一百三十八条　章程如需修订，由学校教职工代表大会 1/5 以上代表或校务会提议，党委常委会同意后修订。

章程修订案的审核程序依据第一百三十七条的规定执行。

第一百三十九条　章程是学校依法自主办学、实施管理和履行公共职能的基本准则。学校各单位、全体师生员工都必须以章程为根本活动准则，并且负有维护章程尊严、保证章程实施的职责，接受社会监督。

第一百四十条　本章程由学校党委负责解释。

第一百四十一条　本章程经国务院教育行政部门核准，自发布之日起实施。

学校机构简介

教学与科研机构（20个）	管理与服务机构（33个）
地球科学学院/资源学院/材料与化学学院/环境学院/工程学院/地球物理与空间信息学院/海洋学院/机械与电子信息学院/自动化学院（信息技术教学实验中心）/经济管理学院（MPAcc教育中心、MBA教育中心）/外国语学院（教育部出国留学培训与研究中心）/地理与信息工程学院/数学与物理学院/珠宝学院/公共管理学院（MPA教育中心）/计算机学院/体育学院/艺术与传媒学院/马克思主义学院/教育研究院	学校办公室（党委办公室、校长办公室、保密委员会办公室、综合改革与政策法规办公室、维护稳定工作办公室、督查督办工作办公室）/党委组织部（党委党校、机关党委）、党委统战部/党委宣传部/纪委办公室（监察处、党委巡察办公室、监督检查室）/本科生院（党委学生工作部、党委武装部、李四光学院）/研究生院（党委研究生工作部）/学生就业指导处/科学技术发展院（先进技术研究院、地球科学科普研究与创作中心、学术委员会办公室）/发展规划与学科建设处/人力资源部（党委教师工作部、党委人才工作办公室）/财务与资产管理部（国有资产监督管理委员会办公室、国有经营性资产监督管理委员会办公室、采购与招标管理中心）/实验室与设备管理处/国际合作处（港澳台事务办公室、国际教育学院、孔子学院工作办公室、丝绸之路学院、中约合作办学办公室）/校友与社会合作处（深圳研究院、浙江研究院）/校园规划与基建处/信息化工作办公室/审计处/离退休工作处、离退休工作党委/安全保卫部/后勤保障部、后勤党委/未来城校区管理办公室/资源环境科技创新基地暨新校区建设指挥部/校庆工作办公室/工会/团委/远程与继续教育学院（自然资源管理学院）、远程与继续教育学院党总支部/高等研究院（地质过程与矿产资源国家重点实验室、生物地质与环境地质国家重点实验室、国家地理信息系统工程技术研究中心、湖北巴东地质灾害国家野外科学观测研究站、地质调查研究院、紧缺战略矿产资源协同创新中心、地质探测与评估教育部重点实验室、沉积盆地与能源资源重点实验室（筹）、纳米矿物材料及应用教育部工程研究中心）、高等研究院党委/图书档案与文博部、图书档案与文博党委/出版社、出版社党总支部/期刊社、期刊社党总支部/武汉中地大资产经营有限公司、武汉中地大资产经营有限公司党总支部/医院、医院党总支部/附属学校、附属学校党总支部

Nianjian

党建与思想政治工作

党的领导与党的建设

【概况】

2021年，在党中央、教育部党组和湖北省委的坚强领导下，学校领导班子团结带领广大师生员工，以习近平新时代中国特色社会主义思想为指导，贯彻落实党的十九大和十九届历次全会精神，深入学习贯彻习近平总书记在党史学习教育动员大会、庆祝中国共产党成立100周年大会、党的十九届六中全会上的重要讲话精神，加强党的全面领导，坚持社会主义办学方向，以“整改落实年”为年度主题，深入开展党史学习教育，落实立德树人根本任务，谋划“十四五”事业发展蓝图，推进深化改革，各项事业取得新进展，学校呈现良好的发展态势。

【坚持和加强党的全面领导，以高质量党建引领保障高质量发展】

学校党委以深入开展党史学习教育为契机，加强党的全面领导，构建高质量党建工作体系，强化思想引领，为发展奠定思想基础扎实；强化主体责任，开创“十四五”发展新局；扎实开展“办实事”，凝聚发展强劲动力，构建高质量育人体系，把牢发展根本任务；服务国家重大战略，彰显发展成效，以高质量党建引领保障学校事业发展。

1.扎实开展党史学习教育。学校党委将党史学习教育作为重要政治任务，紧扣“学党史、悟思想、办实事、开新局”总体要求和“学史明理、学史增信、学史崇德、学史力行”目标任务，扎实推进各项工作。一是加强领导、全面部署。成立党史学习教育领导小组，印发“党史学习教育实施方案”，细分党史学习教育对象，细化66项工作清单，明确全年重点任务。二是强化组织，分类推进。学校党委先后召开党委常委会、推进会、领导小组办公室会，确保党史学习教育各项任务落地落实。校领导班子带头示范领学，通过党委理论学习中心组开展集体学习13次，举办寒、暑假专题读书班，讲授专题党课30余次;各级党组织及全体师生跟进学,导学、讲学、研学、比学、践学、督学,形成了立体化、多形式的学习局面,举办全校性党史学习教育专题讲座16场,累计培训5000余人次。面向校领导、中层干部、机关科级干部、党外人士、教工支部书记、校内挂职干部、学生党支部书记等7类群体共计950余人次开展6类专题培训,累计学习38 800学时。三是突出特色,融合开展。注重将“四史”与地大创校史相衔接,讲好地大红色人物爱国奋斗故事,通过新华网、人民网等平台展播《池际尚:大师风范》《党的女儿》《攀登》《我读党史》等专题片,制作《中国,需要地质人》微视频,举办“与党同行 初心如磐”办学成就展等,引导广大教师牢记为党育人、为国育才初心使命。注重将身边人、身边事与时代发展结合,讲好成才报国故事。上好“红色党史大课”“四史思政大课”“奥运思政大课”“抗疫思政大课”,举行多场展览、征文、汇演活动,激励学生铸牢报国情怀。注重将学科特色与“国之大者”相结合,实施“大学生长江大保护行动计划”等,组建50支社会实践重点团队和1200余支社会调查小分队,1万余名师生奔赴长江流域各地开展主题教育活动,以青春绘就长江大保护最亮底色。四是落脚力行,办好实事。学用结合,以学促用。学校党委坚持把学习转化作为落脚点,做好党史学习教育“下半篇”文章,挂图作战确保办实事成效。围绕师生聚焦、师生关心的问题,各级党组织通过建台账、列清单、明责任、盯进度、促落实,在“干实事、解难事、谋大事、创新事、长本事”上下功夫,用心用情用力解决师生的困难事、群众的烦心事。抓好原汉口校区教职工房改房征收重启及职工安置工作,解决教职工二期住宅办证难题,实现教职工三期住宅如期交房,梳理优化414项服务流程,实现128项业务线上办理,开展全覆盖的专题防骗教育,完善校领导带班制度,建立机关部门领导干部值班制度,建设计算机学院职工之家,优化研究生教育管理制度流程,提升两校区管理服务能力,搭建离退休服务管理信息化新平台,设立绿色通道做好贴心服务,开展上门核酸采样、走访慰问生病老人、爱心便民服务、防诈知识讲座、金婚银婚摄影留念、书画影艺作品展等10余项活动,在办实事、解难题、送便利、暖人心方面取得一定成效。

2.坚决认真落实巡视、审计整改任务。把巡视、审计整改一体推进,形成问题清单、责任清单、整改清单,明确整改时限,推动整改方案和台账事事有回音、件件有落地。一是压实责任,严格整改。把握整改工作的总体进度、紧盯整改的关键环节,常委会、校务会定期听取巡视、审计整改进展情况汇报,及时加强督促整改。针对共性普遍存在的问题,先后召开全体中层干部会、二级党组织书记会、党委部门工作会等传导压力、压实责任。对照整改方案和台账,每月督办整改进展,对已经完成的整改措施,持续完善、深化成果,对未完成的整改举措,倒排时间、挂图作战,完成一项销号一项,形成层层抓整改、事事有人改、时时推整改的局面。推进整改。二是有机结合,务实整改。针对具体整改任务,先后召开巡视整改重要问题专题会、整改任务相关工作会,聚焦问题、深入研究剖析拿出具体举措,有机融入班子队伍建设、全面从严治党、深化改革,治理能力提升等正在做的工作,产生了实效。针对巡视反馈意见中指出的4个方面、33项需要整改的问题,提出122项整改措施,已完成120项,2项措施持续推进中,完成率98.36%。校长经济责任审计发现的7类33个问题中,28个问题已完成整改,其余5个问题正在整改,整改完成率为84.85%。三是实地督查,巩固成果。开展"回头看"和"点穴式"监督检查,由整改工作办公室牵头组建督查工作组,深入二级单位开展专项督查,实地查看巡视整改工作进度和工作成效,强化整改落实工作日常监督,巩固深化巡视整改成果。

3.党的创新理论武装头脑持续加强。深入学习贯彻习近平新时代中国特色社会主义思想和党的十九大精神和十九届六中全会精神,党委对学校工作的全面领导持续加强,坚持把方向、管大局、作决策、抓班子、带队伍、促改革、保落实,书记、校长履行第一责任人职责,严格执行新形势下党内政治生活若干准则,严肃党内政治生活;不断强化理论武装,制订党委理论学习中心组学习计划,组织校党委理论学习中心组深入学习研讨,以多种形式组织开展党委理论学习中心组学习。强化日常交流提醒机制,发放学习记录本,编印29期《理论学习》、13期《党史学习教育简报》,提供学习服务支持,推动学习系统化、制度化、常态化,大力营造深学的学习氛围,不断提高领导班子和领导干部政治素质、理论水平和领导能力。学思践悟相结合,坚持"两个确立"、做到"两个维护",不断从百年党史中汲取智慧和力量,弘扬伟大建党精神,坚持和发展党的百年奋斗历史经验,坚持社会主义办学方向,坚持和完善党委领导下的校长负责制,自觉践行"一线规则",落实请示报告制度,认真落实党政议事规则,严格执行"三重一大"制度,全年召开党委常委会15次,校务会议11次,领导班子成员按照分工认真履行职责。

4.新时代党的组织路线落到实处。学校汇聚13个党群部门、31个二级党组织,468个党支部,10 617名党员,371名党务工作和专职思想政治工作者的力量,形成了"突出一个统领,瞄准两项目标,抓好三支队伍,推进四级联动,强化五个聚焦"的总体思路抓牢抓实党建工作。一是聚焦功能强组织。突出二级党组织政治功能作用发挥,积极推进二级党组织"五个到位"建设,修订印发《中国地质大学(武汉)学院党委会会议议事规则》《中国地质大学(武汉)学院党政联席会议议事规则(修订)》,建立定期研究部署推进党建工作常态化机制,调整二级党组织设置,按期开展党组织换届大会。推进内设管理与服务机构设置改革,精简13个管理与服务机构。开展年度党组织书记抓基层党建述职评议考核,以评促建提升党建工作质量。二是聚焦关键强队伍。扎实推进选人用人问题整改落实,所有问题基本整改到位。着力加强干部队伍建设战略谋划,构建以"铸魂、提质、壮腰、强基"4项工程、"培育、激励、监督、责任”4项体系为核心的干部队伍建设四梁八柱。进一步完善选任制度和工作规范，修订《中层领导干部选拔任用工作办法》《三级、四级职员岗位聘任暂行办法》《组织员工作管理办法(修订)》。扎实做好中层干部选拔任用工作，推动干部队伍结构持续优化，持续加强学院行政领导班子建设，完成3个学院开展行政领导班子换届，提任学术岗位中层干部17人(正职8人，其中校外引进5人、副职9人)。有序完成78名中层岗位干部轮岗交流(正职27人、副职51人)，新提任中层干部7人(正职4人、副职3人)，完成2名中层正职和12名中层副职干部试用期满考核，完成7名中层正职和11名中层副职跨岗或跨单位兼任职务。不断优化干部教育培训体系建设，多层次分类别完成干部培训任务，全年度校外培训253人次、校内培训科级以上干部5600人次、线上培训960人次。多措并举持续加强年轻干部培养使用，加强不同领域、不同岗位之间干部双向交流，选派青年干部参与干部考察、校内巡察、民主生活会督导等专项工作，积极推荐青年教师和干部到校外借调、挂职、任职。三是聚焦标准强基础。不断强化党支部和党员作用发挥，进一步规范党支部建设，制定《关于进一步加强和改进党支部建设的实施办法》，落实校院党委班子成员联系指导师生党支部制度。深入推进教师党支部书记“双带头人”培育工程建设，有效落实“双带头人”激励保障措施。加强党员志愿服务队建设，带动党员下沉社区，学校党委获评洪山区2020年度“最佳下沉单位党组织”。着力提升发展党员质量，强化过程管理，完善发展党员工作培训体系，完成党员发展培增计划和党员管理工作，圆满完成发展党员倍增至3100人的政治任务。四是聚焦特色强品牌。着力探索党建工作创新实践，持续开展党建示范创建与质量创优，学校党委和2个学院党委、6个师生党支部参加教育部评选，培育校级“标杆院系”4个、“样板支部”28个。鼓励各学院党委积极探索“党建＋教学科研＋基地(团队)”创新模式，继续推进实施“结对领航”工程，完善“党建＋共建”创新实践，加入左岭街道“大工委”，参加关山街道区域化党建会议和左岭“基层党建共同体”联合主题党日。举行庆祝中国共产党成立100周年主题党日活动暨“七一”表彰大会，表彰“先进基层党组织”50个、“优秀共产党员”86名、“优秀党务工作者”20名。6个党组织获评“湖北省高等学校先进基层党组织”，1名党员获评“湖北省优秀共产党员”，5名党员获评“湖北省高等学校优秀共产党员”，6名党员获评“湖北省高等学校优秀党务工作者”，环境学院党建工作案例入选2019—2020年度“湖北十大党建案例”。

5.全面从严治党向纵深推进。学校制定《党建、思政和全面从严治党工作清单》《“清廉地大”建设实施方案》《关于加强二级党组织全面从严治党“四责协同”机制的实施办法》，进一步推动“四责协同”、一体落实。学校召开全面从严治党工作会，提高政治觉悟，加强政治建设，扎实推动“两个维护”具体化。推动学校各级党组织主体责任、书记第一责任人责任、班子成员“一岗双责”与纪委监督责任一体落实。开展党风廉政建设宣传教育月活动和“清廉地大”建设工作，推动干部清廉担当、教师清正从教、学生清新向学。完成第六、七轮对基层党组织的校内巡察，开展前3轮12个单位的巡察整改深化工作，全面加强政治监督，落细日常监督，持续加强对选人用人、考试招生、财务管理、科研经费、基建后勤、校办企业、附属医院、合作办学、学术不端、采购招标等10个重点领域和关键环节的监督检查，实事求是运用“四种形态”，严肃执纪问责，加强纪检监察干部队伍建设，推动双重领导制度化、具体化。

6.有效衔接脱贫攻坚与乡村振兴。强化组织领导，建立健全帮扶长效工作机制，将“脱贫攻坚领导小组”调整为“乡村振兴与定点帮扶工作领导小组”，形成“统一领导、归口管理、分级负责、协同配合”工作模式。召开全校脱贫攻坚总结表彰暨乡村振兴工作推进会，全面总结经验、凝聚共识、推进部署帮扶工作。党委常委会、校务会多次听取帮扶工作专题汇报，专题研究定点帮扶和乡村振兴工作，分管校领导每周调度定点帮扶工作，及时协调解决各类问题，保障了各项任务的顺利推进。加大帮扶力度，巩固拓展脱贫攻坚成果，均达到或超额完成年初上级要求的帮扶责任目标和任务。依托学校组织、学科、人才和智力优势，结合帮扶县自然资源禀赋和实际需求，大力开展组织、产业、人才、文化、生态五大振兴工程。发挥学校学科、科技、教育优势，深入推进科技帮扶施甸富硒产业、竹山绿松石产业，教育帮扶施甸二中、竹山秦古中心学校，积极参与教育部“银龄讲学”专项工作，全力对口帮扶滇西应用技术大学珠宝学院、塔里木大学、西藏山南市东辉中学，顺利完成对口援建恩施州巴东县、宜昌市夷陵区湖北省“616”工程等。学校先后与湖北恩施等8个市县共建“乡村振兴学校实践育人基地”，共有70余支社会实践团队，1000余人次开展驻村实践活动。竹山县扶贫工作队被评为“湖北省脱贫攻坚先进集体”。

7.进一步压实意识形态责任，严守意识形态阵地。制定印发《意识形态工作责任制实施细则》，修订《网络意识形态工作责任制实施办法》，实行意识形态清单管理，建立主体责任清单、工作责任清单，健全党委统一领导、党政齐抓共管、宣传部门组织协调、有关部门分工负责的意识形态工作格局。强化意识形态工作巡察，加强课堂教学、哲学社会科学类讲座、学术会议、社团活动、橱窗展板、图书出版、国际合作领域意识形态阵地管理，严格执行“一会一报”“一事一报”制度，强化审批环节。加强地大隧道创意作品指导监管，完成隧道壁画整改。做好网络舆情管控，推进学校网络评论员队伍建设，严把信息发布关，落实新媒体平台责任监管。组织开展干部媒介素养培训，增强舆情应对处置能力和网络舆论引导能力。组建学校舆情工作专家队伍，规范突发舆情应对处置工作流程，加强网络平台工作人员队伍建设与管理，加强敏感时期、关键对象、重大事件舆情监控。加强融媒体内容供给、形式创新和传播拓展，开展我为师生办实事、卓越教学团队、地大红色故事、党史学习教育系列宣传报道，受到社会、校友、师生好评关注。

8.平安校园建设稳中向好。持续加强制度保障，及时修订调整安全管理、值班备勤、请假报备、自查巡查、应急处置、信息报送等维稳工作制度。持续完善学校突发事件应急预案，建立健全安全稳定风险隐患排查、矛盾纠纷排查调处、重大事项稳定风险评估等工作机制。完善"学校——二级单位——具体岗位"多级联动的安全稳定工作体系，全面落实目标管理责任，强化责任督查督导，重点做好政治安全、经济安全、学业和就业、心理健康、公共安全、网络安全等方面工作，稳妥处置各类应急突发事件。定期组织召开维稳工作会，加强形势研判，部署维稳工作，落实工作任务，明确工作要求。认真抓好重点人教育管理，对重点人员和特殊群体实行"一对一"帮教管控。完善校园安防设施，加强师生安全教育。完善人防、物防、技防措施，加强监控、指挥系统建设，对校园安防设施进行改造升级，重点部位的技防设施安装率、完好率达到95%以上；强化国家安全、政治安全、消防安全、交通安全、食品安全、网络安全等宣传教育，组织开展校园消防安全演练，协调相关部门认真开展思想政治、法治、安全防范、自救互救等教育。强化风险隐患排查整改，持续加强与属地联动联防联治协同工作。开展校园安全专项整治行动，积极配合上级有关部门和属地政府专题调研、重点督查、常态化督查和联合排查整治工作，全年累计开展安全风险隐患排查10余次，重点部门开展专项整治行动。加强与省市区街道四级地方政府和国安、公安、教育行政等职能部门的沟通协调，建立和完善信息通报渠道。细致做好信访接待工作，及时化解矛盾纠纷，积极回应解决师生诉求，维护师生合法权益。学校连续6年获评"湖北省平安校园"。

9.扎实开展统战、群团、保密等工作。组织统一战线"百年华诞　同心祝福"活动，召开党外代表人士庆祝中国共产党成立100周年座谈会，开展"重温多党合作光荣历史提升咨政建言能力水平"论坛活动，引导党外代表人士自觉同以习近平同志为核心的党中央保持高度一致，进一步增强"四个意识"，坚定"四个自信"，做到"两个维护"。坚定与中国共产党想在一起、站在一起、干在一起，做中国共产党的好参谋、好帮手、好同事。引导学校各民主党派基层组织加强以思想建设为核心的自身建设，团结动员广大成员不忘多党合作建立初心，发挥新型政党制度优势，不断提高履职能力水平。举办高层次人才及党外代表人士红色教育实践培训班，组织开展统一战线"学党史、强信念、跟党走"专题研修活动。健全完善党外人士工作机制，密切与党外人士之间的联系，畅通建言献策渠道，切实支持民主党派(统战团体)加强自身建设，引导完成学校6个民主党派基层组织(民革、民盟、民建、民进、致公党、九三学社)换届工作。民盟地大委员会被民盟省委会评为先进集体。依法依规落实完成洪山区人大代表换届选举工作，区、市代表委员换届工作。持续开展年度师生信教情况调研，开展少数民族学生党史学习教育"十个一"行动、"民族团结一家亲"文化展演活动、法制安全教育、学生骨干培训班等工作，持续推动民族团结进步创建工作，促进各民族学生交流交往交融。激发团组织活力，深入推进青马工程建设，健全育人体系，坚持榜样引领，2人获评"中国大学生自强之星"，1人获评"湖北青年五四奖章"，2人获评2021年"中国电信奖学金"，1人入选联合国青年外交官计划，3人入选"湖北省大学生骨干班"。坚持党建引领，推进团学改革落实落细。成立校院两级学生会和研究生会临时党支部，成功召开共青团中国地质大学(武汉)第十六次代表大会、第二十一次学生(研究生)代表大会。当好桥梁纽带，引导青年学生助力学校建设发展，夯实校领导接待日和学代表提案等有效途径，全年开展5期校领导接待日、2期师生午餐会。强化学生社团规范建设管理，鼓励支持学术型社团发展，逸夫科普讲解队获评2020年"全国高校百强学生社团"，1人当选"2021湖北省十佳科普使者"。认真落实保密工作责任制，落实保密归口管理和机要通信管理，开展涉密人员的教育培训，提高保密安全意识，组织保密自查自评，全年无失泄密事件发生。

(撰稿：王珩；审稿：李周波)

思想建设

【概况】

学校党委高度重视宣传思想工作，认真学习贯彻《中国共产党宣传工作条例》，强化政治意识、责任意识、阵地意识和底线意识，以习近平新时代中国特色社会主义思想为指导，增强"四个意识"，坚定"四个自信"，做到"两个维护"，在思想政治工作、新闻宣传、文化建设、舆论引导等方面，牢牢把握"开启新征程、开创新局面"的主基调，大力营造共庆中国共产党百年华诞浓厚氛围，深入开展党史学习教育活动，巩固和发展文明校园创建成果，积极推进师德师风建设，强化媒体融合和意识形态阵地管理。2021年，全校上下唱响师生爱党、爱国、爱社会主义的时代主旋律，思想政治工作扎实推进，文化建设融入工作全局；一批新闻和文化作品，在全国全省评比中获奖。

【深入开展党史学习教育】

强化思想引领，加强顶层设计。坚持把"学党史、悟思想"作为重中之重，学校成立党史学习教育领导小组，党委书记、校长任组长，印发《中国地质大学(武汉)关于深入推进党史学习教育　开展庆祝中国共产党成立100周年系列活动的实施方案》，细分党史学习教育对象，细化66项工作清单，明确全年重点任务，明晰阶段工作任务。按照党史学习教育的不同阶段要求，学校党委理论学习中心组第一时间开展集体学习，形成多层次、全覆盖的热潮。校领导班子带头示范，加强自学研学互学，举办专题读书班，在党史中汲取新时代改革发展经验智慧，校党委书记、校长带头上好学生思政"第一课"和"最后一课"，带头讲党课10余次，校领导班子成员共讲授专题党课30余次，书记、校长学习习近平总书记"七一"重要讲话精神和党的十九届六中全会精神体会在《光明日报》《微言教育》《中国教育报》上刊登。讲好地大红色校史，将“四史”与地大创校史相衔接，校党委理论学习中心组赴鄂豫皖苏区首府开展红色研学，组织120名党务干部赴红安开展首届党建工作暨党史学习教育培训班，发布《工作提示》，强化领导干部“六个一”、师生党员“四个一”。及时向教育部、湖北省报送半月报和特色案例60余篇，党史学习教育经验被新华网、人民网、光明网、高校思政网等媒体报道100多次，在教育部简报、湖北省简报刊发20多篇。

深入开展教育培训，强化全体师生理论武装。邀请专家教授来校作专题报告，举办全校性党史学习教育专题讲座16场，累计培训5000余人次。选派32名中层干部参加上级调训和培训班。面向校领导、中层干部、机关科级干部、党外人士、教工支部书记、校内挂职干部、学生党支部书记等7类群体共计950余人次开展6类专题培训，累计学习38 800学时。处级及以上党员干部讲党课500余场次，党支部书记(委员)讲党课1500余场次。开办两级党史学习教育专题读书班，举办党史学习教育专题辅导报告、党史学习教育心得交流会及专题党课，推动领导干部落实“六个一”要求，人均撰写理论文章1篇以上。统筹安排、全面部署、及时深入学习宣传党的十九届六中全会精神，推动六中全会精神学习全覆盖，邀请湖北省委常委、组织部部长李荣灿等4位专家来校宣讲六中全会精神，举办“湖北省重点马克思主义学院院长论坛”深化六中全会精神研究诠释，通过主题党日等多种形式深入开展六中全会精神学习。

培育良好师德，推动学风建设。选树“首届湖北省杰出人才奖”获得者殷鸿福院士(地球科学学院)、“山水教授”李长安(地理与信息工程学院)、86岁国家自然科学基金获得者陈崇希(地球科学学院)、三八红旗手”王红梅教授(环境学院)、湖北青年五四奖章获得者宋海军(地球科学学院)、让“疯狂石”变“幸福石”的杨明星教授(珠宝学院)、接连发现世界古鱼类新物种的学子刘一龙(地球科学学院)以及发现世界首个龟胚胎的学子柯宇铮(地球科学学院)、援藏教师陈红兰(附属学校)、扶贫路上践行初心使命的校友张立吉、书写矿难救援奇迹的校友肖明国、用四十年青春书写女地质工作者家国情怀校友张妍等一众先进典型，对广大教职工、学子、校友的先进事迹进行广泛宣传。

学习党史校史，传承红色基因。注重将“四史”与地大创校史相衔接，学习强国等平台推送地大红色人物爱国奋斗故事9篇，新华网展播《池际尚：大师风范》，人民网展播《我读党史》系列网剧，湖南卫视展播《党的女儿》，湖北卫视展播《攀登》，制作《中国，需要地质人》微视频，印制123篇《地大战“疫”故事》，持续开展讲好“红色记忆”育人故事、“青春向党”励志故事，举办建党百年办学成就展、各类文艺汇演等，在讲述地大红色校史中深化党史教育。

积极组织“我为师生办实事”活动。聚焦学校改革发展任务和师生“急难愁盼”问题出实招、解真难，把党史学习教育实效转化为解决学校困阻塞梗的强大动力。把办实事与提升学校治理能力有机结合。制定“干实事、解难事、谋大事、创新事、长本事”工作台账，校领导领衔办实事13项，其中解难事6项、干实事5项、创新事1项、谋大事1项，推行“工作项目化、项目清单化、清单责任化”，扎实推进研究型大学建设。截至2021年底，31个分党委（党总支部）建立“学党史、助发展、开新局”工作台账149项，已完成130项，完成率87.2%，从办事机制、环境整治、安全保障等多个方面全力为师生办实事、解难题。党支部建立“学党史、践承诺、见行动”服务事项1264项，截至2021年底，已完成1187项，完成率93.9%，用心用情用力解决师生的困难事、群众的烦心事。

【理论武装】

强化理论武装主体责任。制订党委理论学习中心组学习计划，组织校党委理论学习中心组深入学习研讨，制定《党史学习教育监督检查方案》，组建4个监督检查工作组，结合学校党委政治巡察工作，分阶段进行监督检查和工作指导，形成了从制定方案到监督检查、过程指导以及效果评估的全过程管理和推进。采取“自学＋集中学”“学习＋研讨”、专家讲授等丰富多彩的形式，注重专题学习与解决工作实际问题相结合，一体化推进“导学、讲学、研学、比学、践学、督学”，教育引导全体党员干部、师生员工用习近平新时代中国特色社会主义思想武装头脑、指导实践、推动工作。

强化专题理论学习部署。印发《关于学习贯彻习近平总书记在庆祝中国产党成立100周年大会上的重要讲话精神的通知》《关于学习贯彻党的十九届六中全会精神的通知》，开办两级党史学习教育专题读书班、举办党史学习教育专题辅导报告及专题党课，召开理论学习中心组集体学习12次，采购习近平同志《论中国共产党历史》等指定学习资料，发放学习记录本，组织党员干部逐篇研读。编印校院中心组29期《理论学习》，党史学习教育13期《简报》。将习近平总书记重要讲话精神和全会精神作为党史学习教育重要内容，邀请党史学习教育中央宣讲团、延安干部学院、井冈山干部学院等专家教授来校作专题报告，2021年举办全校性党史学习教育专题讲座15场，累计培训5000余人次。

中国地质大学（武汉）组建“美丽中国讲师团”，坚持理论与实践并重，教师与学生协同，线上与线下结合，用生动鲜活的学习宣传形式推动全会精神“在身边”，打通理论宣讲“最后一公里”。领导干部、支部书记、专家学者、青年师生、离退休老同志齐上阵，人人争当宣讲员、人人争做践行者，通过剖析政策“众”宣讲、结合理论“深”宣讲、讲述故事“微”宣讲，推动全会精神“讲在身边”，营造“千人千讲”热烈氛围。

立足学科特色，夯实组织基础，开展“百团百场”融入式学习、体验式传播，让受众“身临其境”学精神。学生社团致敬百年风华，通过角色扮演将党史故事“演出来”；学生党支部结合学科实际，通过情景展演将教育报国故事“讲出来”；学生党员深学细悟，通过知识竞答将全会精神“答出来”；青年师生挖掘红色校史，通过故事讲述将红色血脉

“传下去”。

结合湖北省“理论热点面对面”示范点建设、“大学生长江大保护行动计划”、支教和志愿服务等开展“五送六进”活动，送理论到基层、送党课到支部、送服务到企业、送法律到乡村、送知识到田头，推动全会精神进农村、进社区、进工厂、进企业、进校园、进网络，真正将全会精神“送到群众身边”。学校师生走进乡镇礼堂、走进中小学校、深入田间地头，面向党员干部、学生和村民开展分众化、入户式宣讲，用“党言党语”“群言群语”“青言青语”推动全会精神“飞入寻常百姓家”；通过讲述环保故事、开展知识竞赛，激发中小学生生态保护意识，引导学生“把江豚的微笑留住”。

校长王焰新入选“中宣部2021基层理论宣讲优秀个人”，5名专家入选湖北省委宣讲团，2名青年教师入选湖北省“青年宣讲团”，“红色之声”宣讲团队获评2021年湖北新时代文明实践志愿服务项目金奖。

【思想政治工作】

深化“三全育人”改革，全面提高人才培养能力。召开学校思想政治工作体系构建研讨会，制定《党建、思政和全面从严治党工作清单》，加快构建“全程贯通、空间联通、队伍互通、内容打通、评价融通”的“三全育人”工作格局，工作卓有成效，并被新华社《瞭望》等媒体深度报道。

持续完善思想政治工作体系。加强对人才培养工作的领导，成立人才培养工作领导小组，对学校各层次各类别人才培养工作中的专业教育和党建思想政治教育实施顶层设计、统筹协调、督促落实。实施管理与服务机构改革方案，组建本科生院、优化研究生院、成立高等研究院，进一步贯通关键育人链条。持续优化本硕博贯通培养，推动招生—培养—就业联动工作机制；严格学业标准，从党建、思政、科研、双创等多个维度，完善学生成长荣誉体系等，激发学生自主意识，引导学生健康成长。

加强思政课程和课程思政建设。制定并完善《中国地质大学(武汉)马克思主义理论学科特区建设方案》《中国地质大学(武汉)课程思政建设实施方案》，组织师生同上“四史思政大课”“奥运思政大课”“抗疫思政大课”，升华师生爱国主义热情。2021年“地球科学概论”“工程伦理”2门课程入选首批“全国课程思政示范项目”，打造了5个“湖北省高校思政课名师示范课堂”，2个团队获评课程思政教学名师和团队。涌现出奥运冠军、国家奖学金获奖学生代表等学生典型，地大学子在奥运会全运会、国际“互联网+”大赛、国际大学生程序设计竞赛、中国智能制造挑战赛、全国大学生数学建模竞赛等重大赛事中斩获20余枚金牌(特等奖或一等奖)。地大学子连续8年登上央视舞台，以青春之名迎接建党百年，绽放青春光彩。

【意识形态工作】

加强意识形态阵地管理。加强课堂教学、哲学社会科学类讲座、学术会议、社团活动、橱窗展板、图书出版、国际合作领域意识形态阵地管理，严格执行“一会一报”“一事一报”制度，强化宣传阵地意识形态内容审批管理。加强地大隧道创意作品指导监管,开展隧道壁画整改工作,持续提升文化景观正向引导功能。强化意识形态工作巡察,对学校出版社开展图书出版意识形态工作巡察,完成省委宣传部“质量管理2021”相关出版图书审查工作。

做好网络舆情精准管理。先后修订《意识形态工作责任制实施细则》《网络意识形态工作责任制实施办法》,实行意识形态清单管理,建立主体责任清单、工作责任清单,健全党委统一领导、党政齐抓共管、宣传部门组织协调、有关部门分工负责的意识形态工作格局。起草舆情应对处置、网络评论员队伍管理、校内新媒体平台管理等办法,严把信息发布关,落实新媒体平台责任监管。组织开展干部媒介素养培训,增强突发舆情应对处置能力和网络舆论引导能力。组织开展学校舆情工作专家库人选推荐工作,初步组建学校舆情工作专家队伍。规范突发舆情应对处置工作流程,加强网络平台工作人员队伍建设与管理,加强舆情监控,全年学校未出现重大舆情,为学校事业发展营造了良好的舆论环境。

(撰稿:许小康;审稿:魏海勇)

组织建设

【概况】

全校共有分党委(党总支部)31个(分党委24个、党总支部7个),其中教学科研机构党委(党总支部)21个,管理与服务机构党委(党总支部)10个。各分党委(党总支部)下设党支部511个,其中在职教职工党支部162,离退休人员党支部22个,流动党员党支部3个,本科生党支部94个,研究生党支部230个。共有党员11 105名,其中在职教职工党员2647名(占在职教职工总数的76.3%),本科生党员2584名(占本科生总数的14%),研究生党员4800名(占研究生总数的38.08%),离退休党员742名,其他党员332名(毕业生党员、出国境党员、挂靠党员等)。全年共发展党员3150名,其中学生党员3125名(研究生党员1205名,本科生党员1920名),教职工党员25名。转正党员1300名,其中学生党员1289名,教职工党员11名。

全校共有二级单位53个,其中学院20个,管理与服务机构33个;学校领导班子成员10人,中层管理干部280人,其中处级领导干部275人(处级正职87人、处级副职193人),外派挂职干部5人。

全校处级干部中,55岁以上干部占总数的11.4%;45~55岁干部占43.6%;35~44岁干部占45.4%;35岁以下干部占3.6%;具有硕士及以上学位的干部占总数的92.1%;具有副高及以上专业技术职务的干部占总数的65.1%;中层女干部占总数的20.7%;党外干部占总数的9.3%。

【开展党史学习教育和庆祝中国共产党成立100周年系列活动】

组织师生党支部开展5次党史专题学习,推进落实党员“四个一”[读一本党史著作、写一篇读书笔记、参观一次党史纪念馆

(展览)、看一部党史电影(剧)]。做实"我为群众办实事",31个二级党组织建立"学党史、助发展、开新局"工作台账149项,师生党支部建立"学党史、践承诺、见行动"服务事项1264项,6345名党员开展"承诺践诺"活动。严肃开展党史学习教育专题组织生活会,党支部提出整改事项1051项,党员制定承诺事项3606项。开展"党旗在基层一线高高飘扬"活动,处级党员领导干部讲党课320余场次,党支部书记(委员)讲党课660余场次,组织近600名新党员代表集体宣誓,各二级党组织新党员入党集中宣誓全覆盖。举行"奋斗百年路　启航新征程"庆祝中国共产党成立100周年主题党日活动,教育引导全体师生党员切实做到"学史明理、学史增信、学史崇德、学史力行"。动员各级党组织制作示范微党课26部在全校范围内展播,为134名党龄达到50年的老党员颁发"光荣在党50年"纪念章。

【加强基层党组织和党员队伍建设】

深入推进组织体系建设。落实《中国共产党普通高等学校基层组织工作条例》,积极推进二级党组织"五个到位"和党支部"七个有力"。优化二级党组织设置,设立体育学院党委、图书档案与文博党委,成立高等研究院党委、教育研究院党总支部、远程与继续教育学院党总支部,确保党组织政治功能有效发挥。完善二级党组织党政议事规则,修订印发《学院党委会会议议事规则》《学院党政联席会议议事规则》,指导各二级党组织完成修订工作。纵深推进党建工作落细落实,部署推动2021年度党建工作各项重点任务。组织开展2020年度党组织书记抓基层党建述职评议考核,督促抓好问题整改落实。指导资源学院党委等8个二级党组织开展换届工作,指导高等研究院等3个单位开展选举工作,完成5个二级党组织纪委书记调整和5个二级党组织委员补选工作。协调联系教育部高校党建联络员来校参加党建工作相关会议、活动8次,报送学校党建工作文件、资料21份。

不断强化党支部和党员作用发挥。制定并印发学校《关于进一步加强和改进党支部建设的实施办法》,分类建立教工党支部和学生党支部考核评价指标体系,建立校院党委班子成员联系指导师生党支部制度。鼓励支持师生党支部设置创新,加强校学生会、研究生支教团、实践教学基地、地质调查基础理论培训班临时党支部建设。深入推进教师党支部书记"双带头人"培育工程建设,在职称评定、干部选拔等方面有效落实"双带头人"激励保障措施,激发调动教师党支部书记工作积极性、主动性。加强党员志愿服务队建设,组织50名党员干部组成党员应急突击队,引领带动1969名在职党员下沉所在社区开展志愿活动,累计组织学校下沉党员参与核酸检测、火车站迎新、疫苗注射志愿服务工作1044人次,学校党委获评洪山区"最佳下沉单位党组织"。完善党员"政治生日"仪式,引导党员回顾入党初心,时刻牢记党员身份,积极为学校改革创新发展贡献力量。推动主题党日与"三会一课"深度融合,更新改版《党支部工作记录本》,2021年统一部署开展支部主题党日活动10次(表1)。

表1 中国地质大学（武汉）2021年党支部“支部主题党日”活动主题及要求

时间安排	学习主题（学校统一的自选动作）及要求	
	教职工党支部	学生党支部
3月25日	1.党史学习教育动员（学习贯彻习近平总书记在党史学习教育动员大会上的重要讲话精神，研究讨论党支部学习教育工作安排）； 2.学习习近平总书记在全国脱贫攻坚总结表彰大会上的讲话精神； 3.学习2021年全国两会精神和习近平总书记在全国两会期间重要讲话精神	1.党史学习教育动员（学习贯彻习近平总书记在党史学习教育动员大会上的重要讲话精神，研究讨论党支部学习教育工作安排）； 2.学习习近平总书记在全国脱贫攻坚总结表彰大会上的讲话精神； 3.学习2021年全国两会精神和习近平总书记在全国两会期间重要讲话精神
4月29日	1.学习贯彻习近平总书记在视察清华大学时的重要讲话精神； 2.学习贯彻习近平总书记对打击治理电信网络诈骗犯罪工作作出的重要指示精神； 3.党员不能信教专题教育； 4.巡视整改检视自查； 5.党史学习教育专题学习	1.学习贯彻习近平总书记在视察清华大学时的重要讲话精神； 2.学习贯彻习近平总书记对打击治理电信网络诈骗犯罪工作作出的重要指示精神； 3.党员不能信教专题教育； 4.巡视整改检视自查； 5.党史学习教育专题学习
5月27日	1.学习《中国共产党普通高等学校基层组织工作条例》； 2.党史学习教育专题学习； 3.学习袁隆平同志先进事迹； 4.巡视整改检视自查内容学习	1.学习《中国共产党普通高等学校基层组织工作条例》； 2.党史学习教育专题学习； 3.学习袁隆平同志先进事迹； 4.巡视整改检视自查内容学习
6月29日	庆祝中国共产党成立100周年主题党日活动	庆祝中国共产党成立100周年主题党日活动
7月1日	1.集中观看庆祝中国共产党成立100周年大会； 2.开展交流讨论	1.集中观看庆祝中国共产党成立100周年大会； 2.开展交流讨论
7月—8月	党史学习教育专题组织生活会	党史学习教育专题组织生活会

续表

时间安排	学习主题(学校统一的自选动作)及要求	
	教职工党支部	学生党支部
9月30日	1.学习贯彻第二十七次全国高校党的建设工作会议精神; 2.学习贯彻习近平总书记给全国高校黄大年式教师团队代表重要回信精神; 3.开展“纪法同行”集中学习活动	1.学习贯彻第二十七次全国高校党的建设工作会议精神; 2.开展“纪法同行”集中学习活动
10月28日	1.学习贯彻习近平总书记在中央人大工作会议上的重要讲话精神; 2.学习贯彻习近平总书记在中央人才工作会议上的重要讲话精神; 3.学习贯彻习近平总书记在纪念辛亥革命110周年大会上的重要讲话精神; 4.学习学校《“十四五”事业改革与发展总体规划》	1.学习贯彻习近平总书记在中央人大工作会议上的重要讲话精神; 2.学习贯彻习近平总书记在纪念辛亥革命110周年大会上的重要讲话精神; 3.学习学校《“十四五”事业改革与发展总体规划》
11月25日	学习贯彻党的十九届六中全会精神	学习贯彻党的十九届六中全会精神
12月30日	2021年度专题组织生活会和民主评议党员	2021年度专题组织生活会和民主评议党员

高质量完成党员发展培增计划和党员管理工作。组织召开新时代高质量党员发展和教育管理工作研讨会,圆满完成发展党员人数倍增至3100人的政治任务。加大在低年级大学生中发展党员力度,建立校院党委班子成员联系指导教师入党积极分子制度,学校在湖北省高校第九期“双带头人”教师党支部书记示范培训班交流高知群体发展党员工作经验。加强组织员队伍建设,修订并印发《组织员工作管理办法》,设立处级实职组织员,优化组织员管理和考核机制。着力提升发展党员质量,强化过程管理,完善发展党员工作培训体系,落实发展党员工作问题反馈和约谈机制。加强党员管理信息化建设,完成528名党员组织关系转入、1477名党员组织关系转出和210名党员组织关系校内转移工作,进一步规范党员组织关系回执管理。加强流动党员和出国(境)党员管理工作,严格执行专人负责、定期联系、加强教育、定期检查、半年上报的工作制度。

加大发展党员教育培训力度。贯彻落

实新时代党的建设总要求和新时代党的组织路线,通过组织集中培训,着力提高入党积极分子、发展对象理论水平和综合素质,以庆祝中国共产党成立100周年为契机,邀请校领导、职能部门负责人、校内外党史研究专家累计14人次为发展对象和积极分子讲授党史学习教育专题党课。2021年,通过线上线下相结合的方式,共举办入党积极分子班2期,培训入党积极分子5947名,由校领导讲授第一节专题党课,其余课程和考核由各分党校负责组织实施,各分党校培训合格名单报党委党校统一审核后颁发证书;共举办发展对象培训班6期,培训发展对象3486名,由党委党校组织培训12学时,各分党校组织培训12学时,最后由党委党校统一组织闭卷考试并颁发证书。选派1名教师参加湖北省发展党员示范培训,选派11名学生党员参加全国及湖北省高校大学生党员示范培训。

落实党内激励保障措施。开展2020—2021年度"两优一先"评选表彰,表彰"先进基层党组织"50个、"优秀共产党员"86名、"优秀党务工作者"20名。1名党员获评"湖北省优秀共产党员",5名党员获评"湖北省高等学校优秀共产党员",6名党员获评"湖北省高等学校优秀党务工作者",6个党组织获评"湖北省高等学校先进基层党组织"。认真做好走访慰问活动,共走访慰问获得党内功勋荣誉表彰党员21名、参与乡村振兴基层一线干部13名、老党员和老干部30名、生活困难党员96名。下拨二级党组织党建活动经费14.9万元,支持保障党支部开展相关活动,加强二级党组织党费和党建经费使用指导。持续为各二级党组织、党支部订购党建学习资料,保障党员学习常态化开展。

【大力开展党建示范创建与质量创优】

着力探索党建工作创新实践。持续开展党建"双创"工作,培育校级"标杆院系"4个、"样板支部"28个,学校党委入选"全国党建工作示范高校"培育创建单位,环境学院"张国旗班"党支部、工程学院勘察与基础工程系党支部入选"全国党建工作样板支部"培育创建单位。鼓励各学院党委积极探索"党建+教学科研+基地(团队)"创新模式,环境学院党建工作案例入选2019—2020年度"湖北十大党建案例"。推进实施教工党支部与学生党支部、班级"结对领航"工程,159个教工党支部参与立项。完善"党建+共建"创新实践,加入左岭街道"大工委",参加关山街道区域化党建会议和左岭"基层党建共同体"联合主题党日活动。

大力开展党建工作研究与宣传展示。开展2021年度学校党建研究课题申报,立项重点研究课题10项、一般研究课题20项。推进党建工作宣传报道与展示,2021年环境学院党委党建工作经验在《湖北党建》刊发,材化学院党委在湖北省《中国共产党普通高等学校基层组织工作条例》示范培训班作经验交流,地学院地质学国家基地班本科生党支部工作经验在《党员生活》刊发,经济管理学院经济学系党支部工作案例入选《高校教师党支部党建创新案例精选》。推荐1部作品参加第十六届全国党员教育电视片评审、7部作品参加第二十一届全省党员教育电视片评审，获评省一等奖1项、三等奖1项、优秀奖2项，其中1部微党课在湖北省高校大学生党员骨干培训班展示。

【加强干部队伍建设】

坚持以习近平新时代中国特色社会主义思想为指导，深入学习贯彻党的十九届六中全会精神，以习近平总书记关于干部工作重要论述为遵循，贯彻落实新时代党的组织路线，落细落实中共中央、教育部党组有关选人用人最新精神，结合教育部巡视、选人用人专项检查以及2020年度干部选拔任用“一报告两评议”反馈意见，加强干部工作谋划创新，进一步完善工作制度，多措并举，巩固深化选人用人问题整改成果，为建设忠诚干净担当的高素质专业化干部队伍、科学谋划和实施“十四五”规划以及全力做好常态化疫情防控提供了坚强的组织保障。

中层干部选拔任用总体情况。学校深入推进新一轮机构改革，共精简管理与服务机构14个，对干部职数进行结构上的调整，精简专职中层干部职数25个；同时根据事业发展需要，先后增加4个正职（校庆办常务副主任、浙江研究院院长、正处级专职组织员）、5个副职（校庆办副主任、浙江研究院副院长、副处级专职组织员、资产公司副总经理）岗位。1名中层正职干部提任副校长，2名中层干部调任武汉市工作，轮岗交流中层干部78人，新提任中层干部24人，27名中层干部通过试用期满考核正式任职，18名中层干部跨岗或跨单位兼任职务，18名中层干部因年龄、任期届满或工作需要等原因退出领导岗位。

压紧压实选人用人主体责任。强化理论武装，认真贯彻落实党的干部工作方针，把习近平总书记关于干部工作重要论述作为学校干部选拔任用工作的根本遵循，持续强化理论武装，筑牢思想基础。坚持党管干部原则，持续组织推进选人用人问题整改，教育部党组第八巡视组和选人用人专项检查组反馈意见指出的3个方面11项具体问题已全部整改到位。坚持把干部选拔任用工作作为学校“三重一大”决策事项，坚持落实干部工作领导小组制度，坚持充分酝酿、集体决策、全程监督，切实把党的全面领导贯穿到选人用人全过程、各方面。

不断完善干部工作制度。成立机构编制委员会，大力推进内设管理与服务机构设置改革，按照一类事项原则上由一个部门统筹、一件事情原则上由一个部门负责的原则，精简学校内设管理与服务机构和专职中层干部职数，按照上级文件精神和干部政策，探索设置处级专职组织员岗位。修订《三级、四级职员岗位聘任暂行办法》，完成1名三级职员和2名四级职员聘任。修订《中层领导干部选拔任用工作办法》，严格落实民主推荐工作标准和程序，严格执行“凡提四必”审核措施和公示公开制度，对干部人事档案、社会兼职严格审核把关。

持续优化班子结构。重视学院领导班子建设，督促指导工程、公管、体育3个学院开展行政领导班子换届，全年新提任6名院长、2名科研平台主任、9名副院长，其中校外引进学术岗位中层正职5人。认真组织开展学院学术岗位中层干部试用期满考核，2名院长和11名副院长通过考核全部正式任职。全年累计提任学术岗位中层干部17人（正职8人、副职9人），提任时平均年龄44.5岁，全部具有研究生学历。根据工作需要，交流3名院长到机关任职，因年龄或任期届满等原因，5名副院长退出领导岗位，学院行政干部队伍结构持续优化。

不断拓展干部培养渠道。聚焦战略发展需要，结合机构改革和干部调整，立足激发干部干事创业活力，交流14名机关干部到学院工作，交流9名学院干部到机关工作，交流13名行政干部到党务岗位，交流7名党务干部到行政岗位，18名中层干部跨岗或跨单位兼任职务。全年共协调选派超过100人次年轻干部参与学校"十四五"规划编制、干部考察、民主生活会督导、校内政治巡察等专项工作，新遴选2名中青年教师到团委、研工部挂职锻炼。新选派12名年轻干部到国家部委、地方政府部门及对口帮扶单位挂职或借调工作，推荐3名干部人才作为教育部驻外干部人选。

持续营造选人用人良好环境。严格落实干部任前谈话制度，重点加强选人用人纪律教育和保密教育。纪检监察部门全程参与干部选拔任用各环节工作监督及干部履职监督。党委组织部及时发布选拔任用有关工作通知、空缺岗位信息、考察预告及任前公示等。在谈话调研、会议推荐、干部考察等环节中，严格落实回避制度，严格执行书记、校长末位表态制。在2021年选人用人工作过程中，没有收到有关不正之风的反映。

不断提升干部履职尽责水平。广大中层干部坚持以上率下、以身作则，及时对标巡视与审计要求，持续狠抓问题整改落实和整改成果转化提升，引领带动广大党员下沉社区开展志愿活动，在党史学习教育中采取有力措施抓实"我为群众办实事"。2021年度中层领导干部个人有关事项报告随机查核一致率近年来首次实现100%，年度总体查核一致率超过91%，较往年有明显提升。制定《领导干部因私出国（境）证件管理办法》，修订《中层干部兼职管理办法》，严格落实审核审批、组织处置规范，完善管理台账。严格考核评价与结果运用，对年度考核、学院行政领导班子换届测评结果排位靠后的干部，及时逐一约谈提醒。有效落实援派挂职干部人才工作生活保障，1名在任扶贫干部高聘6级职员，实现现任6名扶贫干部单列指标高聘或分级聘用激励全覆盖。

持续优化干部教育培训体系。按照"3+12"党员干部分层分类教育培训体系，将培训主体班、专题班、远程在线学习、上级调训有效衔接，使其互为补充，建立以校内集中培训为主、组织调训及干部自学为辅的干部培训机制。2021年，选派校领导、中层干部33人参加组织调训；组织50名中层正职干部赴浙江大学开展研究型大学建设暨党史学习教育专题培训，组织120余名党务干部赴红安参加党建工作暨党史学习教育红安培训，组织50余人赴遵义参加第二期高层次人才及党外人士代表红色实践教育培训；围绕党史学习教育、全国"两会"精神、十九届六中全会精神、习近平总书记“七一”重要讲话精神、研究型大学建设、高等教育前沿、大学治理的理论与实践、融媒体建设等专题，组织校领导班子、全体中层干部、党务干部、党外代表人士、机关科级干部等群体开展校内集中教育培训 16 场；举办干部论坛 2 期，校外调训干部专题座谈会 1 场，参与干部 300 余人；组织校领导开展“学习贯彻党的十九届五中全会精神”“党史百年”专题网络培训，共计培训学时数 470 个；组织中层干部、机关科级干部、党外人士、教工支部书记、校内挂职干部、学生党支部书记、专兼职组织员等 7 类群体开展“党史百年”“扎实开展党史学习教育，奋力推进学校‘十四五’高质量发展”等专题网络培训，累计培训 950 余人，累计学时数达38 800个。加强干部培训信息化建设，在全校范围内率先推出干部培训签到电子化，上线校内培训及会议签到系统，获学校“微服务之星”荣誉称号。

完成干部管理信息系统建设与验收。完成干部综合测评系统、干部管理信息系统和智慧干部(移动端)等 3 个信息化平台的建设和优化工作，基本完成全校二级组织机构和全体处级干部数据信息的标准化录入、核验和维护工作，实现干部信息与学校信息门户、办公平台和人事信息的深入对接。稳步推进干部工作有关业务线上服务，先后开放处级单位干部培训信息自主填报线上服务和处级单位年度考核述职在线填报服务，搭建干部会议培训“一会一码”微服务端口。

配合完成上级其他工作。认真组织召开 2021 年度学校领导班子民主生活会，完成学校领导班子及成员 2020 年度述职考核及干部选拔任用“一报告两评议”工作，完成规范领导干部配偶、子女及其配偶经商办企业行为制度建设及排查工作，完成领导干部个人有关事项报告以及校领导社会兼职调整请示备案工作，按期报送校领导及中层正职干部名册、任免审批表等信息，完成相关部门正职职务任免备案和事业单位法人等机构情况调查，做好 2021 年湖北省以及外省的选调生及公务员招录政审工作。

(以上统计数据，截止时间为 2021 年 12 月 31 日。)

(撰稿：梁本哲、冷冉心、孙莉、郭倩、黄蕾；审稿：陈文武)

党风廉政建设

【概况】

2021 年，学校纪委在驻教育部纪检监察组、湖北省纪委监委和学校党委领导下，以习近平新时代中国特色社会主义思想为指导，深入贯彻党的十九届五中、六中全会精神以及十九届中央纪委五次全会、省纪委十一届五次全会和教育系统全面从严治党视频会议精神，围绕学校“整改落实”年度主题，严格履行监督专责和协助职责，依规依纪开展执纪问责，不断提高政治判断力、政治领悟力、政治执行力，切实发挥监督保障执行、促进完善发展作用。

【党风廉政建设责任制】

协助学校党委推进全面从严治党工作。

坚持把政治建设摆在首位，切实提高全体党员干部政治觉悟，扎实推动"两个维护"具体化；加强政治建设，完善党建与思想政治工作体系，落实意识形态和安全稳定责任制；落实管党治党政治责任，加大监督执纪问责力度，在增强治理效能上下功夫、做表率、求实效。落实完善党委领导下的校长负责制和"三重一大"决策等制度，做好全面从严治党"两个责任"，明确党委主体责任、党委书记第一责任人责任、党委班子其他成员主体责任、二级单位党政主要负责人主体责任和纪委监督责任，推动党风廉政建设责任制落实，管党治党压力有效传导。根据学校印发的《关于落实党风廉政建设党委主体责任纪委监督责任的实施意见》和《党风廉政建设责任清单》，针对教学与科研机构、管理与服务机构不同的岗位职责分别制定了具有针对性和可操作性的《责任书》和《承诺书》。年初，校党委书记、校长与各二级单位党政主要负责人签订《党风廉政建设责任书》和《廉政承诺书》；各分管校领导与分管单位党政主要领导签订责任书；各二级单位根据与学校签订责任书的内容，与各下级单位签订责任书，督促三级单位履行职责，构建"一级抓一级，层层抓落实"的党风廉政建设责任体系。12月下旬，对全校二级单位领导班子和领导干部贯彻执行党风廉政建设责任制落实情况进行检查考核，31个分党委（党总支）及机关各处（室）依据年初与学校签订的《党风廉政建设责任书》，对党风廉政建设的组织领导、责任分工、职责履行、领导干部廉洁自律等进行自查；纪委委员、党务部门主要负责人在校领导的带领下，分成7个检查考核小组，对3个学院和4个职能部门（直属单位）落实党风廉政建设责任制的情况进行检查考核。继续协助党委推进二级单位领导班子公开述责述廉。继续落实二级党组织纪委书记（纪检委员）向纪委全会报告工作制度，推进责任制纪实工作制度，给全体处级及以上党员干部配发《党风廉政建设工作记录本》，给二级党组织配发《婚丧喜庆事宜工作记录本》，并对相关记录情况适时开展监督检查，督促"一岗双责"落实。

【反腐倡廉宣传教育】

年初，组织召开学校2021年全面从严治党工作会议，全面布置学校纪检监察工作。通过学校党委常委会、理论学习中心组、读书班、中层干部专题学习会等形式，校党委书记黄晓玫带领班子成员学习习近平总书记在党史学习教育动员大会、庆祝中国共产党成立100周年大会、清华大学考察时的重要讲话精神以及党的十九届六中全会相关精神；校长、党委副书记王焰新传达全国两会精神，领学习近平总书记在中国科学院、中国工程院院士大会上的重要讲话精神等；组织学习党的十九届五中全会、十九届中央纪委五次全会、2021年教育系统党风廉政建设视频会议和湖北省纪委十一届五次全体（扩大）会议精神。坚持给全体校领导、各二级党组织、职能部门订阅《党风廉政建设》《中国纪检监察》，发布《关于严明五一、端午期间有关纪律要求的通知》《关于严明中秋、国庆期间有关纪律要求的通知》，发送廉洁过节提醒短信1600余条，发送家庭助廉信，持续增强党员干部廉洁意识。协助学校党委开展党风廉政建设宣传教育月活动和“清廉地大”建设工作，系统谋划、精准施策，推动干部清廉担当、教师清正从教、学生清新向学。在全面从严治党会议和警示教育专题会上，集中通报十九大以来校内违纪违规典型案例，用身边人身边事强化警示教育。充分利用纪检监察网站、工作群等线上平台，经常性通报违反中央八项规定精神典型案例，做到警钟长鸣。通过组织廉政谈话、知识测试，集中观看警示教育片、参观湖北省警示教育基地洪山监狱，严肃处理违反师德师风、违法违纪行为，召开党风廉政警示教育专题会等，进一步强化震慑效果，教育引导党员干部、广大师生牢固树立底线意识和纪律意识。

【惩防体系建设】

协助党委制定《党的建设和全面从严治党责任清单》《“清廉地大”建设实施方案》《关于加强二级党组织全面从严治党“四责协同”机制的实施办法(试行)》等文件，进一步推动“四责协同”、一体落实。督促完善《“三重一大”决策制度实施细则》《学院党委会会议议事规则》《学院党政联席会议议事规则》《关于进一步加强和改进党支部建设的实施办法》等文件，强化惩防体系建设。

【监督检查】

全面加强政治监督。协助党委落实全面从严治党政治责任，加强对党的政治纪律和政治规矩执行情况的监督检查。纪委书记作为班子成员参加党委常委会、党委全委会、校务会和校级领导班子民主生活会进行监督。严格执行纪委副书记(监察处长)列席学校党委常委会、党委理论学习中心组会议和校纪委委员列席党委全委会议制度。

紧盯关键少数，提高监督效能。突出对各级“一把手”、领导班子成员和重点岗位、关键部门负责人监督，督促依法履职、廉洁从政。按照《教育部直属系统领导干部插手干预重大事项记录暂行办法》，规范领导干部用权行为。

加强对选人用人情况监督，对拟提任、交流任职、推荐各级人大代表或政协委员等干部选用、评优评先事项共出具书面党风廉洁意见 468 人次，给予廉洁意见把关 126 人次。

加强对重点领域、关键环节的监督，制定《对校内有关二级单位开展调研式督导工作方案》，对涉及选人用人、招生考试、招标采购、基建后勤、科研管理、财务资产、师德师风等重点领域开展调研督导和监督检查。组织采购与招标管理中心、基建处等相关部门负责人召开经济领域专项整改专题会议，建立采购招标相关年度工作计划(项目信息数据)报送备案制度，对非学历教育、校办企业、附属医院、网络学历教育等非主业领域开展廉政风险自查自纠和监督检查，推动监督下沉、落地和监督于问题未发之时。

加强对疫情防控工作专项监督检查。严格按照学校疫情防控工作领导小组工作部署，开展疫情防控相关政策落实情况的监督检查。组织召开纪委全委会会议、二级党组织纪委书记(纪检委员)会议等，传达学习有关《工作提示》精神，做好各单位疫情防控和各项安全工作的监督检查。在开学、大学英语四六级考试、假期等重要节点,组织专班对学校疫情防控重点单位和场所进行明察暗访,严格落实“外防输入、内防反弹”工作要求,为统筹推进疫情防控和学校教育教学工作提供坚强保证。

加强对中央八项规定及纠“四风”的专项监督。对办公用房、发放津贴补贴、公车使用、操办婚丧喜庆事宜、公务接待、因公因私出国(境)等情况开展有关制度专项自查自纠和日常监督检查,督促各单位及广大教职工始终绷紧作风建设之弦。纪委办公室、学校办公室、党委组织部、人力资源部等六部门组成工作组,建立联动“抓落实”工作机制,协同开展常态化疫情防控、安全稳定、“我为群众办实事”、年度工作要点落实情况等检查督查工作,持之以恒纠“四风”树新风。

【信访工作】

修订学校《监督执纪工作实务手册》,健全完善学校纪委查信办案流程。严格按照《监督执纪工作规则》《学校党纪处分决定执行实施办法》等规定,对信访举报及时梳理、综合研判,对问题线索集中管理、动态更新、分类处置,推动日常监督与执纪问责、审查调查相衔接,有效处置化解存量、强化监督遏制增量。坚持查处“严”、施策“准”、攻坚“恒”,坚持重遏制、强高压、长震慑,执纪审查进一步规范,震慑作用进一步强化。2021年,纪委办公室共收到信访举报21件,其中上级转办件4件,司法移交1件,审计移交1件,本级自收15件。转问题线索处置13件,其中谈话函询11件,初步核实1件,立案调查4件。认真践行监督执纪“四种形态”,贯穿于党员干部日常教育、管理和监督之中,以及线索处置、纪律审查、执纪审理的全过程。坚持抓好第一种形态这个党内监督的基础工作,对党员干部提醒谈话49人次,第二、三种形态运用力度持续加大,坚持落实“把纪律挺在前面”,给予党内警告处分2人,给予党内严重警告处分1人。

【巡察工作】

坚守职能定位,科学统筹谋划,扎实推进校内巡察全覆盖。针对教学与科研机构、管理与服务机构等不同类型二级单位的主责主业和工作特点,制定不同的巡察监督内容与检查要点。制作“巡察工作大事记”“巡察工作流程图”,及时修订《巡察工作手册》《巡察工作规程》,制定《巡察成果运用办法》,建立巡察“信息资料库”“任务台账”“巡察专题网站”等。组织巡察组对原科研平台党总支部、原三馆党总支部、后勤党委、附属学校党总支部、离退休干部党委、机关党委、医院党总支部、体育学院党委开展常规巡察,通过巡察发现各单位在“四个落实”方面存在的主要问题有96个,巡察过程中个别谈话人次为532人次,召开座谈会9次,听取专题汇报8次,巡察组列席会议21次,接受群众来信来电来访10件次,收到关于领导干部的问题线索1件,提出立行立改意见16条,巡察组向学校党委提出意见建议4条,校内常规巡察全覆盖任务完成。

重视巡察成效,统筹巡察整改和成果运用,做深做实“后半篇文章”。做好巡察整改工作，分管（联系）校领导参加各单位巡察意见反馈会并提出整改要求，对整改工作进行把关；第四、五、六轮接受巡察的15个单位应整改问题183个，制定整改措施共计686条，经过2个月集中整改期后，各单位已完成整改问题171个，整改完成率为93.44%。组织第一、二、三轮接受巡察的12个单位开展深化巡察整改工作。强化巡察成果运用，将巡察发现共性问题向相关职能部门反馈，共同担起巡察整改日常监督和指导职责。

突出政治标准，加强自身建设，努力打造高水平巡察干部队伍。巡察办公室全年组织8次集体学习，赴其他高校开展巡察工作调研学习2次，赴校内学院开展巡察工作调研2次。选优配强巡察组，严把“入口关”，既注重“老带新”，又注重选派优秀年轻干部、新提任或拟提任干部参加巡察工作，做到结构合理，将巡察业务培训贯穿巡察工作全过程。

【纪检监察队伍建设】

2021年，督促3个二级党组织成立二级纪委（纪检委员），8个二级党组织换届同时设立二级纪委（纪检委员）。通过召开二级党组织纪委书记（纪检委员）培训会、纪委全委会，将思想教育与业务培训相结合，大力加强全校专兼职纪检监察干部的教育培养，传达学习上级会议及文件精神，集中学习党纪党规，推进学校2021年纪检监察工作。持续学习贯彻习近平新时代中国特色社会主义思想，扎实开展党史学习教育，用“四个意识”导航、“四个自信”强基、“两个维护”铸魂，带头加强本领锤炼，采取自学、组织会议和实践调研等方式开展学习培训，汇编《纪检监察干部学习资料》，组织开展学习，提升政策理论水平；纪委2人参加教育部巡视工作，以干代训，提升政治素质和业务能力；与武汉理工大学、华中师范大学、北京交通大学等兄弟高校开展纪检监察业务调研交流；出台《纪检监察部门和处级纪检监察干部考核工作暂行办法》，强化自我监督，督促纪检干部牢固树立法治意识、程序意识、证据意识，严格按照权限、规则和程序开展工作。

（撰稿：蔡智全、黄梅娇；审稿：唐勤）

统战工作

【概述】

学校现有6个民主党派基层组织（民革地大支部、民盟地大委员会、民建地大支部、民进地大支部、致公党地大支部、九三学社地大委员会）和3个统战工作团体（侨联、欧美同学会、知联会）（表1、表2），涵盖民主党派人士252人和无党派人士70人，有相关政治安排（人大代表、政协委员）和社会安排（政府参事、文史馆员）的党外代表人士共13人（全国政协委员1人、湖北省人大代表1人、湖北省政协委员3人、武汉市政协委员3人、洪山区人大代表1人、洪山区政协委员2人、武汉市政府参事2人）。

表1　民主党派基层组织情况一览表

基层组织名称	负责人姓名	成员人数/人
中国国民党革命委员会中国地质大学(武汉)支部(简称民革地大支部)	宁伏龙(工程学院)	18
中国民主同盟中国地质大学(武汉)委员会(简称民盟地大委员会)	曹淑云(地球科学学院)	129
中国民主建国会中国地质大学(武汉)支部(简称民建地大支部)	朱江洪(公共管理学院)	15
中国民主促进会中国地质大学(武汉)支部(简称民进地大支部)	沈毅(材料与化学学院)	22
中国致公党中国地质大学(武汉)支部(简称致公党地大支部)	李波(机械与电子信息学院)	17
九三学社中国地质大学(武汉)委员会(简称九三学社地大委员会)	王伦澈(地理与信息工程学院)	47

注:除上述6个民主党派成员外,校校还有农工党党员2人、台盟盟员2人。

表2　统战工作团体情况一览表

基层组织名称	负责人姓名	成员人数/人
中国地质大学(武汉)归国华侨联合会(简称地大侨联)	项伟(工程学院)	264
中国地质大学(武汉)欧美同学会·留学人员联谊会(简称地大欧美同学会)	金振民(地球科学学院)	280
中国地质大学(武汉)党外知识分子联谊会(简称地大知联会)	童金南(地球科学学院)	53

【不断强化党外人士政治共识】

统筹制定“统一战线党史学习教育暨2021年度学习培训方案”,全年组织和推荐党外后备干部、统战工作骨干近110人次参加校内外专题研修班和学习培训班。通过赠阅学习书籍、制作《中国共产党统一战线工作条例》学习要点手册、编印《统一战线理论学习资料汇编》等多种学习宣传方式,深入学习宣传贯彻习近平总书记关于加强和改进统一战线工作的重要思想,学习贯彻中央、湖北省关于统一战线工作重要文件精神。以庆祝中国共产党成立100周年为主题，组织开展“百年华诞　同心祝福”活动、“重温多党合作光荣历史　提升咨政建言能力水平”南望同心论坛活动、“学党史、强信念、跟党走”专题研修活动。

【切实支持民主党派（统战团体）加强自身建设】

协助支持各民主党派基层组织完成换届工作和成员发展工作，6 个民主党派基层组织全部完成换届，民主党派新增成员 5 人。全力保障各民主党派基层组织开展“奋斗百年路　启航新征程”主题教育学习实践活动，民盟地大委员会、民进地大支部前往红色教育、国情教育基地参观学习，九三学社地大委员组织进行党史学习教育专题会。党外知识分子联谊会通过组织开展“知联沙龙”，落实承办武汉市“无党派人士活动日活动”，进一步强化党外青年知识分子组织归属感。侨联荣获“全省侨联系统先进集体”荣誉称号。

【助力引导党外人士双岗建功作用发挥】

落实出台《关于党员领导干部与党外代表人士联谊交友工作的实施办法》，坚持做好重大情况通报会、重大决策征求意见会，支持保障党外代表人士咨政建言、发挥作用。依法依规落实区、市代表委员换届工作。党外代表人士童金南、胡怀敏、杨丽霞等提出的有关提案建议获得相关部门答复落实；李长安荣获 2020 年度武汉市建言献策成绩突出参事三等奖和 2021 年第三季度“武汉楷模”；魏昌华获评民盟中央脱贫攻坚先进个人，秦屹、陈红兰分别被民盟湖北省委会评为“优秀盟员”；娄筱叮荣获湖北省青年联合会履职优秀表彰。朱静当选为洪山区第十六届人民代表大会代表。完成武汉市政协委员推荐人选（曹桂华、苏洪涛、宁伏龙、罗林波）和区政协委员推荐人选（沈毅、杨丽霞）的资格审查、考察谈话等工作。

【全力落实民族宗教工作责任任务】

组织召开民族宗教工作领导小组（扩大）会议，确保上级重大决策部署落实落地；发挥联席会议机制作用，开展年度师生信教情况排查，推进落实教育部党组巡视反馈整改工作和省委教育工委有关专项工作决策部署；开展民族宗教政策法规知识宣传教育，配合落实少数民族学生教育管理工作，持续推动民族团结进步创建工作，促进各族学生交流交往交融。

【积极提升统战工作能力水平】

落实建成南望山校区和未来城校区“统战之家”；开展基层学院走访调研，持续推进统战工作向基层延伸；聚焦统战工作实际，做好统战工作理论研究，本年度学校有 2 篇论文获评“中国共产党建党 100 周年多党合作理论研讨会”优秀论文，陈文武、王艳平、覃晓明荣获“2021 年湖北省高校统战理论和工作实践创新成果”三等奖 1 项。

（撰稿：曾希、江丰伟、王艳平、覃晓明；审稿：陈文武）

教师思想政治工作

【概况】

2021 年，教师思想政治工作以落实专项检查反馈意见整改工作为契机，以“宣传教育、考核评价、奖惩监督、建章立制”为重点，不断加强、改进教师思想政治和师德师风建设。出台《“师德标兵”“师德模范”评选表彰暂行办法》，印制《师德师风文件汇编》，并在修订《岗位设置管理实施方案》的基础上，构建师德为先、教学为要、科研为基、发展为本的教职工分层分类评价体系，推动思想政治和师德师风建设常态化、规范化、有效化。

【落实教育部教师思想政治工作专项检查反馈意见整改】

2021 年 3 月下旬，学校收到教育部教师思想政治工作专项检查反馈意见函后，制定了《贯彻落实教育部教师思想政治工作专项检查反馈意见整改方案》，建立《贯彻落实教育部教师思想政治工作专项检查反馈意见整改工作台账》，包括 5 个方面、17 项需要整改的问题，形成 58 项整改措施。10 月，学校召开教师思想政治工作专项检查反馈意见整改工作推进会，对反馈意见整改情况进行系统梳理和总结，形成学校《贯彻落实教育部教师思想政治工作专项检查反馈意见整改情况报告》，并报送教育部教师工作司。

【开展师德专题教育】

按照《教育部关于在教育系统开展师德专题教育的通知》精神，学校制定《师德专题教育实施方案》，包括“抓学习教育”“抓主题实践”“抓典型选树”“建长效机制”4 个方面 21 项具体内容，构建宣传教育、示范引领、实践养成相统一的宣传教育体系。一是坚持融入学习培训。将教师思想政治和师德师风教育纳入校院两级党委理论学习中心组以及教师党支部学习的重要内容。将习近平新时代中国特色社会主义思想、理想信念、师德师风、社会主义核心价值观等内容纳入新入职人员岗前培训、在职教师培训等各类培训的必修内容。二是坚持融入典型选树。做好“全国高校黄大年式教师团队”“全国教书育人楷模”等教师荣誉的选树推荐工作。开展“师德标兵”“师德模范”等评选表彰活动，讲好师德故事，加强榜样引领，激励广大教师成为塑造学生品格、品行、品味的“大先生”。三是坚持融入主题实践。制定《2021 年教师节庆祝活动工作方案》，组织开展庆祝教师节系列活动。举办新入职教职工认家活动和第三届教职工荣休典礼，组织开展高层次人才及党外代表人士红色教育实践活动等主题教育实践，加强政治思想引领，弘扬尊师重教优良传统。四是坚持融入日常管理。依托主题党日、政治理论学习等方式，开展重温《新时代高校教师职业行为十项准则》学习活动，开展违反教师职业行为十项准则典型案例的警示教育，教育引导全体教师明规矩、知敬畏，追求高线、严守底线。2021 年 9 月 24 日，学校组织召开学校师德专题教育推进会，教育引导教职工明师德要求、强“四史”教育、学师德楷模、遵师德规范、守师德底线，不忘立德树人初心，牢记为党育人、为国育才使命，努力培养担当民族复兴大任的时代新人。

【加强师德考核评价】

将教师思想政治和师德师风建设情况作为二级单位领导班子年度考核、分党委(党总支部)书记述职评议以及校内巡察的重要内容同时要求各分党委（党总支部）将教师思想政治和师德师风建设情况作为教职工党支部考核评价和支部书记述职评议的重要内容，层层传导压力，压紧压实责任。将思想政治和师德考核评价作为教职工年度考核、聘期考核首要内容。同时，根据工作需要，开展思想政治和师德师风专项考核，按照“谁主管谁负责”原则，将思想政治与师德考核工作有机融入教职工职业发展的各个环节。在2021年职称评审工作中，对近120位申报高级专业技术职务的教师师德师风表现进行审核把关；在人才项目申报过程中，对101位申报人选的师德师风情况逐一审核把关。参与处理酒驾1起、学术不端行为2起。对违法犯罪的某教师，依法依规开除其公职，同时报请湖北省教育厅对其作出丧失教师资格处理。此外，按照教育部教师工作司要求，报送师德违规问题查处及通报情况，报送学校开展师德师风问题线索销号落实专项行动情况报告。

（撰稿：刘治国、邓锡琴；审稿：夏帆）

校园安全稳定与综合治理

【概况】

2021年，学校以习近平新时代中国特色社会主义思想为指导，深入学习贯彻总体国家安全观，认真贯彻落实中央有关精神和教育部党组有关部署要求，始终坚持底线思维和红线意识，认真做好新形势下学校维护稳定、综合治理和平安建设等工作，全面推进学校安全治理体系和治理能力建设，统筹做好常态化疫情防控，不断推进平安校园建设，筑牢校园安全防线，为学校改革事业发展和师生学习生活营造了和谐稳定的校园环境。

【安全稳定工作】

实行重大事项社会稳定风险评估。学校党委、行政认真落实“三重一大”，坚持科学决策，民主管理，依法治校，加大信息公开力度，重大事项广泛听取师生的意见和建议，提交教代会、学术委员会、学代会等民主讨论和表决。学校根据国内外形势、上级部门精神和办学实际，着力加强对原汉口校区教职工房改房拆迁等涉及安全稳定与综合治理等重大事项的分析和研判，加强学生信息员、网络信息管理员等队伍建设，加强舆情信息的收集，并及时在党委会议、校务会议和专项工作会上进行形势研判与综合评估，作出工作部署。

完善矛盾纠纷排查调处工作机制。主动研判维稳形势，有效化解矛盾纠纷，定期召开全校维稳工作会议、校园综合治理工作领导小组会、二级党组织书记会、中层干部会等，加强形势综合研判，部署安全稳定工作，层层落实任务要求。针对征地拆迁、非法集资、传销、电信诈骗、“校园贷”等，积极有针对性地开展工作。综合运用新媒体平台加强情报信息收集和风险研判，广泛听取师生对食品安全、校园维修、环境整治等问题的意见和建议。坚持开展“校领导接待日”“校行政与校工会联席会”“学工见面会”

和“后勤见面会”等活动,设立信访专门接待场所,广泛听取师生意见,建立了矛盾排查调解工作制度和工作台账。

扎实做好涉疆涉藏维稳工作。学校建立涉疆涉藏学生信息数据库,定期对重点对象进行走访谈话并作好相关记录,建立工作台账,及时掌握上报、妥善处置民族分裂势力、暴力恐怖势力在校园内的渗透破坏活动。按照要求开展了暴恐音视频专项清理活动,审核和管理重点学生出入境证照,与少数民族学生全员签订《遵纪守法自觉抵御分裂势力和宗教极端思想的承诺书》,有效抵制民族分裂、暴力恐怖思想在校园内的渗透破坏。

加强重点人员管理,严守意识形态阵地防线,坚决防范抵御宗邪教渗透工作。加强对课堂、论坛、讲座、研讨会、对外交流合作项目的监控管理,建立健全审批制度,完善宣传部门与场地管理部门的联动机制,及时掌握非政府组织、学术团体在学校的活动。建立“政治巡查”制度,坚持开展“零点清零”活动。认真做好外籍教师、留学生等涉外人员的管理工作,建立“大外事”工作机制,进一步健全涉外人员管理制度建设,加强外教、留学生法律法规和校纪校规教育,对重点人员实行“一对一”帮教管控。按照上级有关要求,加强师生教育管理,加强涉邪教重点人员管控,积极配合公安机关依法处置非法宗教活动,做好涉邪教人员教育转化工作,坚决防范和依法打击邪教组织涉校反宣渗透活动。

认真落实反间防谍和人民防线建设工作。及时学习传达国家安全相关通知文件精神,对出国(境)团组、人员的行前教育实现全覆盖。积极配合协助国家安全机关开展反间防谍法治宣传、敌情宣讲、警示教育活动工作。

【平安建设】

健全平安创建工作制度。学校认真落实《湖北省高等学校平安校园“七防工程”建设要求三十条》,不断完善工作机制,推进工作落实。持续开展“凌晨清查行动”,每日巡查清理校园公共区域立面张贴物。研究制定《中国地质大学(武汉)安全专项整治三年行动实施方案》。积极开展平安校园、平安院系、平安宿舍等平安创建工作。

全面排查整治安全风险隐患。2021 年,以消防安全、实验室安全、食堂和食品安全、校舍及建筑施工安全、校车安全等领域为重点,开展全校安全风险隐患全面排查,积极配合地方政府部门开展专题调研、重点督查、常态化督查和联合排查整治工作,不断完善安全隐患台账,扎实做好安全隐患排查整治。全年未出现安全生产事故,未发生重大刑事案件和重大治安灾害事故,食堂食品、危化品等管理规范,学校保密制度完善,未发生失泄密事件。

扎实做好网络安全风险防范。学校严格落实网络安全责任制,切实加强网络安全管理,大力推进信息化建设。定期对服务器、网站主页、网络信息实行监管,定期巡检网络安全设备,加强与属地党委政府和公安机关、网信部门、教育行政部门的密切沟通协调,不断强化属地联动联防联治。

加强电信网络诈骗防范。学校制定《防控电信网络诈骗宣传活动方案》，创新工作机制，强化宣传教育，压实防诈责任。将预防电信网络诈骗作为重点工作贯穿全年，联合公安、银行、金融机构开展专题宣讲活动，深入开展预防电信诈骗宣传教育。加强宣传覆盖。充分利用网站、公众号、宣传栏、展板宣传阵地，深入社区走访宣传，增强务工人员和离退休职工的安全防范意识。压实各级防范责任，将各单位案发率纳入年度考核清单，加强各单位宣传日常管控力度，维护师生财产安全。

完善校园安防设施。组织协调安全保卫部、后勤保障部、未来城校区管理办公室等单位完善人防、物防、技防措施，切实加强监控、指挥系统建设。对校园安防设施进行改造升级，学校在各校门处均安装人脸识别门禁系统，校门、校内所有楼栋出入口、校内主要道路、校园围墙周边等重点部位的技防设施安装率、完好率达到95%以上。

细致做好信访接待工作。完善信访制度，根据上级最新有关要求，修订完善学校信访工作办法，为依法依规做好信访工作提供政策依据和制度保障。规范信访事项处理流程，学校制定了《信访事项处理单》，压实信访工作责任。建立健全信访工作台账。通过教育部信访平台、湖北省阳光信访平台、洪网管政务督(转)办单、现场接待来信来访、推动校领导包案等方式，协调有关部门积极回应教职工的利益诉求，及时化解矛盾纠纷。开通学校网上信访邮箱(didaxinfang@cug.edu.cn)，建立师生与学校沟通交流的网络渠道，积极回应解决师生诉求，维护师生合法权益。

【综合治理】

落实综治工作制度。落实社会治安综合治理领导责任制等相关制度，与各二级单位签订综治工作责任书，全面落实综治工作责任制，积极推进平安校园建设实施方案。

加强与属地联动联防联治协同工作。加强与省市区街道四级地方政府和国安、公安、教育行政等职能部门的沟通协调，建立和完善信息通报渠道，积极争取属地政府部门的理解支持，联合政府部门、公安机关定期对校园周边治安状况、交通情况进行排查整治，规范校园周边经营行为，精准打击各类涉校违法犯罪行为，为学校事业发展营造良好校园环境。

强化风险隐患排查整改。按要求开展校园安全专项整治行动，积极配合上级有关部门和属地政府开展专题调研、重点督查、常态化督查和联合排查整治工作，组织开展以单位自查、互查和校领导督查等方式全方位排查风险隐患，建立风险隐患台账，并督促整改落实。全年累计开展安全风险隐患排查10余次，对南望山校区珠宝大楼、西区工程实验楼等重点部位开展了专项整治行动。

(撰稿：王艳波、孙永瑾、魏刚；审稿：单红峰、代清风)

信息公开

【概况】

为深入学习贯彻习近平新时代中国特

色社会主义思想,加快推进世界一流大学和一流学科建设,学校始终重视信息公开工作,将信息公开作为推进学校内涵式发展、促进教育公平、接受社会监督的重要保障。2021年,学校深入贯彻落实教育部《高等学校信息公开办法》的规定,严格按照《高等学校信息公开事项清单》要求,坚持"以公开为常态,以不公开为例外"的原则,积极推进信息公开工作规范化、制度化,服务师生员工、社会公众和学校事业发展。

一是通过学校主页、信息公开专题网、二级单位主页和其他专题网站公开信息。新改版生成的"信息公开"专题网站开辟了"信息公开清单"版,逐一落实信息公开清单事项;设置了"信息公开动态"栏,及时主动公开学校信息;新增"重点领域信息公开"栏,链接学校本科招生、研究生招生专题网、招投标信息网、财务信息网,将重点领域的信息集中公开,方便查阅。二是通过学校办公内网分类向师生员工公开学校规章制度、文件、重要决策、决议、改革发展信息和通知等。三是在学校新的信息公开实施办法中增加校情通报会、教代会重大事项发布会、教代会代表听证会等方式公开重要信息;通过校行政与校工会联席会议、校领导接待日、校友联谊会等方式向师生员工和社会公开学校信息。四是随着信息化发展和新媒体的广泛运用,学校及时开通官方微博和微信,采用师生员工与社会大众喜闻乐见的方式公开学校的相关信息。

【主动公开】

学校始终重视信息公开平台的建设,努力构建多样化的信息公开渠道。一是坚持严格落实清单内容,主动接受社会监督,在学校"信息公开"专题网站开辟专栏逐项落实要求公开的事项。严格按照清单要求,积极宣传信息公开工作,及时公开清单内容,努力将信息公开建设成为接受社会监督的重要平台和方式。推动广大师生参与学校民主管理和监督,有效落实师生的知情权、参与权、表达权、监督权,提高依法治校水平。二是推进重点领域信息公开,回应人民群众需求。信息公开办公室根据教育部和省教育厅的公开要求和人民群众的关注热点,在信息公开专题网站设置了"重点领域信息公开"专栏,分别是:本科生招生信息公开专栏、研究生招生信息公开专栏、财务信息公开专栏和招投标信息公开专栏。建设专题网站集中公开相关信息,实现过程、结果适时、全面、动态更新,方便查阅。信息公开办公室坚持对师生及校友关注的信息类型进行调查,针对不同群体对信息公开的需求差异,不断优化信息公开分类,及时满足人民群众公开需求。

(撰稿:宫斯宁;审稿:陶继东)

学生思想政治教育

【概况】

2021年,学校结合巡视整改、重点督办任务清单要求,以学生党建为龙头,以党史学习带动思想政治教育的全面深入,以开展学习之路主题实践活动统筹强化思想政治教育育人合力,擦亮育人品牌,加强卓越学风建设走深走实,不断健全学生成长支持与服务体系,持续强化心理健康四化工作体系,加快构建学生思想政治工作体系,全面巩固学生思想政治教育工作成果,切实推进大学生综合能力素质提升。

【学生党建工作】

制定发布《关于在全体学生党员和学生党支部中深入开展党史学习教育的通知》《关于组织开展我校 2021 年度学生党员教育培训工作的通知》和《关于在全校学生中深入开展庆祝建党 100 周年和党史学习教育的实施方案》等,坚持以上率下、全面推进,推动学习教育深入开展。同时利用学习支持中心组织"师生午茶会""领航人生——名师谈学习""国际文化讲坛""跨学科学习沙龙"等各类讲座,做好学生意识形态引导工作,并针对学生学习兴趣,开展学习帮扶。在学生党建方面,2021 年环境学院"张国旗班"学生党支部入选全国党建样板支部。

【主题教育活动】

聚焦党史学习教育活动,深入开展"我为群众办实事"活动,一是以"学百年党史 展支部风采"为主题,在学生党支部中广泛开展支部微党课、支部好故事、支部工作好案例等不同形式主题竞赛;二是开展以"唱响百年党史,讲好艺术党课"为主题的艺术展览活动;三是组织党史知识竞答活动,本年共举办震旦讲坛 3 场。努力深化少数民族学生思想政治教育,一是以"百年荣光·同心向党"为主题,通过举办民族文化展演、编制民族文化宣传折页,增强少数民族学生党史学习"十个一"行动,不断铸牢中华民族共同体意识;二是开展少数民族学生家访,加强与公安、国安和学校保卫部门的协同合作,定期开展少数民族学生工作例会;三是开展少数民族学生成长发展调研、少数民族学生党员发展工作调研,举办少数民族学生就业指导系列活动,开办第十一期少数民族骨干培训班,推出"民族之星"优秀学生事迹宣传,助力学生发展。

【主要阵地建设】

一是筑牢理论学习阵地,坚持以上率下、全面推进,推动党史学习教育深入开展;二是强化校园文化阵地,深化文化引领,以品牌活动"震旦讲坛"为主阵地,先后邀请多位学者做客中国地质大学(武汉)震旦讲坛;三是开拓社会实践阵地,各学院相继开展"学习之路"青年红色筑梦之旅,并组织开展"我为群众办实事"党员先锋服务岗实践活动;四是建好民族团结阵地,落实上级部门文件精神及相关要求,做好少数民族学生思想政治教育工作;五是活跃新闻宣传阵地,各培养单位充分利用校园网、微信公众号等媒介加强舆论宣传,让广大学生深刻领会开展党史学习教育的重大意义。

【社会实践教育】

各学院相继开展"学习之路"青年红色筑梦之旅,并组织开展"我为群众办实事"党员先锋服务岗实践活动,进一步发挥优秀学生党员的先锋模范作用,引导广大党员学习先进、争做先进。同时学校开设了"学生党史学习教育　坚定走好学习之路"专题栏目,共发布新闻报道 57 期,新华网、光明网等主流媒体曾多次报道学校社会实践育人工作。制定下发《关于开展2021年秋季学期学生返校思想状况调研分析工作的通知》,通过网络调查、交流谈心、座谈会、走访学生宿舍等形式,收集学生思想动态信息,形成《2021年中国地质大学(武汉)秋季学生返校思想动态调查报告》。

【学习支持与服务】

结合新生成长发展需求,邀请校党委书记黄晓玫教授、马克思主义学院傅安洲教授、地球科学学院龚一鸣教授等强阵容导师团,围绕党史校史学习、学业规划、生涯规划、安全教育、卫生保健等精心制作入学教育课程视频8期。并按照学校疫情防控的相关要求,采用线上教育与线下教育相结合、学校集中教育与学院自主特色教育相结合的方式,完成了共计4796名本科新生的入学教育引导工作,工作卓有成效,并被《光明日报》报道。继续开展学优促进、学习帮扶。全年共安排了74名优秀学生志愿者开展数学、物理、化学、英语、计算机语言等12门基础课程的线上线下"一对一"课程辅导,共计376名学生参与了基础课程咨询辅导并取得了良好成绩;组织了"师生午茶会""领航人生——名师谈学习""国际文化讲坛""对话留学生""赢在地大——优秀大学生论坛""跨学科学习沙龙""博古观今""学海无涯"等共计207场次微讲座(论坛)及学习活动,为同学们提供学习目标和学习方法及技巧,共计9000余人次学生参加活动;协助各学院、学生组织和社团在学习支持中心开展活动约1092场次,有21 000万余人次参加。选拔招募13支学习兴趣小组入驻学习支持中心,开展"茶香南望山""珠宝讲堂""数学兴趣讨论班"等自主学习交流与研讨活动。通过"英语角"等社团活动拉动学生学习英语的热情,拓展学生的国际视野。继续推行"大学生日常奖励办法"。加大对学生学习学术等日常奖励的力度,2021年,受理大学生日常奖励共计107项,奖励金额共110 700元,其中奖励发表学术论文50篇、出国英语考试奖励31人、专利16项、集体奖励10个班级。按照学校教育评价改革工作要求,推动学生综合测评评价体系优化,结合劳动教育、第二课堂建设、学生荣誉体系建设,修改了学生综合测评办法;组织了校级"英才工程——科学家计划"第十二期项目中期评审考核,10个申请项目,9个中期考核通过。

【资助育人工作】

开展诚信感恩征文活动,评选表彰优秀征文20篇。联合中国银行开展"勤工计划"实习项目,组织学生到中国银行湖北省分行及二级分支行实习实践。联合中国银行湖北省分行和中国人民银行湖北省分行举办金融知识进校园系列宣讲活动。邀请国家开发银行湖北省分行进校开展金融知识进校园线上宣讲活动。组织开展"双百励志圆梦行动",65名学生、8名教师利用暑期实践走访了91个家庭,评选表彰14个优秀团队。

【心理健康教育】

知识教育普及化。"心理学与自我成长"线下课程共开设32个教学班,24名老师承担教学任务,慕课投入教学,17 473人选课。开设"人际传播能力""探索心理学的奥秘”等线上选修课，选课人数达 1238 人次。开设了“团体辅导：情绪管理”“社会心理学”等 5 门通选课，19 个教学班，选课人数达 1974 人次。

实践活动生动化。深入开展“3·25—5·25”心理健康季系列活动和学院心理育人品牌创建活动，共开展 14 个子活动，持续时间 2 个月。全年开设团体辅导小组 23 个，共开展 86 次，100 余人参与了团体辅导。全年开展面向学生心理讲座与培训 33 场。组织动员“成长与发展”主题班会活动，全年参与班级 313 个。利用微信公众号等网络平台宣传心理健康教育知识，全年发表原创文章 22 篇。

危机干预精准化。共19 520名学生参与完成学年心理普查，通过普查结果，筛选出 734 名访谈对象，其中本科生 612 人，研究生 122 人，最终通过访谈确定需要密切关注的学生 42 人。开展朋辈互助项目，选拔并培训出 16 名高年级同伴辅导者，每周开展一次督导培训，累计为 54 名同学提供帮助。全年因心理问题复学评估共 54 人，危机干预和评估共 55 起。队伍建设专业化。遴选组建辅导员“地心”团队，以提升学校心理健康教育工作质量为核心目标，共组织了 6 次研讨会，4 次案例督导，完成了对 7 个个案的督导讨论。全年选派 8 名辅导员参加了中国心理学会等举办的 5 场培训。校内面向辅导员开展讲座培训 13 场，面向导师、班主任共开展培训 5 场。

（撰稿：熊程、姚琳、候金波、宁蒙、陈昭颖、李亮；审稿：邬海峰）

共青团工作

【概况】

2021 年，在学校党委和上级团组织的领导下，以习近平新时代中国特色社会主义思想为指导，深入学习贯彻党的十九大和十九届历次全会精神，以习近平总书记关于青年工作的重要思想为指引，紧紧围绕学校中心工作，进一步深化共青团改革攻坚，切实保持和增强政治性、先进性、群众性，着力提升组织力、引领力、服务力和大局贡献度，团结引领地大团员青年在新的百年征程中更好地贡献青春力量。

【思想政治教育与价值引领】

强化理论武装，主题教育走深走实。紧紧围绕学习好、宣传好、阐释好习近平新时代中国特色社会主义思想这条主线，制定地大版“青年大学习”行动方案，充分发挥班团组织作用，通过主题团日、理论宣讲、学习沙龙等形式，推动理论学习常态化。广泛开展“学党史，强信念，跟党走”“庆祝中国共产党成立 100 周年”“学习贯彻党的十九届六中全会精神”等主题教育活动，实现全校团支部、团员青年党史学习教育全覆盖。深入推进青马工程建设，畅通“院—校—省”培养渠道，加强校院联动，将马克思主义学院的“四史”通选课程纳入课程体系，全年向省青马班输送学员 4 人。依托“指南针”青年讲师团，打造“我读党史”系列微剧目，在人民日报有数青年平台、学习强国、中国青年报客户端、青春湖北等各大网络总点击量突破10万，该剧目荣获湖北省委组织部主办的全省第二十一届党员教育电视片观摩交流活动一等奖。创作“永跟党走，奋斗强国”百米长卷，开展“建党百年”隧道壁画创意设计大赛、红色电影展播等系列活动。

彰显价值引领，教育引导入脑入心。持续开展“百生讲坛”“与信仰对话”报告会、“我的第三只眼”大学生社会观察等思想政治引领品牌工作，引领广大青年学生坚定理想信念、不忘初心使命，1人获评2021年湖北省“百生讲坛”铜牌主讲人称号。开展教师节“910行动计划”，组织全校1700名学生在170余间教室连夜创作了170余幅板画献给任课教师，引导学生尊师重道、学会感恩。持续开展爱国主义教育，开展“永远跟党走　奋进新时代”寒假社会实践，60余支红色专项实践团队重走红色足迹、访谈红色人物、挖掘红色故事。

坚持榜样引领，典型选树见人见事。扎实做好五四评优工作，持续开展“大学生自强之星”“向善向上好青年”等优秀青年寻访活动，通过先进事迹巡讲巡演巡展活动，在广大团员中营造出争先创优的良好氛围。2人获评“中国大学生自强之星”，1人获评“湖北青年五四奖章”，2人获评2021年“中国电信奖学金”，1人入选联合国青年外交官计划，3人入选“湖北省大学生骨干班”，1人当选湖北省校媒主席团成员，1人入选“致敬志愿者——志愿公益创造营2021”。

突出网络思政，宣传信调有声有色。严格落实《团属网络新媒体建设与管理办法》，加强校院两级媒体平台互融互促，构建“青”字头全媒体思想引领矩阵。依托“第四纪”全媒体中心和“青春演播厅”，优化内容供给，打造宣传思想文化工作品牌。2021年编创发布MV《在灿烂阳光下》，制作《青春恰时来》快闪等原创视频22部，全年全网总浏览量达20万。全年被《人民日报》《光明日报》《中国青年报》等18家主流媒体报道逾43次。加强信息调研队伍建设，及时把握青年大学生思想动态，做好网上舆论引导，提升舆情应对能力，编写《舆情简报》《信息调研报告》15期，联动学校职能部门开展“我为师生办实事”第十六届信息调研大赛，举办秋季“地大热点大家谈”和“洞察者训练营”活动。

【基层组织建设与共青团改革】

聚焦基层基础，扩大团的工作有效覆盖。坚持“大抓基层”的鲜明导向，推动团支部规范运行。严格团内政治生活，扎实推进“三会两制一课”，定期发布主题团日活动主题，党史学习教育实现团支部100%全覆盖。用好“智慧团建”系统，做好团员档案管理、团费收缴、团组织关系转接、“学社衔接”等基础团务工作，实现团员录入率100%、对标定级率100%。推行班团一体化建设，积极组织主题团日设计大赛、活力团支部大赛、“五四红旗团委”评选，常态化开展“五四红旗团支部”“活力团支部”创优工作，团支部的凝聚力和战斗力明显提升。地球科学学院010171团支部获评全国高校活力团支部。从严管好团员队伍，强化团员先进性教育，严格团员发展标准，制定《团员发展工作规范》,全年发展团员 152 人,开展入团积极分子培训 2 期,培训 259 人,为党组织推荐优秀青年共计 5061 人。

聚焦关键少数,团学骨干队伍能力切实增强。完善团学干部分层分类培养体系,制定团干部教育培训方案,定期组织校内外培训轮训,开展“书记言团”“专家言团”和专题工作研讨,推动团干部学习制度化、日常化。建立团干部考核评价体系,制定《共青团工作量化考核指标》,常态化开展二级团组织负责人述职答辩。依托校院两级团校体系,开展新生干部培训、学生会储备干部培训,全校 539 名团支书和班长参与轮训。

聚焦关键问题,共青团改革攻坚向纵深推进。坚持党建带团建,将团的建设纳入学校党的建设总体格局。学校成立学生会(研究生会)和学生社团工作领导小组,有效推进团学改革落实落细。成立校院两级学生会和研究生会临时党支部建设,着重发挥党支部在青年思想政治引领和成长成才服务中的战斗堡垒作用。加强团的组织建设,召开共青团中国地质大学(武汉)第十六次代表大会、第二十一次学生(研究生)代表大会。引导学生参与学校民主治理,为学校发展建言献策,全年开展 5 期校领导接待日、2 期师生午餐会。强化学生社团规范建设管理,鼓励支持学术型社团发展,逸夫科普讲解队获“全国高校百强学生社团”。2021 年在湖北省高校共青团深化改革验收考核中获评“优秀”。

【实践育人】

巩固科创工作体系,优化赛事运行机制。完善“普及型—专业型—卓越型”三级科创工作体系,做好“科创课程表”“科普长廊”等普及型科创活动。支持学院特色科技活动 20 项,开展第 32 届“学生科技论文报告会”,“自主创新资助计划”结题 62 项。做好“高徒计划”“卓越地质师计划”等拔尖创新人才选拔、培养工作。修订《自主创新资助计划实施细则》,构建学科竞赛、课外科技活动、科研实训项目和“挑战杯”系列龙头赛事的联动运行机制。获湖北省第十三届“挑战杯·中国银行”大学生课外学术科技作品竞赛一等奖 5 项,二等奖 7 项,斩获“优胜杯”;获第十七届“挑战杯”全国大学生课外学术竞赛红色专项一等奖 1 项,三等奖 4 项。

构建社会实践长效机制,引导青年深度参与。推进社会实践基地化建设,主动融入乡村振兴战略,与云南保山、湖北恩施等 5 地共建“乡村振兴实践育人基地”。主动服务长江大保护战略,打造生态文明育人品牌,联合华中九校发起“大学生长江大保护行动计划”。巩固暑期“三下乡”“返家乡”“新青年下乡”社会实践品牌,全年组织 200 余支暑期社会实践团队,2 万余名学生奔赴基层一线开展社会实践活动,获主流媒体报道 60 余次,1 个项目获评湖北省“三下乡”社会实践优秀项目,4 人获评湖北省“三下乡”社会实践优秀个人,10 支团队获评湖北省“三下乡”社会实践优秀团队,学校获评 2021 年全国大中专学生志愿者暑期“三下乡”社会实践活动优秀单位。

完善志愿服务工作体系,推动信息化转

型升级。修订《中国地质大学(武汉)志愿服务时长认证规范》,鼓励支持全体团员成为注册志愿者。推动"志汇纪"微系统上线,搭建激励型服务平台,实现志愿服务信息化转型升级。持续扩大志愿服务供给,广泛开展敬老爱幼、心理援助、社区治理、大型赛会等活动。推进专业志愿服务建设,持续打造"科学精神 薪火相传""红色之声宣讲"等精品项目,斩获湖北省志愿服务公益创业赛金奖、湖北省新时代文明实践志愿服务项目大赛金奖。研究生支教团获省级以上媒体宣传报道20余次。

持续围绕国家战略,服务乡村振兴建设。遴选19名西部计划和研究生支教团志愿者在新疆建设兵团、云南楚雄和湖北恩施等地助力教育振兴。根据学校对口扶贫工作的需要,在云南施甸县建设大学生乡村振兴实践育人基地,组建"引源筑梦"乡村振兴专项社会实践团,持续帮扶云南施甸县第二完全中学的英语教育。指导第22届研究生支教团,联动地大心理科学与健康研究中心与巴东长岭初级中学共建青少年发展与教育科研教学实践基地,开展"心动力"成长夏令营,帮助水布垭中学、长岭中学解决好青少年的健康发展问题,研究生支教团获评学校"脱贫攻坚突出贡献团队"。

【构建美育工作格局】

创作优秀文艺作品,打造美育教育高地。创排作品《观乐》,参演建党特别节目《我们》,成功登上由中宣部主办,共青团中央、中央电视台承办的"五月的鲜花"全国大中学生文艺汇演主题晚会,实现连续八年荣登央视舞台。2021年,创作4件作品参加湖北省第七届大学生艺术展演活动,获优秀组织奖1项、甲组一等奖3项,其中男生合唱作品《渔家傲》《忆秦娥·娄山关》代表湖北赴成都参加第六届全国大学生艺术展演,荣获全国大学生艺术展演活动一等奖1项、二等奖1项,学校被授予"高校优秀组织奖"。

汇聚优质社会资源,搭建美育联动平台。参与录制由教育部主办的《红色文物青年说》"微党课",联动中国科协以及清华大学、上海交通大学等14所高校发布专题片《永远跟党走》,与人民日报有数青年平台合作开展原创话剧《大地之光》线上展播活动,引导学生唱响主旋律,助燃爱国热情,不断增强"四个自信"。加强"编钟艺术"教育部中华优秀传统文化传承基地建设,将基地建设纳入学校"双一流"建设规划,融入教育教学全过程,通过课堂教学、实践体验、科学研究等开展基地建设。举办"奋斗百年路 颂歌献给党"编钟专场音乐会暨中华优秀传统文化传承基地揭牌仪式,开展"编钟的前世今生"编钟体验营活动,吸引800余名新生参与体验。

厚植文化艺术土壤,引领校园文化风尚。依托大学生文化艺术节,培育精品项目和"一院一品"优秀项目,打造"我们的故事"校园短剧大赛、"星歌赛"新声歌手大赛、"服装首饰搭配"大赛、"与美同行,科学相伴"等校本文化活动。举办"笛萧晚会""社团文化体验营"等特色活动50余场。组织开展大学生艺术团专场、高雅艺术进校园、元旦嘉年华等大型活动，辐射人数30 000余人次。

（撰稿：吴迪、郭小玉、陈文婷；审稿：朱荆萨）

工会与教代会工作

【概况】

在学校党委和上级工会的正确领导下，在学校行政的大力支持下，坚持以习近平新时代中国特色社会主义思想为指导，全面贯彻党的十九大和十九届六中全会精神，紧紧围绕学校中心工作，扎实推动学校民主政治建设，充分调动广大教职工自觉参与学校改革、建设和发展的积极性，团结和动员广大教职工凝心聚力，不懈进取，努力开创工会工作新局面，圆满完成了年度工作任务，为学校“十四五”开好局、起好步，为地球科学领域国际知名研究型大学建设作出贡献。

【政治建设】

坚持和加强党的全面领导，不断强化思想理论武装。加强党对工会工作的全面领导，坚持工会工作的政治方向，坚持用习近平新时代中国特色社会主义思想武装头脑、指导实践、推动工作。组织全校各级工会干部认真学习习近平新时代中国特色社会主义思想，学习党的十九大和十九届五中、六中全会精神，不断提高理论素养和政治素质。加强对广大教职工的思想政治引领，不断增强“四个意识”，坚定“四个自信”，做到“两个维护”，引领广大教职工坚定不移听党话、跟党走，引领广大教职工将自身成长进步融入到学校事业发展之中。积极谋划工会“十四五”发展规划，促进工会工作创新发展。

扎实开展党史学习教育，坚定工会干部理想信念。按照学校党委统一部署，制定党史学习教育工作方案，开展庆祝中国共产党成立100周年系列活动，深入推进党史学习教育，引导工会干部切实做到学史明理、学史增信、学史崇德、学史力行。通过官方微信公众平台推出“党史学习教育进行时”专栏、“党史上的工运记忆”系列文章，加强广大工会会员对工人运动历史的了解，深刻领悟共产党人的初心使命。工会领导班子理论学习中心组和党支部开展“人人学党史接力讲党课”“党史小课堂”等特色活动，促进普通党员讲党课活动的开展，汇报交流党史学习的体会和收获。利用橱窗打造党史学习教育“中国精神”知识长廊，提高广大师生的党史知识水平，增强了党组织的凝聚力、战斗力和号召力，引导广大师生了解、继承、发扬党的优良传统和作风，营造党史学习教育的浓厚氛围。

党支部召开支委会11次，主题党日学习8次，工会小课堂普通党员讲党课7次，举行《中国共产党历史》读书活动10次，民主生活会2次。

【民主管理】

2021年3月25日至30日，第九届教职工代表大会第三次会议暨第十八届工会会员代表大会第三次会议在弘毅堂召开。本次大会的主题是：全面贯彻党的教育方针，落实立德树人根本任务，贯彻依法治校，深化整改落实，推进“三全育人”，奋进“十四五”，开创新局面，实现高质量发展，扎实推进地球科学领域国际知名研究型大学建设。大会听取和审议了《校长年度工作报告》《工会年度工作报告》《财务年度工作报告》《学术委员会学术2020年度报告》《九届三次提案办理情况工作报告》等，以及《中国地质大学(武汉)“十四五”事业改革与发展总体规划报告(讨论稿)》《中国地质大学(武汉)章程(修订稿)》的说明报告。大会安排学校党委宣传部、党委教师工作部(人事处)和教务处作大会专题发言。各代表团组织代表围绕大会主题和主要报告，结合提交大会审议的《学校“十四五”事业改革与发展总体规划》和《中国地质大学(武汉)章程(修订稿)》等重要管理制度文件进行了讨论，积极建言献策。充分发挥了学校教代会履行职权，畅通民主沟通渠道，保障教职工参与学校民主管理和民主监督的权利，充分体现了学校通过民主程序积极完善现代学校管理制度和学校发展事业规划，以全面贯彻党的教育方针，落实立德树人根本任务，深化整改落实，推进“三全育人”，奋进“十四五”，开创新局面，促进依法治校，实现高质量发展，扎实推进地球科学领域国际知名研究型大学建设。

认真落实提案办理工作。本次会议审议了《九届二次教代会提案办理情况的报告》，九届二次教代会以来，提案工作委员会做了大量的提案征集、立案和督办工作，对47件提案进行认真的梳理、分类后，最终确定41件提案予以立案，3件提案作为意见和建议转交相关部门，3件未予立案，未予立案的提案也转交有关部门作为工作参考。承办单位均能积极配合，认真办理，并向提案人反馈办理结果。会议高度肯定了提案委员会的工作以及学校管理与服务部门及时办理提案的工作，建立了主管部门承办、分管校领导督办、提案人全程跟踪和办结后满意度测评等制度，提高了提案办理的质效。

2021年“两代会”召开前夕，工会及时发布了《关于征集九届三次教代会暨十八届三次工代会提案的通知》，共征集到各类提案66件，比2020年度增加19件，内容涉及改革发展、人才培养、学科科技、管理服务、基本建设、民生权益等，其中提案委员会受理立案54件，不予立案的作为意见或建议转交有关部门参考，通过提案工作更好地增强学校民主管理的水平，不断推进学校治理体系和治理能力建设。

认真落实教代会执委会、各专门工作委员会工作职责，扎实履行民主管理和监督职能。组织召开执委会全体会议2次，分别审议《岗位设置管理实施方案》(2021年修订版)、《管理与服务单位内部机构设置建议方案》和《2021年度科级干部聘任及轮岗交流实施办法》。讨论学校改革方案，体现了教职工对学校事务的知情权、参与权、表达权和监督权。协同学校办公室和公共管理学院，组织开展依法治校宣传月活动，积极促进学校民主建设，履行监督职能。

充分发挥二级教代会的作用。校工会领导班子加强对各分工会的指导，坚持参加各单位的二级“两代会”，促进民主参与、政务公开，凝聚共识，共谋发展。以校工会委员会发布红头文件《关于组织召开2021年度二级教职工代表大会和工会会员代表大会的通知》，要求围绕落实学校巡视整改任务这一主题，结合“十四五”谋篇布局，兼顾学校年终考核要求，组织召开二级“两代会”。全面发挥和落实二级教代会的职权和作用，筑牢二级教代会为二级单位建言献策、促和谐、谋发展的民主建设平台。

【维护职工权益】

不断完善服务体系建设，做好教职工权益保障。修订完善《教职工重大疾病互助基金管理办法》，制定《教职工慰问工作实施办法》等制度，健全帮扶、救助、慰问、福利“四位一体”的教职工权益保障体系。规范落实教职工节日慰问等福利政策，做好教职工各项福利品的采购和发放工作。完善《教职工重大疾病互助基金管理办法》，持续做好教职工大病医疗互助工作，不断建立健全教职工重大疾病救助体制机制。配合推进三期教职工住宅房屋交付等相关工作，为教职工争取合法权益。了解教职工困难和需求，在常态化做好教职工慰问工作的同时，关心关注困难教职工群体，确保精准帮扶，努力提升教职工的幸福感。2021年全年工会代表学校慰问和看望教职工1500余人次，发放慰问金34.2万余元。

服务女职工成长发展，做好各项女职工工作。开展庆祝2021年“三八”国际妇女节系列活动，组织开展“巾帼建功立业标兵”评选，地球科学学院朱宗敏，材料与化学学院李珍、帅琴，环境学院王红梅，经济管理学院李江敏，公共管理学院吕凌燕，离退休干部处陈文武，三馆王海花，医院朱香英，后勤保障处徐莉荣获十佳巾帼建功立业标兵；坚持为全校1968名女教职工购买“女性重大疾病安康保险”，协助校医院等相关单位落实女教职工妇科体检，积极开展各项女职工工作，关心和服务好女职工的成长与发展。

完成乡村振兴、消费扶贫任务，助力帮扶地区脱贫攻坚。结合《财政部、国务院扶贫办关于运用政府采购政策支持脱贫攻坚的通知》有关精神及教育部对承担定点帮扶任务高校相关工作要求，进一步认真落实学校各项政策，配合学校社会合作处做好我校脱贫攻坚帮扶工作，在福利物资采购项目中优先购买了学校定点扶贫地区湖北竹山、云南施甸的优质农副产品，通过国家扶贫“832平台”采购了湖北秭归、红安以及山西省部分贫困地区的农副产品，全年共采购消费扶贫物资11种，采购金额总计403万元，为脱贫攻坚、乡村振兴全面胜利做出应有的贡献。

【教职工教育】

开展教职工“三爱”教育，增强全方位育人意识。举办“追梦新时代 巾帼绽芳华”女教职工座谈会，将“三爱”教育主动融入学校“三全育人”体系，增强教职工全方位育人意识，增进教职工以校为家、以校为荣、为人师表、教书育人、乐于奉献的主人翁责任感。举办“初心如磐　薪火相传”教职工荣休典礼，传承“爱国爱校爱家”优良传统。营造良好育人氛围。组织评选第三届“最美地大教工”，材化学院李珍、数理学院杨瑞琰、公管学院李世祥、地空学院袁晏明、体育学院邹思师、计算机学院刘刚、海洋学院王家生、工程学院吴文兵、机关单红峰、后勤保障处伍晋10位教职工荣获第三届“最美地大教工”称号。组织开展“一院一品”项目结题验收评审工作，对评审获得前十的项目给予连续三年的资助，培育富有生机和活力的校园文化。

组织非地学专业青年教师和管理干部赴秭归实习基地开展“摇篮之旅”主题教育实践活动，结合党史学习教育，不断增进青年教职工对学校的了解，激励青年教职工自觉投身学校的改革与事业发展中。

组织开展2021年新入职教职工“认家”系列活动，通过举办“扬帆起航、共创辉煌”——2021年新入职教职工“认家”入会仪式、参观附属学校等方式，帮助新入职教职工尽快了解学校、熟悉学校、融入学校，传承弘扬“艰苦朴素，求真务实”的校训精神，增强工会会员意识和教书育人的主人翁责任感，促进新进教职工积极投身学校事业发展。

组织青年教师参加湖北省第四届“工友杯”职工创业创新大赛，帮助青年教师提高教学科研能力，搭建岗位建功实践平台。计算机学院王茂才教授团队“航天任务设计优化与分析仿真软件平台”项目荣获湖北省“十佳创新奖”，资源学院蒋恕教授团队“非汞流体表征多孔介质技术”项目和计算机学院任伟教授团队“面向区块链的图分析与安全监管系统”项目荣获湖北省“优秀创新奖”，学校工会获得大赛“优秀组织奖”。这是学校历年来在该比赛活动中取得的最好成绩。

【文化体育活动】

以建党100周年为契机，组织开展庆祝中国共产党成立100周年系列活动，策划组织“颂歌献给党——第三届地大好声音教职工歌手大赛”，宣传党的百年光辉历程，唱响爱党爱国的时代主旋律。组织参加湖北省总工会“我把祝福献给党”微视频征集活动，抒发广大教职工对党的热爱之情。

组织开展一系列丰富多彩的教职工文体活动。创编《你的短发》情景表演唱节目，讴歌一代代女地质工作者从事地质找矿事业、服务国家和人民需要的职业精神。该节目题材独特、构思新颖、表演精湛，在湖北省教科文卫体工会“中国梦·劳动美——永远跟党走　奋进新征程”文艺汇演中荣获二等奖。响应全民健身号召，与体育学院联合举办“阳光体育　师生健康”2021年校运动会，来自全校各二级单位的1500名教职工参加了开幕式和各类竞赛项目；举办第十九届教职工乒乓球团体赛，共有26个分工会300多名选手参赛；举办教职工第十二届棋类比赛。精心组织学校教职工代表队参加中国大学体育协会在山东省潍坊市主办的第三届全国高校“教授杯”乒乓球比赛，获得2个冠军、1个第5名的成绩。

【自身建设】

落实领导班子“一岗双责”，推进领导班子政治建设，严肃党内政治生活，加强党风廉政建设，开展常态化警示教育，引导工会干部严格自律，守牢底线，营造团结奋进、风清气正的工作氛围。对分工会的建设结合学校今年机构改革，及时进行了分工会组织的调整工作，适时发布了《关于部分分工会设立和调整更名的通知》《学校各分工会主席调整改选流程》，不断加强完善分工会组织建设工作。

做好教职工舆论引导，加强宣传阵地建设。充分利用校园网络、新媒体、宣传橱窗等阵地和社会媒介资源，宣传弘扬优秀教师和育人楷模的先进事迹，加强对广大教职工的思想政治引领，讲好师德故事，传承高尚师德。全年工会微信公众平台推文 107 篇，累计阅读量128 000多次；工会网站推文 83 篇，在学校新闻网上刊载 26 篇，选入“地大要闻”17 篇。

充分利用信息化手段，深入推进“智慧工会”建设。深耕工会网上服务平台建设，完善工会会员信息数据库，稳步推进教代会提案办理、工会财务报销、“南望山之恋”网络交友平台、重大疾病互助申报和审核等线上服务，提升工会工作效能和服务水平，打造线上线下互相促进、有机融合的工作新格局，推动实现工会组织高效运转、精准服务、科学决策，为治理现代化赋能。

（撰稿：赤诚；审稿：喻芒清、杨世清）

离退休工作

【概况】

截至 2021 年 12 月 31 日，全校人事关系在离退休工作处的离退休职工 1796，其中离休干部 22 人、退休职工 1774 人。离退休人员中人事关系在武昌 1404 人、汉口 243 人、北京 149 人。党组织关系在离退休工作党委的党员 751 人，设 23 个党支部。

【追求实效，开展党史学习教育】

高度重视党史学习教育、建党百年庆祝工作，成立了专门领导小组，制定了实施方案，精心规划安排，周密部署组织，扎实开展党史学习教育、庆祝党的百年华诞工作。组织开展了“百年党史”经典诵读、百年党史百题知识竞赛、“我看建党百年新成就”畅谈活动、“与党同呼吸 共命运”和“学党史 悟思想”主题征文活动、“学党史·颂党恩·跟党走”主题诗词书画影艺征集展览活动、“学党史·唱红歌·跟党走”红歌会、“学党史求实效 探寻精神谱系”老年人春季趣味运动会、以“讲好入党故事 传承红色基因”为主题的“读懂中国”活动、颁授“光荣在党 50 年”纪念章活动等“十个一”系列主题活动，推动党史学习教育走深走实，入脑入心。

【敬重关爱，用心用情精准服务】

解“愁”事，开展“情暖夕阳·智慧助老”活动，举办 3 期智能手机应用培训，让老年人跟上数字化新时代步伐。解“难”事，贴心服务疫苗接种。主动协调荣军医院，全程精心陪护 3 批次 400 余名 70 岁以上老同志接种新冠疫苗。办“急”事，精心组织核酸检测。8—9 月间，精心组织，现场帮扶，个别上门采样，高质量完成 3 次全员核酸检测采样任务，做到应检尽检。应“盼”事，规范恢复开放老年人活动中心。科学评估，制定实施方案，安装智慧测温门禁等设备，关闭了 432 天的老年人活动中心于 4 月 8 日恢复开放，满足了老同志文体活动需求。做“细”事,精细服务体检与医药费报销工作。主动担责,做好1200余名离退休职工体检精心服务,全年为长住外地的离退休职工整理药费单据上千张、做好登记和报销工作达248人次。

组织开展“爱在敬老月·情暖夕阳红”系列活动。上门慰问347名困难老人,丧事服务30人,为35位生病老人办理了大病医疗救助申报。为近100名老同志免费提供修补鞋子、换衣服拉链、打磨菜刀、需换手机膜等服务。举办校园安全和防诈骗讲座。围绕身体健康、老年养生、心理保健等主办4期专题讲座。

【精心组织,全力支持老有所为】

进一步加强关工委建设。围绕建党100周年、“立德树人”根本任务,持续推进“院士回母校”“杰出校友回母校”“读懂中国”等活动深入开展,成绩突出。马克思主义学院孙文沛和李蔚然老师指导,许卓思撰写的关于王惠村老师的征文《春天里的故事》被教育部关工委评为最佳征文。学校关心下一代工作委员会获评“全国教育系统关心下一代工作委员会先进集体”。

继续实施银龄西部援教计划。落实教育部要求,制定学校《实施方案》,促成学校统筹落实银龄教师工作生活保障政策。6名教师分别在滇西应用技术大学、塔里木大学参加银龄教师西部援教工作,在祖国边陲谱写地大华章。

【整合资源,全面促进老有所乐】

不断丰富老年人文体活动。新增太极等兴趣班,活动团队达24个,全年活动不断、精彩纷呈,先后举办“迎新春赠百联、送百福”、“三八”妇女线上摄影作品展,组织“情暖夕阳·清风地大”——老同志书法绘画摄影作品线上展,开展宣扬清风正气、助力推进清廉地大建设、秋季趣味运动会、“一二·九”健步走等活动。

热情欢迎今年荣休教职工。协同校工会等隆重举行第三届教职工荣休典礼,向2020年12月以来光荣退休的63位教职工送上祝福与敬意。

浓情推出“情暖夕阳·一生相伴”活动。为近20对“金婚”“银婚”老人免费提供摄影服务,定格幸福瞬间。

【改进作风,加强队伍自身建设】

优化机构,明晰职责。按学校部署要求,对处内设机构进行了调整,内设综合、服务管理、活动管理科和北京工作办公室,核定了人员编制,明晰了职责,完成了科级干部考核聘用。

修订完善规章制度,管理服务不断规范。本年制定、修订了《离退休干部党委贯彻落实“三重一大”决策制度实施办法》《离退休工作党委理论学习中心组学习制度》《离退休工作党委委员联系党支部制度》《离退休工作党委关于加强新时代离退休工作党支部标准化规范化建设的意见》《离退休工作党委会议议事规则》《离退休工作党政联席会议议事规则》等。

【获得的荣誉】

学校关工委获评“全国教育系统关心下一代工作先进集体”;老教授协会获评“湖北

省老教授协会先进集体”；离退休干部处获评学校“文明管理服务单位”“脱贫攻坚优秀组织单位”；离退休工作处2021年度获学校综合考核“优秀”等次；陈文武、牛雅莉和张建国获评“湖北省教育系统关心下一代工作先进工作者”；曾广策、郭兰、胡卫民和刘庆生获评“湖北省老教授协会先进个人”；杜飚获评“学校脱贫攻坚先进个人”；离退休干部党委获评学校“2020—2021年度先进基层党组织”；侯光久、聂良佐、王树帆、严绛绛、于新洲、张胜业、张志毅获评学校“优秀共产党员”；丁振国获评学校“优秀党务工作者”。

（撰稿：叶青；审阅：蔡楚元、李门楼）

Nianjian

发展规划与学科建设

发展规划

1. 概　况

2021年,学校以习近平新时代中国特色社会主义思想为指导,深入贯彻党的十九大和十九届五中、六中全会精神,深入开展党史学习教育,切实落实巡视、审计整改任务,统筹推进深化改革、"十四五"规划、章程修订等重点工作,强化发展战略研究与管理,圆满完成年初确定的各项工作任务。

【扎实推进"十四五"规划编制工作】

一是顺利完成学校总体规划编制。开展调查研究,组织开展校内外调研、专题研讨会,完成相关专题研究工作。做到上下衔接,开门制定规划,广集智慧,形成全校上下编规划、校内校外谋规划的生动局面。学校总体规划经审定,已正式印发。

二是着力健全规划编制体系。组织制定《中国地质大学(武汉)发展规划管理办法(试行)》,继续探索"战略规划—五年规划—专项规划—二级单位规划"衔接机制,进一步明确各项发展规划功能定位,确保学校总体规划与专项规划、二级单位规划衔接和方向一致。搭建工作联系群,建立工作例会制度,规范全流程管理,加强指导,增强专项规划和各二级单位规划编制的科学性和权威性。

三是切实推进规划宣传与任务落实。部署启动"十四五"规划宣传解读工作,制定多种宣传方式相结合的工作方案。对总体规划各项目标指标、重点任务、建设专栏制定责任分工方案,明确各部门具体任务,落实责任主体。推动各类规划出台分工实施方案,确保各项任务落实落地。

【积极参与新机构成立论证】

聚焦未来人才培养新范式,邀请华中科技大学、东北大学、上海交通大学等兄弟高校专家来校或通过线上方式进行工作指导,召开多次校内推进会、部门协调会,促成未来技术学院、人工智能研究院的成立。围绕实现碳达峰、碳中和国家战略，充分发挥学校学科人才资源优势，谋划与联合国开发计划署（UNDP）、国家能源集团合作共建“CN-UNDP氢能学院”，多次组织召开三方线上研讨会，并积极同武汉市政府及相关职能部门沟通协调汇报。积极参与教育研究院、新能源研究院、长江实验室等机构组建论证工作。目前，未来技术学院、人工智能研究院、教育研究院已经正式成立，其他机构已陆续启动相关论证工作。

【深入参与学校综合改革】

积极参与学校深化改革工作，参与制定专项改革方案，牵头编制《中国地质大学（武汉）校院两级管理考核评估实施细则》，保质保量完成各项任务。组织学习研究教育部文件精神，认真核算学校相关指标，并结合学校工作实际，向教育部报送《中国地质大学（武汉）关于对＜普通高等学校基本办学条件指标（2021年）（征求意见稿）＞意见的报告》。参与70周年校庆相关筹备和专项工作、学校《岗位设置管理实施方案》修订、党的教育方针贯彻落实专项行动自查工作、机构编制管理情况自查与整改工作、落实《深化新时代教育评价改革总体方案》任务、学校贯标认证审核、《“地大学者”岗位管理办法》修订等。组织撰写教代会校长工作报告、《规划引领　服务美丽湖北建设　推动学校高质量发展——中国地质大学（武汉）深入学讲话　奋力建支点》等重要文稿。

【学校发展决策】

一是组织编印改革发展信息简报。聚焦新一轮“双一流”建设和学校深化改革，增强《现代高教信息》选题的针对性、解题的指导性、破题的操作性，全年编印《现代高教信息》10期（表1），在部门网站新开“他山之石”专栏，动态传递兄弟院校的先进经验、典型做法。

表1　2021年《现代高教信息》简报统计表

类别	期次	主题
现代高教信息	2021年第01期（总第137期）	新一轮本科教育教学审核评估
	2021年第02期（总第138期）	《“双一流”建设成效评价办法（试行）》
	2021年第03期（总第139期）	“深化学科专业改革”专题
	2021年第04期（总第140期）	“加强党的全面领导”专题
	2021年第05期（总第141期）	“深化人才培养改革”专题
	2021年第06期（总第142期）	“深化资源管理改革”专题
	2021年第07期（总第143期）	“强化治理能力建设”专题
	2021年第08期（总第144期）	“提升信息化建设水平”专题
	2021年第09期（总第145期）	高校教材建设
	2021年第10期（总第146期）	新文科建设

二是做好高等教育管理研究课题科学化管理。优化选题设置，完善申报流程，规范评选标准，全年批准立项高等教育管理研究课题32项，其中发展研究课题12项、青年课题20项，累计资助金额44.5万元。为献礼建校70周年，发布征集通知，全面启动高等教育管理研究课题优秀成果结集出版工作。

三是全面提升数据管理服务能力。优化填报范式和工作流程，组织完成《高等教育学校（机构）统计调查表》《教育事业统计季度调查表（试行）》《中国高校数据共享计划》等填报统计，撰写并提交《2021年教育事业统计报表分析报告》。

2. 发展规划重要活动、事件

【完成学校"十四五"总体规划编制并正式发布】

一是开展调查研究。组织工作专班开展10余次校内外调研、专题研讨会，完成相关专题的研究工作。二是做到上下衔接。认真做好教育部、湖北省等组织开展的"十四五"意见征集、调研工作，邀请10余位教育领域专家学者、湖北省省直单位领导专家来校做专题辅导报告。三是开门制定规划，广集智慧。召开7场专题研讨会，听取和广泛采纳各方面的意见和建议；通过上门拜访、网上"金点子"征集、书面征询和座谈会等多种途径面向战略发展委员会委员、全校师生、校友、行业企业代表等广泛征求意见，收集100多条反馈建议，形成了全校上下编规划、校内校外谋规划的生动局面。学校总体规划经学校2021—2次校务会议、九届三次教代会暨十八届工代会第三次会议审议，十二届第63次党委常委会、十二届第71次党委常委会审议，十二届第18次党委全委会审定，已正式印发实施。

【高质量完成学校章程修订工作】

成立工作专班，组织认真学习领会国家法律、党内法规以及高等教育重要文件的最新精神，分组修订相应内容。采用线上线下相结合的方式，广泛调研兄弟高校修订工作中的先进经验。采取多种方式在校内外公开听取、征求学校相关部门、学术组织、群团组织意见，线上线下听取广大师生员工、校友等的意见和建议。根据国家法律法规、上级政策和学校办学治校实际情况，逐一走访学校管理与服务机构，对有关意见和建议进行认真梳理分析，逐条明确修订依据。此次修订共涉及序言及正文共79条，新增3条、删除2条、合并1条。目前，修订稿已经由第2021-2次校务会议、第九届教职工代表大会第三次会议审议，经十二届第74次常委会、全委会审定后，即将呈报教育部核准。

【顺利召开战略发展委员会第二次工作会议】

克服疫情影响，多方组织协调，邀请到了25位委员，于12月14日通过线上线下同步进行的方式召开了学校首届战略发展委员会第二次工作会议。首届战略发展委员会委员，在校校领导、党委常委、校长助理，各管理与服务机构、教学科研单位主要负责人参加会议。学校首届战略发展委员会成立以来，在学校事业发展中发挥了重要作用。"十四五"规划制定期间，学校主要领导赴北京、杭州等地，实地征求部分委员对学校“十四五”改革与事业发展的意见和建议。并同时通过线上、邮件等方式向全体委员征求了对学校“十四五”改革与事业发展总体规划的咨询意见。会后认真梳理与会委员就学校发展目标定位、创新人才培养、产学合作、社会服务、科学研究、学科优化、国际化办学等提出的意见和建议，认真吸收各位委员提出的真知灼见，并将之落实到年度工作、“十四五”规划和“双一流”建设中，着力转化为推动学校改革发展的重要思路、重大举措和关键行动，推动学校实现“十四五”良好开局。

【积极促成未来技术学院成立】

为深入落实国家有关文件要求，发挥学校在地球科学领域的学科优势，面向国家在资源利用、生态环境及智能制造领域的重大需求，推动人工智能、新一代信息技术与地球科学交叉融合，探索未来科技创新领军人才培养新模式，开展前沿学术创新，推动未来技术变革，学校决定成立未来技术学院。学校积极邀请华中科技大学、东北大学、上海交通大学等兄弟高校专家来校或通过线上方式进行工作指导，多次召开校内推进会、部门协调会，全力推进未来技术学院组建工作。10 月 12 日，学校正式印发《关于成立未来技术学院、人工智能研究院的通知》(地大发〔2021〕49 号)。10 月 14 日，学校举行未来技术学院、人工智能研究院成立暨新生开学典礼。校党委书记黄晓玫，校长王焰新，副校长王华、刘勇胜、周爱国，相关管理与服务机构负责人、导师代表、未来技术学院首批 60 名新生参加开学典礼。学院将充分利用学校在地质学、地质资源与地质工程学科上的优势，建设“智能＋地球科学”交叉学科方向，围绕地质资源演化、深地深海探测和健康地球技术等 3 个主要方向开展人才培养，推动人工智能、新一代信息技术与地球科学的深度融合，发展新的地球科学研究智能化技术手段，为学校服务“美丽中国 宜居地球”建设提供思想、技术和方法。

(撰稿：熊思沂、张川；审稿：陈彪)

学科建设

1. 概　况

2021 年是国家新一轮“双一流”建设的启动之年。经过首轮建设，学校全面完成了阶段性建设任务，在服务自然资源行业和国家“美丽中国　宜居地球”建设重大需求方面成绩突出，在交叉融合复合型人才培养、科技创新和服务社会、人才梯队、科技成果转移转化、国际交流合作等方面成效显著进步，办学实力明显提高，国际影响力稳步提升，学科水平显著提高，建设目标达成度高。在教育部首轮建设成效评价中，地质学、地质资源与地质工程两个学科绝大部分指标建设成效为第一档。

学校现有 34 个一级学科硕士点，16 个一级学科博士点，15 个博士后科研流动站，15 个硕士专业学位类别授予权，1 个博士专业学位授予权，8 个自设二级交叉学科。学科涵盖理学、工学、文学、管理学、经济学、法学、教育学、艺术学等门类。围绕地球系统圈层构建了较为完整、系统的地学学科布局，形成了整体优势。有地质学、地质资源与地质工程2个国家一级重点学科和“双一流”建设学科，不断发展特色工科、基础学科、特色文科和交叉学科，呈现出较好发展态势。

截至2021年12月，地球科学、工程学、环境/生态学、材料科学、化学、计算机科学、社会科学综合7个学科领域进入ESI全球前1%，其中地球科学和工程学进入前1‰。在2021软科中国最好学科排名中，地质学、地质资源与地质工程排名全国第一。“全国前2名或前2%”学科数量并列位居全国高校第25位(19所高校并列)，地质学、地质资源与地质工程、地球物理学、石油与天然气工程、地理学、测绘科学与技术6个学科排名全国前10位。在2021年度泰晤士高等教育(THE)中国学科评级中，学校共22个学科上榜，其中A级学科10个，占比45.45%，A级学科数在33所参评一流学科建设高校中排名第一。

2. 学科建设重要活动、事件

【不断优化学科生态体系】

召开学科专业改革工作研讨会，组织制定《深化学科专业改革工作方案》，对学科专业结构布局、提质升级、交叉融合和治理体系完善进行全面布局。制定《关于软件工程学科调整至计算机学院的建议方案》，基本完成调整工作。制定《学校在建学科分层分类建设规划(建议)》，将在建学科分为高峰学科(A+学科)、登峰学科(冲击A档学科)、攀登学科(在建博士点学科)、攻坚学科(冲击博士点学科)、潜力学科5个类别。制定《关于实施第二轮学科培育计划的通知》，对数学等15个培育学科进行新一轮学科培育。

【5个学科群获批省优势特色学科群】

围绕经济社会发展重大需求，聚焦重点产业、战略性新兴产业，大力加强特色优势学科群建设。组织召开“湖北省优势特色学科群”申报工作研讨会，“城市地灾防控与地下空间开发、地质环境保护与生态修复、智能地球探测、绿色纳米矿物新材料、国土空间治理与生态文明”5个学科群全部获批湖北省优势特色学科群。组织各学科群制定五年规划、编制年度任务书。

【推进学科发展监测及绩效评价管理】

组建学科建设绩效评价改革团队，组织开展多次研讨，构建集投入产出指标于一体，以主客观赋权为特色，包含达成度、贡献度、成长度的三维绩效评价体系。推进学科发展状态监测及绩效评价系统建设，以强化绩效评价为目标，以建设学科数据中心为基础，以学科数据治理为实现路径，不断提升学科建设管理信息化水平和咨询指导服务能力。目前，该系统建设已明确建设思路、建设模块，并已通过专家认证。

【优化国拨及配套专项资金分配管理机制】

按照“总量控制、统筹使用、目标管理、合理调控”的思路，改进资源配置方式，确立以“双一流”建设任务为中心、院系为主体统筹资金的思路，制定《优化国拨专项及配套资金分配管理机制工作方案》,绘制以“双一流”建设任务模块为主线统筹国拨相关专项及自筹经费使用的流程图。同时,以学科建设项目为试点,实现了以五年为建设周期,各项目(学科)根据建设规划,统筹使用学校批复的总资金,不搞年度平均,集中资金办大事。

3. 第二轮“双一流”建设

2021年7月,教育部下达《关于开展新一轮“双一流”建设方案编制工作的通知》(教研厅函〔2021〕6号),学校高度重视,成立了由党委书记和校长为主任、其他校领导为副主任的“双一流”建设委员会,以及地质学、地质资源与地质工程两个学科建设工作组。通过反复研讨、不断修改完善,经广泛征求意见、战略专家论证、校务会和党委常委会审议,形成学校“双一流”建设整体建设方案和地质学、地质资源与地质工程两个一流学科建设方案,开启学校新一轮“双一流”建设。

(1)总体布局。新一轮“双一流”建设以地质学、地质资源与地质工程两个一级学科为核心,围绕地球科学领域的国际前沿、国家战略和经济社会发展需求,形成地球生物学、深地科学、地质环境与健康、战略性矿产资源、地质工程与人居安全、深地探测与地球动力学6个核心建设项目和长江流域自然资源全息监测与智慧管理、智能地质装备、自然资源管理与政策3个延伸建设项目的“6+3”“双一流”建设项目布局,努力推动地质学、地质资源与地质工程迈向世界一流,并辐射带动超过60%的在建一级学科,推动学校提升整体发展水平和可持续发展力。

(2)建设目标。聚焦“美丽中国 宜居地球”建设,不断优化学科布局,推动学科开放发展和转型升级,强化地球科学变革及创新发展,振兴特色工科,夯实基础学科,繁荣特色文科,加强学科交叉。构建与研究型大学建设目标相适应的高质量人才培养体系、师资队伍建设体系、学术创新体系、大学文化建设体系、社会服务体系和现代治理体系;为建设“美丽中国 宜居地球”提供人才和科技支撑;提升服务国家重大战略特别是服务国家资源能源安全、区域经济社会可持续发展战略的能力;面向世界构建国际化创新高地,努力打造一流的地球科学领域创新策源与人才培养共同体,加快推进地球科学领域世界一流大学建设。

(3)主要举措。一是优化学科专业结构布局。加强学科布局顶层谋划,着力健全学科分层分类发展体系;推进学科专业优化调整,积极布局国家和地区急需学科专业。二是推动学科专业提质升级。实施博士点培育计划,实现博士学位授权点新突破;精准投入人才资源,探索“一院一策”“一点一策”的实施办法;强化需求导向,服务国家重大战略和区域高质量发展;统筹推进学科专业建设资源配置改革,提升学科专业自主发展能力。三是推进学科专业交叉融合。推进优势特色学科群建设,服务“两新一重”建设、生态环保、智能制造、新材料、资源环境安全等领域;布局建设交叉学科博士点,推动学科间互涉、渗透、交叉与融通;建设跨学科研究平台和人才培养特区,引领创新范式和人才培养范式的变革。四是健全学科专业评价机制,加强学科发展状态监测,实施绩效评价与动态调整。

(4)组织保障。一是建立党委统一领导、委员会和工作组分工落实的组织体系,充分发挥学科建设委员会、“双一流”建设委员会和地质学、地质资源与地质工程两个学科建设工作组的统筹协调作用,加强对重大项目、重大决策、重大举措的咨询指导和评估论证。二是完善学科部门牵头组织、多部门协同参与的管理体制,建立学科建设立项、检查、评估、调整等管理机制和服务体系,不断完善“双一流”建设责任机制、协同机制、监督机制和调整机制。三是推进学科为建设主体、项目为主要载体的工作机制,形成各学科高度重视、深度参与、积极落实学科建设任务的浓厚氛围,通过项目实施大力推进学科建设各项建设任务落实、落地,不断提升学科整体实力和学校办学水平。

(撰稿:姜伟、文新;审稿:周延菲)

Nianjian

人才培养

本科生教育

【概况】

学校全面落实立德树人根本任务,以培养"品德高尚、基础厚实、专业精深、知行合一"的高素质人才为目标,深化本科人才培养改革,组建本科生院,加快推进大类招生-大类培养改革,助力思政教育、通识教育及专业教育的深度融合,打造一流本科教育教学体系,深入实施"三融合"人才培养改革,探索出一条行业特色高校发展转型的新道路。学校新增 2 个本科专业,现有 69 个本科专业,以理工为主,涵盖理学、工学、文学、管理学、经济学、法学、艺术学、教育学学科门类;新增地球物理学国家基础学科拔尖学生培养计划 2.0 基地,学校拥有地质学、地球物理学 2 个拔尖计划 2.0 基地、1 个国家地质学理科人才培养基地和 1 个国土资源部地质工科人才培养基地。

2021 年,学校本科计划招生 4700 人,少数民族预科计划招生 93 人(不计入 2020 年本科招生计划,纳入 2021 年总招生计划数)。实际录取新生 4796 人,其中少数民族预科生 97 人、国家专项招生 208 人、高校专项招生 107 人。录取新生的城乡比例大致为 6.0∶4.0,男女比约为 6.5∶3.5,城乡比例较去年小幅增加,性别比例相较去年无明显差异。2021 年,符合发放毕业证条件本科生 4359 人,符合学位证发放条件本科生 4358 人,结业 40 人;"七校联合办学"学生辅修及双学位 176 人获得双学位证,103 人获得辅修证。本科生转专业 174 人、大类调整专业 3219 人,获得本校辅修证 37 人。推荐免试研究生 882 人,其中"特殊学术专长 A 类"36 人、"支教计划"11 人。

2021 年,学校积极应对疫情断续多发不利局面,不断完善线上教学平台功能及线上师生服务事项,制定应对疫情的线上教学方案、暑期实习工作疫情防控方案、基地疫情防控方案以及 3 套实习预案等。暑期,疫情形式复杂多变，学校众志成城，行动迅速有力，有效解决在北京周口店、河北秦皇岛、湖北秭归等地实践师生面临的困境，助力返乡返校，并通过线上、线上线下结合混合教学方式继续推进实习实践工作。

2021年，本科教育教学改革硕果累累。赵珊茸主编的《结晶学及矿物学》、赵鹏大和魏俊浩主编的《矿产勘查理论与方法》荣获全国优秀教材二等奖；地球科学学院荣获全国教材建设先进集体；谢淑云负责的“地球科学概论”入选首批全国课程思政示范项目；4个基层教学组织获2021年湖北省高等学校“省级优秀基层教学组织”。地大学子在ACM国际大学生程序设计竞赛亚洲区域赛、全国大学生数学建模竞赛等各类高水平竞赛中获奖300多项；在2021年“互联网+”大赛全国总决赛中取得1金2银5铜的优异成绩，实现历史性突破。

学校发挥专业优势，引导毕业生面向特色行业就业，持续巩固学校在自然资源领域的优势。长期与地勘、煤田、石油、核工业、有色、海洋、测绘、水利水电、工程等特色行业单位保持合作，2021年邀请了2619家单位来校招聘，毕业生到自然资源部、重点地区、重大工程、重大项目、重要领域就业的人数持续增加，毕业生就业竞争力逐年提升。

【本科生招生】

2021年，学校本科生源质量稳步提高，整体表现为“一升一涨一降一热一回升”。具体表现为：一是超过一半数量的学院第一志愿率在提升，其中计算机学院第一志愿率由319%上升为468%，马克思主义学院由47%上升为80%，海洋学院由20%上升为46%，地理与信息工程学院由43%上升为63%，材化学院由39%上升为58%，环境学院由48%上升为65%。20个专业第一志愿率上升，其中应用化学由43%上升为81%，地理科学类由45%上升为89%，海洋科学类由20%上升为46%，大气科学由48%上升为71%。二是9个学院、11个专业调剂率在下降。2021年共有9个学院调剂率下降，其中海洋学院由53%下降至26%，地理与信息工程学院由16%下降至7%。调剂率下降的专业有11个，其中海洋科学类调剂率下降27%、土地整治工程下降20%，其他下降专业大部分下降比例为10%。三是信息类专业持续火热。第一至第六专业志愿合计总报考数位居前列的招生专业分别是：计算机类、电子信息类、自动化类、机械类、测绘类（测绘与信息类）。我校所有专业总报考数为17 441人，前五名专业的报考数为7847人，占总报考数的45%。传统地学相关的15个专业报考数为4529人，占全校报考数的26%。四是录取位次总体平稳。通过大数据分析，绝大多数考生录取分数与位次较往年保持平稳。五是传统地学专业生源有所回升。传统地学专业中，2021年第一志愿率提升的专业有9个，其中地质学类（国家拔尖计划，国家理科基地班）提升72%，地理科学类提升44%，海洋科学类提升26%，土地整治工程提升10%。

【拔尖人才培养】

2021年，以稳步提升李四光计划人才培养质量为目标，本科生院从细化人才培养环节出发，将培养举措固定化、深入化、细致化，在导师制和完全学分制的基础上，以名师讲座、研学活动和学术交流为牵引，不断加强学员的学术视野和创新能力，夯实专业基础，提升综合素养。2021 年，开展名师讲座 5 场，研学活动 1 次，班会和各类学术交流活动 10 余次，班级学分绩点稳步提升，13—15 期班级平均学分绩点分别为 3.89、3.99、3.99，学员参与科研项目 139 人次，获得国家级奖励 41 项，省级奖励 55 项，校级奖励 39 项，撰写英文学术论文 11 篇、中文学术论文 7 篇。13 期李四光计划 40 名学员，有 38 人推免，其中中科院所 7 人，南京大学 3 人，本校读研 2 人，其他学员推免到北京大学、浙江大学、中国人民大学等“双一流”高校。班级凝聚力不断增强，形成乐学、向上、团结、奋进的拔尖创新人才培养高地。

2021 年 10 月 12 日，学校成立未来技术学院，同时成立了人工智能研究院。这是学校面向国家高水平人才培养机制变革的需求，通过人工智能、新一代信息技术与地球科学深度融合，探索资源与环境领域多学科交叉创新模式和技术领军人才培养新范式的重大举措。9 月 21 日，未来技术学院通过校内遴选，招收首届本科生 60 人，并在学校牵引下，与浙江中控科技集团、腾讯公司等单位签订了全面建设合作协议，联合共建未来技术学院。

【课程思政】

学校高度重视课程思政建设，大力推进课程思政方案实施，组织各单位参照学校方案制定本单位的课程思政建设方案并召开工作布置会议，在试点专业中启动遴选课程思政示范课堂，组建教学团队，打造示范课程，形成典型示范教案，加强课题设置和科学研究，全面推进单位内试点改革工作，两门课程入选首批全国课程思政示范项目，谢淑云教授作为负责人的“地球科学概论”、窦斌教授作为负责人的“工程伦理”入选教育部首批普通本科教育、研究生教育课程思政示范课程，相应团队和成员获评课程思政教学名师和团队。

【国家级大学生创新创业训练计划】

2021 年，学校国家级大学生创新创业训练计划（以下简称“大创项目”）的完成度、辐射面和项目育人成效不断凸显。在项目申报方面，本科生申报大创项目热情逐年升高，今年共申报 572 个项目，经过学院推荐和学校专家评审，最终资助 371 项，其中国家级项目 82 项、省级项目 240 项、校级项目 49 项。在结题验收方面，2021 年共完成项目结题 357 项，其中国家级项目 97 项、省级项目 211 项、校级项目 49 项。在项目获奖和成果转化方面，共获得国家级奖项 27 项，省级奖项 24 项，发明专利 40 余项。据统计，2021 年推免的 882 人中，有 418 人主持或参与过大创项目。大创项目已成为学校本科生创新学习方法、提升科研素养的重要渠道。

【通识教育】

2021 年度学校开设 127 门高质量的线下通识教育选修课，其中新增通识教育选修课 26 门，从文化传承、批判思维、家国情怀、社会责任、艺术审美、语言能力、创新意识等多维度引导学生追求科学之真、人文之善、艺术之美。如"地球科学概论""生态学概论"两门"美丽中国"系列通识课程,实现课程全面覆盖。组织教师开设面向学生的通识教育选修MOOC课程共12门。2021年,重点新建包括以"美丽中国　宜居地球"为主题的系列特色通识课程、精品通识课程。力推特色通识课程"地球科学大讲坛",该课程由学校和中国地质大学(北京)依托优势学科和教学资源开展线上课堂,由两校多名院士、教学名师授课,已举办两期,线上参与人数近60万,旨在引导青年学生敬畏自然、尊重生命,提高生态知识素养,践行人与自然和谐共生的理念。新建特色通识课程"通识教育大讲坛",该系列讲座旨在引导学生深入理解中华文明、广泛了解多元文化、开阔学术视野、完善知识结构、提升综合素质。第一期邀请了武汉大学、华中师范大学、清华大学、复旦大学等高校共计6位教授按专题授课,受到学生好评。

【专业建设】

加强专业建设评估制度建设,完成并实施学校《"一流本科"专业建设管理办法》,起草学校《专业结构优化与动态调整实施办法》《菁英班、实验班建设管理办法》等。根据工科专业发展趋势和学校要求,协助推动工程教育专业认证工作。2021年,地下水科学与工程专业、遥感科学与技术专业接受了中国工程教育专业认证协会组织的专家组线上现场考查。组织了自动化等4个专业开展2022年工程教育专业的申请工作。地球物理学成功入选2021年拔尖学生培养计划2.0基地。余振兵教授申报的"地质学拔尖人才培养课程体系研究"成功入选2021年度"基础学科拔尖学生培养计划2.0"研究课题。根据《教育部办公厅关于推荐新文科研究与改革实践项目的通知》(教高厅函〔2021〕10号),学校"新文科背景下珠宝特色市场营销专业实践育人建设"(项目号2021140091)入选。

【教学工作】

基层教学组织功能逐步规范。制定《学校基层教学组织建设实施意见》,明确学校基层教学组织建设目标、建设要求、组织设置、工作内容以及考核方式等。对全校各教学单位的基层教学组织现状进行梳理,采用备案制度,收集学院基层教学组织的基础数据。"古生物地史学课程组"等4个基层教学组织荣获2021年湖北省高等学校"省级优秀基层教学组织"荣誉称号。

2021年学校有36项委托本科教学工程项目和50项本科教学工程项目入选,总资助额度达到1277万元,还有"晶体光学及光性矿物学虚拟仿真平台建设调研与探索"等50项一般教学改革项目、"构造地质学模块化教学及思维导图的应用研究"等10项基础课教改项目、当代中国经济发展等19门通识教育选修课项目、"中加合作办学教学方案优化初探"等7项学院自设项目共86项获得学校立项。推荐省级立项30项,其中体育类专项2项。

根据《省教育厅关于实施"湖北高校本科教学质量年专项行动计划"的通知》(鄂教高函〔2021〕4号)、《省教育厅关于公布2021

年度省级一流本科课程认定结果的通知》(鄂教高函〔2021〕14 号)文件精神,“构造地质学”等 6 门课程入选省级线上一流课程,“岩石学导论”等 7 门课程入选省级线上线下混合一流课程,“宝石学 B”等 8 门课程入选省级线下一流课程,“社会实践”入选省级社会实践一流课程。根据“教育部办公厅关于开展第二批国家级一流本科课程认定工作的通知”文件精神,“构造地质学”等 10 门线上课程、“登山运动”等 15 门线下课程、“岩石学导论”等 11 门线上线下混合课程、“社会实践”等 1 门社会实践课程申报国家级一流课程。

落实《课堂教学听课制度》,利用听课管理平台,适时准确了解听课信息、填写课堂意见,及时收集反馈听课意见。修订《本科教学督导管理工作办法》,成立大学督导团,明确督导工作目标,丰富督导工作内容,进一步健全督导工作体系。

【教材建设】

制定了学校《“十四五”本科教材规划(2021—2025)》,旨在实现学校已有自编教材全面更新优化,优势特色学科形成以优秀自编教材为主、选用教材为辅的新格局。为满足教材建设在人、财、物方面的保障,联合人力资源部、出版社等多个部门,协同发力,进一步加大教材建设投入,完善教材激励等制度,共同推进学校教材建设工作。

充分利用中央高校教改基金等专项资金、学校配套经费资助教材立项,认真遴选彰显学科专业优势的精品教材选题,提高教师自编教材水平。《无机化学实验》《含煤岩系矿产资源》等多部受资助教材正式出版,还有多部受资助教材已签订出版合同。赵珊茸主编的《结晶学及矿物学》、赵鹏大和魏俊浩主编的《矿产勘查理论与方法》荣获全国优秀教材二等奖,地球科学学院荣获全国教材建设先进集体称号。

【实践教学】

学校与秭归县人民政府合作建设的芝茅公路地质科普长廊投入使用,丰富了秭归地质实习路线资源;在秭归基地岩石园,将典型岩石打磨出新鲜观察面,方便学生观察。与周口店镇北五村签订地质遗迹保护合作意向书,加强周口店地区实习线路保护;巴东科教基地完成验收,推进巴东路线建设,为巴东科教基地后期使用做好准备;协助自动化学院修订《与湖南华菱涟源钢铁有限公司共建校外实践教育基地协议书》,拓展非地质实习基地。

认真做好《2021 年暑期实习工作疫情防控方案》,将《基地疫情防控方案》《医疗服务工作方案》等内容一一细化,切实做好实习疫情防控准备工作,并制定 3 套实习预案。学生实习期间,德尔塔病毒来袭,实践教学工作面临巨大风险。8 月 3 日,学校紧急召开暑期本科教育教学工作会,决定三大基地开展实习的师生迅速撤离,实习转为线上进行;8 月 4 日—7 日,实践教学管理办公室协同后勤、学院组织基地师生平稳有序撤离。1271 名学生、131 名教师在学校的精心组织下,顺利返回家乡和学校。同时,各学院灵活应对,通过线上、线上线下结合混合教学推进实习工作;疫情好转后,迅速组织地质类专业 721 名师生利用国庆假期开展线下实习补课。

为做好本年基地实践教学，组织地学、资源、环境、工程等多个学院先后50余位老师提前到达秭归开展基础地质集体备课。根据《2021年实习实践基地劳动教育方案》精神，学生实践教学中融入劳动教育，200余名师生参与基地环境卫生维护、食堂帮厨、光盘行动监督、劳模讲座等活动，实习基地成为劳动教育的“大课堂”。制定并发布《野外实践教学“1+1”实践活动方案》，充分利用实践教学重要育人载体，开展思政教育。邀请全国劳动模范、全国五一劳动奖章获得者王华君到秭归产学研基地为师生作报告。各学院通过参观、走访、讲座、会议等一系列形式，在实践活动中强化党史学习教育。

【创新创业教育】

2021年，进一步明确“创新创业教育与思政教育、专业教育深度融合”的总体思路，从教学链、实践链和孵化链3个方面发力，提升在校大学生创新创业能力。面向两校区开展“KAB创业基础”课程3期，“SYIB创业培训”湖北省示范班1期，累计参加学生110人；开发并完成“大学生创业基础导论”MOOC课程1门；组织校内双创课程教师、指导老师、创新创业教育专员及辅导员等双创教师参加“中科创大”师资培训班2期，选派教师参加中国高等教育学会创新创业分会年会暨论坛等学习交流活动，累计参训60人次；加强校内外双创导师选聘，胡文勤入选中国青年创业导师，新增聘请3人为学校创新创业导师，进一步强化双创导师库建设。

开展“五位一体”双创实践活动，组织两校区“星火”创沙龙、“燎原”大讲堂近20场次，覆盖学生近3000人次，指导大学生创新创业俱乐部开展校内创业分享会、线上创业项目展演等活动，并积极对接湖北省大学生创新创业俱乐部、湖北省“创立方”等部门开展相关的双创活动。做好大学生创新创业孵化基地的运营管理，开展校园“创业先锋”评选，组织在校大学生创业团队及个人申报湖北省大学生创业扶持项目、湖北省“创业之星”评选，共评选出校园“创业先锋”10人，获批湖北省大学生创业扶持项目3项，团队累计获扶持资助22万元，获评湖北省大学生“创业之星”1人。

【学科竞赛与“互联网+”大赛】

引导学院参加列入高等教育学会竞赛目录及其他高水平学科竞赛，如ACM国际大学生程序设计竞赛亚洲区域赛、全国大学生数学建模竞赛、全国大学生电子设计竞赛、全国大学生英语竞赛、全国大学生数学竞赛、机器人大赛等近30项全国和湖北省学科竞赛，共获奖300多项。在ACM国际大学生程序设计竞赛亚洲区域赛济南站中勇夺冠军、在全国大学生数学建模竞赛中获8项全国性奖项(全国一等奖3项、全国二等奖5项)，这两个赛事均创学校参赛以来历史最好成绩。

在学校党委领导下，2021年“互联网+”大赛在组织发动、项目筛选、项目培育及赛前指导等各环节全面发力，共有1530个项目报名参赛，参赛学生总数达9864人次，同比去年增幅分别为175%和126%；邀请30余位专家、累计开展线上及线下培训50余场，取得湖北省复赛6金、2银、11铜，位列湖北省高校第三；全国总决赛取得1金2银

5铜，取得历史性突破。校党委书记黄晓玫为获奖单位和获奖团队学生代表颁发了获奖纪念证书，并明确指出，“互联网＋”大赛是高校人才培养的试金石，学校要在更大范围、更深层次参与，争取取得更多属于地大人的荣耀。

【就业工作】

统筹推进校园招聘工作。学校按照“科学有效防控、安全有序招聘”的原则，立足校园招聘“主阵地”，聚焦关键领域和重要行业，做好人才输送，促进毕业生高质量就业。全年举办15场大中型线下双选会，847场线下宣讲会，累计进校招聘单位2619家。全年举办17场线上双选会，311场线上宣讲活动，线上累计参会单位2583家。线上线下校园招聘活动为毕业生提供13.6万个就业岗位。在教育部学生司的指导下，承办自然资源领域双选会，组织中国石油、中国石化、中国海油、中国建筑、中国交建、三峡集团、安徽地矿局、甘肃地矿局、紫金矿业、比亚迪等单位来校招聘。开展毕业生就业促进月系列活动，抢抓2021届毕业生求职关键期，举办3场未就业毕业生精准推介招聘会，全力促进毕业生顺利毕业、尽早就业。编写《用人单位蓝皮书》，学校层面建立200家单位数据库，各培养单位建立30～50家单位数据库，为毕业生求职提供参考依据。

整合资源强化社会合作。围绕自然资源、生态环境等重点领域，健全与国家部委、地方政府、重要企业的深度合作机制。推动武汉市“学子留汉”工程工作站签约落地学校。积极参与校地人才交流活动，不断探索校地、校企合作新模式，组织学生参加苏州、南通、常州、盐城、温州、金华、宜昌、运城等地市在汉举办的校企对接会，邀请南昌市和芜湖市来校开展招才引智活动。积极对接教育部“24365网络招聘服务”平台、国资委“国聘行动”等平台，持续加强与智联招聘、猎聘网、硕博英才网等专业机构的合作，大力拓展就业云空间。组织校内外专家积极报名全国普通高校毕业生就业创业指导委员会委员，学校推荐的6名专家全部入围。作为能源动力行业就业创业指导委员会副秘书长单位积极参与就指委相关工作，并牵头举办了“24365校园招聘服务——能源动力行业专场空中双选会”。

构建全程化就业指导体系。举办“职”等你来——就业经验分享讲座，做好新生生涯教育工作。开展“生涯体验日”活动，举办“求职训练营”精英班活动，组织第六届“勇往职前”湖北省大学生模拟求职大赛校内选拔赛，开设集“行业认知＋知识拓展＋就业育人”“三位一体”的“大学生职业素养课”，开设“公务员应试技巧”通选课、“职场先修课”等，帮助学生规划职业生涯，增强就业应试能力。开展生涯咨询辅导与就业能力提升的专题师资培训，选派优秀辅导员参加“GCDF全球职业规划师”“BCC生涯教练”“职业策略规划师”等资格认证培训。以学校获批“宏志助航计划”全国高校毕业生就业能力培训基地为依托，进一步整合全校师资。

截至2021年12月31日，学校2021届毕业生毕业去向落实率为94.53%，其中本科生毕业去向落实率为93.04%(表1)。

表 1　2021 届本科毕业生年底毕业去向落实率统计

学历	毕业人数	毕业去向落实率	协议和合同就业率	升学率（含出国出境）	灵活就业率（含自由职业）	自主创业率
本科生	4399	93.04％	34.37％	46.65％	11.91％	0.11％

从就业单位行业分布来看，2021 届本科毕业生就业人数较多的 3 个行业为信息传输、软件和信息技术服务业（22.22％），建筑业（21.15％），制造业（12.11％）（图 1）。

图 1　2021 届本科毕业生就业行业统计

注：就业行业流向按照毕业生协议就业、灵活就业（含自由职业）总人数统计。

从就业单位性质分布来看，2021 届本科毕业生就业单位性质流向主要是：民营企业(43.73%)，国有企业(39.14%)，其他事业单位(6.88%)(图 2)。

(撰稿：程旬、潘娣、范萍、章帆、王一波、高岩、张志峰、王东；审稿：周建伟)

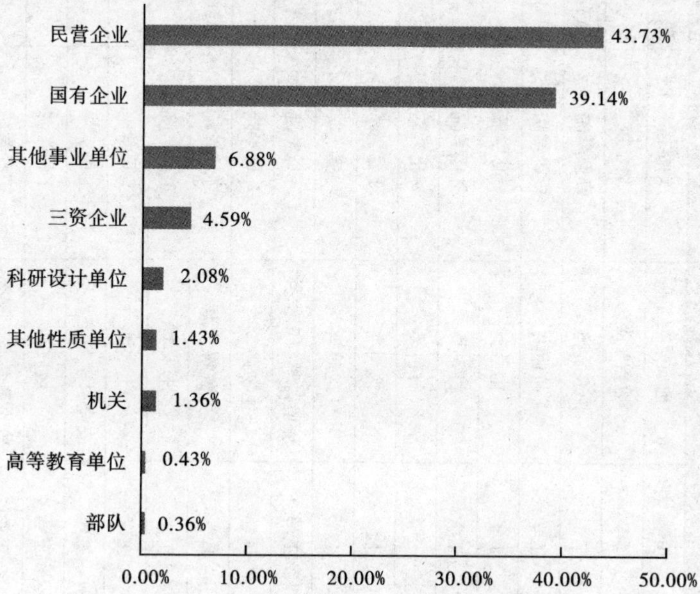

图 2　2021 届本科生毕业生就业单位性质统计

注：就业单位性质分布按照毕业生协议和合同就业、灵活就业总人数统计。

〔附录〕

附录 1　中国地质大学(武汉)本科专业统计表(2021 版)

序号	专业代码	专业名称	修业年限	学位授予门类	专业类	学院	备注
1	070901	地质学	四年	理学	地质学类	地学院	兼有第二学士学位
2	070902	地球化学	四年	理学	地质学类	地学院	
3	081403	资源勘查工程	四年	工学	地质类	资源学院	兼有第二学士学位
4	081502	石油工程	四年	工学	矿业类	资源学院	
5	070302	应用化学	四年	工学	化学类	材化学院	
6	080401	材料科学与工程	四年	工学	材料类	材化学院	
7	080403	材料化学	四年	工学	材料类	材化学院	
8	081102	水文与水资源工程	四年	工学	水利类	环境学院	
9	081404T	地下水科学与工程	四年	工学	地质类	环境学院	
10	082502	环境工程	四年	工学	环境科学与工程类	环境学院	
11	071001	生物科学	四年	理学	生物科学类	环境学院	
12	070601	大气科学	四年	理学	大气科学类	环境学院	2016 备案通过
13	081001	土木工程	四年	工学	土木类	工程学院	
14	081005T	城市地下空间工程	四年	工学	土木类	工程学院	2018 备案通过
15	082901	安全工程	四年	工学	安全科学与工程类	工程学院	
16	081401	地质工程	四年	工学	地质类	工程学院	
17	082902T	应急技术与管理	四年	工学	安全科学与工程类	工程学院	2021 备案通过
18	081402	勘查技术与工程(钻探工程)	四年	工学	地质类	工程学院	
	081402	勘查技术与工程(勘查地球物理)	四年	工学	地质类	地空学院	

续表

序号	专业代码	专业名称	修业年限	学位授予门类	专业类	学院	备注
19	070801	地球物理学	四年	理学	地球物理学类	地空学院	
20	070903T	地球信息科学与技术	四年	工学	地质学类	地空学院	
21	080202	机械设计制造及其自动化	四年	工学	机械类	机电学院	
22	080205	工业设计	四年	工学	机械类	机电学院	
23	080701	电子信息工程	四年	工学	电子信息类	机电学院	
24	080703	通信工程	四年	工学	电子信息类	机电学院	
25	120102	信息管理与信息系统	四年	管理学	管理科学与工程类	经济管理学院	
26	120103	工程管理	四年	管理学	管理科学与工程类	经济管理学院	
27	120201K	工商管理	四年	管理学	工商管理类	经济管理学院	兼有第二学士学位
28	120202	市场营销	四年	管理学	工商管理类	经济管理学院	
29	120203K	会计学	四年	管理学	工商管理类	经济管理学院	
30	020101	经济学	四年	经济学	经济学类	经济管理学院	兼有第二学士学位
31	020401	国际经济与贸易	四年	经济学	经济与贸易类	经济管理学院	
32	120901K	旅游管理	四年	管理学	旅游管理类	经济管理学院	
33	071201	统计学	四年	理学	统计学类	经济管理学院	
34	050201	英语	四年	文学	外国语言文学类	外语学院	
35	070501	地理科学	四年	理学	地理科学类	地理与信息工程学院	
36	070502	自然地理与资源环境	四年	理学	地理科学类	地理与信息工程学院	
37	080902	软件工程	四年	工学	计算机类	地理与信息工程学院	
38	081201	测绘工程	四年	工学	测绘类	地理与信息工程学院	

续表

序号	专业代码	专业名称	修业年限	学位授予门类	专业类	学院	备注
39	081202	遥感科学与技术	四年	工学	测绘类	地理与信息工程学院	
40	070504	地理信息科学	四年	理学	地理科学类	地理与信息工程学院	
41	081205T	地理空间信息工程	四年	工学	测绘类	地理与信息工程学院	2017 备案通过
42	070101	数学与应用数学	四年	理学	数学类	数理学院	
43	070102	信息与计算科学	四年	理学	数学类	数理学院	
44	070201	物理学	四年	理学	物理学类	数理学院	
45	040203	社会体育指导与管理	四年	教育学	体育学类	体育学院	
46	080410T	宝石及材料工艺学	四年	工学	材料类	珠宝学院	
47	130504	产品设计(珠宝首饰设计)	四年	艺术学	设计学类	珠宝学院	
48	050302	广播电视学	四年	文学	新闻传播学类	艺媒学院	
49	130202	音乐学	四年	艺术学	音乐与舞蹈学类	艺媒学院	
50	130502	视觉传达设计	四年	艺术学	设计学类	艺媒学院	
51	130503	环境设计	四年	艺术学	设计学类	艺媒学院	
52	130508	数字媒体艺术	四年	艺术学	设计学类	艺媒学院	2016 备案通过
53	030101K	法学	四年	法学	法学类	公管学院	
54	120404	土地资源管理	四年	工学	公共管理类	公管学院	
55	120401	公共事业管理	四年	管理学	公共管理类	公管学院	
56	120402	行政管理	四年	管理学	公共管理类	公管学院	兼有第二学士学位
57	082306T	土地整治工程	四年	工学	农业工程类	公管学院	2020 备案通过
58	120111T	应急管理	四年	管理学	管理科学与工程类	公管学院	2021 备案通过

续表

序号	专业代码	专业名称	修业年限	学位授予门类	专业类	学院	备注
59	030503	思想政治教育	四年	法学	马克思主义理论类	马克思主义学院	
60	080901	计算机科学与技术	四年	工学	计算机类	计算机学院	
61	080903	网络工程	四年	工学	计算机类	计算机学院	
62	080904K	信息安全	四年	工学	计算机类	计算机学院	
63	080908T	空间信息与数字技术	四年	工学	计算机类	计算机学院	2014 备案通过
64	080910T	数据科学与大数据技术	四年	工学	计算机类	计算机学院	2018 备案通过
65	080907T	智能科学与技术	四年	工学	计算机类	计算机学院	2019 备案通过
66	080301	测控技术与仪器	四年	工学	仪器类	自动化学院	
67	080801	自动化	四年	工学	自动化类	自动化学院	
68	070701	海洋科学	四年	理学	海洋科学类	海洋学院	
69	081902T	海洋工程与技术	四年	工学	海洋工程类	海洋学院	2018 备案通过

注:法学:2 个;工学:35 个;管理学:9 个;教育学:1 个;经济学:2 个;理学:13 个;文学:2 个;艺术学:5 个。

附录 2　学校获首届全国教材建设奖一览表

序号	获奖时间	成果名称	获奖类别	等级	主要完成人
1	2021	《结晶学及矿物学》教材	全国优秀教材(高等教育类)	二等奖	赵珊茸
2	2021	《矿产勘查理论与方法》教材	全国优秀教材(高等教育类)	二等奖	赵鹏大、魏俊浩
3	2021	地球科学学院	全国教材建设先进集体		

附录 3　2021 年正式出版教材归档统计表

序号	教材名称	编者	ISBN 号	出版社	出版时间	份数
1	制度与发展——经济学运用的中国案例	李通屏、肖建忠、邵红梅、陈艳、易杏花	978-7-307-21768-3	武汉大学出版社	2020.12	1
2	含煤岩系矿产资源	焦养泉、王双明、王华、荣辉、吴立群、汪小妹	978-7-5625-4903-1	中国地质大学出版社	2020.12	1
3	地下水溶质运移理论与水质模型	陈崇希、成建梅	978-7-03-068145-4	科学出版社	2021.3	1
4	渗流力学基础实验指导书	潘琳、王婋、周红、蔡忠贤、朱芳冰	978-7-5625-4455-5	中国地质大学出版社	2018.12	1
5	油气藏工程动态分析案例库建设(3 册)	王婋、潘琳、朱芳冰、周红	978-7-5625-4953-6	中国地质大学出版社	2020.12	1
6	无机化学实验	程国娥、蔡卫卫、曹菱、马亮、王运宏、张孝进	978-7-5625-5087-7	中国地质大学出版社	2021.8	1
7	英美文学经典赏析	卢云、李慷、冯迪、周诗羽、张英贤	978-7-5625-4575-0	中国地质大学出版社	2019.6	1
8	本科生海外联合地质实习探索与实践	李占轲、李建威、刘明辉等	978-7-5625-5033-4	中国地质大学出版社	2021.12	1

附录 4　2021 年校级优秀本科毕业论文(设计)和优秀指导教师名单

序号	专业名称	学号	姓名	指导老师	论文名称
1	地质学	20171001590	杨绍极	续海金	深俯冲陆壳折返过程中的深熔作用:苏鲁造山带荣成混合岩为例
2	地质学	20171002239	成创	王墩	Real-time determining image coherence durations for large earthquakes via deep learning
3	地质学	20171003128	邵航	王军鹏	北京房山岩体黑云母矿物化学特征及其对岩石成因的指示意义
4	地质学(基地班)	20171003861	郑怡欣	汪在聪	华北中生代交代地幔源区煌斑岩卤族元素研究
5	地质学(基地班)	20171004053	汪洋	张宏飞	阿拉善块体五照子-红山镁铁质侵入岩的岩石成因及其地质意义
6	地球化学	20171000304	赵楚涵	张利	常州市霾污染过程 PM2.5 中多环芳烃的高时间变化特征及来源解析
7	地质学	20171000165	何振坤	肖龙	柴达木盆地倒转河道的地质特征及其对古气候的指示意义
8	地质学(基地班)	20171002902	刘一龙	龚一鸣	武汉市志留纪盔甲鱼类的形态学与支序系统学及古生态学研究
9	地质学	20171000607	周锦涛	余文超、杜远生	贵州晚二叠世铝土岩物源变化与大陆风化
10	地质学(国际班)	20171001459	方鲁加	佘振兵	华南埃迪卡拉纪磷块岩微量元素地球化学及其古环境意义
11	资源勘查工程	20171002147	王显康	赵新福	华南幕阜山西北缘断峰山稀有金属伟晶岩密集区成矿作用研究
12	资源勘查工程	20171003218	姜春伟	付乐兵	内蒙古高石山斑岩型铜金矿床成矿潜力与找矿方向
13	资源勘查工程	20171001260	马舒悦	吕新彪	内蒙古拜仁达坝锌多金属矿床地质特征及绿泥石温度计应用
14	资源勘查工程	20171003799	朱晓萌	李水福	泌阳凹陷不同地区原油性质差异对比与分析
15	资源勘查工程	20171003656	万晓帆	沈传波	碳中和背景下地热科学文献计量分析
16	资源勘查工程	20171003641	李金辉	焦养泉	张家峁井田延安组 4-2 煤煤质关键参数分布规律及其地质意义
17	资源勘查工程	20171003035	张昭	夏庆霖	南盘江-右江成矿区锡多金属矿成矿多样性和矿床谱系
18	石油工程	20171002410	邢奕	姚光庆	乐东 10 区黄流组重力流沉积体有孔虫特征及与储层特征关系
19	石油工程	20171002772	张阿芮	孟庆帮	页岩油藏压裂水平井生产动态特征及参数敏感性分析

续表

序号	专业名称	学号	姓名	指导老师	论文名称
20	石油工程	20171001477	张宇	潘琳	单轴应力作用下岩石破碎规律及其与岩石组分结构关系实验分析
21	应用化学	20171003595	吴伟明	廖桂英	多孔超薄碳化氮纳米片光催化降解 Cr(Ⅵ)
22	应用化学	20171000227	贾子龙	曾丹黎	聚吡咯对锂金属负极表面的修饰
23	应用化学	20171003905	贺雨莎	吴艳	$Li_7La_3Zr_2O_{12}$ 电解质材料在质子陶瓷燃料电池中的离子传导性能研究
24	应用化学	20171002539	杨航	李国岗	超窄带 UCr_4C_4 型硫氧化物荧光粉的发光调控
25	应用化学	20171002683	韩雪	王圣平	水铁矿的 OER 催化性能研究
26	应用化学	20171000639	耿德佳	戴煜	环糊精金纳米粒子的双重催化性能研究及其作为给药载体的应用
27	应用化学	20171000838	童欣雨	杨泽惠	基于二维苯并二噻吩小分子给体设计合成与器件性能研究
28	材料科学与工程	20171002434	朱玉菡	靳洪允	面向神经突触模拟的忆阻器研究
29	材料科学与工程实验班	20171003993	冯力	赵凌	中温固体氧化物燃料电池 BCFZY-GDC 复合阴极材料的性能研究
30	材料科学与工程	20171001584	马骏	王永钱	低温熔融盐直接修复失效锂离子电池正极材料的研究
31	材料科学与工程实验班	20171001305	刘松	栗海峰	空心 $Fe_{0.1}Co_xNi_{0.9-x}$ 合金球@TiO_2 的制备及电磁性能（x=0.2，0.5，0.8）
32	材料科学与工程	20171001976	孙鹏	梁玉军	两种铝酸盐基荧光粉的制备及发光性能研究
33	材料化学	20171002778	李东妮	杨志红	三明治结构锆钛酸铅镧/聚偏氟乙烯复合材料的制备与储能性能研究
34	材料化学	20171001198	刘天乐	高鹏程	功能分子接枝密度对纳米孔传感器离子信号的影响研究
35	材料科学与工程	20171001500	吴卉	李飞	辅助插层剂对小鳞片膨胀石墨膨胀容积的影响
36	地下水科学与工程	20171001873	刘朝晖	杜尧	基于水化学和 DOM 特征的海陆相高铵地下水成因对比研究

续表

序号	专业名称	学号	姓名	指导老师	论文名称
37	水文与水资源工程	20171000873	毛烁宇	靳孟贵	河流持续饱和人渗补给地下水条件下氮素的迁移转化特征
38	水文与水资源工程	20171000673	郑智	郭会荣	微孔隙中 DNAPL 向乙醇冲洗液的传质过程研究
39	水文与水资源工程	20171003284	孙涛涛	李静	江苏省连云港滨海地区弱透水层中古咸水成因与运移机制
40	水文与水资源工程	20171003298	李文柱	王全荣	表皮效应对径向热弥散的实验研究
41	水文与水资源工程	20171001768	史秋云	李小水	Tenax 材料包萃取法评价土壤中 PAHs 的生物有效性
42	环境工程(菁英班)	20171003952	官国庆	李民敬	黑麦草活体和根系腐烂对土壤中微生物降解多氯联苯的影响
43	环境工程(菁英班)	20171002631	毕广宇	张伟军	复合混凝在清淤底泥余水中溶解性有机质去除中的应用研究
44	环境工程	20171000824	张天伦	童蕾	氧氟沙星在纤铁矿上的吸附过程及机理探究
45	环境工程(菁英班)	20171000733	杨宝铃	祁士华、邢新丽	武汉市江夏区梁子湖多环芳烃污染的分布特征、来源解析与演化情况
46	环境工程（地质环境调查）	20171003723	刘依然	刘运德	基于加权信息量法和 ArcGIS 平台的地质灾害易发性评价研究——以江苏省镇江市为例
47	生物科学	20171004196	杨世敏	蒋永光	水华蓝藻——拟柱孢藻和尖头藻的毒性及其演化特征研究
48	大气科学(菁英班)	20171002105	刘澳	左金清、张仲石	BCC_CSM1.1 对热带大西洋海温预报技巧的评估
49	大气科学(菁英班)	20171000711	胡俊豪	刘博	局地地形起伏对华南和西北地区暖季极端累积降水变化的影响及其可能原因
50	安全工程	20171004425	印恋	周克清	ZIF-8@PA@SiO_2 多元一体化纳米阻燃剂的分子设计及其阻燃应用研究
51	安全工程	20171003473	陈斯琪	郭良杰	基于惯性传感技术的人体步态识别研究
52	安全工程	20171003837	王智昊	陈卫明	智能交通信号配时优化研究
53	地质工程	20171000656	瞿茹	潘秉锁	钙质砂密实度确定方式及其变化规律研究
54	地质工程	20171002164	胡慧聪	蔡记华	地下连续墙施工废弃泥浆处理技术

续表

序号	专业名称	学号	姓名	指导老师	论文名称
55	地质工程	20171000592	朱文宇	李长冬	温度-渗流场耦合作用下的帕隆藏布流域冰碛土渗透系数演化规律研究
56	地质工程	20171000629	季庆丰	崔德山	基于室内试验与 MatDEM 离散元模拟的月球极区模拟月壤承载特性研究
57	地质工程	20171000694	肖皓文	蔡静森	危岩体崩落块石初始状态确定方法及其运动分析
58	地质工程	20171003959	刘金都	吴文兵	重金属污染土水力特性及微观机理研究
59	勘查技术与工程	20171001901	杨颖	段隆臣	超声波电解 PDC 脱钴技术研究
60	勘查技术与工程	20171002988	谭晓龙	张凌	海洋水合物水基钻井液传热特性实验研究
61	土木工程	20171001597	胡鑫	孙五一	厦门市思明展览馆设计
62	土木工程	20171001453	聂于涛	孔刘林	廿一教学综合楼设计
63	土木工程	20171001534	裴志鹏	王文婧	武汉市新洲区行政楼设计
64	土木工程	20171001862	王艺	丁兰	通山一中下承式简支钢桁架人行天桥
65	土木工程	20171002620	钟彤	陈宗武	基于 LCA 的沥青路面能耗与碳排放研究
66	土木工程	20171002233	张海燕	胡新丽	干湿循环下马家沟滑坡滑带土三轴抗剪强度衰减特性研究
67	土木工程	20171003686	陈蔚翔	葛云峰	基于物理模型试验的滑坡-碎屑流最远运动距离随机性研究
68	土木工程	20171001287	耿少寒	高旭	液化土中螺旋桩水平振动特性研究
69	土木工程	20171003039	胡小悦	邹俊鹏	含节理砂岩动力响应的室内试验研究
70	土木工程	20171000375	农素颖	唐志成	高温后花岗岩节理的剪切力学性质研究
71	土木工程	20171004324	严伟龙	谭飞	大地电磁数值流形正演模拟研究
72	地球物理学	20171000509	张思文	梁青	重震约束反演广西岩石圈密度结构
73	地球物理学	20171003941	邓威	李小凡	地震标量波场的保辛结构数值模拟
74	地球物理学	20171000298	李晟	孙杨轶	时变日下点磁层顶平衡距离模拟

续表

序号	专业名称	学号	姓名	指导老师	论文名称
75	地球信息科学与技术	20171000875	楼子杭	王毅	全球大豆主要种植区物候特征分析
76	地球信息科学与技术	20171000527	王晨	陈涛	面向对象的高分二号影像矿区信息提取研究
77	勘查技术与工程	20171004500	洛桑卓嘎	师学明	超声 CT 检测混凝土构件缺陷实验研究
78	勘查技术与工程	20171002170	何磊	汪宇锋	基于卷积神经网络的地震正反演算法研究
79	勘查技术与工程	20171002478	刘鹏震	马火林	自然环境下土壤放射性特征实验与分析——以地大西区为例
80	勘查技术与工程	20171002900	见仙阁	刘双	一种新的磁化强度方向估计理论与方法——多重相关
81	勘查技术与工程	20171002134	张傲	顾汉明	基于深度学习的溶洞智能识别
82	电子信息工程	20171002891	赵昺琛	罗杰	激光干涉测距中锁臂技术的仿真研究
83	电子信息工程	20171004333	周维怡	严彬	基于事件脉冲的手势动作识别
84	电子信息工程	20171002374	张依依	程卓	基于压缩感知的工程地震信号处理研究
85	电子信息工程	20171001896	姚慧洁	陈分雄	基于深度自注意力机制的视频手语翻译
86	电子信息工程	20171001516	徐慧敏	罗大鹏	基于深度神经网络的血管提取算法
87	电子信息工程	20171002273	张佳朕	张祥莉	基于高精度时频分析及神经网络去噪的雷达信号调制格式识别研究
88	机械设计制造及其自动化	20171002665	蒋兴磊	刘德刚	基于 ROS 的蓝讯教学机器人上位机系统设计
89	机械设计制造及其自动化	20171000582	邹奕	文龙	面向铣削加工过程的振动信号标记和截取
90	机械设计制造及其自动化	20171004274	刘卓然	涂鑫	光纤侧边抛磨工艺及抛磨后特性研究

续表

序号	专业名称	学号	姓名	指导老师	论文名称
91	机械设计制造及其自动化	20171001125	张雨晨	韩光超	基于 3D 打印的超高缓冲保护金属复合材料结构设计
92	机械设计制造及其自动化	20171000256	王清锋	梅爽、贺鑫	自动贴瓷砖机器人结构设计
93	机械设计制造及其自动化	20171004070	周子璇	李敏	基于云平台的机床主轴数据获取及轴承健康状态诊断
94	工业设计	20171004026	刘婷	张彬彬	水上空心菜种植服务设计
95	工业设计	20171001941	闫樨霖	张彬彬	基于 MPU6050 传感器的主动型踝足矫形器设计
96	通信工程	20171003041	魏万奇	吴让仲	基于 SSM 框架的在线考试系统研究设计
97	通信工程	20171003682	肖本政	陶加祥	基于树莓派的室内智能照明系统
98	通信工程	20171000393	蒙洁婷	郝国成	基于好奇心机制的 Q 学习-LSTM 的雷达干扰波形生成
99	通信工程	20171001289	魏子浩	赵娟	基于 Transformer 的图像标注研究与实现
100	通信工程	20171002719	张钰锋	曾三友	合成孔径雷达光电协同处理技术研究
101	信息管理与信息系统	20171000318	马阅欢	乔利萍	基于 Android 的垃圾分类 APP 的设计与实现
102	信息管理与信息系统	20171001497	余慧敏	王飞	高校横向科研画像与服务对象的分析与研究——以中国地质大学(武汉)为例
103	信息管理与信息系统	20171000878	金真	朱镇	基于知识图谱的携程网旅游产品创新特征研究
104	会计学	20171004310	汪芷霄	周远祺	基于因子分析的上市公司资本结构与经营绩效研究——以房地产行业为例

续表

序号	专业名称	学号	姓名	指导老师	论文名称
105	会计学	20171003620	刘雨欣	李月娥	员工持股计划对上市企业财务绩效的影响研究
106	会计学	20171002200	毕刘欣	马莉丽	湖北省上市公司管理层股权激励程度对企业避税行为的影响
107	会计学	20171001675	陈念	屈文彬	退市制度对上市公司盈余管理的影响研究——基于 2018 年退市新规的沪深 A 股数据
108	工程管理	20171004252	王晨曦	柯小玲	城市规模对生态环境质量的影响——以湖南湖北两省为例
109	工程管理	20171004008	查知韵	孙涵	中国建筑垃圾产量预测研究
110	工程管理	20171000680	邵礼佳	郭聖煜	基于关联规则的建设工程坍塌事故致因研究
111	统计学	20171003133	孔佳宁	许小平	中国房地产市场和股票市场联动性和因果性探究——基于小波分析
112	统计学	20171000785	张雪艳	王林珠	长江经济带产业结构调整对绿色发展的影响研究
113	旅游管理	20171003394	赵紫瑞	李会琴	乡村旅游地返贫影响因素及预警机制研究——以宣恩县伍家台村为例
114	国贸	20171002576	纪紫薇	易杏花	经济数字化对我国跨境电子商务的影响研究——以“一带一路”沿线国家为例
115	国贸	20171004086	张霄	杨树旺	人口老龄化对中国进出口贸易结构的影响研究
116	经济学	20171001411	马菘锾	张意翔	制度质量、技术创新与环境效率——基于长江经济带数据的实证研究
117	经济学	20171003370	彭淞	成金华	气候健康风险视角下高温热浪的经济成本:基于武汉市数据的实证研究
118	经济学	20171003949	张道静	陈艳	数字经济对区域创新能力的影响——基于空间计量模型的分析
119	经济学	20171000828	陆铭杰	严春晓	机构投资者对企业绿色创新的影响研究
120	工商管理(双语)	20171002336	王路	王晓川	公共危机下企业集群产品质量监管的演化博弈与仿真研究
121	工商管理(双语)	20171002341	韩雨豪	张尧	社区团购平台生鲜产品购买意愿的影响机制研究
122	工商管理(双语)	20171002714	姜露	余敬	职场排斥与员工创新绩效的关系研究

续表

序号	专业名称	学号	姓名	指导老师	论文名称
123	市场营销	20171001688	王铭	严良	C公司服务质量的客户满意度研究——基于客户感知视角
124	市场营销	20171002573	卫爱静	刁凤琴	基于SIVA理论的农夫山泉瓶装水营销策略优化研究
125	市场营销	20171003028	朱璟暄	刘家国	疫情常态化下中国石油非油品业务营销策略改进研究
126	英语	20171004382	肖丽民	张尧;张峻峰	Bilibili平台用户原创视频中植入式广告情节关联度对消费者品牌态度的影响研究
127	英语	20171004147	周淇	江敏	政治话语隐喻翻译中归化异化探究——以《习近平谈治国理政·第三卷》为例
128	英语	20171004484	邓宇萱	李慷	驯顺与反抗:福柯权力理论视域下《证言》的解读
129	英语	20171001684	于田田	唐晓云	矛盾与难名的伤痛:安娜·伯恩斯《送奶工》的生态叙事学研究
130	软件工程	20171004140	周宁	刘袁缘	基于背景抑制网络的无监督时间动作定位
131	软件工程	20171001763	徐瑞	方芳	移动端HTML5页面性能评测平台
132	软件工程	20171000970	董安宁	姚尧	基于无政府组织数据的失踪儿童网络预测模型研究和“寻人”小程序设计
133	软件工程	20171003832	王子聿	张剑波	Spark环境下异构集群资源评估与数据划分策略
134	软件工程	20171002245	王宇	姚尧	耦合头戴式AR设备和高性能计算平台的ARGIS实时空间分析计算框架研究
135	遥感科学与技术	20171003442	高梦洁	刘修国、陈方	高空间分辨率遥感影像滑坡提取研究
136	遥感科学与技术	20171003472	李灿	田玉刚	基于卷积神经网络和弱监督学习的目标检测
137	遥感科学与技术	20171003693	李双越	高伟	基于遥感的植被-气候关系研究
138	测绘工程	20171000864	刘轩佐	王广兴	北斗星基增强系统单频(SF)服务性能评估
139	测绘工程	20171004320	刘卓娅	王广兴	北斗广播电离层模型性能评估及改进分析

续表

序号	专业名称	学号	姓名	指导老师	论文名称
140	测绘工程	20171002484	徐皓冉	胡友健	基于遥感多光谱数据的浅海水深反演研究
141	地理空间信息工程	20161002859	贾明晖	姚尧、李熙	基于NASA黑色大理石夜光影像的时间序列重建方法研究
142	地理空间信息工程	20171002196	李静涛	陈占龙	基于深度单分类的松材线虫患病松树探测
143	地理空间信息工程	20171003534	王子叶	杨超、朱祺琪	多源地理数据驱动的城市多层级道路提取方法研究
144	地理信息科学	20171001165	刘原池	祁昆仑	基于弱监督数据增强网络的遥感场景分类方法
145	地理信息科学	20171003080	滕文焘	朱祺琪	基于多模态与多时相遥感数据的未通电人类居住区场景的探测方法
146	地理信息科学	20171004080	晏凌锐	梁迅、姚尧	耦合自适应多准则局部优化算子和蚁群算法的超大城市物流调度优化研究
147	地理信息科学	20171002468	闫笑睿	裴韬、关庆锋	城市道路交通量与通行能力时空匹配性分析——多源大数据的视角
148	地理信息科学	20171003972	王卓伦	梁迅、姚尧	RunnerDNA：基于移动设备传感器数据的大学生运动模式和个人体征识别研究
149	自然地理与资源环境	20171000443	龚玲玄	王绍强	气候变化背景下最大熵模型的适生区预测与SPRC分析——以东南亚地区红树林为例
150	自然地理与资源环境	20171002160	刘心怡	刘超	基于色彩地理学的旅游目的地形象塑造理论
151	数学与应用数学	20171002582	叶蓓蓓	刘安平	基于不动点原理的一阶脉冲积分微分方程周期边值问题解的存在性
152	数学与应用数学	20171001911	高文华	王毅	基于SIR模型的传染病持续时间分析
153	物理学	20171003564	胡伟	杨勇	栅格落体法重力加速度测量仪的研制
154	物理学	20171003065	余文捷	彭湃	用超材料实现低频下横波与纵波间模式转换
155	信息与计算科学	20171003072	王欣鑫	刘智慧	基于L-SHADE变种的集成差分演化算法
156	信息与计算科学	20171000147	宋腾	付丽华	视觉对抗样本的生成与检测算法研究

续表

序号	专业名称	学号	姓名	指导老师	论文名称
157	信息与计算科学	20171004396	柳字钰	胡鹏	IMEX-RK 方法在最优控制问题数值解中的应用
158	社会体育指导与管理	20171000986	叶星	刘仁仪	有氧和抗阻力训练对帕金森病干预效果的 Meta 分析
159	社会体育指导与管理	20171004442	王佳琳	李伦	新冠疫情下大学生体育锻炼对身体素质提升影响分析——以中国地质大学(武汉)为例
160	产品设计(珠宝首饰方向)	20171000807	骆楚依	徐可	传统纤维材料与不锈钢在首饰设计中的结合应用研究
161	产品设计(珠宝首饰方向)	20171000051	高嘉琪	张荣红	传统丧葬仪式中叙事性首饰的创作探讨
162	产品设计(珠宝首饰方向)	20171000808	蒋振宇	郝亮	以《山海经》为对象的首饰创作研究与实践
163	宝石与材料工艺学	20171001193	王君宇	裴景成	俄罗斯赛黄晶的宝石学特征研究
164	宝石与材料工艺学	20171002404	孙舒玮	李妍	4D 打印陶瓷前驱体在个性化定制首饰中的应用初探
165	宝石与材料工艺学	20171000379	黄莉莹	陈全莉	硅酸盐"加瓷"处理绿松石的成分及谱学特征研究
166	广播电视学	20171002560	王智豪	丁洁	突发公共卫生事件中“村村响”广播的传播效果研究——基于重庆市 A 镇 6 个乡村的调研
167	广播电视学	20171000879	楼晖	尚媛媛	用户需求分析与满足对用户粘性的影响——以微信小程序“数字故宫”为例
168	音乐学(音乐制作与传播)	20171001040	杨璟	杨青	音乐类综艺节目对不同人格的大学生音乐偏好的影响研究
169	音乐学(音乐制作与传播)	20171000078	宋宇晴	曾珍	浅析电影《信条》的配乐特色

续表

序号	专业名称	学号	姓名	指导老师	论文名称
170	视觉传达设计	20171000082	朱茂源	徐莉	《牧羊人》插画数字动态表现设计研究
171	视觉传达设计	20171000131	朱新翔	周阳	“哏都”——天津城市形象设计应用研究
172	数字媒体艺术	20171001139	许家辉	哈达	数字绘本作品《追星人》的表达语言分析
173	数字媒体艺术	20171001045	唐钰君	黄瑛	二维动画短片《独处》艺术风格的探索研究
174	环境设计	20171001036	李佳宸	朱怡	后疫情视角下的韧性社区更新设计研究——以武汉光谷青年城为例
175	土地资源管理	20171002326	殷瑞敏	王占岐	城市土地集约利用与碳排放的关系及其演化特征——以中国30个省为例
176	土地资源管理	20171000825	管晨悦	刘越岩	环杭州湾城市群生态系统健康时空动态评价
177	土地资源管理	20171000587	顾紫菱	周学武	基于生态系统服务供需的鄂州市生态网络构建
178	行政管理	20171001074	许锋溢	李世祥	武汉市经济-能源-环境系统协调发展评价及治理策略研究
179	公共事业管理	20171000817	郑敏捷	黄砺	农村住房出租率的区域差异及其影响因素：基于CLDS村居数据的实证研究
180	行政管理	20171004337	张凝玥	李世祥	流动-融入型劳动力迁移意愿的影响因素
181	行政管理	20171002309	申梦洁	李世祥	城市公共卫生危机应急治理能力评估实证研究
182	行政管理	20171003182	李敏瑛	谢昕	农户参与电商致富意愿的影响因素研究——以吉林省通榆县为例
183	公共事业管理	20171003368	何子耕	王忠	我国高等教育位序规模省际差异及影响因素研究
184	法学	20171002570	朱悦	涂亦楠	夫妻忠诚协议效力的司法研究
185	思想政治教育	20171003031	姚乃文	阮一帆	《当代俄罗斯爱国主义教育研究》
186	思想政治教育	20171002304	李源博	张存国	马克思主义妇女解放思想研究——基于《家庭、私有制和国家的起源》的文本分析
187	计算机科学与技术	20151002375	刘沛宏	蔡之华	基于无锚框的旋转目标检测方法在遥感图像上的应用

续表

序号	专业名称	学号	姓名	指导老师	论文名称
188	空间信息与数字技术	20171001316	马鹏辉	刘刚	基于 Cesium 的新冠疫情数据可视化技术研究
189	网络工程	20171001352	崔祥森	戴光明	低轨卫星系统群智能涌现研究
190	网络工程	20171001363	刘经纬	阎继宁	基于自注意力机制和时序增强的时间序列遥感影像分类
191	空间信息与数字技术	20171001892	徐晨铭	武云	基于深度强化学习的编码单元划分研究
192	空间信息与数字技术	20171002103	周汝成	张冬梅	基于半监督学习的缝洞型油藏含油气性研究
193	网络工程	20171002136	张芷馨	宋军	一种基于注意力机制与 MFM 激活函数的语音攻击检测算法
194	计算机科学与技术	20171002448	李延炽	龚文引	基于梯度的多因子进化算法求解多任务连续优化问题
195	计算机科学与技术	20171002455	庞晨璇	张志庭	个体人脑灰质结构网络构建方法及其抑郁症应用研究
196	空间信息与数字技术	20171003600	王攀攀	彭雷	基于模型迁移的微博分词方法研究
197	计算机科学与技术	20171003884	姜烁	童恒建	基于颜色语义相近的遥感图像分割算法的研究与实现
198	计算机科学与技术	20171004013	高志锐	吴亦奇	基于鲁棒圆孔特征检测的高精度多目视觉标定与测量
199	计算机科学与技术	20171004033	胡周珏	蒋良孝	英文抽象语义表示的解析方法比较
200	计算机科学与技术	20171004076	于恩承	赵曼	基于深度强化学习的实时网络最优路径选择
201	计算机科学与技术	20171001110	林峪威	陈伟涛	基于单视角图像的三维重建方法研究
202	地球科学菁英班（地球化学）	20171003757	陈奕竹	刘金铃	长江中游代表性城市大气沉降重金属污染的松针监测

续表

序号	专业名称	学号	姓名	指导老师	论文名称
203	地球科学菁英班（地球物理学）	20171000386	马金志	单斌、艾印双	四川大凉山地区密集流动地震台站观测数据的地震检测与震相识别研究
204	地球科学菁英班（遥感科学与技术）	20171001455	胡锦康	王猛猛、张兵、彭代亮	基于机器学习的冬小麦分蘖前期植株密度反演
205	自动化	20171000941	马哲家祺	吴敏	基于等价输入干扰的海洋钻探平台稳定控制
206	自动化	20171004378	贺江	曹卫华	基于数据挖掘的退火炉加热过程能耗分析及诊断
207	自动化	20171001484	陈文虎	张传科	具有时变时滞的离散 T-S 模糊系统稳定性分析与镇定设计
208	自动化	20171002235	吕筑	刘振焘	基于语音信号处理的说话人心理阻抗现象识别研究
209	自动化	20171001514	刘玉珑	陈略峰	基于深度残差网络的双模态情感识别研究
210	自动化	20171000524	纪思言	郑世祺	基于强化学习的大狗机器人运动控制系统设计
211	自动化	20171002075	唐豪	李长河	基于多目标优化的露天矿卡车调度方法
212	自动化	20171001630	蔡慧	张盼、赖旭芝	不确定平面欠驱动 Acrobot 系统的稳定控制方法研究
213	自动化	20171001206	齐天宇	何王勇	基于度修正的 SBM 生成模型在逼近真实网络统计性质方面的研究
214	测控技术与仪器	20171003496	杨柳	晋芳	基于斯格明子的基础逻辑器件的实现
215	测控技术与仪器	20171001348	贾思琪	杨越	基于 Retinex 融合边窗盒式滤波的图像去雾方法研究
216	测控技术与仪器	20171002084	李毅	刘小波	基于生成对抗网络的图像处理方法研究
217	测控技术与仪器	20171003497	周逸铭	李志华	磁敏免疫分析仪器中激励与探测装置的优化
218	海洋科学	20171000729	麦粮静	雷超	晚渐新世红河水系：基于南海锆石 U-Pb 年代学的制约
219	海洋科学	20171001833	宋天健	孙启良	南海东沙隆起深埋碳酸盐岩溶蚀成因与垮塌阈值厘定

附录 5　2021 年大学生学科竞赛获奖

序号	竞赛名称	获奖情况		承办学院
1	ACM 国际大学生程序设计竞赛亚洲区域赛(济南站、银川站、上海站)	金奖	1 项(3 人)	计算机学院
		银奖	1 项(3 人)	
		小计	3 项(9 人)	
2	全国大学生数学建模竞赛	全国一等奖	3 项(9 人)	数理学院
		全国二等奖	5 项(15 人)	
		省一等奖	8 项(24 人)	
		省二等奖	14 项(42 人)	
		省三等奖	22 项(66 人)	
		小计	52 队(156 人)	
3	全国大学生电子设计竞赛	全国一等奖	2 项(6 人)	自动化学院
		全国二等奖	3 项(9 人)	
		省一等奖	6 项(18 人)	
		省二等奖	2 项(6 人)	
		省三等奖	4 项(12 人)	
		小计	17 项(51 人)	
4	全国大学生化学实验创新设计竞赛	全国一等奖	1 项(3 人)	材化学院
		赛区二等奖	1 项(3 人)	
		赛区三等奖	1 项(3 人)	
		小计	3 项(9 人)	
5	全国大学生结构设计大赛	全国二等奖	1 项(3 人)	工程学院
		省二等奖	3 项(9 人)	
		小计	4 项(13 人)	
6	全国大学生广告艺术设计大赛	全国二等奖	1 项(5 人)	机电学院
7	全国大学生“恩智浦”杯智能汽车竞赛	全国二等奖	1 项(3 人)	自动化学院
		全国三等奖	2 项(7 人)	
		华南赛区二等奖	2 项(6 人)	
		华南赛区三等奖	2 项(7 人)	
		小计	7 项(23 人)	

续表

序号	竞赛名称	获奖情况		承办学院
8	全国大学生工程训练大赛	省一等奖	2项(8人)	机电学院
		省二等奖	5项(19人)	
		省三等奖	3项(11人)	
		小计	10项(38人)	
9	“西门子杯”中国智能制造挑战赛	全国二等奖	1项(3人)	自动化学院
		赛区特等奖	1项(3人)	
		赛区一等奖	2项(5人)	
		赛区二等奖	5项(14人)	
		赛区三等奖	2项(5人)	
		小计	11项(30人)	
10	“高教杯”全国大学生先进成图技术与产品信息建模创新大赛	全国三等奖	3项(7人)	机电学院
		省一等奖	6人	
		省二等奖	9人	
		省三等奖	9人	
		小计	27项(31人)	
11	中国大学生计算机设计大赛	赛区三等奖	2项(6人)	机电学院
12	全国周培源大学生力学竞赛	全国三等奖	1人	工程学院
		省二等奖	1人	
		省三等奖	11人	
		小计	12人	
13	中国大学生铸造工艺设计大赛	全国三等奖	2项(8人)	机电学院
14	蓝桥杯全国软件和信息技术专业人才大赛全国总决赛	全国三等奖	2人	
15	全国大学生金相技能大赛	全国一等奖	1人	
		全国二等奖	2人	
		团体二等奖	1项(3人)	
		小计	4项(6人)	
16	全国大学生物理实验竞赛(教学赛、创新赛)	全国二等奖	3项(8人)	数理学院
		全国三等奖	5项(10人)	
		小计	8项(18人)	

续表

序号	竞赛名称	获奖情况		承办学院
17	华为 ICT 大赛	全国一等奖	1 项(3 人)	计算机学院
		全国三等奖	1 项(3 人)	
		小计	2 项(6 人)	
18	湖北省大学生物理实验创新设计竞赛	二等奖	3 项(12 人)	数理学院
		三等奖	4 项(12 人)	
		小计	7 项(24 人)	
19	湖北省普通高等学校大学生化学实验技能竞赛	二等奖	2 人	材化学院
		三等奖	1 人	
		小计	3 人	
20	全国大学生英语竞赛	特等奖	5 人	外语学院
		一等奖	6 人	
		二等奖	53 人	
		三等奖	87 人	
		小计	151 人	
21	全国大学生数学竞赛决赛	三等奖	2 人	数理学院
	全国大学生数学竞赛预赛	一等奖	23 人	
		二等奖	61 人	
		三等奖	68 人	
		小计	152 人	
22	中国石油工程设计大赛	全国二等奖	2 项(2 人)	
		全国三等奖	2 项(3 人)	
		小计	4 项(5 人)	资源学院
23	全国大学生水利创新设计大赛	一等奖	2 项(10 人)	环境学院
		二等奖	1 项(5 人)	
		小计	3 项(15 人)	
24	全国大学生 GIS 应用技能大赛	全国一等奖	1 项(4 人)	地信学院
25	ESRI 中国大学生 GIS 软件开发竞赛	全国一等奖	1 项(4 人)	地信学院
		全国二等奖	2 项(7 人)	
		全国三等奖	1 项(2 人)	
		小计	4 项(13 人)	

续表

序号	竞赛名称	获奖情况		承办学院
26	“航天宏图杯”PIE 遥感图像处理软件二次开发大赛	特等奖	1项(3人)	地信学院
		二等奖	1项(5人)	
		小计	2项(8人)	
27	全国大学生国土空间规划技能大赛	一等奖	1项(4人)	公共管理学院
28	全国大学生土地国情调查大赛	特等奖	1项(6人)	公共管理学院
		一等奖	1项(6人)	
		小计	2项(12人)	
29	全国土地资源管理专业大学生不动产估价技能大赛	全国一等奖	2项(8人)	公共管理学院
		全国三等奖	1项(4人)	
		小计	3项(12人)	
30	全国大学生“创新杯”地球物理知识演讲大赛	二等奖	2项(8人)	地空学院
		三等奖	1项(4人)	
		小计	3项(12人)	
31	全国大学生测井技能大赛	全国特等奖	1项(4人)	地空学院
32	中国工程机器人大赛暨国际公开赛	全国一等奖	3项(8人)	机电学院
		全国二等奖	4项(10人)	
		全国三等奖	3项(9人)	
		小计	10项(27人)	
33	台达杯国际高校绿色智造大赛	全国二等奖	1项(2人)	自动化学院
34	中国大学生程序设计竞赛(桂林站)	铜奖	1项(3人)	
合计			516项(874人)	

附录 6　2021 年本科生数（分学院统计、分学科门类统计）

单位：人

院系	法学	工学	管理学	教育学	经济学	理学	普通预科生	文学	艺术学	总计
材料与化学学院		1078				22				1100
地理与信息工程学院		1100				596				1706
地球科学学院						653				653
地球物理与空间信息学院		331				349				680
工程学院		1902								1902
公共管理学院	128	323	440							891
海洋学院		51				189				240
环境学院		868				171				1039
机械与电子信息学院		1782								1782
计算机学院		1672								1672
经济管理学院			1311		362	105				1778
李四光学院		50				196				246
马克思主义学院	148									148
数学与物理学院						746	97			843
体育学院				189						189
外国语学院								357		357
学生工作处										0
艺术与传媒学院								169	784	953
珠宝学院		319							181	500
资源学院		815								815
自动化学院		1115								1115
总计	276	11 416	1751	189	362	3027	97	526	965	18 609

附录 7　2021 年本科生按专业招生情况　　　　单位：人

学校专业名称	招生人数
安全科学与工程类	90
宝石及材料工艺学	80
材料类	150
测绘类(测绘与信息类)	270
产品设计(珠宝首饰设计)	39
大气科学	35
地理科学类	150
地球物理学类(地球物理与信息类)	187
地球物理学类(菁英班)	34
地下水科学与工程(中外合作办学)	59
地质类	179
地质类(资源能源)	224
地质学类	100
地质学类(国家拔尖计划,国家理科基地班)	70
地质学类(菁英班)	30
电子信息类	220
法学	29
工商管理类	211
公共管理类	99
管理科学与工程类	121
广播电视学	39
海洋科学类	89
环境科学与工程类(环境地球科学类)	187
机械类	206
计算机科学与技术(大数据方向)(中外合作办学)	70
计算机类	287
经济学类	80
设计学类	150
社会体育指导与管理	50

续表

学校专业名称	招生人数
数学类	120
思想政治教育	41
统计学	25
土地整治工程	30
土地资源管理	60
土木类	240
物理学	60
音乐学	50
应急管理	29
应用化学	150
英语	89
自动化类	270
总计	4699

附录 8　2021 年本科生分省录取情况

省市	文史			理工		
	最低分数/分	超一本线/分	位次	最低分数/分	超一本线/分	位次
安徽	546	58	42 378	602	42	5552
北京	553	153	15 253	综合改革		
福建	475	52	65 251	482	15	24 083
甘肃	452	12	29 431	530	28	3744
广东	554	122	64 555	524	76	32 883
广西	500	13	36 943	无数据	无数据	无数据
贵州	517	61	19 395	616	60	1804
海南	539	73	21 149	综合改革		
河北	475	63	110 123	无数据	无数据	无数据
河南	570	52	50 843	596	38	7507

续表

省市	文史			理工		
	最低分数/分	超一本线/分	位次	最低分数/分	超一本线/分	位次
黑龙江	458	43	25 978	521	49	3586
湖北	437	40	59 167	507	44	33 114
湖南	570	136	25 855	588	122	2791
吉林	487	5	17 020	521	2	3375
江苏	541	124	44 819	538	62	19 650
江西	580	61	14 785	595	36	4033
辽宁	529	193	32 303	603	147	2089
内蒙古	499	81	13 754	544	56	2779
宁夏	412	0	13 044	506	1	3339
青海	425	95	5848	441	36	2589
山东	564	120	43 942	综合改革		
山西	530	25	23 129	565	22	3435
陕西	463	20	162 866	570	71	2768
上海	487	87	18 415	综合改革		
四川	530	9	73 162	568	27	7644
天津	602	139	12 138	综合改革		
云南	529	9	33 026	619	54	1891
浙江	499	4	155 387	综合改革		
重庆	549	103	36 167	597	141	2630

附录9　中国地质大学(武汉)2021年大学生创新创业训练计划项目名单

序号	项目编号	项目名称	项目类型	项目负责人	指导教师名称	所在学院	项目级别
1	S202110491190	基于卷积神经网络的双壳、腕足类化石属级自动鉴定	创新训练项目	孙佳瑞	宋海军	地球科学学院	省级
2	X202110491041	滇东南老君山片麻岩穹隆中含矿石英脉构造-流体记录及地质意义	创新训练项目	李清松	曹淑云	地球科学学院	校级
3	202110491024	川西南乌斯河古油藏储层沥青 Re-Os 同位素定年及其成藏意义	创新训练项目	佟傲	沈传波	资源学院	国家级
4	202110491044	云南麻栗坡洒西钨矿床矿石组构特征及矿床成因研究	创新训练项目	尹燕梁	蒋少涌	资源学院	国家级
5	202110491068	钱家店铀矿床中铁钛氧化物蚀变特征及对铀成矿的指示意义	创新训练项目	张宇辰	荣辉	资源学院	国家级
6	202110491069	基于层序周期律的南望山周边志留系-泥盆系露头层序地层学训练	创新训练项目	蒋庆灵	李绍虎	资源学院	国家级
7	S202110491027	深层-超深层古流体 PVTx-t 演化史重构——以四川盆地震旦系灯影组为例	创新训练项目	张新乐	平宏伟	资源学院	省级
8	S202110491033	低阶煤生气过程中矿物和元素的催化作用——以巴基斯坦塔尔巴丁盆地为例	创新训练项目	王继康	严德天	资源学院	省级
9	S202110491039	压裂液对页岩渗吸的影响机制研究	创新训练项目	徐华欣	李恒	资源学院	省级
10	S202110491048	鄂尔多斯盆地延长组7段汞分布特征及其对火山作用与有机质富集关系的指示意义	创新训练项目	周小倩	侯宇光	资源学院	省级

续表

序号	项目编号	项目名称	项目类型	项目负责人	指导教师名称	所在学院	项目级别
11	S202110491050	微观孔隙结构3D数字模型构建	创新训练项目	唐浩东	姚光庆	资源学院	省级
12	S202110491072	基于人工智能的黑油数值模拟模型的替代模型方法研究	创新训练项目	汤成	钟志	资源学院	省级
13	S202110491075	黄铁矿微量元素和硫同位素研究对康滇地区红泥坡大型铜多金属矿床的成因指示	创新训练项目	李贵莲	赵新福	资源学院	省级
14	S202110491115	页岩气压力返排机理及影响因素分析	创新训练项目	刘晖鹏	王磊	资源学院	省级
15	S202110491123	西湖凹陷烃源岩地球化学特征及发育模式	创新训练项目	赵自立	权永彬	资源学院	省级
16	S202110491126	白云母对川口钨矿成矿作用的指示	创新训练项目	孙艺闻	张金阳	资源学院	省级
17	S202110491140	基于FLAC3D的广东省粤北红岭钨矿床三维建模及温压场数字模拟	创新训练项目	夏瑞麟	夏庆霖	资源学院	省级
18	S202110491146	不同岩相页岩地质及测井参数对比及优质岩相页岩测井相应特征——以广西地区为例	创新训练项目	裴紫杞	石万忠	资源学院	省级
19	S202110491154	南海某某海域末次冰期以来的气候环境变化	创新训练项目	雷青青	阮小燕	资源学院	省级
20	S202110491156	非水银孔隙分析仪研制	创新训练项目	张玉城	孙梦迪	资源学院	省级
21	S202110491159	碳酸盐岩离散型缝洞网络格架下流体流动规律研究	创新训练项目	聂思嘉	杨宝林	资源学院	省级

续表

序号	项目编号	项目名称	项目类型	项目负责人	指导教师名称	所在学院	项目级别
22	S202110491180	东昆仑中段巴隆金矿床黄铁矿显微特征及成矿物质来源研究：原位S同位素制约	创新训练项目	陈渟怡	谭俊	资源学院	省级
23	S202110491181	甲烷对二氧化碳最小混相压力影响因素分析	创新训练项目	黄俊伟	王金杰	资源学院	省级
24	S202110491204	基于煤岩控制的中煤阶煤基质力学性质定量表征	创新训练项目	毕伟辉	李国庆	资源学院	省级
25	S202110491209	梅山玢岩铁矿床富钛石榴子石对玢岩铁矿成矿过程中 Ti 活动性的指示	创新训练项目	魏思佳	赵新福	资源学院	省级
26	S202110491211	磁铁矿结构及微量元素研究对智利 El Laco 基鲁纳式铁矿床成因的指示	创新训练项目	庄文龙	胡浩	资源学院	省级
27	S202110491221	小秦岭地区黄水庵钼矿床多期次成矿作用对比研究及对区域钼成矿的启示	创新训练项目	周新吉	赵新福	资源学院	省级
28	S202110491223	华南扬子地区上奥陶统五峰组—下志留统龙马溪组黑色泥岩中碳酸盐矿物成因机制研究	创新训练项目	李浩然	严德天	资源学院	省级
29	X202110491011	琼东南盆地天然气水合物成矿流体运移驱动机制	创新训练项目	董洋	王任	资源学院	校级
30	X202110491048	高邮凹陷阜宁组页岩油富集的地球化学边界条件	创新训练项目	帕尔扎娜·帕尔哈提	李纯泉	资源学院	校级

续表

序号	项目编号	项目名称	项目类型	项目负责人	指导教师名称	所在学院	项目级别
31	X202110491050	纳米粘土乳状液高温高盐稳定性及提高采收率机理研究	创新训练项目	卢文奇	于龙	资源学院	校级
32	202110491001	水凝胶衍生的液体热响应智能窗户	创新训练项目	蒋培源	戴煜	材料与化学学院	国家级
33	202110491005	用密立根油滴仪替代粒径仪测量胶体粒子的粒径和荷电量	创新训练项目	丁远哲	张孝进，夏帆	材料与化学学院	国家级
34	202110491014	近红外发光的 Bi^{3+} 激活氧化物发光材料的结构设计及发光性能研究	创新训练项目	王瑜	李国岗	材料与化学学院	国家级
35	202110491016	基于多物理场仿真模拟研究带电物质的区域分布对锥形纳米孔离子电流信号的影响	创新训练项目	李函	高鹏程	材料与化学学院	国家级
36	202110491018	二维钙钛矿（$C_6H_{18}N_2O_2$）PbX_4（X＝Cl，Br，I）制备及垂直异质结构筑	创新训练项目	何卓杰	戴志高	材料与化学学院	国家级
37	202110491019	纳米孔道中核酸分子探针的空间位阻随金纳米密度和粒径变化规律探究	创新训练项目	龚亨天	丁德芳，高鹏程	材料与化学学院	国家级
38	202110491037	多孔聚偏氟乙烯/聚醚酰亚胺薄膜的制备及其介电性研究	创新训练项目	杨婧	周炜	材料与化学学院	国家级
39	202110491060	构型可变四面体 DNA 纳米结构设计及其在全血 ctDNA 检测中的应用	创新训练项目	李立清	林美华	材料与化学学院	国家级
40	202110491064	南方潮湿土遗址加固关键技术研究——电渗加固六安王墓土遗址	创新训练项目	冯茜莹	杨丽霞	材料与化学学院	国家级

续表

序号	项目编号	项目名称	项目类型	项目负责人	指导教师名称	所在学院	项目级别
41	S202110491030	高性能全固态锂离子电池设计与应用	创新训练项目	简烁锋	董铁凡	材料与化学学院	省级
42	S202110491036	荧光素人工酶的催化动力学及构效关系研究	创新训练项目	许依玲	戴煜	材料与化学学院	省级
43	S202110491044	生物炭负载 Pd-Cu 双金属催化剂的制备及其催化有机液体储氢材料脱氢性能研究	创新训练项目	王泽慧	程国娥，柯汉忠	材料与化学学院	省级
44	S202110491089	DAP 水热化学接枝碳纤维毡在锂离子电池中的电化学行为	创新训练项目	邱沛萌	王圣平	材料与化学学院	省级
45	S202110491090	“板式反应器”结构碳包覆 NiFe 纳米催化剂双金属氧电催化设计	创新训练项目	邵鸿博	蔡卫卫	材料与化学学院	省级
46	S202110491094	Bi^{3+}/Mn^{2+}、Bi^{3+}/Te^{4+} 离子共掺杂双钙钛矿发光材料中的发光性能研究及机理探讨	创新训练项目	鞠浩楠	李国岗	材料与化学学院	省级
47	S202110491098	温度诱导粘韧渐变的水凝胶及其性能研究	创新训练项目	温智杰	张孝进	材料与化学学院	省级
48	S202110491103	基于 MOF-808 的可回收铅卤化合物荧光材料	创新训练项目	汪自泉	戴志高	材料与化学学院	省级
49	S202110491114	一步法合成钾诱导的聚七嗪酰亚胺(K-PHI)纳米片及其可见光催化海水产氢性能研究	创新训练项目	叶丽娜	舒杼	材料与化学学院	省级

续表

序号	项目编号	项目名称	项目类型	项目负责人	指导教师名称	所在学院	项目级别
50	S202110491117	Cu基合金纳米颗粒的制备及丝网印刷图案化和食品安全检测应用	创新训练项目	雷雨欣	陈克强	材料与化学学院	省级
51	S202110491171	基于不同生物质糖的硼掺杂多孔碳材料的制备与超电性能研究	创新训练项目	齐慧强	夏开胜	材料与化学学院	省级
52	S202110491172	基于离子配位制备超微孔碳材料及其电化学性能研究	创新训练项目	蒋晨璐	孙睿敏	材料与化学学院	省级
53	S202110491201	阳离子大分子模板化BN纳米片改性水性环氧树脂复合材料的研究	创新训练项目	李子昂	孙剑	材料与化学学院	省级
54	S202110491203	多价态金属离子嵌入对层状储锌材料的结构性能调控及其机理研究	创新训练项目	尹舸	董轶凡	材料与化学学院	省级
55	S202110491208	一种锂离子电池中高性能硅负极粘结剂	创新训练项目	杜思思	曾丹黎	材料与化学学院	省级
56	S202110491212	单原子铁纳米模拟酶的合成及对葡萄糖的可视化检测	创新训练项目	程倩	李勇	材料与化学学院	省级
57	S202110491214	金属盐辅助下的七嗪基高结晶性氮化碳高效光降解污染物及其机理研究	创新训练项目	唐浩渺	舒杼	材料与化学学院	省级
58	S202110491227	地聚物微球的制备及其功能化对水中染料的去除研究	创新训练项目	宋文卓	段平	材料与化学学院	省级
59	S202110491228	河湖淤泥基免烧陶粒的制备及其性能的研究	创新训练项目	胡锦英	葛文	材料与化学学院	省级

续表

序号	项目编号	项目名称	项目类型	项目负责人	指导教师名称	所在学院	项目级别
60	S202110491236	自限域策略制备高性能 Ni/Mo_2C 海水析氢异质催化剂	创新训练项目	吕松磊	李静，蔡卫卫	材料与化学学院	省级
61	S202110491237	电磁双响应金纳米杯结构增强单基质白光发光材料的制备	创新训练项目	谢昆博	陈克强	材料与化学学院	省级
62	X202110491017	基于“光催化-自清洁”协同效应的纳米光催化材料的制备及其在水污染治理领域的应用	创新训练项目	陆子成	王永钱，夏帆	材料与化学学院	校级
63	X202110491025	氮化碳材料对溶液中钾离子吸附性能研究	创新训练项目	刘浩然	王洋	材料与化学学院	校级
64	X202110491026	高效宽带白色发光混合维度钙钛矿材料的构筑及性能研究	创新训练项目	谢宗远	田晓聪	材料与化学学院	校级
65	X202110491043	质子导体固体氧化物燃料电池阴极的三相传导机制研究及应用	创新训练项目	黄永龙	赵凌	材料与化学学院	校级
66	202110491006	1961—2017 年中国热浪时空多维变化规律	创新训练项目	宋和洋	孔冬冬	环境学院	国家级
67	202110491010	长江三角洲特大城市群暖湿季热浪-暴雨复合事件发生特征及机制	创新训练项目	李晨曦	顾西辉	环境学院	国家级
68	202110491026	竹山县绿松石尾矿资源化利用	青年红色筑梦之旅	程毅康	郭锐，向龙斌，张彩香	环境学院	国家级
69	202110491043	探究微塑料对微生物参与下辉锑矿释放的影响机理	创新训练项目	曾为一	马丽媛，周建伟	环境学院	国家级

续表

序号	项目编号	项目名称	项目类型	项目负责人	指导教师名称	所在学院	项目级别
70	202110491058	新型绿色磷酸盐活化过一硫酸盐处理难降解有机污染物的研究	创新训练项目	梅冰蕊	蔡纯	环境学院	国家级
71	202110491065	气候变化背景下海-陆热力异常对中国近地层臭氧变化的影响	创新训练项目	王玥璇子	燕莹莹	环境学院	国家级
72	202110491070	基于体感温度的冬季极端低温的城市化信号检测与归因	创新训练项目	吕楠	顾西辉	环境学院	国家级
73	202110491073	水钠锰矿对Sb(Ⅲ)和Sb(Ⅴ)的吸附机理及表面络合模型的开发	创新训练项目	姚昕洋	刘鹏	环境学院	国家级
74	S202110491010S	基于“地境再造法”的高陡岩质边坡覆绿与矿山修复	创业实践项目	罗博闻	宁立波	环境学院	省级
75	S202110491034	MPC复合型重金属处理剂的制备及其性能研究	创新训练项目	冯川玉	段平	环境学院	省级
76	S202110491041	秭归及周边岩溶泉域典型有机污染物迁移规律	创新训练项目	高焕冉	陈伟，刘伟	环境学院	省级
77	S202110491125	基于双偏振天气雷达和机器学习的短临天气预报研究	创新训练项目	范静怡	王五科，赵树云	环境学院	省级
78	S202110491046	城市化对热带气旋-暴雨的放大效应研究——以长三角城市群为例	创新训练项目	韦李宏	顾西辉	环境学院	省级
79	S202110491063	河岸带土壤硝化、反硝化和氧化亚氮产生特征及影响因素研究	创新训练项目	胡颖康	马斌，靳孟贵	环境学院	省级

续表

序号	项目编号	项目名称	项目类型	项目负责人	指导教师名称	所在学院	项目级别
80	S202110491073	探究过氧化氢对水体不同藻类的影响	创新训练项目	边舟悦	蒋永光	环境学院	省级
81	S202110491080	COVID-19疫情防控背景下城市大气污染形成过程中POPs的响应及示踪意义——以武汉为例	创新训练项目	刘傲	瞿程凯，祁士华	环境学院	省级
82	S202110491087	改性地质岩芯法回收酸性矿山废水中稀土元素的工艺及机制研究	创新训练项目	熊鑫佩	高旭波，李成城，刘娟娟	环境学院	省级
83	S202110491124	探究污染土壤中重金属的释放通量与机制研究	创新训练项目	柴江琦	邢新丽	环境学院	省级
84	S202110491132	基于新型地下水流速流向仪的孔隙含水层参数测定实验研究	创新训练项目	陈一帆	周宏	环境学院	省级
85	S202110491153	基于极值理论的低频气候涛动指数对中国极端降水事件发生概率的影响	创新训练项目	康晓萍	顾西辉	环境学院	省级
86	S202110491165	2014—2019年武汉大气污染物时空演变及驱动因素研究	创新训练项目	熊江荷	孔少飞	环境学院	省级
87	S202110491174	利用高通量微生物培养芯片(iChip)原位培养“非培养微生物”的研究	创新训练项目	胡娜	董依然	环境学院	省级
88	S202110491196	不同铁改性生物炭制备方案对其产生酸性的影响和其吸附能力的研究	创新训练项目	黄田心	刘鹏	环境学院	省级
89	S202110491207	三峡库首南岸岩溶流域地下水抗生素抗性基因污染分布特征	创新训练项目	张苏雅	周宏	环境学院	省级

续表

序号	项目编号	项目名称	项目类型	项目负责人	指导教师名称	所在学院	项目级别
90	S202110491218	一种基于数据挖掘和驱动的流域径流预报方法	创新训练项目	田靖龙	孔冬冬,顾西辉	环境学院	省级
91	S202110491118	黄铁矿共存体系脆硫锑铅矿的氧化溶解行为及机理研究	创新训练项目	吕昂	王兴杰	环境学院	省级
92	X202110491007	徒步对生态环境影响的评估研究	创新训练项目	刘继轩	游茂林	环境学院	校级
93	X202110491018	基于生命周期评价(LCA)的污泥资源化技术的环境影响分析及工程意义	创新训练项目	闫雨杰	张伟军	环境学院	校级
94	X202110491030	铁改性生物炭对水环境中亚甲基蓝的吸附性能和机理研究	创新训练项目	马凡凡	刘鹏	环境学院	校级
95	X202110491031	改性粘土吸附水华蓝藻——的微观机制研究	创新训练项目	马晨晰	蒋永光	环境学院	校级
96	X202110491034	带虹吸管溶潭中各因素对岩溶地下水溶质运移的影响探究及数学模型初步建立	创新训练项目	谭健基	黄琨	环境学院	校级
97	X202110491038	自动动态解析土壤水分特征曲线测量仪	创新训练项目	龚学梓	马传明,潘欢迎	环境学院	校级
98	X202110491040	1960—2019年长江经济带极端气候事件的时空特征	创新训练项目	凌菁云	马斌	环境学院	校级
99	202110491007	基于表面纹理特征的再生粗骨料与地质聚合物浆体交互作用研究	创新训练项目	胡莹	徐方,陈建平	工程学院	国家级

续表

序号	项目编号	项目名称	项目类型	项目负责人	指导教师名称	所在学院	项目级别
100	202110491008	低影响开发(LID)理念引导下地质大学“海绵校园”规划研究	创新训练项目	郑璇	左昌群	工程学院	国家级
101	202110491012	岩体加固用聚氨酯注浆材料性能优化研究	创新训练项目	宫英钦	周克清	工程学院	国家级
102	202110491029	助力心理脱贫——搭建留守儿童和空巢老人“心家”	青年红色筑梦之旅	邵烁	李向	工程学院	国家级
103	202110491051	基于水力层析技术的深基坑水砂突涌灾害早期识别研究	创新训练项目	张璐璐	高旭	工程学院	国家级
104	202110491067	动力学抑制剂对丙烷水合物表面特征的影响	创新训练项目	晁润奇	宁伏龙,欧文佳	工程学院	国家级
105	202110491033X	基于物联网的隧道地震波法超前地质探测系统	创业训练项目	王雪萦	焦玉勇	工程学院	国家级
106	S202110491016	基于集料-胶浆粘附增强的活性钢渣沥青混凝土体积稳定性改善研究	创新训练项目	朱林露	陈宗武,涂福彬	工程学院	省级
107	S202110491023	矿物掺和料对沿海地区地下结构混凝土耐久性影响规律研究	创新训练项目	孙奥鸿	徐方	工程学院	省级
108	S202110491037	低阶煤层气储层酸化增产技术研究	创新训练项目	陈泽鑫	蔡记华	工程学院	省级
109	S202110491045	“碳中和”背景下森林防火系列科普动画	创新训练项目	刘鑫雨	丁彦铭	工程学院	省级

续表

序号	项目编号	项目名称	项目类型	项目负责人	指导教师名称	所在学院	项目级别
110	S202110491047	废油脂对高掺量RAP沥青混合料再生性能影响研究	创新训练项目	邢泽	彭超	工程学院	省级
111	S202110491066	大型水电工程复合多岩层高陡边坡岩体劣化机制与锚固系统长期稳定性研究	创新训练项目	胡建辉	李长冬	工程学院	省级
112	S202110491083	花园大道隧道大体积混凝土室内温控实验及模拟研究	创新训练项目	杨渝泽	彭超	工程学院	省级
113	S202110491092	基于灰色关联识别的随钻监测反演方法	创新训练项目	温浩	谭飞	工程学院	省级
114	S202110491095	赤泥/脱硫灰复合固废体系对沥青混凝土抗水损害性能的影响研究	创新训练项目	张云龙	陈宗武,焦玉勇	工程学院	省级
115	S202110491097	充填岩石裂隙剪切破坏规律与强度表征方法研究	创新训练项目	车志杰	周佳庆	工程学院	省级
116	S202110491101	MXene@Bi-MOF纳米杂化材料的设计制备及其在环氧树脂中的阻燃特性研究	创新训练项目	蔡琳	周克清	工程学院	省级
117	S202110491102	磷石膏基稳定土路面基层材料组成设计及路用性能研究	创新训练项目	徐静波	徐方,陈建平	工程学院	省级
118	S202110491107	嫦娥七号南极永久阴影区月壤探测采样技术研究	创新训练项目	袁宏辉	崔德山	工程学院	省级
119	S202110491135	基于结构模型设计制作类竞赛的装配式模型研究	创新训练项目	宣向阳	张伟丽	工程学院	省级

续表

序号	项目编号	项目名称	项目类型	项目负责人	指导教师名称	所在学院	项目级别
120	S202110491137	颗粒形貌对砂土热导率特性的影响与细观机理	创新训练项目	张宇欣	张涛	工程学院	省级
121	S202110491139	桥梁伸缩缝过渡区快速修复用新型UHPC材料早期力学性能研究	创新训练项目	许杨	徐方	工程学院	省级
122	S202110491169	纳米材料加固乐山大佛砂岩的耐崩解性研究	创新训练项目	马雅婷	崔德山	工程学院	省级
123	S202110491185	用于路面快速修复的硫铝酸盐与地质聚合物复合材料组成设计研究	创新训练项目	徐宇	徐方	工程学院	省级
124	S202110491213	基于BIM平台异形结构参数化建模方法研究	创新训练项目	卢福强	熊峰	工程学院	省级
125	S202110491216	真空预压下的土体特性研究	创新训练项目	郭云涛	吴文兵	工程学院	省级
126	S202110491220	WS_2金属化对热压Fe基自润滑孕镶金刚石钻头的影响研究	创新训练项目	管成凯	谭松成	工程学院	省级
127	S202110491222	天然气水合物储层鱼骨分支井射流钻进特性研究	创新训练项目	黄骏奎	黄满	工程学院	省级
128	S202110491226	基于CO_2的干热岩粗糙单裂隙渗流换热机制研究	创新训练项目	张如阳	崔国栋	工程学院	省级
129	S202110491234	共和盆地干热岩水力压裂裂缝起裂及扩展机理实验研究	创新训练项目	郭万阳	王荣璟	工程学院	省级
130	X202110491021	隧道安全模糊评价系统的建模与分析	创新训练项目	林昭亦	王荣璟	工程学院	校级

续表

序号	项目编号	项目名称	项目类型	项目负责人	指导教师名称	所在学院	项目级别
131	X202110491023	高含水废弃油藏 CO_2 地质封存中泄露风险分析及评估	创新训练项目	张帆	崔国栋	工程学院	校级
132	X202110491032	不同典型条件下双导线火蔓延实验研究	创新训练项目	周勇雕	陆凯华	工程学院	校级
133	X202110491046	城市建设中岩土水问题保护与补偿对策研究	创新训练项目	蒋银龙	晏鄂川	工程学院	校级
134	X202110491049	武汉市光谷中心城地下空间开发利用与碳达峰、碳中和研究	创新训练项目	向斌	焦玉勇，崔德山	工程学院	校级
135	202110491045	A10 绝对重力仪观测与维护的关键技术研究	创新训练项目	朱明涛	陈超	地球物理与空间信息学院	国家级
136	202110491052	基于机器学习的地震相智能分类方法研究	创新训练项目	王楠	柴新涛	地球物理与空间信息学院	国家级
137	S202110491022	利用重力观测研究长江流域汛期陆地水时空演化	创新训练项目	王舜杰	王林松	地球物理与空间信息学院	省级
138	S202110491074	基于卫星重磁资料的辽东与胶东金成矿特征对比研究	创新训练项目	焦兴何	杨宇山	地球物理与空间信息学院	省级
139	S202110491085	基于深度学习的地质地球物理建模研究——以大冶铜录山矿为例	创新训练项目	马宇龙	杨宇山	地球物理与空间信息学院	省级
140	S202110491141	局部地磁日变场的观测与高精度建模方法研究	创新训练项目	王浩然	杜劲松，胡正旺	地球物理与空间信息学院	省级

续表

序号	项目编号	项目名称	项目类型	项目负责人	指导教师名称	所在学院	项目级别
141	S202110491144	链子崖危岩危险性预测与学生实习安全风险评估	创新训练项目	孙晨昊	陈丽霞	地球物理与空间信息学院	省级
142	S202110491170	基于深度学习的测井岩性识别系统研究	创新训练项目	李玉迪	骆淼	地球物理与空间信息学院	省级
143	S202110491173	海面与海底地磁日变的差异性分析与转换计算方法研究	创新训练项目	方铭	刘营，杜劲松	地球物理与空间信息学院	省级
144	S202110491179	基于无人机低空摄影测量和 InSAR 技术的西宁地区地质灾害危险性评价	创新训练项目	夏靖禹	陈丽霞	地球物理与空间信息学院	省级
145	S202110491191	城市地下空间三维介质多地球物理属性建模可视化软件研制	创新训练项目	舒一鸣	师学明，张世晖，李周波	地球物理与空间信息学院	省级
146	S202110491197	基于深度学习的城市贫富等级预测	创新训练项目	郑逸榛	王毅	地球物理与空间信息学院	省级
147	S202110491229	基于事件触发的 InSAR 数据自动化处理与显示平台	创新训练项目	徐宇豪	何平	地球物理与空间信息学院	省级
148	202110491009	日本核污水排放入海对中国周边海域长时间尺度的影响	创新训练项目	姜正	宫勋，高佳	海洋学院	国家级
149	202110491022	渐新世—中新世珠江流域变迁：来自南海大洋钻探 IODP367 航次的低温热年代学记录	创新训练项目	刘佳奥	雷超	海洋学院	国家级

续表

序号	项目编号	项目名称	项目类型	项目负责人	指导教师名称	所在学院	项目级别
150	202110491062	基于ROMS模型和eDNA技术探究长江十年禁渔政策对长江口水生生物种群的影响	创新训练项目	廖灿匀	吕晓霞	海洋学院	国家级
151	S202110491017	深海大规模锰结核采集作业车	创新训练项目	周鑫祎	涂海文	海洋学院	省级
152	S202110491054	琼东南盆地海底浅层烃类聚集数值模拟	创新训练项目	徐波	张成	海洋学院	省级
153	S202110491084	泛用型模块化水下无人航行器	创新训练项目	王铎	涂海文	海洋学院	省级
154	S202110491122	南海原绿球藻的分离和培养	创新训练项目	陈子睿	严威	海洋学院	省级
155	X202110491033	阿根廷北部海域海洋划界案海底自然因素的影响分析	创新训练项目	郭航成	雷超	海洋学院	校级
156	202110491081	基于深度学习和迁移学习的人群计数方法研究	创新训练项目	王廷柱	马丽	机械与电子信息学院	国家级
157	202110491082	基于红外测温传感器的分布式体温监测系统	创新训练项目	燕庆龙	黄田野,程卓	机械与电子信息学院	国家级
158	S202110491108	基于Arduino的儿童PTSD治疗辅助手环设计	创新训练项目	郑莹	陈晓鹂,张彬彬,程卓	机械与电子信息学院	省级
159	S202110491121	满载预警声控智能垃圾桶	创新训练项目	侯尧	李杏梅	机械与电子信息学院	省级
160	S202110491142	基于边缘计算的智能巡逻机器人	创新训练项目	由佳	李杏梅	机械与电子信息学院	省级
161	S202110491162	高集成荧光显微高速图像识别系统	创新训练项目	郭仁杰	王瑾	机械与电子信息学院	省级

续表

序号	项目编号	项目名称	项目类型	项目负责人	指导教师名称	所在学院	项目级别
162	S202110491187	基于迁移学习和GAN数据增强的面部遮挡人脸识别	创新训练项目	程俊霖	李杏梅	机械与电子信息学院	省级
163	S202110491233	2022年北京冬奥会垃圾分类回收交互式移动机器人	创新训练项目	张夏苇	许洁	机械与电子信息学院	省级
164	S202110491235	基于改进蝙蝠算法的相控阵阵面干扰资源调度研究	创新训练项目	刘焕荣	郝国成	机械与电子信息学院	省级
165	X202110491010	新型井下气动马达的研究与开发	创新训练项目	来敬沛	吴来杰，杨洋	机械与电子信息学院	校级
166	X202110491036	基于毫米波MIMO雷达的室内人体姿态设备研究	创新训练项目	王正东	曾三友，吴让仲	机械与电子信息学院	校级
167	202110491023	基于四旋翼多无人机系统的海面油污检测与清扫任务分配系统	创新训练项目	郑一楠	翟超	自动化学院	国家级
168	202110491047	无人机自主飞行洞穴三维成像系统	创新训练项目	高志毅	刘小波，胡文凯	自动化学院	国家级
169	202110491053	基于机器情感决策的智能小车控制系统	创新训练项目	陈聃	刘振泰	自动化学院	国家级
170	202110491059	基于相位敏感型光时域反射技术的分布式光纤振动探测系统	创新训练项目	吕雨萌	余志华	自动化学院	国家级
171	202110491066	基于多模态说话人定位的多模式跟踪小车	创新训练项目	张皓彦	刘振泰	自动化学院	国家级

续表

序号	项目编号	项目名称	项目类型	项目负责人	指导教师名称	所在学院	项目级别
172	S202110491012S	西门子中国智能制造挑战赛流程行业自动化	创业实践项目	彭龙	何王勇	自动化学院	省级
173	S202110491018	融合头部姿态与视线估计的注意力检测方法	创新训练项目	李运韬	李长河	自动化学院	省级
174	S202110491025	多功能智能安防系统	创新训练项目	王思远	宗小峰	自动化学院	省级
175	S202110491055	基于自适应速率技术的 LoRa 散射通信能耗优化	创新训练项目	邓志雯	谢桂辉	自动化学院	省级
176	S202110491059	自适应噪声抵消的高精度微震监测系统的关键技术研究	创新训练项目	白睿豪	李志华	自动化学院	省级
177	S202110491071	基于隧道磁阻传感器的磁梯度张量测量系统	创新训练项目	张文靖平	董浩斌	自动化学院	省级
178	S202110491082	基于磁力静探的市政管线探测装备	创新训练项目	焦炜捷	吴涛	自动化学院	省级
179	S202110491127	基于视觉的移动机器人机械臂控制系统设计及抓取实现	创新训练项目	王思彤	张盼，赖旭芝	自动化学院	省级
180	S202110491131	基于点云算法的激光雷达检测与运用	创新训练项目	汪子尧	吴涛，莫文琴，晋芳	自动化学院	省级
181	S202110491182	基于机器学习的陶瓷瑕疵检测技术	创新训练项目	王晨宇	陈鑫	自动化学院	省级
182	S202110491186	基于人眼状态检测的智能辅助驾驶系统	创新训练项目	黄者青	刘振泰	自动化学院	省级

续表

序号	项目编号	项目名称	项目类型	项目负责人	指导教师名称	所在学院	项目级别
183	S202110491195	基于偏振双目视觉的无纹理高反光目标三维重构	创新训练项目	刘学文	徐迟	自动化学院	省级
184	S202110491230	基于激电法的地下重金属污染检测仪的研制	创新训练项目	郑晓龙	李志华	自动化学院	省级
185	S202110491240	交互运动协同控制及其在社交运动障碍治疗中的应用	创新训练项目	杨帆	翟超	自动化学院	省级
186	X202110491003	基于语音情感识别与灯光环境智能调控的心理调节算法	创新训练项目	李昕衡	刘振焘	自动化学院	校级
187	X202110491022	基于磁测法探测地下污水二维形态研究	创新训练项目	杜倩倩	宋俊磊	自动化学院	校级
188	X202110491039	多数据集下的跨用户非侵入式家庭用电负荷监测方法	创新训练项目	张国耀	胡文凯	自动化学院	校级
189	202110491003	基于不均衡流数据与集成推理的长江经济带三峡库区滑坡实时预测预警预案研究	创新训练项目	郭志刚	侯俊东，郭海湘	经济管理学院	国家级
190	202110491015	基于大数据知识图谱的大尺度旅游服务产品创新演化特征研究	创新训练项目	徐嘉艺	朱镇	经济管理学院	国家级
191	202110491028	新洲犁歌	青年红色筑梦之旅	普叶	王德运	经济管理学院	国家级

续表

序号	项目编号	项目名称	项目类型	项目负责人	指导教师名称	所在学院	项目级别
192	202110491031	基于武汉市黄陂区蔡店街道的垃圾站中转站选址研究	青年红色筑梦之旅	袁应安	王德运	经济管理学院	国家级
193	202110491076	人口热暴露的健康后果与经济成本——以中国武汉市为例	创新训练项目	石瑾怡	齐睿，成金华	经济管理学院	国家级
194	202110491077	基于知识图谱的旅游电商平台服务产品创新识别的集成文本分析	创新训练项目	张爽	朱镇	经济管理学院	国家级
195	S202110491001	茶旅融合视角下民族地区乡村振兴路径研究——以湖北省恩施州为例	青年红色筑梦之旅	郑泽楷	李会琴	经济管理学院	省级
196	S202110491002	面向年轻受众的红色旅游开发研究——以河南林州市红旗渠旅游为例	青年红色筑梦之旅	王斯维	周玲	经济管理学院	省级
197	S202110491003	基于对巩固脱贫攻坚成果的研究——以新疆伊宁县为例	青年红色筑梦之旅	索玉棠	肖华蓉	经济管理学院	省级
198	S202110491007	价值共创视角下非遗活化带动乡村振兴的路径研究——以茶文化为例	青年红色筑梦之旅	施承宏	李江敏	经济管理学院	省级
199	S202110491009X	认养一颗苹果	创业训练项目	牛吉彬	王柏轩	经济管理学院	省级
200	S202110491029	长江流域生态环境补偿机制研究	创新训练项目	邓俊杰	王小林，肖建忠	经济管理学院	省级
201	S202110491070	中国火电部门能源节省潜力区域差异及经济影响	创新训练项目	王铭铭	龚承柱	经济管理学院	省级
202	S202110491077	供电质量不平等性及其优化效益评估	创新训练项目	张博彦	齐睿	经济管理学院	省级

续表

序号	项目编号	项目名称	项目类型	项目负责人	指导教师名称	所在学院	项目级别
203	S202110491104	面向高校大学生的非遗品牌建设课程开发研究——以湖北省非物质文化遗产为例	创新训练项目	王秀姗	郭锐	经济管理学院	省级
204	S202110491116	中国地质大学（武汉）碳达峰、碳中和规划——减排起点与路径选择	创新训练项目	吴嘉蕙	齐睿	经济管理学院	省级
205	S202110491119	“双碳”目标下，基于“能值”理论的我国绿色能源产业的综合评价体系构建及优化路径研究	创新训练项目	王文静	陈艳，齐睿	经济管理学院	省级
206	S202110491145	湖北省乡村旅游与乡村振兴路径与协调机制研究	创新训练项目	赵芳琪	李会琴	经济管理学院	省级
207	S202110491147	人-机交互高风险场景下施工人员指挥手势的自动识别与矫正	创新训练项目	原毅璨	郭聖煜，宫培松，孔刘林	经济管理学院	省级
208	S202110491157	我校重大突发事件中应急管理体系建设研究	创新训练项目	刘柯茜	郭海湘	经济管理学院	省级
209	S202110491158	湖北省森林康养基地空间分布特征与影响因素研究 ——基于康复性流动的视角	创新训练项目	王星星	梁玥琳	经济管理学院	省级
210	S202110491168	基于可计算一般均衡模型的土地资源预测分析	创新训练项目	宋琼	金贵	经济管理学院	省级

续表

序号	项目编号	项目名称	项目类型	项目负责人	指导教师名称	所在学院	项目级别
211	S202110491194	碳中和背景下武汉市生态环境产业发展调查分析	创新训练项目	王睿	刘江宜	经济管理学院	省级
212	S202110491205	基于 AHP-FCEM 的红色旅游资源与研学教育价值评价研究——以武汉市为例	创新训练项目	陈星	李会琴	经济管理学院	省级
213	S202110491224	长江中游城市群产业关联与协同发展研究	创新训练项目	吴鑫宜	金贵	经济管理学院	省级
214	S202110491239	基于人口老龄化的新型智能化养老模式	创新训练项目	方俊婷	刘家国	经济管理学院	省级
215	X202110491001	“碳达峰”“碳中和”背景下的乡村振兴路径新探析	青年红色筑梦之旅	胡钰	刘江宜，邓宏兵，齐睿	经济管理学院	校级
216	X202110491012	湖泊生态系统服务价值实现的路径、机制与模式选择研究 ——以武汉市新洲区涨渡湖为例	创新训练项目	张芳源	邵红梅，齐睿	经济管理学院	校级
217	X202110491013	基于理性选择的个性化广告规避行为：信息透明度与传播场景的调节效应	创新训练项目	魏振坤	江毅	经济管理学院	校级
218	X202110491014	原真性视角下文化遗产旅游活化路径研究——以平遥古城为例	创新训练项目	武园伊	李江敏	经济管理学院	校级
219	X202110491029	推进大数据与实体经济深度融合 助推经济高质量发展	创新训练项目	刘瑾沂	肖建忠，王小林	经济管理学院	校级

续表

序号	项目编号	项目名称	项目类型	项目负责人	指导教师名称	所在学院	项目级别
220	X202110491037	中国OFDI对东道国碳排放的影响研究——以“一带一路”沿线国家为例	创新训练项目	王洁彬	王腾	经济管理学院	校级
221	S202110491011X	SHE青年女性性教育平台	创业训练项目	张君虹	熊艳，张红燕	外国语学院	省级
222	S202110491238	中国天然气输配体系的空间布局分析和储运能力诊断	创新训练项目	殷若珂	王小林，杨红燕	外国语学院	省级
223	202110491002	基于真实地块和矢量元胞自动机模型的城市路网评价与优化	创新训练项目	周广翔	姚尧，关庆锋	地理与信息工程学院	国家级
224	202110491013	多源遥感数据无监督深度学习的森林火灾变化检测	创新训练项目	李子琪	关庆锋，朱祺琪	地理与信息工程学院	国家级
225	202110491017	基于社交媒体的城市噪声污染感知能力挖掘	创新训练项目	陈柏舟	胡楚丽，祁昆仑	地理与信息工程学院	国家级
226	202110491021	多源数据驱动的高分辨率遥感影像大尺度道路高精度实时制图系统的研究	创新训练项目	王立增	朱祺琪	地理与信息工程学院	国家级
227	202110491038	基于多源地理大数据的区域人口预测及规划配置	创新训练项目	何悦溪	关庆锋，朱祺琪	地理与信息工程学院	国家级
228	202110491039	基于地标识别的“看图识景”微信小程序设计与实现	创新训练项目	柴生华	方芳	地理与信息工程学院	国家级
229	202110491041	多模态数据驱动的域自适应内容匹配神经网络用于城中村提取	创新训练项目	李东阳	朱祺琪	地理与信息工程学院	国家级

续表

序号	项目编号	项目名称	项目类型	项目负责人	指导教师名称	所在学院	项目级别
230	202110491048	基于多模态数据的全球局部气候区制图	创新训练项目	房晗祯	朱祺琪	地理与信息工程学院	国家级
231	202110491054	基于图卷积神经网络的地质实体关系联合抽取	创新训练项目	傅乐乐	万波	地理与信息工程学院	国家级
232	202110491055	基于典型图片的视觉场景定位估计研究	创新训练项目	杜慧琳	左泽均，杨林	地理与信息工程学院	国家级
233	202110491057	耕地非农化的遥感识别与应用	创新训练项目	范轶霏	沈永林	地理与信息工程学院	国家级
234	202110491063	第十六届全国大学生智能汽车竞赛航天智慧物流组	创新训练项目	李欣宜	罗忠文	地理与信息工程学院	国家级
235	202110491071	基于时空监测数据的朱鹮生活习性分析与可视化研究	创新训练项目	周宇龙	陈占龙	地理与信息工程学院	国家级
236	202110491072	基于时序极化 SAR 后向散射和相干性的农作物分类研究	创新训练项目	赵沁心	解清华	地理与信息工程学院	国家级
237	202110491078	基于微博文本的城市交通拥堵经验提取与可视分析系统	创新训练项目	刘凯悦	杨林	地理与信息工程学院	国家级
238	S202110491006	抚碑仁 怀先烈	青年红色筑梦之旅	陈静	钟玉龙，徐永洋	地理与信息工程学院	省级
239	S202110491008S	少儿滑步车选购微信小程序	创业实践项目	王浩	姚世红，赵一石	地理与信息工程学院	省级

续表

序号	项目编号	项目名称	项目类型	项目负责人	指导教师名称	所在学院	项目级别
240	S202110491015	基于深度 Hough 投票网络的工业点云矢量化重构系统	创新训练项目	王政杰	张德军	地理与信息工程学院	省级
241	S202110491019	基于开放数据的世界机场人口可达性分析	创新训练项目	魏若飞	周琪	地理与信息工程学院	省级
242	S202110491020	多模态数据驱动的多任务场景约束建筑物提取方法研究	创新训练项目	郭佩欣	朱祺琪	地理与信息工程学院	省级
243	S202110491026	基于超像素级上下文特征的码头遥感影像场景分类	创新训练项目	党肖亚	关庆锋，朱祺琪	地理与信息工程学院	省级
244	S202110491028	基于深度学习的全球实测径流变化模拟与归因研究	创新训练项目	任婵月	刘剑宇	地理与信息工程学院	省级
245	S202110491031	全国大学生智能汽车竞赛-“封狼居胥”	创新训练项目	陈柯帆	罗忠文	地理与信息工程学院	省级
246	S202110491038	基于街景影像数据的城市空间感知研究	创新训练项目	杨伟昕	吴亮	地理与信息工程学院	省级
247	S202110491040	基于众源数据的城市行人路网提取与语义增强	创新训练项目	陈浩	杨雪	地理与信息工程学院	省级
248	S202110491042	基于深度神经网络和迁移学习的融合多模态数据的洪涝灾害检测	创新训练项目	常满军	朱祺琪	地理与信息工程学院	省级
249	S202110491051	异形胞糖脂重建的百年以来湖泊蓝藻固氮过程	创新训练项目	杨舒宇	杨欢	地理与信息工程学院	省级

续表

序号	项目编号	项目名称	项目类型	项目负责人	指导教师名称	所在学院	项目级别
250	S202110491053	流域水环境质量与纳污能力自动评估系统研究	创新训练项目	陈卓	王永桂	地理与信息工程学院	省级
251	S202110491058	BDS-3/BDS-2/GPS/Galileo/GLONASS短基线单历元RTK定位性能评估	创新训练项目	尚霆锋	吴明魁	地理与信息工程学院	省级
252	S202110491060	基于裁判文书的多类型犯罪城市时空分布分析	创新训练项目	易尚儒	姚尧	地理与信息工程学院	省级
253	S202110491061	人工泥炭藓种植的生态环境效应调查	创新训练项目	赵梓垚	黄咸雨	地理与信息工程学院	省级
254	S202110491064	全国大学生智能车竞赛"封狼居胥”	创新训练项目	许鹏	刘袁缘	地理与信息工程学院	省级
255	S202110491065	基于随机森林算法的道路拥堵预测	创新训练项目	贾仕玮	上官明	地理与信息工程学院	省级
256	S202110491076	Easy Map Archives Discover——电子图文智能搜索系统	创新训练项目	张星怡	郑坤	地理与信息工程学院	省级
257	S202110491078	基于多源时空数据的武汉市心梗风险格局分析及AED选址优化研究	创新训练项目	欧阳小涛	姚尧	地理与信息工程学院	省级
258	S202110491079	基于Google Earth Engine的光学-微波遥感联合湿地制图	创新训练项目	杨轩	岳林蔚	地理与信息工程学院	省级
259	S202110491088	基于深度学习的地图视觉情感认知研究	创新训练项目	胡茜妮	奚大平	地理与信息工程学院	省级

续表

序号	项目编号	项目名称	项目类型	项目负责人	指导教师名称	所在学院	项目级别
260	S202110491091	基于硅藻弯曲度指数的湿地水环境评估方法	创新训练项目	徐双余	陈旭	地理与信息工程学院	省级
261	S202110491099	基于 W-I-P 模型的武汉市土地利用格局演变分析	创新训练项目	畅清艳	田玉刚	地理与信息工程学院	省级
262	S202110491105	基于点关联信息的三维点云卷积神经网络	创新训练项目	熊振轩	张德军	地理与信息工程学院	省级
263	S202110491111	基于自动编码器的城市建筑物识别方法研究	创新训练项目	刘江文	陈占龙	地理与信息工程学院	省级
264	S202110491112	基于深度学习的水体提取和中国水域变化研究	创新训练项目	范达生	翟晗	地理与信息工程学院	省级
265	S202110491113	用建成区数据评价 OSM 建筑数据质量	创新训练项目	王新源	周琪	地理与信息工程学院	省级
266	S202110491120	基于启发式算法的城市临时医疗设施多级优化选址研究	创新训练项目	洪辰荒	姚尧	地理与信息工程学院	省级
267	S202110491133	近 50 年气候变化背景下祁连山中段冰川变化特征研究分析	创新训练项目	方萧楠	王旭	地理与信息工程学院	省级
268	S202110491138	全国大学生智能车竞赛——讯飞赛道	创新训练项目	杨思洁	杨林权，罗忠文	地理与信息工程学院	省级
269	S202110491143	基于 PIE 的扶贫成果监测	创新训练项目	李海东	陈启浩	地理与信息工程学院	省级

续表

序号	项目编号	项目名称	项目类型	项目负责人	指导教师名称	所在学院	项目级别
270	S202110491148	基于BDS GEO卫星的EPBs漂移特性研究	创新训练项目	雷东虎	罗小敏	地理与信息工程学院	省级
271	S202110491151	享赢数据交易平台	创新训练项目	孙一桐	郭明强，武彦斌	地理与信息工程学院	省级
272	S202110491155	一种基于MAR和影像三维重建的自然灾害应急救援系统——以洪水为例	创新训练项目	崔恒	高伟	地理与信息工程学院	省级
273	S202110491177	基于GRACE和GRACE-FO的中国区域干旱事件制图与分析	创新训练项目	王岚	钟玉龙，李玮	地理与信息工程学院	省级
274	S202110491183	西南地区矿山污染区生态修复技术示范与实践	创新训练项目	杨陟扬	秦养民	地理与信息工程学院	省级
275	S202110491184	基于社交媒体图像挖掘的智慧穿搭个性化推荐APP的设计与开发	创新训练项目	梅佳欣	方芳	地理与信息工程学院	省级
276	S202110491188	近百年来黄河径流变化趋势及其驱动机制研究	创新训练项目	张艺帆	刘剑宇	地理与信息工程学院	省级
277	S202110491189	基于CA-Markov模型的城市开发边界划定及驱动机制研究	创新训练项目	符美娟	翟晗	地理与信息工程学院	省级
278	S202110491198	ACM-ICPC国际大学生程序设计竞赛专项	创新训练项目	赵霄	张剑波	地理与信息工程学院	省级
279	S202110491199	湖北省大学生物理创新实验设计竞赛	创新训练项目	何俊辉	汪海	地理与信息工程学院	省级

续表

序号	项目编号	项目名称	项目类型	项目负责人	指导教师名称	所在学院	项目级别
280	S202110491200	基于深度学习的古建筑虫害检测与识别	创新训练项目	唐硕	周林	地理与信息工程学院	省级
281	S202110491215	基于城市街景图像数据集的 POI 更新方法研究	创新训练项目	闫晓桐	左泽均	地理与信息工程学院	省级
282	S202110491219	基于上下文驱动 Transformer 的序列化推荐系统研究	创新训练项目	刘世龙	万林	地理与信息工程学院	省级
283	S202110491231	对湟水河流域污染源的时空变化特征及其驱动因素的研究	创新训练项目	王楠	王永桂	地理与信息工程学院	省级
284	X202110491004	喀斯特地区亚高山湿地生态监测及环境变化研究	创新训练项目	蒋郁婧	秦养民	地理与信息工程学院	校级
285	X202110491005	基于概率松弛模型的路网匹配和矢量数据更新研究	创新训练项目	于睿涵	禹文豪	地理与信息工程学院	校级
286	X202110491006	一种新的森林火灾及其次生灾害的防控机制——以四川凉山州为例	创新训练项目	杨宇童	黄咸雨	地理与信息工程学院	校级
287	X202110491009	基于 YOLO-v3 网络的钢材表面缺陷检测	创新训练项目	潘乃新	田玉刚	地理与信息工程学院	校级
288	X202110491024	耦合卷积神经网络和方向感知注意力机制的高分辨率遥感影像阴影检测	创新训练项目	段心怡	关庆锋，朱祺琪	地理与信息工程学院	校级
289	X202110491028	结合空间结构模式和稀疏重建的自适应邻域确定方法研究	创新训练项目	白燕子	禹文豪	地理与信息工程学院	校级

续表

序号	项目编号	项目名称	项目类型	项目负责人	指导教师名称	所在学院	项目级别
290	X202110491045	基于 OSM 数据的城市绿地提取与分析	创新训练项目	姚延昭	周琪	地理与信息工程学院	校级
291	X202110491047	基于深度学习算法模型的众源地理数据标签推测	创新训练项目	魏铖	禹文豪	地理与信息工程学院	校级
292	202110491056	媒体报道影响下的新冠肺炎传播动力学研究	创新训练项目	刘思涵	王毅	数学与物理学院	国家级
293	S202110491035	GPS 坐标时间序列重构方法	创新训练项目	李雪茹	边家文	数学与物理学院	省级
294	S202110491043	基于线性分类器的众包工人权值度量研究	创新训练项目	王健	李超群	数学与物理学院	省级
295	S202110491081	基于固液物态热传导的炉温曲线凸优化分析	创新训练项目	徐天培	魏周超	数学与物理学院	省级
296	S202110491096	反 Unruh 效应及其对量子统计性的研究	创新训练项目	颜嘉彤	张保成	数学与物理学院	省级
297	S202110491109	下地幔铁的高压熔化规律理论研究	创新训练项目	许启香	卢成	数学与物理学院	省级
298	S202110491110	基于深度学习的单细胞测序技术与应用	创新训练项目	游智雅	易鸣	数学与物理学院	省级
299	S202110491161	数字化创新型电滞回线测试仪	创新训练项目	柳雨知	吴妍,熊中龙	数学与物理学院	省级
300	S202110491175	数据要素的特点及其对社会经济的影响研究	创新训练项目	高伟	向东进	数学与物理学院	省级
301	S202110491210	宇宙线次级粒子原初粒子能谱比周期性变化的研究	创新训练项目	琚苏婷	吴娟	数学与物理学院	省级

续表

序号	项目编号	项目名称	项目类型	项目负责人	指导教师名称	所在学院	项目级别
302	S202110491217	人工智能视域下大学生心理健康分析与预警模型研究	创新训练项目	金新雨	孙宇涛，杨瑞琰	数学与物理学院	省级
303	S202110491232	飞行器飞行险情坠落影响、过程定量分析	创新训练项目	郭杰文	边家文	数学与物理学院	省级
304	X202110491008	基于机器学习技术的大学生体质测试分析与预测模型研究	创新训练项目	龙澳	孙宇涛，杨瑞琰	数学与物理学院	校级
305	S202110491164	盘龙城遗址出土绿松石的产地溯源及其历史文化研究	创新训练项目	崔粲	杨明星	珠宝学院	省级
306	S202110491176	从盘龙城出土玉石出发-中商代图腾及文化研究	创新训练项目	吴雯颖	杨明星	珠宝学院	省级
307	202110491004	长江经济带城市群绿色发展水平空间差异及其影响因素研究	创新训练项目	覃奕龙	李世祥，王占岐	公共管理学院	国家级
308	202110491011	基于 MOP-CA 耦合模型的国土空间格局优化研究	创新训练项目	孙嘉良	龚健	公共管理学院	国家级
309	202110491040	生态保护红线政策的评估调整与管控运行研究——对 31 个省级行政区政策文本的分析	创新训练项目	胡学湉	黄德林	公共管理学院	国家级
310	202110491075	公共卫生事件中流调信息保护研究——基于疫情期间返乡大学生的实证分析	创新训练项目	张可欣	卓成刚	公共管理学院	国家级

续表

序号	项目编号	项目名称	项目类型	项目负责人	指导教师名称	所在学院	项目级别
311	202110491034X	爱谱软件	创业训练项目	蔡明勋	曾健友，王向东，刘国华	公共管理学院	国家级
312	S202110491013X	走正确的路	创业训练项目	李雨霏	柴季	公共管理学院	省级
313	S202110491014S	多功能珠宝矿石鉴定平台——E石	创业实践项目	江桂英	郭锐	公共管理学院	省级
314	S202110491128	生态保护红线专家委员会法定地位研究	创新训练项目	贾博雅	胡中华	公共管理学院	省级
315	S202110491129	韧性社区视角下社区防洪应急管理能力提升路径	创新训练项目	王家钰	苏黎兰	公共管理学院	省级
316	S202110491150	流域生态价值评估及其生态补偿机制研究——以桂林漓江流域为例	创新训练项目	蔡宇超	龚健，杨建新	公共管理学院	省级
317	X202110491027	常用多功能发球系统的研制与试用	创新训练项目	唐书捷	游茂林，李春卉	公共管理学院	校级
318	202110491020	基于演化强化学习的传感器优化布置问题研究	创新训练项目	宋明轩	胡成玉	计算机学院	国家级
319	202110491042	基于深度学习的电力基础设施智能解译方法研究	创新训练项目	杨轩	陈伟涛	计算机学院	国家级
320	202110491049	基于机器学习的信用卡诈骗异常检测	创新训练项目	黎炳	樊俊青	计算机学院	国家级
321	202110491061	基于卷积神经网络的中文汉字手写体识别	创新训练项目	张邱德	唐厂	计算机学院	国家级
322	202110491080	基于深度迁移学习的遥感图像小目标检测	创新训练项目	殷安琪	蒋良孝	计算机学院	国家级

续表

序号	项目编号	项目名称	项目类型	项目负责人	指导教师名称	所在学院	项目级别
323	202110491032S	中子星软硬件解决方案提供商-重新定义小微企业 IT 外包技术服务	创业实践项目	金梦楠	李欢欢	计算机学院	国家级
324	202110491036S	校园跑跑帮	创业实践项目	刘鲁彬	李向	计算机学院	国家级
325	S202110491021	基于深度学习的遥感影像小水体提取	创新训练项目	郭中豪	杨小红	计算机学院	省级
326	S202110491024	基于深度聚类网络的高光谱图像非监督分类方法	创新训练项目	龚子瑄	蔡之华	计算机学院	省级
327	S202110491032	基于三维人体姿态估计的运动辅助系统	创新训练项目	魏明杰	孙琨	计算机学院	省级
328	S202110491062	基于数据挖掘技术的财务造假指标选取与预测	创新训练项目	徐修成	蒋良孝	计算机学院	省级
329	S202110491067	基于 Cesium 的多尺度三维模型可视化技术	创新训练项目	贾然	刘刚	计算机学院	省级
330	S202110491068	基于邻域一致性挖掘的图像匹配算法	创新训练项目	杨星浩	孙琨	计算机学院	省级
331	S202110491086	基于双目相机的盲人户外智能语音辅助系统	创新训练项目	张一卓	孙琨	计算机学院	省级
332	S202110491100	基于多视图场景重叠推断的匹配方法及在三维重建中的应用	创新训练项目	管仁祥	孙琨	计算机学院	省级
333	S202110491106	岩土体多模态场景数据集构建与分类	创新训练项目	邵颖慧	李显巨	计算机学院	省级
334	S202110491130	基于多层次、多模态和多模型特征融合算法的遥感精细分类和迁移	创新训练项目	张迪雅	李显巨	计算机学院	省级

续表

序号	项目编号	项目名称	项目类型	项目负责人	指导教师名称	所在学院	项目级别
335	S202110491136	基于深度强化学习的数据中心绿色调度研究	创新训练项目	王子震	胡成玉	计算机学院	省级
336	S202110491149	复杂约束下的多星联合调度规划方法研究	创新训练项目	其木格	陈晓宇，王茂才	计算机学院	省级
337	S202110491163	基于局部结构信息的三维模型分类、分割方法研究	创新训练项目	陈兴烨	吴亦奇	计算机学院	省级
338	S202110491166	基于机器视觉的智能尺寸测量平台	创新训练项目	周冰菁	唐厂	计算机学院	省级
339	S202110491178	基于 GNSS 精密单点定位的水汽监测	创新训练项目	明俊豪	李玮	计算机学院	省级
340	S202110491193	基于神经网络的光混沌保密通信漏洞挖掘	创新训练项目	赵天皓	高孝婧	计算机学院	省级
341	S202110491225	基于语义分割算法的采矿区精细分类方法研究	创新训练项目	徐雅文	李显巨	计算机学院	省级
342	X202110491020	ACM 国际大学生程序设计竞赛	创新训练项目	于桐	张锋	计算机学院	校级
343	202110491025	红色主题徒步大会助力乡村振兴	青年红色筑梦之旅	李椒椒	李伦	体育学院	国家级
344	S202110491004	乡村振兴视域下龙狮文化传承与发展路径	青年红色筑梦之旅	秦峻杰	胡凯	体育学院	省级
345	S202110491192	运动性骨关节炎发生发展的机制研究	创新训练项目	张玮壮	刘仁仪	体育学院	省级
346	S202110491206	户外运动旅游对目的地居民幸福感影响研究	创新训练项目	杨欣欣	游茂林，李春卉	体育学院	省级

续表

序号	项目编号	项目名称	项目类型	项目负责人	指导教师名称	所在学院	项目级别
347	X202110491015	体教融合视域下湖北省社会体育俱乐部联赛满意度调查分析	创新训练项目	李怀君	张毅恒,李春卉	体育学院	校级
348	202110491035S	“七彩”美育课堂公益创业团队	创业实践项目	蒲金山	吴仁喜	艺术与传媒学院	国家级
349	S202110491005	艺术课堂中的思政教育——以支教为例	青年红色筑梦之旅	王一骄	杨青	艺术与传媒学院	省级
350	S202110491056	朋友圈信息流广告形态创新研究	创新训练项目	姜芊芊	张梅珍	艺术与传媒学院	省级
351	S202110491160	3D Mapping 技术在地大博物馆展陈设计的创新应用	创新训练项目	汤皓婷	狄丞	艺术与传媒学院	省级
352	S202110491202	地质学信息可视化科普设计研究	创新训练项目	郝欣雨	哈达	艺术与传媒学院	省级
353	X202110491002	地质科普平台-移动共享课堂	创业实践项目	尹颖	郭锐	艺术与传媒学院	校级
354	202110491027	革命老区乡村振兴的现状调查与推进路径——以大别山区为例	青年红色筑梦之旅	刘青	李海金,常荆莎	马克思主义学院	国家级
355	202110491030	全面乡村振兴背景下农民工返乡创业现状调研——基于湖北省英山县的调研	青年红色筑梦之旅	刘桐汐	高翔莲,王惠林	马克思主义学院	国家级
356	202110491050	新时代农村基层党组织思想引领状况研究——基于湖北英山的调查	创新训练项目	左睿	高翔莲	马克思主义学院	国家级
357	S202110491057	新高考改革背景下的研学旅行研究	创新训练项目	罗懿滢	刘隽颖	马克思主义学院	省级
358	202110491046	中国田块尺度农业源 NH_3 遥感排放清单	创新训练项目	王雅珺	沈永林	李四光学院	国家级

续表

序号	项目编号	项目名称	项目类型	项目负责人	指导教师名称	所在学院	项目级别
359	202110491074	基于斜坡单元的三峡库区滑坡灾害气象预警研究	创新训练项目	杨延晨	周超	李四光学院	国家级
360	202110491079	基于GEE平台的高原水域面积与冰川面积的耦合响应关系研究——以青藏高原为例	创新训练项目	薛远	王猛猛	李四光学院	国家级
361	S202110491049	Ries撞击坑撞击角砾岩中典型矿物的冲击变质特征	创新训练项目	周湛	肖龙	李四光学院	省级
362	S202110491052	基于Fortran语言的对桃花峪大桥的频率响应特性分析	创新训练项目	程思源	张学强	李四光学院	省级
363	S202110491069	基于Mask R-CNN深度学习的多源遥感影像海面溢油监测	创新训练项目	王璐雯	关庆锋,朱祺琪	李四光学院	省级
364	S202110491093	Cariaco盆地沉积物剖面的钒同位素研究	创新训练项目	罗睿瑄	吴非	李四光学院	省级
365	S202110491134	基于卫星遥感的武汉城市圈工业热源与排放估算研究	创新训练项目	闫超瑜	陶明辉	李四光学院	省级
366	S202110491152	基于多年极化SAR数据和机器学习的农作物高度反演研究	创新训练项目	赵千里	解清华	李四光学院	省级
367	S202110491167	极化SAR参数优化与光学波谱相结合的面向对象农作物分类研究	创新训练项目	王晓雅	解清华	李四光学院	省级

续表

序号	项目编号	项目名称	项目类型	项目负责人	指导教师名称	所在学院	项目级别
368	X202110491016	基于 Python 分析湖北湖泊重金属的空间分布与污染历史	创新训练项目	冯曦	刘金铃	李四光学院	校级
369	X202110491035	基于增强现实的人机协作技术研究	创新训练项目	周兆麟	徐迟	李四光学院	校级
370	X202110491042	基于地磁组合导航的公共地下停车场定位系统	创新训练项目	陈书勲	左博新	李四光学院	校级
371	X202110491044	秭归灯影组石板滩段三维观测研究	创新训练项目	林雯洁	冯庆来，喻建新	李四光学院	校级

研究生教育

【概况】

2021年，以习近平新时代中国特色社会主义思想为指导，坚持社会主义办学方向，全面贯彻党的教育方针，落实全国研究生教育会议精神，围绕学校“十四五”规划，聚焦立德树人根本任务，推进学校研究生教育工作。学校现有一级学科博士学位授权点16个，一级学科硕士学位授权点34个，硕士专业学位授权点15个，博士专业学位授权点1个。现有各类在校研究生12 826人，其中硕士研究生10 758人、博士研究生2068人。2021年，招收硕士研究生3954人（全日制硕士研究生3523人、非全日制硕士研究生431人），招收博士研究生490人。授予学位共2873人，其中博士学位319人、硕士学位2554人。在岗博士生导师565人。

完成研究生院机构改革，研究生院与党委研究生工作部工作职责充分融合，按照全链条、大培养的发展思路，形成业务培养、发展支持、思想政治相互融合共同支持的全生态融合体系。学校出台了《研究生培养改革方案》《研究生卓越导学团队创建与评选工作》《研究生德育导师工作规定》等制度文件，全面做好研究生教育各项工作。

【招生改革】

加强对招生工作的顶层设计，优化指标分配体系。整合研究生教育资源，推进生源质量提升工程。出台并执行“本—硕—博”贯通培养人才计划实施方案，推进完善“申请—考核”等多元博士招生选拔方式。2021年录取的全日制研究生中，优质生源大幅增加。其中推免生545人、统考硕士生1422人、博士生286人。全日制优质生源占比56%，比2020年提高约1.5%。

建立以导师和学科为核心，以精细化管理和人性化服务为理念，以增强针对性和提高影响力为目标的招生宣传新模式。通过中国研究生招生信息网官方平台开展2022年研考招生政策咨询答疑宣传周活动，通过学校研究生招生信息网、微信公众号、学院官网等渠道发布学校2022年研考网上报名和确认公告、学科专业办学特色及优势等信息。梳理工作细节，确保研考安全。2021年我校硕士自命题命制工作继续采取试题库组题的形式完成，对建库、组题、抽题、审题等流程实行规范化、信息化管理，全程录像，纪委监督。专人运送自命题试卷至东北，保障考生应考尽考；购买5G屏蔽仪、关闭5G信号基站，预防5G作弊；设立隔离考场，妥善安排隔离考生考试，做好疫情防控工作。

【人才培养】

科学组织课程教学，全年共开设研究生课程980门次，研究生选课数49 777人次，发布《关于加强研究生课程教学纪律和做好疫情防控的通知》，组织全校性的教学检查和听课。2021年秋季学期开课第一周，全体校领导深入课堂、走近学生，了解研究生教学动向，关注研究生教学的热点和难点。部署雨课堂和超星系统，确保在常态化疫情防控下研究生课堂教学线上线下形式有序转换和顺利进行。

深化科教融合、产教融合育人机制。加强学术研究生知识创新能力培养,打通本科生和研究生课程教学(含实践教学)壁垒,制定"本—硕—博"贯通培养高水平人才专项实施方案,出台《"本—硕—博"贯通培养高水平人才计划实施细则》等5个配套文件。着力打造系列科教融合"金课"。加强专业学位研究生实践创新能力培养。以产教融合为重点,积极推进校企合作联合培养研究生。2021年获批建设湖北省研究生工作站6个,立项建设校级研究生联合培养实践基地59个,评选出优秀校级基地2项。积极推进与中国地质调查局、广州海洋地质调查局、中国科学院水生生物研究所等单位联合培养研究生,与中煤科工集团西安研究院有限公司、烽火通信科技股份有限公司签订联合培养研究生协议。聘用企业导师279人,鼓励实行导师组培养模式。

充分发挥研究生思政课程和课程思政课堂主渠道作用,切实将知识传授、能力培养和价值塑造"三位一体"的课程教学目标贯穿教学的全过程。利用"跨学科公选课平台"大力建设课程思政示范课程。窦斌教授主讲的"工程伦理"课程入选教育部首批研究生教育课程思政示范课程,开展课程教学观摩与交流研讨活动,取得良好效果。

加强教材建设,提升研究生教学质量。全面细致地对法学学科教材、外国语言类教材等进行排查。建设了22门精品课程、精品教材、课程思政项目。加强课程考核管理,全面使用课程论文查重检测系统,引入课程作业管理系统,实现了课程作业布置、提交、审阅、重复率检测、信息统计分析等日常教学作业全过程管理。

推进研究生培养国际化战略。2021年国家留学基金委"国家建设高水平大学公派研究生项目"录取我校106名优秀研究生,学校设立的"研究生国际合作与交流交流基金",资助31名研究生参加线上国际会议,5名博士研究生短期联合培养。加强优秀博士创新基金过程管理,2021年共资助33名博士研究生,11名博士成功结题。发表近50篇国际SCI高水平论文。

做好研究生发展支持体系建设,全年共为26个研究生培养单位、合计约10 743人次在资助范围内的全日制研究生及174人次"本—硕—博"贯通培养的本科生,评定了研究生六大类奖励资助项目,共计资助金额2.67亿元。通过随录取通知书寄送宣传折页,编制"研究生教育100问——资助专栏"等宣传材料,面向导师及研究生宣传资助工作。

【学位管理】

加大事后抽检力度,加强学位论文关键环节管控。学校对2019年12月—2020年8月授予硕士学位论文进行抽检,论文抽检比例提高至6.82%,共抽检175篇硕士学位论文。加大优秀论文选拔力度,完善优秀论文培育机制。对不同的学科专业,给予培养单位和学位评定分委员会权限,自行制定评选标准。2021年共评选出石炜等41人的博士学位论文为校级优秀博士学位论文,肖登等111人的硕士学位论文为校级优秀硕士学位论文。压实学院主体责任，校院协同促进机制创新。全年共有2939人通过免费检测机器人工具，对论文的格式、引用规范等进行自查。试点探索博士学位论文答辩过程视频全监控机制。申请答辩的博士生全部跨院校聘请同行专家促进交流，导师全程回避，答辩视频材料存档。

【学位点建设及评估】

自主设置“遥感科学与技术”“健康地学”“人工智能与地球探测”“绿色矿业”“自然灾害与应急管理”“自然资源与国土空间规划”“碳中和与高质量发展管理”“地学大数据”8个交叉学科博士点，并成功备案。强化学位点动态调整。资源与环境专业学位博士点审批通过，金融专业学位硕士点审批通过。启动第二轮(2020—2025年)学位点合格评估工作。研究制定了《中国地质大学(武汉)2020—2025年学位授权点周期性合格评估工作方案》。

【研究生教育质量】

出台《研究生教质量督导监控工作实施办法》，构建“职能清晰、权责明确、上下联动、管理科学”的校院两级研究生教育质量保障与督导体系。2021年再次修订了《博士生指导教师遴选办法》等文件，坚持把师德师风作为第一标准，强化导师思想政治素质考察，突出质量导向，重点评价学术贡献、社会贡献和培养质量。坚持博导遴选高标准，严把入口关。2021年新增校内博导112人，新增兼职博导13人。博导队伍年轻化趋势明显，平均年龄44.2岁，45岁以下博导占比62.4%。加强导师岗位考核，建立退出机制。取消博士生导师与退休年龄挂钩政策，打破导师终身制，实现导师动态管理。2021年36人取得2022—2025年博士生招生资格，83人取得资源与环境博士生招生资格，5人续聘校外兼职博士生导师；1288人硕士生导师(含兼职导师)获得2022—2025年硕士生招生资格。创新导师培训方式，提升培训实效。建设“导师全覆盖、培训常态化、课程精品化”的线上线下导师培训体系。

【加强思想政治工作】

推进研究生党建工作。探索依托实验室、课题组、科研团队等设立研究生党支部，试点建立导师团队+研究生的混合党支部。探索园区(社区)思政工作新模式。协同相关单位促进园区社区化，社区思政化。积极参与“一站式”学生社区建设。构建和谐导学机制。学校制定出台《研究生卓越导学团队创建与评选工作》等，开展研究生卓越导学团队创建与评选表彰，推出“我和我的导师”系统宣传报道，大力宣扬研究生“良师益友”。推进组织化思政。依托研究生会等学生组织，开展研究生系列思政教育和文体活动，提升研究生综合素质。

【就业工作】

截至2021年12月31日，学校2021届硕士生毕业去向落实率为97.17%，博士生毕业去向落实率为98.45%(表1)。

表1　2021届研究生毕业生年底毕业去向落实率统计

学历	毕业人数	毕业去向落实率	协议和合同就业率	升学率（含出国出境）	灵活就业率（含自由职业）	自主创业率
硕士生	2190	97.17%	84.34%	8.86%	3.84%	0.14%
博士生	193	98.45%	92.75%	2.59%	2.59%	0.52%

从就业单位行业分布来看，2021届毕业研究生就业人数较多的三个行业为信息传输、软件和信息技术服务业（19.27%），科学研究和技术服务业（16.39%），教育（11.26%）（图1）。

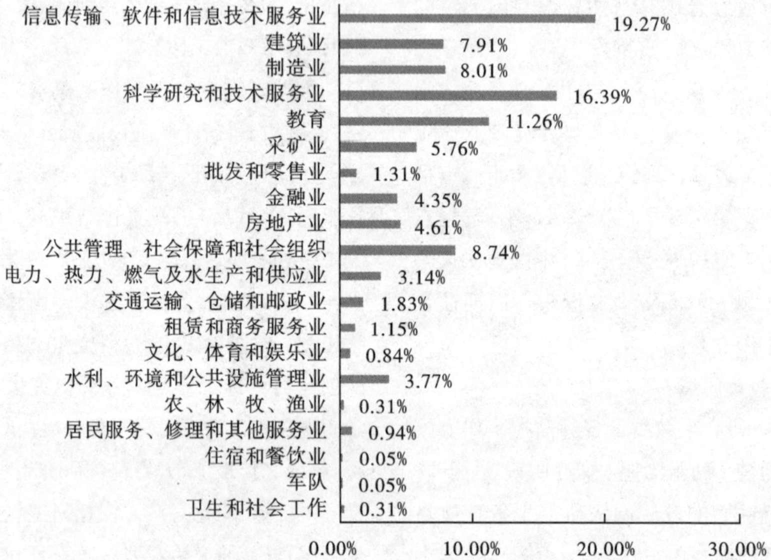

图1　2021届研究生毕业生就业行业统计

注：就业行业流向按照毕业生协议就业、灵活就业（含自由职业）总人数统计。

从就业单位性质分布来看，2021届毕业研究生就业单位性质流向主要是：国有企业（36.60%），民营企业（26.60%），其他事业单位（10.52%）（图2）。

（撰稿：林小艳、张健、成中梅、洪军、王蕾、刘珩；审稿：王力哲、王甫）

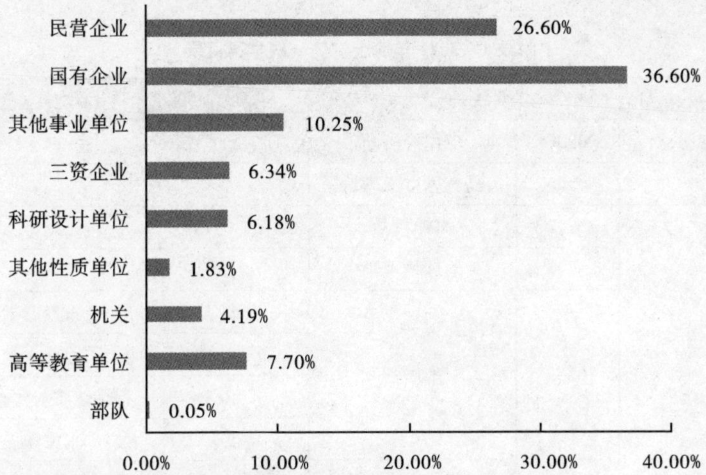

图 2　2021 届研究生毕业生就业单位性质统计

注:就业单位性质分布按照毕业生协议和合同就业、灵活就业总人数统计。

〔附录〕

附录 1　2021 年博士学位一级学科目录

学科门类代码/名称	学科代码/名称		自设学科代码/名称	
02 经济学	0202	应用经济学		
03 法　学	0305	马克思主义理论		
07 理　学	0707	海洋科学		
	0708	地球物理学		
	0709	地质学	0709Z1	宝石学
			0709Z2	地球生物学
			0709Z3	行星地质与比较行星学
			0709Z4	水文地质学
08 工　学	0805	材料科学与工程		
	0811	控制科学与工程	0811Z1	现代数学与控制理论
	0814	土木工程		
	0815	水利工程	0815Z1	地下水科学与工程
			0815Z2	水文气候学
	0816	测绘科学与技术		
	0818	地质资源与地质工程	0818Z1	资源产业经济
			0818Z2	资源与环境遥感
			0818Z3	地学信息工程
			0818Z4	地质装备工程
			0818Z5	控制系统与工程
			0818Z6	军事地质学
	0820	石油与天然气工程		
	0830	环境科学与工程	0830Z1	资源与环境化学
			0830Z3	环境规划与设计
	0837	安全科学与工程		
12 管理学	1201	管理科学与工程		
	1204	公共管理		

附录 2 2021 年授予硕士学位一级学科目录

学科门类代码/名称	学科代码/名称		自设学科代码/名称	
02 经济学	0202	应用经济学		
03 法 学	0301	法学		
	0305	马克思主义理论		
04 教育学	0401	教育学		
	0402	心理学		
	0403	体育学		
05 文 学	0502	外国语言文学		
	0503	新闻传播学		
07 理 学	0701	数学		
	0702	物理学		
	0703	化学		
	0705	地理学		
	0706	大气科学		
	0707	海洋科学		
	0708	地球物理学		
	0709	地质学	0709Z1	宝石学
			0709Z2	地球生物学
			0709Z3	行星地质与比较行星学
			0709Z4	水文地质学
	0710	生物学		
08 工 学	0802	机械工程		
	0805	材料科学与工程		
	0810	信息与通信工程		
	0811	控制科学与工程	0811Z1	现代数学与控制理论
	0812	计算机科学与技术	0812Z1	信息安全
	0814	土木工程		
	0815	水利工程	0815Z1	地下水科学与工程
			0815Z2	水文气候学
	0816	测绘科学与技术		

续表

学科门类代码/名称	学科代码/名称		自设学科代码/名称	
08 工　学	0818	地质资源与地质工程	0818Z1	资源产业经济
			0818Z2	资源与环境遥感
			0818Z3	地学信息工程
			0818Z4	地质装备工程
			0818Z5	控制系统与工程
			0818Z6	军事地质学
	0820	石油与天然气工程		
	0830	环境科学与工程	0830Z1	资源与环境化学
			0830Z3	环境规划与设计
	0835	软件工程		
	0837	安全科学与工程		
12 管理学	1201	管理科学与工程		
	1202	工商管理		
	1204	公共管理		
13 艺术学	1305	设计学		

附录 3　2021 年专业博士、硕士学位授权类别

序号	专业学位类别代码	专业学位类别名称	授权级别
1	0857	资源与环境	硕士、博士
2	0251	金融	硕士
3	0252	应用统计	硕士
4	0256	资产评估	硕士
5	0351	法律	硕士
6	0452	体育	硕士
7	0551	翻译	硕士
8	0854	电子信息	硕士
9	0855	机械	硕士
10	0856	材料与化工	硕士

续表

序号	专业学位类别代码	专业学位类别名称	授权级别
11	0859	土木水利	硕士
12	1251	工商管理	硕士
13	1252	公共管理	硕士
14	1253	会计	硕士
15	1351	艺术设计	硕士

附录4　2021年各一级学科在岗博士生导师(数据截至2021年12月31日)

一级学科		2021年人数	导师姓名
代码	名称		
0202	应用经济学	13	徐德义、李通屏、肖建忠、成金华、程胜、易明、张伟、白永亮、吴巧生、金贵、龚承柱、齐睿、张欢
0305	马克思主义理论	14	黄德林、傅安洲、李祖超、黄娟、储祖旺、阮一帆、李海金、陈军、岳奎、高翔莲、黄少成、汪宗田、孙文沛、黄承伟*
0707	海洋科学	17	任建业、王家生、吕万军、姜涛、孙启良、杜学斌、吕晓霞、雷超、宫勋、孙军、郑彦鹏、蒋浩宇、刘恩涛、赵恩金、李家彪*、Dorrik Stow*、牟林*
0708	地球物理学	39	刘江平、王琪、罗银河、陈刚、毛娅丹、余涛、陈界宏、郑勇、陈望平、熊熊、刘双、林恺、张保成、黄刚、蔡红柱、孙杨轶、李小凡、单斌、刁法启、魏周超、徐伟、郭艳凤、郭上江、刘成利、姚家园、姚冬冬、田冬冬、唐启家、王林松、朱露培*、陈颙*、刘青松*、杨文采*、殷长春*、汪荣江*、雷建设*、王劲松*、赵亮*、陶春辉*
0709	地质学	128	鲍征宇、王焰新、童金南、马昌前、张宏飞、杜远生、冯庆来、赖旭龙、王国灿、龚一鸣、谢树成、郑建平、孟大维、侯书恩、凌文黎、颜佳新、赵珊茸、李建威、严春杰、周爱国、胡圣虹、刘勇胜、吴元保、章军锋、肖龙、洪汉烈、李珍、程寒松、Timothy Kusky、张昊、李超、胡兆初、赵军红、何卫红、王红梅、陈中强、赵来时、续海金、蒋宏忱、沈锡田、赵葵东、蒋少涌、朱振利、黄春菊、卢韧、赵新福、王璐、徐亚军、佘振兵、谢先军、叶宇、曹淑云、甘义群、汪在聪、王永锋、汤华云、苏玉平、宋海军、吕涛、柴波、周炼、王伟、巫翔、

续表

一级学科		2021年人数	导师姓名
代码	名称		
0709	地质学	128	江海水、杨江海、宗克清、孙自永、郝亮、王华沛、David Bryan Kemp、王连训、朱宗敏、李益龙、陈旭、罗根明、黄咸雨、彭松柏、陈唯、王墩、訾建威、熊庆、马强、马义明、王信水、刘金铃、余茜倩、黄俊、温斌、郭伟、邓晓东、Olivier Nadeau、韩金生、张荣红、尹作为、杨明星、宋虎跃、邱华宁、戴宏坤、李奇维、张艳飞、周光颜、孙伟、杨水源、王军鹏、袁小平、吴非、朱峰、沈俊、郭亮、喻建新、曹毅、骆必继、陈涛、Jacopo Dal Corso、毛绪美、陈玖斌*、唐春安*、杨振宇*、Frederic Moynier*、丰成友*、李文渊*、李新*、Hans Jensen Thybo*、Irian Artemieva*、Hans-Joachim Massonne*、宫辉力*、李建星*、邱春林*
0805	材料科学与工程	51	王圣平、柯汉忠、何岗、梁玉军、田熙科、廖桂英、娄筱叮、夏帆、李国岗、刘书琳、帅琴、周俊、聂玉伦、靳洪允、李辉、黄羽、林美华、董轶凡、陈林峰、戴志高、金俊、卢成、周成冈、吴艳、黄福建、高鹏程、王欢文、张孝进、丁思静、徐建梅、周琪涛、夏开胜、傅梁杰、高玉婷、杨华明、唐爱东、邓恒、黄烁、刘涛、赵凌、张留洋、余家国、余火根、袁硕果、舒杼、蔡卫卫、王永钱、杨明、韩波、高学云*、林君*
0811	控制科学与工程	39	吴敏、何勇、曹卫华、陈鑫、熊永华、赖旭芝、董凯锋、罗杰、胡文凯、姜晓伟、方支剑、张传科、徐迟、翟超、黄田野、万雄波、宗小峰、王广君、刘振焘、刘小波、安剑奇、王雷敏、杜秋姣、王毅、刘丰铭、康晓琳、仇梦林、张晶、陈略峰、刘力、葛健、郑世祺、张自强、郭刚、刘志苏、王清波、杨圣祥*、施阳*、陈俊龙*
0814	土木工程	22	晏鄂川、李云安、胡新丽、王亮清、罗学东、焦玉勇、吴文兵、章广成、吕加贺、张奇华、任兴伟、谭飞、严成增、吴琼、邹俊鹏、黄磊、ZHANG XI、刘晓、郑飞、Murat Karakus*、Samuel T. Ariaratnam*、彭汉发*
0815	水利工程	24	靳孟贵、唐仲华、李义连、梁杏、万军伟、郭清海、马瑞、文章、郭会荣、周建伟、马传明、黄琨、王全荣、王五科、牛晓瑞、罗明明、刘运德、顾西辉、徐祥德*、张华*、任宏利*、LIESS,Stefan*、张发旺*、詹红兵*

续表

一级学科		2021年人数	导师姓名
代码	名称		
0816	测绘科学与技术	29	谢忠、刘修国、周顺平、胡友健、关庆锋、陈刚、尚建嘎、杨春成、万波、吴亮、王伦澈、陶明辉、王旭、曾文、罗显刚、陈占龙、王绍强、胡楚丽、禹文豪、陈能成、张翔、陈泽强、周成虎*、边少锋*、应时*、夏军*、孙和平*、龚健雅*、陈明剑*
0818	地质资源与地质工程	160	唐辉明、解习农、王华、殷坤龙、梅廉夫、胡祥云、朱培民、陈建平、蒋国盛、焦养泉、庄新国、魏俊浩、徐光黎、李宏伟、蔡之华、吕新彪、陈红汉、董浩斌、叶加仁、陈超、王典洪、杨树旺、顾汉明、吴立、段隆臣、周传波、马腾、戴光明、郑有业、邓宏兵、陆永潮、朱书奎、宁伏龙、刘刚、曾三友、石万忠、左仁广、朱红涛、沈传波、丁华锋、牛瑞卿、吴益平、夏庆霖、王力哲、佘锦华、龚文引、蔡建超、李长冬、严德天、文国军、郭小文、王茂才、龚文平、李长河、王敏芳、平宏伟、孙华山、李水福、张金阳、侯宇光、韩元佳、汪洋、张明、窦斌、蔡记华、王贤敏、王毅、宋先海、张恒磊、李波、郝国成、左博新、陈云亮、陈伟涛、姚宏、曾德泽、颜雪松、周宏、董田、贺仲金、朱天清、李建新、葛云峰、骆进、唐志成、陈涛、吴柯、易鸣、蒋良孝、任伟、文龙、韩光超、宋潮龙、周峰、黄传炎、付乐兵、燕绍九、陈建国、欧阳桂崇、杨锐、Stepanov Alkesandr、武雪玲、李建慧、李德营、窦杰、程池、张冬梅、程青、刘勇、蒋淑兰、刘成林、张鹏飞、刘泽瑞、刘岳、吴亚飞、周三栋、刘清秉、邹宗兴、张家铭、胡郁乐、陈丽霞、周佳庆、周佳军、葛富东、胡成玉、唐厂、杨文剑、易颖、曹文熬、葛明峰、李敏、段男奇、张薇、成秋明、郝芳、李文昌*、刘康志*、蒋林*、Witold Pedrycz*、熊蔡华*、殷跃平*、王凌*、邹才能*、余刚*、王双明*、彭云彪*、吴炳方*、李耀国*、苏现波*、何治亮*、侯增谦*、陈衍景*、葛良胜*、马保松*、苏学斌*、周可法*、唐亚明*、刘松林*、杨辰*、陈明剑*
0820	石油与天然气工程	18	姚光庆、顾军、蒋恕、龚斌、李恒、PAN HUANQUAN、李嘉光、王磊、蔡忠贤、钟志、陈国辉、许星光、王立柱、孙艳坤、于龙、唐金玉、李俊、王国昌*

续表

一级学科		2021年人数	导师姓名
代码	名称		
0830	环境科学与工程	52	祁士华、胡超涌、鲍建国、曾宪春、郭益铭、刘慧、袁松虎、张彩香、谢作明、李平、张仲石、高旭波、石良、顾延生、董依然、孔少飞、葛继稳、陈昆仑、黄维雄、瞿程凯、童蕾、张伟军、刘鹏、余欢、邢新丽、刘邓、皮坤福、史建波、孙睿敏、汤鑫军、戴恒、盛桂莲、邓娅敏、苏春利、付庆龙、崔艳萍、李成城、高强、张运丰、彭静、张鹏飞*、姚善良*、赵冰*、李双林*、任国玉*、吴振斌*、李明路*、景传勇*、黄长生*、江桂斌*、陈梦舫*、刘崇炫*
0837	安全科学与工程	10	陆愈实、邓清禄、梅甫定、丁雁、周克清、毛少华、丁彦铭、倪晓阳、陆凯华、张国华
1201	管理科学与工程	19	余敬、严良、帅传敏、郭海湘、於世为、郭锐、王广民、王德运、朱镇、孙涵、侯俊东、舒克盛、郭明晶、马海燕、李龙锡、石咏、代姗姗、池毛毛、鲁玺*
1204	公共管理	18	李江风、王占岐、胡守庚、李世祥、龚健、李毅、宋小青、张绪冰、徐明、方世明、张峻峰、唐健、陈翠荣、王忠、柯佑祥、李士成、李晶晶、邓祥征*
合计		653	合计565人，其中兼职88人

注：*为兼职导师。

附录 5　2021 年分办学形式研究生数

单位：人

专业名称	在校生数						预计毕业生数
	合计	一年级	二年级	三年级	四年级	五年级及以上	
总计	12 878	4436	4291	3119	594	438	2790
其中：女	5355	1820	1846	1327	220	142	1086
学术学位博士研究生	2078	490	439	410	372	367	378
其中：女	669	155	139	125	128	122	114
全日制学术学位非定向博士研究生	1854	447	402	368	334	303	341
全日制学术学位定向博士研究生	224	43	37	42	38	64	37
硕士研究生	10 800	3946	3852	2709	222	71	2412
其中：女	4686	1665	1707	1202	92	20	972
学术学位硕士研究生	4338	1542	1522	1211	49	14	1131
其中：女	2061	730	739	576	14	2	510
全日制学术学位非定向硕士研究生	4267	1527	1501	1189	40	10	1114
全日制学术学位定向硕士研究生	31	7	9	9	4	2	11
非全日制学术学位非定向硕士研究生	7	0	0	7	0	0	0
非全日制学术学位定向硕士研究生	33	8	12	6	5	2	6
专业学位硕士研究生	6462	2404	2330	1498	173	57	1281
其中：女	2625	935	968	626	78	18	462
全日制专业学位非定向硕士研究生	4968	1978	1886	1073	27	4	984

续表

专业名称	在校生数						预计毕业生数
	合计	一年级	二年级	三年级	四年级	五年级及以上	
全日制专业学位定向硕士研究生	10	5	1	1	0	3	6
非全日制专业学位非定向硕士研究生	204	2	1	179	5	17	58
非全日制专业学位定向硕士研究生	1280	419	442	245	141	33	233

附录 6　2021 年分学科在校研究生数

单位:人

学科	研究生	在校生数						预计毕业生数
		合计	一年级	二年级	三年级	四年级	五年级及以上	
总计	博士	2078	490	439	410	372	367	378
	硕士	10 800	3946	3852	2709	222	71	2412
法学	博士	73	17	19	17	10	10	9
	硕士	295	106	109	76	2	2	77
工学	博士	1185	303	259	226	209	188	220
	硕士	5668	2248	2059	1304	40	17	1242
管理学	博士	165	38	33	29	30	35	25
	硕士	1960	570	650	559	138	43	384
教育学	博士	0	0	0	0	0	0	0
	硕士	305	103	114	81	7	0	68

续表

学科	研究生	在校生数						预计毕业生数
		合计	一年级	二年级	三年级	四年级	五年级及以上	
经济学	博士	67	16	15	11	10	15	7
	硕士	456	173	166	116	1	0	68
理学	博士	588	116	113	127	113	119	117
	硕士	1303	465	475	336	20	7	348
文学	博士	0	0	0	0	0	0	0
	硕士	315	118	107	85	4	1	85
艺术学	博士	0	0	0	0	0	0	0
	硕士	498	163	172	152	10	1	140
哲学	博士	0	0	0	0	0	0	0
	硕士	0	0	0	0	0	0	0

附录 7　2021 年专业学位型硕士分专业领域在校研究生数

单位：人

学科	研究生	在校生数						预计毕业生数
		合计	一年级	二年级	三年级	四年级	五年级及以上	
总计	全日硕士	4978	1983	1887	1074	27	7	990
	在职硕士	1484	421	443	424	146	50	291
应用统计	专业硕士	174	71	70	33	0	0	0
资产评估	专业硕士	171	63	58	50	0	0	34

续表

学科	研究生	在校生数						预计毕业生数
		合计	一年级	二年级	三年级	四年级	五年级及以上	
法律	专业硕士	125	46	49	28	0	2	24
翻译	专业硕士	213	83	75	52	3	0	53
教育	专业硕士	0	0	0	0	0	0	5
体育	专业硕士	106	40	42	20	4	0	15
工程	全日硕士	790	0	0	772	16	2	770
	在职硕士	61	0	1	39	12	9	41
电子信息	专业硕士	945	534	411	0	0	0	0
机械	专业硕士	132	71	61	0	0	0	0
材料与化工	专业硕士	270	126	144	0	0	0	0
资源与环境	专业硕士	1386	707	679	0	0	0	0
土木水利	专业硕士	274	141	133	0	0	0	0
工商管理	全日硕士	3	0	0	0	0	3	3
	在职硕士	572	162	143	148	95	24	134
公共管理	全日硕士	0	0	0	0	0	0	2
	在职硕士	455	131	189	83	36	16	84
会计	专业硕士	365	95	127	143	0	0	0
艺术	专业硕士	420	134	148	130	7	1	116

附录 8　学校 2021 年优秀博士学位论文获奖情况

优秀博士学位论文作者及指导教师名单(41 人)

序号	作者姓名	导师姓名	博士学位论文题目	分会名称
1	石炜	李超	埃迪卡拉纪 C-S-O-P 生物地球化学循环的定量模拟研究	地球科学学院
2	齐靓	徐亚军	华南东南部新元古代中—晚期火山-沉积记录与超大陆重建	地球科学学院
3	吴玉样	童金南	二叠纪—三叠纪之交陆相有机碳同位素演变及碳释放过程研究	地球科学学院
4	王倩	周炼	长江口及其邻近海域 Cu、Mo 的地球化学行为研究	地球科学学院
5	杨义	谢树成	现代海洋沉积脂类对高温环境与高纬粉尘输入的指示意义	地球科学学院
6	易智星	谢树成	人猿超科牙齿的分类方法研究	地球科学学院
7	万俊雨	冯庆来	华南微生物岩相介形虫动物群对二叠纪末生物大灭绝事件的响应	地球科学学院
8	王雄	章军锋	青藏高原下地壳石榴角闪岩的部分熔融和变形实验研究	地球科学学院
9	李娜	李超	奥陶纪—志留纪之交上扬子海氧化还原状态时空波动及其对笔石演化和烃源岩形成的影响	地球科学学院
10	刘云贵	巫翔	俯冲带 Al_2O_3-SiO_2-H_2O 体系中含水相的高温高压晶体化学研究	地球科学学院
11	苏奥	陈红汉	中国东部南襄盆地泌阳凹陷核桃园组湖相页岩的有机质富集及古气候记录	资源学院
12	张晓明	石万忠	上扬子地台典型地区下古生界海相页岩天然裂缝发育特征及对页岩气富集的影响	资源学院
13	杨威	何生	鄂西宜昌地区震旦系陡山沱组页岩孔隙结构与含气性动态演化研究	资源学院

续表

序号	作者姓名	导师姓名	博士学位论文题目	分会名称
14	闫浩	蒋少涌	华南晚古生代遵义锰矿和下雷锰矿的成矿过程及古环境指示意义	资源学院
15	曾丽平	赵新福	宁芜地区玢岩铁矿成因机制及成矿模型研究	资源学院
16	魏思乐	何生	鄂西黄陵背斜南翼下寒武统水井沱组页岩储层特征及页岩气赋存机理	资源学院
17	乐亮	焦养泉	鄂尔多斯盆地北部直罗组铀储层中黄铁矿的形成过程与演化规律	资源学院
18	史锐	王星锦	非平衡渗流过程中煤岩变形对渗透率演化的控制机理研究	资源学院
19	陈林枫	田熙科	荧光传感器阵列的构建及其多目标检测性能研究	材料与化学学院
20	黄荷	陈植华	复杂岩溶矿区地下水化学组分演化研究及充水条件辨识——以云南毛坪铅锌矿为例	环境学院
21	吴剑	祁士华	中国生物质燃烧常规污染物和关键组分排放清单构建及应用研究	环境学院
22	孙平安	章程	漓江流域无机碳和有机碳来源及岩溶碳循环过程	环境学院
23	朱棋	文章	含水层污染原位修复中的循环井模型研究及其应用	环境学院
24	邬梦晓俊	王红梅	冷水江锡矿山微生物群落分布特征及锑氧化微生物的研究	环境学院
25	郑煌	孔少飞	基于实测 Angstrom 吸收指数优化吸光性碳质气溶胶源解析研究	环境学院
26	薛肖斌	王焰新	海侵和过量抽水影响下滨海平原高碘地下水形成与演化	环境学院
27	杨逸君	王焰新	长江中游第四系孔隙地下水系统中钙的环境地球化学研究	环境学院
28	丁洋	祁士华	青藏高原东缘土壤中典型持久性有机污染物的来源与迁移转化机制	环境学院

续表

序号	作者姓名	导师姓名	博士学位论文题目	分会名称
29	池泽涌	王焰新	包气带中砷的多矿物表面配分机制研究	环境学院
30	朱振南	蒋国盛	干热花岗岩钻采过程中井壁围岩物理力学特征研究	工程学院
31	章涵	胡新丽	软质岩土石混合体宏细观剪切力学特性研究	工程学院
32	周峙	宁伏龙	降雨—蒸发作用下皖江裂隙性黏土裂隙演化机制及边坡破坏机理	工程学院
33	郑罗斌	王亮清	水致劣化作用下锚固节理剪切力学模型及边坡稳定性研究	工程学院
34	徐冬	胡祥云	电阻率层析与水力层析数据融合成像研究	地球物理与空间信息学院
35	龙志丹	胡祥云	基于矢量有限元的频率域可控源电磁法三维反演研究	地球物理与空间信息学院
36	秦晅	蔡建超	基于分形理论与格子玻尔兹曼模拟的岩石微观传热特性研究	地球物理与空间信息学院
37	姚翔宇	丁华锋	多机器人系统分析及分布式协同控制研究	机械与电子信息学院
38	林文娟	何勇	基于松弛不等式的时滞神经网络系统分析与综合	自动化学院
39	胡杰	吴敏	烧结过程综合焦比混合建模与在线优化研究	自动化学院
40	汪奇生	胡友健	多模多频 GNSS 差分码偏差估计及电离层建模研究	地理与信息工程学院
41	李旸	刘刚	基于多层 Voronoi 图索引的城市地质环境空间数据高效查询技术研究	计算机学院

附录9　学校2021年优秀硕士学位论文获奖情况

优秀硕士学位论文作者及指导教师名单(111人)

序号	作者姓名	导师姓名	硕士类型	硕士学位论文题目	分会名称
1	肖登	王军鹏	学历硕士	赞皇变沉积岩构造解析与年代学:制约华北新太古代－古元古代构造热演化	地球科学学院
2	姚强	王墩	学历硕士	Rapid and Accurate Determination of the Magnitudes of Large Earthquakes	地球科学学院
3	熊志武	续海金	学历硕士	苏鲁造山带威海古元古代泥质麻粒岩及其构造意义	地球科学学院
4	李想	巫翔	学历硕士	致密的超含水含氟硅酸盐相B的*P-V-T*状态方程	地球科学学院
5	Kamaunji Vandi Dlama	王连训	留学硕士	尼日利亚乔斯中北部碱性－过碱性花岗岩:对岩浆源区和稀有金属成矿作用的约束	地球科学学院
6	孙鑫	童金南	学历硕士	华南二叠纪—三叠纪之交浅水碳酸盐岩相腹足类化石的灭绝与残存过程	地球科学学院
7	郭科赶	向武	学历硕士	植物仿生原位修复地质高背景镉污染土壤的研究——以浙江开化农田修复为例	地球科学学院
8	秦慕天	谢淑云	学历硕士	黄骅坳陷不同岩相火成岩微观非均质性及储层意义研究	地球科学学院
9	熊国林	余文超	学历硕士	黔北遵义地区下石炭统铝土矿物源:来自地球化学和碎屑锆石年龄的制约	地球科学学院
10	苟启洋	郝芳	学历硕士	四川盆地焦石坝地区五峰组-龙马溪组页岩孔隙-裂隙发育特征及其对含气性的影响	资源学院
11	王德涛	陈国雄	专业硕士	基于深度学习的地震岩相智能识别	资源学院
12	袁中正	李占轲	学历硕士	华北东缘胶东地区大尹格庄矿床金的来源、赋存与富集机理	资源学院

续表

序号	作者姓名	导师姓名	硕士类型	硕士学位论文题目	分会名称
13	程璇	徐尚	专业硕士	松辽盆地嫩江组富有机质页岩孔隙发育演化机理	资源学院
14	刘可行	甘华军	学历硕士	南堡凹陷南部地区沙一段—东三段沉积体系特征及有利储集砂体预测	资源学院
15	张铭	谭俊	专业硕士	山东省栖霞-蓬莱成矿带庵口金矿床成因:年代学及地球化学制约	资源学院
16	罗涛	郭小文	学历硕士	焦石坝地区五峰组—龙马溪组页岩储层流体演化及其对页岩气富集的指示	资源学院
17	殷学清	赵新福	专业硕士	康滇铁铜成矿带因民矿区沉积岩型层状铜矿床和铁氧化物铜金矿床的成矿关系研究	资源学院
18	徐仕琨	叶加仁	学历硕士	沙南凹陷烃源岩特征与油气资源潜力	资源学院
19	杨超	朱红涛	学历硕士	黄河口凹陷始新世东西次洼砂砾岩体构造-沉积差异响应	资源学院
20	叶子倩	朱红涛	学历硕士	渤海海域黄河口凹陷西南环古近系转换带特征及控砂差异	资源学院
21	邓超	王圣平	学历硕士	过渡金属硫化物对多硫化物转化的催化行为	材料与化学学院
22	王全	夏帆	学历硕士	基于聚集诱导发光分子的多模块纳米探针在肿瘤成像和治疗中的应用	材料与化学学院
23	费日鑫	王欢文	学历硕士	介孔碳碗的可控构筑及其在钠离子混合电容器中的应用	材料与化学学院
24	余潜川	王圣平	专业硕士	有机化合物中偶氮基团的电化学行为研究	材料与化学学院
25	刘梓贤	靳洪允	专业硕士	基于磷酸钛铝锂基全固态锂离子电池的3D打印研究	材料与化学学院
26	车华超	杨超	专业硕士	铕基框架材料的理性设计及其荧光传感性能研究	材料与化学学院

续表

序号	作者姓名	导师姓名	硕士类型	硕士学位论文题目	分会名称
27	邱入云	王欢文	学历硕士	基于碳纤维封装的柔性自支撑电极及其在钠/钾离子电容器中的应用	材料与化学学院
28	牛真真	孔少飞	学历硕士	典型挥发性源 VOCs 排放特征及组分清单构建	环境学院
29	胡家铭	盛桂莲	学历硕士	中国北方晚更新世洞鬣狗古线粒体基因组研究	环境学院
30	唐明悦	张伟军	专业硕士	污泥强化脱水与抗生素及抗性基因削减耦合技术研究	环境学院
31	罗义鹏	邓娅敏	专业硕士	江汉平原浅层地下水中碘的空间异质性及其富集机理	环境学院
32	孙晓梁	邓娅敏	专业硕士	洞庭湖湖底地下水排泄及污染物输入通量评估	环境学院
33	张颖	孔少飞	学历硕士	典型民用燃料燃烧挥发性有机物实时排放及影响因素研究	环境学院
34	马力	吴耿	学历硕士	西藏热泉微生物厌氧产氢驱动产甲烷过程初步研究	环境学院
35	黄康	孙蓉琳	学历硕士	抽水组数和先验信息对水力层析估算非均质含水层渗透系数的影响研究	环境学院
36	乔树锋	马瑞	专业硕士	干旱半干旱地区地下水位动态变化下天然植被根系吸水模型的优化	环境学院
37	姜春芳	高旭波	学历硕士	晋祠泉域岩溶地下水水文地球化学及污染机制研究	环境学院
38	张海宽	李长冬	学历硕士	基于推力分布特征的含多层滑体水库滑坡抗滑桩布设研究	工程学院
39	姚远基	潘秉锁	学历硕士	咪唑啉和苯并三唑对 WC 基金刚石钻头胎体在 NaCl 溶液中腐蚀磨损性能的影响	工程学院
40	梁嘉炜	谭飞	学历硕士	裂隙岩体热力耦合数值流形方法研究	工程学院

续表

序号	作者姓名	导师姓名	硕士类型	硕士学位论文题目	分会名称
41	姚晔	章广成	学历硕士	软硬互层反倾岩质边坡破坏机理与稳定性评价方法	工程学院
42	赵思佳	周克清	学历硕士	疏水亲油型聚氨酯软泡复合材料的制备及其吸附与阻燃性能研究	工程学院
43	唐敨琛	蒋楠	专业硕士	SC－CO_2 与工业炸药破岩效应等效试验研究	工程学院
44	谢登登	周克清	学历硕士	基于三维多孔气凝胶的安全稳定型复合相变材料构筑与性能研究	工程学院
45	王智良	陆凯华	专业硕士	环境风条件下街谷火灾烟气回卷行为模拟研究	工程学院
46	鄢俊彪	邹宗兴	学历硕士	三峡库区大型库岸滑坡滑带土剪切本构模型研究及其应用	工程学院
47	孙晨光	谢妮	学历硕士	水化学作用下川渝红层砂岩劣化试验研究	工程学院
48	范小雪	吴文兵	学历硕士	基于多孔介质理论桩基水平动力承载特性研究	工程学院
49	霍林	林俊涛	专业硕士	基于多维识别的乳化沥青冷再生混合料疲劳裂缝扩展行为研究	工程学院
50	郑宇豪	王林松	学历硕士	利用 GRACE 卫星重力约束反演提取区域陆地水时空变化信息的方法研究	地球物理与空间信息学院
51	华晔	王贤敏	专业硕士	基于斜坡单元和深度神经网络的滑坡易发性动态分析	地球物理与空间信息学院
52	蔡浩杰	陈涛	学历硕士	基于卷积神经网络的区域滑坡识别	地球物理与空间信息学院
53	张政	严哲	专业硕士	基于图像分类与语义分割的地震资料断层智能识别	地球物理与空间信息学院
54	梁天炀	董燕妮	专业硕士	空谱结合的遥感影像迁移学习分类方法研究	地球物理与空间信息学院
55	宋佳慧	王毅	学历硕士	基于树分类器与集成学习的滑坡易发性评价方法研究	地球物理与空间信息学院

续表

序号	作者姓名	导师姓名	硕士类型	硕士学位论文题目	分会名称
56	余鹰	王道胜	学历硕士	中国近海主要分潮的时间变化研究	海洋学院
57	许桂珍	黄田野	学历硕士	基于集成光波导的片上气体传感新机理新技术研究	机械与电子信息学院
58	魏倩	黄田野	学历硕士	基于新型 ZBLAN 光纤的 2～5μm 超快光纤激光器关键技术研究	机械与电子信息学院
59	刘子绪	马丽	学历硕士	基于对抗迁移学习的遥感图像分类算法研究	机械与电子信息学院
60	王雯瑾	马丽	学历硕士	基于图神经网络进行域适应的高光谱图像分类算法	机械与电子信息学院
61	锅娟	郝国成	学历硕士	基于 FrFT-VMD 改进神经网络算法的心电信号分类及预测研究	机械与电子信息学院
62	冯颖	吴敏	学历硕士	基于工况识别的 CSP 加热炉燃烧过程混合智能控制方法	自动化学院
63	梁丙鋆	郑世祺	学历硕士	分数阶不确定互联系统自适应跟踪控制方法研究	自动化学院
64	刘乾	何勇	学历硕士	基于不定 Lyapunov 函数的 Markov 切换随机系统稳定性分析	自动化学院
65	谢科友	张传科	学历硕士	基于交叉项注入的离散时滞系统稳定性分析	自动化学院
66	李雪娇	陈珺	专业硕士	像素级多源图像融合算法研究	自动化学院
67	周静	翁克瑞	学历硕士	社会网络下更新产品扩散的投放时机和种子优化研究	经济管理学院
68	姚尚莹	王林珠	学历硕士	基于健康状况转移视角的中国老年人医疗费用预测	经济管理学院
69	吴德胜	齐睿	学历硕士	中国天然气产业价格扭曲：成因、测度及纠偏路径研究	经济管理学院

续表

序号	作者姓名	导师姓名	硕士类型	硕士学位论文题目	分会名称
70	罗露平	王晓川	学历硕士	国潮消费中品牌联合匹配性对消费者购买意愿的影响研究	经济管理学院
71	谢雪莲	李会琴	学历硕士	武陵山区旅游地社会—生态系统脆弱性时空分异与演化机理研究	经济管理学院
72	王海	孙涵	学历硕士	中国省际矿产品贸易隐含水污染转移及经济损失研究	经济管理学院
73	李小军	吴巧生	学历硕士	产业链视角下全球稀土贸易网络格局演变分析	经济管理学院
74	唐媛媛	邹晶	专业硕士	接受美学指导下的《口袋读物》童话系列英汉翻译实践报告	外国语学院
75	魏锦	王四海	学历硕士	土库曼斯坦国家认同建构问题研究	外国语学院
76	周欣	刘修国	学历硕士	综合SAR图像的多源遥感土壤冻融时空变化研究	地理与信息工程学院
77	潘羽杰	彭红霞	学历硕士	广州市南沙区农用地土壤重金属来源解析、风险评价及容量预警	地理与信息工程学院
78	闫超阳	黄咸雨	学历硕士	湖南赵公亭泥炭沉积藿类的古生态意义	地理与信息工程学院
79	周圆锈	宋妍	学历硕士	基于高分辨率影像的城市变化检测方法研究	地理与信息工程学院
80	王一凡	吕建军	学历硕士	城市群土地利用变化模拟及多目标空间优化研究	地理与信息工程学院
81	杨柳	王伦澈	学历硕士	基于多源卫星数据的洞庭湖湿地时空动态变化研究	地理与信息工程学院
82	潘卿	肖国桥	学历硕士	三门古湖的消亡及其对黄河贯通的指示	地理与信息工程学院
83	彭济耀	刘袁缘	学历硕士	自然环境下的交通标志检测与识别研究	地理与信息工程学院
84	陈仁谣	李圣文	专业硕士	多模态地理实体表征方法研究	地理与信息工程学院

续表

序号	作者姓名	导师姓名	硕士类型	硕士学位论文题目	分会名称
85	潘永杰	张保成	学历硕士	加速度对多体量子态影响的研究	数学与物理学院
86	程欣欣	黄刚	学历硕士	复杂网络上多菌株传染病模型的动力学性态分析	数学与物理学院
87	胡琳琳	潘少逵	学历硕士	黑龙江穆棱玄武岩巨晶宝石矿物学特征及成因	珠宝学院
88	张璨	方世明	学历硕士	资源型城市国土空间生态修复分区研究——以黄石市为例	公共管理学院
89	朱杰	龚健	学历硕士	城镇空间演变对生态系统服务价值的影响研究——以青海省河湟谷地为例	公共管理学院
90	赵森峰	黄德林	学历硕士	国家公园管理机构的法定地位与职能	公共管理学院
91	蔡茜	黄德林	学历硕士	基于游客满意度的神农架国家公园治理研究	公共管理学院
92	陈立恒	龚健	学历硕士	长江经济带中游地区生态系统服务平衡与城镇化的空间关系研究	公共管理学院
93	吴琼	龚健	学历硕士	武汉市热环境时空演变及影响因素研究	公共管理学院
94	张玉波	宋冬冬	专业硕士	宁夏自然保护地特许经营法律制度研究	公共管理学院
95	刘月	钟成	学历硕士	1978—2018深圳市绿色空间时空演变及其生态环境效应研究	计算机学院
96	李风朋	王力哲	学历硕士	基于端到端深度学习的高分辨遥感图像分类方法研究	计算机学院
97	郭睿欣	张锋	学历硕士	基于SGD的张量分解优化研究	计算机学院
98	王子通	曾德泽	学历硕士	基于博弈论的边缘资源分配与任务调度优化	计算机学院
99	童伟	陈伟涛	专业硕士	基于通道与空间注意力特征的遥感影像场景分类研究	计算机学院

续表

序号	作者姓名	导师姓名	硕士类型	硕士学位论文题目	分会名称
100	覃悦	程池	学历硕士	对NIST抗量子密码标准中KEM候选算法的密钥不匹配攻击研究	计算机学院
101	李玲玲	陈伟涛	学历硕士	面向高分辨率遥感影像场景分类的深度学习方法研究	计算机学院
102	朱倍锋	李元	专业硕士	岩钉之争:历史社会学视角下的攀岩运动伦理冲突	体育学院
103	惠双双	杨喆	学历硕士	面向认知效率的数控界面故障时序数据可视化设计研究	艺术与传媒学院
104	王一婧	方浩	学历硕士	儿童AR图书中动画教学代理的非言语行为设计研究	艺术与传媒学院
105	赵莹	方浩	学历硕士	提高学龄儿童在线学习动机的奖励反馈设计研究	艺术与传媒学院
106	陈诗靖	周莉	专业硕士	不同音乐训练背景人群对三和弦的听辨实证研究	艺术与传媒学院
107	杨素怡	曾健友	专业硕士	虚拟现实手柄交互引导设计研究与实践——以大冶铁矿金属矿石VR展馆为例	艺术与传媒学院
108	辛世唯	方浩	专业硕士	基于眼动技术的新冠疫情可视化风险沟通效果评估研究	艺术与传媒学院
109	申俊贤	王煜	学历硕士	大学生未来自我连续性对问题性移动视频游戏使用的影响	马克思主义学院
110	刘豫	陈军	学历硕士	整合与跃升:我国绿色生产促进机制研究	马克思主义学院
111	杨馨梦	侯志军	学历硕士	高校思想政治理论课教师胜任力研究	马克思主义学院

附录10 2021年全国研究生数学建模竞赛获奖情况

队号	队员姓名			指导老师	奖项
21104910057	钱坤	杨雨岚	李婷	黄刚	一等奖
21104910033	王光宇	何奇朋	贾伟	李星	二等奖
21104910067	罗嵇轩	刘成立	宋昱昊	刘安平	二等奖
21104910047	王彦辉	赵彤	陈卓	罗文强	二等奖
21104910024	张之政	臧远飞	郭梓帆	李宏伟	二等奖
21104910066	陈远航	何磊	田宇鹏	付丽华	二等奖
21104910020	李兆辰	吴梦怡	曹佳佳	付丽华	二等奖
21104910001	曾子寅	吴玟君	刘璐	徐永洋、李星	二等奖
21104910058	严敬业	熊丽雯	马鑫	李星	二等奖
21104910048	钟博	卜明伟	董帅	肖海军	二等奖
21104910003	陈耀伟	王春玉	岳慧晶	李宏伟	二等奖
21104910042	赵赛赛	李栋宇	皮炜杰	左博新、郭万里	二等奖
21104910034	杨京	张鼎	袁平	罗文强	二等奖
21104910006	莫惠南	白纯博	陈稼霖	奚先	二等奖
21104910032	魏文轩	曹思华	范烜赫	李宏伟	二等奖
21104910017	李延炽	熊诗捷	明飞	黄刚	二等奖
21104910009	高文华	周良	邓勇峰	刘安平	三等奖
21104910054	陈晨	胡梦蝶	李雪枫	李星	三等奖
21104910004	唐旭	李嘉舜	葛畅	肖海军	三等奖
21104910015	陶从咏	沈澳奇	杨慧慧	李宏伟	三等奖
21104910050	杨云飞	张佳乐	刘善斌	黄刚	三等奖
21104910038	李腾飞	程一凡	肖泽敏	黄刚	三等奖
21104910063	刘欣月	王梦玲	刘慧霞	奚先	三等奖
21104910056	代士琪	王翰韬	赵大双	黄刚	三等奖
21104910051	董俊	余方舟	邢彩霄	刘安平	三等奖
21104910044	黄远祥	桂华珍	孙艺欣	罗文强	三等奖
21104910030	王泽伟	杜兴卓	杜铭钟	郭万里	三等奖
21104910010	李瑞	蒋书凝	罗聪	郭万里	三等奖
21104910046	卢维平	范子豪	朱安东	罗文强	三等奖
21104910008	李昂	杨雨	忽丹丹	郭万里	三等奖
21104910019	蒋思懿	彭劢	戴家欣	郭万里	三等奖

附录11　2021年研究生联合培养及对外交流情况

序号	姓名	专业	导师	学院	留学国家	留学类型	留学期限(月)
1	孙一仆	控制科学与工程	陈鑫	自动化	日本	联合培养博士研究生	24
2	张曼丽	控制科学与工程	吴敏	自动化	日本	联合培养博士研究生	24
3	黎育朋	控制科学与工程	曹卫华	自动化	加拿大	联合培养博士研究生	12
4	毕乐宇	控制科学与工程	曹卫华	自动化	加拿大	联合培养博士研究生	24
5	杨傲雪	控制科学与工程	吴敏	自动化	日本	联合培养博士研究生	24
6	王卉婷	控制科学与工程	何勇	自动化	加拿大	联合培养博士研究生	12
7	王泽文	控制科学与工程	佘锦华	自动化	日本	联合培养博士研究生	24
8	高稳胜	矿产普查与勘探(资源)	李建威	资源	瑞士	联合培养博士研究生	24
9	胡大龙	矿产普查与勘探(资源)	蒋少涌	资源	丹麦	联合培养博士研究生	12
10	刘秀岩	矿产普查与勘探(资源)	陈红汉	资源	法国	联合培养博士研究生	24
11	姚婷婷	矿产普查与勘探(资源)	朱红涛	资源	荷兰	联合培养博士研究生	16
12	付红杨	矿产普查与勘探(资源)	沈传波	资源	德国	联合培养博士研究生	24
13	张新铭	矿产普查与勘探(资源)	魏俊浩	资源	德国	联合培养博士研究生	19
14	邹耀遥	矿产普查与勘探(资源)	沈传波	资源	意大利	联合培养博士研究生	12
15	曾小伟	矿产普查与勘探(资源)	沈传波	资源	意大利	联合培养博士研究生	24
16	张利伟	地质资源与地质工程	严德天	资源	英国	联合培养博士研究生	12
17	张璐	矿产普查与勘探(资源)	蒋少涌	资源	德国	联合培养博士研究生	12
18	赵何东	矿物学、岩石学、矿床学(资源)	赵葵东	资源	德国	联合培养博士研究生	12

续表

序号	姓名	专业	导师	学院	留学国家	留学类型	留学期限(月)
19	刘凯	矿产普查与勘探(资源)	石万忠	资源	美国	联合培养博士研究生	12
20	郭镇	古生物学与地层学(生环)	陈中强	生环	英国	联合培养博士研究生	12
21	旷健	地球化学(生环)	祁士华	生环	美国	联合培养博士研究生	12
22	王丹阳	思想政治教育	傅安洲	马院	日本	联合培养博士研究生	12
23	冷志惠	管理科学与工程	孙涵	经管	澳大利亚	联合培养博士研究生	12
24	江奇胜	应用经济学	程胜	经管	加拿大	联合培养博士研究生	12
25	窦世权	应用经济学	徐德义	经管	澳大利亚	联合培养博士研究生	12
26	王梓涵	管理科学与工程	帅传敏	经管	日本	联合培养博士研究生	12
27	熊伟伟	管理科学与工程	严良	经管	法国	联合培养博士研究生	12
28	周双双	管理科学与工程	於世为	经管	瑞士	联合培养博士研究生	18
29	易佳慧	应用经济学	成金华	经管	丹麦	联合培养博士研究生	16
30	胡星	管理科学与工程	於世为	经管	澳大利亚	联合培养博士研究生	12
31	左芝鲤	应用经济学	成金华	经管	日本	联合培养博士研究生	18
32	曹黎	地学信息工程	王茂才	计科	英国	联合培养博士研究生	24
33	李水佳	地学信息工程	龚文引	计科	新加坡	联合培养博士研究生	12
34	宋博文	地学信息工程	王茂才	计科	德国	联合培养博士研究生	22
35	张欢	地学信息工程	蒋良孝	计科	澳大利亚	联合培养博士研究生	12
36	呼彩娥	控制科学与工程	曾三友	机电	新加坡	联合培养博士研究生	12
37	刘小琼	环境科学与工程(环境)	陈昆仑	环境	美国	联合培养博士研究生	12
38	程晓钰	环境科学与工程(环境)	王红梅	环境	荷兰	联合培养博士研究生	14
39	高超	环境科学与工程(环境)	王红梅	环境	美国	联合培养博士研究生	12
40	焦甜	水利工程	靳孟贵	环境	美国	联合培养博士研究生	12
41	陈英杰	环境科学与工程(环境)	祁士华	环境	英国	联合培养博士研究生	12

续表

序号	姓名	专业	导师	学院	留学国家	留学类型	留学期限(月)
42	李一鸣	水利工程	詹红兵	环境	英国	联合培养博士研究生	12
43	薛佩佩	地下水科学与工程	文章	环境	韩国	联合培养博士研究生	12
44	张林	水文地质学(环境)	梁杏	环境	美国	联合培养博士研究生	12
45	姚立全	环境科学与工程(环境)	祁士华	环境	美国	联合培养博士研究生	12
46	贾晓岑	地下水科学与工程	周建伟	环境	德国	联合培养博士研究生	12
47	陆珏	地球化学(国重)	陈唯	国重	美国	联合培养博士研究生	12
48	李子珩	地球化学(国重)	赵来时	国重	英国	联合培养博士研究生	24
49	杨朝	地质学(国重)	訾建威	国重	澳大利亚	联合培养博士研究生	12
50	王卓成	构造地质学(国重)	王璐	国重	澳大利亚	联合培养博士研究生	12
51	伍顺玲	地质学(国重)	赵来时	国重	加拿大	联合培养博士研究生	12
52	张春杰	地球探测与信息技术(国重)	左仁广	国重	日本	联合培养博士研究生	12
53	李童	地球探测与信息技术(国重)	左仁广	国重	加拿大	联合培养博士研究生	12
54	董寅	土地资源管理	邓祥征	公管	澳大利亚	联合培养博士研究生	12
55	夏丛	公共管理	胡守庚	公管	美国	联合培养博士研究生	24
56	吴友银	地质工程	张明	工程	俄罗斯	联合培养博士研究生	12
57	刘东子	地质工程	胡新丽	工程	加拿大	联合培养博士研究生	12
58	安阳	地质工程	晏鄂川	工程	加拿大	联合培养博士研究生	12
59	罗易	地质工程	契霍特金	工程	荷兰	联合培养博士研究生	12
60	夏宇磬	土木工程	周传波	工程	日本	联合培养博士研究生	12
61	夏丁	土木工程	唐辉明	工程	澳大利亚	联合培养博士研究生	12
62	薛阳	地质工程	吴益平	工程	法国	联合培养博士研究生	12
63	张勃成	地质工程	吴益平	工程	澳大利亚	联合培养博士研究生	12
64	张晨阳	地质工程	殷跃平	工程	意大利	联合培养博士研究生	15
65	田乙	地质工程	蒋国盛	工程	加拿大	联合培养博士研究生	12
66	刘畅	土木工程	胡新丽	工程	德国	联合培养博士研究生	12
67	李昺	地质工程	唐辉明	工程	加拿大	联合培养博士研究生	12

续表

序号	姓名	专业	导师	学院	留学国家	留学类型	留学期限(月)
68	周盛涛	土木工程	罗学东	工程	芬兰	联合培养博士研究生	12
69	仝德富	土木工程	谭飞	工程	澳大利亚	联合培养博士研究生	18
70	龙晶晶	地质工程(工程)	李长冬	工程	德国	联合培养博士研究生	12
71	陈文强	地质工程(工程)	李长冬	工程	澳大利亚	联合培养博士研究生	12
72	陈书雅	地质工程	蔡记华	工程	加拿大	联合培养博士研究生	12
73	陈琴	地质工程(工程)	殷坤龙	工程	加拿大	联合培养博士研究生	12
74	陈力博	土木工程	吴文兵	工程	加拿大	联合培养博士研究生	12
75	李鹏	地质工程	窦斌	工程	德国	联合培养博士研究生	12
76	林巍	地质工程	殷坤龙	工程	西班牙	联合培养博士研究生	12
77	张云鹏	地质工程	蒋国盛	工程	加拿大	联合培养博士研究生	24
78	陈礼然	地球化学(地学)	张宏飞	地学	爱尔兰	联合培养博士研究生	12
79	齐涵	矿物学、岩石学、矿床学(地学)	赵军红	地学	澳大利亚	联合培养博士研究生	18
80	昝博文	地质学(地学)	颜佳新	地学	奥地利	联合培养博士研究生	12
81	钱施	第四纪地质学	谢树成	地学	美国	联合培养博士研究生	12
82	徐珍	地球生物学	殷鸿福	地学	英国	联合培养博士研究生	12
83	姜特	行星地质与比较行星学	张昊	地学	美国	联合培养博士研究生	20
84	王振	地球生物学	龚一鸣	地学	英国	联合培养博士研究生	12
85	宋岳庭	矿物学、岩石学、矿床学(地学)	赵珊茸	地学	奥地利	联合培养博士研究生	12
86	钟亚婷	构造地质学(地学)	蒂姆科斯基	地学	澳大利亚	联合培养博士研究生	12
87	张德海	构造地质学(地学)	王国灿	地学	美国	联合培养博士研究生	12
88	宁文彬	构造地质学(地学)	蒂姆科斯基	地学	澳大利亚	联合培养博士研究生	12
89	高珂	矿物学、岩石学、矿床学(地学)	马昌前	地学	美国	联合培养博士研究生	15
90	王婷婷	矿物学、岩石学、矿床学(地学)	郑建平	地学	新西兰	联合培养博士研究生	18

续表

序号	姓名	专业	导师	学院	留学国家	留学类型	留学期限(月)
91	张孟	构造地质学(地学)	王国灿	地学	英国	联合培养博士研究生	6
92	孟建南	构造地质学(地学)	蒂姆科斯基	地学	土耳其	联合培养博士研究生	12
93	陈鑫鑫	测绘科学与技术(信工)	王伦澈	地信	美国	联合培养博士研究生	24
94	王梦婷	地质工程	徐光黎	地调	澳大利亚	联合培养博士研究生	12
95	牛盼盼	军事地质学	蒋少涌	地探实验室	法国	联合培养博士研究生	12
96	谢媛	地球物理学	熊熊	地空	瑞士	联合培养博士研究生	24
97	杨小舟	地球物理学	罗银河	地空	美国	联合培养博士研究生	15
98	方志策	地球探测与信息技术(地空)	王毅	地空	荷兰	联合培养博士研究生	12
99	张潇丹	环境规划与设计	赵冰	传媒	日本	联合培养博士研究生	12
100	杨贵	材料科学与工程	梁玉军	材化	新加坡	联合培养博士研究生	12
101	杨磊	材料科学与工程	王庆	材化	美国	联合培养博士研究生	12
102	何冰	材料科学与工程	李珍	材化	新加坡	联合培养博士研究生	18
103	魏忆	材料科学与工程	李国岗	材化	韩国	联合培养博士研究生	12
104	黄婧	材料科学与工程	李珍	材化	新加坡	联合培养博士研究生	12
105	王雨坤	宝石学	郝亮	珠宝	英国	博士研究生	48
106	程卡卡	宝石学	李妍	珠宝	英国	博士研究生	48

国际学生教育

【概况】

来华留学疫情防控工作总体平稳有序，来华留学教育改革不断深化，来华留学内涵式发展不断取得新成效，为打造“留学中国”品牌、构建人类命运共同体作出了积极而有效的贡献。截至 2021 年 12 月，共有来自 110 个国家的 1022 名国际学生在校学习(图 1)，其中本科生 253 人，硕士生 415 人，博士生 274 人，预科生 78 人，进修生 2 人，“一带一路”沿线国家学生占比超过 80%。

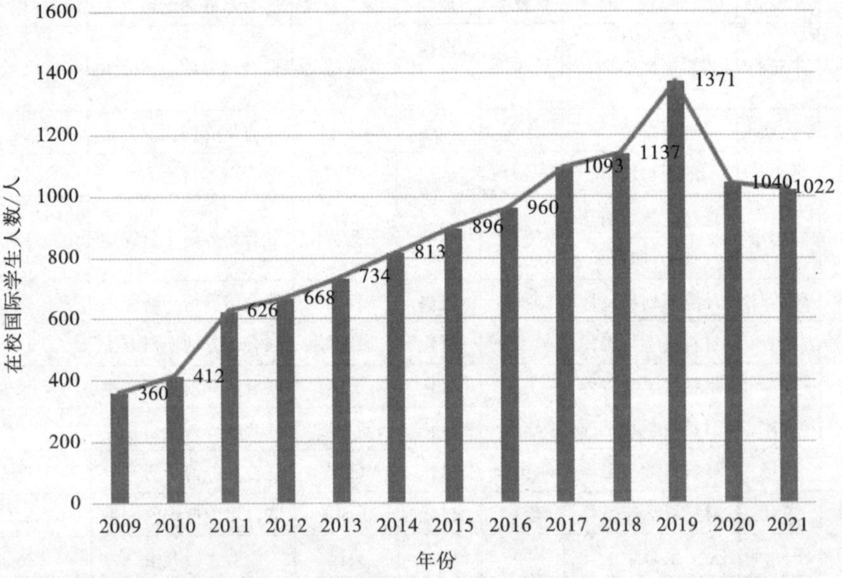

图 1　中国地质大学(武汉)2009—2021 年国际学生在校生规模

【聚焦“高端来华留学平台建设工程”与“‘全球地大’国际形象塑造工程”，倾力打造来华留学招生可持续发展体系】

以“上合武汉学院”“东盟学院(武汉)”等国家重大项目建设为牵引，积极争取教育对外开放优质资源，2021 年，成功获批多项来华留学中国政府奖学金项目，其中“一带一路”地质、资源、环境、工程及经管专业国际学生本科项目获评教育部 2021—2022 学年“丝绸之路”中国政府奖学金项目“优先支持”项目；探索后疫情时代国际学生招生宣传新路径，以“云宣讲”形式向全球学生提供更为全面的招生宣传服务；积极推进学校来华留学教育宣传平台建设，正式上线国际教育学院新版英文网站。

【探索后疫情时代线上线下教育融合，构建来华留学教育质量保障体系】

积极开展“双一流”建设研究生全英文学科课程群项目建设，提高学校国际化办学水平，地质资源与地质工程(矿产普查与勘探）、水利工程（地下水科学与工程）、海洋科学、计算机科学与技术、测绘科学与技术、材料科学与工程等 6 个学科立项；针对境外学生无法入境返校的特殊情况，协调各学院开设线上课程，引进优质慕课资源，有效缓解疫情对境外学生的学业影响；聚力打造一流来华留学预科教育品牌，学校在中国政府奖学金生预科结业统一考试中再创佳绩，连续两年保持通过率 100％。

【加大培养过程监督力度和树立学术典型，坚持学风建设与培养质量两手抓】

组织学生参加各类线上、线下学术讲座和专业培训，如丝路博士论坛、丝路讲坛、丝路工程科技发展专项培训等学术交流活动；制作学生荣誉榜，发挥优秀科研典型的示范作用，营造争先创优的学习氛围，从 2019 年至 2021 年，国际学生共发表 92 篇高水平学术论文，其中 T1 级别论文 17 篇，T2 级别论文 75 篇。

【大力开展国情党史教育，在党史学习教育中传播中国“好声音”】

通过走进红色景点、感受乡村振兴、参与百年献礼、文化讲述党史、观影感知脱贫等形式组织、引导国际学生开展党史学习，让国际学生通过亲身经历更好读懂中国。17 名国际学生参与创作 50 幅国画作品、50 幅书法作品和 100 枚篆刻作品，组成“永跟党走，奋斗强国”百米长卷，生动展示百年党史缩影和伟大成就。

【建立健全国际学生校友互动交流反馈机制，国际学生就业及创新创业工作取得新突破】

加强校友情感工程建设，11 名毕业生被聘为国际校友大使，积极筹备地大约旦校友会、地大巴铁校友会等国际校友会；4 名国际学生在第七届中国国际“互联网＋”大学生创新创业大赛中获奖，其中包括 1 名金奖；16 名国际学生成功被紫金矿业集团录用。

（撰稿：吴思源；审稿：甘义群、许峰）

重要活动、事件

【提高政治站位、主动服务大局，来华留学教育工作喜获多项荣誉】

国际教育学院荣获学校“文明教学科研单位”及“第三届研究生教育教学管理工作先进集体”；国际合作处暨国际教育学院党支部荣获学校先进基层党组织；学校被聘为湖北省教育国际交流协会外国留学生教育管理专业委员会主任单位。工作案例《“钢铁侠”：共命运筑抗“疫”精神，聚合力述“中国故事”》获教育部思政司第五届全国高校网络教育优秀作品推选展示活动案例优秀奖。

【讲好中国故事、传播地大声音，来华留学教育取得较大的社会反响】

央视频、学习强国、人民网、社会科学报（网）、神州学人、中新网等各级中央、省市重要媒体对我校来华留学教育工作报道近 300 篇次。3 名留学生代表受邀视频致辞外交部举办的“英雄的湖北：浴火重生，再创辉煌”外交部湖北全球特别推介活动；受中宣部表彰的书籍《第 76 天》收录学校“钢铁侠”与学校老师共同抗疫的事迹；《“钢铁侠”在行动》一文被武汉出版社《英雄城记》收录；中央电视台新闻联播、央视频报道了学校留学生参加"春归英雄城·礼赞中国年"快闪活动;留学生参加"人在武汉月团圆"活动登上央视直播间;"钢铁侠"参加武汉故事分享会被央视 CGTN 英语频道报道;"地大留学生看两会"登上学习强国。

【积极构建现代化来华留学治理体系、不断提高来华留学治理能力,通过制度建设进一步规范国际学生管理与服务】

为贯彻落实国家文件要求,及时更新和完善学校层面的管理文件,在 2014 年出台的《中国地质大学(武汉)国际学生培养与管理规定》(地大校办字〔2014〕6 号)的基础上,对照国家来华留学事业的新政策、新导向、新要求,对学校国际学生管理规定进一步修订、更新和完善,出台新版(2022 修订版)《中国地质大学(武汉)招收和培养国际学生管理规定》(地大学校办发〔2021〕77 号)。趋同管理试点工作稳步推进,出台《国际学生趋同管理试点实施方案》,继续通过在部分学院试点的方式,以点带面,有序进行探索,积极稳妥、分阶段逐步推动国际学生趋同管理工作,加强管理与服务支撑体系的国际化建设。

【推动文明互鉴、促进民心相通,共筑更加紧密的中非命运共同体】

学校与中国非洲研究院签署战略合作协议,中国非洲研究院文化交流基地落户地大;与湖北省人民政府外事办公室、中国非洲研究院共同举办第四届中国讲坛和第七届中国讲坛;组织留学生参加中国非洲研究院举办的系列活动,如"中非人文交流会""第六届中非民间论坛""新时代中非合作:机遇和挑战国际研讨会""首届非洲留学生论坛";多名非洲留学生代表前往陕西延安参加"延安精神与中国脱贫"国际研讨会,实地了解中国共产党的百年历史和中国的脱贫经验;学校留学生参与的《非洲留学生》倡议书于中非论坛部长级会议期间正式向世界发布。

【持续开展国情教育、不断加强思想教育,"第一课堂"与"第二课堂"再创佳绩】

面向国际学生开展中国国情教育和中国传统文化体验活动,开设第一课堂"中国书法""中国篆刻""中国舞龙""中国京剧""中国武术"等中华传统文化类学分制选修课程;充分利用学科专业特色和地区资源优势,组织留学生多次参与红安重走长征路、湖南雀林国学村支教等志愿服务社会实践活动,实地了解中国革命精神和新时代中国美丽乡村建设情况;助力社区国际化建设,打造校社共建新格局,国际教育学院与洪山区关山街道地质大学社区结为共建单位,"钢铁侠"志愿服务队联合社区党员志愿者,搭建为民服务的"红色平台"。

(撰稿:罗文旭;审稿:甘义群、许峰)

远程与继续教育

【概况】

学校学历继续教育包括网络教育、成人高等教育和自学考试 3 类,非学历继续教育包括高端培训和同等学力申硕两类。

【网络/成人教育】

网络教育招生专业22个，在籍生61 382人、毕业生29 382人、录取注册18 556人，授予学位738人。在全国建立了73个校外学习中心，授权71个招生。成人高等教育招生专业14个，在校生851人、毕业生271人、录取注册358人，授予学位24人。在全国建立了13个函授站，授权12个招生。

学校直属学习中心招收中国地质调查局自然资源综合调查指挥中心（原武警黄金部队）下属单位调查中心、中铁十九局、河南省国土自然资源厅等单位学生216人。

学院通过课程教学直播，主题讨论、课程答疑、学习笔记共享等方式进一步强化学习支持服务。依托17个专业教研室开展教学，2021春开课435门，任课教师190人；2021秋开课440门，任课教师188人。全年安排课程辅导、统考辅导、论文指导直播共计77场。全年组织357 856人次参加课程考试，考试过程全部采取人脸识别技术实施监管。论文管理2021年春季学期聘请指导教师1768人、评阅教师218人，2021年秋季学期聘请指导教师1663人、评阅教师160人；全年评阅本科毕业论文10 761份，评阅专科实践报告17 232份。统考报考26 651科次，统考合格14 051科次；免考合格6084科次。

学校2021年成立高等学历继续教育委员会。20个高等学历继续教育教学改革研究项目获批2021年度学校本科教学改革研究项目立项，其中专业建设项目12个、在线课程建设项目3个、教材建设项目5个，经推荐4个项目成功申报湖北省教学改革研究项目。完成19门课程资源建设，其中同等学力申硕课程4门、自考课程8门、非学历继续教育课程7门。从旧平台迁移598门课程资源至新平台。启动40门网络与成人教育课程资源更新工作。

完成了对全部学习中心/函授站的校检工作。新建4个校外学习中心，与43个学习中心/函授站续签了合作办学协议。通过了21个省市区教育部门对55个学习中心/函授站的年报年检工作。评选了15名“优秀老师”。4个学习中心荣获2021年“中国高校现代远程教育优秀校外学习中心”称号。

新平台建设项目完成了第一年度的开发任务，实现了报名、缴费、站点管理和网上教研室等功能，并在试点学习中心成功报名230人。新老平台上均已对接工行聚合支付平台，实现了扫码即可通过支付宝、微信、银行卡等多种方式缴纳学费，为学生提供了便利。完成了教学平台对接学校统一身份认证系统，实现了远教学生共享图书馆学术文献电子资源，为学生查资料、写论文、作研究提供了有效的检索途径。定期升级操作系统，杜绝安全漏洞，防范网络攻击，重要节点24小时监控服务器及应用系统，确保学院门户网站和教学平台的信息安全。

【自学考试】

自学考试主考专业10个，其中本科9个、专科1个。招生注册1689名，毕业学生1110人，授予学位193人。学费总收入190万元。新增助学机构2个，目前共计合作9个助学机构。

组织安排国家考试2次,共计4796人次,19 304科次。实践环节考核共计1204人,6047科次。评卷共计139门,118 098份。命题国考、省考共计37门,74套试卷,校考36门次。完成论文答辩467人次。全年网络助学备案课件共15门。

持续深化完善各类过程性管理和助学环节监管,根据专业计划调整优化地大自考的教学云平台及实践课程网络助学云平台,不断完善助学及考核功能。加强对助学机构年报年检工作,贯彻实施助学机构评估制度。

按照国家专业规范设置,启动学校承接的专业计划调整及课程改革工作,推进视觉传达与设计专业体系建设,大力促使该专业开考落地。

【高端培训】

培训学员8217人,其中集中面授培训24期,2436人;在线培训34期,5781人次。受教育部和自然资源部委托,在云南施甸和江西赣州等地区举办了20期、3365人次的各种定点帮扶培训。

【同等学力申硕】

同等学力申请硕士学位2021级共招收171人。2021年,完成10门专业课程的网络课程建设,实现了线上自主学习和线下集中面授相结合的教学模式。根据疫情防控要求,2021年全年完成了线上10门专业课教学,线下35门公共课与专业课的教学工作,选课人数649人,选课人次2156人。完成了2020级、2021级400多名学员公共学位课与专业课教学工作。

【教育合作】

2021年5月,学院成立教育合作办公室,对接中国地调局自然资源综合调查指挥中心、湖北地矿局等单位,推进和达成了2年长期培训班、同等学力申硕招收培养等工作。与逸夫博物馆联合组织开展第52个世界地球日科普宣传活动;以分会场形式组织开展中国地质学会2021年学术年会(因疫情防控原因延期);全年编制4期《国土资源继续教育简报》;2021年研究分会荣获"中国地质学会年度工作优秀奖"。

学院获评第二十届中国国际远程教育大会终身教育特别贡献机构、中国高校继续教育优秀成果及特色案例优秀组织机构奖、学校文明教学科研单位;学院教育培训工作团队获评学校脱贫攻坚突出贡献团队;职业与继续教育研究分会获评中国地质学会年度工作优秀奖;《基于信息化视角下的招生管理和毕业管理流程优化》入选中国高校远程与继续教育优秀案例库;《聚力专业建设砥砺奋进网络教育发展新征程》《疫情下远程教育在线考试设计探讨》入选中国高等继续教育优秀成果及特色案例库。

(撰稿:左杨;审稿:隋明成)

〔附录〕

附录 1　2021 年远程教育招生层次和专业

招生层次		专业名称
网络教育	专科	工商企业管理、建筑工程技术、测绘工程技术、机电一体化技术、安全技术与管理
	专升本	法学、会计学、经济学、工商管理、行政管理、土地资源管理、安全工程、测绘工程、土木工程(岩土工程)、土木工程(建筑工程)、资源勘查工程、水文与水资源工程、地质工程、宝石及材料工艺学、计算机科学与技术、自动化、机械设计制造及其自动化
成人高等教育	专科	建筑工程技术
	专升本	会计学、工商管理、行政管理、法学、土地资源管理、安全工程、测绘工程、资源勘查工程、水文与水资源工程、土木工程、计算机科学与技术、宝石及材料工艺学、机械设计制造及其自动化

附录 2　2021 年网络教育学生数

单位:人

毕业生数			招生数			在校生数		
合计	本科	专科	合计	本科	专科	合计	本科	专科
29 382	10 864	18 518	18 556	10 217	8339	61 382	31 200	30 182

附录 3　2021 年成人高等教育学生数

单位:人

学习形式	毕业生数			招生数			在校生数		
	合计	本科	专科	合计	本科	专科	合计	本科	专科
函授	271	217	54	358	291	67	851	690	161

附录 4　2021 年授权招生的学习中心/函授站分布情况

省（区、市）	学习中心（71 个）	函授站（12 个）
湖北	荆州、孝感、江汉油田、武汉数字化、仙桃、天门、鄂州、直属	
湖南	郴州、湖南、衡阳	湖南、衡阳
河南	郑州、南阳、开封	郑州、三门峡
广东	深圳、广州	
江苏	南京、金坛、南通、苏州	
上海	上海	
浙江	浙江（分院）、诸暨、长兴、温州、宁波、绍兴育人、丽水、湖州、舟山	杭州
山东	济南、胜利油田、青岛、德州现代	
甘肃	兰州	甘肃
山西	山西、晋城、临汾、朔州、太原、长治	
四川	四川、川建设、广安、南充、攀枝花	
安徽	合肥	合肥
内蒙古	内蒙古	
新疆	新疆、兵团电大	新疆
云南	瑞丽、云南国土	
江西	萍乡、都昌、九江、南昌宏邦	
天津	天津印刷	
河北	唐山、邯郸、河北、石家庄	
辽宁	沈阳	
黑龙江	哈尔滨、黑煤职院	
贵州	贵阳	贵州
广西	南宁	
福建		福建、泉州
海南	海口	海南
宁夏	银川钜橙	
陕西	西安、商洛	
吉林	长春	

附录5　2021年自学考试主考专业及人数

序号	学科专业名称及代码	学习形式	招生总人数/人
1	市场营销	非全日制专升本	3
2	工程管理	非全日制专升本	431
3	宝石及材料工艺学	非全日制专升本	49
4	计算机科学与技术	非全日制专升本	6
5	地质工程	非全日制专升本	346
6	会计	非全日制专升本	19
7	行政管理	非全日制专升本	19
8	英语	非全日制专升本	1
9	网络工程	非全日制专升本	17
10	测绘与地质工程技术	非全日制专科	798
总计			1689

附录6　2021年非学历培训教育项目

序号	培训班名称	人数/人	教学形式
1	2021年宁夏自然资源节约集约利用助推先行区建设专题培训班	51	集中面授
2	2021年华东冶金局地质灾害治理工程专业技术培训班	42	集中面授
3	2021年青海省自然资源厅系统安全生产管理干部培训班	67	集中面授
4	2021年湖北省地震地质灾害应急管理工作高级研修班	41	集中面授
5	2021年浙江第三地质大队台汛期地质灾害防治技术培训班	154	集中面授
6	2021年于都县实用技术人才培训班(第一期:基本公共卫生服务专题)	155	集中面授
7	2021年于都县实用技术人才培训班(第二期:大棚菜种植专题)	154	集中面授
8	2021年于都县实用技术人才培训班(第三期:水稻种植专题)	151	集中面授
9	2021年于都县实用技术人才培训班(第四期:肉鸡养殖专题)	155	集中面授
10	2021年宁都县实用技术人才培训班(第一期:辣椒和黄瓜施肥专题)	120	集中面授
11	2021年宁都县实用技术人才培训班(第二期:辣椒和黄瓜农作物病虫害防治及施农药专题)	127	集中面授
12	2021年宁都县实用技术人才培训班(第三期:食品安全专题	60	集中面授

续表

序号	培训班名称	人数/人	教学形式
13	2021 年赣县区实用技术人才培训班（第一期：脐橙高产栽培及黄龙病防控专题）	51	集中面授
14	2021 年赣县区实用技术人才培训班（第二期：蔬菜高产栽培专题）	51	集中面授
15	2021 年赣县区实用技术人才培训班（第三期：生猪养殖专题）	71	集中面授
16	2021 年赣县区实用技术人才培训班（第四期：湖羊养殖专题）	52	集中面授
17	2021 年山西地勘局新形势新领域下水工环地质专业专项培训班	60	集中面授
18	2021 年自然资源部定帮扶琼中县实用技术人才培训班——槟榔种植	155	集中面授
19	2021 年自然资源部定帮扶琼中县实用技术人才培训班——橡胶种植	155	集中面授
20	2021 年自然资源部定帮扶琼中县实用技术人才培训班——养蜂	155	集中面授
21	2021 年自然资源部定帮扶琼中县实用技术人才培训班——罗非鱼养殖	155	集中面授
22	2021 年湖北地质局地质调查总工程师高级研修班	44	集中面授
23	2021 年地质调查基础理论培训班	150	集中面授
24	2021 年山西地勘局钻探技术高级研修班	60	集中面授
25	2021 年海伦市实用技术人才培训班（第一期・惠农政策解读）	831	集中面授＋在线直播
26	2021 年兴国县实用技术人才培训班（第一期：灰鹅养殖专题）	205	集中面授＋在线直播
27	2021 年兴国县实用技术人才培训班（第二期：畜牧业农产品精深加工专题）	204	集中面授＋在线直播
28	2021 年兴国县实用技术人才培训班（第三期：油茶种植专题）	208	集中面授＋在线直播
29	长沙中心“夜校”第一学年培训	3112	集中面授＋在线直播
30	地大培训在线	50	在线教学
31	2021 年全国珠宝教育骨干教师科研能力提升网络在线培训班	35	在线直播
32	2021 年海伦市实用技术人才培训班（第二期・大豆种植技术）	150	在线直播
33	2021 年施甸县中青年干部培训班	45	在线直播
34	湖北省地质局专业技术人员继续教育在线培训	941	在线教学
	合计	8217	

附录 7　2021 年同等学力申请硕士学位招生专业及人数

学号	学院	专业	人数/人
1	地球科学学院	地质学	11
2	资源学院	矿产普查与勘探	9
3	环境学院	环境科学与工程	50
		水利工程	4
4	工程学院	土木工程	22
		地质工程	12
		安全科学与工程	9
5	地理与信息工程学院	测绘科学与技术	25
6	地球物理与空间信息学院	地球探测与信息技术	19
7	公共管理学院	土地资源管理	6
8	海洋学院	海洋科学	4
合计			171

Nianjian

科学研究、学术管理与社会服务

科学研究

【概况】

科技项目经费稳步增长。2021 年学校各类科研项目立项 1618 项,合同经费84 472万元,实到经费65 241万元,实到经费相比去年增长 21.7%。其中横向项目合同经费44 828万元,纵向项目合同经费34 223万元,军民融合项目合同经费 5420 万元。

基础研究发展态势良好。2021 年学校申报国家自然科学基金项目 747 项,获资助项目 234 项,资助率 31.32%;全年理工科纵向项目 500 项。2021 年全校共申报 134 项国家社会科学、教育部人文社会科学等项目,共有 15 项获得立项资助,其中包括国家社会科学基金重大项目 1 项、重点项目 2 项;全年人文社科纵向项目合计 92 项。2021 学校共获军民融合项目 92 项。

高水平论文持续发表。2021 年学校师生共发表 SCI 论文 3170 篇,第一作者单位 SCI 论文 2006 篇,其中期刊影响因子大于 10 的论文 64 篇、ESI 高被引论文 34 篇、热点论文 4 篇,其中第一作者单位高被引论文 21 篇、热点论文 3 篇。SSCI 收录论文 254 篇,CPCI-S 26 篇。EI 收录期刊论文 2526 篇,收录会议论文 143 篇。

稳步推进"地学长江计划"。学校组织专家向各级科技管理部门积极提出长江流域相关项目建议,纳入 2022 年国家自然科学基金区域创新发展基金资源环境领域项目建议 1 项。学校科研人员研究方向逐渐向长江流域汇聚并形成一定的区域优势,2021 年承担与长江流域相关的国家自然科学基金重点类项目 5 项。

加强系统谋划,持续推进实验室建设。2021 年成功获批湖北巴东地质灾害国家野外科学观测研究站 1 个国家级科研基地,获批国家环境保护水污染溯源与管控重点实验室、自然资源部深部地热资源重点实验室、湖北省氢能技术创新中心 3 个省部级基地。持续推进湖北长江实验室、水岩相互作用与深地资源安全利用国家重点实验室建设。加快现有国家重点实验室的优化整合，进一步做实省部级科研基地，充分发挥科研基地汇聚资源、集智攻关的关键核心作用。

科研人才培育成效稳步提升。谢树成教授当选中国科学院院士，王焰新院士当选国际地球化学协会会士（IAGC Fellow），殷鸿福院士被授予“首届湖北省杰出人才奖”。新增国家杰青1人、国家优青4人，郭海湘等9位老师入选2021年自然资源部高层次科技创新人才工程，王焰新等19位教授入围“2020年中国高被引学者”榜单。何勇等5位教授入选2021科睿唯安“高被引科学家”榜单。宋海军教授获“湖北青年五四奖章”，邓宏兵教授获第二届湖北省“最美社科人”称号，吴阳、光峰涛两位老师入选中科协战略发展部2021年度“高端科技创新智库青年项目”。

发挥地大智慧，助力社会发展。2021年学校向武汉市、湖北省、中央等政府部门报送建言献策且受领导人肯定性批示23份（其中省部级领导人肯定性批示12份）。科发院获评2021年中国智库综合评价研究项目“组织参与奖”，全国共19个单位获此奖项。2021年学校在《光明日报》理论版发表文章两篇。

聚焦地方经济，产出高质量成果。学校作为第一单位申报湖北省科学技术奖励32项，申报数比去年上涨50%。获湖北省科技奖励一等奖2个，二等奖9个。完成湖北省科技计划项目青年基金和一般面上基金验收60余项，指导并参与各类成果评价10余项。拟定《产业技术创新中心管理办法》，推进产业中心制度体系建设。先进钻掘机械装备、全空间智能信息处理技术及系统获批湖北省中试基地，获湖北省揭榜制项目立项资助2项，获洪山区科技成果转移转化奖励2批。组织参加湖北省教育厅百校联百县高校服务乡村振兴科技支撑行动计划10项。

完善知识产权管理体系，推进专利运营转化。学校通过知识产权贯标现场审核认证，成为湖北省首家通过知识产权贯标认证的高校。首届湖北省专利奖并获金奖2项，湖北省高价值专利培育项目2项，湖北省高校院所专利转化项目1项。受理各类知识产权申请700余项，授权专利466项、软件著作权268项。

积极发挥科协桥梁纽带作用。申报科协系统、学会协会资助项目31项，获批16项；累计报送各学会科技奖励44项，戴光明教授团队成果获中国仿真学会创新技术一等奖；校科协获评“全国科技工作者日”高校科协十佳优秀组织单位，获评“全国科普日”活动优秀组织单位；两位教师分别参编的《大学科普丛书》与《100位科学家的中国梦》获评科技部2020—2021年度全国优秀科普作品。承办中国科协青少年高校科学营、湖北省科技厅“湖北省科普讲解大赛在汉校区初赛”等大型活动，分别获“中国科协2021年青少年高校科学营-特色营队活动”“湖北省科技厅科普讲解大赛优秀组织单位”荣誉。

积极作为，促进军民深度融合。全年国

防类项目立项84项,科研经费5420万元。向战略支援部队航天系统部推荐地质类和测绘类专家16人,向湖北省军民融合发展委员会推荐智库专家3人。学校从事国防类项目科研队伍增至182人,其中杰青1人。完成国防资质使用登记119项,涉及合格供方资质评定事项12项,完成国防科研项目合同评审56项,参与产品设计开发确认22次,通过产品放行12次,军用软著登记6项,获批4项,国防知识产权申报14项,新增受理5项。

学术活动引领学术潮流,助力学校学术发展。全年学校开展了300多场大小学术会议和讲座。名家论坛请来各学科的大家,带来了国家需求、学科发展的最新方向和最新研究进展。学术会议提供交流平台,促进学科交叉融合。虽然疫情仍在影响着世界的各行各业,但是学校与世界的沟通一直没有断过,美国、英国、德国、瑞士、日本、波兰、法国、新加坡、澳大利亚、加拿大等几十个国家的科学家们通过线下或线上参与学校的会议和讲座。

【重要活动、事件、重大成果】

基础研究动能强劲,科学研究再创佳绩。2021年学校申报国家自然科学基金项目747项,获资助项目234项,资助率31.32%;全年理工科纵向项目500项。2021年全校共申报134项国家社会科学、教育部人文社会科学等项目,共有15项获得立项资助,其中包括国家社会科学基金重大项目1项,重点项目2项;全年人文社科纵向项目合计92项。2021年学校共获军民融合项目92项。全年各类科研项目立项1618项,合同经费84 472万元,实到经费65 241万元,实到经费相比去年增长21.7%。学校师生共发表SCI论文3170篇,第一作者单位SCI论文2006篇,其中期刊影响因子大于10的论文64篇,ESI高被引论文34篇,热点论文4篇,其中第一作者单位高被引论文21篇,热点论文3篇。SSCI收录论文254篇,CPCI-S 26篇。EI收录期刊论文2526篇,收录会议论文143篇。

坚持协同创新,学科交叉融合取得新突破。持续推进"地学长江计划",学校组织专家向各级科技管理部门积极提出长江流域相关项目建议,纳入2022年国家自然科学基金区域创新发展基金资源环境领域项目建议1项。学校科研人员研究方向逐渐向长江流域汇聚并形成一定的区域优势,2021年承担与长江流域相关的国家自然科学基金重点类项目5项。加强系统谋划持续推进实验室建设。2021年成功获批湖北巴东地质灾害国家野外科学观测研究站1个国家级科研基地,获批国家环境保护水污染溯源与管控重点实验室、自然资源部深部地热资源重点实验室、湖北省氢能技术创新中心3个省部级基地。持续推进湖北长江实验室、水岩相互作用与深地资源安全利用国家重点实验室建设。加快现有国家重点实验室的优化整合,进一步做实省部级科研基地,充分发挥科研基地汇聚资源、集智攻关的关键核心作用。

聚焦特色,助力科技人才创新突破。2021年学校谢树成教授当选中国科学院院士，王焰新院士当选国际地球化学协会会士(IAGC Fellow)，殷鸿福院士被授予“首届湖北省杰出人才奖”。新增国家杰青 1 人、国家优青 4 人，郭海湘等 9 位老师入选 2021 年自然资源部高层次科技创新人才工程，王焰新等 19 位教授入围“2020 年中国高被引学者”榜单。何勇等 5 位教授入选 2021 科睿唯安“高被引科学家”榜单。宋海军教授获“湖北青年五四奖章”，邓宏兵教授获第二届湖北省“最美社科人”称号，吴阳、光峰涛两位老师入选中科协战略发展部 2021 年度“高端科技创新智库青年项目”。宋海军、代旭等研究的《二叠纪－三叠纪大灭绝事件对生物古地理格局的影响》和王永栋、谢树成等领衔研究的《三叠纪—侏罗纪之交气候变化与森林火灾事件：来自中国华南的化石证据》两项成果入选“2020 年中国古生物十大进展”。计算机学院戴光明教授团队成果“卫星星座覆盖分析与调度优化推演仿真平台”获 2021 年度中国仿真学会科学技术奖一等奖。殷坤龙教授团队构建了地质灾害风险管控的预警阈值模型，成功实现风险预警信息自动发布，研究示范成果受到了自然资源部、浙江省自然资源厅的高度认可，成功经验于“烟花”台风期间在全省推广应用。

（撰稿：段平忠、顾刚、刘强、蒋凤、许南茜、刘畅、殷茵、张华、李想姣、董平、叶永昊、肖平；审核：胡祥云、刘征、鲁元）

〔附录〕

附录1　2021年国家级及省部级科研平台、基地

序号	名称	类别	创建时间
1	地质过程与矿产资源国家重点实验室	国家重点实验室	2005年
2	生物地质与环境地质国家重点实验室	国家重点实验室	2011年
3	地理信息系统国家地方联合工程实验室	国家地方联合工程实验室	2011年
4	国家地理信息系统工程技术研究中心	国家工程中心	2013年
5	地质工程国际科技合作基地	科技部国合基地	2012年
6	地球深部钻探与深地资源开发国际联合研究中心	国际联合研究中心	2018年
7	湖北巴东地质灾害国家野外科学观测研究站	国家野外科学观测研究站	2021年
8	地理信息系统软件及其应用教育部工程研究中心	教育部工程研究中心	2002年
9	资源环境经济研究中心	湖北省人文社科基地	2002年
10	自然资源部资源定量评价与信息工程重点实验室	自然资源部重点实验室	2004年
11	国家遥感中心地壳运动与深空探测部	科技部研究中心	2005年
12	油气勘探开发理论与技术湖北省重点实验室	湖北省重点实验室	2005年
13	岩土钻掘与防护教育部工程研究中心	教育部工程研究中心	2006年
14	湖北省黄姜皂素循环经济工程技术研究中心	湖北省工程技术研究中心	2006年
15	纳米矿物材料及应用教育部工程研究中心	教育部工程研究中心	2007年
16	构造与油气资源教育部重点实验室	教育部重点实验室	2007年
17	教育部长江三峡库区地质灾害研究中心	教育部985优势学科平台	2008年
18	湿地演化与生态恢复湖北省重点实验室	湖北省重点实验室	2008年
19	湖北省高校艺术创作中心	湖北省人文社科基地	2010年
20	自然资源部法治研究重点实验室	自然资源部重点实验室	2011年
21	大学生发展与创新教育研究中心	湖北省人文社科基地	2011年
22	地球内部多尺度成像重点实验室	湖北省重点实验室	2012年
23	紧缺矿产资源湖北省协同创新中心	湖北省协同创新中心	2012年
24	首饰的传承与创新发展研究中心	湖北省人文社科基地	2013年
25	智能地学信息处理湖北省重点实验室	湖北省重点实验室	2014年
26	湖北省区域创新能力检测与分析软科学基地	湖北省软科学基地	2014年
27	湖北省生态文明研究中心	湖北省智库	2014年
28	湖北省地下水与环境国际科技合作基地	湖北省国合基地	2014年

续表

序号	名称	类别	创建时间
29	复杂系统先进控制与智能自动化湖北省重点实验室	湖北省重点实验室	2016年
30	地质环境修复技术创新中心	自然资源部技术创新中心	2016年
31	湖北省水环境污染系统控制和治理工程技术研究中心	湖北省工程技术研究中心	2017年
32	中国特色社会主义理论研究中心地大分中心	湖北省人文社科基地	2017年
33	地质探测与评估教育部重点实验室	教育部重点实验室	2017年
34	流域关键带演化湖北省重点实验室	湖北省重点实验室	2018年
35	智能地质装备湖北省工程技术研究中心	湖北省工程技术研究中心	2019年
36	湖北省珠宝工程技术中心	湖北省工程技术研究中心	2019年
37	智慧地质资源环境技术工程研究中心	湖北省工程研究中心	2019年
38	三峡库区地质灾害湖北省野外科学观测研究站	湖北省野外科学观测研究站	2019年
39	三峡库区地质灾害教育部野外科学观测研究站	教育部野外科学观测研究站	2019年
40	地球探测智能化技术教育部工程研究中心	教育部工程研究中心	2019年
41	海洋地质资源湖北省重点实验室	湖北省重点实验室	2020年
42	长江流域环境水科学湖北省重点实验室	湖北省重点实验室	2020年
43	紧缺战略矿产资源省部共建协同创新中心	省部共建协同创新中心	2020年
44	地下水修复技术转化中试基地	湖北省中试基地	2020年
45	自然资源部深部地热资源重点实验室	自然资源部重点实验室	2021年
46	国家环境保护水污染溯源与管控重点实验室	生态环境部重点实验室	2021年
47	湖北省氢能技术创新中心	湖北省技术创新中心	2021年
48	全空间智能信息处理技术及系统湖北省中试基地	湖北省中试基地	2021年
49	先进钻掘机械装备湖北省中试基地	湖北省中试基地	2021年

附录2　2021年学校科研机构(研究所)、独立研究院

序号	机构名称	依托单位
1	行星科学研究所	地球科学学院
2	数学地质与遥感地质研究所	资源学院

续表

序号	机构名称	依托单位
3	沉积盆地与沉积矿产研究所	资源学院
4	水资源与环境研究院	环境学院
5	可持续能源实验室	材料与化学学院
6	中美联合非开挖工程研究中心	工程学院
7	勘查建筑设计研究院	工程学院
8	装备与仪器研究所	机械与电子信息学院
9	旅游发展研究院	经济管理学院
10	电子商务国际合作中心	经济管理学院
11	语言文学研究所	外国语学院
12	人工智能研究所	地理与信息工程学院
13	材料模拟与计算机物理研究所	数学与物理学院
14	应用心理学研究所	马克思主义学院
15	公共经济研究所	公共管理学院
16	空间智能计算与信息处理研究所	计算机学院
17	地质信息科技研究所	计算机学院
18	重大地质灾害研究中心	三峡中心
19	地球科学科普研究与创作中心	科学技术发展院
20	心理科学与健康研究中心	马克思主义学院
21	科技信息研究所	图书馆
22	创新发展战略研究院	科学技术发展院
23	数学科学中心	数学与物理学院
24	文化遗产和岩土文物保护工程中心	工程学院
25	自然历史文化研究与传播中心	艺术与传媒学院
26	深圳海洋工程与技术中心	海洋学院
27	能源环境管理与决策研究中心	经济管理学院
28	地质环境修复产业技术创新中心	环境学院
29	排水环境治理装备产业技术创新中心	机械与电子信息学院
30	贵金属首饰数字化设计与制造产业技术创新中心	珠宝学院

续表

序号	机构名称	依托单位
31	园林陶瓷产业技术创新中心	材料与化学学院
32	土壤与地下水修复产业技术创新中心	环境学院
33	长江流域碳中和产业技术创新中心	环境学院
34	基础工程装备产业技术创新中心	机械与电子信息学院
35	高端模数芯片先进数字产业技术创新中心	机械与电子信息学院
36	海洋电场传感器件产业技术创新中心	材料与化学学院
37	制造过程智能控制与优化产业技术创新中心	自动化学院
38	智能传感陶瓷产业技术创新中心	材料与化学学院
39	粤港澳地区土壤一地下水修复产业技术创新中心	环境学院

附录3　2021年新增科研项目经费

项目类别	理工科		人文社科		合计	
	立项数/项	合同经费/万元	立项数/项	合同经费/万元	立项数/项	合同经费/万元
横向一般	742	36 342.5	137	4 000.7	879	40 343.2
横向地勘/地灾/普查	59	4 241.6	4	243.6	63	4 485.2
横向项目合计	**801**	**40 584.1**	**141**	**4 244.3**	**942**	**44 828.4**
科技部/发改委/社科基金	22	6 680.3	8	180	30	6 860.3
教育部	63	536	8	60	71	596
国家自然科学基金	234	16 763	0	0	234	16 763
国务院其他部委	9	824.7	9	229	18	1 053.7
省市部门	86	57 69.6	66	1 175.8	152	6 945.4
地调或地调协作	18	1 378.1	0	0	18	1 378.1
实验室	67	620.3	1	2	68	622.3
其他纵向	1	4.8	0	0	1	4.8
纵向项目合计	**500**	**32 576.8**	**92**	**1 646.8**	**592**	**34 223.6**
军民融合	**84**	**5420**	**0**	**0**	**84**	**5420**
2021年总数	**1385**	**78 580.9**	**233**	**5 891.1**	**1618**	**84 472**

附录 4　2021 年新增国家级科技计划项目

项目类型	类别	项目数/项	批准经费/万元
国家自然科学基金	面上项目	105	6144
	青年科学基金项目	84	2510
	国际(地区)合作与交流项目	5	236.1
	专项项目	3	88
	优秀青年科学基金项目	4	800
	重点项目	6	1740
	联合基金项目	2	522
	国家杰出青年科学基金	1	400
	数学天元基金	1	10
	重大研究计划	1	303
国家重点研发计划	项目	4	3197
	课题	8	3922

附录 5　2021 年新增国家自然科学基金项目

序号	学院/单位	项目数/项	批准经费/万元
1	地球科学学院	22	2025
2	资源学院	27	1823
3	材料与化学学院	16	1007
4	环境学院	25	1 909.1
5	工程学院	15	610
6	地球物理与空间信息学院	13	704
7	海洋学院	11	677
8	机械与电子信息学院	2	68
9	自动化学院	6	216
10	经济管理学院	2	78
11	地理与信息工程学院	17	770
12	数学与物理学院	10	412
13	公共管理学院	3	109

续表

序号	学院/单位	项目数/项	批准经费/万元
14	计算机学院	11	781
15	地质过程与矿产资源国家重点实验室	9	299
16	生物地质与环境地质国家重点实验室	15	940
17	湖北巴东地质灾害国家野外科学观测研究站	6	236
18	地质调查院	1	59
19	紧缺战略矿产资源协同创新中心	1	30
	总计	212	12 753.1

附录6　2021年新增国家重点研发计划项目课题

序号	项目名称	所属专项	姓名	项目经费/万元
1	中国南非典型矿山治理绿色技术筛选、优化及可持续发展政策支撑体系构建	政府间国际科技创新合作	鲍建国	175
2	基于多源大数据的时空过程智能分析挖掘技术与软件	基础科研条件与重大科学仪器设备研发	陈泽强	300
3	不确定环境下工程装备供应链动态协同与智能柔性排产方法	工业软件	龚文引	274
4	空天地一体化高精度智能勘察技术	交通基础设施	师学明	1570
5	战略性矿产微区原位分析技术及应用	战略性矿产资源开发利用	胡兆初	439
6	劣质地下水有害组分原位/现场快速检测技术	变革性技术关键科学问题	谢先军	362
7	原生劣质地下水原位调控理论与技术方法体系	变革性技术关键科学问题	王焰新	476
8	月球火成与盆地撞击均衡等重大事件演化研究	变革性技术关键科学问题	袁悦锋	271
9	火星表层以下水冰分布与宜居环境探测	变革性技术关键科学问题	蔡红柱	290

续表

序号	项目名称	所属专项	姓名	项目经费/万元
10	劣质地下水改良的原位调控理论与技术研究	变革性技术关键科学问题	王焰新	1222
11	纳米限域超流的化学反应和信息传输	纳米前沿	夏帆	1500
12	纳米限域超流离子传输验证及表征	纳米前沿	夏帆	240

附录 7　2021 年新增国家社科基金项目

序号	项目名称	项目来源	批准经费/万元	承担单位
1	战略性矿产资源产业链供应链安全的国家战略研究	重大项目	80	经济管理学院
2	绿色金融推动碳中和目标实现的政策框架与创新路径研究	重点项目	35	经济管理学院
3	提高应对突发公共卫生事件能力研究	重点项目	35	经济管理学院
4	城市群强化多种空气污染物协同控制和区域协同治理的体系与政策研究	一般项目	20	经济管理学院
5	多尺度视角下中国能源技术创新碳减排效应及提升路径研究	一般项目	20	经济管理学院
6	多媒体情境下儿童数字阅读平台设计实证研究	后期资助	25	艺术与传媒学院
7	农民工返乡子女学校适应困境与整合性干预机制研究	教育单列	20	教育研究院
8	文化景观遗产地乡村规划的价值阐释与协同路径研究	艺术单列	20	艺术与传媒学院

附录8　2021年科技成果获奖

序号	名称	完成人	获奖名称	获奖等级	颁奖单位
1	低渗透油气储层微观输运机理表征理论与方法	胡祥云、蔡建超、杨峰、韦伟	2021年湖北省自然科学奖	一等	湖北省人民政府
2	隧道重大地质灾害源探测评估关键技术创新与应用	焦玉勇、谭飞、韩增强、王浩、成帅、金青、汪进超、王迎超、张国华、屠文锋、田湖南、王川婴、覃卫民、陈迪杨、张为社	2021年湖北省科技进步奖	一等	湖北省人民政府
3	三叠纪海洋生态系统的崩塌与重建过程及环境制约	Chen Zhongqiang、赵来时、黄元耕、王向东、吕政艺	2021年湖北省自然科学奖	二等	湖北省人民政府
4	知识驱动的群体智能优化	龚文引、王凌、蔡之华、颜雪松、胡成玉	2021年湖北省自然科学奖	二等	湖北省人民政府
5	嫦娥探月工程着陆区地质及月壤模拟研究	肖龙、黄俊、赵健楠、朱培民、肖智勇	2021年湖北省自然科学奖	二等	湖北省人民政府
6	大容量高安全有机液体储氢关键技术与应用	Cheng Hansong(程寒松)、杨明、董媛、杨益清、李程根、黄亮	2021年湖北省技术发明奖	二等	湖北省人民政府
7	深部地热储层改造增效及随钻测量一体化技术	窦斌、郑君、胡郁乐、田红、赵钧羡、冯建宇	2021年湖北省技术发明奖	二等	湖北省人民政府
8	汽车发动机柔性化智能化测控系统及应用	吴涛、何王勇、李勇波、熊永华、蔡秀华、徐迟、倪效勇、王新梅、蔡鑫、董昕、黄志均	2021年湖北省科技进步奖	二等	湖北省人民政府

续表

序号	名称	完成人	获奖名称	获奖等级	颁奖单位
9	城市地下排水管网隐患智能探测与非开挖修复成套技术及应用	马保松、方宏远、曾聪、王念念、安关峰、刘志国、廖宝勇、陈先明、闫雪峰、倪芃芃、赵焱、惠二青、赵鹏、刘添俊、王磊	2021年湖北省科技进步奖	二等	湖北省人民政府
10	陆相湖盆中心中深层有效储集体发育机制、预测关键技术及应用	王华、黄传炎、韩国猛、王家豪、唐海、陈思、牟连刚、甘华军、杨修伟、石倩茹、廖远涛、刘恩涛、朱美衡、陈振林、董越崎	2021年湖北省科技进步奖	二等	湖北省人民政府
11	贝叶斯分类：模型、算法与应用	蒋良孝、李超群、李宏伟	2021年湖北省自然科学奖	三等	湖北省人民政府
12	复杂随机系统稳定性及应用	宗小峰、吴付科、李韬、张纪峰	2021年湖北省自然科学奖	三等	湖北省人民政府
13	成藏成矿年代学技术与方法	沈传波、邱华宁、白秀娟、刘昭茜、葛翔	2021年湖北省自然科学奖	三等	湖北省人民政府
14	多尺度一多场耦合条件下地下水与反应溶质动力学机理与模拟	文章、王全荣、梁杏、靳孟贵	2021年湖北省自然科学奖	三等	湖北省人民政府
15	节能减碳系统建模与决策优化	於世为、王科、龚承柱、杨娟、郑舒虹	2021年湖北省自然科学奖	三等	湖北省人民政府
16	蒙脱石深加工及优化利用关键技术	严春杰、谌刚、周森、梅娟、陈洁渝、王乐平	2021年湖北省技术发明奖	三等	湖北省人民政府

续表

序号	名称	完成人	获奖名称	获奖等级	颁奖单位
17	复杂环境深水桩基础及现浇混凝土桥梁建造关键技术与应用	潘寿东、周小勇、庞于涛、邵成猛、叶亦盛、周家全、李伟、曾小毛、茹启江、倪林、王蕾、黄龙、金仁贵、王泽坤	2021年湖北省科技进步奖	三等	湖北省人民政府
18	三峡库区滑坡地质灾害应急决策关键技术及其应用	郭海湘、侯俊东、黎金玲、杨建英、马俊伟、王贤敏、顾明贇、刘晓、龚杰、李俊勇	2021年湖北省科技进步奖	三等	北省人民政府
19	跟地质学家去旅行	顾松竹、刘从康	2021年湖北省科技进步奖	三等	湖北省人民政府
20	湖北科技创新支撑污染防治攻坚战的路径和政策研究	易明等	湖北发展研究奖(2018—2019)	二等奖	湖北省人民政府
21	湖北构建“共抓长江大保护”机制体制调研报告	李世祥等	湖北发展研究奖((2018—2019)	二等奖	湖北省人民政府
22	湖北塑造更多依靠创新驱动的引领型创新发展研究	肖建忠等	湖北发展研究奖((2018—2019)	三等奖	湖北省人民政府
23	湖北省大学生创业面临的问题与对策	李祖超等	湖北发展研究奖((2018—2019)	三等奖	湖北省人民政府

附录9　2021年各学院、研究单位科研经费

学院、研究单位	立项数/项	合同经费/万元	实到经费/万元
地球科学学院	58	2 987.28	2 294.56
资源学院	185	9 508.59	8 522.42
材料与化学学院	67	4 294.20	2 778.91
环境学院	174	19 790.97	11 586.40
工程学院	201	9 929.07	5 558.73
地球物理与空间信息学院	72	4 357.78	3 848.61
海洋学院	46	2 795.12	1 575.49
地理与信息工程学院	101	3 336.87	2 358.68
地质过程与矿产资源国家重点实验室	20	1 178.40	858.03
生物地质与环境地质国家重点实验室	21	1 443.54	807.92
机械与电子信息学院	67	2 734.58	1 677.17
自动化学院	52	1 915.93	894.90
计算机学院	44	1 719.59	1 482.48
数学与物理学院	15	285.60	321.46
珠宝学院	10	276.10	184.10
公共管理学院	55	3 441.96	1 361.16
经济管理学院	44	1 091.66	860.91
马克思主义学院	5	31.70	71.70
湖北巴东地质灾害国家野外科学观测研究站	24	537.00	531.44
紧缺战略矿产资源协同创新中心	4	384.00	304.20
地质探测与评估教育部重点实验室	1	24.00	24.00
地质调查研究院	30	1 284.28	1 157.66
体育学院	8	75.30	69.43
外国语学院	7	84.00	2.50
艺术与传媒学院	11	176.20	125.23
远程与继续教育学院	1	20.00	54.55
博物馆	2	81.00	30.50
发展规划处	1	10.00	10.00
国家地理信息系统工程技术研究中心	8	773.50	288.23

续表

学院、研究单位	立项数	合同经费	实到经费
科学技术发展院	3	45.10	21.00
纳米矿物材料及应用教育部工程研究中心	12	257.00	1.00
党委宣传部	1	10.60	4.24
国际合作处	1	5.00	32.45
离退休工作处	1	9.89	0.00
实验室与设备管理处	3	73.00	41.91
图书馆	1	0.20	63.00
学生工作部	1	5.00	7.29
合计	1357	74 974.00	49 812.25

附录 10　2021 年各学院、研究单位第一作者发表学术论文分布情况　　单位:篇

所在单位	期刊类别				总计
	T1	T2	T3	T4	
工程学院	48	101	61	30	240
材料与化学学院	59	99	36	9	203
资源学院	17	132	26	5	180
地理与信息工程学院	19	119	21	11	170
环境学院	40	93	19	8	160
地球科学学院	54	60	25	3	142
生物地质与环境地质国家重点实验室	36	77	17	5	135
自动化学院	29	65	24	9	127
计算机学院	14	54	22	13	103
地球物理与空间信息学院	11	67	18	3	99
经济管理学院	10	39	21	19	89
数学与物理学院	18	29	24	7	78
机械与电子信息学院	12	44	13	5	74
地质过程与矿产资源国家重点实验室	12	41	7		60
海洋学院	12	20	6	2	40

续表

所在单位	期刊类别				总计
	T1	T2	T3	T4	
地质调查院	3	13	8	2	26
珠宝学院	2	3	2	19	26
公共管理学院	2	14	1	4	21
三峡工程中心	2	9	3		14
艺术与传媒学院		2	1	2	5
马克思主义学院			3		3
外国语学院		1			1
体育学院			1		1
其他	2	4	3		9
总计	402	1086	362	156	2006

附录 11　2021 年各学院、研究单位申请、授权专利　　单位:项

所在单位	申请专利				授权专利			
	发明	实用新型	外观设计	合计	发明	实用新型	外观设计	合计
机电学院	103	75	9	187	49	67	16	132
工程学院	152	59	1	212	73	56	—	129
自动化学院	108	11	—	119	67	17	—	84
计算机学院	52	0	—	52	48	2	—	50
材化学院	71	5	—	76	37	7	—	44
地信学院	79	1	—	80	33	3	—	36
环境学院	30	14	—	44	14	27	—	41
资源学院	42	6	—	48	20	10	—	30
数理学院	2	0	—	2	1	—	—	1
地空学院	21	2	—	23	4	2	—	6
海洋学院	8	4	—	12	2	1	—	3
生环国重	6	—	—	6	4	—	—	4
珠宝学院	10	2	5	17	7	3	1	11

续表

所在单位	申请专利				授权专利			
	发明	实用新型	外观设计	合计	发明	实用新型	外观设计	合计
艺媒学院	9	10	4	23	3	15	4	22
经管学院	4	2	—	6	1	2	—	3
三峡中心	10	2	—	12	2	3	—	5
地矿国重	8	2	—	10	3	2	—	5
地调院	1	—	—	1	—	1	—	1
体育课部	2	1	—	3	3	—	—	3
地学院	2	—	—	2	1	—	—	1
公管学院	1	1	—	2	1	1		2
国家 GIS 工程中心	4	—	—	4	1	—	—	1
图书档案与文博部	—	—	1	1	—	—	—	—
总计	725	197	20	942	374	219	21	614

学术管理

【概况】

2021年是学校的“治理年”,围绕这个主题,学术委员会认真履行章程规定的职责,召开6次全体会议,对学校有关学术标准、学术评价、学科调整和拓展等事项进行审议、评议和咨询,有效保障学校各项学术事业的稳步前进,主要体现在以下3个方面。

第一,严格学术标准,完善评价体系。以人为本,针对与广大师生员工切身利益相关的评价体系建设,向学校提出充分修改意见和建议,促使学校在新的评价体系建设中进行多元化修订,以更符合广大师生的最根本利益、更全面代表科学研究的最高水平、更精准匹配学校发展的最长远目标。

第二,努力为学校学科建设校准方向。学校的学术事业仍处在发展阶段,根据学校事业发展需要,学术委员会全体委员立足学校学术发展事业全局,深入探究国际国内相关学科发展历史背景、发展前景,从机构设置、建设目标、学科方向、实现路径、资源配置等多维角度向学校提出学科建设的建议和意见,为校领导决策提供参考依据。

第三,切实为学校学术事业拓展提出咨询建议。对相关单位提交的涉及学校事业拓展的重大学术事项提供咨询服务,为学校开拓新的学术领域提供专业咨询建议,为做大做强整体学术事业贡献力量。

【重要活动、事件、重大成果】

强化学术诚信预警体系建设。2021年重点工作之一是推进学校学术诚信预警体系建设,根据第二届学术委员会总体工作部署和安排,学术委员会精心组织文案,历时一年时间,编写并印刷《中国地质大学(武汉)学术规范指导手册》,在全校师生中引起了强烈反响,为学校学术诚信预警体系建设方面留下浓墨重彩的制度篇章。

坚持学术治校、依法治校。第一,强化依法治校,学术强校战略引领作用。在学校深入推进依法治校系列活动上,校学术委员会精心准备依法治校调研提纲,深入基层了解实际,从提升学术委员会学术治理能力视角,深入探讨学校事业发展中的深层次瓶颈问题,形成依法治校、学术强校报告,精准阐释学校“党委领导、校长负责、民主管理、教授治学、依法治校、学术强校”的战略实施路径。第二,深度参与学校“十四五”深化改革规划研讨,积极谏言献策。学术委员会重点围绕“深化学科专业改革、人才培养及十四五规划”等议题展开讨论和交流,并由学术委员会办公室汇总专题讨论意见和建议,形成专项报告。在此基础上,学术委员会向学校作“牢记初心、使命,深入推进学术强校战略”的报告,从人才培养、科学研究、社会服务、文化传承创新4个方面进行学术定位,从学科建设、教学与人才培养、科技发展、师资队伍建设、学术道德与科研诚信建设、创造卓越学术管理6个角度阐释学术建设的基本内涵。

学术委员会履职尽责。学术委员会充

分发挥专门委员会的主体作用，深入开展学术治校活动。第一，为职能部门的行政决策提供专业指导服务。比如：教学指导工作委员会全过程参与教育教学研讨与评审工作，内容涉及一流专业建设、本科教学督导工作、教学创新大赛等。学科建设委员会参与审议学校 2020 年学科建设工作总结和 2021 年学科建设计划，等等。第二，承担职能部门委托的相关业务审议工作。例如，教学指导工作委员会参加《中国地质大学（武汉）一流本科专业建设管理办法》等教育教学文件的修订工作；学科建设委员会对“湖北省优势特色学科群”进行了申报审议；科学技术委员会审议学校科技发展规划等工作；人才工作委员会参与学校人才引进、高层次人才评聘等工作，等等。第三，为职能部门谋划学校专项工作提供咨询建议。例如，学科建设委员会听取了第五轮学科评估总体情况分析汇报后，对学科建设的重点工作提出咨询意见；听取了学校自主设置交叉学科学位点申报报告后，对学科名称、申报材料和建设思路等提出意见建议。此外，学科建设委员会的 5 个学科发展战略规划组还分别召开相关领域学术会议，邀请权威专家指导交流，开展了一系列的战略发展研讨和决策咨询活动。

（撰稿：段平忠、顾刚、刘强、蒋凤、许南茜、刘畅、殷茵、张华、李想姣、董平、叶永昊、肖平；审核：胡祥云、刘征、鲁元）

社会服务

【概况】

2021 年产学研办以产业技术创新中心（简称“产业中心 ”）为核心，制定《产业中心管理办法》（讨论稿），从问题与需求出发，探索长效机制，完成 9 个产业中心论证。积极组织申报湖北省中试基地建设。立足学校特色工科，为学校科技成果转化创造条件，先进钻掘机械装备、全空间智能信息处理技术及系统中试基地成功获批，完成地下水修复转化中试基地绩效考核。实施科技成果推广专项行动。组织首届高等学校科技创新大会、高交会、江西、南京产学研活动，加大科技成果推介力度，组织第二十三届中国国际高新技术成果交易会，获优秀组织奖、优秀展示奖、一项优秀产品奖。借力湖北省科技政策体系，组织湖北省揭榜挂帅项目、洪山区科技成果转化奖励申报；制定《科技资质管理办法》（讨论稿），采用存量追溯、增量控源方式，建立 44 个单位的信息平台基本数据库，梳理全校资质平台与账户信息；选派 3 个团队 9 名教师担任科技特派员；组织参加湖北省教育厅百校联百县高校服务乡村振兴科技支撑行动计划、一市两校双基地科技对接活动；参与组织云南省施甸县科技合作项目工作推进会、云南施甸科技扶贫团队成果中期总结；组织开展与施甸县杨家社区党总支共建，不断提升扶贫成效，助力乡村振兴。

2021年资产公司所属企业武汉地质资源环境工业技术研究院有限公司发布了全新氢能两款商用车品牌,在湖北黄冈建成氢能专用车生产线。在山西省、鄂尔多斯等地建设氢能重卡产业园、氢能产业生态基地项目。中地数码科技公司在MapGIS 10.5的基础上优化并研发推出了MapGIS 10.5 Pro,其"自主可控高性能地理信息系统关键技术应用"科研成果荣获"国家科学技术进步二等奖"。地大华睿公司、地苑科技公司、中地黄金公司、中地依舸公司等企业开展技术改造、增资扩股等工作,坚持建立以企业为主体、产教融合为主要内容的学校产业技术创新体系。

2021年,武汉地质资源环境工业技术研究院(简称"资环工研院")运营五大平台,服务中国地质大学(武汉)和地方经济发展,以格罗夫氢能汽车为龙头牵引,继续发力氢能产业生态构建和商业化应用,引领氢能产业绿色高质量创新发展。中部知光2021年获批成为国家工信部产业技术基础公共服务平台,服务地大顺利通过《高等学校知识产权管理规范》国家标准审核认证,地大成为湖北省首家通过认证的高校,服务学校搭建起了相对完善的知识产权管理体系。资环工研院成功获批地质资源环境市级专业科技企业孵化器,并获取中央支持租赁用房专项补贴资金。2021年9月,格罗夫中极氢能重卡生产基地和氢能产业生态建设项目落户内蒙古鄂尔多斯东胜区。

2021年期刊社全年出刊48期,共刊出论文1014篇。期刊所获荣誉和奖励有10项,包括《地球科学》荣获"2021中国国际影响力优秀学术期刊"、*Journal of Earth Science* 荣获"2021中国最具国际影响力学术期刊"、《中国地质大学学报(社会科学版)》入选国家社科基金资助期刊等,11人获得省级、协会等个人荣誉。7个期刊的影响因子指标持续稳步上升,其中 *Journal of Earth Science* 由2020年的2.209上升至2021年的2.907,影响因子学科排名由2020年的100/200上升至2021年的88/200,仍居Q2区(据美国JCR报告);《安全与环境工程》期刊首次进入2021—2022年度中国科学引文数据库(CSCD)、中国科技论文与引文数据库(CSTPCD)来源期刊核心库,再次入编《中文核心期刊要目总览》(2020年版,即第9版),成为进入"三大核心"的学术期刊;《工程地球物理学报》首次入选"中国科技核心期刊",被中国科技论文与引文数据库(CSTPCD)收录。

【重要活动、事件、重大成果】

氢能创新平台建设突破,原始创新能力进一步增强。2021年6月,资环工研院氢能版块旗下武汉中极氢能产业创新中心有限公司(简称"中极氢创")获批湖北省制造业创新中心;2021年7月,中极氢创获批湖北省氢能动力产品质量检验检测中心。2021年11月,由中国地质大学(武汉)、资环工研院牵头组建的湖北省氢能技术创新中心获批。2021年,格罗夫在氢能源产业领域发明专利公开量多个月全球排名靠前,在国内整车企业排名一直遥遥领先。2021年12月,格罗夫640kW氢能发电装备在汉研制成功，并通过台架测试成功发电，这是全球单套最大功率氢能发电装备，采用石墨双极板PEM电堆，寿命长，可根据应用场景功率需求进行模块化组合，实现兆瓦（MW）级、百兆瓦（MW）级氢储能发电场景需求。

积极承办学术会议，服务学科建设和人才培养。期刊社承办了“2021年第六届非常规油气地质评价暨新能源学术研讨会”；《地球科学》编辑部参与承办了6月5日全球大地构造中心的第四届学术年会暨板块构造启动及演化学术研讨会，副主编Timothy Kusky教授在会上介绍了JES；8月13—15日协办了第六届全国工程风险与保险研究学术研讨会；《地球科学》和《地质科技通报》编辑部协办了“第十一届全国工程地质大会”；《中国地质大学学报（社会科学版）》编辑部为进一步扩大在期刊界与学术界的影响，多人次担任学会职务并在学术会议上做主题发言。按照学校的统一部署，与各学院同步开展迎新工作，在南望山校区和未来城校区设置了多个迎新点，开展期刊赠阅活动，向师生宣传地学学术期刊，普及地学科普知识，解答学生投稿的疑惑；邀请地学院、资源学院、国重等单位青年才俊来编辑部进行座谈，同时走进学院为研究生开展科技论文写作与地图制图规范以及学术不端的防范讲座。其中，《地质科技通报》编辑部走访了地空学院、工程学院、资源学院，与3个学院领导和师生开展了深入交流，双方就学术期刊如何为学院师生服务以及学院如何支持期刊发展、提供学术成果支撑等事项达成共识。

发挥地大智慧，助力社会发展。2021年学校向武汉市、湖北省、中央等政府部门报送建言献策且受领导人肯定性批示23份（其中省部级领导人肯定性批示12份）。科学技术发展院获评2021年中国智库综合评价研究项目“组织参与奖”，全国共19个单位获此奖项。学校智库建设方案取得新进展，方案在今年经过两轮意见的提出和修改，《中国地质大学（武汉）智库建设草案》通过校学术委员会审议，将智库建设及评价体系落到实处。2021年学校在《光明日报》理论版发表文章两篇。

（撰稿：段平忠、顾刚、刘强、蒋凤、许南茜、刘畅、殷茵、张华、李想姣、董平、叶永昊、肖平；审核：胡祥云、刘征、鲁元）

Nianjian

教师队伍建设

【概况】

截至2021年底，全校教职工总数3469人，其中教师1986人（含专任教师、思政教师），占57.2%。

专任教师中，正高级专业技术职务454人，占22.9%；副高级专业技术职务819人，占41.2%；中级及助理级职务人员713人，占35.9%（表1）。45岁及以下青年教师1291人，占65%（表2）。专任教师中具有博士学位者1614人，占81.3%，具有硕士学位者305人，占15.4%。专任教师中具有国际合作与交流经历者1543人，占77.7%。与以前相比，师资队伍结构更趋合理。

表1　2021年专任教师学科分布情况　单位：人

学科	专任教师总数	正高级人数	副高级人数	中级及助理级人数
总计	1986	454	819	713
总计：女	661	78	296	287
理学	465	138	165	162
工学	1116	263	463	390
文学	100	10	48	42
管理学	81	16	40	25
经济学	83	15	39	29
法学	16	1	10	5
教育学	63	10	26	27
艺术学	62	1	28	33

表2　2021年专任教师年龄分布情况　　单位:人

年龄段	总数	正高级人数	副高级人数
35岁及以下	574	11	128
36～45岁	717	129	381
46～60岁	666	285	310
61岁以上	29	29	
合计	1986	454	819

【机构改革】

2021年,学校结合深化改革与十四五规划目标,开展“三定”工作。一是优化机构编制,完善治理体系。严控机构层级和数量,科学设置管理与服务机构,发布《管理与服务机构改革方案》。调整后职能部门减少3个,直属单位减少11个。二是倡导大科室制、合理设置内部机构,优化部门职责、明晰机构权责。组织完成管理与服务单位内部机构设置、完善工作职责,发布《关于公布管理与服务机构工作职责及内设机构的通知》,确定33个单位内设机构数为205个。三是启动2021年度科级干部聘任及轮岗工作,发布《2021年度科级干部聘任及轮岗交流实施办法》《进一步做好2021年度科级干部聘任及轮岗工作的补充通知》,对全校181个科级干部岗位面向全校进行公开选聘。

【高层次人才引进工作】

2021年,成功举办第六届、第七届国际青年学者地大论坛,首次采取“线上”和“线下”结合方式,通过微赞直播平台和ZOOM直播平台,吸引了海外20多个国家和地区的190余所高校、科研机构的7200余位海内外学者线上参会,在央视频、百度新闻等网络媒体同步直播,观看人数超过10万人次,在吸引青年学者了解学校政策的同时,进一步扩大学校的海外影响力和知名度,打造“与地大　共芳华”人才磁场效应。

【高层次人才培育工作】

2021年,新增国家级人才计划项目入选者7人,其中中国科学院院士1人,国家杰出青年科学基金获得者2人,国家优秀青年科学基金获得者4人;新增省部级人才计划入选者30人,新增地大学者9人,从海内外引进高层次人才87人;成功引进余家国教授团队。组织国家级人才项目(计划)评审5次,湖北省人才项目(计划)评审8次,“地大学者”评审4次,“百人计划”评审2次,特任岗位评审8次,新引进人才职务评审3次,校外同行专家评议13批次,通过评审人员124人,其中“地大学者”学科杰出人才1人,学科领军人才2人,学科骨干人才26人(含“地大百人计划”入选者20人),青年拔尖人才53人[含特别批次特任教授(特任研究员)15人],青年优秀人才42人(均为特任副教授/特任副研究员)。

【博士后工作】

2021年.为114名博士生办理进站材料报批手续。组织博士申请2021年度“博士后创新人才支持计划”,2人获得批准并均已顺利进站(表3)。组织2021年博士后国(境)交流项目,4位博士获批博士后国际交流引进项目,1位博士获批博士后国际交流计划派出项目,2位博士获批香江学者计划项目,1位博士获批中德博士后项目。2位博士后获批博士后国际交流计划引进项目(湖北专项),学校占比1/5。组织第六十九批及第七十批博士后科学基金面上资助申报工作,共有44人获得中国博士后科学基金资助,资助金共352万元。组织第十四批博士后科学基金站中特别资助和第三站前特别资助申报工作,2人获得第十四批特别资助站中资助,2人获得第三批特别资助站前资助,获资助金合计72万元。组织博士后申请2021年度湖北省博士后创新研究岗位申报工作,39人获得湖北省博士后创新研究岗位资助,岗位资助金合计234万元。获选人数在全省申报单位中排名前2位。

表3 博士后科研流动站情况

流动站名称	依托单位	建站时间
地质学	地球科学学院	1985年
地质资源与地质工程	资源学院、工程学院、地球物理与空间学院	1991年
环境科学与工程	环境学院	2003年
石油与天然气工程	资源学院	2007年
海洋科学	海洋学院	2007年
地球物理学	地球物理与空间学院	2007年
测绘科学与技术	地理与信息工程学院	2009年
管理科学与工程	经济管理学院	2009年
土木工程	工程学院	2009年
安全科学与工程	工程学院	2012年
材料科学与工程	材料与化学学院	2012年
水利工程	环境学院	2012年
马克思主义理论	马克思主义学院	2014年
控制科学与工程	自动化学院	2019年
公共管理	公共管理学院	2019年

【人事管理信息化建设】

加强人事信息系统建设。部门电子公章上线使用,基本完成全校教职工基础信息数据库建设。聘期考核、岗位聘用网上系统投入使用，今年全校教职工聘期考核及岗位聘用工作实现无纸化，推动实现人力资源部、教务处、研究生院、科发院等业务部门的数据共享。人事服务中心正式启动运行，按照“一张网、一扇门、一次办”的原则，推动实现事务一站式办结。采用线上线下相结合的方式实现人事业务办理，可办理在职证明、职称证明、收入证明、落户证明、工作证、退休证等证明材料；收集及发放各类材料；进行咨询答疑与接待服务，服务环境温馨舒适。截至目前，教职工生成在职证明 773 份，职称证明 839 份，特任岗位证明 173 份，合计 1785 份。

【人事管理工作】

落实《深化新时代教育评价改革总体方案》，探索科学合理的评价机制。完成《地大学者岗位管理办法》《特任岗位管理办法》《“百人计划”实施办法》等系列文件修订，建立分类、分层次的人才评价体系。在设置地大学者岗位、百人计划岗位和特任岗位时，涵盖“发明专利授权”“出版高水平专著”“科技成果转化”“编制行业标准”“国际竞技类比赛获”“指导学生获奖”“发表高水平论文”等多元、多维指标，推行代表性成果评价，完善同行专家评议机制，建立了以业绩和实际贡献为导向的多元、多维评价体系。调整了《专任教师选聘实施办法(试行)》《非事业编制合同聘用人员管理办法(试行)》文件中关于选聘教师基本条件和要求部分条款。学校进一步修订《教职工劳动纪律管理办法》，规范请假、销假制度，建立每月上报考勤数据制度。通报学校对个别教职工因违反劳动纪律给予处分的决定，将“守规矩和纪律”要求传达到每位教职工。规范教职工在校外学术性公益性组织任职、各类因私出国、校内转岗、教职工退休、返聘等审批流程，规范人事管理程序。

【教职工素质能力提升】

2021 年，学校组织 103 名新入职人员完成了校本研修任务，先后邀请校内外教学名师、各职能部门负责人举办了 23 场专题讲座及相关活动，圆满完成了新入职教师岗前培训工作任务。举办 2020 年度教师培训结业仪式暨 2021 年度教师培训开班典礼，全年共有 182 名教师参加培训。

【岗位聘任工作】

落实《深化新时代教育评价改革总体方案》等文件精神，完成《岗位设置管理实施方案》修订，着力破除“五唯”顽瘴痼疾，建立以品德、能力和业绩为导向，分层分类、评价科学、规范有序、竞争择优的岗位设置管理和聘用制度。完成 2016—2020 年度聘期考核工作。参加本次聘期考核共计 514 人，其中二级、三级岗位 31 人，四级及以下岗位 483 人。考核条件依据学校《岗位设置管理实施方案》(2015 年修订版)中规定的基本岗位职责及学院(单位)与个人签订的具体岗位职责进行。499 人考核合格，15 人不合格。完成 2020—2021 年度岗位聘用工作。2020—2021 年度岗位聘用共计 576 人，其中教师岗位 317 人、专职科研岗位 110 人、非教师专业技术岗位 69 人、国防科研岗位 1 人、管理岗位 71 人(含工勤人员享受管理岗位津贴待遇 10 人)、工勤技能岗位 8 人。

【工资福利工作】

根据湖北省人民政府办公厅《关于调整全省最低工资标准的通知》(鄂政办发〔2021〕33号)文件精神,对学校经费且基本工资标准执行武汉市中心城区最低工资标准的部分编制外用工人员,从2021年9月1日起,将其基本工资调整至文件规定的2010元/月,月增资260元。

【社会保险工作】

继续推进机关事业单位养老保险改革工作。一是完成"老人"参保入轨工作。历时2年,经过4轮档案与工资审核后,学校1320名"老人"正式纳入机关事业单位养老保险,由湖北省社会保险服务中心按月发放养老金,"老人"参保入轨工作正式完成。二是开展2014年10月以来已退休"中人"待遇申领审核工作。三是按时缴纳机关事业单位养老保险费用,维护在职教职工权益。完成了2022年度2707名教职工机关事业单位养老保险缴费基数的调整工作。调整后,学校2022年机关事业单位养老保险人均月缴费基数为9 654.57元。

【教职工疫情防控工作】

每日做好教职工动态管理和返校排查工作。一是摸清教职工健康状况和去向。依托各二级单位,每日统计汇总5300余名教职工的健康状况和去向信息,为疫情常态化管理工作打牢基础。二是落实离汉返汉管理措施。要求外地返汉教职员工须严格落实申请、审批、报备制度。截至目前,教职工累计离汉返汉报备647人次。三是继续组织开展健康日报填报工作,做好教职工信息动态监测,为学校疫情防控提供有效支撑服务。

针对国内部分区域疫情出现反弹,疫情风险等级迅速调整变化,对来自中高风险地区的教职工实行排查、上报,今年累计排查中高风险地区教职工124人次。

(撰稿:赵宗庆、陈红霞、刘晋静、周明、陈磊、周薇、白振洋、胡燕;审稿:夏帆、张晓红、刘治国、龙涛、路金阁)

Nianjian

校园文化建设

全国文明校园建设

【概况】

获评第二届“全国文明校园”以来，学校按照文明校园“六个好”(思想道德建设好、领导班子建设好、教师队伍建设好、校园文化建设好、优美环境建设好、活动阵地建设好)标准，紧紧围绕“创建全国文明校园，建设地球科学领域世界一流大学”主题，着力推动“十个校园”(廉洁校园、师德校园、学习校园、温馨校园、科普校园、平安校园、生态校园、智慧校园、书香校园、健康校园)建设工程。

【巩固文明校园创建成果】

完善精神文明建设委员会及其下属专项工作委员会工作职责，持续开展全国文明校园创建成果巩固和迎检工作。组织开展“六大文明”创建评比、表彰，开展文明教学科研单位、文明管理服务单位评选交流会，评出资源学院等10个文明教学科研单位，学校办公室等10个文明管理服务单位。印发《关于表彰2017—2020年度精神文明建设先进集体和先进个人的决定》，推出文明校园创建纪实和典型案例。承办湖北省文明校园创建工作经验交流会，大力宣传文明创建工作成果，持续营造文明创建浓厚氛围。

【传播生态文明理念】

2021年7月经党中央批准，在生态环境部成立习近平生态文明思想研究中心。学校积极谋划，打造习近平生态文明思想理论研究高地、学习宣传高地、制度创新高地、实践推广平台和国际传播平台。积极申报并获评教育部5G+生态文明教育信息化建设项目。实施“大学生长江大保护行动计划”，组建50支社会实践重点团队和1200余支社会调查小分队，共计1万余名师生奔赴长江流域各地开展科学研究、社会实践和主题教育活动，开展以地质灾害科普宣讲、群测群防培训、现场考察实训为主要内容的实践活动。学校2021年获评“武汉市碳中和先锋示范创建单位”、湖北省“全省节水标杆高校”。

（撰稿：许小康；审稿：储祖旺、吴仁喜）

校园文化

【概况】

2021年是中国共产党成立100周年，是“十四五”规划开局之年，是学校建设地球科学领域国际知名研究型大学的关键之年，也是学校落实巡视、审计整改任务的见效之年。学校以习近平新时代中国特色社会主义思想为指导，深入贯彻落实党的十九大和十九届历次全会精神，坚持社会主义先进文化的发展方向，努力培育和践行社会主义核心价值观，立足学校实际，将文化建设融入工作全局，秉承“艰苦朴素，求真务实”校训精神，坚持打造优良的校风、教风、学风，坚持推进以文化人、以文育人、以文塑人，围绕卓越文化建设目标，统筹推进文化建设各项工作。

【开展主题文化宣传】

聚焦重要活动、重要时间节点开展文化宣传。围绕“中国共产党成立100周年”“国庆日”“全国文明校园”“党史学习教育”“70周年校庆”“学校‘十四五’事业改革与发展总体规划”“深入学习贯彻党的十九届六中全会精神”“开学季”“毕业季”等，设计制作专题橱窗、专题展板、专题网页版头、大型喷绘等，举办“与党同行　初心如磐”庆祝中国共产党成立100周年办学成就展、“初心印山河——庆祝中国共产党成立100周年摄影作品展”，营造浓厚文化氛围。

【提升地大文化形象】

成立文化建设专项规划编写组，开展“十四五”卓越文化建设专项规划编制工作，经充分调研、广泛征求意见和深入研究论证，起草《“十四五”卓越文化建设行动计划》，组织完成2021年“双一流”文化传承创新项目申报及上一年度项目总结工作。

完成2021年“中央高校建设世界一流(学科)和特色发展引导专项资金项目”申报，牵头2022年度高校思想政治工作精品项目申报，“聚焦学科特色，涵养卓越品格：着力构建新时代文脉相传的大学校园景观文化育人体系”获批文化育人类项目立项；举办南望山校区、未来城校区两校区文化景观规划与建设座谈会，推进珠穆朗玛(攀登)雕塑景观建设，更新院士长廊66个展位布置。

完善并发布学校视觉形象识别系统。完成《中国地质大学(武汉)章程》“学校标识”部分的修订，公布校徽、校名中英文标准字体、标识组合、校标、校训、校歌、校旗、标准色、辅助图形等基本形象元素的规范性描述和界定，以及其在办公、事务、导视等有关应用领域使用的延伸规范；规范校歌《勘探队员之歌》的五线谱、简谱标准版本。

规范文化创意产品开发。起草《中国地质大学(武汉)文化创意产品开发推广管理办法(试行)》《文创产品开发审批备案须知和业务流程图》《中国地质大学(武汉)校园文化创意产品设计申请表》，规范校园文创产品管理；举办第二届校园文创设计大赛，新开发文创产品 20 余种，制作学校视觉形象识别系统系列办公用品 18 种。

【培育特色文化精品】

在地学科普中弘扬地学文化。承办湖北省自然资源厅第 52 个世界地球日主题宣传活动，在国际博物馆日开启“文博快车”项目；参加 2021 年湖北省全国科普日活动启动式暨主场活动、中科院第四届“科学节”暨 2021 年武汉植物园科普开放日主题活动，开展送科普进学校、社区，举办“问道地学　启赋长江——地学长江计划展”，优化升级系列科普研学课程，承接学生团体研学旅行和特色亲子研学；创作出版科普新书《漫游矿物世界》，策划出版了“互联网＋”地球科学教材、“互联网＋”珠宝教材、矿产资源潜力评价、中国重要经济区和城市群地质环境图集、海外地质矿产勘探、中国重要地质遗迹等系列丛书。

在社会实践中赓续红色基因。与云南保山、湖北恩施等 5 地共建“乡村振兴实践育人基地”，联合华中九校发起“大学生长江大保护行动计划”。巩固暑期“三下乡”“返家乡”“新青年下乡”社会实践品牌，全年组织 200 余支暑期社会实践团队，2 万余名学生奔赴基层一线开展社会实践活动；开展“永远跟党走　奋进新时代”寒假社会实践，60 余支红色专项实践团队重走红色足迹、访谈红色人物、挖掘红色故事，进一步引导青年激发奋斗精神、强化使命担当。

在文化传承中厚植家国情怀。加强“编钟艺术”教育部中华优秀传统文化传承基地建设，将基地建设纳入学校“双一流”建设规划，通过课堂教学、实践体验、科学研究等开展基地建设；举办“奋斗百年路　颂歌献给党”编钟专场音乐会暨中华优秀传统文化传承基地揭牌仪式，开展“编钟的前世今生”编钟体验营活动，引导学生增强文化自信；组织“颂歌献给党——第三届地大好声音教职工歌手大赛”，举办“追梦新时代　巾帼绽芳华”女教职工座谈会、“初心如磐 薪火相传”教职工荣休典礼，激发教职工爱党爱国爱校之情。

【文化育人成效显著】

优秀典型持续涌现，初步形成追求卓越的文化氛围。选树“首届湖北省杰出人才奖”获得者殷鸿福院士、“山水教授”李长安、“三八红旗手”王红梅教授、湖北青年五四奖章获得者宋海军、让“疯狂石”变“幸福石”的杨明星教授、获批国家自然科学基金的 86 岁退休教师陈崇希、接连发现世界古鱼类新物种的本科生刘一龙，以及发现世界首个龟胚胎的硕士研究生柯宇铮、援藏教师陈红兰、扶贫路上践行初心使命的校友张立吉、书写矿难救援奇迹的校友肖明国、用四十年青春书写女地质工作者家国情怀校友张妍，对广大教职工、学子、校友的先进事迹进行广泛宣传。持续开展“大学生自强之星”“向善向上好青年”等优秀青年寻访活动，杜胜（自动化学院 2016 级博士研究生）、牛迪（体育学院 2019 级硕士研究生）获评“中国大学生自强之星”，范友（体育学院 2019 级硕士研究生）获评 2021 年“中国电信奖学金”，周晴（机电学院 2019 级本科生）入选联合国青年外交官计划，张小溪（地信学院 2018 级本科生）、张芳源（经管学院 2019 级本科生）、宋泽文（公管学院 2020 级硕士研究生）入选“湖北省大学生骨干班”，张煜炜（自动化学院 2018 级本科生）、李云秀（艺媒学院 2019 级本科生）当选湖北省校媒主席团成员，研究生支教团入选“致敬志愿者——志愿公益创造营 2021”。

美育工作取得成效，高雅艺术引领校园文化风尚。依托大学生文化艺术节，培育精品项目和“一院一品”优秀项目，打造“我们的故事”校园短剧大赛、“星歌赛”新声歌手大赛、“服装首饰搭配”大赛、“与美同行，科学相伴”等校本文化活动，开展大学生艺术团专场、高雅艺术进校园、元旦嘉年华等大型活动。创作“永跟党走，奋斗强国”百米长卷，开展“建党百年”隧道壁画创意设计大赛、红色电影展播等系列活动，引导青年师生感悟党的百年奋斗历程。

【文化建设成果丰硕】

学校 1 部科普作品获评“全国优秀科普作品奖”，4 种图书入选“自然资源部优秀科普图书”，5 本图书获评“湖北省优秀科普作品”（表 1）；逸夫博物馆馆长刘先国获评“第五届湖北省科普先进工作者”；学校主办的《宝石和宝石学杂志（中英文）》及《中国地质大学学报（社会科学版）》入选 2021 中国精品期刊展，并在“建党 100 周年主题宣传精品期刊”区域展出。“‘科学精神 薪火相传’文化传承志愿服务项目”获湖北青年志愿服务公益创业赛金奖。2021 年，学校逸夫博物馆获评武汉市科普教育基地、湖北省文博系统“十佳研学课程”、第二届“我身边的化石”科普创作大赛优秀组织奖。

表 1　2021 年科普作品获奖情况

序号	作品名称	作者	奖项名称
1	《跟地质学家去旅行》	顾松竹	全国优秀科普作品奖
2	《漫游矿物世界》	陈晶等	自然资源部优秀科普图书
3	《江山地学科普丛书（3 册）》	唐小明、吴雪琴等	自然资源部优秀科普图书
4	《至暗历劫——显生宙五次生物大灭绝》	刘锐	自然资源部优秀科普图书
5	《玩转世界地质公园科普丛书（2 册）》	李江风等	自然资源部优秀科普图书
6	《湖北省地质博物馆》	湖北省国土资源厅	湖北省优秀科普作品
7	《山》	李舜贤等	湖北省优秀科普作品
8	《“雪龙”啊，你慢些游——南极科学考察科普丛书》	叶瑛	湖北省优秀科普作品
9	《变魔术的宝石》	范陆薇	湖北省优秀科普作品
10	《边游边学——黄冈大别山世界地质公园路边地质故事》	李江风	湖北省优秀科普作品

创排作品《观乐》，参演建党特别节目《我们》，成功登上由中宣部主办、共青团中央、中央电视台承办的“五月的鲜花”全国大中学生文艺汇演主题晚会，实现连续8年荣登央视舞台。2021年，创作4件作品参加湖北省第七届大学生艺术展演活动，获优秀组织奖1项、甲组一等奖3项，其中男生合唱作品《渔家傲》《忆秦娥·娄山关》代表湖北赴成都参加第六届全国大学生艺术展演，荣获全国大学生艺术展演活动一等奖1项、二等奖1项，学校被授予“高校优秀组织奖”。创编《你的短发》情景表演唱节目，在湖北省教科文卫体工会“中国梦·劳动美——永远跟党走　奋进新征程”文艺汇演中荣获二等奖。

（撰稿：王诲；审稿：储祖旺、吴仁喜）

体育活动

【概况】

2021年是中国共产党成立100周年，也是学校“整改落实”年。体育学院在习近平新时代中国特色社会主义思想的引领下，不断加强基层党组织建设，推进党史学习教育。学院选聘了李元教授为新一任体育学院院长，接受了学校第三巡察组巡察工作。在学校体育运动委员会的统筹规划和指导下，坚守健康第一育人理念，紧扣立德树人根本任务，弘扬“严在地大”优良校风，持续强化体育育人特色，获批1门省级一流本科课程、1个省级一流本科专业；在保持登山户外运动优势的同时，积极探索开展各项师生阳光体育运动，不断提升地大师生身体素质和健康水平。学院选树以“全国自强之星”牛迪为代表的一批师生先进典型，彰显体育的育人功能，体育育人实效不断凸显。

【大学生体质健康测试工作】

2021年完成了全校4个年级近18 000名本科学生体质健康测试工作。体测中心于2021年完善了硬件设施与软件服务的配套，学生通过专用测试软件，基本实现了测试时间提前预约、测试成绩及时查询，提高了学生体质健康测试工作效率和成绩达标率。为了保证测试工作的公平公正，不断优化测试仪器数据采集精准度，增加了实验室的监控系统、门禁系统。通过电子显示屏宣传、开展两个校区荧光夜跑、校园乐跑等活动营造体育锻炼的氛围，提高全校体质健康测试的宣传效果。2021年全校学生体质健康合格率为90.3%。

【师生群体工作】

2021年体育学院与校工会、学工处、校团委加强合作，在疫情常态化管理情况下，选择性开展丰富多彩的体育活动，促进校园文化建设。本年度组织了全校运动会、“一二·九”冬季长跑、广播体操、拔河、男子足球、女子足球、男子篮球、女子篮球、男子排球、女子排球、羽毛球、乒乓球、网球、飞盘等各项体育赛事及活动近20项。通过创新体育比赛活动形式，学生参与面大大增加，全年参加体育赛事活动的学生近15 000人次，校园体育锻炼氛围良好。

规范体育社团和指导老师的管理，发挥

体育社团在学校群体活动中的纽带和桥梁作用。2021年,体育学院15位教师参与了17个体育类社团的指导工作,1个体育社团获评"十佳社团"。

【高水平运动队建设及竞赛获奖情况】

抓好高水平运动队训练,关心普通学生代表队的训练和比赛,做好学生运动会的后勤保障工作。学校游泳、田径及羽毛球3支运动队在青岛举行的全国学生运动会上再创佳绩,以团体135分全国第23名的成绩再次获得"校长杯",得到教育部及省教育厅的充分肯定和嘉奖;学校攀岩队在全国运动会上也获得两银一铜的好成绩,两名攀岩教练获得湖北省政府的表彰。学校游泳、羽毛球运动员代表国家队参加奥运会也获得了优异的成绩,为国家争得了荣誉,给学校带来了荣光,也让地大师生学子感到无比骄傲。具体赛事获奖情况见表1。

表1 2021年各项赛事获奖情况

赛事	参赛项目	参赛成绩
东京奥运会	游泳	4×100米混合泳接力银牌;100米蛙泳第六名
	羽毛球	混双金牌;混双银牌
第十四届全国运动会	攀岩	全能冠军;速度冠军;全能第三名
	游泳	4枚金牌;4枚银牌
	羽毛球	2枚金牌;2枚铜牌
第十四届全国学生运动会	羽毛球	1枚银牌
	田径	1枚铜牌
	游泳	6枚银牌;8枚铜牌;15人获前八名
全国攀岩锦标赛		难度第一、第六名;攀石第一、第五名;两项全能第一、第五名;速度第五名
2021攀岩速度赛		男子速度接力第一名

(撰稿:李洁、李铭;审稿:庞岚、李元)

学生科技竞赛

【概况】

2021年,学校课外科技工作继续坚持以"挑战杯""创青春"为龙头,以"青年科技节"为主线,将科普教育、学院特色科技实践活动与卓越人才培养相结合,进一步优化分层分类,完善针对性强、覆盖面广的"基础型—发展型—卓越型"大学生科创工作体系。深入推进"学院特色科技活动""大学生基础科研训练计划”等特色活动，持续打造“大学生自主创新资助计划”“高徒计划”“卓越地质师计划”等品牌项目。通过浓厚校园学术氛围、优化创新创业实践工作体系，鼓励更多学生参与、感悟、体验创新创业实践活动，不断提升学生核心竞争力和综合素质。

【人才培养】

依托“高徒计划”“卓越地质师计划”“大学生自主创新资助计划”等项目，与科发院、国家重点实验室、地调院、青年科技工作者协会等单位深入合作，整合聚力，进一步完善卓越型人才的培育体系建设。2021年“高徒计划”报名51人，招收学员38人，其中地矿国重13人、生环国重25人，2021年“高徒计划”学员共计推免研究生11人，其中地矿国重3人、生环国重8人。第六期大学生自主创新资助计划展开结题考核，其中领航团队10支、启航团队62支。先后约有800余名学生参与项目研究工作，约有100余名专职教师指导学生开展科技活动。

【科技竞赛】

稳保昂扬状态，做好大型双创赛事的组织工作。2021年，10支团队入围湖北省“挑战杯”大学生课外学术科技作品竞赛红色专项；1支团队进入国赛终审环节，获得全国一等奖；学校获评“挑战杯”全国大学生课外学术科技作品竞赛专项活动优秀组织奖。传统赛道学校共报名63支团队，涉及16个单位，累计参赛学生304人，通过书面评审、校赛遴选等环节，选送12支队代表学校参加湖北省“挑战杯”大学生课外学术科技作品竞赛，获得一等奖5项、二等奖7项，捧得湖北省第十三届“挑战杯”大学生课外学术科技作品竞赛“优胜杯”；选送6支团队参加国赛，获全国二等奖1项、三等奖4项。

【特色科技活动】

各学院依托“第二十二届青年科技节”，通过举办学院特色科技活动及科技论文报告会等，建立了学科特色鲜明、同学广泛参与的科技工作体系，形成了学院特色科技工作品牌。资源学院“寻找李四光·卓越地质师培育工程”、材化学院“身边的化学”等学院特色科技活动，已成为学校青年科技节“一院一品”工作品牌，青年科技节每年吸引10 000余名青年学生积极参与；2021年，校团委共计支持学院特色科技活动9项。组织开展第32届“学生科技论文报告会”，从25个培养单位的作品中选拔出164份研究生作品参加决赛，最终11个团队获得特等奖，34个团队获得一等奖，119个团队获得二等奖，509个团队获得三等奖；评选出本科生类特等奖3项、一等奖11项、二等奖21项、三等奖61项。

（撰稿：郭小玉；审稿：朱荆萨）

学生社团活动

【概况】

在学校党委领导、校团委学生社团指导中心的具体指导下，社团联合会坚持“服务社团成长，服务学生成才”的宗旨，秉承建设“百年老店”学生社团的工作理念，立足“众创、众评、众筹"工作方法,筑牢社团安全防线、提高社团活动水平、提升社团活动格局,助力社团在建设学生"第二课堂"中发挥重要作用,不断繁荣校园文化。2021年在册社团108个,分为人文社会分会、学术科技分会、公益服务分会、体育分会、艺术分会、地子归校友分会等六大分会。根据《中国地质大学(武汉)学生社团建设管理实施办法》要求,进一步完善社团管理模式,打造师生共创百米长卷、隧道壁画创意设计大赛、百团大战及社团文化云上体验营、花灯设计大赛等品牌特色活动,受到师生一致好评。

【"永跟党走,奋斗强国"师生共创百米长卷】

为庆祝中国共产党成立100周年,深入推进党史学习教育,社团联合会、书画协会、离退休干部处、国际教育学院联合组织开展了"永跟党走,奋斗强国"师生共创百米长卷活动。活动自2020年底启动以来,经过党史故事梳理、作品选题、作品临摹创作、作品装裱等环节,历时半年,长卷于今年6月装裱完成。长卷分为序言、主体、创作人员和鸣谢3个部分,主体部分为27名教师、122名在校生、4位附校学生、17名留学生参与创作的50幅国画作品、50幅书法作品和100枚篆刻作品。

【隧道壁画创意设计大赛】

建党100周年之际,社团联合会在全校范围内组织开展"心怀报国志,执笔画青春"隧道壁画创意设计大赛,打造地大特色文化长廊。以"上天、入地、下海、登极""美丽中国 宜居地球"为壁画主题,各社团、学生组织共同创作171幅创意作品,彰显地大学子爱党爱国初心。

【百团大战及社团文化云上体验营】

疫情防控常态化背景下,社团联合会始终做到线下活动严要求、线上活动速转型。4月举办"百团大战",通过展演的方式向全校师生展现社团魅力。按照疫情防控要求,社团文化体验营活动首次采取线上直播方式,以近3500人的观看量突破社联线上活动记录,提高了地大社团知名度。

(撰稿:吴迪;审稿:朱荆萨)

社会实践活动

【概况】

根据团中央、中央文明办、教育部等中央部委的文件精神,2021年,学校暑期社会实践活动以"永远跟党走,奋进新时代"为主题,在疫情防控常态化的背景下,积极创新实践内容,优化组织动员方式,鼓励师生采取"云调研""云实践""云直播"的方式,鼓励学生关注乡村振兴战略的实施情况,以专业知识致力于"长江大保护",同时利用专业技能助力疫情防控以及复工复产,以实际行动庆祝中国共产党成立100周年,勇做担当民族复兴大任的时代新人。

完善志愿服务工作体系,推动志愿服务转型升级。坚持校内外联动,立足于社区治理,广泛开展志愿服务活动,形成校内校外双循环的工作格局,把治理效能转化为育人成果。着力推进青年志愿服务制度化,修订《中国地质大学(武汉)志愿服务时长认证规范》，鼓励支持全体团员成为注册志愿者；推动志愿服务信息化建设，制作“志汇纪”微系统，搭建激励型服务平台；持续扩大志愿服务供给，广泛开展敬老爱幼、心理援助、社区治理、大型赛会等活动，志愿服务在校园蔚然成风；推进专业志愿服务建设，持续打造精品项目，并斩获湖北青年志愿公益项目大赛公益创业赛金奖及湖北省新时代文明实践志愿服务项目大赛金奖。

【“三下乡”暑期社会实践】

牢固树立实践育人、德育为先的理念，聚焦基层一线，强化体验教育，推动社会实践与专业实践、创新创业教育实践等交融渗透，力求常态长效。推进社会实践基地化建设，主动融入乡村振兴战略。2021 年，学校与云南保山、湖北恩施等 5 地共建“乡村振兴实践育人基地”。主动服务长江大保护战略，打造生态文明育人品牌，联合华中九校发起“大学生长江大保护行动计划”。巩固暑期“三下乡”“返家乡”“新青年下乡”社会实践品牌，在各学院、各相关部门的大力宣传和积极动员下，全年组织 200 余支暑期社会实践团队，2 万余名学生奔赴基层一线开展社会实践活动，获主流媒体报道 60 余次，1 个项目获评湖北省“三下乡”社会实践优秀项目，4 人获评湖北省“三下乡”社会实践优秀个人，10 支团队获评湖北省“三下乡”社会实践优秀团队，学校团委获评 2021 年全国大中专学生志愿者暑期“三下乡”社会实践活动优秀单位。

【志愿服务体系建设】

完善志愿服务工作体系，提升组织育人凝聚力。保持稳定频率持续优化升级“志汇纪”志愿服务管理系统，规范志愿服务时长认定管理。加强校级青年志愿者协会、22 个院级青年志愿者协会和 19 个志愿服务社团建设，抓好学生志愿服务活动组织和志愿者培训、管理。

2021 年新增本科生注册志愿者 4698 名，新生本科生注册率 87.9%，本科生注册总人数16 174人，各分会、公益社团共开展 532 次志愿服务活动，参与人数 7384 人次，当年累计志愿服务时长136 049小时，较去年同比增长 11.88%。全年面向全校志愿者开设大型志愿服务文化论坛 3 期，顺利完成迎新志愿服务工作、东航爱心机票活动、我为师生办实事系列活动，并且在 2021 年寒假期间动员全校 300 余名同学参与“冬奥云支教”活动，助力“云上冬奥”；2021 年寒暑假志愿服务工作顺利开展，共计开展抗洪抗疫类活动 75 项，地大志愿者积极参与河南等多地的救援、灾后重建工作，服务时间共计 4941 小时。

【西部计划志愿者】

完成西部计划志愿者的招募、选拔、派遣工作，从 2021 届毕业生中选拔 8 名优秀志愿者赴新疆建设兵团、西藏等地开展 1～3 年志愿服务工作。按照团中央青年志愿者工作部《关于组建中国青年志愿者第二十四届研究生支教团的通知》和《中国地质大学(武汉)研究生支教团招募管理办法》有关规定，通过资格审查、面试答辩等多个环节筛选，最终评选出韦士莉、杨熙、杨丁华等 11 名优秀本科生组建第二十四届研究生支教团,计划于 2022 年 7 月赴云南楚雄、湖北恩施等服务地开展为期一年的支教工作。

【志愿服务成果】

打造志愿服务品牌项目,依托学科专业服务社会需求,继续推进“竹山扶贫志愿活动专项”,全力服务地方经济社会发展;“引源筑梦——精准扶贫社会实践团”实践活动持续开展,受到人民网、教育部官方网站等媒体报道,用实际行动助力教育扶贫;积极推进志愿服务进社区,以志愿服务助力社会治理,与地大、邮科院等 6 个社区续签共建协议,“1＋N”区校共建志愿服务项目入选团中央“七彩社区”项目,武汉地区社区非物质文化遗产的现实应用与公益推广项目入选湖北省“梦想社区”项目,“1＋N”区校共建志愿服务、“情系朝阳,爱暖岁暮”南望山社区系列活动入选武汉市“青春社区”项目。推进专业志愿服务建设,持续打造“科学精神 薪火相传”“红色之声宣讲”等精品项目,斩获湖北青年志愿公益项目大赛公益创业赛金奖、湖北省新时代文明实践志愿服务项目大赛金奖。研究生支教团获省级以上媒体宣传报道 60 余次;在 2021 年寒假冬奥期间,全校共有 2 名同学参与北京冬奥会的志愿服务工作。

(撰稿:郭小玉;审稿:朱荆萨)

Nianjian

国内外交流与合作

外事与学术交流

【概况】

2021年是中国共产党成立100周年，同时也是“十四五”规划开局之年，站在“两个一百年”历史交汇点，面对新冠肺炎疫情给教育对外开放事业带来的前所未有的重大挑战，国际合作处(国际教育学院)将学习贯彻习近平新时代中国特色社会主义思想及党的十九大和十九届历次全会精神紧密结合起来，以学校整体国际化战略为指导，以全面提升学校国际化办学能力为目标，在大变局中坚持做好国际交流和合作，稳步推进学校“双一流”建设，强化责任担当，主动适应国际形势变化，结合发展大势及党和国家的工作大局，推动新时代教育对外开放。

【区域与国别研究中心建设】

2021年，约旦研究中心依托课题“中东区域合作与推进共建“一带一路”中的重大现实问题研究:波斯湾及毗邻地区潜在合作风险与对策建议”，对我国“一带一路”倡议的进展情况和中东波斯湾地区的形势变化进行了相关资料的全面收集和系统研究。

土库曼斯坦研究中心撰写的关于打造湖北内陆开放新高地等两篇资政报告被湖北省政协十二届四次会议采用，其中一篇成为省政协督办重点提案。

【引智工作】

2021年，高度重视外专引智项目对学科发展的重要推动作用，克服新冠疫情和复杂国际形势对国际科技合作的影响，积极组织各学院申报科技部外国专家项目。最终获批高端外国专家引进计划5项、“一带一路”创新人才交流外国专家项目2项和外国青年人才计划1项。外国专家项目获批经费达162万元。

力求拓宽国际合作项目申报渠道，积极申报教育部、外交部、留学基金委等部门的各类项目。依托中巴经济走廊平台，紧扣教育主题，引导公管学院申报“亚洲合作基金项目”,项目名称为“中阿巴三方合作机制下中国-阿富汗-巴基斯坦经济特区投资合作研究”,重点关注中国、阿富汗、巴基斯坦的经济特区建设与投资合作。

积极引导校内7个“111”引智基地持续开展与国际专家团队的线上学术交流活动,推动引智基地建设。“壳幔交换动力学创新引智基地”通过网络视频会议,组织学校与澳大利亚麦考瑞大学和澳大利亚国立大学三方100余名研究成员,开展线上学术研讨会。“沉积盆地动力学与油气富集机理引智基地”邀请美国印第安纳大学 Juergen Schieber 教授作了“A Brief Survey of Shale Geology”系列讲座。“岩浆–热液成矿系统学科创新引智基地”开设两门英文课程“Giant Metallic Deposits”“Guidelines for Writing and Publishing Scientific Manuscripts in Geosciences”。“复杂系统先进控制与智能自动化学科创新引智基地”举办线上系列讲座96人次,新开设研究生国际化课程2门。“环境水文地质引智基地”基地负责人王焰新院士当选国际地球化学协会会士。滑铁卢大学 Philippe Van Cappellen 院士牵头与学校联合建设的全英文授课课程“Environmental Reactive Transport Modeling”于2021年11月首次面向研究生开课。由中国–加拿大–俄罗斯–瑞典等20余位科学家组成的跨学科研究团队成员合作成果“寒区关键带”发表在国际顶尖期刊“*Annual Review of Environment and Resources*”上。“重大地质灾害预测与防控学科引智基地”创立了“重大地质灾害预测与防控学科”引智基地系学术报告品牌。主办了第三届巴东国际地质灾害学术论坛,来自中国、美国、德国、意大利等22个国家和地区的工程地质领域专家学者参与了本次论坛,直播观看量超过116万人次。

【国际会议】

积极组织协助相关院系申报和举办线上线下多种形式的国际会议,2021年国际会议申报执行国际会议9项。2021年5月28—30日,中国地质大学(武汉)经济管理学院、电子商务国际合作中心、美国阿尔弗雷德大学商学院和德国巴登-符腾堡州联合大学共同主办第二十届武汉电子商务国际会议,会议主题是“人工智能赋能的商业创新”。2021年8月12—13日,由学校与湖南大学共同承办的第九届DNA纳米技术国际学术研讨会线上召开。2021年10月30—31日,由珠宝学院,湖北省人文社科重点研究基地共同举办的第二十九届武汉国际珠宝学术会议,因按照常态化疫情防控要求,以线上会议为主举行。2021年11月26—28日,由机械与电子信息学院主办的第八届机电与机械工程国际会议(ICMME 2021)线上召开。国内外近50名分别来自中国、马来西亚、日本、加拿大、克罗地亚等国的知名学者及研究生出席了本次会议。2021年11月26—28日,第三届巴东国际地质灾害学术论坛,通过线上线下相结合的方式举办,会议由国家自然科学基金委员会地球科学学部、国际工程地质与环境协会(IAEG)、中国地质大学(武汉)、巴东县人民政府主办。来自中国、美国、德国、意大利、奥地利、挪威、希腊、韩国和捷克等22个国家和地区的工程地质领域专家学者、技术人员和研究生通过线上线下方式进行广泛深入的学术研讨。2021年11月29日—12月3日，由中国科学院高能物理研究所主办，中国地质大学(武汉)承办的北京谱仪III(BESIII)国际合作组2021年冬季会议成功举行，会议采用线上会议形式。来自中国、巴基斯坦、瑞典、俄罗斯、波兰、意大利、德国、土耳其、荷兰、英国、美国、泰国、韩国等的267名研究人员和研究生注册会议。由欧洲科学院院士余家国教授发起，由学校、深圳技术大学、长沙学院、江汉大学和淮北师范大学联合举办的太阳燃料国际学术研讨会(IWSF)成功举办，来自美国、日本、韩国等国内外知名高校和研究机构的300多名专家学者及相关领域的师生参加本次国际会议(表1)。

【因公出访】

2021年，因受新冠肺炎暴发影响，因公临时出国(境)受限，多数国际交流活动或取消或由线下转为线上。学校因公临时出国(境)团组仅1个共计1人次，均为学术交流。无校级领导因公出国(境)。

【中外合作办学】

为落实教育对外开放，克服困难，以多种形式推进开放办学，服务国际交流与合作。2021年与澳大利亚新南威尔士大学、日本东北大学、英国伯邓迪大学、波兰亚当·密茨凯维奇大学、哥伦比亚大学等20所大学建立了校际合作关系。组织线上校际会谈17次。

【中国学生海外交流学习情况】

2021年，共有4名本科生参加线下短期出国交流学习项目，其中"大学生国际交流基金"资助3人；另有19名学生参加各类线上国际交流(学习)课程。全年共计210名本科生出国留学(其中包括46名中外本科教育合作项目学生)。

"地下水科学与工程本科教育合作办学项目"招生52人。11月，该项目2020级全体同学参加了滑铁卢大学举办的入学语言测试，通过率为83%。3月，该项目顺利通过教育部中外合作办学项目的年审和评估。

计算机科学与技术专业本科教育中外合作办学"项目招生65人，12月，该项目2020级学生已完成3门外教课程的学习，课程平均通过率达98%。3月，该项目顺利通过教育部中外合作办学项目的年审和评估。

【孔子学院】

2021年学校支撑的孔子学院克服困难，坚持以各种形式开展国际中文教学和文化交流活动。学校作为中方支撑院校，积极通过各种渠道选派优秀国际中文教育师资，为外派人员提供可靠服务保障，常年外派20名国际中文教师在各孔子学院开展教学工作。

美国阿尔弗莱德大学孔子学院继续组织线上、线下文化、学术交流活动。全年组织"中西乐话"10线上音乐会，继续组织线下太极、中国传统节日等中国文化体验活动。孔子学院中文教学稳定开展，教学更加规范化。孔子学院中文教学点8个(含2个孔子课堂)，注册学生达720人。孔子学院11月份成功召开全美第五届中文沉浸式教学大会。全年举行文化活动53场，参加人数达到9000人。

表 1　2021 年中国地质大学(武汉)重要国际会议

序号	举办时间	会议名称	国家及地点	参与国家数量/个	参加人员数量/人	外宾人数/人
1	2021 年 5 月 28 日—30 日	第二十届武汉电子商务国际会议	中国/武汉	7	180	13
2	2021 年 6 月 11 日—13 日	第五届机器人与自动化科学国际会议	中国/武汉	7	55	15
3	2021 年 8 月 12 日—8 月 13 日	第九届 DNA 纳米技术国际学术研讨会	中国/武汉	9	928	25
4	2021 年 9 月 23 日—25 日	第三届大数据与人工智能产业应用国际会议	中国/武汉	4	36	4
5	2021 年 10 月 30 日—31 日	第二十九届武汉国际珠宝学术会议	线上	2	100	2
6	2021 年 11 月 26 日—28 日	第八届机电与机械工程国际会议	中国/武汉	7	50	6
7	2021 年 11 月 26 日—28 日	第三届巴东国际地质灾害学术论坛	中国/湖北巴东	4	150	13
8	2021 年 11 月 29 日—12 月 3 日	北京谱仪 III(BESIII)国际合作组 2021 年冬季会议	中国/武汉	6	267	37
9	2021 年 12 月 11 日—12 日	太阳燃料国际学术研讨会	中国/武汉	10	299	13

保加利亚大特尔诺沃大学孔子学院运营稳定。孔院工作人员13人(其中保方专职3人),在12个城市开设40个汉语教学点(含孔子课堂2个),注册学员人数达到2000人。全年举办孔子学院日、中国文化体验、中国知识问答、中国电影周等13场线下中国文化推广活动,参加人数达6000多人。10月,成功举办第八届"中国与中东欧政治、经济、文化关系"国际学术研讨会,70多名各国专家学者以线上、线下形式参会。

(撰稿:张友丽;审稿:范铭)

港澳台工作

受疫情影响,2021年,报考学校的港澳台生人数较少。目前在校港澳台学生9名,其中本科生7名、博士生2名。

2021年6月29日—7月2日,澳门科技大学12名师生来学校实地参加了由我校和澳门科技大学共同举办的"楚汉文化及柴达木盆地野外地质考察研习"活动。

学校港澳台学生圆满完成"教育部港澳台学生国情教育"线上学习,共计50学时。珠宝学院顺利执行2021年度港澳台学生国情教育项目"港澳台大学生中华优秀传统文化研习营",并成功申报2022年度港澳台国情教育项目。

(撰稿:张友丽;审稿:范铭)

校友与教育基金工作

1. 校友工作

2021年校友工作在学校党委和行政领导、校友会理事会指导下,紧密围绕学校中心工作,深入学习贯彻党的十九届六中全会精神,在疫情常态化背景下,不断创新工作模式,积极推进校友会组织建设,打造优质校友品牌活动,开展优秀校友宣传报道,推进校友工作信息化建设。

【组织体系建设】

积极推进分会成立和换届。6月27日,甘肃校友分会成立,鄢峰任会长,梁庆国任秘书长。10月30日,浙江校友会绍兴分会成立,伍法权任会长,朱建峰任秘书长。6月3日,2021届毕业生校友分会组建,273名毕业生受聘为"校友大使"。4月24日,陕西校友分会第二届理事会成立,马骉任会长,李涛任秘书长。12月5日,云南校友分会第三届理事会成立,费宣任会长,汪才芳任秘书长。12月28日,在省委统战部统筹部署下,湖北省高校海外校友会联盟成立,学校加拿大校友分会会长冯建德担任联盟副主席,美国校友分会会长黎观城、越南校友分会会长宋忠伟、澳新校友分会会长张基得、老挝校友分会秘书长张小哎4位会长成为主席团成员。

【校友品牌活动】

持续打造优质校友品牌活动。5月,"全桂矿业·地大杯"第六届校友足球赛阔别两年重新开赛，来自北京、广州等地的16支校友分会足球队参赛，500余位校友及家属重返地大校园。7月，受疫情影响，“地二代”地学科普夏令营线上开班，邀请了“Earth 24H”科普品牌创始人、学校艺术与传媒学院2012级校友王子豪担任主讲人，徐世球教授担任科学顾问，共计吸引了3000余人次线上打卡听课，好评如潮。10月，“校友节·值年返校”活动以线上线下相结合、线上活动为主的方式进行，线下返校吸引了300余名校友回母校打卡，千名校友线上参加。

【深化工作内涵】

与学校各部门紧密协作，深度参与学校建设。与学生就业指导处共同推进2021年就业协作会暨校友企业专场招聘会、2022届毕业生秋季招聘会、第二十七届毕业生供需见面会，持续对接校友企业与学院开展线上双选；依托校友会活动助力招生宣传；配合校史馆开展校友的校史资料捐赠宣传、校史馆建设方案征集；配合发展规划与学科建设处征询校友对学校“十四五”规划的意见建议；积极参与校庆相关工作，邀请李忠荣、熊友辉等校友回校参加70周年校庆工作动员大会，181名校友被聘为“校庆大使”；发动各校友会积极参加70周年校庆活动，营造浓郁的校庆氛围。

信息赋能校友工作。牵头协同档案馆、本科生院，以历届学生成绩卡、教学计划、学生卡片等档案资料为依据，对纸质材料进行扫描、人工录入和数据清洗，收集整理校友数据27.1万条，班级信息5029个。经过数据清洗、入库有效校友数据15万余条、班级数据3000余个，有效补充和完善校友基础数据。在信息化工作办公室支持下，推进“地大人”小程序上线，实现校友与母校之间、校友之间的指尖联络，约2万名校友注册电子校友卡。

走访校友分会和各地校友。党委书记黄晓玫、校长王焰新院士、副校长傅安洲、副校长刘杰等赴西安、上海、武汉、兰州、十堰、成都、昆明、深圳、佛山等地走访校友企业和看望校友，增进校友与母校的联系，为校企合作奠定基础。

【宣传校友文化】

优化校友会宣传阵地，搭建校友工作一网、一微、一报、一刊的宣传矩阵。2020年《地大人》如期推出；校友会官微年发文数250篇，年阅读量达258 130人次；新推出的《校友会工作简报》(双月刊)助力分会间工作交流。

校友处牵头联合学校其他职能部门如期启动“优秀青年校友宣传活动”，全年推出26位优秀青年校友，从扎根基层、创新创业、学术研究等多个领域展示了地大青年努力拼搏的工作状态，展示了学校人才培养优质成果，树立了在校生思想引领的优质榜样。

(撰稿：丁苗苗；审稿：胡肖、陈华荣)

2. 教育发展基金会工作

捐赠资金稳步增加。修订《接受社会捐赠管理办法》，努力构建“学校—学院—教职工”三级募资网络，健全校院两级相结合的多层次、多渠道的社会支持长效机制。顺利完成基金会2020年财务审计和年度检查。初步拟定了70周年校庆筹资任务分解方案。截至12月30日，募集到来自熊友辉、卢禄华、龚树毅、李忠荣等校友和北京雅展展览服务有限公司、丹东百特仪器有限公司等单位共计捐赠944.82万元。

(撰稿：张鑫、周迪；审稿：袁江、陈华荣)

〔附录〕

附表 1　2021 年教育发展基金会接受捐赠情况

序号	财务编号	捐赠项目	捐赠方	捐赠收入/元
1	2021001	新烨环保奖励基金	厦门三烨清洁科技股份有限公司	400 000.00
2	2018002	中仪股份创新奖学金	武汉中仪物联技术股份有限公司	100 000.00
3	2017003	佳源奖助学金	公安县佳源水务有限公司	400 000.00
4	2021003	李万亨奖学金	绍兴市广德贸易有限公司	200 000.00
5	2021003	李万亨奖学金	北京矿通资源开发咨询有限责任公司	50 000.00
6	2021005	菁英班奖学金	中国科学院理化技术研究所	50 000.00
7	2021003	李万亨奖学金	李嫲	122 017.82
8	2014018	鲲鹏奖学金	四川亮斧科技有限公司	10 000.00
9	2014022	工程学院梓亮奖学金	徐亮	15 000.00
10	2018013	周愁资助困难学生	周愁	10 000.00
11	2021007	工程学院 054072 班校友奖学金	054072 班校友	20 500.00
12	2021004	校史馆建设	龙岩市永翠慈善基金会	3 000 000.00
13	2021006	材化学院科技创新基金	龙岩市永翠慈善基金会	100 000.00
14	2021003	李万亨奖学金	陈岚	128 000.00
15	2012019	王大纯基金	都安神瑶医药健康管理有限公司	318 000.00
16	2012045	同心奖学金	北京雅展展览服务有限公司	200 000.00
17	2021008	融创服务奖学金	湖北融创物业服务有限公司	20 000.00
18	2018011	凌久电子奖学金	中船重工(武汉)凌久电子有限责任公司	100 000.00
19	2021009	百特奖学金	丹东百特仪器有限公司	500 000.00
20	2021010	小米学生工作室建设	北京小米移动软件有限公司	150 000.00
21	2011011	周大福奖学金	周大福珠宝金行(深圳)有限公司	225 000.00
22	2017011	我梦见大学生助勤帮困项目	湖北省教育基金会	200 000.00
23	2021011	中博教育支持学生活动	广州中博教育股份有限公司湖北分公司	15 000.00
24	2016008	爱贝尔 72911 奖学金	黄海晖校友	14 000.00
25	2020011	校史馆建设	武汉佑辉科技有限公司	3 000 000.00
26	2021012	工程学院堪基系非开挖领域建设	包头城建集团股份有限公司	100 000.00
27	2012010	未指定用途	网上捐赠	83 882.04
合计		9 531 399.86		

附表2　2021年奖助项目支出情况

序号	财务编号	捐赠项目	项目支出/元
1	2010001	锐鸣奖学金	150 000.00
2	2010007	占志斌校友奖学金	48 000.00
3	2011002	赵鹏大奖学金	15 000.00
4	2011011	周大福奖学金	225 000.00
5	2012008	李晓光助学金	20 000.00
6	2012013	三江中电设计竞赛资助奖励基金	50 000.00
7	2012017	信才奖学金	25 000.00
8	2012019	王大纯基金	122 000.00
9	2012020	水科学基金	34 000.00
10	2012031	研84校友奖励基金	15 000.00
11	2012034	地空学院爱心基金	44 500.00
12	2012045	同心奖学金	200 000.00
13	2013009	八二级水文系奖助基金	69 000.00
14	2013011	地空学院七九级返校捐赠	10 000.00
15	2014017	华狮化工奖学金	10 000.00
16	2014018	鲲鹏奖学金	6 000.00
17	2014022	梓亮奖学金	10 000.00
18	2015003	地调院研究生奖学金	12 000.00
19	2015012	中建三局奖学金	64 000.00
20	2015013	地学之光助学金－011853班	5 000.00
21	2016007	信息工程学院伟志股份助学金	20 000.00
22	2016008	机电学院爱贝尔72911奖学金	50 000.00
23	2016009	包头城建集团捐赠	70 000.00
24	2017006	宇驰奖学金	38 500.00
25	2017008	材料系发展基金	22 000.00
26	2017010	天图奖学金	17 500.00
27	2017011	助勤帮困基金	250 000.00
28	2017021	工程学院"Dietrich Stein"非开挖杰出贡献奖	50 000.00
29	2018002	地空学院中仪校友奖学金	20 000.00
30	2018011	机电学院凌久电子有限公司捐赠奖学金	16 000.00

续表

序号	财务编号	捐赠项目	项目支出/元
31	2019003	地学院88级校友捐赠奖学金	70 000.00
32	2019007	高山奖学金	80 000.00
33	2019008	机电华睿奖学金及竞赛举办	14 580.00
34	2019011	汗青奖学金	11 000.00
35	2019022	方圆辅导员奖励基金	4 856.45
36	2019023	工程学院钻探薪火奖学金	12 000.00
37	2019027	武汉沃隆云网通信公司捐赠奖助学金	347 200.00
38	2020002	捐赠因疫情影响的学生完成学业助学金	264 500.00
39	2020006	大学生竞赛公益项目(华为捐赠)	56 700.00
40	2020008	珠宝学院疫情防控及其他公益活动	20 000.00
41	2021003	李万亨经管奖学金	60 000.00
42	2021007	工程学院054072班校友奖学金	10 000.00
43	2021008	融创奖学金	20 000.00
合计		2 659 336.45	

附表3　2021年非奖助项目支出情况

序号	财务编号	捐赠项目	项目支出(/元)
1	2012014	宝得能源科技支持青年创新创业中心建设	6 650.00
2	2016002	学生群众体育活动项目	10 000.00
3	2017017	湖北盛帆公益基金支持绿色校园建设	158 760.00
4	2018012	地质创新创业大赛	4 400.00
5	2019010	工程学院勘机系卓越工程师计划	2 000.00
6	2019015	经管学院专业硕士学生经费(晔晔电力)	25 120.00
7	2019016	虚拟数字化技术实验室建设(无锡钻通)	461.00
8	2019017	安越大学生创新创业基金(厦门安越)	18 802.00
9	2019026	乐跑体育互联网(武汉)有限公司捐赠款	300 000.00
10	2020010	疫情防控专项捐赠	2 106 500.00
11	2020015	地质创新大赛	495 000.00
合计		3 127 693.00	

社会合作工作

2021年是“十四五”规划开局之年，是学校建设地球科学领域国际知名研究型大学的关键之年。社会合作工作坚持在做细做实社会合作各项具体工作上下功夫，在拓宽学校经费渠道上下功夫，积极筹措和汇聚各类办学资源，在校企合作、校地合作、服务需求、汇聚资源、推动平台建设方面都取得了进展。

【“名企合作行动计划”成效显著】

本年度共与25个单位签署了27份合作协议。按照学校党委关于推进“名企合作计划”的工作部署，今年实现了与央企集团公司、上市公司签署战略合作协议“零”的突破，与中国石化（股票代码：600028）、中国交建（股票代码：601800）、烽火通讯（股票代码：600498）、中控技术（股票代码：688777）、腾讯（股票代码：00700）、精测电子（股票代码：300567）等6家上市公司（龙头企业）签署了合作协议，为学校教师到大企业争取合作项目搭建了新平台，为各人才培养单位开展学生联合培养项目、建设高水平实习实训基地提供了新渠道，为促进科研经费增长、产教融合提高人才培养质量作出了积极贡献。中控技术、腾讯参与学校未来技术学院建设项目，为学校推进人才培养改革项目提供了有力支撑。

【校地合作工作继续加强】

按照学校党委统一部署，继续做好与省级人民政府签署战略合作协议的顶层规划。抓住山西省人民政府召开“省校合作大会”的契机，围绕服务山西能源企业转型发展、黄河流域生态保护和高质量发展战略，重点选择了山西晋能控股、华阳新材料集团等大型国有企业和运城市、原平市、天镇县作为战略合作依托单位，起草了协议文本并完成了校企、校地合作会商，在有组织服务地方经济社会发展方面探索了新思路。起草了与云南省人民政府重签战略合作协议的文本并开展了两轮会商，为学校在云南部署重大研究项目、拓展乡村振兴服务方面等营造工作环境。与陕西安康市、山东济宁市等签署合作协议并部署合作项目，扩大了社会合作覆盖面和“朋友圈”（表1）。

【服务地方重大需求不断拓展】

围绕湖北省委省政府关于解决“三磷”问题的战略部署，协同科发院、高等研究院，组织材化学院、环境学院、生物地质与环境地质国家重点实验室、纳米矿物材料教育部工程技术研究中心共同组团开展校企、校地合作会商，与湖北磷化集团签署了战略合作协议并围绕“三磷”问题启动了第一期“揭榜挂帅”项目，与荆门市政府、襄阳市政府启动了研究平台、研究团队建设的前期磋商，在集成优势学科团队力量开展项目攻关上探索了新路径。

【积极争取各类资金支持】

协调并配合各部门协同工作，积极谋划推动争取财政部和教育部财务主管司局支持，2021年成功调增3200万元公用经费。成功获得中央高校改善基本办学条件专项

“阶段性重大维修建设任务”支持，从2021年开始，连续3年每年投入5000万元，支持学校统筹用于改善基本办学条件；争取国家发改委“双一流基础设施建设专项”，今年新到位经费2000万元。争取教育部学生司支持，获批宏志助航计划基金37万元；争取教育部国际司支持，学校中国政府奖学金拨款在全国总量减少的压力下，实现少量增长。

【有效推动搭建重点平台】

与科发院、环境学院、工程学院等单位密切配合，多方面争取科技部、生态环境部等部门支持，学校牵头申报的“湖北巴东地质灾害国家野外科学观测研究站”于10月经过择优建设，正式获得科技部批准立项建设；与三峡集团共建的“生态环境部国家生态环境保护水污染溯源与管控重点实验室”于6月正式获生态环境部批准，并在12月召开了第一次学术委员会会议，启动了“宜昌黄柏河流域磷污染溯源与管控关键技术研究”项目，成为学校与企业共建的第一个高层次科研平台，三峡集团支持的设备将在2022年安装到未来城校区，为学校与龙头企业深度开展政产学研用合作积累了经验。

表1　2021年签署社会合作协议情况表

序号	协议名称	合作单位	签约日期
1	广州海洋地质调查局与中国地质大学（武汉）共建联合研究院合作协议	广州海洋地质调查局	2021-02-23
2	宜兴市人民政府与中国地质大学（武汉）全面合作框架协议	宜兴市人民政府	2021-03-31
3	湖北省城市规划设计研究院有限责任公司与中国地质大学（武汉）全面合作框架协议	湖北省城市规划设计院有限责任公司	2021-01-12
4	中国石油化工集团有限公司与中国地质大学（武汉）战略合作协议	中国石油化工集团有限公司	2021-04-09
5	华东冶金地质勘查局与中国地质大学（武汉）战略合作协议	华东冶金地质勘查局	2021-04-15
6	中国科学院武汉岩土力学研究所与中国地质大学（武汉）战略合作协议	中国科学院武汉岩土力学研究所	2021-04-25
7	武汉轨道交通产业创新研究院合作协议	武汉地铁集团有限公司	2021-06-01
8	与新县人民政府全面合作框架协议	新县人民政府	2021-06-05
9	武汉精测电子集团股份有限公司与中国地质大学（武汉）战略合作协议	武汉精测电子集团股份有限公司	2021-07-06

续表

序号	协议名称	合作单位	签约日期
10	中铁工程装备集团有限公司与中国地质大学（武汉）战略合作协议	中铁工程装备集团有限公司	2021-07-07
11	地质工作支撑服务长江中游城市群高质量发展联合行动方案	武汉地调中心、湖北省地质局、湖南省地质院、江西省地质局	2021-07-26
12	山西省原平市与中国地质大学（武汉）全面合作框架协议	原平市人民政府	2021-08-23
13	中国科学院南京土壤研究所与中国地质大学（武汉）战略合作协议	中国科学院南京土壤研究所	2021-09-17
14	地热资源开发利用战略合作框架协议	晋能控股煤业集团有限公司、大同市阳高县人民政府、中国煤炭地质总局水文地质局	2021-09-13
15	东华理工大学与中国地质大学（武汉）战略合作协议	东华理工大学	2021-09-30
16	中国石化江苏油田与中国地质大学（武汉）共建合作协议	中国石化江苏油田分公司	2021-10-15
17	西安电子科技大学与中国地质大学（武汉）战略合作协议	西安电子科技大学	2021-10-08
18	中国交通建设股份有限公司与中国地质大学（武汉）战略合作协议	中国交通建设股份有限公司	2021-11-01
19	中国地质大学（武汉）与烽火通信科技股份有限公司战略合作协议	烽火通信科技股份有限公司	2021-11-04
20	中国地质大学（武汉）与烽火通信科技股份有限公司共建科研实习基地协议书	烽火通信科技股份有限公司	2021-11-04
21	烽火通信科技股份有限公司与中国地质大学（武汉）研究生人才培养合作协议	烽火通信科技股份有限公司	2021-11-04
22	安康市人民政府与中国地质大学（武汉）战略合作协议	安康市人民政府	2021-12-06
23	济宁市人民政府、山东省地质矿产勘查开发局、中国地质大学（武汉）战略合作协议	济宁市人民政府、山东省地质矿产勘查开发局	2021-12-10

续表

序号	协议名称	合作单位	签约日期
24	湖北省磷化集团有限公司与中国地质大学(武汉)战略合作协议	湖北省磷化集团有限公司	2021-12-21
25	浙江中控技术股份有限公司与中国地质大学(武汉)战略合作协议	浙江中控技术股份有限公司	2021-12-24
26	中国地质大学(武汉)与深圳市腾讯计算机系统有限公司战略合作协议	深圳市腾讯计算机系统有限公司	2021-12-27
27	潍坊市人民政府与中国地质大学(武汉)战略合作协议	潍坊市人民政府	2021-12-15

(撰稿:张鑫、周迪、张祎;审稿:袁江、张延平、陈华荣)

Nianjian

学院基本情况

地球科学学院

【概况】

地球科学学院(简称地学院),下设地球物质科学系、地球化学系、地球生物学系、构造地质与地球动力学系、地球表层系统科学系、行星科学研究所(校级)、全球大地构造中心(校级)、固体地球科学大数据研究中心(校级)和实验教学中心(国家地质学实验教学示范中心)。

地学院办学目标:坚持标准,追求卓越,探求地球与行星科学奥秘,谋求人与自然和谐发展,建设一流研究型学院。

地学院是国家地质学理科基础科学研究和教学人才培养基地,是教育部“985”优势学科平台、“211”工程重点学科、“双一流学科”建设所在地。拥有国家一级重点学科地质学,国家二级重点学科古生物学与地层学、矿物学岩石学矿床学、地球化学、构造地质学、第四纪地质学。地质学一级学科在2009年、2012年、2017年教育部高校学科评估中均排名全国第一,2017年获评A+档学科。现设有地质学一级学科博士后科研流动站,2010年、2015年、2020年获评全国优秀博士后科研流动站。

地学院师资力量雄厚,在职教工149人,其中,中科院院士4人、国家杰出青年基金获得者7人、其他国家级高层次人才22人次。学院主体支撑地质过程与矿产资源国家重点实验室、生物地质与环境地质国家重点实验室协同发展。建成3个国家创新研究群体、2个高等学校创新引智基地(“111”)。2000年来获国家自然科学二等奖6项(2项参与),获国家科学技术进步特等奖、二等奖各1项(参与),在*Nature*(4篇)、*Science*(3篇)杂志上发表论文7篇。

地学院十分重视教学质量工程建设,地质学专业于2019年入选国家一流本科专业,2020年入选国家首批基础学科拔尖学生培养计划2.0基地。建有国家实验教学示范中心2个、国家级教学团队3个。2000年来获国家级教学成果二等奖7项(参与2项),拥有全国高校黄大年式教师团队"地质学教师团队"和国家名师1人、湖北名师3人。

本科专业实行大类招生,招生专业方向为地质学类(含基地班)。

【强根铸魂,以高质量党建引领"一流学院"发展】

2021年,学院党委以党史学习教育为契机,抓好理论武装,推进政治理论学习常态化、规范化。用百年党史培根铸魂,结合学校相关要求,制定《地球科学学院深入推进党史学习教育　开展庆祝中国共产党成立100周年系列活动工作方案》,针对不同师生群体坚持分层分类、集中学习和自主学习相结合、线上学习和线下学习相结合等方式,统筹推进学习教育活动,做到规定动作有深度,自选动作有温度。

深化巡视整改成效,扎实做好巡视巡察工作"后半篇文章"。抓好教育部巡视和审计整改落实,落实学校"整改落实年",针对巡视组和审计组反馈的关于二级党组织要做出整改的相关问题,深刻剖析原因,查摆风险点,找准症结,狠抓整改落实,全部问题整改到位,向学校巡察办公室提交了《地球科学学院关于深化巡察整改情况的报告》。

抓好班子建设,提升履职尽责能力。新班子调整到位后,不断通过集体学习和专题调研,推动班子成员进一步强化政治意识、提高政治站位,模范遵守政治纪律和政治规矩。本年度学院召开15次党委会和11次党政联席会,组织党委中心组学习7次。推动师生党支部有序换届,修订《学院党委会议事规则》和《学院党政联席会议事规则》。扎实开展党风廉政教育活动月活动,与三级班子签订党风廉政建设责任书,实现压力传导。抓好工作劳动纪律,营造风清气正的工作氛围。

党建工作取得系列荣誉:地球化学系党支部获评湖北省高等学校先进基层党组织;构造地质与地球动力学系党支部获评学校2020—2021年度先进基层党组织;4人获评学校2020—2021年度优秀共产党员;1人获评学校2020—2021年度优秀党务工作者;2个学生党支部获评校级先进基层党组织;2个学生党支部和2名老师在校学生党支部风采大赛中获奖,学院党委获评优秀组织单位。学院党委入选学校标杆分党委(党总支部)培育创建单位,地球化学系党支部、生物与环境演化研究生党支部入选学校样板支部培育创建单位。

【推进"一流学科"建设,地学科学研究取得新突破】

汇力聚智完成"十四五"规划和学科建设系列任务。充分吸收"地学现代化"研讨会和办学思想大讨论的成果,广泛征集院内外专家学者意见,高标准、高质量完成学院"十四五"规划。完成地质学第五轮学科评估工作,提前布局第六轮学科评估,系统总结地质学"一流学科"首轮建设成果,制定了地质学第二轮"一流学科"建设方案。

继续推动跨学科交叉研究中心的建设和发展。成立了"固体地球科学大数据研究中心"，"地学大数据"交叉学科博士点获批。学院参与建设的三峡库区地质灾害国家野外科学观测研究站（由我校与中国三峡集团联合申报）获批立项建设。

举办丰富多彩的学术活动，浓厚学术氛围。全年举办学术会议3次（固体地球科学大数据学术研讨会、全球大地构造中心第四届学术年会暨"板块构造启动与演化"学术研讨会、全国"古生物学与地史学"课程教学研修班），合办学术会议1次（"华南造山带新元古代—早古生代地质研讨会"）。克服新冠肺炎疫情影响，全年采取线上线下相结合的形式举办"地球系统科学论坛"35期、"地球表层系统科学论坛"2期。

地学科学研究取得新的创新成果：两项成果获得2020年度湖北省科学技术奖励；两项成果入选"中国古生物学2020年度十大进展"；全年发表NI论文30篇（截至2021年11月30日不完全统计），其中 *Nature Communications* 论文2篇，*Geology* 论文4篇。

【推进拔尖创新人才培养，成绩斐然】

1. 本科生教学

启动地质学"拔尖计划2.0"基地建设。地质学"拔尖计划2.0"启动首届招生，学院完善培养方案与建设方案，成立学院拔尖创新人才专家咨询委员会和"6+1"教学团队，持续健全推进地质学拔尖人才培养中课程体系、教学内容、教学方法、教学过程的现代化。

克服疫情困难，顺利完成三大基地教学实习。针对疫情变化，三大基地暑期教学实习团队在坚持质量标准的前提下，经过反复讨论制定了替代预案，实现线上和线下双教学，克服困难、精心组织，教学工作得以有序进行，圆满完成预定的教学任务。

本科专业建设成绩斐然：地球化学专业入选国家级一流本科专业建设点，4门课程入选2021年度省级一流本科课程，新增MOOC课程2门。学院获评"全国教材建设奖先进集体"，"地球物质科学系"和"古生物地史学课程组"获评湖北省普通本科高校优秀基层教学组织，"秭归本科地质实践教学团队"获评湖北省高校优秀教学团队。

2. 研究生教学

多管齐下提升研究生招生质量。"一盘棋，五步法"多措并举研究生招生质量显著提升，学术硕士生和博士招生中来自"双一流"学科建设高校的优质生源占比分别达到67%和100%，接收推免生和本硕博联培报名人数持续攀升。

加强培养过程管理，研究生培养质量不断提升。坚持导师是研究生培养第一责任人的原则，以科研团队、教学团队为基础，搭建国际化培养平台。克服新冠肺炎疫情影响，坚持国际化培养，实现博士研究生学习期内参加线下/线上国际交流达到100%。本年度学生以第一作者发表SCI论文119篇，占学院论文产出的71%。共有102篇学生第一作者论文为国外合作成果，显示国际合作研究水平显著提高。

严把毕业质量关，提升研究生学位论文质量。全年授予研究生学位198人，其中授予博士学位59人，全日制学术型硕士学位128人、非全日制专业硕士(单证)研究生21人。10人博士学位论文被评为校级优秀博士学位论文，9人硕士学位论文被评为校级优秀硕士学位论文。

【引才聚才用才育才，推进人才强院】

持续加大引才聚才力度。优化人才引进政策，举办第六、七届国际青年学者地大论坛(春季、冬季·云论坛)分论坛，吸引海内外青年人才加盟地大。对人才入职、成长服务指定专门团队负责人和责任教授。

完善教师成长激励监管制度。修订《后备高层次人才培养实施办法》，对入选者安排责任教授指导，提高期满考核要求。3名教师入选“后备高层次人才培养计划”。组织10名50岁以下的教师参加学校教育教学改革理论培训与实践研讨培训，组织7名新教师参加岗前培训。全年组织人才考核46人次、各类岗位申报48人次、满期考核27人次。

人才工作取得显著成效：全年新增中国科学院院士1人、优青1人、青拔1人、海外优青1人，其他省市级和学校人才计划入选14人次。新增博士生导师10人。学院新进人员6人。殷鸿福等一批教师获得省部级荣誉表彰。

【推进实验室建设，加强实验室安全管理】

本年度学院新增专业类实验室8个，建设面积约550平方米，拓展了学院“双一流”学科建设中的特色专业与交叉学科实验室及相关大型仪器分析领域。持续推进教学实验室的智慧信息化改造。获批学校实验设备处本科实验教学建设项目1项，新建珠峰班学习室2间。完成行政办公室面积整改和10余间会议室、工作室、标本库装修和建设。

坚持把安全作为实验室工作的主线。加强实验室安全意识教育，认真落实实验室准入制度，组织师生参加各类实验室安全培训。持续严格安全风险管控，制定一系列安全管理制度，院领导及实验中心坚持每月3～4次实验室安全巡查工作，发现问题及时督促整改。学院积极承办、协办或参加多项“实验室安全月”教育活动，全面、有效地开展了各项实验室安全管理措施。

本年度实验室安全管理工作各方面扎实有效，实验室安全准入学习与考核名列学校前列，学院再获学校“实验室建设与管理先进单位”荣誉称号。

【优化学生工作布局，提升育人质量】

落实一把手工程，生源质量稳步提升。采取多种形式扩大招生宣传，推进学院品牌活动和招生宣传结合，吸引优秀生源报考学校地球科学相关专业。2021年学院新入校本科生163人，录取分数线超一本线平均值89.91分。地质学国家拔尖学生培养计划2.0基地(珠峰班)招生35人，录取分数线超一本线平均值94.46分；地质学国家理科基地班招生35人，录取分数线超一本线平均值92.00分。

落实责任制，多措并举推进就业工作。学院围绕“一招两促”关键重点，结合工作实际情况，制定“1138”就业工作方案。截至2021年12月13日，学院2022届毕业生总计295人,毕业去向落实率为96.61%,本科升学出国率为64.33%。

聚焦人才培养,搭建国际化培养体系。分年级、多维度搭建国际化培养体系,为学生成长发展保驾护航。加强出国英语考试培训资助力度,全年组织出国英语培训班2期,资助学生40余人。开展“留洋那些年”3期,鼓励学生出国交流,提高学生国际交流能力,多名学生前往国外深造。

强化底线思维,助力“平安校园”建设。高度重视学生安全管理工作,建立打造3(三支队伍)+4(四级预警)+5(五本台账)≥12(做好12类+的安全隐患排查预防)的风险防控工作体系,抓好学院安全稳定工作小组、学生安全管理工作小组和学生安全队伍3支队伍建设,完善书记(副书记)——辅导员——学生干部——学生个体的四级预警和责任工作体制。

学生工作取得系列荣誉:学院获评学校“学生工作先进集体”,获得“互联网+”全国决赛金奖1项、湖北省金奖1项,湖北省“挑战杯”竞赛一等奖1项;获评“全国活力团支部”1个、“全国百强社团”1个;1名研究生获“李四光优秀博士研究生奖”,1名本科生获“李四光优秀大学生奖”和2020年度湖北省“大学生自强之星”。

(撰稿:刘建华;审稿:周刚)

资源学院

【概况】

资源学院现有地质资源与地质工程、石油与天然气工程2个国家一级学科,资源勘查工程、石油工程2个本科专业,地质资源与地质工程、石油与天然气工程、地质学3个一级学科博士学位和硕士学位授权点,有地质资源与地质工程、石油与天然气工程2个博士后流动站。学院是“地质过程与矿产资源国家重点实验室”的主体建设单位之一。

学院设有资源科学与工程系、石油地质系、石油工程系、盆地矿产系、资源信息工程系5个教学单位;拥有地质过程与矿产资源国家重点实验室、构造与油气资源教育部重点实验室、紧缺战略矿产资源省部共建协同创新中心、油气勘探开发理论与技术湖北省重点实验室和资源定量评价与信息工程自然资源部重点实验室;同时建有1个国家级实验教学实验示范中心、1个国家级虚拟仿真实验中心、1个省级实验教学实验示范中心、2个国家“111”学科创新引智计划基地。

学院现有教职员工219人,其中专职教师157人(教授65人、副教授81人),其他专职科研、工程实验及行政管理人员62人。现有中科院院士4人、国家级人才计划入选者13人次、省部级人才计划入选者20人次。

2021年,学院招收各类学生共506人,其中博士研究生49人、硕士研究生207人、本科生221人、留学生29人;毕业各类学生412人,其中博士研究生33人、硕士研究生185人、本科生194人。学院目前在读各类学生1885人,其中研究生1063人、本科生822人。2021届本科生就业率89.69%,硕士研究生就业率97.66%，博士研究生就业率100%。

学院院风：求实奋进，勇攀高峰。

学院价值观：求是创新，厚德奉献。

学院发展愿景：建成资源能源领域国际知名的人才培养基地和科学研究中心。

【以政治建设为统领，全面加强党的建设】

强化政治担当，全面落实党的领导。认真学习习近平新时代中国特色社会主义思想，深刻领会习近平总书记关于高等教育重要论述、关于高校党建工作的重要论述，深入贯彻十九届五中、六中全会精神，深刻把握全面从严治党新形势新任务，不断提高班子政治判断力、政治领悟力、政治执行力。修订学院《党委会会议议事规则》《党政联席会议议事规则》和《贯彻落实"三重一大"决策制度实施细则》。党委会定期研究基层党组织建设、意识形态工作、师德师风建设、思想政治工作等，进一步加强对统战、群团、离退休等工作的统筹安排，全面做好安全稳定、保密法制、民族宗教、宣传文化、社会合作、校友服务等工作。认真开展教育部巡视反馈意见专项整改，持续深化学校党委巡察反馈意见全面整改，全面完成整改清单25项任务。加强三级单位班子建设，进行三级单位行政班子集中换届，开展任前集中谈话并举办三级单位党政班子履职能力培训班。完成属地政府人大代表选举工作。精心筹备70周年校庆（院庆）和学院第五次党代会。

夯实政治基础，推进党建与事业发展深度融合。压紧压实党组织主体责任，以培育创建"全国党建工作标杆院系""全国党建工作样板支部"和"党员设岗定责"为新的契机和抓手，系统谋划、全面加强基层党组织建设。编发《党建工作任务指导书》，出台《党支部书记讲党课执行方案》《党员领导干部联谊党外代表人士实施方案》，落实党建举措。注重激发"党建＋"活力，持续推进"党建立方工程"。推进教育部"双带头人"教师党支部书记工作室建设，创建工作稳步推进。谢丛姣当选湖北省优秀共产党员，李建威荣膺湖北省五一劳动奖章，张建华获评湖北省高校优秀共产党员；获评学校师德模范1人、先进基层党组织1个、先进学生党支部2个、优秀党务工作者1人、优秀共产党员4人。

加强党性教育，扎实开展党史学习教育。认真开展党史学习教育，教育引导班子成员和全体党员学党史、悟思想、办实事、开新局。认真组织学习习近平总书记在党史学习教育动员大会、庆祝中国共产党成立100周年大会、纪念辛亥革命110周年大会上的重要讲话精神等专题学习活动，深入学习宣传党的十九届六中全会精神和《中共中央关于党的百年奋斗重大成就和历史经验的决议》，持续深化习近平总书记关于教育的重要论述的学习贯彻，切实把党的创新理论武装转化为推动事业发展的动力。通过党委理论中心组学习会、党史学习教育专题读书班组织集中学习16次，组织学院领导班子和党支部书记参加网络专题培训，党员领导干部、支部书记带头讲党课40余次。开展秭归、周口店野外实习教学"1＋1"活动，将党史校史带进教学，打造红色实习路线；学院师生积极参加“读四史 阅经典”教职工诗文朗诵大赛和“圆梦百年”庆祝建党100周年系列展览活动。

坚持政治引领，推动学生思政工作守正创新。坚持用习近平新时代中国特色社会主义思想铸魂育人，持续推进党的创新理论“三进”，组建“红星讲师团”，发布红星课程。全面推进课程思政，印发《“课程思政”工作实施方案(试行)》，打造示范课程，建设案例库，组织教学能力培训，扎实推进“五个课堂”全方位课程思政模式创建工作。着力健全“师—研—本”“党—团—班”联动机制，启动“红星”学生样板党支部培育工程，全面实施“党员责任区”负责制，积极组织示范“支部主题党日”。持续深化“红星团校”建设，积极打造“红星”精品课程。大力推进党史人物故事、中华优秀传统文化、特色学科文化进学生社区楼宇，浓厚文化育人氛围。依托零距离院领导接待日、本科生导师制、师生面对面谈心、青年学者话成长、指南针校友论坛、朋辈榜样论坛等工作平台，推进全员育人，做好学生日常思想工作。

严把政治标准，持续培育优良师德师风。健全教师党支部政治理论学习机制，贯彻落实学校师德专题教育实施方案。学习贯彻落实《新时代高校教师职业行为十项准则》《教育部关于高校教师师德失范行为处理的指导意见》、教育部“红七条”、湖北省“十倡导十禁止”等精神，通报教育部曝光的违反教师职业行为十项准则的典型案例。组织学院班子成员到各个系讲授师德师风专题课。着力压实三级单位党政主要负责人的工作责任，制定《资源学院关于人才引进与教师培养的暂行办法》。成立学院海外高层次人才风险评估小组，稳妥开展高层次人才风险排查。持续推进和做实本科生导师制。隆重举办赵鹏大院士执教70年主题座谈会，传承和弘扬优良的师德师风。省委常委、组织部部长李荣灿来院慰问“全国模范教师”焦养泉教授。组织青年教师讲课比赛、青年教师座谈会，关心青年教师身心健康和成长发展。

净化政治生态，全面推进从严治党。落实《2021年度党建与全面从严治党责任清单》，落实“两个责任”，强化“一岗双责”，全面落实党建责任。持之以恒加强作风建设，修订《关于加强党风廉政建设的规定》《廉政风险预警与防范管理工作实施细则》等规章制度。压实意识形态工作责任制，出台《资源学院关于加强意识形态管理工作的若干意见》。着力加强网络舆论引导，建强信息员队伍，树牢宣传思想文化阵地。坚持立德树人，坚持以身示范，坚持严的基调，重视加强对个别导学关系紧张的青年教师的教育引导和具体帮扶。

维护安全稳定，营造和谐发展环境。调整安全稳定工作领导小组、实验室安全领导小组成员，坚持重大事项、突发事件报告制度，定期开展安全大检查，认真排查安全隐患。认真开展安全生产月及消防安全月活动，建立实验室定期排检制度。坚持做好常态化疫情防控工作，严格执行师生离汉审批制度。加强民族宗教工作，认真落实全国民族宗教会议等精神，完善重点关注对象工作台账。组织集中学习《校园民族宗教工作知识读本》，坚持宗教信仰定期排查，加强保密安全教育，落实院、系保密员工作承诺制。

【优化学科布局，提质争效紧盯一流】

优化学科布局，强化一流学科建设对学院事业发展的牵引作用。高质量完成学院“十四五”事业改革与发展总体规划编制工作。牵头完成地质资源与地质工程学科第二轮“双一流”建设方案。组建深层-深水油气、非常规能源、战略性紧缺和关键金属矿产、煤的清洁高效利用及盐湖型钾盐和锂矿超常富集机理等多个高水平学术团队。拓展油藏仿真和智慧油田、地学大数据与智能预测等新兴学科方向。

持续加强师资队伍建设，高层次人才工作成效显著。修订《资源学院岗位职责实施方案》，积极推进“三定”工作，完成定编定岗和科级干部选聘工作。全职引进地大学者学科领军人才1人，引育地大百人计划入选者、地大学者学科骨干人才8人，引进特任教授、青年拔尖人才2人。入选国家级人才计划1人、省级人才计划6人。

【深化教育教学改革，推进一流本科建设】

推进本科“卓越教学”建设，教学质量持续提升。坚持卓越标准和严的要求，持续推进本科教学质量工程建设。选聘3名教学督导、30名同行专家进行课堂教学跟踪听课。1人获第三届全国大学青年教师地质课程教学比赛一等奖，1人获学校第十二届青年教师教学竞赛特等奖，学院获得优秀组织奖。完善课堂教学管理，组织中青年教师集中观摩“普通地质学”课程，安排中青年教师跨学院分散观摩课堂听课学习。1人获评“湖北名师”，同时主持地质资源与地质工程学科“湖北名师工作室”，并荣获学校首届教师教学创新大赛一等奖。深入推进课堂教学革命，发挥基层教学组织优势。资源勘查工程专业教学团队入选湖北高校省级教学团队，聚煤盆地沉积学课程群入选湖北高校优秀基层教学组织。学院获评学校本科人才培养先进单位。

扎实推动新工科建设，课程建设和教学改革不断深化。积极推进资源勘查工程专业新能源和大数据英才班的课程和教材建设。出台《资源学院毕业要求达成度评价机制和实施办法（试行）》《资源学院课程目标达成度评价机制及实施办法（试行）》《资源学院专业培养目标达成度评价机制（试行）》等文件。石油工程专业入选省级一流本科专业建设点。大数据英才班在中地数码开展了为期4周的校企联合实训，石油工程专业在中国石油大学（华东）石油工业训练中心开展了为期2周的工程实训。吕新彪教授牵头，联合多所高校共同申报了教育部“资源勘查虚拟教研室”。3项成果被推荐申报湖北省教学成果奖，3门课程入选省级一流本科课程，1部教材获首届全国优秀教材高等教育类二等奖，2名教师获省级教学研究立项，5项教学立项获学校推荐申报省级教学研究项目。新出版教材4部，发表教学论文7篇。

深入开展课程思政建设，德育教育不断增强。出台《资源学院“课程思政”工作实施方案》,成立学院课程思政工作委员会。召开2021年实践教学暨课程思政建设研讨会。修改完成2019版课程教学大纲,融入课程思政内容,启动7门课程的思政示范标杆课程建设。加强课程思政教学研究项目、教学名师和教学团队建设。获批省级课程思政教学研究项目1项,立项学校本科教学工程课程思政项目1项。

全面推进"三全育人",思政育人不断强化。召开班主任工作会议,专题研讨交流班主任工作。开展第十一期"寻找李四光卓越地质师培育工程",54支团队近300名本研学生参与其中。全面推进基础科研立项,成功立项院级科研立项48项(较2020年增长71.4%),校级科研立项36项,15项院级科研立项成功结题。持续打造"严在地大,学在资源"学风建设工作品牌。切实提高招生就业质量。配合学校开展"027招生大直播",院长李建威教授赴长江日报报业集团参加"来大武汉 上好大学"招生直播。学生获第十一届中国石油工程设计大赛一等奖1项、二等奖3项、三等奖5项;获第七届"互联网+"大学生创新创业大赛、第七届湖北省"长江学子"、第五届全国油气地质大赛等8人次。2021届生本科生就业率86.32%,硕士研究生就业率97.66%,博士研究生就业率100%,本科推免生留院读研率接近60%,学院总体就业率90.67%。3位同学本科毕业论文获评中国地质学会优秀本科生毕业设计。

【创新研究生培养模式,全面提升培养质量】

加强招生工作,生源质量稳步提升。召开党政联席会、学位委员会专题研讨研究生招生工作,通过学院微信公众号、学校研招办平台滚动推送招生宣传材料,举行"本—硕—博"贯通培养宣讲会,举办第七届研招校园开放日,修订并执行《资源学院优秀推免生资助和奖励政策》。录取博士生51人,硕士生209人,留学研究生29人;接收推免生43人,其中本院推免生39人;26名"本—硕—博"贯通培养学生,全部推免留校;入选"研究生创新人才"计划9人。

加强学位点建设,师资力量持续提升。牵头申报了"资源与环境"博士专业学位授权点和"绿色矿业"交叉学科学位点并获批。88名硕士生导师通过招生资格审核,新增11名硕士生导师;5名博士生导师通过招生资格审核,新增10名全职博士生导师和1名兼职博士生导师。

优化培养机制,严格全过程培养。按照"三导三融三跨"培养目标,持续推进研究生课程体系建设。"矿产普查与勘探"课程群申报"双一流"研究生全英文学科课程群建设项目。获批校级课程思政建设项目1项、教改项目1项。全年开设65门研究生课程、25门全英文课程。4个校级研究生联合培养基地获批立项建设,2个湖北省研究生工作站通过湖北省研究生工作站评估。落实专业学位型研究生的分类培养,5名研究生赴吐哈油田研究生培养基地开展联合培养。出台《硕士生指导教师招生资格审核细则》,执行《资源学院关于研究生学位论文查重的说明和规定》,制定《资源学院硕士学位论文同行专家匿名评审办法(试行)》,取消博士学位论文校内评阅形式，改送校外匿名评审。全年授予学位人数226人，其中硕士159人，博士25人，在职工程硕士32人。获评校级优秀博士学位论文8篇、校级优秀硕士学位论文11篇。3人获得2021年度AAPG全球助研金，1人获评2021年度IAMG学生助研金，5名博士生和8名硕士生获评研究生国家奖学金。学院获评学校第三届研究生教育教学管理工作先进集体。

【坚持学术卓越，科学研究水平显著提升】

加强基础研究，基金项目数量创新高。获批国家自然科学基金29项，其中重点项目2项、联合基金集成项目1项、面上基金16项、青年科学基金10项，总资助经费2093万元，获批数量在全校各二级单位中排名第一。获批湖北省创新群体基金1项。

推进学术卓越，科研项目和成果稳中有升。新增纵向和横向立项项目数量分别为50项和144项，合同经费分别为3213万元、7811万元，共计11 024万元；纵向项目和横向项目到账经费分别为2679万元和7332万元，共计10 011万元。发表学术论文252篇，其中T1论文23篇、T2论文149篇。出版学术专著11本。授权发明专利17项、实用新型专利1项、软件著作3项。4人荣登2020年中国高被引学者榜单。获省部级科研成果奖励4项。1篇论文获评2020年度中国石油科学十佳论文。

【加大实验平台建设，支撑创新人才培养】

实验室规范化建设进展显著。调整实验室安全领导小组成员，开展“消防安全月”活动。常态化推进实验室日常检查、抽查、实验室与设备管理处专项检查、学校巡查等工作。全年处置4 235.5kg实验室危险废弃物，完成全院各类实验室91个气瓶的系统检查，开展检查巡查近40次，实验室全年安全运行。圆满完成2021年高等教育质量监测数据填报、2020—2021年实验室信息数据统计、2021年大型仪器年度考核等具体工作。

实验室育人功能进一步强化。完成盆地矿产系教学实验室建设及搬迁，高质量建成普通地质学教学实验室并采购900余块样品、化石、模型。组织472名2021级本科生、硕士生及博士生参加2021年度实验室安全考试。全年依托实验室开设95门课程，共计2078实验课学时，为3100余人次提供毕业论文服务。开放实验368个，对内开放人次达1764名。

教学实验项目建设成果突出。组织动员师生申报学校实验室建设相关项目，4名教师获批实验室建设项目，1名教师获批实验技术研究项目，1名教师获批实验教材项目，7名学生获批教学实验室开放基金，共获得105万元经费资助。4项教学实验室开放基金通过验收。

积极推进办公空间改善。9月份启动文华楼、信工楼施工建设，启动文华楼、信工楼二期（实验室）招标工作。制定《资源学院公用房管理办法（试行）》，完成学院公用房调整方案。完成盆地矿产系公用房调整工作，完成原珠宝楼503张研究生工位安装工程。建成石油工程系教育部“双带头人”工作室和资源青年之家。积极推进主楼西侧网络改造升级,完善基础设施建设。

【创新体制机制,全面加强和改进校友工作】

加强和改进校友工作,创新体制机制,加大校友走访联络和服务工作力度,助力校友事业发展,浓厚校友母校情结,引导校友反哺母校。走访中国石油大学(华东)、吐哈油田、塔里木油田、西北石油局、华北油田、江汉油田等单位,看望慰问校友,推进校企合作。制定学院《庆祝建校 70 周年工作方案》,成立学院校庆工作领导小组。校友贡献力有新提升,资源学院校友在行业建功立业,崭露头角,屡建奇功,为国家作出了贡献,给学校赢得了声誉。如 2012 届毕业生肖明国带领团队用专业吹响"生命救援集结号",荣获首届全国应急管理系统先进集体,受到习近平总书记的亲切接见。1989 届毕业生邓军当选中国科学院院士,2005 届毕业生谢玉洪当选中国工程院院士,1988 届毕业生侯启军荣任中石油总经理,1997 届毕业生云露获得"李四光地质科学奖"野外奖。1994 届毕业生熊友辉创办的四方光电股份有限公司用 20 多年时间实现了自主突破进口核心部件的实业报国理想,并成功登陆科创板;为感恩母校培养,其个人捐款 1000 万元支持校史馆建设。

(撰稿:吴超;审稿:高复阳)

材料与化学学院

【概况】

材料与化学学院(简称材化学院)于 1998 年由应用化学系(1984 年建立、前身为 1953 年建立的化分系)和材料系(1995 年建立)合并组建。原名为材料科学与化学工程学院,2011 年更名为现名。

学院建有纳米矿物材料及应用教育部工程研究中心,拥有材料科学与工程一级学科博士点及博士后科研流动站、资源与环境化学二级学科博士点,有材料科学与工程、化学 2 个一级学科硕士点,材料与化工 1 个专业硕士领域,其中材料科学与工程是湖北省重点学科、材料学是自然资源部重点学科;有材料科学与工程、材料化学、应用化学 3 个本科专业,其中应用化学专业入选国家"一流本科"专业建设点,材料科学与工程专业入选湖北省一流本科专业建设点。

学院现有在职教职员工 150 余人,其中博士生导师 60 人,教授 51 人,国家杰出青年科学基金获得者、国家优秀青年科学基金获得者等国家级人才 8 人,省部级人才计划入选者 20 余人。现有在校学生 1700 余人,其中本科生 1100 余人,研究生 600 余人。

学院 2021 年共招收各类学生 514 人:博士研究生 37 人,硕士研究生 181 人,本科生 296 人;毕业各类学生 921 人:博士研究生 27 人,硕士研究生 118 人,本科生 262 人。

【提升党建思政工作的效度,引领学院高质量发展】

学院严肃履行政治责任,落实意识形态工作责任制,严格课堂教学、学术会议、社团活动、网络媒体等意识形态阵地管理。党委中心组带头学习,党员干部通读党中央指定学习材料,跟进学习习近平总书记最新重要讲话精神,采取多种方式开展专题学习研讨、加强理论武装、提高思想认识。学校党委常委、副校长王华同志多次指导学院师生开展党史学习教育,学院党委成员、师生党支部书记、教师党员、辅导员和班级责任党员等深入党支部、团支部通过主题党日、主题团日、主题班会等形式开展党史学习宣讲52场。师生党支部完成"我为群众办实事"项目125项,师生党员100%完成"四个一"任务,

学院落实《中国共产党普通高等学校基层组织工作条例》要求,扎实推进学院基层党组织建设。2个党支部获评校"先进基层党组织",4名党员获评校"优秀党务工作者""优秀共产党员"。高质量完成党员发展倍增计划,全年共发展党员182名,65名预备党员转正。3名青年人才提交了入党申请书并参加了入党积极分子培训班。学院落实"青年马克思主义者培养工程"培育方案,对20名学生进行重点培育,学院2名学生入选学校"青年马克思主义者培养工程"。

学院通过开展"优才·新青年"等各类先进典型评选表彰选树活动,发挥朋辈引领和先进模范作用。1人获得湖北省"百生讲坛"铜奖,学院获评校"百生讲坛"优秀组织单位,1个团支部获评校"五四红旗团支部标兵"(全校仅10个),4个团支部获评校"五四红旗团支部",36人获评校"优秀共青团干部",40人获评校"优秀共青团员",1个班级获评校先进班集体标兵,7个班级获评校先进班集体,6人获评校"百名好支书/好班长"。学院持续发挥新媒体平台的教育延伸作用,提升网络思想政治教育的亲和力与针对性。"地大材化人"微信公众号关注量达5900人,全年共推送160篇推文,总阅读量61 730人次,最高阅读量1280人次,平均阅读量385人次,连续两年获评校"十佳团属新媒体平台";"红色催化剂"聚焦思想理论学习,全年共推送58篇文章,其中最高点击量672人次;"地大材化人"微信公众号全年共推送334篇推文,平均浏览量374人次。

学院加强财务管理、招生考试、奖励资助、科研经费、师德师风、学术诚信等风险领域的监督执纪,营造风清气正的发展氛围。抓好党风廉政建设和师德师风警示教育,驰而不息反对"四风"。

【专业建设有序推进,本科人才培养成果显著】

2021年,应用化学专业获批国家一流本科专业建设点,材料科学与工程专业获批湖北省一流本科专业建设点;材料科学与工程专业申报国家一流本科专业、材料化学专业申报省级一流本科专业正在评审中;2020级材料大类本科生在第2学期末(2021年春季)顺利完成专业分流;2020级应用化学专业完成卓越工程师班的遴选;理化所第一届"材化菁英班"完成了选拔并成立虚拟班。

夏开胜副教授负责的"材料物理"课程获批湖北省线上线下混合一流课程,沈毅副教授负责的"走进国粹·中国陶瓷"获批湖北省线上一流课程。戴煜副教授获湖北省青年教师教学竞赛三等奖,赵凌副教授获第三届全国高校无机非金属材料青年教师讲课比赛二等奖。在学校首届教学创新大赛

中,周炜副教授获一等奖,戴煜副教授获二等奖。在学校第十二届青年教师教学竞赛中,杨明副教授获理工组特等奖,孙玉宝副教授获理工组一等奖。教师获得教育部产学合作协同育人项目3项,校级本科教学工程项目8项,其中委托项目2项、三全育人项目1项、教材建设项目1项、一般教改项目3项、基础课教改项目1项。学院自设教改项目24项,其中课程思政课程培育项目16项、一流课程培育项目5项、教学团队和基层教学组织培育项目3项。2018级本科生有48人获得推荐免试硕士研究生资格。2020级有3名同学入选第十五批"李四光"计划,创历史新高。本科生获批大学生创新创业训练计划项目60项,获资助47.99万元。

【积极开展招生就业工作】

通过组织开展到责任省区进行实地宣讲、网上直播、网络咨询、校园开放日、师生联系中学等行动,多维度开展招生咨询,努力提升招生与生源质量,推进"专家教授进中学",参与"院长天团"招生直播活动,拍摄新版招生宣传视频5个。2021级本科生实际招生注册296人,专业志愿率提升。硕士研究生185人,博士研究生37人,共计222人,其中高水平大学生源达到70%。联系领域头部企业,调动校友、教师资源力量,拓展就业市场,全年承办、协办专场招聘会13场,达成签约意向26人。建立毕业生信息台账,对各类特殊群体实行重点帮扶、面试演练、团队辅导。经多方共同努力,2021届本科毕业生就业率91%,研究生就业率98%。

【广泛组织学生科技创新活动】

充分了解学生需求,通过凝聚思想严学、统筹防控护学、抓好开端引学、规范约束勤学、师生交流进学、科研活动促学、奖励资助励学、树立典型导学、互帮互助共学、家校互通帮学,促进学生主动发展。全年组织开展16期"天生我材·师生话中化"活动,700余名本科生积极参与,有效牢固专业思想,指引发展方向,激发学习动力。广泛开展创新创业活动,全年学生参加各类创新创业实践活动达5000人次。承办2021年全国青少年高校科学营地大分营材化学院"材子"班,接待30名高中生进行为期一周的科普实践活动,受到好评。学生在各项科技活动创新大赛中取得了较好成绩。在学校科技论文报告会中,本科生科技论文报告20项,研究生科技论文报告208项,参赛人员达500余人,在获学校科技论文报告会特等奖2项,一等奖4项、二等奖3项、三等奖51项。湖北省大学生化学(化工)学术创新成果报告会中荣获一等奖1项、二等奖4项、三等奖5项;第七届湖北省普通高校大学生化学实验技能竞赛中获得二等奖2项、三等奖1项、优秀奖3项;全国大学生化学实验创新设计竞赛国赛一等奖1项,省赛一、二、三等奖各1项;第十四届全国大学生节能减排社会实践与科技竞赛三等奖1项。举办以"真材实料,同创共享"为主题的材料科学展演活动,13项作品创意展示;举办"化中穷理,学以长才"为主题的第十六届"身边的化学"实验展,23个项目受到关注。82个团队参加第七届"互联网+"创新创业大赛,获得国赛三等奖1项、省赛一等奖1项。35名大学生以项目负责人成功申报《大学生创新创业训练计划》项目(国家级 9 项、省级 22 项、校级 4 项)。2021 年学生申报实验室开放基金 22 项、大学生基础科研训练计划 6 项。

【学院实验室和国有资产管理卓有成效】

顺利完成材料与化学学院 2021—2025 年本科教学实验室建设实施计划的编制工作,持续推进实验教师团队化运行模式,实现教学实验室模块化管理。建立教学实验室规范化开放机制,提高教学实验室利用效率,全年教学实验室对学生课时外开放总计 5440 学时。完成了《实验室安全培训手册(2021 年)》编制工作,建立了值日制度;完成了教育部 2021 年高校实验室安全现场检查及整改工作,形成“材料与化学学院实验室安全管理规范汇总 2021”;组织完成了 2021 年实验室安全月活动,学院获评学校 2021 年度实验室建设与管理先进单位。提升分析测试中心对外服务能力,年测试收入达到 113 万元;同时加强大型仪器设备的培训力度,提升学生的实践操作动手能力。顺利完成国有资产清查工作,对盘亏资产的情况进行逐一分析,对学院固定资产管理存在的问题、原因分析及改进措施进行梳理,为下一步规范和加强学院固定资产管理工作奠定基础。

(撰稿:余江涛;审稿:黄菊)

环境学院

【概况】

环境学院是全国党建工作标杆院系、教育部首批“三全育人”综合改革试点学院和湖北省试点改革学院。学院设有水资源与水文地质系、环境科学与工程系、生物科学系、大气科学系和“地下水与环境”湖北省重点实验教学示范中心、科技创新中心 6 个教学科研实体,拥有环境科学与工程一级学科博士点和博士后流动站(全球生态/环境领域 ESI 前 1%)、水利工程一级学科博士点和博士后流动站、水文地质学博士点和地质资源与地质工程博士后流动站、生物科学一级学科硕士点、大气科学一级学科硕士点,形成覆盖水、地、气、生、环等大环境学科生态系统和本—硕—博完整人才培养体系。

学院坚持以习近平新时代中国特色社会主义思想为指导,学习践行习近平生态文明思想,深入贯彻落实党的十九大和历次全会精神,认真落实全国教育工作会议精神和学校统一部署要求,聚焦立德树人根本任务、聚焦学生健康成长成才、聚焦教师教书育人能力提升、聚焦学院高质量内涵发展,坚持把“五个到位”“七个有力”作为党建质量标准,把“干在实处、走在前列”作为改革发展的座右铭,对标对表,开拓创新。学院党委举行第五次换届选举党员大会,产生新一届党委会,设立第一届纪委。完成学院党委会、党政联席会和“三重一大”议事规则等制度修订。落实开展党史学习教育和建党 100 周年系列庆祝活动。深入推进党建标杆创建、三全育人综合改革、张国旗班行动计划、美丽中国“4+N”课程思政、“1+6”资政育人等工作。严格落实中央八项规定精神和上级要求,开展“创清廉地大　树新风正气”主题“2021年党风廉政建设宣传教育月”活动,开展“纪法同行”集中学习、“镜鉴自省”警示教育和“护航发展”主题宣传活动。加强师德师风,严格执行新时代高校教师职业行为十项准则。

人才培养质量稳步提高,一流课程、课程思政与教学创新同步推进。“地下水污染防治”和“地下水动力学”获国家一流课程,“环境地质学”在首届湖北省高校教师教学创新大赛获教授组二等奖和省级一流本科课程,“野外含水层系统非稳定井流虚拟仿真实验课程”获虚拟仿真类省级一流本科课程。强化青年教师执教能力,组织了青年教师教学交流、示范课观摩等活动。设立“美丽中国”课程思政研究中心。启动了“微生物学基础”“环境地球科学概论”MOOC建设,地下水核心课程教学团队入选省级优秀教学团队。教育教学改革屡获佳绩。制定《关于加强基层教学组织建设的实施办法》。

招生—培养—就业协同联动有成效。本年度招收研究生456人、本科生267人。在校生人数达2175人,其中本科生1030人、研究生1144人(含外籍研究生73人),研究生规模超过本科生。本科生在第七届“互联网+”创新创业大赛中获全国银奖1项、铜奖2项;在第二届“全国水科学数值模拟创新大赛”中获一等奖1项;在全国大学生水利创新设计大赛中获一等奖2项、二等奖1项。

师资规模和结构持续优化。环境学院2021年新增教职工7人,其中国家杰青1人、特任副教授4人、辅导员1人、实验教学1人。高聘教授2人、副教授3人,高聘副研究员1人。

学科专业建设成效显著。完成了第五轮学科评估申报工作和“双一流”建设方案编制。牵头成功申报“健康地学”交叉学科,获“健康地学”硕博学位授权点;作为主要成员成功申报“资源与环境”工程博士学位授权点;新增“地质环境保护与生态修复”湖北省优势特色学科群;大气科学专业通过学位点合格评估;地下水科学与工程专业获批国家一流专业,并完成工程教育认证校内考查。完成长江中游环境地学产业学院建设项目的中期检查,以及产业学院建设方案的编制。

科学研究与科技服务成果丰硕。2021年学院项目合同经费2.07亿元,到账经费1.3亿元,实现经费双破亿。新增与三峡集团共建的国家环境保护水污染溯源与管控重点实验室、与国家能源投资集团有限责任公司共建的自然资源部深部地热资源重点实验室;加入中国南南合作网。成立科技创新中心,推进省部级科技平台实体化运行管理。科技社会服务能力增强。学院与广东芷湾环境科技有限公司签署《校企合作协议书》,与湖南中地生态环境研究院有限公司签署《高校产学研合作协议书》,与山西省绛县经济开发区管委会签署《生态环境污染防治合作协议》,与山西省晋城市联合建设省校合作智库合作示范基地。与武汉金龙集团合作建设“长江流域碳中和产业技术创新中心”。

“地下水科学与工程”专业中加合作办

学项目进展顺利；组织2019级51位中加班学生参加国际教育学院和教育部出国留学培训与研究中心联合举办的教育部“平安留学”行前培训。7名博士生获得学校资助短期联合培养。“水资源与环境”留学生班毕业14人，开设留学生全英文在线课程共计17门次。

【党建思政与学术业务融合发展】

发挥党建引领保障作用，坚持党建思政与学术业务一起研判，一起布置，一起推动，一起考评。扎实开展党史学习教育、建党100周年系列庆祝活动；学院党委举行第五次换届选举党员大会，产生新一届党委会，书记由李素矿担任，副书记由院长史建波、王海锋担任；设立第一届纪委，书记由王海锋担任；深入开展全国党建标杆创建、“三全育人”综合改革、美丽中国“4＋*N*”课程思政、张国旗班行动计划、1＋6资政育人品牌等工作。荣获学校2020—2021年度先进基层党组织、2017—2020文明教学科研单位称号。

【人才队伍精英荟萃】

引进国家杰出青年基金获得者1人（史建波，任环境学院院长）；张仲石教授获国家杰出青年基金项目资助；张伟军研究员获国家优秀青年基金项目资助；祁士华、孔少飞入选爱思唯尔中国金色开放获取高下载论文学者榜单；周建伟入选自然资源部高层次科技创新人才工程科技领军人才；王红梅教授获“湖北省三八红旗手”荣誉称号。

【学科建设成果突出】

“健康地学”交叉学科硕博学位点获批；“地质环境保护与生态修复”获得湖北省优势特色学科群；大气科学专业通过学位点合格评估；地下水科学与工程专业获国家一流专业建设，并完成工程教育认证考查。地下水核心课程教学团队入选省级教学团队；“环境地质学”课程群教学团队获首届湖北省高校教师教学创新创业大赛获正高组二等奖；“环境地质学”获批线上线下混合类省级一流本科课程；“野外含水层系统非稳定井流虚拟仿真实验课程”获虚拟仿真类省级一流本科课程。

【科研实力稳步提升】

2021年，环境学院全体科研教师把握“生态文明强国”等战略机遇期，发挥应用性和行业性研究特色，依托地下水研究优势，聚焦水资源、水环境、水生态与水能源，逐步构建了“面向需求—服务行业—强化特色—加大创新—促进转化”的科研发展链条。不断推动创新和促进合作，拓展科研资源，学院高层次科研成果、高层级科研项目、高水平人才队伍和科研平台建设不断取得突破，科研实力稳步提升。2021年环境学院新增科研项目186项，合同经费达2.07亿元，到账经费1.3亿元。环境学院聚焦国际前沿，依托学科优势，开展组织创新，支撑国家重大战略能力显著提升。2021年，学院新增1项国家重点研发计划项目；新增国家级人才项目3项；获批国家自然科学基金各类项目24项，较去年增长41.2%。

【社会服务能力持续增强】

学院充分发挥学科优势并整合院内外优势资源，引领关键核心技术攻关，为服务国民经济实际需要提供保障。紧扣国家“碳达峰”“碳中和”的目标,致力于优化能源结构,大力发展新能源的国家战略,牵头组织校内外多学科团队申报获批“大同盆地重点地区深部高温地热详查”“英山县深部高温地热资源可行性勘察”等重大项目,引领深部地热勘探与开发的关键技术。围绕建设美丽中国的国家布局,为解决我国严峻的水-土(矿)环境形势,促进经济社会可持续发展,实现生态环境的持续改善,学院组织国内优势研究机构与高校,牵头成功申报国家重点研发计划变革性技术专项“劣质地下水改良的原位调控理论与技术研究”;依托学院构建的多学科平台优势,承担“青海省木里矿区生态环境综合整治成果评估”项目,在服务“美丽中国 宜居地球”建设中彰显了地大贡献。学院积极走访相关企业及地方政府,推荐科研优势和特色技术,积极做好项目对接,确保合作落地生效。通过与武汉金龙公司的合作,落地“长江中游低碳养猪及农业综合园绿色发展机制示范”,服务长江经济带绿色发展。

【学术活动缤彩纷呈】

承办“科技强国 气象万千”2021年中国气象局气象科技活动周活动。举办首届环境学院青年教师学术研讨会,举办第十六届环境科技文化节和第六届师生野外实习风采展。学院师生事迹多次在中央电视台、《人民日报》、新华网、《光明日报》《湖北日报》《学习强国》《党员生活》《湖北党建》等媒体平台宣传报道。学生团队荣获第七届国际“互联网+”大学生创新创业大赛国际赛道银奖1项、铜奖1项,荣获高教主赛道全国铜奖1项,湖北省金奖1项、铜奖2项;学院获突出贡献奖,冯亮、柴波、周建伟、李平、刘鹏、马传明、马腾获优秀指导老师称号。第二届“全国水科学数值模拟创新大赛”一等奖1项;全国大学生水利创新设计大赛一等奖2项、二等奖1项。

(撰稿:刘凤莲;审稿:李素矿、史建波)

工程学院

【概况】

工程学院前身是北京地质学院1952年创办的水文地质与工程地质系以及1954年创办的探矿工程教研室(1956年成立探矿工程系),后经院系多次调整、合并,于1998年11月更名为工程学院。现设有工程地质与岩土工程系、勘察与基础工程系、地下空间工程系、安全工程系、土木工程与力学系及实验中心。

学院现设有6个本科专业:地质工程、土木工程、城市地下空间工程、勘查技术与工程、安全工程和应急技术与管理。学院设有地质工程实验班,勘查技术与工程专业获批教育部卓越工程师教育培养计划,地质工程、勘查技术与工程、土木工程3个专业入选国家级一流本科专业建设点,安全工程入选湖北省一流本科专业建设点,地质工程、勘查技术与工程、安全工程专业通过中国工程教育专业认证。

学院建有3个博士后流动站,1个二级

学科博士点(地质工程),2个一级学科博士点(土木工程和安全科学与工程),3个硕士点、2个工程硕士领域。“地质工程”为国家级重点学科、“双一流”建设学科、所属的一级学科“地质资源与地质工程”在第四轮国家学科评估中被评定为“A+”;“土木工程”和“安全科学与工程”为湖北省重点学科,在第四轮国家学科评估中均被评定为“B”(前30%)。

学院拥有科研平台14个,其中国家级平台4个,分别是湖北巴东地质灾害国家野外科学观测研究站、地球深部钻探与深地资源开发国际联合研究中心、地质工程国际科技合作基地和重大地质灾害预测与防控学科创新引智基地(“111”计划);省部级平台7个,分别是岩土钻掘与防护教育部工程研究中心、自然资源部深部地热资源重点实验室、教育部长江三峡库区地质灾害研究中心、三峡库区地质灾害教育部野外科学观测研究站、三峡库区地质灾害湖北省野外科学观测研究站、湖北省中小企业共性技术岩土钻掘研发推广中心、国土资源部环境岩土技术开放研究实验室。

学院现有教职工215人,其中专任教师156人、包括教授56人、副教授83人、博士生导师49人。其中,中国工程院院士2人(双聘),外籍国家级专家1人,国家级教学名师1人,俄罗斯自然科学院、俄罗斯工程院、俄罗斯矿产资源学院外籍院士3人,百千万人才工程国家级人选和国家有突出贡献中青年专家1人,入选国家级人才项目(含青年项目)6人次,自然资源部高层次创新型科技人才培养工程领军人才1人,国土资源部杰出科技人才1人,中国科协“青年人才托举工程”入选者4人,江苏省“双创计划”创新人才3人,1人当选中国地质学会工程地质专业委员会主任委员,1人获批湖北省突出贡献中青年专家,1人获得浙江省杰出青年科学基金资助;拥有国家级教学团队1个,自然资源部创新团队1个,湖北省创新团队2个。

学院现有在校本科生1877人、硕士研究生786人、博士研究生216人。学院致力于现代工程能力导向的地质工科人才培养模式研究,开展教学内容与教学方法改革创新,为中国特色社会主义事业培养具有系统演化观、人地协调观、工程伦理观的地质工程新工科人才。

【坚持和加强党的全面领导,加强党的建设】

学院党委以习近平新时代中国特色社会主义思想为指导,深入学习习近平总书记在庆祝中国共产党成立100周年大会上的讲话的重要精神,深入学习贯彻党的十九大及十九届历次全会精神,紧紧围绕学校、学院中心工作,强化党组织政治功能,坚持党建工作与业务工作深度融合,抓基层强基础,扎实推进党支部建设,深入开展党史学习教育,扎实推进“我为群众办实事”实践活动,务求实效,认真落实巡视巡察整改任务,坚持党风廉政建设,落实全面从严治党要求,加强思想政治教育工作,促进师德师风建设,筑牢意识形态思想防线,做好统一战线工作。2021年,工程地质与岩土工程系党支部获评教育部首批全国党建工作样板支部;勘察与基础工程系党支部获评湖北省高校先进基层党组织,被推荐申报教育部全国第三批新时代高校党建"双创"单位;安全工程系党支部获评校先进基层党组织;贾洪彪、黄静获评校优秀共产党员;江广长获评校优秀党务工作者。窦斌教授作为负责人申报的课程"工程伦理"和贾洪彪教授参与的"地球科学概论"入选教育部首批课程思政示范课程,授课教师入选课程思政教学名师和教学团队。学院党委书记李红丽申报的本科教学工程项目"工程学院课程思政育人体系及示范课程、示范团队建设"获学校2021年度本科教学改革研究立项。

【以立德树人为根本任务,全力服务学生成长成才】

学院在湖北省第十三届"挑战杯"大学生课外学术科技作品竞赛中获湖北省二等奖1项;学院获评2021年度"挑战杯"优秀组织单位,文新获评优秀工作者;在第七届中国国际"互联网+"大学生创新创业大赛中,获全国铜奖1项、省级金奖1项、银奖1项、铜奖1项,学院获评"互联网+"大赛突出贡献奖,文新获评优秀指导老师。2019级硕士研究生工岩系第一党支部、地质工程实验班党支部、勘查技术与工程专业本科生党支部获评2020—2021年度校级先进学生基层党组织;胡莹等10人获评校百名好支书/好班长,李晓坤、李振华、陶亚坤、张文广获评校级优秀学生共产党员;2020级硕研工岩系第二团支部等10个团支部获评校五四红旗团支部,李新纪元等57人获评校优秀共青团干部,陈心仪等78人获评校优秀共青团员,学院获评五四红旗团委;6个班级获评"校级先进班集体",杨熙获评校十大标兵学生;学院获"学百年党史 展支部风采"党史学习教育学生党支部风采大赛优秀奖;科普小讲堂、山中花儿爱心助学团健康包2个项目获评校十佳志愿服务项目;明德工程·志愿者协会和山中花儿爱心助学团获校十佳志愿服务团队,文新、张怡悦获评十佳大学生志愿服务优秀指导老师,杨熙获评十佳大学生志愿服务个人;山中花儿爱心助学团、明德风爱心助学团获评"学校十大标兵社团";焦玉勇、谭飞指导,研究生张友、何灵玲、于莎莎等申报的"武汉城市地质云框架体系研究"项目,获批2020年第二批中国高校产学研创新基金"新一代信息技术创新项目"教育部重点资助。

在2021年科技论文报告会中,本科生团队获校级一等奖1项、二等奖2项、三等奖4项,研究生团队获得校级特等奖1项、一等奖2项、校级二等奖4项、校级三等奖15项;42个团队入选国家级大学生创新创业训练计划,26个团队入选实验室开放基金,7个大学生自主创新资助计划团队顺利结题。

2021届毕业生就业率为91.89%左右,其中博士生就业率为96%,硕士生就业率为96.12%,本科生就业率为90.91%。

【夯实教育教学基础,切实提高学院人才培养质量】

学院在学校第十二届青年教师比赛中获得二等奖及优秀组织奖;王亮清被推荐为2021年"湖北名师工作室"候选人;窦斌的

“钻井与完井工程”和章广成的“岩体力学”为全校青年教师开展示范观摩课；3门课程入选省级一流本科课程，5门课程被推荐申报国家级一流本科课程，11项获本科教学项目改革研究立项。完成学院课程思政立项9项；教育部首批研究生教育课程思政示范课程1项；院自设课程思政项目8项（每项支持1万元），教学团队项目5项（每项支持2万元）。

学院完成第八届湖北省大学生结构设计大赛暨第十四届全国大学生结构设计竞赛湖北省分区赛的承办和参赛工作，荣获一等奖1项、二等奖3项、优秀组织奖1项；首次参加“上海建工杯”第十四届全国大学生结构设计竞赛，荣获全国二等奖和优秀组织奖；获第三届全国大学生结构设计信息技术大赛一等奖1项、二等奖1项、三等奖2项；获第七届全国大学生工程训练大赛省一等奖1项、二等奖2项、三等奖1项；焦玉勇、吕加贺团队发起第一届国际岩石力学与工程数值仿真大赛(2021)，获一等奖、杰出贡献奖，学校荣获卓越成就奖；获“青岛勘测杯”全国大学生工程地质创新实践大赛一、二、三等奖各1项，学校获“优秀组织奖”；获2021年第十三届“华中杯”大学生数学建模挑战赛二等奖；获第十三届全国周培源大学生力学竞赛湖北省一等奖2项、二等奖2项、三等奖9项、优秀奖24项，获第十三届全国周培源大学生力学竞赛国家三等奖1项、优秀奖15项；研究生杨展参与的代表队获第三届“万方杯”湖北省高校“学术搜索挑战赛”省级一等奖；7项国家级大学生创新创业训练项目获批立项；2项研究生课程与精品教材、1项研究生教育教学改革研究项目、4项研究生联合培养基地建设获校级立项；2021年校级优秀研究生学位论文16篇（博士4篇，硕士12篇）；研究生发表学术论文153篇和专利7项（排名第一），其中署名第一的论文分区在T4及以上33篇。2021年22人获得CSC资助。

【坚持引育并举，师资队伍质量稳步提升】

学院坚持人才强院战略，多措并举提升师资队伍质量。注重把好人才政治关，严格师德师风标准，科学合理布局“十四五”人才队伍引进和培育指标，优化教师评价体系。周克清入选首批“湖北省青年拔尖人才培养计划”；组织完成3批次7人申报“地大百人计划”、校内14人申报“地大学者”；组织教师申报“全国高校黄大年式教学团队创建”；组织教师参加学校首届“师德标兵、师德模范”评选；组织教师申报国家、省市级各类人才项目或称号33人次；全年新入职教职工10人，其中教授2人（含入选国家高层次人才项目1人）、特任教授4人（含“地大百人”3人，其中1人入选“湖北省百人计划”）、特任副教授3人。

【坚持内涵发展，学科建设水平上新台阶】

学院紧紧围绕“双一流”第二周期建设目标，组织完成了一流学科建设项目“地质工程与人居安全”申报书的编写和部署；完成“土木工程”“安全科学与工程”、参与“地质资源与地质工程”学科评估工作；学院牵头申报的城市地灾防控与地下空间开发学科群获批“十四五”湖北省高等学校优势特色学科群;与其他学院合作完成资源与环境、土木水利工程博士点申报工作,其中,资源与环境专业学位博士点已成功获批;由学院牵头完成的自主设置交叉学科"自然灾害与应急管理"学位点,已获批并进入建设阶段。

【多措并举提升学院科研水平,增强社会服务能力】

焦玉勇团队主持完成的研究成果"隧道重大地质灾害源探测评估关键技术创新与应用"获湖北省科技进步奖一等奖;窦斌团队主持完成的研究成果"一种干热岩储层裂缝形成方法"获第一届湖北专利金奖,主持完成的研究成果"深部地热储层改造增效及随钻测量一体化技术"获湖北省技术发明二等奖;马保松、曾聪团队主持完成的研究成果"城市地下排水管网隐患智能探测与非开挖修复成套技术及应用"获湖北省科技进步奖二等奖;周小勇、庞于涛主持完成的研究成果"复杂环境深水桩基础及现浇混凝土桥梁建造关键技术与应用"获湖北省科技进步奖三等奖;宁伏龙团队研究成果"海域天然气水合物系统力学行为及其多尺度表征方法"入选2021年度石油工程岩石力学十大科技进展;周燕主持完成的研究成果"性能区域可调控的金属材料激光选区熔化增材制造技术及应用"获中国有色金属工业技术发明一等奖;吴文兵撰写的论文《考虑横向惯性效应时桩侧土一管桩一土塞纵向耦合振动特性研究》入选"第五届中国科协优秀科技论文遴选计划"。刘天乐(R2)、蒋国盛(R4)参与完成的科技成果"复杂地质条件高效固井技术和工艺"获2020年度俄罗斯"圣彼得堡工程科技一等奖";卢春华(R3)、陆洪智(R4)等参与完成的成果"水利水电工程大顶角超深斜孔钻探关键技术与应用"获湖北省科技进步奖一等奖;周克清(R2)参与完成的成果"新型阻燃剂研制及其阻燃电缆安全评测技术"获中国安全生产协会安全科技进步奖一等奖;吴立(R2)参与完成的成果"大水深条件下提高水下钻孔爆破效果关键技术研究"获中国水运建设行业协会科学技术二等奖;吴文兵(R4)等参与完成的成果"临江跨地铁隧道大型景观平台建造关键技术"获2021年工程建设科学技术进步奖二等奖;另获其他省级行业协会、学会科技奖3项。徐方荣获第二届"湖北公路优秀科技工作者"。

学院科研到账经费6 554.0万元,其中纵向项目到账2 330.2万元,横向项目到账4 012.3万元,GF项目到账经费211.5万元。唐辉明教授主持的国家自然科学基金重大项目"重大滑坡预测预报基础研究"(1 797.6万元)正式启动。学院教师共发表SCI论文234篇,其中T1论文45篇、T2论文100篇;入选高被引论文10篇。授权发明专利51项、实用新型专利36项,软件著作权35项;授权国际专利2项,其中加拿大专利1项、卢森堡专利1项;出版专著1部。

学院主办了第三届巴东国际地质灾害学术论坛(2021年11月),承办了第一届非连续变形分析国际青年科学家论坛(2021年1月)、第四届全国青年工程风险分析和控制研讨会(2021年6月)、中国系统工程学会决策科学专业委员会第十一届学术年会暨决策科学与应急管理学术论坛(2021年10月),协办了2021年岩土工程智能监测原创性研究及核心技术青年科学家沙龙(2021年10月)等国际国内学术会议,对相关领域的学术成果进行了广泛的交流,提高了学院社会声誉和国际影响力。学院组织工程文化论坛20期,邀请国内外知名学者和专家作学术报告21人次。

国家级科研平台湖北巴东地质灾害国家野外科学观测研究站正式批准建设;成功申报并获批省部级科研平台自然资源部深部地热资源重点实验室。

张家铭、王亮清、唐辉明、李长冬、章广成等教师参编《边坡柔性防护网系统》(JT/T 1328)、《生态环境工程水文地质勘察规程》(DB41/T 2194)、《装配式集成给水系统管道工程技术标准》(T/CSUS 12)、《岩石真三轴现场试验规程》(T/CSRME004)等行业、地方和团体标准,扩大了学院的行业地位和影响力。

【加强平台与实验室建设,提升自主创新能力】

制定学院"十四五"实验室建设发展规划,明确重点建设城市地下空间和应急技术工程与管理专业系列实验室。获批1项教学实验室建设项目"地热储层岩体渗透特性实验教学系统",1本实验教材《泥浆工艺实训指导书》(卓越工程师计划),4项实验技术研究项目;自筹经费资助的"新奥法隧道开挖与支护过程虚拟仿真实验""海上钻井平台火灾扑救与应急逃生虚拟仿真实验项目"两个虚拟仿真实验项目,被学校推荐参加教育部实验教学一流课程评审;2021年学生实验开放基金立项获批26项,其中重点项目1项,完成2019年度立项项目验收54项,中期考核合格重点项目1项。

【发挥工会职能作用,服务学院各项事业和谐发展】

院分工会坚持教代会制度,履行参政议政和民主监督,反映诉求,维护教职工权益。组织教职工向学校提交"关于解决引进土木工程结构方向人才难题的提案"等7份提案,涉及人事、管理、实验室和民生等诸多方面,学院分工会获九届一次教代会"提案组织先进单位"的荣誉称号。组织召开学院五届三次教职工代表大会暨五届二次工会会员代表大会,组织参加教职工荣休典礼、读书会、师生羽毛球团体赛、乒乓球赛、气排球赛、教职工足球联赛、男子篮球赛、学校运动会等文体活动。

(撰稿:冯焱;审稿:李红丽)

地球物理与空间信息学院

【概况】

地球物理与空间信息学院(简称地空学院)创建于1952年,是建校初期最早的4个系之一。1975年更名为地球物理勘探系,1986年更名为应用地球物理系,1999年更名为地球物理系,2003年成立地球物理与空间信息学院。

地空学院现设有3个学系：应用地球物理系、固体地球物理系、地球信息科学与技术系；1个中心：实验教学中心；1个省重点实验室：地球内部多尺度成像湖北省重点实验室；1个示范中心："地球探测技术"湖北省重点实验教学示范中心；2个院级研究所：能源地球物理研究所、地球空间信息研究所。

学院现有学科体系理工兼备，涵盖地质资源与地质工程、地球物理学两个一级学科。是"双一流"建设学科、"211"工程重点建设的学科、教育部"985"优势学科平台的支撑学科。学院拥有地球物理学和地质资源与地质工程两个一级学科博士点和博士后流动站，有资源与环境专业一级学科硕士点。设有勘查技术与工程(勘查地球物理方向、智能探测方向、城市地球物理方向)、地球物理学(地质与地球物理试验班)和地球信息科学与技术3个本科专业，勘查技术与工程和地球物理学2个专业入选国家首批一流专业建设点，地球物理学入选国家基础学科拔尖学生培养计划2.0基地，地球信息科学与技术入选湖北省一流专业建设点。

学院现有教职员工117人。其中专任教师80人，其他专职科研、工程实验及行政管理人员37人。专任教师中，现有教授、副教授共75人，博士生导师35人，97%的专任教师具有博士学位，72%的教师具有一年及以上出国研修的经历。

2021年，学院招收博士研究生31人，硕士研究生163人，本科生188人。毕业博士研究生19人，硕士研究生132人，本科生175人。2021届研究生就业率97.8%，本科生就业率88.6%。

【提高政治站位，党的领导全面加强】

党史学习教育深入开展。学院按照"学党史、悟思想、办实事、开新局"的总体要求，制定教育方案，精心部署安排，扎实开展教育活动。学院坚持党委中心组理论学习制度，及时传达落实党中央决策部署和习近平总书记系列重要讲话，形成理论学习制度化、常态化，全年中心组理论学习达7次以上。班子成员积极参加党史学习和网络培训，深入高校调研，撰写理论文章，切实将党的先进理论内化于心、外化于行。班子成员为党员讲授党课11次，深入班级、宿舍走访调研4次。组织开展党史实践研学，开展"我为群众办实事"，解决师生"急难愁盼"问题39项，切实增强为党育人、为国育才责任意识。全年开展入党积极分子培训2次，发展党员128名。刘子忠获评湖北省高校优秀党务工作者。

领导班子建设持续加强。学院始终坚持讲政治有学习、讲公正有秩序、讲团结有争鸣、讲勤政有担当。学院召开第四次党员大会，选举产生第四届党委、第一届纪委，完成学院行政领导班子换届。学院坚决贯彻民主集中制，认真落实《地空学院党委会议事规则》《地空学院党政联席会议事规则》《"三重一大"决策制度实施细则》。全年召开党委会16次、党政联席会16次。学院定期组织领导班子民主生活会、党外人士座谈会，开展批评与自我批评，强化问题检视，加强学院领导班子建设，强化党组织政治功能。

党风廉政建设不断强化。学院坚持党风廉政建设与学院中心工作同部署、同落实、同检查、同考核。学院党委切实履行主体责任，领导班子带头遵守廉洁准则，严格落实“一岗双责”，与三级单位签订《党风廉政建设责任书》，压实廉政责任，形成了党委统一领导、党政齐抓共管、班子分工负责、系（中心）具体落实、师生共同遵守的工作机制。学院严格执行婚丧喜庆事宜、出国出境报告制度，严格实行“一票否决”制。

【坚持立德树人，教育培养质量持续提高】

本科生教育水平稳步提升。学院按照学校本科生教育教学要求，加强专业、课程建设。制定《地空学院课程思政建设实施方案》，在秭归野外实践教学 MOOC 课程中，融入思政教育内容，探索“课程思政”教学新方式。坚持规范有序、公开透明，高质量完成大类分流、毕业答辩、推免保研等工作。全年获批 3 项本科教学质量工程项目、2 项 A 类教学研究项目，获批 13 项国家级大学生创新创业项目，获评青年教师教学竞赛一等奖 1 项、二等奖 1 项。研究生培养质量不断加强。3 名博士生获国家留学基金委资助，1 名博士获学校优秀博士创新基金项目资助，4 篇硕士论文、3 篇博士论文获批校优秀学位论文。加大研究生招生宣传力度，通过举办校园开放日、实施“本硕博贯通培养计划”等举措，“双一流”生源率达 63%。参与申报并获批“资源与环境”工程博士学位点。推进实施研究生教育教学项目，获批湖北省研究生工作站建设项目 1 项、校级研究生联合培养基地建设项目 1 项、教改项目 1 项，完成教育教学研究项目结题 3 项、研究生课程与精品教材建设项目结题 1 项、中期考核 2 项。

实习实践教育成效不断凸显。顺利完成北戴河、秭归两大实习基地本科实践教学工作和地球信息科学与技术专业校内教学实习任务。充分利用网络技术建设网上课堂和交流互动平台，完善秭归野外地质实践教学 MOOC 课程，创新野外教育教学形式，开展野外混合教学。学院不断加强实习教师能力建设，张志、沈博、杜劲松等教师获评 2021 年校级优秀实习指导教师。学院持续加强教学实验中心建设，实验仪器设备管理水平稳步提高。

学生成长发展持续向好。学院坚持精准资助和资助育人相结合，做细落实各项奖励资助政策。全年共认定家庭经济困难学生 147 人，对 33 名建档立卡家庭学生逐一摸排，做到资助全覆盖。全年获评国家奖学金 14 人、国家励志奖学金 17 人、地大英才类奖学金 24 人、锐鸣奖学金等社会类奖学金 2 人。学院学生男子篮球队再创佳绩，荣获“地大杯”男子篮球联赛冠军。学院有序推进“教师联系中学”多举措吸引优质生源。蔡红柱副院长主讲“与‘地·空’一起，探‘星·球’奥秘”招生讲座，点击量突破 2 万次，第一志愿率持续提升。学院制定《2022 届毕业生就业工作方案》，组织 13 场就业推进会，开展“一生一策”精准帮扶，促进毕业生精准就业。

【强化学科特色，学院综合实力显著增强】

高水平人才持续引进。坚持党管人才

原则，积极推进“人才强院”战略，严把人才引进政治关。全年引进地大百人 2 名、特任副教授 4 名，获批海外优青 1 项。获批国家优青 1 项，徐慧茹入选自然资源部高层次科技创新人才工程青年科技人才。

学科平台建设不断加强。学院组织申请并获批国家基础学科拔尖学生培养计划 2.0 地球物理学基地。学院陈界宏教授联合武汉大学、浙江大学、中国地震局等单位建成全球首个跨圈层扰动监测系统。新增中国科学院、教育部、中国气象局、工业和信息化部、中国地震局、自然资源部等 8 个部委建设的子午工程科研平台。学院积极参与遥感科学与技术、人工智能与地球探测、自然灾害与应急管理 3 个交叉学科申报，主动介入学校学科生态建设。积极打造学院双创教育基地，助力学生创新创业。

学术科研成果不断攀升。2021 年学院新增纵向科研项目 33 项，横向科研项目 33 项。获批国家自然科学基金项目 13 项（面上项目 5 项、青年基金 7 项、优青 1 项）。2021 年科研经费到账总额为3 193.63万元（纵向经费1 646.35万元、横向经费1 547.28万元）。先后邀请 14 位海内外知名专家、学者来校交流访问，组织地空论坛学术报告共 13 场次。全年发表 T1 论文 11 篇、T2 论文 63 篇。胡祥云主持的项目“山西省阳高县—天镇县一带干热岩地热资源预可行性勘查地球物理勘探”获 2021 年中国地球物理学会地球物理工程奖金奖。

学生创新成果不断涌现。学院构建“科研创新＋学科竞赛”创新精神培育与“双创比赛＋创业支持”创业项目孵化的“双环”工作体系，学生科研成果喜人。学生发表论文 36 篇（5 篇 T1、21 篇 T2、3 篇 T3），第一作者获批专利 3 项、软著 1 项。陈超博士《久违空间》荣获第八届“互联网＋”全国大学生创新创业大赛银奖，王中鹏博士荣获湖北省“创业之星”。学院在第七届“创新杯”全国大学生地球物理知识竞赛活动中获二等奖 2 项，在第六届全国大学生测井技能大赛中荣获特等奖 1 项等。

谋划学院建设强劲有力。学院全面完成“十三五”规划指标任务，固体地球物理领域取得了长足进步，构建了较为完备的地球物理学学科框架，形成了一定的学科优势。学院围绕培养创新拔尖人才，持续优化学科布局，加强学科建设，制定学院“十四五”发展规划，努力在油气与战略矿产资源探测、新能源开发、“双碳”计划、防灾减灾、“三深探测”等方面培育创新科研成果，提高学院核心竞争力。

【坚持思想引领，群团校友工作扎实推进】

教职工思想教育持续推进。学院加强教职工的政治理论学习和政治思想教育，不断增强建设教育强国的使命感和责任感。组织教职工收听收看庆祝中国共产党成立 100 周年大会，深入学习党的十九届六中全会精神，增强为党育人、为国育才责任意识。坚持每月开展一次全院教职工思想教育，强化职业操守，时时提醒教师牢记教学纪律，把教书育人和自我修养相结合，引导广大教师增强责任感、使命感、荣誉感，努力成为有理想信念、有道德情操、有扎实学识、有仁爱之心的好老师。

共青团价值引领稳步增强。学院持续推进基层团组织规范化建设，开展“学党史、强信念、跟党走”学习教育，开设网上主题团课，组织红色之声宣讲。开展主题团会300余次，团组织生活会44次，学社衔接率达100%。有组织、有计划开展优秀青年推优发展工作，全年推优181人。1041903等4个支部获评学校五四红旗团支部，王韬智等25人获评校级优秀共青团干，韩雪菲等27人获评校级优秀共青团员。

工会桥梁纽带作用充分发挥。严格落实教职工代表大会制度，参加学院重大问题决策，推进学院民主管理。组织开展庆祝建党100周年和“一院一品”主题活动，组织参加“学四史、阅经典”教职工诗歌朗诵大赛、第十九届教职工乒乓球团体赛、教职工男子篮球赛，在学校各项文体活动中多次获得优异成绩。袁晏明教授荣获第三届“最美地大教工”称号。

校友工作持续深入开展。学院班子成员走访江西地震局、中石化南京物探院等单位，关心校友发展。学院积极搭建交流平台，做好杰出校友事迹宣传，厚植母校情怀，郑洪标荣获学校“校庆大使”称号。学院成立70周年校庆工作领导小组，制定校庆学院工作方案，展示办学成就，汇聚各方力量，推动学院发展。

【完善治理体系，师生服务管理更加规范】

学院治理体系不断完善。修订完善劳动纪律、保密管理、消防安全、学生奖励、竞赛资助和“三重一大”决策制度等制度。及时调整院学位委员会，加强学院学位授予管理。进一步规范和加强实验中心仪器设备管理，使办学治院有章可循、有法可依。

学院安全稳定持续保持。积极开展宗教排查工作，建立信教情况台账，加强思想引领和思想政治教育。加强学院网站、微信公众号、QQ工作群、微信新媒体平台建设和管理，强化网络舆情监测管理。加强安全教育，组织消防演习，消除安全隐患，开展防电信诈骗宣传，做到网络安全教育全覆盖。做好离退休职工服务管理工作，确保学院安全稳定。

学院疫情防控全面落实。认真贯彻落实上级疫情防控工作要求，严格执行师生外出请销假制度，做好零报告和离（返）汉报备、中高风险地区排查工作，组织第三次疫苗接种及核酸检测。制定学院疫情防控方案，组织党员参加社区疫情防控，做好隔离人员服务管理，将防控要求落到实处。

（撰稿：王静；审稿：马彦周）

海洋学院

【学院概况】

中国地质大学是中国高校中最早开展海洋地质研究、最早发展海洋学科的单位之一，于20世纪50年代成立了海洋地球物理教研室，2016年中国地质大学（武汉）海洋学院正式组建成立，迎来了地大海洋跨越式发展的春天。经过几代地大海洋人筚路蓝缕、开拓创新，学院已确立了“本—硕—博—博士后”完整的人才培养体系，海洋科学在教育部历次学科评估中排名长期保持全国前列。2019 年 4 月海洋科学本科专业成功第一批入选国家级一流本科专业建设点名单。

多年来学院形成以海洋地质与资源为主要特色，以海洋地质、海洋化学、海洋生物和物理海洋为重要方向的科学研究格局。学院教师积极投身国家重大战略，主动承担国家科研任务。“十三五”以来，学院累计承担基金重大重点、“111”引智、重点研发等各类项目 180 余项，累计科研经费 1.71 亿元，荣获国家科技进步奖一等奖、二等奖，教育部自然科学一等奖、二等奖等奖励。学院教师考察足迹遍布中国近海、太平洋、印度洋、大西洋和南北极，多名教师参加南－北极科学考察、全球大洋科学考察、珠峰高程测量，用行动践行“上天、入地、下海、登极”的地大诺言。

【党建与思想政治教育】

切实加强党政班子建设。学院召开党委换届大会，选举产生 7 名党委委员、3 名纪委委员；引进教育部“长江学者”孙军担任海洋学院院长，新一届学院党政领导班子充满朝气和活力，在谋发展强规划上有思路，在促改革推创新上出实招，在重建设抓质量上有成效，奋力带领全院师生建设国际知名涉海研究型学院。

扎实推进党委巡察整改。学院党委接受校党委第三巡察组驻院巡察，巡察组向学院反馈了巡察意见。学院党委高度重视，诚恳接受、照单全收、聚焦问题、扎实整改，制定整改方案，梳理出 4 大类、12 个方面、34 个具体问题。学院党委召开专题整改工作会 4 次、整改情况通报会 2 次，制定(修订)规章制度 13 项，整改问题 33 个，整改落实率 97%。

认真开展党史学习教育活动。按照校党委统一部署，在全院师生中深入开展党史学习教育，组织党委理论学习中心组专题学习 5 次，组织“奋斗百年路、启航新征程”党史知识竞赛，严格落实院班子成员“六个一”、师生党员“四个一”学习要求，集中组织红色研学活动 3 次。积极开展“我为群众办实事”实践活动，全院 6 个师生党支部共制定 30 项“我为群众办实事”实践项目，承诺党员 149 人。学院组织师生党员前往武汉中山舰博物馆、革命圣地井冈山、嘉兴南湖等革命圣地开展党史教育实践活动。

【学科与人才队伍】

将海洋科学纳入第二轮国家“双一流”学科建设，协同完成地球生物学学科群建设任务书，提交“双一流”学科建设经费预算，开展相关仪器设备购置论证。对标国际一流院校，承担海洋科学“双一流”研究生全英文学科课程群建设，计划 2 年完成 8 门研究生课程全英文课程建设。

结合“十三五”规划总结、学院发展实际及学科发展需求，深入分析面临的发展机遇与挑战，明确海洋学院及学科建设目标、指导思想、建设举措等，科学制定海洋学院“十四五”发展规划。

2021 年，学院引进全职二级教授 1 人、特任副教授 9 人、博士后 6 人，特任副教授按要求进入博士后流动站，在站博士后达到

18人。2021年学院有1人入选湖北省百人计划,1人晋升教授,2人晋升特任教授,1人晋升副教授,2人晋升五级副教授;另有5人完成"地大学者"相应层次人才期满考核,1人优秀、4人合格。学院现有教职员工67人,其中专任教师47人、教授15人、博士生导师16人、副教授28人、讲师2人,另有兼职教授、博导7人。

【教学与人才培养】

抓好课程思政建设工作。完善课程思政建设机制,创新"课程思政"模式,丰富教改课程内涵,展现"课程思政"成效,结合招生宣传录制海洋科普小视频,结合海洋知识竞赛录制宣传视频。打破原本依托课堂教学载体进行思政教育的单一体制,拓宽课程思政的实践场域,将思政教育融入专业教育全过程,促进思政教育协同体制创新,为实现立德树人目标开拓道路。

本科教育教学质量持续增强。2021级海洋科学大类招生3个教学班共88人,在校本科生240人,开设课程43门,全年无教学事故。学院研究生培养规模持续扩大。2021年学院完成博士招生15名,硕士招生68名,其中学术型硕士21名、专业型硕士47名(含广州海洋地质调查局联培生19名)。在读研究生达到244人,其中博士生54人(含同等学力博士1人)、学术型硕士58人、专业型硕士103人、同等学力硕士29人。

教学实习任务圆满完成。7月11日至8月7日,学院海洋科学专业241191班的19名学生在周口店实习基地开展野外地质实习。7月18至28日,学院海洋科学专业241181班的26名学生在浙江舟山完成长江口及邻近海域海洋科学专业联合实习。国庆节期间,学院海洋科学专业241191班的19名学生到秭归实习基地开展野外地质实习;海洋科学大类24H201、24H202共55名学生在武汉周边(大冶、通山)开展野外地质实习,弥补受新冠疫情取消的暑期秭归、北戴河野外地质实习。

【科研与学术交流】

科学研究能力持续提升。全年新增科研项目54项,其中纵向项目22项、横向项目32项;全年新增合同经费3082万元,其中纵向经费953万元、横向经费2129万元;全年实到科研经费1893万元,其中纵向经费786万元、横向经费1107万元,人年均实到科研经费40万元。2021年学院申请国家自然科学基金项目30项,其中优青3项、重点3项、重大1项、专项项目1项、面上12项、青年10项,国家基金申报率57.8%,位居全校首位;学院共获批国家自然科学基金项目11项,其中重点1项、面上3项、青年7项,资助率36.7%。

科研成果持续涌现。学院科研成果的数量和质量稳步提升,2021年学院师生发表SCI论文39篇,其中T1论文11篇、T2论文19篇,T3及T4、T5论文共9篇;出版科研著作3部,发明专利1项。

学术交流氛围良好。学院举办海洋地质资源湖北省重点实验室2021年学术年会暨第一届"双湖论坛"学术交流会。2021年10月,学院代表学校签署《挪威海洋大学联盟与中国涉海大学联盟关于成立中国-挪威海洋大学联盟的合作协议》,双方就促进挪威和中国在海洋及海事领域合作进行研讨。学院携手深圳研究院,与深圳市决策咨询委员会、深圳市科学技术学会、深圳市规划和自然资源局、深圳市大鹏新区管委会共同举办“2021高质量向海发展论坛”。全年学院教师参加各类学术会议共计27人次,学院共开展23次“海洋之光”学术论坛,2次名家论坛。论坛主讲人中获国家杰出青年基金资助2人,教授6人,研究员7人,副教授及副研究员10人。

(撰稿:杜清平;审稿人:成军)

机械与电子信息学院

【概况】

机械与电子信息学院(简称机电学院),其前身是1958年的探矿工程系勘探机械专业。1998年与物探系电子信息工程专业合并组成全新的机械与电子工程系(院级),经2003与2008年两次调整更名为机械与电子信息学院。经过64年的办学积淀与传承,形成了以研究“智能地质工程装备”为特色,以实现教、产、学、研、用深度融合为目标,服务于地球科学领域的新工科学院。学院现设有4个本科专业:机械设计制造及其自动化、电子信息工程、工业设计、通信工程;拥有地质装备工程二级学科博士学位点;3个一级学科硕士学位点:机械工程、信息与通信工程、设计学;2个工程硕士领域:电子信息工程、机械工程专业领域。有国家级、省部级教学和科研平台5个:中国地质大学(武汉)中国地质装备总公司国家级工程实践教育中心、岩土钻掘与防护教育部工程研究中心、湖北省高等学校电子电工实验教学示范中心、湖北省智能地质装备工程技术研究中心、湖北省先进钻掘机械装备技术转化中试基地;有4个产业技术创新中心:排水环境治理装备产业技术创新中心、基础工程装备产业技术创新中心、高端模数芯片先进数字产业技术创新中心、散料清洁输送技术创新中心;有3个校级教研中心(所):机械工程教学实验中心、CAD中心、装备与仪器研究所。学院现有教职工136人,其中博士生导师19人、教授16人、副教授65人,国家人才计划2人、湖北省人才计划8人。学院2021年在校学生2329人,其中本科生1775人,研究生554人。学生党支部24个。

2021年,学院党委坚持以习近平新时代中国特色社会主义思想为指导,全面贯彻落实党的十九大精神,深入学习十九届六中全会精神。秉承“育人为本,德育为先”的教育理念,全面落实习近平总书记关于教育的重要论述和全国教育大会精神,强化师生党组织、党员的示范引领作用,开展理想信念教育和社会主义核心价值观学习实践,提升师生思想政治素质。着力提升学院党委总揽全局、协调各方的能力,对照学校审计处经济责任审计反馈的问题,努力做好整改工作,着力推动机电学院学科和制度建设发展。引进特任教授7人、副教授1人,3名教师入选"湖北省百人",3名教师入选"地大百人",1人获海外优秀青年基金资助。积极鼓励、资助青年教师出国深造,提高教师队伍整体水平。

学院紧跟学校发展战略目标,以学校大力推进世界一流学科建设,全面推进地球科学领域国际知名研究型大学建设为契机,坚持立德树人根本任务,树立"严在地大"院风学风,引进急需人才,育好青年人才,改善科研条件、推进海内外学术交流,全面激发全体师生的创新活力,努力培养实践能力强、创新能力强、具备国际竞争力的高素质复合型新工科人才。学院致力于发展行业特色优势,开展新型智能地质工程装备的研发,形成8个重点科研团队,建立9个研究生联合培养基地,建成3个校级技术创新中心,在智能制造、智能建设、信息传输、软件和信息技术服务、自然资源等相关领域发挥着重要作用;机械设计制造及其自动化、电子信息工程专业获批国家双万专业建设,学院肩负着为国家和社会培养富有创新精神与能力的高素质新工科卓越人才的重任。高质量内涵式发展始终是学院建设一流学科道路上的不懈追求。

【党建工作】

学院党委始终坚持以一流党建引领一流学科建设,充分发挥党委政治核心作用,不断严肃学院党内政治生活,坚定正确的政治办学方向,严格执行新形势下党内政治生活若干准则,修订《学院党政会议议事规则(试行)》《学院党委会议议事规则(试行)》和"三重一大"决策制度,并严格按制度执行。全年共召开党委会11次,党政联席会14次,研究重要工作。对议定事项分解责任、严格监督、推进落实,强化党组织政治功能,确保学院党委决策部署全面贯彻落实。认真落实民主生活会和组织生活会、"三会一课"、谈话谈心等党内政治生活制度,定期检查支部生活记录本,增强党内政治生活的政治性、时代性、原则性、战斗性。全年开展党委委员、师生支部书记讲党课32次,"党史"知识竞赛2次。深化"互联网+干部教育",大力推广移动学习。出台《机械与电子信息学院教师发展促进工作实施办法(试行)》,并将青年教师队伍建设纳入各三级单位年度考核的重要指标和内容。2021年共发展党员237人,配合学校党委开展2期入党积极分子培训班、6期发展对象培训班,共计培训入党积极分子368人、发展对象296人,挖掘和培养一批具有模范引领作用的先进党支部和优秀共产党员,1个教工党支部和1个学生党支部获评校级先进基层党支部,1名教工党员和2名学生党员获评校级优秀共产党员,1名教工党员获评校级优秀党务工作者。

【本科教学】

学院共完成144门、260门次的理论课程教学,45门次的实践课程教学,教授及副教授上课率均达100%。2017级本科毕业人数410名,409名学生获毕业证和学位证,1名学生结业。"信息论与编码"被评为省级线上一流课程;工程机械设计及其自动化教学团队获省级教学团队。获湖北省第七届高校青年教师教学竞赛三等奖1项；获第二届湖北省金工与工训青年教师微课教学竞赛二等奖1项、三等奖1项，并入围全国金工与工训青年教师微课教学竞赛决赛；获第五届全国高校电子信息类青年教师授课比赛预赛华南赛区二等奖1项、三等奖1项，并进入决赛首获国赛三等奖1项；获学校青年教师讲课比赛二等奖2项。学院推荐校级优秀学士论文22篇，19篇获评校级优秀。学院参赛学生在全国制图大赛中获奖15项；全国大学生电子设计竞赛中获奖6项；全国大学生金相技能大赛获奖7项；全国大学生工程训练综合能力竞赛获奖10项。首次参加全国大学生广告艺术大赛获国家一等奖。机械设计制造及其自动化专业专业认证被受理，电子信息工程专业申报专业认证；完成教育部产学合作协同育人项目6项，2021年本科质量工程6项。鼓励大学生创业，激发青年创新精神，申报大学生创新创业计划11个项目获得资助，9个项目完成中期检查，30个项目完成结题评审，完成金额159 628.79元。

【研究生教学】

制定《机械与电子信息学院硕士生指导教师招生资格审核办法(试行)》，修订《机械与电子信息学院2021年研究生招生指标分配办法》等。2021年立项9个校级研究生联合培养基地，与烽火通信集团、西安煤科院开展定向研究生培养。

校园开放日坚持选拔优质生源，逐年增加获得合格通知单人数，2021年(89人)较2019年(44人)获得合格通知单人数翻倍。2020年专硕大规模扩招后，连续两年硕士研究生优质生源比例超过51%，较未扩招前2019年(优质生源比例为46.7%)生源质量有明显提高。

积极引进学术能力过硬的青年教师，推进研究生海外学术交流，组织高水平学术报告。2021年，学院研究生第一作者发表学术成果共50篇(项)。获得各类科技竞赛获奖8项，在第八届中国研究生能源装备创新设计大赛中获奖2项。研究生在校级科技论文报告会获奖7项。2019－3团支部、2020—4团支部获评学校五四红旗团支部。

【实验室建设】

组织完成“本科教学实验室十四五规划”，明确实验室建设标准，形成专业化实验室建设体系。根据实验室现有设备完成2022年修购专项项目书的申报，并顺利通过学校审批。通过多方论证建立新的实验室建设标准，并在学校“学校安全活动月”上进行主题报告。投入1300余万元经费，完成工程机械、先进制造、工程热物理等教学科研实验室的升级。完成电信系信息实验中心与教二楼实验室的搬迁。建立符合电信学生实际需求的公共平台。目前各系实验室主要由本系分管 验室的副主任及系主任负责管理，便于全面掌握实验室的整体情况。与上海金泰工程机械有限公司合作成立了基础工程装备产业技术创新中心，同时与重庆吉芯科技有限公司成立高端模数芯片先进数字产业技术创新中心，目前学院与企业共同成立3个产业技术创新中心。鼓励老师申报并获批3项实验技术研究项目、实验教材项目4项；组织学生申报2021—2022年度教学实验室开放实验室基金项目，申报75项，获批38项。申报及获批数量稳居学校前列，项目完成质量和比例维持较高水平。完成2020—2021年度学校实验室开放基金项目全部结题。

【科研工作】

2021年立项77项，总金额2 626.4万元，其中纵向项目11项，总金额843.3万元；横向项目66项，总金额1 783.1万元；军工横向24项，总金额635万元。2021年实现国家重点研发计划课题重大突破，课题金额658万元(机电学院382万元)，横向项目实现了单项立项金额300万元的突破。全院实到科研经费突破2200万元大关。

2021年发表T4及以上论文85篇，其中SCI论文81篇、EI论文4篇；SCI论文按学校分区，12篇T1，46篇T2，19篇T3，4篇T4。高水平论文比例提高，其中T1和T2占据了68%，在*Physical Review Letters*、*Mechanism and Machine Theory*等顶级期刊上发表论文。专利授权总数117项，其中发明专利48项、实用新型58项、外观设计11项；软件著作权授权26项；转化专利2项。2021年湖北省科技成果转化中试基地也申报成功(先进钻掘机械装备技术转化中试基地)，为今后的成果转化提供了坚实的平台。举办第五届机器人与自动化科学国际会议、第三届大数据与人工智能产业应用国际会议、第八届机电与机械工程国际会议；筹备第五届中国智能地质装备技术论坛(因疫情暂时取消)；举办名家论坛1场，知名学者论坛3场、国家基金报告2场、学术论文报告1场、人才培养报告1场。与中铁工程装备集团有限公司、中建三局智能技术有限公司等20多家企事业单位开展合作交流。

【学生工作及学生获奖】

制定、修订学生工作治理体系文件7份，为学生工作高质量发展提供制度保障。总体就业率为92.29%，其中本科生就业率90.49%，研究生就业率100%。198名毕业生获得读研资格，占比48.29%。评选学院“十大影响力”人物，发挥朋辈引领作用，获评校十大标兵学生1人。学院师生讲授网络微课4次，内容丰富、效果突出。新生辅导员运用网络直播开展入学教育，形式内容受到师生家长一致好评。全员育人效果凸显。个人方面，共获校级及校级以上荣誉477项；团体方面，各团队共获团体荣誉77项；学术成果方面，共出产各类学术成果99项。首次开展本科生班主任考核评价工作，促进提升班主任工作实效。

(撰稿：陶安东；审稿：瞿祥华)

自动化学院

【概况】

自动化学院成立于2014年7月，是中国地质大学(武汉)为适应新时期国家建设和学科发展的需要，引进“先进控制与智能自动化”学术团队，并调整校内相关学科组建而成的。学院设有自动控制系、测控技术与仪器系、智能系统研究所和信息技术实验教学中心、院办公室等三级单位。

学院现有教职工 102 人，其中教授 32 人、副教授 34 人、博士生导师 28 人，另有外籍讲座教授 7 人、兼职博士生导师 5 人。学院拥有 IEEE Fellow 2 人，“长江学者”特聘教授 2 人，国家杰出青年基金获得者 2 人，享受国务院政府特殊津贴专家 2 人，享受湖北省政府专项津贴专家 1 人，新世纪百千万人才工程国家级人选 1 人，入选科技部“中青年科技创新领军人才计划”1 人，入选“万人计划”科技创新领军人才 1 人，科睿唯安（原汤森路透）高被引科学家 3 人，国家优秀青年基金获得者 1 人。学院现有控制科学与工程博士后科研流动站、控制科学与工程一级学科博士学位授权点、控制科学与工程一级学科硕士学位授权点和电子信息专业硕士学位授权点，自动化、测控技术与仪器 2 个本科专业，其中，自动化专业于 2019 年入选首批国家级一流本科专业建设点，测控技术与仪器专业于 2020 年入选湖北省一流本科专业建设点。同时，学院拥有教育部高等学校学科创新引智基地 1 个、教育部工程研究中心 1 个、湖北省重点实验室 1 个、湖北省工程技术研究中心 1 个、湖北省自然科学基金创新研究群体 2 个、湖北省实验教学示范中心 2 个和湖北省大学生电子信息科技创新基地 1 个。目前，在校本科生、研究生 1741 人。

【坚持和加强党的全面领导】

2021 年，学院以习近平新时代中国特色社会主义思想为指导，深入学习贯彻党的十九大和十九届历次全会精神，充分发挥党组织的政治核心作用，全面落实从严治党主体责任，全面加强党建和思想政治工作，落实立德树人根本任务，推进“三全育人”综合改革，积极开展党史学习教育活动，努力提升党建工作质量，强化意识形态工作，筑牢疫情防控防线，深化教育教学改革，加强治理体系和治理能力建设，促进学院稳步发展。

【师资队伍不断壮大】

学院教师队伍继续壮大，实力持续增强。2021 年，学院引进专任教师 5 人，其中四级教授 1 人、特任教授 3 人、特任副教授 1 人；控制科学与工程博士后科研流动站引进博士后 4 人；引进柔性人才 2 人。1 人获批“湖北省政府专项津贴专家”，1 人入选湖北省“青年拔尖人才培养计划”，1 人入选湖北省“楚天学者计划”楚天学子。学院制定了《自动化学院人才引进工作方案》，使人才引进工作有章可循。全年共 33 人参加高层次人才考核，包括全职人才 25 人、柔性人才 8 人。人才的作用得到最大发挥。

【全面推进一流专业建设】

学院全面推进一流专业建设。2021 年，学院获批省级一流本科课程 2 门，获批教育部高等学校自动化类专业教指委项目 1 项、学校本科教学工程项目 3 项；获得全国高校自动化类专业青年教师讲课（说课）竞赛全国一等奖 1 项、学校青年教师竞赛特等奖 1 项。以学生培养质量为中心，规范和深化了本科生教学管理工作，推动课程群实体化建设，推进自动化专业工程教育认证工作。办好“走进自动化”“优秀学长交流会”“新生教育引导月”等特色品牌活动，着力提升本科生培养质量。

【研究生培养质量不断提升】

学院不断提升研究生培养质量。学院成立研究生质量管理办公室，由专任教师把控研究生培养过程质量；开发了研究生信息管理系统，对研究生进行信息化管理；完成了研究生课程大纲的整体修订，形成新版的《自动化学院研究生手册》；加强研究生培养基地建设，新增研究生培养基地2个；以国际化课程、高水平研究生教材建设为重点，打造特色课程和教学模式；持续开展研究生导师能力提升工作，组织第七届研究生学术年会，开拓研究生视野，加强师生学术交流。

【扎实推进科研平台和创新团队建设】

学院扎实推进科研平台和创新团队建设。2021年，学院先后召开了教育部工程研究中心第一届技术委员会第一次会议、湖北省重点实验室学术委员会第五次会议、复杂系统先进控制与智能自动化2021春季学术研讨会等一系列会议，邀请知名专家学者为学院平台建设把脉护航。学院不断夯实科研团队的建设内涵，推动科研团队规范化建设，使17个科研团队真正成为学院科研工作和学生培养的战斗堡垒。

【科研成果不断涌现】

学院科研成果不断涌现。2021年，学院在国内外重要学术期刊及会议发表论文265篇，其中SCI期刊论文143篇，学校认定的T1学术期刊论文41篇、T2学术期刊论文57篇、T3及以上级别学术期刊论文共计116篇。同时，在CAC2021、YAC2021、CCC2021等国内外重要会议发表论文110篇。出版各类学术专著5部。新增国家自然科学面上项目2项、青年基金项目3项、其他纵向项目(部、省、市、校级等)3项、企业合作项目11项，获国家发明专利授权57项、主要计算机软件著作权登记40项。本年度，全院教师科研项目立项经费1 905.23万元，到账经费1 656.79万元。

【广泛开展对外学术交流】

学院对外交流工作开展活跃。2021年，尽管新冠肺炎疫情不断反复，学院学术氛围依然呈现活跃态势。学院采用线上线下相结合的方式，克服国内外时差等困难，邀请国内外90余名知名学者作了学术报告，柴天佑院士和知名学者褚健教授做客学校名家论坛。学院教师与校外科研单位、龙头企业联系更加活跃，与广州海洋地质局、西安煤研院、山东三院、山东一院、中冶南方和四方光电等单位开展了交流访问和科研合作。

【实验室条件进一步改善】

学院实验室条件持续改善。2021年，学院实验室布局工作基本完成，完成了与机电学院的实验室空间的调整工作，对信息楼2—8楼部分空间进行了规划和维修，并进驻了实验科研团队；对信息4—6楼公共区域体进行提质改造；完成了教三楼布局，实现教三楼维修改造顺利施工并于年内完工；完成了北区的实验室基础设施建设工作。实验室条件稳步提升，完成了教育部实验室建设修购专项项目，完成了智能控制实验室的规划设计和设备采购工作；完成了虚拟仿真实验教学项目的校内答辩，获批省级一流精品课程。实验室规划和管理工作日趋完善，学院制定了本科实验室建设5年规划，建立了实验室安全巡查机制，完善了实验室管理的规章制度。2021年，我院获得全国计算机等级考试省级优秀单位和学校实验室建设与管理先进单位。

【重要工作进展】

学科建设工作取得进展。2021年，学院牵头湖北省特色学科群申报，“智能地球探测”学科群进入“十四五”湖北省高等学校优势特色学科(群)建设名单；组织了“人工智能与地球探测”交叉学科学位点申报工作，通过了校外专家论证会评审，目前在教育部成功备案。

“补短板”工程取得新进展。为了适应一流专业建设需要，学院自2020年起实施“补短板”计划。2021年，围绕“金课”和课程思政建设，开展专题辅导和研讨。获批省级一流本科课程2门，其中1门课程被学校推荐到国家一流本科课程评选；推进了工程专业论证工作，自动化专业提交了认证申报书，测控技术与仪器专业进入国家一流本科专业建设点的评审行列；加强本科教研教改工作，获批教育部高等学校自动化类专业教指委项目1项、学校本科教学工程项目3项；1项校级教学成果奖正在积极准备申报省级教学成果；举办青年教师讲课比赛，组织教师教学能力提升活动。获得全国高校自动化类专业青年教师讲课(说课)竞赛全国一等奖1项、学校青年教师竞赛特等奖1项。

推进科研平台建设。2021年，召开了教育部工程研究中心第一届技术委员会第一次会议；召开湖北省重点实验室学术委员会第五次会议；与湖北华菱涟源钢铁有限公司共建了“制造过程智能控制与优化产业技术创新中心”。

推进科研团队规范化建设。科研团队是我院科研和学生培养的先锋队，是凝聚学院科研力量的堡垒。2021年，学院不断夯实科研团队规范化建设，举行科研团队(实验室)中期、结题及论证评审会，对科研推动进行业绩评定；组织召开科研团队2021年度学术交流分享会，分属3个平台的17个实验室全部参与汇报；组织全院17个创新团队，开展团队研究特色展板设计工作，并在信息楼科研成果推介墙展出团队成果。

学生就业工作保持较好水平。2021届本科毕业生就业率91.36%，研究生就业率继续保持100%，学生预计薪酬和实际签约薪酬符合度高，就业质量明显提升。2021届硕士毕业生丁学文毕业前收到阿里巴巴—阿里云、京东、斗鱼等8家知名企业录用通知，最终入职阿里云，《长江日报》等媒体给予了报道。

完成实验室空间调整布局工作。2021年，完成了与机电学院的实验室空间的调整工作，对信息楼2—8楼部分空间进行了规划和维修，并进驻了实验科研团队；对信息4—6楼公共区域体进行了提质改造；完成了教三楼布局，实现教三楼维修改造顺利施工并于年内完工；完成了北区的实验室基础设施建设工作。自动化学院实验室布局工作基本完成。

(撰稿：张晓锋；审稿：董浩斌)

经济管理学院

【概况】

经济管理学院现设有工商管理系、经济学系、管理科学与工程系、会计系、旅游管理系、国际经济与贸易系、统计学系7个系和MBA、MPAcc教育中心。拥有资源环境经济研究中心、区域经济与投资环境研究中心、产业经济研究所、经济研究所、旅游发展研究院、管理咨询研究所、电子商务国际合作中心、现代项目管理研究所等8个研究机构。主要研究方向为能源经济、管理系统仿真、资源产业及区域发展、信息管理与信息系统、矿产资源战略与管理。

学院设有工商管理、市场营销、会计学、旅游管理、信息管理与信息系统、工程管理、经济学、国际经济与贸易、统计学9个本科专业，是学校规模最大的学院之一。拥有1个博士后流动站（管理科学与工程）、2个一级学科博士点（管理科学与工程、应用经济学）、3个一级学科硕士点（管理科学与工程、应用经济学、工商管理）、2个湖北省重点学科（管理科学与工程、应用经济学）、4个专业硕士学位点（MBA、会计学、资产评估、金融学）。

学院现有教职工175人，其中专任教师146人、党政管理和教辅人员29人。专任教师中教授32人、副教授77人，具有博士学位者119人。国家“万人计划”哲学社会科学领军人才1人，国家自然科学基金优秀青年基金项目获得者1人，国家高层次人才特殊支持计划（即“万人计划”）青年拔尖人才1人，教育部新世纪优秀人才1人，首批湖北省青年拔尖人才培养计划1人。

2021年学院有本科生1779人、研究生1749人。本科生就业率为96.26%，其中升学出国率33.19%；研究生就业率94.79%，其中升学出国率4.69%。

【党的建设和校园文化建设】

学院党委开展党史学习教育，凝心聚力推动高质量党建，把党史学习教育作为贯穿全年的首要任务，紧扣“学党史、悟思想、办实事、开新局”总体要求，把党史学习教育与落实立德树人根本任务、建设高水平研究型学院、编制“十四五”规划等统筹推进，引领全院师生学史明理、学史增信、学史崇德、学史力行。党史学习教育中，学院党委坚持学研查改一体贯通、知行合一有效衔接，推动党史学习教育走深走实，通过开展“影忆一百”观影活动、承办校级“党史文化节”、打造党史学习教育“四维”课堂、举办“经品党建论坛”等，深化党史学习教育的理论学习和思想浸润，紧盯教育教学、文化建设、校区搬迁、校园安全等关键领域，制定“我为群众办实事”十大项目，切实解决学院发展深层次难题和师生急难愁盼问题，将党史学习教育成效转化为学院事业发展的强大动力；学院党委荣获“湖北省高等学校先进基层党组织”称号，杨昌锐荣获“湖北省高等学校优秀党务工作者”称号。邓宏兵教授获评第二届湖北省“最美社科人”称号，吴恺文同学登上央视《红色文物青年说》节目讲述武汉红色故事；学院党委入选学校党建工作“标杆分党委”培育创建单位、管理科学与工程系教工党支部和经济学专业本科生党支部入选学校党建工作“样板支部”培育创建单位。

学院院本文化更趋完备，将传播学院文化贯穿人才培养全过程，使学生深入了解学院文化，增强学生归属感。拍摄学院学生形象宣传片《少年》，展经管学子风采，增强学生自豪感。设计制作一系列文化周边产品，依托师生喜闻乐见的文创产品传播学院文化，增强全院师生认同感；工会思想政治引领持续加强，深入开展“爱国、爱校、爱家”教育；推进民主政治建设，健全民主管理机制。2021年，学院分工会被学校评为“模范分工会”，丰富的文化活动次第开展。学院召开以“立德树人，做‘四有好老师’”为主题的青年教师座谈会，关心青年教师的生活与工作情况，帮助青年教师解决实际困难，促进青年教师尽快成长；组织开展“读书·才艺分享会”“蛋糕烘焙DIY体验”等系列活动庆祝第111个国际劳动妇女节，增进女职工的相互了解和交流，助力女职工不断提升生活质量和品位，健康生活；响应地大传统“书香校园”建设活动，建设学院“读书角”，除购置常规文学、社科、生活休闲读物外，特别增设“四史”学习教育读物；推进各项“民生工程”，设立台球区、健身区、乒乓球区、休闲区等场所区域，以满足教职工活动需求。

【学科与专业建设】

加强专业学科建设，提档升级核心竞争力。学院启动设立“学科建设咨询委员会”；新增“碳中和与高质量发展管理”交叉学科博士点和“金融”专业硕士点；新增旅游管理专业国家级一流本科专业建设点和信息管理与信息系统专业湖北省一流本科专业建设点；10个项目入选教育部2021年第二批产学合作协同育人项目，1个项目入选教育部首批新文科研究与改革实践项目，20个项目入选学校本科教学改革研究项目，3个项目获批学校研究生课程与精品教材建设项目；余敬团队获评学校教学研究成果特等奖，成金华团队获评学校教学研究成果一等奖；郭海湘、张尧获评学校第二届教师教学创新大赛二等奖，何晨琛、龚承柱获评学校青年教师讲课比赛一等奖和二等奖；经济学系上线“技术经济学”“生活中的经济学”MOOC课程；管科系翁克瑞指导微课作品获第四届全国数学建模微课程（案例）教学竞赛全国二等奖；张琦撰写的案例入选“全国百篇优秀管理案例”；郭海湘获评自然资源部高层次科技创新人才工程科技领军人才称号、金贵获评湖北省首批青年拔尖人才和国家级人才计划项目称号。

【科学研究与社会服务】

徐德义申报的“战略性矿产资源产业链供应链安全的国家战略研究”获批2021年度国家社会科学基金重大项目立项，张伟申报的“绿色金融推动碳中和目标实现的理论体系、政策框架与创新路径研究”和郭海湘申报的“提高应对突发公共卫生事件能力研究”获批国家社会科学基金重点项目立项；於世为和王飞分别获批国家自科基金，张意翔和张欢分别获批国家社科基金，杨洁、丁丽萍、林巧文、宋益、帅竞分别获批教育部人文社科基金；学院共获批省级基金项目 9 项，其中湖北省社科基金 4 项、贵州省社科基金 1 项、湖北省科技厅重点项目 1 项、省政府智力采购项目 2 项、湖北省青年拔尖人才培养计划 1 项。全年高水平论文显著增加，其中发表 T1 论文 40 篇、T2 论文 45 篇、T3 论文 36 篇，刘保山以第一作者身份在商科国际顶级期刊 POM 上发表论文。

【人才引进工作】

引进特任教授、特任副教授 7 人，专任教师 1 人，辅导员 1 人，师资力量不断加强，年龄结构、学历结构持续优化。推进以柔性人才引进海外博士，邀请位海内外博士、博士后 15 人参加 2021 年学校国际青年论坛。

【国际学术交流】

国际化合作有实质性进展，推进与美国肯塔基大学、英国斯旺西大学、法国阿尔图瓦大学、美国伊利诺理工大学等高校的合作。另外，继续落实与新鲁汶大学交换生项目，3 名学生到新鲁汶大学从事交换生项目。2021 年学院邀请一些海外知名学者进行学术报告与交流研讨，国际交流氛围得到进一步加强。

【人才培养效果】

夯实“十大育人”体系，构建“三全育人”新格局，学院通过“课程思政”“辅导员纵向设置”“优秀专业教师挂职团委副书记”“一月一系谈”“一支部一品牌”“官网官微＋学生自媒体＋文化工作站”“建党百年风云”“国奖专访”“经彩启航”“经管团团说”“经鹰团校”“安全教育”等特色工作，不断夯实课程育人、科研育人、实践育人、文化育人、网络育人、心理育人、管理育人、服务育人、资助育人、组织育人“十大育人”体系，精心打造“三全育人”新格局。本科生学习成绩保持高位水平，年度平均绩点达 3.49，课程优秀率为 39.67%，课程及格率为 98.35%；获得第七届“互联网＋”大学生创新创业大赛省级金奖 1 项、校级三等奖 2 项；获评第二届“华数杯”全国大学生数学建模竞赛国家级二等奖 1 项、省级一等奖 3 项、省级二等奖 2 项；3 支团队获评湖北省暑期社会实践优秀团队；学院荣获学校“五四红旗团委”“标兵学生会”“标兵研究生会”“十佳大学生志愿服务团队”“十佳团属新媒体平台”等称号。

（撰稿：陈永佳；审稿：杨昌锐）

外国语学院

【概况】

2021 年，外国语学院以习近平新时代中国特色社会主义思想为引领，深入学习贯彻习近平总书记关于教育的重要论述与党的十九届六中全会精神。扎实开展党史学习教育活动，加强理论学习，提高政治站位。深刻认识到新形势下加强对外翻译人才培养、英语复合型人才培养和师资队伍建设的紧迫性和使命感。切实提升班子建设领导能力，严守政治纪律和政治规矩。积极开展创先争优工作，全年发展党员 63 人，转正党员 12 人。

学院现设有大学英语教学部、英语系、

二外教学部3个教学单位;土库曼斯坦研究中心、湖北省高等学校英语语言学习示范中心、实验教学中心、研究生教育中心、外国语言文化研究所5个教研平台。现有教职工105人。其中,专任教师85人,含教授10人、副教授41人;具有博士学位者24人、硕士学位者59人,共占专任教师总数的97.65%。另有外籍教师4人,硕士生导师51人。

学院现有学科体系完备,拥有外国语言文学一级学科硕士学位授权点、翻译(MTI)专业学位硕士授权点,设有英语本科专业。外国语言文学一级学科硕士学位授权点设有外国语言学及应用语言学、英语语言文学、翻译与国际传播、区域国别研究4个培养方向;翻译专业学位硕士授权点设有英语笔译、英语口译2个研究领域;本科设有"英语+工商管理"双学位特色实验班。现有在籍本科生355人、研究生259人。2021年招收本科生87人;招收硕士研究生96人,研究生优质生源率达36%。

学院强化英语专业建设特色。凝练出"英语+"跨学科交叉融合和"翻译中国"两大特色,推进英语一流专业建设。2019级全校本科生一次性四级通过率创历史新高。英语专业本科生专八考试通过率达到85.53%,超全国平均通过率43.46%,专四考试通过率达到91.07%,超全国平均通过率36.50%。第二课堂语言能力拓展活动成绩显著,全校学生共计获得全国特等奖6人,一等奖6人、二等奖58人、三等奖104人,湖北省特等奖1人、一等奖2人、二等奖12人、三等奖36人。

学院用心打造学生工作"红、专、美、创"品牌,拓展学生综合素质能力。2021年,学院毕业生就业率为97.40%,其中本科生就业率为96.59%,外国语言文学硕士毕业生就业率为93.75%,翻译硕士毕业生就业率为100%,保持了高位稳定。

学院拥有中国地质大学(武汉)教育部出国留学培训与研究中心及其旗下的雅思、上海外语口译考试、国际人才英语考试考点等社会服务基地,服务水平稳步提升。

【扎实开展党史学习教育,办实事开新局】

突出党史学习教育深度,发展动力明显增强。按照"五个到位"和"七个有力"具体要求,加强学院党委和党支部建设,坚持以师生为中心,及时排忧解难。顺利组织基层支部完成换届工作,落实教师党支部书记"双带头人"要求。一是制定学院党史学习教育实施方案,推进党史学习教育工作。在校党委领导下,成立领导小组,起草实施方案。分别落实党员领导干部"六个一"、党员"四个一"要求,通过专家报告、干部网络培训班、读书班、理论中心组集体学习、主题党日团日、参观研学、专题组织生活会、自学等多种方式深化党史学习教育。党委班子专题宣讲12次,制作微党课4个。二是扎实开展"办实事",凝聚学院发展新动力。院党委开展办实事立项5项,党支部立项15项,其他自主办实事项目44项,切实解决师生急难愁盼问题。三是党支部形成活动特色,发挥支部党史学习教育能动性。大英一支部成立"大学英语阅读角";大英二支部开展学术会议论文写作经验分享会；英专及二外支部建立“英语写作服务中心”；2020级翻译硕士学生党支部开展毕业论文开题答疑工作；本科生党支部向地大附小捐赠红色书籍63本。指导“红色路上的外语人——湖北红色景点英译现状调研”学生团队获得第十七届“挑战杯”全国大学生课外科技学术作品竞赛红色专项赛全国一等奖。

【积极落实全面从严治党，抓党建做实功】

进行台账管理，整改巡视问题。召开专题工作会议，制定巡视方案，整改具体问题15个，制定完善规章制度8个。加强理论学习，提高政治站位。结合党史学习教育，深刻认识到新形势下人才培养和师资队伍建设的紧迫性和使命感。加强班子建设，提升领导能力。严格落实党委会议议事规则、党政联席会议议事规则和“三重一大”决策制度，坚持民主集中制。加强组织建设，增强基层组织力。1个学生支部入选学校“样板支部”培育计划，2人获评校“优秀共产党员”，1个教工支部获批校“先进基层党组织”。加强宣传教育，强化党风廉政。通过宣传教育月、廉政党课、警示案例、节日提醒多种方式开展党风廉政与师德师风建设。加强安全教育，维护安全稳定。把牢意识形态工作主动权，召开专题会议，强调课堂政治纪律，落实意识形态工作要求。加强统战工作，凝聚广大师生，组织学习战线工作条例。大力支持分工会工作，听取教职工意见建议。加强对共青团及学生会工作的领导和支持。

【全面深化教育教学改革，提质量育人才】

突出智育德育融合广度，人才结构持续优化。教学与人才培养质量显著提高。一是积极开展教学改革。申报省级科研项目2项；校本科教学工程项目4项，基础课教改项目2项，通识教育选修课项目3项；研究生院教学项目5项，实验教材建设项目1项，教学实验室开放基金项目5项。二是教师教学水平成果优异。教师获省级高校教学大赛一等奖，课程思政优秀教学案例一等奖，高校教师教学创新大赛三等奖，青年教师教学竞赛优秀奖；校教师教学创新大赛一、二等奖，青年教师教学竞赛一等奖。三是完善学科专业、培养基地和实验室建设。完成英语本科省级一流专业建设申报。新建校级研究生联合培养基地、云网络智慧语言实验室。四是学生英语专业水平稳步提升。获全国一等奖1项，省级及以上本科生18人次、研究生9人次获奖。校科报会本科生获一、二等奖各1项，研究生获特等奖、一等奖各1项，二等奖6项；校优秀本科学位论文5篇，硕士学位论文3篇。

【用心打造学生工作品牌，拓素质提能力】

突出学工品牌建设精度，综合素质提质增效。倾力打造“红、专、美、创”学生工作品牌。一是坚持“红”在外院，加强思想引领。通过“学”“讲”“赛”“演”“译”“展”开展系列主题教育活动。开办10期团校培训、2期入党积极分子培训班，共158人参训。指导“译术行者”团队获评省“社会实践优秀团队”。二是坚持“专”在外院，铸就卓越学风。春季学期本科生平均学分绩点3.6，居全校前列。三是坚持“美”在外院，强化文化建设。举办5期“美丽大讲坛”，开办美体美妆

2个实训班，联合华中5所重点大学外国语学院学生会举办第十七届中西文化节，组织参加“一二·九”合唱比赛。四是坚持“创”在外院，促进学生就业。在第七届中国国际“互联网+”大学生创新创业大赛中，获红色筑梦之旅赛道校级一等奖1项、研究生创意组校级三等奖1项。

【推进学术成果再创佳绩，助科研促创新】

加强平台团队建设规划，创新活力不断深化。建设高质量学术团队同步孵化学术成果。一是建设科研特色平台，助力立项成果新突破。购置大学英语后续ESP课程平台，保证大学英语4年学习不断线，助力教学与科研。获批教育部产学合作协同育人项目1项、省级项目2项、横向项目3项，ESI团队科研项目“地球科学特色学术话语对外传播与交流”2021年度获批经费15万元。二是加强学术团队建设，提升科研论文成果水平。组建语言学及应用语言学、外国文学、翻译及国际传播、区域国别研究4个学术团队。发表T5以上学术论文12篇，其中T1论文2篇(含书评1篇)、T2论文4篇。三是加强学术交流，打造高水平教师团队。参加高水平学术会议11次，主办“南望今声”外语论坛9讲。资助攻读博士学位教师2名，支持青年教师前往国内外一流高校访学进修2名。引进博士学位专任教师1名。组织编写英文版《三峡地区地质学实习指导手册》，组织课程教学观摩交流会，逐步构建基于培养学生英语综合应用能力，推进实施线上线下相结合的混合式教学模式。

【发挥社会服务专业优势，拔水平稳质量】

突出学科建设优势，服务水平稳步提升。一是行前培训规模不断扩大。教育部出国留学培训与研究中心举办“平安留学”行前培训、“2021学在港澳”说明会、环境学院中加项目“平安留学”等3场大型行前培训。二是语言培训有序开展。继续与四川大学密切合作，加强公派出国语言培训。中心顺利开展出国留学人员公派留学第14期外语培训，圆满完成语言培训任务。三是考点承办能力突出。雅思考点共举办雅思考试30多场，累计服务考生6000余人，因工作突出获“特别贡献奖”。顺利组织4次上海外语口译证书考试，并圆满完成学校首次CATTI考试。四是学院教师积极参政议政。学院教师撰写的多份研究报告获国家领导人、教育部部长和湖北省省长批示，另有数份资政报告被中央、国家部委和省政协大会采用。五是学院师生积极投身社会服务。学院教师多次承担各类国际会议及国家大型体育赛事同声传译及交替传译工作，承担“第三届巴东国际地质灾害学术论坛”等地学相关领域的会议翻译服务工作，广受好评。

(撰稿：戴薇；审稿：刘世勇)

地理与信息工程学院

【概况】

地理与信息工程学院是由中国地质大

学(武汉)和中国科学院地理科学与资源研究所、中国科学院精密测量科学与技术创新研究院共建的学院,由原信息工程学院、原地球科学学院地理科学系、原公共管理学院区域规划系合并组建,2019 年 12 月 21 日正式揭牌,是学校完善以地球系统科学为特色的学科生态系统的一个重要战略举措。

学院高度重视党建与思想政治工作,始终以高质量党建引领高质量事业发展。设有教师党支部 6 个,学生党支部 42 个,其中本科生党支部 14 个、硕士研究生党支部 26 个、博士研究生党支部 2 个;教师党支部书记按照“双带头人”标准、学生按照品学兼优标准,选好配强党支部书记。坚持标准,抓好培训培养,不断向党组织输送新鲜血液,全年共发展 294 名学生党员。

学院现有教职工 153 人,其中教授(含特任)34 人、副教授(含特任)85 人。设有软件工程系、地理系、测绘科学与技术系、实验教学中心等三级单位,负责软件工程、地理科学、地理信息科学、测绘工程、遥感科学与技术、地理空间信息工程等本科专业的建设和教育教学工作。在校本科生 1690 人、研究生 806 人。

学院现有测绘科学与技术一级学科博士点、地理学和软件工程一级学科硕士点、资源与环境和电子信息专业学位点,以及测绘科学与技术博士后流动站。实行学科建设责任教授负责制,分别组建测绘科学与技术、地理学、软件工程学科建设工作组,负责学科的规划、建设、动态数据填报、学位点申报、评估组织等工作。

认真落实学校“一流本科行动计划”,推动“三融合”人才培养、主辅修制工作。遥感科学与技术专业完成专业认证现场考查;地理信息科学入选“国家一流专业”建设点,软件工程入选“省级一流专业”建设点。

瞄准国之所需,匹配国家重大战略与需求。建有“国家地理信息系统工程技术研究中心”“地理信息系统软件及其应用教育部工程研究中心”“洞庭湖区生态环境遥感监测湖南省重点实验室”“流域关键带演化湖北省重点实验室”等学术平台。学院聚焦学科学位点建设,积极推进筹建“区域生态过程与环境演变重点实验室”和“长江中游地学科学数据中心”。

邀请校友企业进校园招聘,组建“职通车”求职工作室,针对就业困难学生以及“建档立卡学生”开展“一生一策”式帮扶,加强辅导员职业能力培养,提升就业指导成效。建立完善学院用人单位数据库,拓展实习实践基地。2021 届毕业生就业率为 97.36%。

学院以美丽湖北、地理智能为依托,打造学术交流平台。2021 年,举办了地理智能(GeoAI)国际学者在线论坛、第一届测绘遥感青年学者学术研讨会、长江科学院合作交流座谈会、长江中游地学科学数据中心建设专家咨询会等。广泛邀请国内知名专家学者到学院讲座交流,学院学术氛围浓厚。

【全面加强党的建设,汇聚办学治院合力】

严格执行新形势党内政治生活制度,落实民主集中制,抓实“两学一做”学习教育常态化。团结带领班子成员认真履行“一岗双责”,严格执行“三重一大”决策制度、党委会及党政联席会制度，全年召开党政联席(院务)会和班子会14次，主持召开党委(扩大)会17次，对重要事项进行研究和部署，推动事业科学有序发展。

学院党委认真组织开展党史学习教育活动。党员干部积极通读党中央指定学习材料，跟进学习习近平总书记最新重要讲话精神，党委组织集中学习9次和专题座谈会3次，学习研讨、加强理论武装、提高思想认识。党委常委、副校长赖旭龙教授为学院师生讲党史学习专题党课。班子成员积极参加各类培训和网络学习，均完成"讲一次专题党课、读一本党史著作、听一场党史报告、参加一次实践研学、指导一次学生活动、写一篇研学报告(理论文章)"的"六个一"目标。各党支部按照学习教育方案积极推进，利用"三会一课"、主题党日团日、党员设岗定责、党课微视频、支部书记讲党史等形式，深入推进"学党史、践承诺、见行动"活动，选派党员教师挂职担任本科生党支部教师书记，尝试开展"巾帼教学示范岗""锐思教学先锋岗"建设，让党旗在基层一线高高飘扬。

认真组织开展庆祝中国共产党成立100周年系列活动。落实建党100周年"学习·诊断·建设"行动，开展全面诊断工作。组织收看庆祝中国共产党成立100周年大会，抓好"支部主题党日"，积极组织师生参加学校"七一"表彰大会和主题办学成就展。突出学院学科特色，联合北师大、武大、云南师大等30多所地理院校举办"地理类学院(部)红歌快闪活动"，开发"燎原"GIS信息集成展示平台，开展"表达中国精神，点亮中国地图，迎接建党百年"活动。各师生党支部举行内容丰富、形式多样的活动，庆祝建党百年；积极开展"七一"重要讲话精神学习，引领师生跟党走，实现教育强国梦。

学院党委第一时间组织召开党委专题会、工作会，对照整改方案和台账进行有序整改，积极推进重点整改任务整改到位。组织教师党支部书记述职评议考核，指导开展学生党支部书记述职评议。开展党风廉政建设和师德师风建设活动，持续加强科研经费管理教育、考风考纪宣传教育等，坚决落实师德师风考风"一票否决制"。

按照"七个有力"的要求，推进师生党支部规范化建设，着力推进"结对领航——让党旗更光辉"工程、"党徽照我行——支部引领工程""研究生示范党支部建设工程"。抓好支部立项与设岗定责，学生党支部完成支部立项38项，各团支部立项90项，党员设岗定责619人，深入引领广大青年学子忠诚于党的事业；开展党员民主评议，激发党建内生动力，合格率100%。

完善意识形态领域风险防控体系，加强阵地和教材管理。健全工作体制机制，签订责任书，落实责任制，强化教育，严格执行"一会一报""一事一报"制度，着力打造"平安地信"，做好应急突发事件处置工作。

【坚决落实上级指示，疫情防控工作有力】 坚决贯彻落实习近平总书记重要指示精神，贯彻落实各级政府和学校统一部署，坚定不移地把疫情防控工作作为一项重大政治任务来抓，以此巩固学院"不忘初心、牢记使命"主题教育成果。

强化党组织政治功能，及时制定《关于新冠肺炎疫情防控应急处置工作方案》，成立由院党委书记、院长任双组长的应急处置领导小组，统一领导、指挥学院疫情防控工作，坚决执行学校工作安排。统筹推进疫情防控和学院事业发展。巩固现有疫情防控成果，继续精细化、人性化、柔性化做好常态化疫情防控工作，按照上级要求完成了疫苗接种和核酸检测工作。坚持疫情防控日报告、零报告制度，继续加强聚集性活动和发热人员管理，做到应急响应顺畅，及时处理了2起突发事件。扎实开展新时代爱国卫生运动，提高师生卫生与健康防护意识。充分发挥全体学生党员的先锋模范作用，积极推进学生安全稳定"网格化"管理，夯实平安校园的制度基础。抓好在线教学组织与管理工作，积极开展线上授课和线上学习，保证防疫期间教学进度和教学质量，实现"停课不停教、停课不停学"；开展思想引导、心理疏导和学习生活指导，坚定师生打赢疫情防控阻击战的信心和决心。

【聚焦学科专业建设，提高学院核心竞争力】

在引进陈能成教授后，结合学院团队建设的实际，积极谋求国家GIS中心与学院"一体化"建设，推进科研团队建设的顶层设计，打造相对精密型的科研团队，谋求重大重点项目申报、科研成果奖励申报。中心部署四大研究方向、五大研究实体和人才招聘，初步建成数字孪生研发环境。初步规划建设3个科研团队，学院拟在中心的基础上建设5个左右的科研团队。截至2021年12月，固定科研人员规模达到15人。

加强与教指委、学科评议组成员的交流汇报，推进地理学科、软件工程学科博士点申报评估和遴选工作；加强地理、测绘和软件工程学科师资力量引进工作，推动学院青年教师团队化建设；全力扶持人文地理学、信息地理学、大地测量与测量工程和摄影测量与遥感专业的发展，加强地理学、测绘科学与技术和软件工程学科各方向的交叉融合。参与申报的资源与环境专业学位博士点、遥感科学与技术交叉学科博士学位点获批。

制定一流本科专业"十四五"建设规划方案，积极推进测绘工程和地理信息科学国家"一流本科专业"建设，以及软件工程省级"一流本科专业"建设；软件工程、遥感科学与技术和地理科学专业国家"一流专业"申报获得学校推荐；遥感科学与技术专业在11月22—23日完成工程教育认证专家现场考查；地理空间信息工程专业合格评估顺利完成。增强一流本科建设的主体保障，探索建立班主任学务指导整合机制，积极推进一流本科工作合力形成。

【聚焦学院内涵建设，提升育人能力水平】

统筹推进，按照"三全育人"的标准建设学院。多措并举，进一步提升教育教学水平。以生为本，完善创新创业教育体系。坚持标准，建设高素质教师队伍。严教严学，营造良好的育人文化氛围。

2021年全院获得教学研究立项8项，获得产学协同育人项目4项，资助出版教材3部，申请获批实验技术研究项目2项，实验教材项目2项、制定《中国地质大学(武汉)

2021—2025年本科教学实验室建设实施计划》,实验室软硬件环境和平台建设总预算2906万元。

2021年,获批大学生创新创业训练项目69项(国家级15项、省级46项、校级8项);学校实验室开放基金项目结题42项,新申请立项26项。在2021年全国性学科竞赛中取得优异成绩,共获特等奖2项、一等奖7项。其中:第六届全国高等学校大学生测绘技能大赛虚拟仿真数字测图竞赛获一等奖1项、二等奖2项;第十二届全国高等学校大学生测绘科技论文大赛获特等奖1项、一等奖3项、二等奖3项;第二届全国大学生测绘创新开发大赛获一等奖1项;第三届"航天宏图杯"PIE遥感图像处理软件二次开发大赛获特等奖1项、二等奖1项;第十二届卫星导航年会获青年优秀论文一等奖1项;易智瑞杯中国大学生GIS软件开发竞赛获一等奖1项、二等奖1项、三等奖1项;第十三届全国高校GIS技能大赛获二等奖1项、三等奖2项;第十届全国GIS应用技能大赛一等奖1项;第十六届全国大学生智能汽车竞赛获国家三等奖1项、省级二等奖1项;第七届中国国际"互联网+"大学生创新创业大赛湖北省复赛(研究生创意组)获铜奖。

学院推动"巾帼教学示范岗"和"锐思教学先锋岗"建设,充分发挥党员教师、优秀教师的示范作用。2021年,GIS中心主任(陈能成,二级教授)引进到位,还引进"地大百人"1名(王铁,美国)、教授1名(陈泽强)、特任教授6名(张翔、许磊、康朝贵、曹茜、罗增良、梁迅),高聘教授3名(徐景田、胡楚丽、宋小青)、副高职称教师7名(李玮、孙杰、许凯、王广兴、左泽均、曾杰、何占军),1名教师获聘特任教授(禹文豪)、1名教师获获聘特任研究员(朱双),2名教师参加国家青年拔尖人才答辩(姚尧、宋小青),3名教师获聘的特任副教授(姚尧、张明、刘剑宇)考核为优秀、有机会申报特任教授,以上这些都有力盘活了师资,进一步夯实了学院学科学位建设基础。徐景田自有教学评价排名以来,一直排名前10%;孙杰、姚世红获校级青年教师讲课比赛二等奖;梁新美获评校级优秀实习指导教师。

2021届博士毕业生就业率100%,硕士毕业生就业率98.82%,本科生就业率96.71%。

【大胆推进,增强科研社会服务能力】

2021年,学院着重建设科技平台,争取打造国内一流、国际水平的科技创新平台。2021年新增纵向合同金额1 969.35万元,新增横向合同金额1 596.9万元,合计新增合同金额3 566.25万元;2021年纵向到账经费1 596.3万元,横向到账经费1077万元,总到账经费合计2 673.3万元。GF项目新增立项16项,合同金额760.7万元,本年度到账经费296.6万元。本年度获批国家自然科学基金项目17项,总合同金额728万元,其中面上项目10项,合同金额560万元,青年项目7项,合同金额168万元。新增国家重点研发计划青年科学家项目1项、国家重点研发计划项目子课题2项、教育部科技项目1项、省科研项目4项、省社科基金项目1项。SCI/SSCI收录的论文总共221篇(含学院补充 58 篇），其中 T1 论文 30 篇、T2 论文 152 篇、T3 论文 27 篇、T4 论文 12 篇。

组织科研攻关，针对“7·20”郑州特大暴雨事件提交 2 期遥感监测信息报告，进入 GB 相关信息系统，为有关领导及时了解相关灾情提供了良好的信息服务，得到国家遥感中心认可。同时，积极为湖北省建设发展建言献策，宋小青撰写的咨询建议报告《关于打造“武汉国际碳中和示范区”的建议》被王晓东省长和 5 位副省长批示、《关于打造江汉平原农作物多样性保护示范区的建议》被王忠林省长批示，王伦澈、陈万旭等撰写的近 20 份信息报告被九三学社湖北省委采纳并报送至湖北省政协，其中两份信息被九三学社中央正面批示。

【打造学术交流平台，营造良好学院氛围】

承办了“中国-东盟绿色使者：气候行动-遥感和全球气候变化青年训练营”活动、全国地貌与第四纪学术研讨会、地理学科类青年教师野外实践培训班、武汉计算机软件工程学会年会暨学术报告会、中国人工智能学会人机融合智能专委会“人机融合智能”系列线上论坛第三期、“双碳牵引智慧国土治理与自然资源管理协同”专题论坛、“地理空间智能分析与计算”专题论坛等；协办了中国发展地理学大会；参与了自然资源部三亚自然资源要素综合观测研究站建设；应邀参加了全国地理学野外联合实习路线建设研讨会、洞庭湖区生态环境遥感监测湖南省重点实验室学术委员会第一次会议，扩大对外交流交往，提升学院和学科影响力。

先后与地调局、广海局、中国科学院地理科学与资源研究所、中国科学院精密测量科学与技术创新研究院等单位沟通交流，积极做好联合培养工作。2021 级有 15 名研究生申请联合培养，累计联合培养学生数量达到 47 名，学生在不同的研究环境中开拓了视野，得到了锻炼。

2021 年，共邀请 26 名国内知名专家学者到学院讲座交流，组织举办 4 期《地理信工论坛》、15 期《地理信工大讲堂》、4 期《未来时空沙龙》、3 期《未来时空科技讲座》。在微信公众号和学院网站推出“科研成果快报”专栏，年内推出 55 辑专稿，宣传学院师生高水平研究成果。

（撰稿：张振；审稿：许德华）

数学与物理学院

【概况】

数学与物理学院（简称数理学院）由数学与应用数学系、大学数学教学部、信息与计算科学系、物理系、大学物理教学部和大学物理实验省级教学示范中心 6 个系（部）、中心组成。建有应用数学实验室、大学物理实验室、近代物理实验室、物理光学实验室、激光应用技术实验室、计算物理实验室、物理自主学习与开放实验室 7 个实验室。设有学校“大学生数学建模创新基地”“研究生数学建模创新基地”和“大学生物理实验创新基地”。2020 年学院启动“数学特区”和“数学科学中心”建设，中心成功挂牌成立。

学院现有数学与应用数学、信息与计算

科学、物理学3个本科专业,数学和物理学2个一级学科硕士学位点,应用统计学、材料与化工(材料物理方向)2个专业硕士学位点,现代数学与控制理论二级博士点。

学院现有在岗教职工124人,其中专任教师100人、党政管理人员12人、实验教学和实验技术人员7人。专任教师中教授25人、副教授57人,具有博士学位者84人。2021中国高被引学者2人,? 2021科睿唯安全球高被引科学家1人,湖北省有突出贡献的中青年专家1人、湖北省新世纪人才工程第二层次人才1人、湖北省教学名师2人,湖北省其他人才项目入选者2人,武汉英才产业领军人才1人,武汉英才青年优秀人才1人。

学院在校本科生741人、民族预科生97人、硕士研究生288人;2021届毕业生176人、硕士研究生50人,研究生就业率100%。2021届毕业生考研录取31人,保研32人,出国读研11人,本科生上研率达42.19%。

2021年是“十四五”开局之年、第二轮“双一流”建设启动之年,也是数理学院改革提效、创新提质、开放提速的落实年,更是学院加强内部治理、大力推动数学学科特区建设之年。学院党委制定了《数学与物理学院党委党史学习教育活动实施方案》,学院全体师生党员积极践行“学党史、悟思想、办实事、开新局”。学院党委制定《数学与物理学院党委关于落实校党委第三巡察组反馈意见的整改方案》《数学与物理学院党委巡察反馈意见整改落实任务台账》,梳理出巡察反馈问题四大类10个主要问题、24个具体问题、55项整改措施。到12月底全部整改到位,已提交《数学与物理学院巡察整改工作报告》。

学院组织了第六届和第七届国际青年学者地大论坛分论坛,进一步加大人才引进力度。入选“地大百人计划”的郭刚教授和特任教授刘志苏正式入职,引进了特任副教授3人(钟红霞、李民、鹿露露)。“地大学者”聘期考核优秀1人(汪垒)、合格5人(刘丰铭、郑亮、代巍、张自强、李慧娟)。“数学特区”与“数学科学中心”运转顺利,目前“中心”拥有“地大学者”各层次人才19人。为助推学校“双一流”建设,“特区”与“中心”出台了一系列文件:《数学与物理学院教学与科研贡献分计算暂行办法》《数学与物理学院突出贡献奖励实施办法》等。

2021年学院新增国家自然科学基金10项。新增纵向经费208.4万元,新增横向经费149.1万元。2021年学院教师主持在研国家自然科学基金24项。2021年,数理学院教师共发表SCI论文(已检索)189篇,其中数理学院作为第一单位的SCI论文81篇。其中高被引论文12篇、T1论文18篇、T2论文32篇。

2021年,学院“数理论坛”学术交流专题系列讲座98期,含数学科学中心系列专题讲座46场,举办“名家论坛”3期,“知名学者学术讲座”2期。举办了第九届CALYPSO研讨会、北京谱仪III2021冬季合作组国际会议(线上)、2021年非线性偏微分方程理论学术会议、2021年微分方程与动力系统会议。

2021年新增博导2人(刘志苏、王清波),招收博士研究生9人,招收硕士研究生105人,其中学术硕士研究生55人、专业硕士研究生50人,在读研究生达279人(其中留学生共计8人)。2021年9月制定《数学与物理学院2022年接收优秀应届本科毕业生免试攻读研究生工作方案》,成功录取8名推免生。

2021年学院毕业硕士研究生34人(其中3人为留学生),均获授硕士学位。6名毕业生选择在国内知名高校或本校继续读博,毕业生潘永杰、程欣欣的毕业论文获校级优秀硕士学位论文。2021年研究生以第一作者发表SCI期刊论文20篇,4名硕士研究生(王淦、范大帅、黄江旭、李昂)获国家奖学金。

【同心同力学党史,同向同行践使命】

学院党委按照"学史明理,学史增信,学史崇德,学史力行"目标要求,积极组织全院师生党员学党史,办实事。积极开展"我为群众办实事"实践活动,解决师生"急难愁盼"事情87件,形成了"让各民族学生像石榴子一样紧紧团结在一起"的"石榴子"民族文化社办实事特色案例。参加学校建党100周年成果展,举办"数风流人物忆初心,理百年党迹践使命"庆祝建党百年主题晚会,结合建党百年主题制作反映赵鹏大院士奉献祖国地质事业的微视频《中国,需要地质人》等。

以"七个有力"为抓手推进师生党支部建设,新成立博士生党支部。扎实开展每月一次的支部主题党日活动,组织党员下沉社区开展服务工作。做好党员发展和转正工作,全年发展新党员112人、预备党员转正47人。数学与应用数学本科生党支部在学校党支部风采大赛决赛中荣获三等奖,党建辅导员孙宇涛获评"优秀指导老师"。物理实验中心党支部、数学与应用数学专业本科党支部获评校2020—2021年度"先进基层党组织",王毅、牛宇童获评校"优秀共产党员",孙宇涛获评校"优秀党务工作者"。数学与应用数学本科生党支部被学校纳入"双创"样板支部培育计划。

【知数达理,思政为先】

学院出台了《数学与物理学院课程思政建设实施方案》,郭龙的大学物理课程思政建设获教学指导委员会推荐。学院联合中国地质大学(北京)数理学院,于2021年1月召开"第一届物理前沿进展与课程思政教学改革研讨会"。举办湖北省高等学校物理实验教学专题研讨会。肖海军团队的"高等数学"线上课程获批湖北省线上一流课程建设;韩艳玲团队的"大学物理"(力学、电磁学)课程获批湖北省线上一流课程建设,王军霞团队的"线性代数"课程获批湖北省线下一流课程建设。

2021年9月,学院以李宏伟教授为负责人的信息与计算科学专业课程组被湖北省教育厅评为2021年湖北高校省级优秀基层教学组织。学院向学校报送了共计19个基层教学组织,并拟在后期进一步完善基层教学组织制度,使其成为学院本科教学的中坚力量,推动本科教学改革向前发展。

2021年,物理学、信息与计算科学2个专业积极参加了国家和省一流专业建设项目的申报,其中信息与计算科学专业获学校推荐参加全国评审。下一步学院将以一流专业和一流课程"双万计划"建设为契机,不断提升专业建设水平和人才培养能力。

【科研强院】

2021年新增基金项目数和经费有较大幅度提升。魏周超、卢成、刘丰铭、王毅、王明获批面上项目资助,廖勇凯特任教授、李尚芝特任副教授、钟红霞特任副教授、谷龙江讲师获批青年基金资助,卢成获国家自然科学基金国际(地区)合作与交流项目资助。廖勇凯和李尚芝获湖北省自然科学基金青年基金资助,李民和鹿露露两位博士后获得中国博士后科学基金第70批面上资助二等资助。

学院胡鹏作为第二完成人(地大第二完成单位)参与申报的科技成果荣获2020年度江西省自然科学奖二等奖。魏周超、卢成入选省级人才计划。郭上江院长入选武汉英才产业领军人才。

【"严在数理","严爱相济"】

充分发挥学院《学生第二课堂活动奖励办法(试行)》《学生国际交流合作奖励与资助办法(试行)》《本科生英才工程资助计划》及各类校级奖学金对学生学习的激励作用。严格落实辅导员"四下"制度,即下课堂、下宿舍、下班级、下早操,学院通过微信公众号、QQ空间、年级群和班级群等平台广泛宣传学风建设的重要意义,讲好数理学子的学风故事。对学风良好的先进班集体、宿舍和个人进行通报表扬和奖励,宣传优秀事迹。

对挂科学生设置学业预警机制,及时进行点对点、全覆盖的预警提醒。办好板强"高数大物急救队",扩大面向班级、学院、学校学生学业帮扶辅导覆盖面。学生党员、发展对象、入党积极分子带头进行一对一结对学业帮扶,将发展对象、入党积极分子在学风建设中的表现列为考察内容。

充分利用"马克思民族理论""民族预科生形势与政策"和"民族预科生环境适应与引导"等课程学习的主渠道,进行民族政策宣讲,强化预科生对党的民族宗教政策和宗教工作基本方针的认识和理解。通过全员、全方位、全过程指导,为预科生专业分流提供帮助。2020级少数民族预科生顺利转入12个学院进行本科专业学习,升学率达100%。

【党团班"三位一体"引领学生党建】

以党史学习教育为统领,常态化开展思想政治教育。围绕党团班一体化建设思路将党史学习与爱国主义教育相融合开展,各学生党支部、班团支部积极开展学习、交流,累计开展活动20余场,撰写学习心得150余篇。

完善《数理学院学生党员量化考核管理办法》《数理学院入党积极分子量化考核管理办法》。围绕"七个有力"建设要求,以创建样板党支部建设为目标,以党建带团建为重点,着力推进学院学生党建和思想政治教育工作整体提升。成立数学与物理学院博士研究生党支部,结合学院首期本科生数学专业"菁英班"设置,实现"预—本—研—博"

纵向"党建+人才培养"发展模式。

自2019年起创新"党团班一体化"模式,"七个有力"严格落实到位,以数学与应用数学专业本科生党支部为建设示范点,积极探索"点线面"工作法,在"党团班一体化"学习平台、实践平台和育人平台3个层面进行了有益探索,实现了全面融合。

(撰稿:刘婷;审稿:王希成)

珠宝学院

【概况】

珠宝学院现有宝石系和首饰系,分别对应2个国家级一流本科专业:宝石及材料工艺学(国家特色专业)和产品设计(珠宝首饰设计方向)。有宝石学、材料工程、设计学和艺术设计(MFA)4个硕士学科方向,1个宝石学博士点。有2个中心:湖北省人文社科重点研究基地"珠宝首饰传承与创新发展研究中心"、湖北省科研平台"珠宝工程技术研究中心";2个服务部门:湖北省学苑珠宝职业培训学校、中国地质大学(武汉)珠宝检测中心。

珠宝学院现有正式职工47人,其中专业教师39人、党政管理人员7人、专业技术人员1人。专业教师中博士生导师7人、教授12人、副教授18人,获博士学位者23人、硕士学位者12人。获得各类相关专业证书的教师36人,占专业教师的97.2%。柔性引进国家级人才1人,聘用客座教授4人、兼职博士生导师2人。

2021年是中国共产党建党100周年,也是"十四五"发展的开局之年,珠宝学院在学校党委行政的坚强领导下,以习近平新时代中国特色社会主义思想为指导,紧紧围绕立德树人根本任务,强特色,亮名片,全面加强党对学院工作的领导,扎实开展党史学习教育活动,持续提升教育教学质量,积极开展交流合作,大力拓展办学资源,各项事业取得较好成绩。

学院毕业全日制硕士研究生(包含艺术硕士MFA、留学生)60人,本科生122人。毕业生总体就业落实率96%。全年开展2期入党积极分子培训班,培养入党积极分子和发展对象161名,发展预备党员42名,办理预备党员转正19名,转出党员50名,转出党员组织关系回执率100%。

申请国家自科基金课题9项,省自科基金3项,其他纵向课题4项,国家社科基金课题15项,横向项目6项。学院教师获批纵向项目4项,合同经费149.8万元;获批横向项目5项,合同经费121.3万元。依托2个省级科研平台,自筹资金92.6万元支持科研立项,其中教师立项10项,合同经费62万元;学生立项55项,合同经费30.6万元。师生共公开发表T4以上级别高水平论文60余篇,获批国家发明专利7项。

珠宝学院办学资源进一步拓展。积极推进"1+X"学历教育与职业教育融合,推广普及职业教育。第46届世界技能大赛珠宝加工项目中国集训基地落地珠宝学院。积极开展珠宝行业从业者继续教育。

【坚持巡视巡察一体化整改,形成工作长效机制】

站在政治高度落实好巡视整改,持续开

展巡察整改回头看。学院党委认真组织巡视整改工作,成立巡视整改工作领导小组,研究制定《珠宝学院巡视整改工作方案》,召开党委会、党政联席会和全院教职工大会,传达学习学校巡视整改工作会议精神。对照巡视反馈意见,梳理出巡视反馈问题 4 类共 34 项,提出整改措施 37 项,除部分需要长期坚持,整改措施全部落实到位,取得预期效果。同时全面部署落实学院巡察整改工作方案,层层传导压力,责任落实到人,做到巡察整改与学院各项工作同步进行,将巡察整改有效转化为助推学院发展的内生动力。

【围绕学科建设要求,优化本科教学内容】

"宝石学 B"课程建设团队认真落实课程建设方案,推进教学理念更新,优化教学内容,创新教学方法,严格考试考核,切实发挥一流本科课程的示范引领作用, 2021 年 7 月该课程入选湖北省一流本科课程。首饰设计课程组以学生为中心,创新组织形式,加强师德师风、团队文化和梯队建设,深化人才培养模式、课程体系、教学内容、教学方法手段等教学改革创新。2021 年 9 月该教学课程组被评为省级优秀基层教学组织。

【推进"三全育人"教育,学生心理危机干预机制进一步完善】

学院学生工作组成立并启动学生特色工作:多艺心灵工作坊运营,对大学生开展日常心理健康教育活动。积极动员班主任参与育人工作,完善心理危机师生联动机制,进一步推进学生心理健康教育工作"三全育人"走深走实。

【学生作品第三次登上央视舞台】

2021 年,学生作品《观乐》将国家重要战略和学院专业相结合,第三次登上央视一套《五月的鲜花》全国大学生文艺汇演节目,再次将学生活动推上了全国最高舞台。

(撰稿:叶洪波;审稿:薛保山)

公共管理学院

【概况】

中国地质大学(武汉)公共管理学院(简称公管学院)兼备工、管、法三大学科门类,以"追求卓越、以质图强"为导向,秉承"人才立院、开放活院、实干兴院、创新强院"的发展思路,以"努力培养兼具中国情怀和国际视野,通晓政治思想、法治理念、管理哲学和管理技能,德才兼备的复合型创新人才"为使命,致力于"卓越公管、开放公管、和谐公管、幸福公管"建设。

学院现设有 3 个系:公共行政系、土地资源管理系和法学系,2 个教育中心:MPA 教育中心和 J. M 教育中心,1 个省部级重点实验室:自然资源部法治研究重点实验室;现有公共事业管理、行政管理、法学、土地资源管理、土地整治工程和应急管理 6 个本科专业,资源管理特色突出。学院拥有公共管理一级学科博士学位授予权和公共管理博士后科研流动站,具有法学一级学科硕士学位授予权和公共管理(MPA)、法律硕士(J. M)、资源与环境专业学位、自然资源与国土空间规划交叉学科学位授予权。在"2021 软科中国大学排名”专业排名中，土地资源管理、公共事业管理、行政管理分别位居全国第7、第29和第30位，均被评为A类专业；法学专业排名不断提升，在“软科”排名中位列前31%，入选B+专业。

学院现已形成高质量的本科、硕士、博士、博士后和国际教育的完整人才培养体系。学院师资力量雄厚，现有教职员工86人，其中教师72人，学院现有教授（含特任教授）18人、副教授（含特任副教授）39人、博士研究生导师16人、硕士研究生导师60人；具有博士学位的教师67人，85%的教师有出国学习经历；拥有国家“万人计划”哲学社会科学领军人才、文化名家暨“四个一批”人才、国家社科基金重大项目首席专家、自然资源部“首席科学传播专家”、自然资源部高层次科技创新人才工程科技领军人才、湖北省“最美社科人”等优秀高层次人才。

2021年，是“十四五”发展的开局之年，是公管学院不平凡的一年。学院在学科建设、人才培养、科学研究和社会服务等各项工作中取得长足进步，综合实力和办学水平显著增强，在国内公共管理学界的知名度和影响力不断提升。

始终强化党建引领，以党的建设带动学院全局发展。落实党委理论学习中心组学习制度，深入学习贯彻党的十九届五中全会、六中全会精神。扎实开展党史学习教育，教育引导广大师生学史明理、学史增信、学史崇德、学史力行。切实开展改善教师办公条件等“我为群众办实事”实践活动。公共行政系和土管系教职工党支部启动推进党建工作样板支部建设。严格落实《关于进一步贯彻落实中央八项规定及实施细则精神的规定》，修订《公共管理学院党委会会议议事规则》《公共管理学院党政联席会会议议事规则》。建立班子成员与党外知识分子联系制度。工会获评教代会提案工作先进集体。

落实立德树人根本任务，多措并举提升人才培养质量。学院狠抓教学质量，探索新文科建设路径，启动本科生导师制设计，获“省级优秀基层教学组织”称号、校“本科人才培养先进单位”称号。将“严在地大”融入教育教学全过程，“严在地大”优良教风学风不断强化。注重学术规范和学术道德教育，加强毕业论文选题、开题、撰写、答辩等环节规范管理，教学内容和教学方法不断规范。注重“2+X”新文科课程体系的建设，推进管、工、法核心课程交叉融合，人才培养体系和育人体系建设不断完善。采用“校内导师+校外导师”双师制授课模式进行授课，教学资源拓展不断拓展。

强化全过程质量控制，以“依法管理、规范细节”助力研究生培养教育质量提升。从招生、课程、论文等方面入手，多措并举，实施“研究生培养教育质量工程”，实施“研究生高水平论文提升计划”。将研究生科研训练和实习实践情况作为研究生评选各项优秀与奖学金的重要依据；要求研究生在校期间至少参加一项科研项目，进一步突出实践教学作用。加强论文开题、预答辩、答辩、外审、学位评定等关键环节规范管理，加强教学过程的留痕管理，MPA培养过程进一步规范。

对标国家一流学科建设标准,以一流学科申报为抓手推动学科建设提档升级。师资队伍建设取得新进展。聘请北京大学教授沈体雁为学院兼职教授。新增自然资源部科技领军人才2人、地大骨干人才1人、青年拔尖人才1人。新引进教师4人。获批国家自科项目3项,教育部产学合作协同育人项目3项,省社科基金1项、科技厅软科学一般项目1项。学科平台建设不断进步。自然资源部法治研究重点实验室2021年共资助开放基金项目6项,形成重要智库成果9项。学术质量不断提高。全院新增合同总项目68项,总合同经费4 144.06万元,总到账经费2 866.56万元,增长42%。全院共计发表科研论文103篇,出版专著7部、教材4部,各类科研获奖共计20项。学术交流积极推进。举办全国性学术会3次、学术报告会32次,外出参加学术学会34次。受邀参加全国公共管理学科评议组会议、2021年湖北省公共管理研究会学术年会、"环境执法与环境司法的新进展"学术研讨会等。对外合作取得新进展。与东湖高新区大数据与政务管理局、荆门市社科院、中地集团、宜昌市应急管理局、青海省核工业地质局、广西榜样矿业集团等单位开展合作洽谈,形成合作意向,在争取社会资源支持学院发展上取得积极进展。"中国地质大学-湖北崇道律师事务所研究生联合培养基地",嘉鱼、巴东应急管理教学实践基地获得校级立项,湖北楚尚律师事务所实践基地挂牌成立,与青山区城管执法局、青海省核工业地质局签署研究生联合培养基地协议,设立青海省国土规划研究院研究生工作站。一流学科申报取得突破。组织召开土地资源管理、土地整治工程、应急管理、法学专业建设研讨会。行政管理专业申报国家一流专业获得成功。应急管理本科专业、"资源环境安全与管理"湖北省优势学科群成功获批。完成"自然资源与国土空间规划"(牵头),"自然灾害与应急管理""碳中和与高质量发展管理"交叉学科论证,上述交叉学科硕士、博士学位点成功获批备案。

重引领夯基础,以思想政治教育推进铸魂育人。建设"一帮一"学习促进小组,全年评选国家奖学金7人。落实学院"青马工程"培养方案;完成2020—2021年度"英才工程"项目结题和2021—2022年度毕业年级立项工作。认真落实"提升本科生源质量和就业质量行动计划"。胡守庚院长走进地大"教授面对面"线上招生直播课堂。出台《公共管理学院全员促进就业工作实施方案》,推动全员全方位全过程就业,鼓励毕业生参加基层就业项目。22人获国家励志奖学金、210人获国家助学金,困难学生资助覆盖率100%。加快推进本科生班主任制、学务指导制、研究生导师制"三制融合"建设。打造"南望公管人"等网络思政优质平台。

【重要工作进展及成果】

强化党建引领,规范组织建设,"学党史、助发展、开新局",人才培养成效明显。修订完善《党委会会议议事规则》《党政联席会议议事规则》等10项制度规定。完成党员发展155名,院团委获"五四红旗团委",2个党支部入选校级先进学生党支部,1个团支部获校团委“五四红旗标兵团支部”。获批校本科人才培养先进单位。获批3项教育部产学合作协同育人项目。获批“省级优秀基层教学组织”。1门入选省级线上一流本科课程，省级教学研究项目立项1项，获2项校级教学成果奖。7篇论文获评校级优秀硕士论文，10篇论文获评优秀本科论文。

加强师资队伍建设，学科建设上台阶。引进人才4人(含地大领军人才1人、百人计划1人)。新增自然资源部科技领军人才2人。新增地大学者学科骨干1人、青年拔尖人才1人。行政管理专业获批国家一流专业，获批应急管理本科专业，法学专业进入软科B+。“资源环境安全与管理”湖北省优势特色学科群成功获批。“自然灾害与应急管理”、“自然资源与国土空间规划”、“碳中和与高质量发展管理”等交叉学科硕士、博士学位点成功获批备案。行政管理专业申报国家一流专业获得成功。湖北楚尚律师事务所实践基地挂牌，与青山区、青海省核工业地质局签署研究生联合培养基地协议，设立青海省国土规划研究院研究生工作站。嘉鱼、巴东应急管理教学实践基地获校级立项。

引进来，走出去，科学研究有实效。新增合同总项目68项，全院总到账经费2 866.56万元，增长842.33万元(增长42%)。获国家自科项目3项(面上1项、青年2项)，发表科研论文103篇，其中T1～T4级别论文共计51篇。出版专著7部、教材4部，科研获奖项目共计20项(省部级科技奖3项)。承办“第五届全国大学生不动产估价技能大赛”“2021年中国地理学会发展地理学学术年会”，参与承办“中国系统工程学会决策科学专业委员会第十一届学术年会。

社会服务成效凸显。胡守庚、王海娟提出的“推动高标准农田建设需加强土地权属调整制度配套”政策建议被国务院办公厅采纳。唐健、胡守庚全程参与国家耕地保护法立法，自然资源部耕地保护监督司致信感谢学校。李世祥提出的“提升战略性矿产资源应急治理能力”获国务院副总理刘鹤批示。李世祥提出的“将碳交易打造成为湖北长江经济带生态优先绿色发展的‘加速器’”，被湖北省政协副主席批示。夏云娇获武汉市司法局颁发百名优秀村(居)法律顾问。学院获评“脱贫攻坚先进集体”，2个团队获评校级脱贫攻坚突出贡献团队。

竞赛成绩斐然。2017级校友郑思维、2015级校友黄雅琼组合获东京奥运会羽毛球混双亚军。第三届全国大学生土地国情调查大赛特等奖，第四届全国大学生国土空间规划技能大赛一等奖，第五届全国大学生不动产估价技能大赛一等奖。张可嘉获全国大学生英语竞赛特等奖。湖北省第十三届“挑战杯 ”竞赛二等奖。“2021全国大学生环境资源模拟法庭大赛”三等奖。

(撰稿：李继杰；审稿：张宽裕)

计算机学院

【概况】

计算机学院有教职工147人，其中专任

教师125人,教授(研究员)33人,副教授(副研究员)72人,博士生导师32人、硕士生导师72人;IEEE Fellow 1人、SPIE Fellow 1人、Elsevier中国高被引学者3人、“国家青年杰出基金”获得者1人、入选国家级人才计划1人、入选省部级人才计划8人、湖北省“教学名师”1人、“湖北省杰出青年基金”获得者3人,拥有湖北省创新群体3个。

学院设有地学信息工程博士点、计算机科学与技术、信息安全、地学信息工程、软件工程以及电子信息(计算机技术、软件工程领域)硕士点,计算机科学与技术、空间信息与数字技术、网络工程、信息安全、软件工程、数据科学与大数据技术、智能科学与技术7个本科专业和1个大数据方向中美国际合作办学本科专业。计算机科学与技术专业、软件工程专业在2017年教育部全国学科评估B档。其中,计算机科学与技术入选国家级一流本科专业建设点,软件工程入选教育部“卓越计划”、教育部“专业综合改革试点”,获得工程教育专业认证,网络工程、信息安全、空间信息与数字技术成为湖北省“专业综合改革试点立项”专业,空间信息与数字技术、软件工程入选湖北省一流专业建设点,计算机科学与技术、网络工程和空间信息与数字技术专业入选湖北省高等学校战略性新兴(支柱)产业人才培养计划本科项目。学院现有在校生本科生1950人、硕士研究生651人、博士研究生74人。

学院设有计算机科学与技术系、计算机应用系、信息安全系、软件工程系、大数据系、人工智能系6个系,建有地理空间信息技术国家地方联合工程实验室、“智能地学信息处理”湖北省重点实验室、“智慧地质资源环境技术”湖北省工程研究中心、全空间智能信息处理技术及系统湖北省中试基地、“地学大数据”湖北省引智创新示范基地等科研平台,同时是“资源定量评价与信息工程”自然资源部重点实验室、“长江三峡库区地质灾害”教育部研究中心、国家工程实践教育中心、“地理信息系统”国家工程技术研究中心和地理信息系统软件开发及应用教育部工程研究中心的共建单位。现任党委书记李国昌,院长王力哲。

【党建工作】

学院以习近平新时代中国特色社会主义思想为指导,坚持和加强党的全面领导,全面贯彻党的教育方针,落实立德树人根本任务,全面推动学院中心工作,圆满完成了学院各项党建工作任务。

健全党建工作机制。制定学院党委会、党政联席会议议事规则和“三重一大”制度,贯彻落实民主集中制原则,推进学院中心工作提质增效。

认真开展党史学习教育。召开动员会和多次工作布置会,学院班子成员完成“六个一”,全体师生党员已完成“四个一”。完成“我为群众办实事”重点任务3项,落实率达100%。

全力做好巡视和巡察整改,做到责任到人到岗、立查立改、立行立改。学院党委在教育部巡视自我检视问题5条,学校党委巡察反馈意见11条,均已整改到位,整改率为100%。

坚决落实意识形态工作责任制。在教师引进、岗位聘任、课程建设、教材选用、学术活动等重大问题上严把政治关，严格"三坛(团)一堂""三微一端"、学术报告审批程序，引导师生注意个人网络言论，自觉抵制不良舆论影响；集中摸排学生信教情况，引导教育党外代表人士和少数民族学生自觉接受党的领导，践行社会主义核心价值观。朱静当选洪山区人大代表。出台宣传管理规定，加强各媒体平台发布信息的审核；积极选树典型，推出"计科先锋"系列人物事迹报道，涌现出校"师德模范"马钊、"最美教工"刘刚。

全面加强基层组织建设。指导支委规范调整，并增设纪检委员，党支部书记"双带头人"保持100%。学院党委获评校"标杆分党委"培育创建单位、应用党支部和博士生党支部获评学校"样板支部"培育创建单位。

【学科建设】

持续推进试点学院改革建设。重点启动创新人才培养的教学体系与教学模式改革、基于现代大学制度的治理结构改革、基于学科内涵式发展的人事制度改革、学术创新与平台建设等工作。

高质量完成博士点申报、学科评估、"双一流"建设方案和"十四五"规划编制工作。并牵头申报"遥感科学与技术"交叉学科博士点，参与"地学大数据""地质环境与健康"交叉学科点的申报，进一步开拓学科生长点，协同形成"长江流域自然资源全息监测与智慧管理"建设项目申报书。

学科群和省级平台建设取得新进展。学院参与的"智能地球探测"入选省高等学校优势特色学科(群)建设名单。省重点实验室、省工程研究中心分别在年度考核获评优秀。牵头申报的湖北省"全空间智能信息处理技术及系统中试基地"成功获批，构建省级"重点实验室"—"工程研究中心"—"中试基地"的创新链支撑平台体系。

学科排名持续提升。学校计算机学科进入ESI前2.6‰。在上海软科世界一流学科排名中，在101—150段；在中国最好学科排名中，位列全国56名，进入前20%。

【科学研究】

全面梳理科研方向。重点布局人工智能、数据科学与大数据技术、信息安全、计算机系统、计算机网络、地质信息技术、空间信息工程等研究方向。

科学研究、论文、奖励等方面成果丰硕。获各类科研项目67项，科研经费2 453.61万元。获批国家自科基金超10项，主持国家自科基金联合基金重点项目1项、面上8项、青年2项；2人获批省基金面上项目，1人获批省重点研发计划项目；获200万元以上重大横向项目1项。发表学术论文157篇，其中ESI高被引论文4篇、SCI论文96篇、CCF A类期刊论文7篇、CCF A类会议论文2篇。积极组织科研报奖，共组织各科研团队申报湖北省科技奖4项，获得二等奖、三等奖各1项。获得多项具有省级和国家级科技奖推荐资格的一级学会奖协会奖。戴光明团队获得2021年中国仿真学会创新技术奖一等奖，王茂才团队获第二届"砺剑杯"智能空天创新大赛优胜奖等。出版学术专著11部,上一年为2部。专利授权40项,软著登记10项,专利申请18项。

【合作交流】

广泛开展学术交流。组织学术论坛3个,成功举办"第八届中国可视化与可视分析大会",组织老师参加学术活动60余次,其中国际会议11次。各系还组织11场计算机前沿论坛。

广泛开展校企科研合作。参与了学校与武汉精益电子、中石油、中石化、烽火、腾讯等大型机构、知名企业战略合作协议的制定工作,以联合开展实质性、高水平科研合作。

推动中外合作办学工作。提高合作办学培养成效,通过教育部年审;与外语学院联合开展国合班英语听说读写培训;制定及完善中美合作学生管理规定。

【师资队伍建设】

成立了5个三级管理工作部门,并对部门主要负责人进行了轮岗交流。开展了学科专业的优化工作,撤销了网络工程系,成立了人工智能系,并将现有师资进行了调整组合,选优配强了各系党政班子。引进了特任副教授1人,1名学科领军人才即将加入学院。根据工作需要聘用辅导员和事务秘书3人。高聘二级教授1人,高聘教授1人,高聘副教授3人。王力哲教授入选2022年SPIE Fellow;王力哲教授和蒋良孝教授入选爱思唯尔2020年中国高被引学者榜单。

【本科教育教学】

持续开展一流专业建设。计算机科学与技术专业申报工程教育认证;空间信息与数字技术专业获批省一流专业建设点,申报省普通本科高校优秀基层教学组织,积极开展工程教育认证;信息安全专业成为校级一流本科专业,并完成了国家和省级一流本科建设专业申报。

持续推进本科课程体系改革。新增国家教育部产学合作协同育人项目6项、湖北高校省级教学研究项目2项、校级教学研究项目8项;马钊获卓越教师奖,王茂才获首届学校教学创新赛一等奖,同时积极推进专业课程组的研讨,加快课程内容建设,积极构建先进的实践教学体系,在课程思政建设方面做到全覆盖。

探索打造能够全面支撑各专业实践教学要求的实践平台。联合华为公司成立产教融合协同育人基地。与中科院深圳先进技术研究院签订联合培养协议。新增数据安全联合创新研究实验室、本科生攻防实践工作室及4个稳定的校外实习基地。

多途径着力提升教师教学能力。组织14位专业教师共参加7场教学建设研讨会及论坛、11场教学能力培训;开展传帮带活动,一对一指导青年教师;鼓励专业教师参与教学研讨、论坛;制定本科课堂教学听课制度,做到全学年全院教师听课、理论课和专业课全覆盖。

创新学生教育模式。注重实践教学及创新教育,积极带领学生参加科研活动及比赛,开拓第二课堂,实施创新教育。全年指导学生立项及获奖58项,获批本科生发明专利7项,指导学生发表学术论文5篇;15篇本科生毕业论文获评校级优秀。

【研究生教育教学】

加强研究生过程培养。邀请外校评委对每学期拟毕业博士生进行预答辩把关，以加强博士学位论文全过程质量管理，提高博士学位论文质量和学位授予质量。

稳步推进研究生联合培养基地、研究生工作站和研究生实验室建设。成功申报华为公司校级研究生联合培养基地，牵头申报地学大数据技术湖北省研究生工作站。获批研究生院教育教学改革研究项目3项，中期审核通过2项，结题2项。新建5个研究生实验室，共新增机位150多个。

继续加强研究生导师队伍建设。新增硕士生导师4名、博士生导师5名。

【学生工作】

驱动产教融合。深入推进"创E之路"特色院本文化，继续完善、优化四位一体创新创业培育体系。引导学生在竞赛、实践中提升专业技能；校企融合，与华为、东软、小米等20余家公司建立产学研基地，做好产教融合工作，打造创新创业新生态；以赛促创，组织学生参加各类比赛，收获创新创业新成果。全年共孵化230余个科研项目。

厚植优良学风。通过加强对学生的管理，建立学风建设长效机制；常态化开展学习制度，做好良好学风的持续引导；搭建学习平台、朋辈帮扶平台、课程帮扶志愿团队，帮助学生开展学习。2018级学生英语四级通过率96%，英语六级通过率48%；2019级学生英语四级通过率88%，英语六级通过率20%。全院挂科学生显著减少。

延伸育人链条。全院出击，全员招生。省内起分线较去年提升1500位次。研究生生源"质""量"双升。全年招收硕士生256人，博士生16人，较上年增幅40%和20%。"双一流"高校或一流学科硕士生源占比47%，均创历史新高。多层次稳就业，多方位帮就业，多渠道促就业，研究生就业率连续10年100%，平均年薪20万元，2021届学生就业率96.25%，2022届毕业生已有近200人落实去向。

（撰稿：石剑峰；审稿：李国昌）

体育学院

【概况】

体育学院坚持弘扬体育传统与健全人格培养相融合，坚持群众体育与竞技体育相融合，坚持登山运动与地球科学相融合，逐步形成了"追求卓越、勇攀高峰"的校园体育文化、特色鲜明的体育教育体系和登山户外人才培养体系。"地大体育"已经成为学校一张靓丽的名片。

在体育学科建设上，学院坚持以户外运动理论与实践为主要方向，创建了具有地大鲜明特色的"登山户外国内一流，多领域协同发展"的二级学科学位点。学院已经建成昆山、神农架、湛江、黄石等产学研基地以及分布全国的就业实习基地40余家，与中国登山协会、万科、万达、深圳登协等知名企事业单位达成合作协议。此外，与多地政府、行业协会和企业在"政策制定、赛事培训、资源规划、标准制定"等方面进行合作，取得良好的社会效果。

学院现设有公共体育部、体育系2个教学机构以及大学生体质测试中心、群众体育竞赛训练中心、高水平运动管理中心、体育实验教学中心4个职能机构。学院现有教职工54人,专任教师42人,教授10人,副教授16人,其中获博士学位者13人,在读博士生6人,76.2%的专职教师具有硕士以上学位。学院现有国家体育荣誉奖章获得者1人,国际健将级运动员2人,国家健将级运动员3人,国家级裁判4人。2021年学院引进博士1人,新晋升教授1人、副教授1人、"地大学者"1人、六级职员1人。学院采取"引进高层次人才"和"支持年轻教师在职攻读博士"相结合的方式加强师资队伍建设,一批素质优良、经验丰富的体育教师和教练员队伍为学院发展奠定了坚实的基础。

学院现有体育学一级学科硕士点和体育硕士专业学位点,以及社会体育指导与管理(户外运动方向)本科专业。2021年体育学院共招收研究生60人、本科生50人。体育学院在籍学生362人,本科生193人、硕士研究生169人,应征入伍1人,硕士毕业生就业率100%,本科毕业生就业率100%,其中升学率39.40%。

【党建和思想政治工作】

学院成立党史学习教育领导小组,由书记与院长任组长,班子成员任副组长,各支部书记和三级机构负责人作为组员,切实加强工作领导与整体谋划,形成学院方案,明确工作全覆盖和重点学习与活动的内容,打造学习氛围,并选树了以全国自强之星——牛迪为代表的一批师生先进典型。党史学习教育期间,支部组织重走长征路定向越野、党史知识竞赛、特色党史学习教育征文、聆听老党员讲故事、"磨山清捡白色垃圾"等党史学习教育系列活动,专门组织学校师生集中观看学校学子在奥运会上的羽毛球决赛,坚定学生"不忘初心、强国有我"的信心与决心。学院共制订了19个院级文件,商讨和解决了师生反映的50多项工作,让党员干部受洗礼、有提升,让群众受教育、得实惠。为大力弘扬体育文化,学院组建工作团队,采编体育教育教学、群体、竞赛、科研和社会服务等方面活动新闻稿件50余篇,奥运和全运会期间向学校和上级媒体报送20余篇,配合宣传部共组织了10多次的包括新华社在内的有影响力的媒体宣传与报道,极大地提升了学院和学校体育工作的影响力。

学院持续加强学生党支部建设。学生联合党支部全年培养入党积极分子2期共71人,发展预备党员38人,预备党员转正7人。学院2018级硕士研究生牛笛在第十四届全运会攀岩项目成年组女子速度赛中以超世界纪录的6秒74夺冠,荣获2020年度"中国大学生自强之星"。学院"三下乡"聚星暑期社会实践团队荣获校级三等奖,团队受省市各级报道6篇。

【教学工作】

学院强化全体教职员工"教育教学是立院之本"的认识,建立完整的教学档案,严格检查教学计划大纲、日历、集体备课考核,确保"教育教学是立院之本"这一治院方略的落实。学院专聘教学督导，每年完成对全院教师的看课及评定工作。2021 年社会体育指导与管理（户外运动方向）专业入选湖北省一流本科专业建设点，正积极申报国家级一流本科专业；“登山运动”获批省级一流本科课程（线下课程），正在积极申报国家级一流本科课程；“攀岩运动”已获批中央高校教改基金项目，正在积极申报省级和国家级一流本科课程。学院不断加强本科实践教学与创新创业教育，全年共获得“大学生创新创业训练计划”项目 6 项，其中国家级 1 项、省部级 3 项、校级 2 项。

【学科与科研工作】

2021 年，学院共有 4 位老师获得了 4 项省部级项目（教育部 3 项、湖北省 1 项）、15 项校级研究项目以及 9 项横向项目，科研经费超过 100 万元；师生共发表 T5 及以上学术期刊论文 15 篇；出版教材 1 部；在第十四届全国学生运动会科学论文报告会等学术会议上，有 4 篇论文获奖（二等奖、三等奖各 2 篇），在第十二届全国体育科学大会上，共有 19 名导师或研究生的论文入选；获得国家级发明专利 2 项。学院的“社会体育指导与管理”（户外运动方向）专业入选湖北省一流本科专业建设点。2021 年共有 11 名学生的 12 篇论文被第十二届体育科学大会录用，参加专题口头汇报 9 篇和墙报交流 3 篇。6 名研究生参加学校第三十二届研究生科技报告会，共获得特等奖、一等奖各 1 名，二等奖 3 名，三等奖 12 名，再次有体育研究生进入特等奖行列。

【学生工作】

2021 年学院制定了《体育学院 2021 年卓越学风建设行动计划》，引导学生树立追求卓越的学习意识，激发学生学习动力，增强成才意识。2021 年共开展课堂考勤 36 次，上课出勤率由 92%提升至 100%，学风建设成效显著。学院坚持完善“成长导向”的生涯发展教育，全面实施“五个一”生涯发展教育计划。在积极拓展就业渠道的同时，积极实施“就业保底促进”工程，学院领导定期常态化联系学生，学工组老师和毕业班辅导员定期了解学生就业状态和就业过程中的困难，随时掌握学生就业最新进展。2021 届本科生和研究生就业率均达 100%，位居学校前列。

（撰稿：李洁、李铭；审稿：庞岚、李元）

艺术与传媒学院

【概况】

艺术与传媒学院（简称艺媒学院）有 4 个系：新闻传播系、音乐系、视觉与媒体设计系、景观学系；1 个中心：数字艺术实验教学中心；1 个综合办公室。5 个本科专业：广播电视学、音乐学、环境设计、视觉传达设计、数字媒体艺术；2 个一级学科硕士点：新闻传播学、设计学；1 个艺术硕士学位授予点（MFA）；1 个二级学科博士点：环境规划与设计（归属环境科学与工程学）。设计学为湖北省重点学科。

学院有教职工 86 人，其中专任教师 71

人、党政和教辅人员15人，专任教师中教授3人、副教授36人，具有博士学位的教职工32人，“地大学者”学科骨干人才1人。

2021年，学院共有本科生951人，其中2021级学生234人；共有研究生480人（含博士研究生12人），其中2021级硕士研究生156人（含博士研究生4人）。

学院以学科建设为龙头，以人才梯队建设为支撑点，注重计算机信息技术的交叉影响，强调人文精神在学科中的渗透，坚持严谨求实的科学态度，重视艺术、传媒与高新科技之间的深度融合，全方位提高办学层次，提升学术科研水平。在学校优势学科的交叉影响下，学院发展速度较快，且形成自己的特色。通过不断积累与创新，室内设计与景观、园林设计与规划、数字动画、MIDI音乐制作等研究方向已取得了一批阶段性研究成果，分别获得北京市奥林匹克公园环境设施概念设计的“整体设计方案提名奖”、建设部的住宅小区和小城镇规划优秀奖等奖项。

【强化党组织政治功能，坚持党建引领发展】

学院党委将班子建设作为重要职责，组织院班子成员开展《学院党委会议事规则》《学院党政联席会议事规则》《“三重一大”决策制度实施细则》及治理能力提升专题学习，坚持民主集中制，不断提高班子成员的履职能力与担当意识。坚持党委理论学习中心组学习制度，全年共召开党委理论学习中心组学习13次，党委会20次，党政联席会议17次；本年度学院领导干部共讲党课10次，各党支部书记、委员讲党课23次。坚持群众观点，深入基层调查研究，落实院领导联系三级单位、联系基层支部、院领导接待日制度。

以党史学习教育为契机，着力提升学院党建工作质量。立足学科特色，积极将课程设计展、课程音乐会、毕业设计展、毕业音乐会与党史学习教育有机联结，举办专场音乐会、艺术展演、党课和红色实践活动，在全校引起了强烈反响并被校内外多家媒体报道。新闻系教师党支部、设计学研究生党支部获批校样板支部立项。深入落实党风廉政建设责任制，认真落实“一岗双责”，落实意识形态与安全稳定工作责任制，做好统战、民主宗教工作。做好党员发展工作，2021年共发展党员145名。

【深入贯彻“三融合”人才培养理念，“以本为本”立德树人有新亮点】

积极统筹好疫情和教育教学的关系，保证人才培养质量，2021年各本科专业全面恢复线下暑期实习。除广播电视学专业40名学生进行线下分散实习外，音乐学和设计学共200余名学生分别奔赴湖北恩施、河南太行山、江西婺源、湖南湘西进行线下采风写生，开展专业实践教学基地建设情况自查，收到了良好的效果。开展新生学业规划工作，完成大类专业分流，组织学务指导老师考评。顺利完成本科生推免工、毕业审核、毕业论文答辩及发证工作。

加强教学研究及教学质量监督工作。获批本科教学工程项目2项、一般项目1项、通识课教学项目1项。组织教师参加各类教学竞赛，丁洁获湖北省第七届高校青教赛文史组三等奖；李静获校青年教师讲课比赛特等奖，张孜颖获二等奖，学院获评“优秀组织奖”。认真开展首届示范教学观摩活动，选送广电专业丁洁讲授的“广播新闻业务”课程教学进行校内展示观摩。进一步完善学院教学评价体系，修订教师同行评价细则，完成同行评价工作。

认真做好实验教学辅助工作。获批“数码钢琴实验教室的改建”实验室建设项目，完成阅览室改造及1104装修，认真组织实验室安全月活动。

【加强过程管理，全面提升研究生工作质量】

严格招生考试工作，提升生源质量。采取线上模式完成研究生统考、校园开放日、接受推免生、创新人才选拔等一系列招生复试工作。增强保密意识，签订《保密责任书》，筑牢安全防线。

严把人才培养工作，推进教学改革。制定《艺术与传媒学院“研究生教育改革专题研讨”工作方案》，出台《艺术与传媒学院硕士生指导教师招生条件审核办法》，新增博士生导师、硕士生导师各1人，完成32位硕士生导师招生资格审核工作。

严抓学科学位工作，提高论文质量。组织好开题答辩工作，共有129人参加开题答辩，127人通过。采取艺术类论文全部送盲审的方式，完成向教育部学位与研究生教育评估工作平台报送114篇论文进行评审的任务。146名研究生申请学位，142人通过论文答辩。其中王一婧等6人获校优秀硕士学位。

提升教学、加强交流，强化研究生实践创新能力。获精品教材建设项目1项、课程思政建设项目1项，获批3个校级研究生联合培养基地。举办第32届科技论文报告会，150支团队309人参赛，承办了“融合·重构·智能”设计工效学国际学术研讨会及系列讲座，极大地拓展了学生的学术视野。

【学科建设稳步推进，科研项目和科研经费均实现新突破】

学科建设稳步推进，设计学、新闻传播学两个学科再次获学校培育学科立项资助，5年周期分别获批225万元和150万元学科建设经费。积极参与优势特色学科(群)申报建设，参与学校自主设置的硕士、博士学位点“自然灾害与应急管理”获国务院学位办批准备案。

科研成果取得显著成绩。获国家社科基金项目2项、湖北省教育厅项目1项、企事业单位委托项目1项，横向项目9项。纵向、横向项目经费到位经费合计达220余万元。2021年获评学校科研管理先进单位。学院教师发表科研论文的质量也明显提高。共发表科研论文26篇，其中T2论文1篇、T3论文2篇、T4论文4篇、T5论文9篇、T6论文10篇、外观设计专利1项，出版专著、教材4部。全年学院举办学术讲座4场。学院教师参加学术会议、作品展览20余人次。

【打基础、育作风、抓特色、求创新，开拓学生工作新局面】

按照学校“全程贯通、空间联通、队伍互通、内容打通、评价融通”的五通工作要求，以“打基础、育作风、抓特色、求创新”为工作思路,以党建和学风建设为抓手,开展扎实有效的学生思想政治教育工作。

抓党建质量。抓好本科生"党徽照我行"和研究生"示范党支部"两大工程。高质量完成了全年145名党员发展任务。

抓学风建设,构建"445"工作格局。即抓好4个学习阵地,落实4个帮扶,浓厚5个组织学习氛围。

提高招生与就业质量。完成2021级艺术类招生宣传工作,2021年学院就业率为95.08%。其中本科毕业生235名,就业率96.59%;硕士毕业生131人,就业率92.37%。

大力开展创新创业教育。组织申报大学生创新创业训练计划项目19项;大学生基础科研立项结题18项;肖媛等同学获得第13届大广赛湖北赛区全国二等奖及优秀奖;娄家本团队负责的"音乐情感机器人"项目获得"互联网+"大学生创新创业大赛湖北省铜奖。

做好精准服务工作。完成全年172人国家助学金审核评定工作;完成院士奖学金等36人次的各类英才奖学金评定工作;完成英才工程383项结题工作和349项立项工作。

加强学生心理健康教育工作。做好学生心理健康的预防和危机干预,成功化解心理危机事件16人次。

【提高认识,积极落实美育、通识教育,为校园文化建设添砖建瓦】

坚持正确方向,提高工作站位,坚持将美育纳入学院人才培养的重要环节,集合全院力量推进美育工作。

搭好艺术教育线上和线下平台,开齐开足美育课程,统筹推进公共艺术教育,新闻系、设计系和音乐系教师积极担任通识课教学11门,开设美育课堂2期,讲授音乐、传统手工艺与设计等课程;加强美育公众号"CUG美育识堂"建设,积极推送课程展、音乐会、艺媒系列讲座等信息几十余篇,成为学生陶冶情操、温润心灵、激发创新创造活力的主阵地。

学院充分发挥专业优势,通过举办"南望风采"的毕业季文创产品展、"在水一方"专场音乐会、"峥嵘岁月"中国声乐作品音乐会、"正青春　美育行"云端合唱比赛等,为推进面向人人的美育格局贡献力量。

(撰稿:李伟娜;审稿:郭秀蓉)

马克思主义学院

【概况】

马克思主义学院是湖北省首批重点马克思主义学院之一。学院设有马克思主义基本原理、毛泽东思想和中国特色社会主义理论体系概论、中国近现代史纲要、思想道德与法治、形势与政策、研究生思想政治理论课等6个教研部(室)和思想政治教育系等教学机构,设有湖北省中国特色社会主义理论体系研究中心地大分中心、党的建设与社会治理研究中心、新时代思想政治教育创新发展研究中心等科研平台。建有中国近现代史虚拟仿真实验室以及红安档案馆、英山乌云山村等实践教学基地。

学院具备“学士—硕士—博士”完整的人才培养体系。建有马克思主义理论一级学科博士后科研流动站。现有1个一级学科博士点(马克思主义理论)、1个一级学科硕士点(马克思主义理论)、1个本科专业(思想政治教育)。其中,马克思主义理论一级学科、思想政治教育二级学科为湖北省重点学科。学院坚持以习近平新时代中国特色社会主义思想研究为主体,以马克思主义基本原理和思想政治教育原理研究为支撑,在红色文化与中共党史党建、生态文明理论与实践、中外思想政治教育比较等研究领域形成了鲜明特色。

学院有教职工57人,其中专任教师50人,含教授13人,占比26%;副教授16人,占比32%;讲师21人,占比42%。教师中85%以上拥有博士学位,20余人拥有海外留学经历。学院现有博士生导师11人、硕士生导师30人,另有兼职导师28人。国家级人才计划入选者1人,全国思想政治理论课年度影响力人物入选者2人,湖北省宣传文化人才“七个一百”工程入选者1人,“湖北省中青年马克思主义理论家培育计划”入选者17人,“湖北省优秀青年社科人才”入选者1人,学校“地大学者”2人,学校教学名师1人。2021年新聘教授1人,转聘教授1人,引进特任副教授2人,新聘青年教师1人。

2021年学院在校全日制学生343人,其中本科生150人、硕士研究生120人、博士研究生73人(含留学生1人)。2021届本科生、研究生就业率均为98%。本科生上研率达到60%。在上研的学生中,90%的毕业生进入“985”高校深造,100%的毕业生进入“985”“211”知名高校深造。80%的毕业生去向为高校、行政事业单位和国有企业。

【认真落实教育部巡视提出问题整改,持续推进学院党建工作】

学院党委按照学校要求,由学院党委书记牵头成立贯彻落实整改工作领导小组。根据教育部巡视反馈意见,结合学院实际,梳理出整改问题15个,明确具体整改措施30项,全部进行整改落实,召开专题研究整改工作会议2次、整改情况通报会议1次,制定完善各类规章制度10项。

与三级单位签订《全面从严治党责任书》《意识形态工作责任书》,进一步加强意识形态和安全稳定工作。加强院系班子建设,配合学校党委完成副院长推荐选拔工作,对三级单位进行重新设置,新成立4个教研部,配齐了相应的三级单位班子成员。认真做好学院“十四五”事业改革发展规划。按照“五个到位”“七个有力”要求加强基层组织建设,全年发展党员68人,硕士毕业生的党员比例达到100%,本科毕业生的党员比例达到65%。本科生党支部获批学校新一期样板党支部立项建设,获评学校先进基层党组织、学生党支部风采大赛二等奖。政治理论教研部党支部获评学校先进基层党支部,1人获评学校优秀党务工作者,2人获评学校优秀共产党员。学院获评校“文明教学科研单位”。

【加快思政课程改革创新,建设校本特色思政课程群】

深入推进“一线二红三实”思政课立体

教学模式,打造虚拟仿真、社会实践等“金课”。“辛亥革命虚拟仿真实验”入选湖北省一流课程。落实“形势与政策”集体备课制度和网络课程建设。教育部思政课教学指导委员会委员朱喆教授主讲“形势与政策”课集体备课会,协助全体校领导积极参与“形势与政策”课授课,切实提升“形势与政策”课教学质量。启动“国土安全”思政课虚拟仿真实验项目,依托兄弟学院硬件平台,建成国内首家大学生国家安全教育虚拟仿真实验室。4 月 15 日“国家安全教育日”,湖北电视台以“增强学生忧患意识　高校首创国家安全思政课”对“国土安全”做专题报道。王明华主讲的“国土安全”子章节“地理中国”入选湖北省大中小学思政课一体化建设示范课程。“国土安全”获批学校本科教学工程项目,即将申报湖北省一流课程。青年教师执教能力得以提升,获第二届全国思政课教学展示活动二等奖、湖北省高校思政课教学展示活动暨优秀课程观摩活动特等奖、学校青年教师教学竞赛特等奖。

【持续推进制度建设,不断提升研究生教育质量】

制定实施《研究生优秀考生学业支持实施办法》(试行),吸引优秀本科生报考学院研究生,形成良好成效。全年招收马克思主义理论专业硕士生 41 人、心理学专业硕士研究生 24 人、马克思主义理论专业博士研究生 17 人。授予 8 名博士研究生法学博士学位,授予 50 名硕士研究生硕士学位。研究生刘豫等 2 名同学的学位论文被评为校级优秀学位论文,1 名博士研究生完成国外访学任务并返校。研究生的科研素质和科研创新能力得到提高,在《清华大学教育研究》《中国社科报》等国内外学术期刊发表论文近 20 篇。积极推进学校研究生精品课程和精品教材建设项目研究工作,高翔莲和李霞玲老师主持的课程获批校级研究生精品课程建设项目。

【积极开展学术交流,科研成果数量保持稳定】

举办建党百年中国反贫困历程与经验研讨会,邀请来自国家乡村振兴局、北京大学、中国人民大学、华中师范大学等国家部委和知名高校的代表性专家学者参会交流,新华社、《光明日报》《江汉论坛》《中国社会科学报》等多家杂志媒体参会并报道。举办学习贯彻党的十九届六中全会精神湖北省重点马克思主义学院院长论坛,中共中央党校(国家行政学院)一级教授韩庆祥作主旨报告,武汉大学以及 10 所湖北省重点马克思主义学院院长参与交流研讨。举办多场“名家讲坛”。教师参加国内学术会议并作会议报告的人次明显增多。

学院教师全年共发表论文 46 篇,其中 T2 期刊论文 1 篇,T3 期刊论文 3 篇,新华社内参 1 篇、人民日报内参 2 篇,出版专著及教材 10 部;获教育部人文社科项目 1 项、湖北省社科基金(后期资助)1 项、国家乡村振兴局招标项目 1 项。新增企事业单位横向委托项目 5 项。全年新增科研经费 185.7 万元。获得由世界银行、联合国世界粮食计划署等国内外机构联合举办的“第二届全球减贫案例征集活动”最佳减贫案例奖等多项奖励。

【进一步强化"三全"育人体系，学生工作稳步上新台阶】

学生全年课堂出勤率98%以上，学生学习成绩良好，平均学分绩点3.5以上。全校早操检查绝大部分次数得分排名全校第一，早操出勤率保持在99%以上。宿舍建设成效全校排列前茅。学生转专业人数持续大幅度减少。4个团队获大学生创新创业训练计划项目立项资助。卢景懿同学入选学校李四光计划。在"挑战杯"学术作品竞赛中，3个学术作品获传统赛道省赛一等奖、国赛三等奖；1个学术作品获评省赛二等奖；3个作品参加省赛"红色专项"赛道，获得较好排名。1名学生获湖北省教育厅推荐参加全国高校大学生马克思主义理论学习夏令营参加资格，1名学生获第五届全国高校大学生讲思政课公开课展示活动优秀奖。3名研究生、1名本科生获评国家奖学金，1名本科生获评"学校十大标兵"。积极组织"互联网+"创新创业比赛，申报项目20余项，比上年增长7倍。2021届毕业生就业率达到98%。

【创新形式开展党史学习教育，建好"理论热点面对面"示范点】

学院教师利用党史课程资源、研究资源，开设"四史"思政课选修课，把党史教育纳入"形势与政策"课等教学大纲，累计开展主题宣讲（讲座）55次。学院党委理论学习中心组党史学习教育专题学习9次。各党团支部"三会一课"学习125次；主题党日团日学习184次。举办庆祝中国共产党成立100周年展览，在"地大武汉马院之声"公众号开辟"建党百年"推文专栏。举办"导航杯"党史知识竞答大会。出台《马克思主义学院博士生理论宣讲团工作实施方案》，引导博士生发挥学术优势积极开展理论宣讲。"红色之声"宣讲志愿服务队获评湖北省新时代文明实践志愿服务项目大赛金奖。2021年线上线下宣讲党史故事300余场，受众人数40 000余人。宣讲团队走进中国教育电视台，创作并讲述《春天里的故事》，荣获教育部"读懂中国"活动最佳征文奖。

做好"理论热点面对面"示范点建设，开展"五送"惠民活动，受到当地干部群众的热烈欢迎。调研成果《中国特色社会主义建设若干热点问题调查研究》（第4辑）已定稿，即将公开出版。

（撰稿：胡雪黎、徐胜；审稿：汪再奇）

李四光学院

学院坚持以习近平新时代中国特色社会主义思想为指导，深入贯彻党的十九大和十九届历次全会精神，紧紧抓住建党百年的历史机遇，围绕学校"十四五"发展规划，持续开展学党史主题教育，落实立德树人根本任务，进一步完善"科教结合协同育人"模式，不断提升教育质量、治理能力和服务水平。

以党建带团建，搭建"立体化"思政教育网络。围绕"对标七个有力，建好三型支部"这一主题，党员带头分年级组建"知行先锋"小组，实施"知行先锋"行动计划，建立支委—助班党员—团支书—普通学生四级联动体系,带动班团组织建设。通过支部引领政治理论学习、引领综合素质提高、引领追求学术卓越,带动全院学子开展系列理论学习和社会实践活动,教育引导广大青年学生听党话、跟党走;充分利用学院网站、微信、微博、QQ等新媒体平台,制作推送"习语朗读者——党史我来讲"微党课、"红色印记"系列推文,开设"党员领航——专业那些事儿"线上学习栏目,引领全院学子坚持理论学习不掉线、专业学习不松懈;充分挖掘育人典型,展示育人过程,持续做好"菁英风采""实习风采"等栏目的运营,占领网络阵地,带动学院创建优良学风。

以共享同育人,坚持学术卓越"铺路"。学院依托"科教结合协同育人"平台,充分发挥协同育人功能,激发学生自主学习,开放多元成长路径。提供开放式的资源供给,激发学生自主进行学术探索,实现了基于学生学术兴趣的因材施教。2021年中,11名中科院专家为菁英班学生线上或线下开设"中科院地球科学导论课",新增53名学生参加中科院导师双选,新增18名学生申报"中科院创新实验训练项目",34名学生利用寒暑假期到中科院所参观交流、实习实践、参加夏令营等,32名推免研究生中有16人到中科院合作培养院所读研深造。多名学生在全国大学生数学建模竞赛、美国建模大赛、全国大学生英语竞赛、全国大学生英语词汇大赛、全国大学生第十一届MathorCup高校数学建模挑战赛、湖北省翻译大赛、第十三届"华中杯"数学建模挑战赛等大赛中获奖。201181班获2020—2021年度校级"先进班集体标兵"称号,团支部获校"五四红旗团支部标兵"称号,201172班获校"先进毕业班"称号。本科生党支部获评校"先进基层党组织",郑金波获评校"优秀共产党员"。

以创新谋发展,落实招生就业双促进。建立"招生—培养—就业"联动机制。在2021年招生直播活动中,院长周建伟亲自宣传学院特色,吸引了3万余人次的考生及考生家长在线观看。通过指导学生开展"我把地大带回家""给高中母校的一封信""我的大学喜报"等多种实践活动,宣传菁英班育人特色,吸引优质生源。从新生入学教育开始植入生涯规划和就业指导理念,将高质量就业升学目标贯穿于教育教学全过程。做好就业指导和定向帮扶,引导学生明确发展目标,树立规划意识。学院2021届本科毕业生就业率为96.61%,国内外升学率总计超过80%,其中前往中科院所及国内"双一流"高校继续深造的毕业生共计44人,升学率高达75.86%;有4名毕业生被国外名校录取,占比6.90%。此外,8名毕业生签约国家管网等就业单位,1名毕业生成功入选西部计划前往新疆建设兵团就业。多元化、高质量的人才培养模式获得中科院所、各大高校以及用人单位的肯定与好评。

(撰稿:刘星彦;审稿:张建和)

未来技术学院

1. 学院概况

中国地质大学未来技术学院成立于

2021年10月12日，是学校面向国家高水平人才培养机制变革的需求，通过人工智能、新一代信息技术与地球科学深度融合，探索资源与环境领域多学科交叉创新模式和技术领军人才培养新范式的重大举措。

学院面向资源能源探测和生态文明建设重大需求，建立未来地球探测和生态健康技术交叉学科方向。针对资源环境领域“卡脖子”问题，发展地球探测和生态健康的颠覆性技术，抢占未来技术制高点。

学院秉承“品德高尚、基础厚实、专业精深、知行合一”的育人宗旨，以人工智能、新一代信息技术与地球科学深度融合的前沿技术创新为驱动，培养具有多学科知识背景，掌握先进信息化、智能化技术工具，具备创新创业能力，能够预见和把握资源利用、生态环境及智能制造领域未来技术发展，“敢闯会闯”的复合型高素质人才。

学院每年招收本科生60～70人、硕士生近60人、博士生近20人，在校学生规模500余人。2021年，未来技术学院通过校内遴选，招收首届本科生60人。

学院以“电子信息类(未来技术学院)”大类招收本科生，培养专业涵盖地质学、资源勘查与工程、地质工程、地球物理学、机械设计及其自动化、计算机科学与技术、自动化、海洋科学等10个国家一流本科专业。同时，学院负责管理人工智能与地球探测、遥感科学与技术、地学大数据3个交叉学科学位点的建设。

学院汇聚学校最优质的教学资源，组建一流的师资队伍。邀请赵鹏大、殷鸿福、金振民、郝芳、成秋明等院士，以及外国科学院院士担任导师团队顾问。聘任王焰新院士、谢树成院士，以及一批长江学者、国家杰青和知名学者担任首席科学家，汇聚学校地质学、地质资源与地质工程、自动化、计算机等领域的高水平智力资源，组建导师团队。2021年，导师团队13个，导师总数67人。

学院将逐步建成一套完整的科教融合、产教融合和国际化的新型育人模式。在组建校内高水平师资团队的同时，聘请国家资源环境行业和国内人工智能、信息技术的行业领军人才，组建产学研导师团队。聘请国际知名教授，组建国外高水平导师队伍，面向本科生、研究生开设国际化特色课程，实现学生国际交流全覆盖。推行“本—硕—博”贯通培养模式和全面学分制。强调以科学研究为驱动，试行以研代学，设立“探索与猜想计划”，实现科研项目资助学生全覆盖。建设校企协同创新机制，成立产教融合企业联盟，构建产学研用深度融合的实践教学模式。鼓励学生深入企业一线，助推科研成果转化，组织学生科研团队参加“互联网＋”“挑战杯”“创青春”等大学生创新创业竞赛。

2021年，在学校的牵引下，与浙江中控科技集团、腾讯公司等单位签订了全面建设合作协议，联合共建未来技术学院。

2. 重要工作进展及成果

【未来技术学院成立】

2020年5月27日，受学校委托，自动化学院吴敏教授牵头组建未来技术学院。2021年4月28日，学校第2021-3次校务会审议原则通过未来技术学院组建方案,决定成立未来技术学院。8月30日,中国地质大学第2021-7次校务会审议原则通过未来技术学院建设方案。10月12日,印发《中国地质大学(武汉)关于成立未来技术学院、人工智能研究院的通知》(地大发〔2021〕49号)文件,成立未来技术学院,由吴敏任院长,陈鑫任常务副院长,宁伏龙、王墩、谢先军、宫勋任副院长。学校同时成立人工智能研究院,吴敏任院长,刘振焘、王伦澈、曾德泽任副院长。

【首届本科生遴选工作完成】

2021年9月7日,未来技术学院启动首届本科生招生工作。首届本科生将按照"自愿报名、择优录取"的方式,从学校2021级理工科或高考选考物理、化学或地理的全日制本科生中遴选录取。300余名本科新生报名参选。经跨学科评审专家组从高考成绩、单科成绩、省内录取排名、竞赛获奖情况等维度综合考评,98名新生进入面试。9月18日,未来技术学院组织面试考核,最终60名本科生(后退学1人,实际人数59人)被录取。学生来源涵盖地理与信息工程学院、工程学院、自动化学院、环境学院、材料与化学学院、地球物理与空间信息学院、机械与电子信息学院、经济管理学院、艺术与传媒学院、珠宝学院等单位。

【未来技术学院成立典礼举行】

2021年10月14日,未来技术学院、人工智能研究院成立暨首届新生开学典礼举行。校党委书记黄晓玫,校长王焰新,副校长王华、刘勇胜、周爱国,以及谢树成院士等导师代表,相关管理与服务机构负责人,未来技术学院首批60名新生参加了典礼。刘勇胜主持典礼,王华宣布未来技术学院、人工智能研究院成立,黄晓玫、王焰新、王华、周爱国为未来技术学院、人工智能研究院揭牌。谢树成院士和未来技术学院院长吴敏分别讲话,学生代表杨谨菲发言。王焰新校长讲话,他希望学院创新人才培养模式,探索形成以科技前沿技术为驱动的面向未来技术的人才培养新模式;希望全体导师针对资源环境领域"卡脖子"问题,大胆打破传统学科知识体系,凝练未来技术特色;希望同学增强志气、骨气、底气,修炼品德、智慧、才干,潜心观察、思考、探索,不负使命,不负韶华,不负未来。

【未来技术学院建设方案顺利完成】

2021年12月,经过长达一年半的调研论证,《中国地质大学(武汉)未来技术学院建设方案》顺利完成。

2020年5月12日,教育部印发《未来技术学院建设指南(试行)》,决定在高等学校培育建设一批未来技术学院。5月27日,学校决定组建中国地质大学(武汉)未来技术学院,委托自动化学院吴敏教授牵头组建未来技术学院。为此,吴敏为核心的未来技术学院筹备组,分别与地学院、资源学院、环境学院、地空学院、海洋学院、工程学院、地信学院、机电学院、计算机学院等单位负责人进行深入探讨,通过线上线下的方式,分别与入选教育部未来技术学院建设名单的高校——华中科技大学周纯洁教授、东北大学付俊教授、上海交通大学杨明教授举行座谈会，学习未来技术学院申报和筹备经验。2021 年 4 月 28 日，未来技术学院组建方案顺利完成，并提交学校校务会审议通过。未来技术学院成立并实现首届本科生招生基本条件业已具备。

（撰稿：李儒胜；审稿：陈鑫）

教育研究院

【概况】

教育研究院于 2021 年 1 月成立，由原高等教育研究所、马克思主义学院心理学研究所联合组建。学院以开展教育科学与心理科学研究和学科建设、服务学校改革发展决策、培养教育领域与社会部门的专门学术和管理人才为己任。坚持“入主流、强基础、重实践、求特色”的人才培养理念，践行“注重实践、突出创新、上质量、创品牌”的人才培养改革思路。学院现有教职工 24 人，其中专任教师 19 人，包括教授 4 人、副教授 12 人、讲师 3 人，博士生导师 3 人，享受国务院政府特殊津贴专家 1 人，另有兼职导师 54 人。截至 2021 年 12 月 31 日，学院有全日制在读研究生 189 人，其中教育学专业 63 人、教育经济与管理专业 54 人、心理学专业 72 人。

2021 年，在学校党委行政的正确领导下，学院党政班子团结带领全院师生员工共同努力，全面贯彻落实党的十九大及十九届五中、六中全会精神，全面贯彻落实全国、全省高校思想政治工作会议精神，紧紧围绕学校和学院中心工作，以思想政治教育为先导，以卓越学术创建为主线，以素质能力提升为关键，以确保安全稳定为基础，扎实推进学院各项工作。

【组建教育研究院】

因工作需要，经 2021 年 1 月 12 日十二届党委第 58 次常委会和 4 月 16 日十二届党委第 62 次常委会会议研究决定：高等教育研究所、马克思主义学院心理学研究所联合组建教育研究院，并成立中共中国地质大学（武汉）教育研究院总支部委员会。同时，因工作需要，经 2021 年 4 月 30 日十二届党委第 63 次常委会会议研究决定：徐绍红任教育研究院党总支部书记（兼），陈彪任教育研究院党总支部副书记（兼）。经 2021 年 6 月 18 日十二届党委第 66 次常委会会议研究决定：柯佑祥任教育研究院院长（试用期一年），蒋洪池任教育研究院副院长，陈彪任教育研究院副院长（兼），原高等教育研究所其他人员相关职务因机构重组更名自然免除。

7 月 5 日上午，教育研究院成立暨干部到岗会议在东区教学综合楼举行。学校党委书记黄晓玫、原校长助理周爱国、党委组织部长陈文武、原马克思主义学院党委书记刘世勇等出席会议，教育研究院全体教职工、学生代表、发展规划与学科建设处全体同志参加会议。黄晓玫书记对教育研究院提出了 4 点希望：处理好学科特色与融入主流的关系，在强特色的基础上入主流；处理好凝心聚力与拓展资源的关系，原单位师生要互助互促互学互鉴，同时要进一步服务社会,拓展校外、社会甚至国际化资源;处理好学科发展与服务学校的关系,在推动学科发展的同时,为学校改革发展提供理论和实践支持;希望教育研究院全体师生各尽其责,凝心聚力,建言献策,共同努力把教育研究院办好。

【夯实党建工作根基】

12月9日下午,教育研究院第一届党总支部委员会第一次全体党员大会顺利召开,会议选举产生了第一届党总支部委员会,并召开了第一届党总支部委员会第一次全体会议。同时提升学习型、服务型、创新型党组织建设,优化师生党支部设置,选齐配强支部委员。学院党总支部以习近平新时代中国特色社会主义思想为指导,深入学习贯彻落实党的十九大、十九届五中、六中全会精神,引导全院师生增强"四个意识"、坚定"四个自信"、做到"两个维护",不断提高政治判断力、政治领悟力、政治执行力。全年开展主题党日活动9次。

2021年,学院将党史学习教育作为提升学院党建工作的有力抓手,制定党史学习教育工作方案,对学院党史学习教育进行顶层谋划、统筹推进。学院领导撰写学习心得3篇;召开党总支部理论中心组学习1次,开展主题党日活动9次。组织党史学习教育专题中心组学习4次,党支部专题学习7次。党总支部书记为全体党员干部讲专题党课1次,班子成员结合实际讲授党课3次。开展专题读书班1期,邀请专家作党史教育专题辅导报告2次,开展庆祝中国共产党成立100周年党员座谈会。组织师生参观红色教育基地。扎实开展"我为群众办实事"实践活动。

【推动学生思政工作创新】

强化学生思想政治教育。一是深入开展主题教育活动。聚焦党的百年华诞和十九届六中全会、"党史学习教育"和"爱国主义教育"等主题,突出线上线下、校内校外相融通的学习方式,教育和引导学生学思践悟。全年开展了20余次主题实践。二是不断加强学生党组织建设。研究生学生党支部按照学科门类纵向设置,共有3个研究生党支部。2021全年共转正党员5人,转入党员19人,转出党员27人,发展党员11名,完成56名入党积极分子确定,其过程严格按照相关制度进行,程序规范。截至2021年12月,学院共有研究生党员69人(占研究生总数的36.5%)。教育学专业学生党支部荣获2020—2021年度校级"先进学生基层党组织",付兴兴同志获评校级"学生优秀共产党员"。三是成立教育研究院团委,以班级为单位设立6个研究生团支部。学院高度重视团学干部培养与团员意识教育工作,不断创新和丰富团学干部培训形式,全方位提升团学干部综合素质,以团支部为载体组织开展各类学习教育和研学活动,以营造学院良好的人文氛围,推动学院文化建设和基层团组织建设。

【提升学科发展能力】

以第五轮学科评估为契机,学院对人才培养、学科建设、队伍建设进行了深入总结,深入挖掘精神内涵。强力推进教育学和心理学的学科交叉融合,进一步完善了教育教学和科研管理相关制度，形成激励机制、积极向上的工作氛围。加强队伍建设。引进华中科技大学教育科学研究院二级教授、博士生导师柯佑祥教授担任院长，聘请华中师范大学教育学院二级教授、博士生导师余子侠教授为兼职教授，教育学系徐绍红老师高聘副研究员职称，心理学系宋静静老师高聘副教授职称，心理学系新聘用青年教师张巍博士，进一步优化了教师队伍结构，提升了整体实力。加强平台建设。学院建设的“武汉市精神卫生中心研究生工作站”获批“湖北省研究生工作站”。学院拥有湖北省高校人文社科重点研究基地“大学生发展与创新教育研究中心”、湖北省科协智库“湖北省创新人才与创新发展研究中心”以及“湖北省人才评价中心地大测评基地”“湖北省高校心理健康教育示范中心”“心理科学与健康研究中心”等校级以上教学科研平台。

【完善教学指导过程】

规范研究生导师指导行为。结合教育研究院的实际制定《研究生指导教师职责》。2021 年开展约 50 人次的硕士研究生导师资格审核，对研究生指导教师队伍进行整理和扩充。开展研究生导师培训，召开导师工作会议等，通过多种方式促进研究生导师素质的提升，提高研究生导师队伍的水平。

以系为单位落实教学任务，下半年教育学系开设专业课 12 门，心理学系 7 门，涉及任课教师近 20 人。继续实行研究生集中开题制度，学院 2019 级研究生全部完成开题。继续推行研究生学位论文预审和外审制度，对研究生学位论文实行了初稿预审、成稿审查以及研究生学位论文终审全部送教育部学位与研究生教育发展中心平台双盲评审的制度，有效保证了研究生学位论文质量。

创新招生工作思路，不断提高生源质量。推出“走近你”网络招生宣传活动，举行 2021 年研究生招生校园开放日活动，积极开展招生宣传。2021 年研究生招生工作质量在去年基础上得到进一步提升，来自“双一流”建设高校的生源占比达到 52.8%，比去年提高 5 个百分点，生源结构为历年来最好。

【深化国内外交流合作】

受新冠肺炎疫情影响，2021 年学院采取线上线下相结合的方式举办、参加各类学术交流活动。先后邀请华中师范大学国际学生教育发展研究中心副主任、教育学院博士生导师王建梁教授，中国教育科学研究院副院长马陆亭研究员，兰州大学高等教育研究院院长、厦门大学教师发展中心主任邬大光教授，华中师范大学教育学院博士生导师余子侠教授，厦门大学哲学系博士生导师、福建省闽江学者特聘教授王波教授，东南大学医学人文系心理学教研室主任胡超副教授等做客“南望教育讲坛”，线上、线下等形式来校做专题学术报告。举办“中欧 LEAD2 中方合作单位项目会议”，来自比利时布鲁塞尔自由大学、国家教育行政学院、北京师范大学、同济大学、广西师范大学、云南师范大学和学校共 50 余位专家学者们通过线上、线下方式参加会议。先后组织师生参加第三十二届国际心理学大会、湖北省教育经济与管理研究生线上论坛、第二届文化与共生教育国际会议暨欧盟伊拉斯谟加 LEAD2

项目研讨会、首届澜湄区域教育合作与发展国际论坛暨LEAD2项目研讨会、中国社会心理学会年会、中国心理学会相关专业委员会年会等国内外学术会议。

【加强学生日常管理】

全面加强心理健康教育。完成2021年心理健康普查,动态健全研究生心理健康数据库,辅导员及时、有针对性地进行谈心谈话,认真落实"五个一"工作要求,开展学生返校动态调查、在校状况调查,全方位了解学生思想、心理健康状况。

积极开展丰富多彩的文体活动。组织开展寝室文化节、羽毛球比赛、纪录片影评比赛、"一二·九"歌咏比赛等主题鲜明、积极向上、参与性强、寓教于乐的文化艺术活动,积极动员学生参与到校运动会、"走进政治名家"、研究生十佳歌手大赛、2021年心理健康教育知识活动竞赛、湖北省翻译大赛、2021 CADA日本概念艺术设计大赛等活动中,学院学子均获得较好成绩。

做好安全教育和疫情防控工作。定期开展"安全教育"专题讲座、签订开学安全告知书、召开寒暑假安全教育大会等,强化日常安全教育,确保教育教学有序开展。对研究生宿舍安全隐患进行定期检查和不定期抽查,让安全警钟长鸣。通过网络平台发布疫情防控温馨提示和排查通知,加强学生管理,摸清学生动态,每天汇总学生健康状况,及时准确掌握学生信息。秋季学期开始前,学院制定周密的学生返校到校工作实施方案,坚持将疫情防控与教育教学工作同步推进,做好学生在校管控,严格学生外出请销假管理制度。全年度全院无重大安全事故发生和零感染。

稳步提升学生就业质量。落实就业工作一把手责任制,形成全员关心就业的浓厚氛围。召开毕业生就业动员会、推进会,组织毕业年级研究生选修生涯规划课、参加就业培训,全过程指导参与研究生就业。组建毕委会、建好校友微信群,邀请优秀校友通过线上交流会形式介绍不同行业的就业技巧与注意事项。学院努力搭建平台,及时提供就业信息,为研究生就业提供了全方位的信息保障。

【助力科研工作新突破】

今年,学院师生在项目申报、论文发表、专著出版等方面均取得了不错的成绩(表1~表3)。教育研究院被评为学校2021年度社科科研管理先进单位,张岚老师获评2021年度社科科研管理先进个人。

表1 2021年教育研究院科研项目立项一览表

序号	项目名称	负责人	项目来源
1	农民工返乡子女学校适应困境与整合性干预机制研究	汪传艳	国家社科基金项目
2	一流大学教师教学评价改革研究:国际经验与本土探索	刘隽颖	教育部人文社科项目

续表

序号	项目名称	负责人	项目来源
3	科技工作者深度参与科技经济融合的组织动员机制研究	李祖超	中国科学技术协项目
4	英美研究型大学跨学科研究生培养体系研究	陈翠荣	湖北省社科基金项目
5	湖北省“双一流”建设高校青年教师学术职业认同研究	刘隽颖	湖北省科学规划项目
6	二级学院课程思政建设的探索与实践—以体育学院为例	庞岚	湖北省教育科学规划项目
7	协同育人视角下农村初中家校合作现状调查与改进策略研究	蒋洪池	湖北省教育改革发展专项
8	基于提升支撑经济社会发展能力的研究生跨学科教育改革研究	陈翠荣	湖北省教育改革发展专项
9	湖北省荆楚美丽校园建设研究	陈彪	湖北省教育改革发展专项
10	基于CIPP模式的新文科学生毕业论文写作能力全过程评价与管理研究	张建和	教育部产学协同育人项目
11	高校学生组织现状调查与发展对策研究	蒋洪池	大学生发展与创新教育研究中心项目
12	新时代我国大学和谐师生关系构建策略研究	储祖旺	大学生发展与创新教育研究中心项目
13	本科生评教的现实境遇与未来走向—基于G大学的考察	刘隽颖	大学生发展与创新教育研究中心项目
14	“三全育人”视域下大学生生态文明教育的机制与路径探析	范陆薇	大学生发展与创新教育研究中心项目
15	新时代高水平行业特色高校创新创业教育评价体系研究——以六所典型高校为例	张川	大学生发展与创新教育研究中心项目
16	后疫情时代研究生课程《创伤心理学》教学改革研究	吴和鸣	大学生发展与创新教育研究中心项目
17	世界一流大学交叉学科研究生培养机制及对我校的启示	陈翠荣	学校研究生教育教学改革研究项目
18	我校“五老”队伍参与研究生全方位、全过程育人体系研究	李门楼	学校研究生教育教学改革研究项目

表 2 2021 年度教育研究院师生论文成果一览表

序号	论文名称	作者	发表刊物名称、网站
1	日本国立大学学生评教的指标、特征与启示——以教育学科为例	蒋洪池、熊英	高等教育研究
2	耶鲁大学博士研究生分流退出制度的特点与启示	蒋洪池、张洁	高教探索
3	学科生态系统的概念模型、因子构成及其文化致因	蒋洪池、李海涵	黑龙江高教研究
4	英国博士生朋辈协作:类型、措施及成效	余桂红	比较教育研究
5	挪威博士生教育改革:措施、成效与趋势	余桂红、刘杰	学位与研究生教育
6	英国研究生教学质量评估的政策前瞻与启示	余桂红	学位与研究生教育
7	新冠肺炎疫情对高中生高考选报专业意向的影响——基于全国 14326 名高中生的调查分析	李祖超、张文冰、向麒伊	上海教育科研
8	英国牛津大学跨学科培养研究生的理念、路径及趋势分析	陈翠荣、杜美玲	黑龙江高教研究
9	家在何处:流动儿童的家庭融入及其影响因素	汪传艳	基础教育
10	美国不同类型高校教师对本科教学的认知差异与成因分析	刘隽颖	复旦教育论坛
11	教学学术理念下美国研究生助教的身份、培养、功能与启示	刘隽颖	黑龙江高教研究
12	价值认同视域下大学生社会主义核心价值观践行研究	瞿祥华、陈彪、邓云涛	学校党建与思想教育
13	基于 ESI 和 VOSviewer 的我国环境生态学领域研究热点可视化分析	陈彪、谢昕、胡波	安全与环境工程
14	我国高校跨学科研究现状、热点与趋势分析——基于 CiteSpace 的可视化分析	陈彪、徐娜	中国高校科技
15	新时代大学章程的理论逻辑与实践指向	陈彪、孙雅静	中国社会科学报
16	疫情大考下中学生价值观审视	王雷灵茜、李祖超	中学政治教学参考

续表

序号	论文名称	作者	发表刊物名称、网站
17	高校来华留学生“趋同管理”培养模式探析	马彬彬、李祖超	黑龙江高教研究
18	高校网络舆情治理:背景·困境·路径	姚翼源、李祖超	中学政治教学参考
19	英国牛津大学《2018—2023 年战略计划》述评	田家玮、侯志军	世界教育信息
20	新时代高校教师政治认同及其培育路径	侯志军、杨馨梦、吴小凡、韦福欣	中国地质教育
21	行业特色高校工商管理专业本科培养模式研究	李海佩、储祖旺	中国高等教育
22	大学生认同理论在美国高校学生事务中的应用:演变、影响及启示	李晓楠、储祖旺	高教探索
23	高校扩招视域下思想政治教育专业毕业生就业质量研究——以中国地质大学(武汉)思想政治教育专业毕业生为例	刘志磊、郝翔	中国大学生就业
24	The ideal partner: gender-occupation congruence andincongruence	宋静静、刘燕芬	*BRITISH JOURNAL OF GUIDANCE & COUNSELLING*
25	Beneficiaries or Charity: The Influence of the Source of Acknowledgments	冯文婷、徐瑗苹、汪涛	*Frontiers in Psychology*
26	The Attitude of Work-Oriented and Family-Oriented Chinese Women Toward the Evaluations Based on the Traditional Positive Stereotype That Women Are Virtuous	SongJingjing; Li Junnan; Liu Yanfen; Ruan Yifan	*Frontiers in Psychology*
27	拟人化沟通对企业国际化的影响机制研究—基于印象形成连续模型理论	冯文婷、沈先运、汪涛、崔楠	南开管理评论
28	Prevalence of depressive symptoms among Chinese university students amid the COVID-19 pandemic: a systematic review and meta-analysis	罗微、钟宝亮	*Epidemiology and Psychiatric Sciences*

续表

序号	论文名称	作者	发表刊物名称、网站
29	朋辈心理辅导对心理健康干预效果的元分析——以中国大学生为样本	梁芷君、万清祥、刘陈陵	心理月刊
30	课程教学对大学新生心理健康素养的影响	孙斌、侯金波、刘陈陵	中国学校卫生
31	大学生自杀意念状况与负性生活事件的关系:心理资本的中介作用	姜恩惠、吴和鸣、张淑芳	神经损伤与功能重建
32	幸存者内疚及其心理机制研究进展	厉舒晴、孙洁、吴和鸣	医学与哲学
33	童年期心理虐待对大学生心理危机脆弱性的影响——一个有调节的中介模型	李梦菊、杨琴、王煜、周春燕	中国临床心理学杂志
34	虚拟现实环境中存在感的产生及影响因素	朱艺璇、李林、宋静静、周春燕、侯金波	心理技术与应用
35	女大学生自拍行为与体像满意度的关系:有调节的中介模型	谭瑶、黄海、秦璐瑶、宋静静	中国健康心理学杂志
36	社会支持、心理弹性与创伤后成长关系的元分析	刘雯雯、李林、宋静静	中国健康心理学杂志
37	高校声像档案的文化育人功能及其实现途径——以中国地质大学档案馆为例	帅斌、黄瑶、梁和成	档案与建设
38	论高校碳中和规划的架构	王焰新、徐绍红、齐睿	中国地质大学学报(社会科学版)
39	中国高等教育学会校史研究分会第十六届学术年会综述	黄瑶、帅斌	教育史研究
40	高职院校科技成果转化激励政策研究——以近年197所院校的有效政策样本为例	肖滢、罗林波、吴易城、徐沛歆、万民标	中国高校科技
41	以内涵发展创一流来华留学教育	许峰、王诲、刘小舟	神州学人
42	推进大学治理现代化,谋求高校事业全面高质量发展	李宇凯	光明网

表3　专著、教材成果一览表

序号	专著、教材名称	作者	出版社、荣誉
1	新时代高校实践育人理论探究和模式创新	王林清	入选《高校思想政治工作研究文库》
2	担当实现中国梦重任的拔尖创新人才成长研究	李祖超、钟苹	中国社会科学出版社
3	山与海的牵手——精准扶贫思想指导下的珠海、怒江扶贫协作的"山海模式"研究	李祖超、曹诗友	中山大学出版社

（撰稿：童宇、陈彪；审稿：徐绍红、柯佑祥）

Nianjian

财务与资产管理

财务工作

【概况】

2021年末,学校的总资产为621 196.10万元,较上年减少18 707.82万元,减少2.92%;各项负责总额为128 363.77万元(无银行贷款),比上年增加13 101.85万元,增长率为11.37%;资产负债率为20.66%,较上年增加2.65%;年末净资产为492 832.33万元,比上年减少31 809.68万元,减少6.06%。

资产变动情况。本年资产总额较2020年减少18 707.82万元,减少2.92%。主要原因:一是流动资产比上年减少61 309.61万元。其中,货币资金减少32 378.46万元,主要原因是学校事业发展需要,使用大量货币资金;财政应返还额度减少6 469.83万元,主要原因是去年受疫情影响而未执行完毕的2020年中央高校土地转换财政补助资金项目结转5 945.39万元今年全部执行完毕;其他应收款净额减少23 087.27万元,主要原因是核销新校区征地拨款20 164.66万元等;存货增加28.49万元,主要增加额是校医院的医学相关材料。二是非流动资产比上年增加41 779.02万元。其中,固定资产净值增加111 493.78万元,在建工程减少91 639.74万元,主要原因是未来城校区图书馆、学生活动中心、科教楼四、科教楼八等多栋房屋设施投入使用后,从在建工程科目中转入固定资产等;无形资产净值增加20 574.66万元,主要原因是未来城校区地块使用权入库增加20 164.66万元,北区驾校训练场土地使用权入库增加410.00万元。三是受托代理资产年末8 505.65万元,主要包括校园一卡通余额、后勤餐饮中心收入、住房保证金等,比上年增加822.76万元,主要增加额是餐饮中心收入和返还后勤保障处编外人员工资社保。

负债变动情况。本年负债总额较2020年增加13 101.85万元,增长11.37%。主要原因是预收账款增加19 280.64万元等。流动负债较上年增加12 279.10万元。其中，应交增值税增加200.26万元，主要原因是非财政科研收入增加11 966.00万元；其他应交税费增加560.27万元，主要原因是非财政科研收入增加11 966.00万元；预收账款增加19 280.64万元，主要原因是学校科研收入增加；其他应付款减少6 120.41万元，主要原因是冲补扣2020.01—2021.03机关事业单位养老保险费9 268.72万元等；预提费用减少1 641.67万元，主要原因是列支2021年预提费用有所增加。

净资产变动情况。本年年末净资产总额较2020年减少31 809.68万元，减少6.06%。主要原因是累计盈余科目下计提2021年存量资产折旧11 834.21万元，累计盈余减少31 809.68万元。

收入预算执行情况。2021年，教育部批复学校收入总预算279 998.81万元，其中财政拨款收入128 673.93万元，事业收入101 714.48万元，经营收入1000万元，其他收入48 610.40万元。2021年学校实际取得收入270 967.77万元，为年初收入预算的96.77%，差额9 031.04万元。主要原因是受疫情影响，学校各类收入减少。学校其他收入较年初预算减少24 871.12万元，财政补助收入较年初预算增加10 379.13万元，事业收入较年初预算增加5 153.48万元，经营收入较年初预算增加307.46万元。

支出预算执行情况。2021年，教育部批复学校支出总预算305 304.41万元，结转下年106 190.44万元。学校实际完成总支出327 650.04万元，为年初支出预算的107.32%，增加22 345.63万元。主要原因是学校消化以前年度土地购置费用支出预算等。

【重要工作进展及成果】

科学编制财经和专项规划，坚定不移推进深化改革。2021年是"十四五"规划的开局之年，学校高度重视规划的编写工作。一是科学编制"十四五"财经规划。加强对宏观形势的分析研判，不厌其细、字斟句酌，最终形成《财务处"十四五"规划》。二是高质量编制专项行动计划。学校由财务与资产管理部牵头，多次组织研讨会，讨论完善《基础条件建设与保障能力提升行动计划》。该计划提出5项重点任务、10项子计划，将有效提升学校"十四五"时期基础条件建设与保障能力。三是稳步推进深化资源管理改革。2021年，学校启动了资源管理改革专项工作，研究起草了《校院两级财务管理制度改革实施办法(试行)》和《校院两级公共资源配置改革方案》，拟搭建"统一领导、分级管理、集中核算"的校院两级财务管理体制和"校院共责、成本共担"的校院两级资源管理框架。

积极落实各类收入，全力做好资金统筹和资源拓展工作。学校主动谋资源、想方设法保收入，最大限度地保障和拓展办学资金。一是中央方面，积极向教育部财务司反映学校困难，获得"阶段性重大建设任务"专项经费支持(连续三年，每年5000万元)，获得教育部追加学校公用经费3600万元。积极争取教育部在养老保险经费拨款上给予倾斜支持。二是地方方面，积极向湖北省、市政府汇报学校"双一流"工作建设成效和学校资金困难,申请拨付"双一流"建设资金累计 3000 万元。圆满完成新一轮银校合作招标,银行累计投入资金 3.11 亿元支持学校发展,其中货币资金 2.07 亿元,非货币资金 1.04 亿元。三是内部工作方面,采取措施提高学费、住宿费等收缴率、争取各类收入及时入账,力争事业收入应收尽收。合理规划资金需求、统筹安排资金流动,发挥资金最大效益,全年利息收入达 1470 万元。

科学优化经费支出结构,保障学校发展重点和核心需求。学校严格落实中央"过紧日子"要求,经费分配重点保障学科建设和高层次人才培养、基础办学条件改善、学生奖励资助和教职工薪资等领域的资金需求,严格控制"三公经费"、日常运行费等一般性支出,真正实现"有保有压",将有限的资金用到刀刃上。2021 年,学校总支出为327 650.04万元。其中,教育事业支出240 151.55万元,占比 73.30%,民生、改革发展等重点领域得到有效保障;科研事业支出 50,559.37 万元,占比 15.41%,科研人员创新活力和获得感进一步增强;离退休支出7 376.41万元,占比 2.26%,离退休人员保障力度进一步提升;后勤保障支出12 671.39万元,占比3.88%,节约型校园建设持续推进;行政管理支出 15 583.86万元,占比 4.76%;经营支出 1 307.46万元,占比 0.40%。

加快推进预算绩效管理,进一步提升资金使用效益。2021 年,学校加快推进预算绩效管理。一是科学编制预算。充分发挥财经委员会咨询、决策支持作用,科学编制及执行学校预算。二是深入推进"零基预算"管理模式。盘活存量资金,清理僵尸项目,全年累计收回预算结余 0.91 亿元。三是紧抓专项资金执行。对财政资金实行"周提醒、月报告、季通报、年奖惩"的督办制度,年底六大专项资金执行率首次达到 100%。四是推进项目预算绩效管理。出台《项目预算绩效管理办法(试行)》,开展项目支出绩效评价试点。

持续推进内控制度建设,筑牢财经风险防线。2021 年,学校持续推进教育部巡视、审计整改任务。一是扎实开展整改工作。通过经济责任审计整改,进一步健全学校内控体系并严格执行,提高风险防范意识,规范权力运行。对能整改的具体事项立行立改,对既定的事实通过推动建立长效机制,防止同类事项再次发生。二是加强内控制度建设。修订了《财务管理办法》《差旅费管理办法》,制定了《学生食堂饭菜价格平抑基金管理办法》《所属企业国有资产管理办法》《政府集中采购实施细则》等一批管理办法和细则,向制度要效能。

强化主动服务意识,不断提高财经服务能力。守初心,改不足,服务师生办实事。一是优化财经服务质量。认真梳理业务流程,加强规范化建设。做好学生资助和各类奖助学金、教职工薪酬发放等工作。落实科研"放管服"政策,简化科研经费上账、发票申请等程序,努力提高财务报账效率。二是加强财经工作宣传。充分利用学校财务网站、财经公众号,及时向全校师生推送财经信息,宣传财经政策,争取师生理解和支持。充分发挥报销单投递机的作用,全天 24 小时收单，继续坚持暑期不间断报账等工作。三是提升服务学校决策支持能力。成立专门的科室与岗位，加强学校财务分析，为学校决策提供支持，为业财融合提供依据。

加速推进信息化建设，提升信息化办事能力。一是推进信息系统建设。完成账务系统、查询系统的升级改造，上线会计凭证影像化系统，启动网上审批系统(PC端+移动端)开发建设。二是规范业务流程。通过财经业务流程梳理与优化，固化内控建设成果，倒逼业务流程进一步标准化、规范化，为学校资源配置、决策提供财经信息支持。

【财务信息】

收入情况。2021年学校总收入270 967.77万元，具体构成如表1所示。

支出情况。2021年学校总支出327 650.04万元，具体构成如表2所示。

净资产情况。2021年末，学校净资产492 832.33万元，比上年减少31 809.68万元，减少6.06%，具体变动如表3所示。

表1　2021年收入构成表

项目	金额/万元	比重
收入总计	270 967.77	100%
一、财政补助收入	139 053.06	51.32%
二、事业收入	106 867.96	39.44%
三、上级补助收入	0.00	0%
四、附属单位上缴收入	123.21	0.05%
五、经营收入	1 307.46	0.48%
六、其他收入	23 616.07	8.71%

表2　2021年支出构成表

项目	金额/万元	比重
支出合计	327 650.04	100%
一、基本支出	211 325.54	64.50%
人员经费	155 038.54	47.32%
公用经费	56 287.00	17.18%
二、项目支出	115 017.04	35.10%
其中：基本建设类项目	7 142.00	2.18%
三、上缴上级支出	0.00	0.00%
四、经营支出	1 307.46	0.40%

表 3　2021 年净资产变动情况　　单位:万元

项目	年初余额	年末余额	变动额	变动率
净资产合计	524 642.01	492 832.33	−31 809.68	−6.06%
累计盈余	524 552.01	492 742.33	−31 809.68	−6.06%
专用基金	90.00	90.00	0.00	0.00%
职工福利基金	0.00	0.00	0.00	0.00%
学生奖助基金	0.00	0.00	0.00	0.00%
其他专用基金	90.00	90.00	0.00	0.00%

(撰稿:杜碧威;审稿:杨从印、齐世学)

国有资产管理

【概况】

2021 年末,学校资产总计账面数621 196.10万元(已扣除固定资产累计折旧金额 213 662.53 万元),其中流动资产113 803.52万元,占 18.32%;固定资产净值427 807.17万元,占 68.87%;在建工程 6 360.86 万元,占1.02%;长期投资21 894.64万元,占 3.53%;无形资产42 824.25万元,占 6.89%;受托代理资产8 505.65万元,占 1.37%(表 1、表 2)。

学校土地资产面积总计1 480 591.49平方米,账面价值42 824.24万元。

学校新增固定资产143 513.92万元(账面原值)。房屋及构筑物104 484.76万元,占72.81%;新增通用设备 29 464.10 万元,占20.53%;新增专用设备 5 460.50 万元,占3.81%;新增文物和陈列品 64.34 万元,占0.04%;新增图书档案 1 078.34 万元,占0.75%;新增家具、用具、装具及动植物2 961.88万元,占 2.06%。从配置方式分析,新购固定资产 92 124.73 万元,占64.19%;其他方式新增51 389.19万元,占35.81%(表 3)。全年处置固定资产账面原值共计2 492.20万元。学校 2021 年新增无形资产 20 574.66 万元,均为新增土地使用权。

【重要工作进展及成果】

管理制度建设。以学校内控制度建设为契机,不断完善《中国地质大学(武汉)国有资产管理暂行办法(修订)》为基础的国有资产管理制度体系,2021 年先后印发《家具类资产管理办法(试行)》(地大学校办发〔2021〕18 号)、《仪器设备出租出借管理办法(试行)》(地大学校办发〔2021〕61 号)等文件。

规范过程管理。以落实教育部房屋出租出借和资产处置管理规定为契机,通过价格评估、公开招标、校务会集体决议和向教育部报批报备等程序,规范房屋出租出借、资产处置等过程管理程序。

强化基础管理。一是认真开展全校固定资产清查盘点，摸清学校固定资产管理中存在的问题和薄弱环节，为进一步改进固定资产管理奠定良好的基础。二是扎实开展在建工程转固定资产工作，认真清理符合转固条件的在建工程项目，按照应转尽转的原则，完成学校已交付使用的在建工程转固工作。三是解决账外房屋入库和入账的遗留问题，开展房屋资产的清理和规范入账工作，防止国有资产的流失。

表1　国有资产来源构成情况

序号	项目	金额/万元	备注
资产总计		621 196.10	已扣除固定资产累计折旧金额
一	负债	128 363.77	含预收账款 75 887.29 万元
二	净资产	492 832.33	

表2　国有资产明细构成情况

序号	项目	金额/万元	备注
资产总计		621 196.10	
1	流动资产	113 803.52	
2	固定资产	427 807.17	已扣除累计折旧
3	在建工程	6 360.86	
4	无形资产	42 824.25	土地使用权
5	对外投资	21 894.64	
6	受托代理资产	8 505.64	

表3　固定资产明细构成情况

固定资产类别	期末账面数			
	数量	原值/万元	净值/万元	占比
合计	—	641 469.70	427 807.17	—
一、房屋及构筑物	—	398 384.38	323 368.34	75.59%
其中：房屋(平方米)	1 498 279.53	336 081.96	284 727.84	66.56%
二、通用设备	127 362	165 176.29	61 611.97	14.40%

续表

固定资产类别	期末账面数			
	数量	原值/万元	净值/万元	占比
其中:1.车辆	29	914.57	31.01	0.01%
2.单价50万(含)以上(不含车辆)	243	38 950.68	14 465.61	3.38%
三、专用设备	23 253	40 840.56	13 873.52	3.24%
其中:单价100万(含)以上	31	5 648.97	1 724.59	0.40%
四、文物和陈列品	2361	1 159.07	1 159.07	0.27%
五、图书档案	2 570 519	17 496.28	17 496.28	4.09%
六、家具、用具、装具及动植物	326 487	18 413.12	10 297.98	2.41%

(撰稿:高为;审稿:杨从印、彭磊)

经营性资产管理

【概况】

2021年,资产公司以企业提质增效为重点,加快科技成果转化,全面提升我校产业综合实力和核心竞争力。

【体制改革】

2021年6月,我公司按照教育部要求完成全部51家高校所属企业改革任务,其中清理关闭25家,脱钩剥离15家,保留管理11家,总体完成率100%。并于2021年10月27日顺利通过验收工作。

改革成效:一是防范化解了重大风险,清理整顿了不良资产和40年来的历史遗留问题,有效规避了未知风险,确保国有资产安全完整。二是获得了较好的经济和社会效益。三是加强了保留企业的监管。建立完善所属企业国有资产管理议事规则和决策程序,完善公司法人治理结构,将党的领导写进章程。完善了董事、监事、经理层决策程序,推进产业制度建设系统化、规范化、制度化。四是加强了产学研深度融合,真正提升了科技成果转化服务能力。

【创新创业项目建设】

宝谷创新创业中心是洪山区人民政府与学校"十三五"全面战略合作重点项目之一,是资产公司自筹经费建设的第一个EPC项目,也是大力推进"武汉·中国宝谷"建设进程的标志性项目。

项目于2021年1月封顶,目前,已完成主体工程建设及预验收工作,预计明年年初完成全面验收交付使用。

成立了宝谷双创中心采购工作组,按流程按规范先后完成了商业代理服务公司、物业服务公司、物料采购、手扶电梯及雨棚等多项招投标工作,于10月24日正式开启办公招商,顺利引进了20余家与我校优势学科紧密相关联的高科技企业,引进了珠宝直播业态以及药店、便利店、体育健身等项目配套设施。

【科技成果转化】

依托国家和学校一流学科建设构架，孵化具有学科优势和具备自主知识产权的科技创新企业，实现科技成果转化 8 项，孵化碳中和研究院（武汉）有限公司等 4 家企业，完成知识产权注资共计 1 062.4 万元，其中向武汉中极氢能产业创新中心有限公司知识产权注资 185.32 万元，向浙江中地大科技有限公司知识产权注资 877.08 万元。积极推进所属企业、关联企业与优势学科的高度融合，推动资环院组建湖北省氢能技术创新中心、湖北省氢能动力产品质量检验检测中心。支持中部知光技术转移有限公司在原有的三大运营平台的基础上，新获得世界知识产权组织和国家知识产权局批复的技术与创新支持中心、国家工信部产业技术基础公共服务平台，成为同时运营 5 个国家级平台的科技成果转化服务提供商。

【社会服务】

所属企业武汉地质资源环境工业技术研究院有限公司发布了全新氢能两款商用车品牌，在湖北黄冈建成氢能专用车生产线。在山西省、鄂尔多斯等地建设氢能重卡产业园、氢能产业生态基地项目。中地数码科技公司在 MapGIS 10.5 的基础上优化并研发推出了 MapGIS 10.5 Pro，其“自主可控高性能地理信息系统关键技术应用”科研成果荣获“国家科学技术进步二等奖”。地大华睿公司、地苑科技公司、中地黄金公司、中地依舸公司等企业开展技术改造、增资扩股等工作，坚持建立以企业为主体、产教融合为主要内容的学校产业技术创新体系。

（撰稿：董平；审稿：鲁元）

审计工作

【概况】

2021 年，审计处在优化学校治理、推动改革发展、加强廉政建设、实施风险防控、提升管理绩效等方面成效显著。

【制度建设】

聚焦主责主业，高质量完成核心工作任务。首先是持续加强制度建设。根据审计发展新形势和上级主管部门新要求，结合学校建设发展实际，出台了《中国地质大学（武汉）领导干部经济责任审计实施办法》，修订了《中国地质大学（武汉）审计处“三重一大”决策制度实施细则》《中国地质大学（武汉）委托社会中介机构开展审计业务管理办法》，进一步健全了内部审计制度体系。其次是有序推进领导干部经济责任审计，围绕学校战略规划和中心工作，圆满完成各项经济责任审计工作。全面梳理 2020 年实施审计的二级单位主要领导干部经济责任审计项目整改情况，紧抓审计回访重点内容，分析产生原因，并提出针对性意见和可行性改进措施。最后是加强风险防范，做好工程管理审计。一是继续强化招标文件审核，提高工程量及工程造价编制准确度。二是把好工程合同审核关，加大工程合同审核范围，防范风险，保护学校利益。三是强化过程管理,深入开展重大工程跟踪审计,及时揭示工程管理中的薄弱环节和风险隐患,促进项目规范管理,更好地发挥投资效益。四是优化结算审计工作流程,明晰各协同管理部门职责,及时调解争议事项,圆满完成各项工程结算审计任务。

注重管理效能,同心协力做好相关管理工作。一是疫情防控与工作落实双统筹。坚持思想不松懈,按疫情管控要求完成部门排查和管理情况统计与上报工作;配合做好校长经济责任审计整改跟踪检查、校内巡察、学校总值班与接种新冠疫苗的党员下沉等工作,特别在年底工作量较大的情况下,派出业务骨干刘琴同志参加中共十一届省委第十一轮巡视工作,陈莉同志参加校内巡察工作。二是加强对中介机构的管理。严格遵守相关制度规定,组织校内外多名专家进行现场评审,最终确定7所会计师事务所进入财务类审计会计师事务所备用库。通过举办中介机构负责人座谈会、协商会等,进一步加强与外聘中介机构负责人和业务骨干的沟通交流,强化对社会中介机构的考核与评价。三是加强固定资产规范管理。根据学校关于固定资产管理相关要求,开展单位资产盘点与清查,确保资产管理规范有序。

【经济责任审计】

全年完成了对图书馆、实验室与设备管理处、计算机学院、机电学院、附属学校、出版社、科学技术发展院等7个单位的经济责任审计,审计总金额达47 867.02万元,提出审计建议71条,均被审计单位采纳。同时克服困难,服从学校安排,增列了对党委宣传部、环境学院、原地质过程与矿产资源国家重点实验室、原采购与招标管理中心、原校友工作与教育基金管理处等5个单位离任领导干部的经济责任审计计划。通过深入开展经济责任审计工作,推动了学校二级单位内控建设,加强了业务活动风险防范,促进了单位治理水平和治理能力的提升。

全年完成自动化学院、艺术与传媒学院、体育学院、纪委办、原财务处、党委统战部、审计处等7个项目的审计回访。紧抓审计回访重点内容,通过召开审计回访座谈会,听取整改落实情况,结合被审计单位执行和落实整改情况,分析产生原因,并提出有针对性的意见和可行性的改进措施,为被审计单位提供法规、政策、业务等方面的咨询服务,指导被审计单位完善内部管控制度,强化被审计单位落实审计整改意见,取得明显成效。

【建设工程项目审计】

全年共完成各类工程审计项目118项,送审金额34 963.12万元,审减金额4 551.79万元,审减率13.02%。加强对项目结算审计的过程管理,在确保审计质量,确保学校利益的前提下,贯彻落实学校专项资金督办要求,按规定时间完成新校区体育馆工程、学生宿舍维修改造(一期)、校园雨污分流一期、校园雨污分流二期的结算审计。通过对建设项目结算前后各项数据的对比分析,梳理项目建设管理过程中的问题,及时反馈意见,提出改进措施和建议,避免审计风险,节约建设资金,维护学校合法权益。

全年完成工程量清单和招标控制价编制10项，审核总金额18 179.80万元；开展工程施工合同审核88项，涉及合同金额26 285.08万元；开展了8个工程项目的跟踪审计工作，涉及合同金额22 192.85万元，审核进度款11次。一方面继续推进工程量清单和招标控制价“双编双审”，提高工程量准确度，为施工阶段造价控制打下良好基础；另一方面加强对审计实施过程的监督管理，确保跟踪工作的落实，并及时与建设管理部门沟通与交流，提出合理化建议，提高跟踪工作的实效。

【科研项目和银行对账单审计(签)】

全年共完成了20个科研项目结题财务验收审计委托，8个科研项目的结题审签工作，确保科研项目顺利结题。完成了2020年第四季度、2021年前3个季度学校银行账户的审签工作，认真核对银行对账单和银行存款余额调节表数据，及时发现并指出了银行账户管理中存在的问题，避免了学校银行账户和货币资金管理的风险。

（撰稿：吕雅峥；审稿：李宇凯、韩静）

采购与招标管理

【概况】

2021年，采购与招标管理中心共完成学校统一采购项目215项，包括货物133项、工程29项、服务53项，总金额达3.60亿元；其中完成政府采购项目金额2.58亿元，含货物类1亿元、工程类1.31亿元、服务类0.27亿元。

【整改落实】

积极配合学校相关部门，全面推进教育部巡视、审计整改各项任务落实。一是聚焦巡视及审计问题，制定整改方案及台账。全面梳理贯彻落实党和国家方针政策、采购业务流程、采购制度建设、信息化建设、三重一大制度执行等方面内容，将整改要求列入部门2021年工作要点。二是推进各项整改及时落地。逐项细化分解任务，责任到人，及时完成采购制度、采购计划、过程管理、评审专家库等巡视和审计整改任务，并将整改结果有效运用，进一步规范学校采购招标活动。

【制度建设】

不断完善采购管理制度体系，防范廉政风险。一是组织完成采购管理法规梳理，收集整理国家采购法律法规及规范性文件97项，完成约40万字的采购管理法规选编，为采购与招标管理中心人员开展业务提供便利。二是根据国家相关采购法规政策的最新变化及学校采购工作实际发展需要，适时完善学校的采购管理制度体系，印发《政府集中采购实施细则》，发布《关于开展政府集中采购工作的通知》，按月向教育部、财政部上报学校批量政府集中采购计划。

【信息化建设】

完善信息化建设，提升采购效率。一是进一步升级采购管理信息系统，不断完善公开透明的信息发布运作机制，确保采购信息及时、完整、准确发布，实现采购和招标信息的全流程公开透明。二是推动归口管理部门使用采购管理信息系统申报项目,实现全流程线上申请。2021年除学校统一采购项目外,分散采购也有2600余项在采购管理信息系统里进行了申报,充分利用了信息系统这个“便利车”,极大地方便了广大教职员工。

【采购计划管理】

加强采购计划管理,提升采购管理质量。年初发布《关于统计2021年度学校政府采购计划的紧急通知》,完成全校2021年政府采购项目354项的统计,融入促进中小企业发展、支持脱贫攻坚、限制采购进口产品等政府采购政策要求。年底发布2022年《政府采购预算表》填报通知及详细说明,启动全校2022年度采购预算工作。采购计划及预算管理工作为学校掌握年度采购信息、合理安排采购进度、实现采购工作高质量发展提供了重要的支撑。

【疫情防控】

积极落实疫情防控任务,做好学校防疫物资采购工作。根据《财政部办公厅关于疫情防控采购便利化的通知》精神,建立防疫物资采购“绿色通道”,以询价为主要采购方式,在合法合规的前提下保证采购的效率和效益,一方面找准采购需求,严把采购关;另一方面严把验收关,保证产品质量。“不推辞、不拖延、不敷衍”,及时开展采购询价、质量评审、成交通知书发放、合同签订、供货跟踪督促、验收入库、报账付款等工作,全年完成9批次、33项、29万余件(只)、38.7万元物资采购,为学校疫情防控常态化管理提供了充足的物资保障。

【强化服务】

强化服务理念,提升服务效果。一是积极上门走访采购大户和重点项目用户,宣传采购与招标政策,明确采购流程和采购时限,提醒容易出错的采购环节和廉政风险防范事项,并对怎样缩短采购周期提出合理建议。二是积极调整优化采购代理机构,加强对采购代理机构的管理,督促代理机构切实履职尽责,规范评标过程,切实维护学校权益。三是严格采购程序,加强采购前、采购文件编制与发布、评标与定标、质疑与投诉处理等各个环节的管理和把关,确保招标工作顺利推进。四是对服务类项目实施个性化管理,会同采购代理机构和用户单位,针对不同的服务项目,采用不同的采购方案,尽最大努力,满足不同服务类型的不同需求,提高采购效益。

(撰稿:姜忠保、史强;审稿:杨从印、胡军华)

Nianjian

办学支撑体系建设与保障服务

教学实验室建设

【概况】

2021年，学校持续优化教学实验室管理，着力打造具有地大特色的实验教学平台，不断完善教学实验室建设体系，加强实验教学示范中心、虚拟仿真实验教学中心、虚拟仿真实验教学项目资源建设，统筹推进“两类实验室”建设，加强实验教学中心的内涵建设，提升实验教学质量，逐步推进智慧实验室建设，稳步推进公共及通用仪器设备校级公共平台建设，大力实施大学生开放创新实验室建设计划，开展学院实验中心绩效评价，加强多层次实验队伍建设。

现学校共有本科教学实验中心23个，教学实验室416个，总实验面积92 351平方米；仪器设备台件数为74 450件，金额为133 115.25万元，其中10万元(含)以上的台件数为1721件，金额为66 103.08万元；本年度增加的科学仪器设备台件数为8535件，金额为18 365万元，而减少的科学仪器设备台件数为2028件，金额为1 786.57万元。

【教学实验室建设】

学校实行教学实验室建设项目制管理，严格按照立项、审批、执行、验收、绩效评估的程序进行。2021年学校完成公共实验室建设项目12项，共计326.3万元；学院实验室建设项目15项，共计375万元；中央高校改善基本办学条件设备购置项目，共计3990万元；地下水与环境教学实验室设备购置(一期)项目，共计2390万元；机器人与智能制造实验教学平台项目，共计300万元；自动化专业实验教学平台建设项目，共计500万元；机械工程训练中心建设设备购置项目，共计800万元。

【实验技术研究】

学校实验技术研究实行项目制管理，严格按照立项、审批、执行、验收、入库的流程进行。2021年实验技术研究立项34项，共计经费105.5万元。其中，小型仪器研制项目立项 20 项，金额为 73.5 万元；实验教材出版项目立项 14 项，金额为 32 万元。

【实验室开放管理】

2021 年，学校大力推进教学实验室的开放，组织评审确定教学实验室开放基金资助项目 226 项，其中包含 6 项创新实验团队项目，共计经费 50 万元。

（撰稿：何卫华、常虹、张敏、鲁群志；审稿：马腾）

实习基地建设

【概况】

实习实践基地与运输服务中心坚持以“服务教学、服务科研、服务师生”为导向，围绕全年工作要点，进一步解放思想、开拓创新，充分发挥党员先锋模范带头作用，坚决执行“安全第一”原则不放松，以双月活动为抓手，结合工作实际，持续开展安全警示教育、专题培训、应急演练等一系列宣传教育工作。牢固树立安全理念，营造安全稳定的服务保障环境，全面履行本单位职责，圆满完成疫情防控、暑期野外实习、重大会议等重要服务保障工作。

【秭归科教基地】

秭归科教基地完成综合楼内老旧教学设备更新换代；完成综合楼客房改造，更换室内家具、电视机等；对专家楼二楼进行走廊封闭改造；在食堂铺设天然气管道，对门禁、保温台、下水系统等部分位置进行硬件改造，优化卫生环境，实现功能区进一步分隔，提升食品保障能力；教学实验楼维修、开裂挡土墙维修、运动场铺设地胶、学生宿舍铺设地胶等项目均已立项。

围绕学校“三全育人”综合改革，暑期实习期间秭归科教基地开展劳模精神讲座与劳动实践教育课程，弘扬劳动精神，让大学生在劳动中树立正确的劳动观念，感受榜样力量。召开师生座谈会，听取师生意见，不断优化基地，保障服务水平。

在保证学校实习实践教学工作不受影响的前提下，推动校企合作有序开展，有效盘活资产；成功中标秭归县 2021—2022 年党政机关会议定点服务场所服务商采购项目；完成湖北省中小学校外教育实践基地（营地）、宜昌市中小学生研学实践营地的申报，建设秭归科教基地品牌。

2021 年秭归科教基地共接待 16 641 人。其中校内实习生 1750 人，武汉大学、中山大学、中南大学、中国矿业大学等 14 所院校实习生 2471 人，会议培训 1202 人，研学 11 218 人。

【巴东科教基地】

巴东科教基地维修工程竣工交付，预计投入运行后可接待 300 余名师生同时入住。室内家具和厨具设施已安装到位，正在持续推进教学设备、网络、空调、热水器等设施设备采购。

2021 年巴东科教基地共接待 208 人。其中校内实习生 136 人，湖北民族大学、湖北科技学院等院校实习生 72 人。

〔附录〕

附表 1　2021 年中国地质大学(武汉)教学实验室基本情况表

学校代码	实验教学中心/个	实验室房屋使用面积/平方米	仪器设备				教学任务							
			台件	金额/万元	其中精密贵重仪器		教学实验		人时数					
					台件	金额/万元	项目数	时数	合计	博士研究生	硕士研究生	本科生	专科生
10491	23	92 351	74 450	133 115.25	267	34 074.77	2291	35 633	3 985 388	8	86 688	3 898 692	0

附表 2　2021 年中国地质大学(武汉)教学实验室建设项目一览表

年份	合计/万元	全校公共实验室建设项目		中央高校改善基本办学条件设备专项		学院实验室建设项目	
		项目数/个	批复金额/万元	项目数/个	批复金额/万元	项目数/个	批复金额/万元
2021	4 691.3	12	326.3	4	3990	15	375

【周口店科教基地】

受新冠肺炎疫情影响,周口店科教基地从 2019 年闭站至今,暑期实习活动开始前,基地进行了房屋、水电、网络等方面的维修,改造食堂燃气瓶组间,更换故障热水器、户外运动设施;完成 5 月风灾造成的部分树木倒塌,路面、房顶、部分户外设施受损的清理善后工作;经过与当地园林部门反复沟通,砍伐基地内存在安全隐患的老树,保障实习师生居住环境安全。

实习期间,周口店科教基地按照后勤保障部制定的《2021 年实习实践基地劳动教育方案》要求,在学生中开展劳动教育,积极发挥后勤服务和实践教学育人功能。

2021 年周口店科教基地共接待校内实习生 409 人,无校外接待。

【秦皇岛科教基地】

2021 年秦皇岛科教基地共接待校内实习生 804 人。

(撰稿:吴雪宁;审稿:王文起)

设备管理

【概况】

2021 年,学校设备采购总额为18 581.13万元。其中完成招标采购项目 75 个,合同金额8 788.25万元,涉及国外进口设备项目 15 个,金额2 399.40万元;国内设备项目 60 个,采购金额6 388.85万元。完成非招标设备采购合同 1090 份(含部分材料采购),金额9 495.98万元,其中国内采购合同 1056 份,金额8 456.31万元;进口采购合同 34 份,金额1 039.67万元。

【设备政府采购】

政府采购方面,全年共采购央采目录内设备 548 台/套,总金额 296.90 万元。

【大型仪器设备管理】

2021 年积极响应国家号召,为避免重复购置,从源头上保证购置大型仪器设备的先进性、科学性和适用性,实验室与设备管理处认真核实学校 9 个单位申报 50 万元以上通用设备及 100 万元以上专用设备 2022 年度配置计划并进行审核备案,申报金额约 1.7 亿元,70 台套;认真核实学校 13 个单位(学院)大型仪器设备负责人编制的设备论证表,组织专家进行论证,全年完成大型仪器设备论证项目 26 项,估算金额约 3000 万元;全年组织完成学校 12 个单位(学院)大型仪器设备验收项目 33 项,合同金额 1.04 亿元。

平台共录入全校 14 个单位(学院)40 万元以上 265 台(套)大型仪器设备信息,录入仪器管理及操作人员信息 262 人,可实现网络预约及实时记录的仪器有 138 台(套)。40 万元以上 96 台(套)设备入网湖北省大型科学仪器协作共用网。完成教育部 J3 表的 267 台套仪器年度使用数据填报工作。

目前与科技部网络平台对接 113 台仪器,年平均运行机时 1110 小时,对外服务平均机时 520 小时。

完成科技部资源调查工作,对学校原值 50 万元以上的、2010 年后建账的仪器设备 171 台套,分别上报 2019 年、2020 年有效运行机时1449小时、1108小时，对外服务机时510小时、350小时，上报科研用房面积82 631平方米，实验技术人员270人，并完成与国家网络平台的83台大型仪器的逐台映射工作。

截至2021年底，全校14个单位260台40万元以上仪器设备，资产总值达3.73亿元，其中教学类104台、科研类156台。

按照《国务院关于国家重大科研基础设施和大型科研仪器向社会开放的意见》(国发〔2014〕70号)和中央改革办督察组的要求，8月至10月，科技部、财政部会同有关部门，委托国家科技基础条件平台中心，组织开展了中央级高等学校和科研院所等单位科研设施与仪器开放共享评价考核工作。评价考核工作依托科研设施与仪器国家网络管理平台，以法人单位为考核对象，以客观数据为基础，强调提高运行使用效率，强调法人单位主体责任，强调减轻科研单位负担，通过专家咨询和现场核查，学校凭借健全的管理体制机制及显著的开放共享成效，在此次考核评估中荣获"良好"等次。本年度共有346家中央级高校和科研院所参评，考核结果"优秀"单位有50个，其中部属高校13个。学校在参评的所有单位中排名第99位，在81所中央级高校中排名第19位。

【防疫物资发放管理】

不断规范领发手续和入库登记工作，每日更新库存信息，每月汇总接收和领用明细，及时向学校疫情防控领导小组提交物资采购需求，切实做好防疫物资管理与发放工作。2021年全年累计发放各类口罩338 400只、医用防护服1188件、桶装酒精2624升、84消毒液1060升、免洗凝胶及洗手液6668瓶、手套79 420双等。

(撰稿：杜琳、张敏；审稿：马腾)

网络与信息化建设

【概况】

2021年7月，信息化工作办公室正式成立，从直属单位变成职能部门。现设综合办公室、网络运行部、用户服务部、质量监测部、信息管理部、资源管理部等6个部门，共有员工24人，其中编制内人员17人、劳务派遣人员7人。一年来，信息化工作办公室一方面坚持主动运维，尽最大努力将大部分故障排除在师生发现之前，将安全漏洞堵塞在问题暴露之前，将协调沟通和技术支持送到部门面前；另一方面坚持服务理念和素养培训，以师生为中心，围绕信息化工作中数据和服务两个突出问题，采取"两办联动"机制，集中攻关，为师生提供了128个办事服务，集成与优化了3个门户(信息门户、移动门户、可视门户)，开展了全量数据和业务流程的梳理，邀请了多名教育技术专家、安全专家进行信息化素养及安全知识培训，顺利完成建党100周年等重要时期安全保障任务，学校获评湖北省"2021年度等级保护工作先进单位"，为学校数字化转型、疫情防控、校园安全、正常的教学/科研秩序提供了有力支撑和保障。

【信息化制度建设】

坚持规范化管理,以制度来指导、监督网络和信息化建设。根据学校《管理与服务机构改革方案》和信息化工作办公室的工作职能的变化,学校对网络安全和信息化工作领导小组成员进行了调整,组织对《网络安全和信息化工作管理办法》《网络安全事件应急预案》《数据管理办法》《信息系统建设与运行管理办法》《网站建设运行管理办法》《电子印章管理办法》等6个文件进行了修订,2021年9月24日通过了网络安全和信息化工作领导小组的审核,待学校正式发文。信息化工作办公室对内控制度和内部文件进行了全面修订和发布,共计修订与发布文件30个。经过广泛深入调研和认真研讨,顺利完成了学校深化改革子项《提升信息化建设水平深化改革方案》和"十四五"规划专项《信息化建设和管理服务能力提升行动计划》的编制工作。下半年,学校加强了信息化建设的推进力度,探索并建立"双线协同、两办联动、主事会商、定期调度"的信息化工作机制,学校办公室、信息化工作办公室联合党委组织部、人力资源部等职能部门共同推进信息化工作,通过13次信息化工作调度会议、2次网信领导小组会议,有效地推动了业务流程梳理、"一站式"服务大厅建设、"一数一源"数据归口管理、数据治理和改善基本办学条件专项建设工作。

【基础设施建设】

2021年利用中央改善高校基本办学条件专项经费2000余万元,开展南望山校区教学办公楼老旧网络改造、网络安全改善、核心网络升级、机房改善、数据中心改善等工作,完成南望山校区25栋学生宿舍楼、23栋教学科研办公楼的网络升级改造,改善了学校网络和数据中心支撑环境,保障了校园网络安全、稳定、可靠地运行,为学校各项工作提供了有效支持。地大云平台新增12台机架式服务器,共计物理服务器45台,CPU总核数2840个,总内存17561G。2021年核心网运行稳定,无重大网络事故发生。建立固定视频会议室8个:南望山校区A703、A708、A0113,未来城校区教服中心101、207,以及弘毅堂、迎宾楼、弘雅堂,各二级单位会议室都能通过校园网加入视频会议。完成南望山学生宿舍结构化改造,两校区学生宿舍不再出现高峰拥堵的问题。

【信息化建设】

围绕提高学校信息化建设和管理服务水平,进一步理清了全面推进智慧教育、智慧管服、智慧监管、智慧评价、智慧环境、智慧治理的改革思路和改革举措,明确深化改革的目标是:通过信息化建设促进教育教学全面升级、促进一网通办全面达成、促进数据资产全面入库、促进治理能力大幅提高、促进信息化素养大幅提升,补短板谋跨越,全面推进智慧教育、智慧管服、智慧监管、智慧评价、智慧环境、智慧治理,加快推进信息化建设6个体系工程,有效提高面向师生服务能力、资源配置调配能力、综合评价管理能力、技术队伍保障能力、网信设施支撑能力,实现信息化供给侧改革,助力学校立德树人精准育人的人才培养目标实现。2021年数据同步平台实现了对18个业务部门的

54个业务系统的数据进行同步，新接入28个业务系统的数据；数据共享平台为23个部门的58个系统提供了学校组织机构和人员信息的共享，新增数据接口共12个；对“一站式”服务大厅进行不断改造优化，入驻办事服务128项，微服务31项，入驻电子签章应用24项；使用网上办事服务5737人，服务使用8827人次；使用电子签章应用超过22万次。师生使用满意率达98%以上。站群共有184个网站运行，新建网站11个(英文网站1个、中文网站10个)；910位老师开通了个人主页，新增132人；学校主页2021年总访问次数876万次，月平均超过73万次。2021年新增聚合支付POS设备68台，校园卡用户总计64 866人，相比2020年增加5758人。自助圈存275 792次，其中微信和网站圈存143 547次，手机APP圈存17 636次，圈存机圈存114 609次；人工充值20 911次；消费总次数1 570.95万次。学校信息化初步形成了“一个底座、两个大厅、三个门户、四个中心”的架构，即一个以“三库三中心”为核心的智慧地大数据底座，线上线下2个师生服务大厅，3种访问校园资源途径的信息门户、移动门户和可视化门户，4种分级展现资源的数据中心、服务中心、课程中心和决策中心，为师生提供了全方位校园服务和体验。

【网络安全】

2021年学校总体网络安全情况良好，未发生重大网络安全事件，但安全隐患依然严峻。全年共处理网络安全通报事件66起，其中教育行业漏洞通报平台通报事件34起、湖北省网络与信息安全信息通报中心通报事件12起、教育系统网络安全工作管理平台通报事件10起、其他通报事件10起。坚持一日三巡全年365天24小时无间断值守，重要时期7×24小时网络安全保障任务累计104天。获评湖北省“2021年度等级保护工作先进单位”。

全年完成信息系统和网站漏洞扫描任务470次，复检369次，共下发系统整改通知书698份，发布预警通知16次。发布网络安全运行月报12期。按计划推进网络安全等级保护工作，2021年新增备案系统5个，完成4个系统的测评整改工作，学校现有网络安全等级保护三级系统2个，二级系统11个。配合教育部、公安部等各类专项检查工作5次，面向师生开展“网络安全宣传周”活动1次，采用展板宣传、网站宣传、线下网络攻防大赛等多种手段开展网络安全宣传工作。

【网络运行维护】

2021年校园网出口带宽从11G扩展到12G，其中联通6G、电信5G、教育网1G。校园宽带联通网出口流量平均1.67bps，峰值为6.1Gbps。电信网出口流量平均486Mbps，峰值为3.02Gbps。教育网出口流量平均1.74Gbps，峰值为6.92Gbps。两校区互联上行(至南望山校区)带宽804Mbps，两校区互联下行(至未来城校区)带宽3.4Gbps。学校出口带宽持续高位运行。

坚持主动服务响应机制，开展一日三巡，主动发现问题、解决问题，涉及全域性、区域性的重大问题(90%以上)都被主动发现和提前解决。全年共计处理各类网络服务事件 3759 起，其中响应支持类服务 3553 起，调研评估类事件 206 起。为疫苗注射、核酸检测现场提供网络支援 13 次 40 多场共计 68 天。为解决两校区会议来回跑、学术讨论/交流难等师生反映强烈的问题，信息化办公室牵头建立了连接两校区南望山校区 A703、A708、A0113 和未来城校区教服中心 101、207 以及弘毅堂、迎宾楼、弘雅堂等 8 个固定视频会议室和 2 个移动会议室。全年提供视频会议及重大活动保障工作共计 141 次，其中教育部视频会议 33 次，两校区视频会议 52 次。保障建党 100 周年庆直播、两校区首次同步毕业典礼、开学典礼、国际青年学者地大论坛、本科教育教学大会等重大会议的顺利进行，取得了满意的线上会议效果。

【高性能计算】

高性能计算平台共有计算节点 74 个，CPU 核数 3682 个，内存总量 19.21TB，存储容量 360TB，可用存储空间 300TB。目前注册用户 218 个，全年提交作业168 126个，较上一年环比增加 46.31%。已经完成作业168 120个；用户排队时间平均为 10.14 小时，较上一年环比减少 2.18 小时。全年资源利用率为 61.27%。用户体验得到一定程度的改善。2021 年依托高性能计算公共服务平台开展纵向科研项目 37 项，其中国家自然科学基金(面上)16 项、国家自然科学基金(青年)12 项、其他项目 9 项，发表高水平学术论文 16 篇。

（撰稿：闫飞；审稿：吕国斌）

图书文献工作

【概况】

本年度典藏中文新书35 878册，外文新书 786 册；接收各界人士捐书 308 册；订购中文期刊 423 种，接收现刊 4646 册、纸质硕博毕业论文 1967 本。2021 年底馆藏图书达 178 万余册，其中中文图书达 159 万余册、外文图书 6 万余册、过刊 12 万余册；可用数据库 118 个，其中中文数据库 56 个、外文数据库 62 个。全年开通试用数据库 25 个。

南望山校区全年开馆 304 天，96 万余人次入馆，未来城校区全年开馆 321 天，120 万余人次入馆。全年合计借阅图书册次79 952册，归还图书册次79 492册，其中自助借阅比例 98.37%，自助归还比例 94.67%，自助缴费占比 65%。共计完成查新报告 490 份，代查代检 1484 人次，ESI 高被引论文和热点论文分析报告 6 份。本校硕博论文传递 53 人次，共 137 篇，湖北省科技信息共享服务平台共传递 270 次。完成 2613 篇硕博毕业论文审核工作，以及 1649 个硕士毕业生、4318 个本科毕业生的电子离校审核工作。不断加强学生信息素养教育的覆盖面与影响力，全年开设 20 个班次的文献信息素养课程，总计 1971 人上课，开班数和上课人数同比增长显著。

【机构知识库建设】

完成了机构知识库知识资源提交采集、知识组织与利用、知识审计、用户管、权限管理、知识库运行配置管理、开放接口等子系统的建设，并实现与中国地质大学统一身份认证系统的对接。全年更新机构数据8000余条，回溯机构成果140 471条，包括期刊论文、会议论文、学位论文、专利、科技成果、报纸等多种文献类型，其中本地全文数据量50 180条。

【学科情报服务】

全年共发布6期《学科发展动态分析简报》、2期2份基于ESI的中国地质大学（武汉）学科分析报告；完成《环境学院学科建设报告》《第五轮教学评估报告－环境科学与工程》《我校工程学科发展态势分析报告》《我校环境生态学学科发展态势分析报告》《我校农业科学学科发展态势分析报告》和《我校社会科学学科发展态势分析报告》等6份学科报告；提供《"十三五"期间地矿油高校的两地对比数据》《"十三五"期间国际学术论文影响力及对标分析》等2项决策参考。

【知识产权服务】

顺利加入国家知识产权信息公共服务网点。构建了涵盖水体污染、土壤污染和矿山污染等研究方向的3个专利专题库。完成了《水体污染治理产业专利导航分析报告》《中国地质大学（武汉）专利转移转化概览》《中国地质大学（武汉）专利申请概览（2019. 10—2021. 08）》等3份专利分析报告。

【阅读推广活动】

举办了以"传承红色基因　建设书香校园"为主题的第五届书香文化节，以倡导地大学子"爱读书、多读书、读好书"为目标，开展了25项活动，表彰了十大借阅之星、十大跑馆达人，举办了庆祝中国共产党成立100周年知识竞赛线上答题活动和《伟大精神——庆祝中国共产党成立100周年》专题展览。65组师生参加了"结对读党史·迎百年华诞"读书成果分享活动，分享自己党史学习中的所感所想，从不同角度讲述革命先辈救国救民、中华民族伟大复兴的故事。

【育人功能不断彰显】

两校区图书馆所有阅览室取消了原有的周五下午闭馆和节假日部分时段闭馆制度，全面实行全周无差别开放，提供7:30—22:30的7×15小时服务，最大限度地满足师生借阅和学习的需求。尤其是暑假期间，未来城校区图书馆实行全天候开放。南望山校区图书馆在延长服务时长的基础上，正式启用了座位预约系统，不仅有效解决了长期以来困扰读者的"一座难求"问题，也提高了座位利用率；增设了1100多个存书架，供考研学生放置书籍和学习用品，最大限度地满足考研学生需求。未来城校区图书馆全面开放82间研修研讨室，供全校师生预约使用，其中30余间研讨（修）室对有科研任务和跨校区教学任务的老师定向开放，得到广泛好评。指导学生团队在第三届"万方杯"湖北省高校"学术搜索挑战赛"中荣获一等奖，在中南七省（区）高校"学术搜索挑战赛"决赛中获得三等奖。

〔附录〕

附录 1　2021 年度经费及馆藏情况

经费情况/万元				图书流通情况	阅览室情况	纸质馆藏总量/万册				年入藏总量/册
						178.3				
年度经费总计	其中			流通量/册数	阅览人次/万人次	图书/万册		期刊/万册		
	书刊费	设备费	其他			中文	外文	中文	外文	
1444	1400	0	44	79 952	216	159.3	7.66	8.33	4.28	35 878

（撰稿：刘安璐；审稿：张峰、明厚利、刘先国）

期刊工作

【概况】

2021年期刊社7本期刊全年出刊48期，共刊出论文1014篇。期刊所获荣誉和奖励有12项，包括《地球科学》、*Journal of Earth Science* 双双入选首届"方正电子杯"中国期刊艺术周优秀封面设计奖；《地球科学》荣获"2021中国国际影响力优秀学术期刊"；*Journal of Earth Science* 获评"2021中国最具国际影响力学术期刊"；《中国地质大学学报(社会科学版)》入选国家社科基金资助期刊，同时荣获"全国理工农医院校社会科学学报优秀编辑部奖"；《中国地质大学学报(社会科学版)》《宝石和宝石学杂志(中英文)》两刊入选第二十八届北京国际图书博览会(BIBF)"2021中国精品期刊展"(中共中央宣传部、北京市人民政府主办，中国期刊协会承办)；《地质科技通报》获评2021年省科协"科技创新源泉工程"优秀科技期刊；《安全与环境工程》被中国科技核心数据库收录；《安全与环境工程》编辑部和《工程地球物理学报》编辑部被评为湖北省科学技术期刊编辑学会"先进集体"。

期刊社教职工获得省级、协会等个人荣誉11项，其中，汪在聪、王淑华分别荣获"2021年度科技期刊卓越行动计划选育高水平办刊人才子项目——优秀审稿人"和"优秀编辑"称号；孙洁在全国理工农医院校社会科学学报"四优"评比中荣获优秀编辑奖；郭阳洁和朱莹撰写的论文均荣获湖北省科学技术期刊编辑学会颁发的2021年"登峰杯"优秀学术论文奖；郭阳洁和朱莹均获湖北省科学技术期刊编辑学会"先进工作者"称号；王淑华任湖北期刊协会副会长；刘江霞兼任中国科技期刊编辑学会(一级学会)理事；朱蓓兼任全国高等学校文科学报研究会常务理事、湖北省生态经济学会理事、湖北省城乡统筹发展研究会理事；周振新兼任中国法学会立法学研究会理事。

7本期刊的影响力进一步提升，其中表现突出的有 *Journal of Earth Science* 由2020年的2.209上升至2021年的2.907，影响因子学科排名由2020年的100/200上升至2021年的88/200，仍居Q2区(据美国JCR报告)；《安全与环境工程》首次进入2021—2022年度中国科学引文数据库(CSCD)、中国科技论文与引文数据库(CSTPCD)来源期刊核心库，再次入编《中文核心期刊要目总览》(2020年版，即第9版)，成为进入"三大核心"的学术期刊；《工程地球物理学报》首次入选"中国科技核心期刊"，被中国科技论文与引文数据库(CSTPCD)收录。

【服务学科建设】

Journal of Earth Science 刊发了117篇文章，校内文章占比约为12.8%；《地球科学》刊发了311篇文章，校内文章占比约为27.7%；《中国地质大学学报(社会科学版)》刊发了74篇文章，校内文章占比约为4.05%；《地质科技通报》(原《地质科技情报》)刊发了153篇文章，校内文章占比约为

30%;《安全与环境工程》刊发了180篇文章，校内文章占比约为37.8%;《工程地球物理学报》刊发了124篇文章，校内文章占比约为7.3%;《宝石和宝石学杂志（中英文）》刊发了55篇文章，校内文章占比约为41.8%。

【出版工作荟萃】

《地球科学》刊发了张克信教授、牛志军研究员组织的“南岭基础地质、矿产地质和地貌演化研究进展专辑”和朱祥坤研究员、陈华勇研究员、汪在聪教授组织的“同位素地质年代学与同位素地球化学专辑”等3个专辑；*Journal of Earth Science* 刊发了成秋明院士、陈永清教授、左仁广教授组织的“数字地球科学与矿产资源定量勘探专辑”，意大利帕多瓦大学 Manuel Rigo 教授、加拿大地质调查局 Martyn Lee Golding 研究员和江海水教授组织的“牙形石专辑”，以及马昌前教授和谢淑云教授组织的“油气储层定量表征及研究进展专辑”等6个专辑。

《中国地质大学学报（社会科学版）》编辑部开设了“庆祝中国共产党成立100周年”专题，在2021年第4期刊发了学校党委书记黄晓玫撰写的《重温毛泽东＜党委会的工作方法＞——兼论新时代加强党对高校工作全面领导的方法路径》;2021年第6期“碳达峰碳中和”专题约请到校长王焰新院士的文章《论高校碳中和的架构》，对当前学校治理有重要指导意义。此外，“马克思主义研究”继续作为社科版常设栏目，共发文14篇（校内1篇），稿件质量不断提升，在读者中反响良好。

《地质科技通报》编辑部紧跟国家重大需求，2021年刊发了“深部地热开采”和“盆地动力学及能源资源”专栏；组织了“地下水流系统理论及应用”“水驱动下重大滑坡预测预报“地灾失效机制及其风险评价”专辑。

《安全与环境工程》编辑部在新一届编委会的大力支持下，组稿工作成绩显著，优质稿数量明显增多，全年刊发编委署名论文21篇，并由编委蒲生彦教授、袁松虎教授（杰青）担任特邀主编，组织刊发了“地下水与生态环境”专辑，刊发优秀论文30篇。

《工程地球物理学报》编辑部在2021年第5期组织刊发了“中国铁路工程物探与工程检测新技术第二十届年会专辑”，在读者中获得较好的反响；第6期刊登了地球物理学科教学研究项目最新进展及成果的报道1篇。

《宝石和宝石学杂志（中英文）》编辑部为庆祝中国共产党百年华诞，于2021年5月第3期组织了1期红色题材玉雕专栏“风雨百年　红心向党——红色题材玉雕作品赏析”以及红色主题玉雕封面设计作品；此外，还刊登了有关国内外高等院校宝石学科教学研究发展及成果，其“教育·文化”栏目服务于珠宝高等教育，为珠宝教育事业提供良好的学术交流平台。

【办刊能力建设】

加强调研，创新办刊理念。为科学谋划“十四五”，期刊社于2021年3月12日举办了高校期刊特色创建与创新发展战略研讨会；2021年9月走访调研了上海大学期刊社、中国激光杂志社、上海交通大学期刊中心和中国石油大学(华东)期刊社,并就高校期刊体制机制建设、如何助力学校"双一流"建设、如何为学校学科服务开展了深入交流探讨。

积极承办、协办、参加学术会议,了解学术前沿。期刊社承办了2021年第六届非常规油气地质评价暨新能源学术研讨会;《地球科学》编辑部参与承办了6月5日全球大地构造中心的第四届学术年会暨板块构造启动及演化学术研讨会,副主编Timothy Kusky教授在会上介绍了JES;8月13—15日协办了第六届全国工程风险与保险研究学术研讨会;《地球科学》和《地质科技通报》编辑部协办了"第十一届全国工程地质大会";《中国地质大学学报(社会科学版)》编辑部为进一步扩大在期刊界与学术界的影响,多人次担任学会职务并在学术会议上作主题发言。

深入学院、重点实验室、科研团队,服务学科建设和人才培养。期刊社与各学院同步开展迎新工作,在南望山校区和未来城校区设置了多个迎新点,开展期刊赠阅活动,向师生宣传地学学术期刊,普及地学科普知识,解答学生投稿的疑惑;邀请地学院、资源学院、国重等单位青年才俊来编辑部进行座谈,同时走进学院为研究生开展科技论文写作与地图制图规范以及学术不端的防范讲座。

加强数字化建设,加快学术成果传播。《地球科学》编辑部采用方正集团云服务平台进行出版,与知网、Springer合作优先出版,与科睿维安、TrendMD、清华Aminer等公司合作,实现文章的精准推送。《中国地质大学学报(社会科学版)》编辑部新上了智能审校服务系统,不断优化稿件采编系统,加强了对编辑部网页与公众号的维护管理。《地质科技通报》编辑部完成了2021年的数字化出版(HTML全文阅读)、新建期刊网站,微信公众号建设内容以发布期刊信息、宣传期刊、推送论文为主。《安全与环境工程》编辑部提高了微信公众号推文的发布频次,新增了封面文章、当期目次、重要资讯、节日祝福等多种类型的推文,并通过改进推文的版式设计,提升了微信公众号的阅读体验;推进新型数字出版模式,在"中国知网"正式推出期刊的网络首发论文。《宝石和宝石学杂志(中英文)》编辑部全新的中英文网站已于9月中旬上线(jogg. cug. edu. cn)。

策划组织"70周年校庆特刊",邀请校党委书记黄晓玫和校长王焰新院士担任"70周年校庆特刊"总主编,知名校友积极响应,为出版高质量的校庆特刊奠定基础。同时《地球科学》的中英文版和社科版还面向国内外地学研究人员广泛征集"地球科学领域70个科学问题",目前已得到多位知名校友的积极响应。

加强编委会建设,发挥编委的学术引领作用。《中国地质大学学报(社会科学版)》编辑部于1月9日召开了校内编委会,充分肯定了现阶段取得的成绩,明确了今后的选题和组稿方向;《宝石和宝石学杂志(中英文)》于1月20日召开了线上编委会议;《地质科技通报》编辑部于3月11日召开了编委会议,增选了30位编委(80%为校外编委),并召开了核心编委校庆特刊筹划会议,为2022年校庆和创刊40周年筹备一系列出版活动。《工程地球物理学报》编辑部于6月20日召开了编委会工作研讨会议,进一步集思广益,明确目标定位、确定发展路径。《安全与环境工程》编辑部在新一届编委会的指导下,明确了期刊"学术立刊"的宗旨,明确了把握安全与环境两学科关系的原则,处理安全、环境与地学学科交叉及文理交叉的原则,并对期刊栏目作了全新调整,增设了"公共安全与应急管理"栏目,设置了"安全理论与安全管理""灾害及其防治"等特色栏目,凸显了期刊致力于解决地学领域安全与环境问题的特色。

持续优化内部治理,健全制度体系。针对学校党委第四巡察组向期刊社反馈的问题进行了整改和"回头看",完善了系列内控制度,同时各编辑部进一步规范审稿、编辑流程,严格执行"三审三校"制度,建立了社会效益考评机制,并根据实际不断修订。

(撰稿:谢晓红;审稿:王淑华)

出版社

【概况】

2021年,出版社完成了学校对主要负责人经济责任审计整改工作,超额完成2021年目标任务。组织申报选题288种,出版图书343种,获得奖励(资助)38项(国家9项、省部级22项);中宣部组织的社会效益评价为"良好";全年经济收入2032万元,同比增长19%;实现利润263万元,同比增长11%,国有资产和职工收入稳中有升,实现了社会效益和经济效益双丰收。

【服务学校】

参与学校《"十四五"本科教材建设规划(2021—2025)》的起草。清理了"十一五""十二五"未出版教材。立足一流学科一流专业,与学校有关单位签署框架协议,开展系列教材出版合作,出版各类教材12种。围绕"十四五"规划、"地学长江计划"、校庆70周年、"双一流"学科建设、国家一流本科专业教材建设等,深挖校内学术资源,组织召开校内专家策划会议5次。与宣传部合作主办第二届校园文创设计大赛,为5场地大高端学术会议提供特色定制服务,新开发文创产品20余种,制作学校形象识别系统(VIS)系列办公用品18种。

【内部管理及队伍建设】

制定及修订了《稿酬管理规定》《印刷管理办法》《商务招待管理规定》等7项制度,进一步完善了出版社的管理制度体系。严格按照《印刷管理办法》规范开展招标工作,最终确定合作印刷厂8家,并签订印刷服务合同。研究制定了出版社中长期人才队伍建设方案,启动职工常态化的年度系列培训计划,全年完成培训9次,组织编辑参加上级出版专业技术人员培训2次,承办了第八届"高校出版改革与发展论坛"。2人次获得省部级、校级先进个人荣誉,发表学术论文8篇,2人通过出版专业高级职称评审,6人通过出版专业技术人员中级职业资格考试。

【业务开展】

开展对外调研工作。达成了新的出版合作意向。全年新签出版合同183项，合同额达1716万元。出版珠宝类图书12种，新增“互联网＋”珠宝系列教材6种，1种教材荣获全国优秀教材二等奖。根据“十四五”职业教育规划教材要求，职教分社与珠宝文化中心共完成了70种“十四五”职业教育国家规划教材的申报工作。1种教材入选住房和城乡建设部“十四五”规划教材。非图书类文化业务从单一形式的文创产品开发，拓展到集学校视觉形象识别系统（VIS）系列产品等多业务融合发展。

【图书销售】

完善管理体制机制。推进“销售＋助理”工作模式，清晰工作目标和岗位责任，积极开展业务专项研讨和培训，提升营销人员的业务水平。持续维护微信服务推广平台，实现终端营销，简化了线上图书销售操作流程，销售额稳步增长。全年市场营销中心完成销售收入508万元，同比增长7.41%。

【品牌建设】

2021年，有38种图书（项目）获得奖励或资助，金额达164.5万元，同比增长149.2%。

（撰稿：易帆；审稿：毕克成、江广长）

〔附录〕

附录1　出版社图书获得省级以上获奖信息一览表

项目编号	书名	申报单位联系人	项目名称
1	《柴达木盆地深层含钾卤水成矿与利用研究》	张　旭 舒立霞 方　焱	2021年青海省科学技术学术著作出版资金资助项目
2	《泛珠三角地区地质环境综合调查研究》（上、下册）（附图集）	王凤林	2021年度国家出版基金
3	江山地学科普丛书（3册） （《江山地质》《诗话江山》《漫画江山》）	舒立霞等	中国地质学会第二届科普产品奖
4	《中国地质灾害科普丛书》（6册）	唐然坤	2020年全国应急科普作品征集展示活动应急科普十佳图书作品
5	《千姿百态的恐龙世界——恐龙科普知识百问》	胡珞兰	2021年农家书屋重点出版物推荐目录
6	《“雪龙”啊，你慢些游——南极科学考察科普丛书之“南极探秘”》	张　旭	2021年农家书屋重点出版物推荐目录
7	《“雪龙”啊，你慢些游——南极科学考察科普丛书之“天涯海角”》	张　旭	2021年农家书屋重点出版物推荐目录
8	《奇妙的古生物世界——古生物化石科普知识百问》	胡珞兰	2021年湖北省社会公益出版专项资金奖励项目
9	《边游边学——黄冈大别山世界地质公园路边地质故事》	舒立霞	2021年湖北省社会公益出版专项资金奖励项目
10	《让石头说话系列科普图书——漫游矿物世界》	马　严	2021年湖北省社会公益出版专项资金资助项目
11	《首饰制作工艺》（第二版）	张　琰 张玉洁	首届全国教材建设奖（职业教育与继续教育类教材）二等奖
12	《矿产勘查理论与方法》（第三版）	谌福兴 赵颖弘 张燕霞	首届全国教材建设奖（高等教育类）二等奖

续表

项目编号	书名	申报单位联系人	项目名称
13	《湖北地质博物馆》	胡珞兰	2020年湖北省优秀科普作品
14	《山》	张　林	2020年湖北省优秀科普作品
15	《"雪龙"啊，你慢些游——南极科学考察科普丛书》	张　旭	2020年湖北省优秀科普作品
16	《变魔术的宝石》	彭　琳	2020年湖北省优秀科普作品
17	《边游边学——黄冈大别山世界地质公园路边地质故事》	舒立霞	2020年湖北省优秀科普作品
18	《中国地质灾害科普丛书》(6册)	唐然坤	2020年陕西省优秀科普作品
19	《建筑工程信息与资料管理》	张大新	住房和城乡建设部"十四五"规划教材
20	《奇妙的古生物世界——古生物化石科普知识百问》	胡珞兰	2021年优秀科普读物推荐书目
21	《中国南方海相页岩气区域选区评价及图集》(3册)	王凤林 张晓红 毕克成	2021年度湖北省公益学术著作出版专项资金资助项目
22	《中国地质大学智库丛书》	段　勇	2021年度湖北省公益学术著作出版专项资金资助项目
23	《武汉市岩溶塌陷发育特征研究》	张　林 舒立霞	2021年度湖北省公益学术著作出版专项资金资助项目
24	《工程斜坡病害防治理念与方案优化》	谢媛华	2021年度湖北省公益学术著作出版专项资金资助项目
25	《地下水与环境漫谈》(8分册)	段　勇	2021年度湖北省公益学术著作出版专项资金资助项目
26	《跨区域合作视角下大别山区旅游协作发展策略研究——以英山县石镇为例》	洪梦茜 张　林	2021年度湖北省公益学术著作出版专项资金资助项目
27	《寻找古植物——那些曾经存在的生命》	彭　琳	2021年度湖北省公益学术著作出版专项资金资助项目
28	《漫游矿物世界》	张　林 马　严	2021年自然资源部优秀科普图书

续表

项目编号	书名	申报单位联系人	项目名称
29	江山地学科普丛书(3册) (《漫画江山》《诗话江山》《江山地质》)	舒立霞等	2021年自然资源部优秀科普图书
30	《至暗历劫——显生宙五次生物大灭绝》	张　林	2021年自然资源部优秀科普图书
31	玩转世界地质公园科普丛书(2册) (《小朋友眼中的大别山》《小朋友眼中的神农架》)	舒立霞	2021年自然资源部优秀科普图书
32	《至暗历劫——显生宙五次生物大灭绝》	张　林	山东省科普创作大赛一等奖
33	《中国城市自然资源与环境地质图集》(第一期)	段勇等	"十四五"时期国家重点图书出版专项规划
34	《百年以来中国主要河口潮间带沉积物本底特征》	周　豪	"十四五"时期国家重点图书出版专项规划
35	《长江经济带生态地质和环境修复》	毕克成 唐然坤	"十四五"时期国家重点图书出版专项规划
36	《中国黄河流域水文地质调查系列丛书》	毕克成 唐然坤	"十四五"时期国家重点图书出版专项规划
37	《泛珠三角地区地质环境研究》(附图集)	张晓红 王凤林	"十四五"时期国家重点图书出版专项规划
38	《深海探宝之采集技术与装备》	段　勇 张旻玥	"十四五"时期国家重点图书出版专项规划

附录2　社个人获得荣誉信息一览表

序号	荣誉名称	获奖级别	获奖人员
1	2020—2021年度学校教职工"优秀共产党员"	校级	毕克成
2	2020年度优秀中层正职干部	校级	毕克成
3	出版社2020—2021年度优秀共产党员	社级	张　琰
4	出版社2020—2021年度优秀共产党员	社级	张　健
5	出版社2020—2021年度优秀党务工作者	社级	范　明

附录3　出版社论文发表情况

序号	论文题目	论文作者	发表期刊(获奖名称)
1	出版质检工作的创新实践与思考——以中国地质大学出版社为例	李国昌 廖　男 陈　琪	中国编辑
2	《聚煤盆地沉积学》审读报告	陈　琪	锋绘
3	新时代大学出版社"三高三型"编辑队伍建设研究	陈　琪 李国昌 张　旭	传播与版权
4	图书出版质量控制的创新机制	陈　琪 李国昌	传播力研究
5	当前地学科研人员科普工作浅析	唐然坤 毕克成 王凤林	科技传播
6	新时代背景下高校出版社新编辑的培养策略——以中国地质大学出版社为例	韩　骑 张晓红 周　豪	传播与版权
7	浅谈如何提高出版社图书印装质量	易　帆	传播与版权
8	新冠肺炎疫情下中小型出版社的发展	易　帆	新闻文化建设
9	Interpretation on Evaluation of Socia Benefits of Book Publishing in Practical Scenario	王凤林	SCHOLAR PRESS

档案(校史)工作

【概况】

2021年，坚持围绕中心、服务大局，持续深化改革、创新发展，履行“为党管档、为国守史、为民服务”的责任，发挥“存凭留史、资教育人”和文化育人功能，摸索创新工作模式，推动校史馆建设工作，提升档案服务利用水平，为学校建设成为地球科学领域世界一流大学提供坚实的服务支撑。

【档案收集指导取得新进展】

2021年11月，起草《中国地质大学(武汉)基础测绘成果管理报告》，全面梳理学校测绘成果管理机构设置和人员配备，测绘成果申请审批、归档保管、借阅利用、检查销毁流程，测绘成果保密措施落实情况，以及基础测绘成果台账申领台账。收集整理教学档案(JX)1152盒14 830件225 678页，行政档案(XZ)782盒1712件229 357页，科研档案(KY)278盒2915件28 746页，基建档案(JJ)114盒453件35 551页，党群档案(DQ)3盒23件304页，出版档案(CB)455盒1411件146 809页，财会档案(CB)31盒31件7245页，声像档案(CB)47盒111件，文件汇编918件，上级文件688件。

【档案服务利用取得新成效】

档案馆根据学校2018年12月18日第(2018—9次校务会议的决定，结合校史馆筹建工作，对学校档案工作进行总体规划，2021年7月至2022年1月扩建档案库房。重点新建“一站式”档案服务利用大厅，改建保密档案库房、新校区档案库房、财务档案库房、学生档案库房、教工档案库房、校史文物库房、声像档案库房、名人档案库房以及精品档案展室，新增库房面积946.92平方米，基本满足未来5～10年库存档案增长的物理空间需要。新增档案4351卷、46141件，光盘59张。线上线下借阅综合类档案326人次1781卷，财会135人次438卷，办理专利转出23件，教学档案现场办理276人次。协助扫描公司出入库扫描档案8153卷。办理教育部学位中心认证1200余人次，湖北省教育厅就业指导中心认证200余人次，档案馆办理的认证203人次，补办学籍档案材料898人次2700余件。现场办理学籍档案材料310人次600余件，学历学位成绩翻译1147人次2294件，借阅地质报告540余份，地质图1100余幅，办理远程与继续教育学院毕业生学员登记表认定存档备案表99份，学士学位证书认定存档备案表202份。

【信息化建设不断完善】

档案管理系统完成升级改造。对接信息中心2017级本科生4525人次成绩信息；完成毕业校友本科生100 531人、研究生20 655人信息提取完善工作；完成学生档案数字化50万页，综合档案数字化23.8万页；完成声像档案胶片(底片)26 266张数字化转换，完成录像带4085盒数字化转存视屏的分段剪辑与数据处理工作，共计19 183段视屏数据；完成库房遗留档案整理与数字化5万页；完成人事档案数字化30万页，整理录入446人次，以及原始3145人的数字化档案数据的清理工作；档案数据挂接300G(综合100G、人事200G)。

【高质量完成干部人事档案专项工作】

2021年，完成新入职教职工及在岗教职工各类档案材料的整理、著录、扫描及归档入库工作，新增著录考核表数据17 400余条。完成离退休职工、去世职工的新增档案材料汇总装盒，完成在站博士后的考核表及岗聘材料入档入库。开展共计1046人次的各类人员遗留档案材料的清查移交工作；全程参加干部人事档案的专审工作并完成7批共1533卷干部人事档案的出库及与人力资源部的交接工作。

【不断优化学生档案管理水平】

2021年，完成2021届毕业生学籍异动、毕业材料归档6784件，转寄毕业生档案5937件。全面启动"毕业材料袋"的工作模式，促进就业创业的毕业学生及时入职报到。进一步优化新生档案交接流程，在现场完成审查、核对、登记，统一编制清单。根据档案馆馆舍改建方案调整，完成6.5万件次腾挪。

【全力推进校史馆建设】

校史馆建设专项工作。修订校史文稿40余次，形成23万字的展陈文案(编年展陈17万字、专题展陈6万字)，确定展览观测点等270余处。整理相关素材1500余件。修订完成《校史展陈设计及布展施工一体化项目用户需求书》，协助推进校史馆设计施工招标工作，协同对形式设计方案进行多次修改完善。参与《地大红色故事》《地大红色基因史料选编》《中国地质大学70年大事记》《我们的历史与精神——中国地质大学(武汉)校史学习讲义》《中国地质大学简史(1952—2022)》《中国地质大学史(1952—2012)》《地大60年(1952—2012)》创编、修编、补编及修订工作。撰写《革命摇篮井冈山走出的地大奠基人——刘型》《筑牢地大事业发展的红色基因》，完成了《中国地质大学登山图史》书稿撰写工作。还协助编撰完善《地大"三融合"人才培养模式产生与发展的历史脉络概述》《未来城校区建设历程"足迹"》等。

【加强校史史料征集】

史料收集(征集)、整理和管理工作。完成史料征集(2万余件)；完成庆祝建党100周年"五个一"献礼工程史料专项收集(65人的相关史料近1万件，其中电子史料8402件、纸质史料50余件、复制纸质资料2000余页)。整理史料2.4万件，其中文献类6285件、声像类584件、实物类62件、名人档案2123件、其他史料14 947件。整理宣传部数码照片789张，党群档案67盒、7635件。完善《史料实体分类方案》，完成7890册馆藏珍贵地学古籍的著录、整理和上架工作。起草《清末民国及建校初期重要地学古籍的抢救性修复与基础编研》，汇编《中国地质大学馆藏珍贵地学古籍目录》；推进古籍印鉴仿真复制工作，筛选并扫描印鉴129种；推进古籍修复工作，拟定待修复古籍的优先级。"馆藏清代至民国时期文献史料的源流"课题获中国高等教学学会校史研究分会重点立项。

〔附录〕

附录 1　2021 年档案馆馆藏情况

指标名称	计量单位	数量
1. 纸质档案		
全宗	个	1
案卷	卷	117 130
以件为保管单位档案	件	98 526
总排架长度	米	3885
2. 电子档案	GB	208.32
3. 其他载体档案		
照片档案	张	16 456
录音磁带、录像磁带、影片档案	盘	246
4. 其他馆藏资料		
纸质资料	册	78 237
电子资料	GB	1
5. 馆藏档案数字化	GB	3 668.51

（撰稿：高放、朱蕾、苏王微；审稿：朱丹、刘先国）

博物馆工作

【概况】

中国地质大学逸夫博物馆是国家二级博物馆，是全国中小学生研学实践教育基地、全国科普教育基地、全国青少年科技教育基地、全国古生物教育基地、全国中小学环境教育社会实践基地、全国国土资源科普基地、武汉市爱国主义教育基地。馆藏各类地质标本40 000余件，其中精品陈列标本3000余件，标本的丰富性、典型性和观赏性达到国内一流水平。举办了“问道地学　启赋长江——地学长江计划展”“初心印山河——庆祝中国共产党成立100周年摄影作品展”，承办了湖北省自然资源厅第52个世界地球日主题宣传活动，登上了地铁2号线江城快车，创新高质量科普活动。

【开展党建工作，推进党史学习教育】

举办专题展览，赴中国建筑科技馆观看《火神山雷神山医院建设纪实展》，集体收看庆祝中国共产党成立100周年大会，与云南省施甸二中党支部共建，举办“初心印山河——庆祝中国共产党成立100周年摄影作品展”等。坚持“一岗双责”。完成教育部巡视整改工作，落实党风廉政建设目标责任制，签订了三级党风廉政建设责任书，严格执行“三重一大”制度，坚持实行领导班子、党支部书记和各科室主任各负其责，自觉担负起党风廉政建设的政治责任。

【拓展博物馆教育功能】

2021年，校友捐赠标本3000余块，采集标本15块，划拨移交标本22件，审核入库标本124件(套)，共计金额309 508.50元。完成教育部国有资产陈列品类清查工作。新建博物馆五楼标本库。制定“中国地质大学逸夫博物馆信息化建设”方案；编制学校“5G+智慧教育”应用试点项目申报中博物馆部分。更新制作重点展品及展项的二维码，让展览活起来。举办“问道地学　启赋长江——地学长江计划展”。新增“岩石的循环”展项，通过新型模型与异形投影技术，展示岩浆岩、沉积岩、变质岩这三大类岩石的循环过程，既可作为科普教育的平台，又可供地学类日常教学所用。

【打造标杆科普基地】

承办湖北省自然资源厅第52个世界地球日主题宣传活动，推出“地球新声”青少年论坛等地球日系列科普活动。开启“文博快车”项目，逸夫博物馆藏品国际博物馆日登上地铁2号线江城快车，以全新形式向公众传播地学文化。参与2021年湖北省全国科普日活动启动式、中科院第四届“科学节”等主题活动，送科普进学校、社区20余场次，受众人数1万余人。开设“领养我的古生物”“博物馆奇妙夜”“矿物宝藏大发掘”“带你去宇宙摘星星”等课程，累计80余场，参与师生超过7000人。科普团队走进云南施甸，开展科普讲座、地质标本讲解、捐赠科普图书等活动，支持县域科学教育。

【着力建设优质景区】

完成馆内消防系统更新改造、小型电器设备整体更换、报告厅部分重点改造、文创展示区初步建成等。年度浏览量为16万次，专业讲解200余次，志愿讲解150余次，为2000余名新生提供了讲解服务，解答各类信息咨询1000余次。完成《中国地质大学逸夫博物馆制度汇编》，发表各类新闻报道140篇。

【重要成果】

逸夫博物馆志愿者团队获评2020全国高校百强学生社团和学校十佳社团，1人当选"2021湖北省十佳科普使者"。博物馆专、兼职讲解员在各类讲解大赛中获得优秀组织奖2项、全国三等奖1人、省级二等奖1人、省级三等奖2人、市级特等奖1人。举办湖北省科普讲解大赛高校赛区初赛。

（撰稿：彭磊；审稿：邢作云、刘先国）

校园规划与基本建设

【概况】

2021年，在建党100周年之际，为全面贯彻党的十九大和十九届五中、六中全会精神，深入落实贯彻习近平总书记在党史学习教育动员部署大会上的讲话和"七一"重要讲话精神。在学校党委的坚强领导下，校园规划与基建处坚持稳中求进工作总基调，以"整改落实年"建设为主线，扎实推进巡视、审计整改，深化综合改革，以提升保障服务能力、提高基本建设管理规范化水平为着力点，努力改善办学条件，圆满完成各项基本建设任务，为"十四五"开局提供了有力的条件保障。

【全力推进项目建设】

2021年，校园规划与基建处共实施续建、新建、修缮项目共计369项，其中：续建项目1项、新建项目2项、中央高校改善基本办学条件专项资金项目8项、各二级单位自筹资金委托维修改造项目122项、学校计划内维修项目236项。年度资金执行总金额为11 555万元(表1、表2)。

表1　2021年基建项目建设情况

序号	项目名称	计划金额/万元	项目实施情况
1	宝谷创新创业中心	9600	已完工，正在办理政府联合验收，2021年共执行资金2 240.425万元
2	南区教师周转公寓项目	21 012	已报教育部备案
3	教学综合楼	29 202	已完成结算，正在进行项目竣工备案。2021年执行资金56万元
4	西苑食堂	1956	已完成结算，正在进行项目竣工备案

表2　2021年专项资金项目建设情况

序号	项目名称	计划金额/万元	项目实施情况
1	校园雨污分流维修改造(一期)	2 214.08	已完成结算
2	校园雨污分流维修改造(二期)	2 832.18	已完成结算
3	学生宿舍维修改造(一期)	1 511.87	已完成结算
4	巴东科教基地维修改造	1 886.22	已完成竣工验收
5	校园雨污分流改造(三期)	4115	正在施工,2021年共执行资金1 397.18万元
6	校园基础设施维修改造(五期)	1178	正在施工,2021年共执行资金674.44万元
7	教学科研用房维修(一期)	3 552.86	正在施工,2021年共执行资金1 589.38万元
8	震旦园餐厅维修改造	540	正在施工,2021年共执行资金254.09万元
9	印刷厂楼群维修改造	3600	已完成主体结构施工,2021年执行资金1 017.701万元
10	海工构筑物稳定性实验室	245	正在进行基础垫层浇筑,2021年执行资金3.2万元
11	材化楼中试基地改造	110	已完成拆改、门窗洞口封堵,外墙抹灰等工作,正在进行强电施工,2021年尚未执行资金
12	学校批复的维修项目	600	共236项计划内维修、抢修项目已全部完成
13	二级单位自筹资金维修项目	722	共122项,项目已全部完成验收

高效推进重点项目建设。学生宿舍(58栋)改造项目于5月完成,巴东科教基地改造项目于11月完成并交付使用,宝谷创新创业中心项目于12月完成行政验收,校园雨污分流改造一期、二期工程及学生宿舍维修改造一期工程的施工及结算工作均在12月之前完满完成。印刷厂楼群改造(校史馆)建安工程已完成主体结构封顶,校史展陈已完成招标,正在进行深化设计工作;教学科研用房维修(一期)项目四栋办公楼的整体维修改造正处于施工阶段;震旦园改造主体工程已完成,目前设备安装和精装修工作进入尾声。校园总规修编的招标工作已完成,组织设计单位梳理和分析了学校的现状、上版总规完成情况和市区两级上位规划,目前已提交校园综合发展研究初稿。结合学校"十四五"事业发展规划和"十四五"基本建设规划,校园规划与基建处积极推进南望山校区青年教师周转公寓项目报规报建工作,项目选址已通过武汉市规划局论证会议,正在与洪山区规划局沟通办理项目选址意见书,该项目已申报列入武汉市保障性租赁住房计划。新校区二期的征地已完成了征地预公告,未来城校区(二期)地块的勘

界和地形图测量工作已提前完成，为学校的国际化战略提供支撑。

科学谋划绿色校园建设。西区雨污分流改造(三期)工程和校园基础设施维修改造(五期)工程项目的高效开展，对持续推进校园及周边环境治理，优化校园环境，保障和改善民生意义重大，既满足了学校周边水体水环境改善及学校防涝排洪的需求，又解决了校园多处围墙、挡土墙垮塌的安全隐患，为建设"宜居宜学"、人与自然和谐统一的绿色节约生态型大学校园奠定良好的基础。

全力做好日常维修服务。2021年度，校园规划与基建处通过一系列维修工作的高效推进，进一步改善了全体师生的生活、教学、办公条件：新生房粉刷维修、学生宿舍漏水维修、学生食堂外墙及霉变维修等项目圆满完成；校内公共基础设施破损及部分房屋屋面漏水问题及时解决。为保证学校教学科研工作及师生员工生活的正常运转奠定良好的基础。

【合理统筹年度投资计划】

认真组织年度投资计划申报工作，已顺利完成2021年度基建计划(一上、二上)及2022年建议计划的申报。同时，又精心组织2022年中央高校改善基本办学条件专项申报及评审工作，今年顺利获批4项计划项目、获批预算资金7885万元。通过重新征集梳理项目来源和性质，提前谋划2023年中央高校改善基本办学条件专项申报工作，调整完善修购专项五年计划项目库，统筹安排好房屋修缮和基础设施维修改造项目的前期准备工作，确保申报工作有序推进、有的放矢。截至12月初，中央高校改善基本办学条件专项资金总执行率接近100%，校内维修专项资金执行率达到90%(部分项目未完成结算审计)。

【强化内部管理】

完善内控制度体系建设。校园规划与基建处高度重视内控制度建设工作，2021年度，先后修订出台了《中国地质大学(武汉)基本建设管理办法(2021年修订)》《中国地质大学(武汉)建设项目工程变更及签证管理办法》《中国地质大学(武汉)建设项目竣工验收和移交保修管理办法(试行)》等20余项制度，涵盖了项目建设全过程管理内容，通过不断完善规章规范，固化实操程序，形成长效机制。

狠抓质量安全管理。校园规划与基建处积极响应学校加强安全稳定工作的要求，加强对施工、监理、设计和勘察的工作状态管理，进一步严格落实质量终身责任制，从源头抓起，全过程推进，积极调动项目参建各方的工作主动性，用各方工作质量保证工程质量，多管齐下，实现了建设项目工程质量的整体受控。坚持每周一次例行检查、每月一次全面巡检。通过一系列安全管理举措，安全、有序推进全年在建工程项目，实现了安全生产零事故。

严控工程造价管理。校园规划与基建处高度重视图纸会审、清单编制、招标答疑、清标、签证审核等关键环节，通过事前事中事后全过程管理，建立工程资金管理台账，使工程造价始终处于可控状态。全年负责项目前期的清单及控制价编制工作，共完成清单及控制价编制项目36项，其中30万元以上公开招标项目17项，30万元以下项目19项。全年完成5万元以上结算审核26项，5万元以下项目审核253项。全年累计完成结算审核6 488.2万元，其中修购项目约5 197.3万元，维修项目和委托代管项目约1 406.6万元，5万元以下项目476.8万元，累计内审审减约275.6万元。

强化建材品质管理。校园规划与基建处高度重视建材品质管理，全程参与项目方案讨论、清单审核、主材拦标价审查、常用品牌推荐等相关工作，施工过程中努力做好各项目建材的认质认样、询价定价，及时完成各种材料（设备）的进场验收把关，坚决杜绝假、冒、伪、劣、低、次产品用于工程实体。通过电话、网络、询价平台、建材市场走访、建材厂商考察等多形式、多渠道认质认价，严把建材质量关，保证学校利益不受损害，确保项目工程质量。

严格规范档案管理。在档案管理方面，校园规划与基建处通过不断规范工程档案资料的收集、整理和归档工作，确保档案管理制度化、规范化、科学化。督促施工单位按要求提交完整的竣工资料，并按规范完成工程档案的整理归档工作；做好处内及相关职能部门借阅、查阅基建工程档案资料的管理工作，坚决避免资料遗失情况发生；重视基建工程的痕迹管理，保证工程项目管理资料、会议和事务管理资料、廉洁廉政备查资料完整可查。

（撰稿：闫艳艳；审稿：王耀峰）

未来城校区运行管理

【概况】

2021年是建党100周年，是“十四五”的开局之年，也是新百年征程的启动之年，校区管理办坚持以习近平新时代中国特色社会主义思想为理论武装，深入学习贯彻党的十九届六中全会精神，在学校党委、行政的正确领导下，牢记“满足学校师生对美好校区生活期盼”的初心使命，围绕“创新多校区治理体系，提升新校区管理能力”的核心任务，以“我为师生办实事”实践活动为抓手，不断推进“党史学习教育”走深走实，努力打造育才宜学、润物宜居、温馨宜人的品质校区。

【健全完善校区管理服务体系】

优化未来城校区管理制度体系设计。根据管理服务单位业务垂直延伸和校区管理部门工作职能变化，调整《关于进一步加强未来城校区管理运行工作若干意见》的编写思路，学习领会学校《管理服务单位职能清单》，持续细化职能分工，未来城校区管理运行工作“1＋N”规章制度体系逐渐完善。

推行“大物业保障＋专业运维”的运行模式。依托综合性物业服务企业提供整体基础性保障，引入教学设备、安防系统等专业运维团队，构建“小型管理团队＋综合物业保障＋专业运维服务”的高效管理运行模式。

建立内控管理与专项检查联动的工作

机制。在加强校区社会服务项目日常监控的同时,邀请政府主管部门和第三方专业机构进行专项检查,形成底线思维,确保安全无虞。

编制未来城校区物业服务的规范标准。先后制定未来城校区物业管理工作手册、岗位操作说明、应急管理手册等材料,详细梳理各项业务流程,做到“制度管人、流程办事、标准控质量”。

【聚焦公共服务保障】

建设校区“平安岛”。主动邀请师生参与校园安全监督,定期巡检校区门禁监控系统,形成治安群防群治的良好局面。全年劝阻无关人员进校 6150 次,安装校区院墙防爬倒刺 2000 余米;深入开展电信诈骗防范工作,配合属地派出所组织反电诈宣讲活动,协助公安机关处理电信诈骗报警 100 余起,帮助师生挽回经济损失近 10 万元;认真做好消防排查和宣传教育,在校区消防设施尚未完全验收的情况下,开展全面查验并撰写《未来城校区消防系统专项报告》,及时对接建设单位维修整改、排除隐患,协同相关单位承办 2021 年度未来城校区图书馆消防疏散演习。

保障教学“零差错”。公共教学楼全年完成30 621课时的教学保障任务,承办包括硕士研究生入学考试、全国大学英语四六级考试、校内课程考试等在内的各类考试 1785 场,教务考务保障未出任何问题;及时修缮教学基础设施设备,全方位改善校区公共教学条件。

争做宿管“暖心人”。全年超负荷完成 19 栋宿舍楼的管理和 9700 余名学生的生活保障工作,承担了 2600 余名毕业生退宿手续办理和房间清理、3300 余名学生搬迁入驻和建档立卡等工作;上门走访入住同学 4800 余人次,为无障碍宿舍的生活不便学生提供帮助 700 余次;宿舍楼配备小五金和针线包的“爱心物资箱”,充分发挥生活服务的关爱和温度。

实现维修“快而准”。建设应急抢修平台和仓储库管系统,提升零星报修的响应速度和修缮效果,全年接到报修申请 8906 项,全年抢修处置率为 91.38%,抢修满意率为 89.84%。

打造环境“美容师”。聘请中国科学院武汉植物园退休专家担任校区总园林师,确保成长期的绿植存活率高于 90%;结合楼宇特点和用途进行补栽补种,营造新的网红打卡点;优化公共区域照明系统,推动校区节能亮化工程,配置水生植物修剪工作船,调整镜湖水域生态平衡,增设休闲座椅和人文雕塑,实现校园环境持续美化。

【优化校区服务结构体系】

餐饮管理方面:会同财务与资产管理部、后勤保障部制定《学校食堂平抑基金管理办法》,督促社会餐饮单位必须设立平价的基本伙食窗口;通过定餐定量定价的方式,严格调控餐品的比例和价格;要求社会餐饮单位根据季节变化、师生口味等因素,自发新增特色窗口。2021 年,3 家社会餐饮单位累计将向学校捐赠 100 余万元。

商贸管理方面:通过商业遴选不断完善校区商业业态布局;顺应“互联网+”新零售

趋势，引进“银泰百货”高端实体网店，提升商贸服务档次；启用超市自助结算机，增强消费的科技体验感；引入“蜜雪冰城”等网红店铺，增加师生关注热度，全年回收商贸服务协作费253万元。

通勤管理方面：累计开通地铁、站接驳巴士、教职工通勤、学生通勤25 371台次，总通勤里程超过23万千米，顺利完成日常校区通勤、定点接驳、学生搬迁和专项交通服务任务，回收通勤服务费用26万元。

场馆管理方面：在保证体育教学和运动队训练的同时完成游泳馆、健身房运行项目采购，确保未来体育中心按照预定时间全馆运行；上线智慧场馆预约系统，新增羽毛球场地，丰富了未来城校区师生课余生活；全年实现体育场馆收入43万元。

能源管理方面：着力推进智慧能源管理平台建设，完成高低压配电系统、路灯智能照明系统等与智慧能源管理平台的数据对接工作；引入社会专业力量提供水电和清淤服务，完成配电房标准化建设项目45项，水电维修改造和隐患排除170余次；对未来城校区1929处污水处理点、400余台水泵进行登记编号和定期巡查，确保设施设备正常运行，有效降低人力成本。

维修管理方面：成立维修服务部门，畅通校区报维修渠道，完成建筑渗漏、吊顶维修等150余项，完成宿舍防水补漏，更换台盆126间，总维修金额控制在90万元以内。

【推动校区服务提档升级】

扎实推进“我为群众办实事”实践活动，用心用情用力解决师生“急难愁盼”问题，不断提高在校师生的获得感、幸福感。

坚持以人为本和需求导向，完善服务沟通机制。多形式走访师生，开展座谈调研，参加师生午餐会交流会近10次，5次对接学生会征集意见，2次组织物业服务开放日活动，全面了解师生需求；在部门首页设置服务监督平台，直面问题，凸显服务职能，提高服务效能。

突出首问负责和网上办事，优化一站式服务。制定《未来城校区综合服务大厅公共服务手册》，推动各窗口业务实现标准化服务；配合党委组织部落实综合服务大厅驻守单位轮值人员的考勤工作；开设公共服务区1号窗口，实行首问负责制度，提供兜底式服务保障；推行项目的网上办理，提升事务工作的信息化程度，让师生少跑路。

聚焦基本需求和服务细节，持续提升服务品质。采取“清单结项”方式，逐项解决师生困难，响应师生需求。先后完成1800余间学生宿舍卫生间挡水条安装；新建公共精品洗衣房，将缝纫、修补、洗衣、烘干、干洗和洗鞋等服务融合；为513间低楼层女生宿舍加装可拆卸式纱窗，增强宿舍的私密性和安全性；新增2间共计600个座位自习室，改善了自习空间；延长接驳巴士收班时间至22:30，降低学生晚归的安全隐患；设置宿舍过道壁挂粘钩9600余枚，兼顾了存放雨具和畅通过道；改造LED灯管1500余根，解决荧光频闪和能耗较高的问题；增设24小时售卖机和电动汽车充电桩，解决了师生日常急需等，受到师生员工一致好评。

【打造校区特色文化品牌】

高度重视校园文化建设和宣传教育引导工作,逐步建立包含"部门网站主页—校区微信公众号—专项活动—亮点工程"的多平台文化宣传工作体系。

配合校区日常工作,定期更新网站主页。校区管理办的部门主页充分发挥网络宣传主阵地作用,全年发布新闻动态 120 篇、服务指南 14 类,同时,实时置顶更新服务监督平台的内容,使师生员工能够随时"知我心、观我行、督我弊、促我进"。

发挥学生社团优势,突出微信公众号功能。指导优秀学生组建"未来之声"传媒社团,以服务校区师生为宗旨,以促进发展为目标,既当岱家山文化的宣讲人,也做未来城师生的发声人,公众号单篇最高浏览量超过 3000 次,总浏览量超过40 000次。

结合校区自身特点,开展专项宣传推广。上线"云上未来"校区导览系统,详细介绍校区建筑设计文化和植物科普介绍,将古诗词制成铭牌布置于周边;设计校区景观明信片及文创产品;每月刊发一期未来城校区大事简报《创·未来》,完成未来城校区宣传片《我在未来等你》的制作。

聚焦学生成长特点,组织特色文化活动。开展"观红色电影·忆峥嵘岁月"党史学习教育红色观影活动,播放 24 部红色影片,与青年学子共同迎接建党百年的光辉时刻;邀请陕西援鄂医疗队代表返回校园,组织"地大学子与白衣天使面对面"报告会和"同心战疫"图片展等活动;精心布置不同主题的校园景观,隆重简朴地庆祝元旦季、迎新季、毕业季、国庆季。

荣获湖北省节水标杆高校、湖北省"近零碳"示范创建高校和武汉市碳排放先锋单位等荣誉称号,启动编制"双碳"示范校园建设规划和实施方案,加大校园中水循环利用效率,升级中央空调职能控制系统,补充太阳能光伏供能板块,开展图书馆绿色建筑运行认证。

【做好常态疫情防控工作】

坚决贯彻落实属地政府和学校关于疫情防控的相关要求,充分发挥基层战斗堡垒作用,扎实推进新常态化疫情防控工作。

持续做好未来城校区 24 小时值班工作。履行社区职责,落实属地责任,对接校地各方,圆满完成信息报送、隔离排查、发热送医等防疫工作,全年共在校区与政府隔离点之间接送发热师生 566 人次。

积极开展疫苗接种、核酸检测等工作。全年协调东湖高新疫情防控指挥部、左岭社区卫生服务中心在未来城校区开展全员核酸检测 8 次,接受核酸检测20 813人次;大规模疫苗接种 10 次,接种新冠肺炎疫苗17 495人次。

规范隔离点管理工作。在未来城校区学生宿舍四组团设置校内防疫临时隔离观察点,制定标准化管理制度及配套流程,确保各项防疫措施落实到位。未来城校区临时隔离观察点全年收置学生 220 人,转送政府隔离点 100 人,安排配送餐食 7028 份,完成物资补给 360 余次,隔离房间全面清理消杀 320 余次。

全面落实疫情防控日常工作。将常态

化疫情防控工作与维护安全稳定工作同规划、同部署、同检查。持续做好公共区域的防疫布置和卫生消杀，全年完成各类消杀450余次；严格执行未来城校区服务保障人员日常防疫检查制度，落实台账管理和重点人群的定期核酸检测和疫苗接种工作，筑牢疫情防控底线，维护校园平安稳定。

（撰稿：姜力维、姜珊；审稿：张玮）

房产管理

【概况】

2021年，围绕学校工作大局，坚定不移贯彻新时代中国特色社会主义思想和新发展理念，践行"三服务、三育人"的宗旨，不断提升公共房产资源治理能力，构建具有地大特色的资源配置体系。

2021年，学校校舍总建筑面积1 409 264平方米，占地面积为1 474 354平方米，容积率0.96。其中教学科研及辅助用房建筑面积519 607平方米，行政办公用房建筑面积60 652平方米，生活用房建筑面积493 904平方米，教工住宅建筑面积102 962平方米，其他用房建筑面积232 139平方米。

深化改革，健全制度，完善管理体系。着手修订《公用房管理办法》，初步制定各类型用房实施细则大纲；结合岱家山庄腾退情形，继续修订《周转房管理办法》，力求达到经济手段和需求保障间的平衡；拟定《公用房定额管理实施办法》草稿，推进实施"分类管理、有偿使用、定额补贴、绩效调节"的有偿使用模式。

盘清家底，积极谋划，优化资源配置。对南望山校区公用房配置与使用情况进行拉网式清查；同实验室与设备管理处和本科生院推进共享实验平台标准化、规划化管理；按照融合办公、空间整合、相对集中的总体原则，制定《管理与服务机构公用房调整方案》并实施；为入驻未来城校区单位分配南望山校区办公用房。

改善民生，提升服务，营造良好环境。联合人力资源部规范人才周转房管理；妥善开展岱家山庄剩余房源选房工作，协助开发商办理房屋交付手续；落实职工住房货币化补贴发放，新启动203人，含通过考核的非事业编教职工22人；更新51栋教师公寓水电计量设施；配合推动汉口校区住宅楼拆迁；全年周转房房租收入约1561万元。

【开展公用房拉网式清查】

根据学校要求，对南望山校区公用房配置与使用情况进行拉网式清查，9月23日在校内网上发布《关于开展公用房清查工作的通知》，9月26日至11月29日逐间清查，历时43天（不含节假日）共计清查42栋楼、3000余间房。通过逐间分类梳理各单位清查结果，撰写《南望山校区公用房清查工作报告》，分析目前公用房使用存在缺乏统筹规划等具体问题，结合学校实际情况，提出优化公用房使用、提高使用效率的建议和对策。同时组建公用房检查小组，即时掌握公用房使用、变动情况，为公用房优化配置提供决策依据。

【制定公用房调整方案】

因学校管理与服务机构改革，按照融合办公、空间整合、相对集中的总体原则，重新核定各管理与服务机构公用房定额，制定了符合学校实际的《管理与服务机构公用房调整方案》。经学校同意，先对部分单位进行调整，将本科生院(原学工处和教务处)集中在行政楼办公，协调离退休工作处和工程学院调整腾退；协调三期办、关山社区禁毒办腾退天街公用房给高等研究院使用。

【落实职工住房货币化补贴发放】

针对职工住房货币化补贴一年未启动、两年未调标准问题，后勤保障部积极同财务与资产管理部、人力资源部沟通协商，整理职工住房货币化补贴发放历程及各级文件、决议、纪要，形成《关于职工住房货币化分配补贴对象的说明》材料，按照学校人员编制分类核算 2021 年住房货币化补贴费用，经学校审议后，确定依照后勤保障部提供的费用概算表落实各类人员的货币化补贴，且将非事业编制教职工纳入了发放范围。

【办理公用房出租出借报批报备手续】

按照教育部相关规定，公用房出租出借需履行报批报备手续，7 月 7 日，财务与资产管理部国资监管办与后勤保障部沟通分批次履行报备程序相关手续及流程，明确由后勤保障部分批次将成功招租的出租出借公用房数据录入系统，国资监管办负责上报校务会。10 月已完成一批 483 万套出租出借公用房录入系统工作。

(撰稿：吕璐；审稿：王文起)

〔附录〕

附录1　2021年校舍情况　　单位：平方米（建筑面积）

序号	分类	项目名称	南望山校区	未来城校区	实习站点	小计
1	教学科研及辅助用房	教室	52 131	33 535	5986	91 652
2		图书馆	24 500	21 635		46 135
3		实验室及实习场所	159 389	87 442	17 906	264 737
4		科研用房	9943	63 299		73 242
5		体育馆	18 486	20 553		39 039
6		会堂	2001	2800		4801
7	行政办公用房	校级	15 175	13 050		28 225
8		院系	30 827	1600		32 427
9	生活用房	本科生学生宿舍	138 044	66 355	13 143	217 542
10		研究生学生宿舍	67 599	41 296		108 895
11		留学生宿舍	22 937	7200		30 137
12		食堂	22 214	15 011	2267	39 492
13		生活福利及附属用房	30 324	27 636	2581	60 541
14		聘用工宿舍	6538			6538
15		教工单身宿舍	21 894	2400	6465	30 759
16	教工住宅	教工住宅	102 962			102 962
17	其他用房	幼儿园用房	4543			4543
18		附属中小学用房	10 604			10 604
19		商业服务门面	48 176	4072		52 248
20		其他（博物馆、档案馆、产业、人防、地下车库等）	53 987	110 757		164 744
合计			842 275	518 641	48 348	1 409 264

后勤保障

【概况】

2021年,后勤保障部在学校党委、行政的正确领导下,坚持以习近平新时代中国特色社会主义思想为指导,贯彻落实党的十九大和十九届二中、三中、四中、五中、六中全会精神,以庆祝中国共产党成立100周年为契机,全年工作对标“高”“新”“实”,以高起点规划为指导,创新举措为动力,实干作风为支撑,稳步开启“十四五”新征程,进一步深化“三化三型”校园建设,较好地完成了全年各项工作任务。

以党建为统领,不断加强作风建设和队伍凝聚力。深入开展党史学习教育,印发《后勤党委开展党史学习教育、庆祝建党百年系列活动实施方案》,7个支部认领22项办实事项目。完成学校党委巡视反馈问题整改。编制完成“十四五”改革发展规划。修订完善《后勤党委会会议议事规则》《后勤保障部党政联席会议议事规则》。坚决落实党风廉政建设主体责任,严格落实中央八项规定精神,驰而不息纠正“四风”。召开了后勤保障部第三届职工代表大会第四次会议。举办了庆祝中国共产党成立100周年综合表彰大会暨文艺晚会。

推动建立校院两级公共资源管理体制,持续优化公共资源配置方式。完善房产资源长效管理机制,推进实施“分类管理、有偿使用、定额补贴、绩效调节”的有偿使用模式。创新水电资源管理模式,夯实水电基础设施,推进节水标杆高校创建工作。加强固定资产管理,完善资产共享和调剂平台,确保国有资产安全规范使用。

推动后勤保障硬件设施项目建设,加快提升校园宜居环境和师生幸福指数。推进震旦园教工餐厅改建项目,完成东苑餐厅、西苑餐厅等基础设施改造,改善校园就餐环境。科学调整规划各片区业态,快递、商贸等“多业态”商业服务水平稳步提高。校园空间进一步亮化,学生住宿条件、教职工生活环境进一步改善。完成巴东科教基地建设,完善各科教基地基础设施,发挥校外资产利用效益。

完善内部控制程序和执行机制,推进后勤服务标准化建设。全面实施贯标工作,贯标工作取得阶段性成果。智慧后勤建设取得新进展,采购招标、合同执行实现全过程信息化管理。配合学校一站式服务大厅建设,梳理上报24项业务流程。制定出台《后勤保障部财务管理实施细则》。全面实施成本核算和绩效管理。

围绕“三全育人”综合改革,发挥后勤育人实效。全面推进劳动教育教学建设,开设学校第一门“劳动教育”通识选修课,共62名学生选修并结课。探索后勤“三全育人”体制机制建设,创建后勤育人平台,组织开展劳动教育主题实践活动。完成《后勤文化体系建设规划方案》,开创后勤文化发展新局面。启用后勤微信公众号,提升后勤服务形象。

健全职工薪酬和绩效评价机制,强化后

勤队伍建设。不断推进后勤“三定”工作。确定了以管理岗位、专业技术岗位、职员职级岗位为基础的人事制度改革架构和工资体系。出台《后勤保障部新进管理与技术人员聘用与考核管理办法(试行)》。指导各中心进一步修订完善绩效方案。制定《2021年度后勤保障部中层干部培训计划和新进管理与技术人员培训方案》,开展课题中期汇报及结题考察工作。2021年为后勤队伍充实4位新进管理与技术人员力量。

精准落实常态化防控措施,助力平安校园建设。做好地大社区中高风险区人员返校排查工作。坚持疫情防控日报告、零报告制度。加强食品安全监管,多渠道保障防疫物资供应。加强校园环境卫生整治,构筑校园环卫防线。精准化、人性化做好了学生公寓、接待客房、商业门面、车辆运输、科教基地、汉口社区等领域的常态化疫情防控。配合学校先后在东、西、北区投入229间房间用于隔离观察,改造怡宾楼作为学校长期隔离观察点,保障了学校疫情常态化管理工作的有序开展。全力配合学校核酸检测工作及疫苗接种工作。

【持续优化公共资源配置方式】

完善房产资源长效管理机制。开展南望山校区公用房拉网式清查,共计清查42栋楼、3000余间房。制定《管理与服务机构公用房调整方案》。探索共享实验平台管理方式方法。完成《经营性用房管理实施细则》初稿修订,制定《后勤保障部公用房出租出借管理实施细则》。创新水电资源管理模式。完成校园基础设施维修改造(五期)逸夫楼配电室改造项目。完成4个楼宇用电计量设备改造试点。出台《后勤保障部各中心科室水电定额管理办法》。完成《节水标杆高校建设实施方案》。加强固定资产管理。出台《中国地质大学(武汉)家具类资产管理办法》。组织对全校家具资产、房屋构筑物资产进行实物盘点和核实。进一步探索建立资产共享机制,全年调剂成功688件。

【推动后勤保障硬件设施项目建设】

改善校园就餐环境。完成东苑餐厅、西苑餐厅等基础设施改造,引进新型备餐设备。实施“互联网+明厨亮灶”。丰富产品供应结构。设立师生伙食管理委员会,食堂开放日活动常态化。饭菜出品合格率继续保持100%,2021年师生综合满意率保持在80%以上,较2020年同期稳步提高。拆除震旦园危房区域,改建教工餐厅,制定了新教工餐厅配套政策及运行方案。完成各片区业态调整规划。协调集贸市场30余家商户搬迁腾退,13家商户入驻东区社区服务中心。完成东、西、北区快递服务中心项目建设。启动新一轮商业用房招标工作。完成新巴东科教基地建设。秭归科教基地中标为秭归县2021—2022年党政机关会议定点服务场所服务商。

【持续增进民生福祉】

改善教职工生活环境。不断加强周转房管理。完成67户挂表工作,届时全校天然气入户安装率达到100%。完成51栋教师公寓水电计量试点改造。核准各类人员2021年住房货币化补贴费用,将非事业编制教职工纳入了发放范围。协助做好岱家山庄交付手续办理。升级教学综合楼地下车库停车系统,解决了教工“停车难”问题。迅速响应学生诉求。改造热水流量支付设施5200台,升级覆盖率100%;更换新型节能洗衣机173台,增设2个洗衣机房,加装烘干机、洗鞋机;改造一体化生活服务功能房17间。配合完成58栋学生宿舍改造。开通后勤服务24小时热线,全年受理报修项目21 110项,较2020年数量翻一番,有效投诉处置率为100%。

【深化绿色生态校园建设】

以70周年校庆为契机,开展“种一棵树、增一片绿、净一方土”植树活动,打造“油菜花海”“牡丹园”网红打卡点;校园绿化养护面积达41.5万平方米。完成南望山校区北区、西区10条主干道、21条次干道的管线入地及楼宇周边185千米、31吨废线的拆除清理工作,校园空间得到有效亮化,天空“无线美”初步显现。稳步推进垃圾分类工作,开展垃圾分类业务培训,投放分类垃圾桶25个,提高师生居民垃圾分类意识。

【推进后勤服务标准化建设】

全面实施贯标工作。开展管理体系发布、试运行、内部审核和管理评审,贯标工作取得阶段性成果。全年后勤服务综合满意度94.05%,较2021年增长1.45个百分点。推进智慧后勤建设。通过钉钉平台实现了采购论证、招标、合同签订、执行的全过程信息化管理。按照学校一站式服务大厅建设要求,梳理上报24项业务流程。初步建设了“后勤知识库”。基本实现了食堂线上订餐及配送业务。规范经济活动。制定出台《后勤保障部财务管理实施细则》。全面实施成本核算和绩效管理。累计搭建覆盖购销、服务、租赁、合作等多项业务的22个合同模板,提高了合同的签订率和规范性。

【筑牢关键环节疫情防控屏障】

全年排查风险地区来汉人员1816人,对771人实施了社区管理。全年累计转送在校发热学生1800余趟次。做好隔离点服务保障工作,提供24小时无间断服务,累计配送隔离点餐品8万余份。迅速周到做好南望山校区各检测点及疫苗接种点布置工作,全面消杀核酸检测场地30余次,不定时消杀100余次。为核酸检测工作人员配送免费饮品8000余份,冰块44车。积极配合学校组织在校师生、社区居民,有序分批开展核酸检测,两次全员核酸共检测23 378人,做到了应检尽检、消除隐患。贯穿全年开展爱国卫生运动,巩固校园精神文明创建成果,提升师生员工防控意识和自我防护能力。

(撰稿:王茁;审稿:王文起)

医疗保障

【概况】

学校医疗保障工作主要依托校医院开展。校医院主要承担3万余名师生员工和社区居民的常见多发病防治、社区居民儿童计划免疫、突发公共卫生事件、灾害事故紧急医疗救援等工作。校医院每年组织新生、毕业生、教职工、妇科体检工作，同时负责野外实习站医疗保障及学校各种大型活动、会议的医疗服务工作。

校医院设有内、外、妇、儿、五官、中医、康复、检验、药剂、公共卫生、护理等10余个科室，病床40张，各种仪器60余台套。医院现有正高级职称人员5人，副高级职称人员12人，主治医师及主管护师共31人，初级职称23人，其他行政及辅助人员6人。

坚持加强"一院三地"服务管理，服务师生健康。截至2021年11月，医院全年共计接诊88 057人次，其中南望山校区74 881人次，未来城校区13 176人次。供应药品及耗材600余种，共计630余万元，抢救急诊重症病人30余例，开展心电图检查1889人次、长程心电图及血压监测147人次，B超检查2997人次，放射影像检查18 360人次，出具高质量检验报告14 346份。静脉输液2801人次，门诊换药5852人次，外科门诊手术330例。为重大活动提供医疗服务280余天，服务达2万余人次。坚持维护学生权益，积极开展医保宣传。医保办发放学生医疗手册8000余册，向医保中心申报医保赔付款71万元。安排3次在职教职工、在校学生医药费报销，5次离退休干部公费医疗报销工作。基础医疗服务能力、服务效率不断提高，有力保障和服务教学科研、满足师生健康需求。

【健康教育】

一年来，积极在新生中开展心肺复苏等卫生应急知识教育，在本科生中开设72学时的"大学生健康知识""常见病的预防与院前急救"健康教育选修课程，受益学生达1440人。联合学工处、团委、工会、老干处等部门普及急救知识、传染病防治、中医养生等健康知识教育宣传，受益人群达8000余人次。全年发放健康宣传等资料12种，共计27 960份，播放健康教育影像资料192小时，更新健康教育专栏39次。开展咨询义诊活动11次，以及孕产妇中医宣教、产后恢复评估及健康指导206人次。微信平台向教职工、学生推送疾病预防知识46期，扩大健康教育范围。

【服务保障】

截至2021年底，完成高血压随访2650人次、糖尿病随访942人次，开展中医体质辨识410人次。完成65岁以上人员体检及健康管理766人次，对29 242名社区居民进行定期随访，提供医疗服务。传染病网络直报、监控和登记40例，报告及时率、准确率和完整率均为100%；开展肺结核密切接触者症状调查、胸片筛查及PPD试验406人；加强对辖区22例严重精神障碍患者管理，开展线索筛查核实、家属护理教育达88人次。为辖区0～6岁儿童新建档、建卡、建薄131人，建证率达100%。累计一类、二类疫苗接种4250剂次，新冠疫苗接种55 462剂次。建立疑似预防接种异常反应制度，监测登记率达100%。开展艾滋病病毒(HIV)抗体快速检测工作，全年进行HIV快检214人次。完成0～3岁婴幼儿体检702人次，黄疸筛查68人次，先心筛查45人次，新生儿上门访视29人次，儿童中医随访152人次。完成妇检1772人次，孕产妇新建册46人，孕期随访170人次。联合相关部门开展校园饮食卫生安全协查,保证师生饮食安全。全年完成健康体检8599人次,门诊体检1525人次,为"健康地大"作贡献。

【社区卫生服务】

全年新建家庭居民健康档案153户,建档人数4094人,清理旧档案4109人。完成高血压患者随访2904人次、糖尿病患者随访944人次。完成武汉市卫计委65岁以上人员体检及健康管理任务2050人次,开展中医体质辨识452人次。开展肺结核密切接触者症状调查832人。开展传染病聚集性疫情调查处置5次。首次将"高校尿液传递HIV检测项目"引进学校,在毕业生中开展HIV快检152例,开展门诊重点人群学生艾滋病病毒(HIV)抗体快速检测7人。新建0~6岁儿童档案273人,建证率达100%。累计一类、二类疫苗接种5083人次,同比上年度增幅为11%。对附属小学和幼儿园学生进行接种证查验并出具报告428人次,共9416针次。建立疑似预防接种异常反应制度,监测登记率达100%。全年完成女职工妇检1596人次,两癌筛查1275人,社区妇检102人次。新建册孕产妇103人,产后访视56人。全年组织医院大型体检7次,总计18 363人次。

【疫情防控】

疫情防控事关师生身体健康和生命安全,关乎学校和社会和谐稳定。医院认真贯彻落实习近平总书记重要指示精神和党中央决策部署,始终把师生生命安全和身体健康放在第一位。按照上级部门疫情防控要求,一年来,对未来城校区、南望山校区中高风险地区返汉人员集中隔离716人次,体温和症状检测达9472人次。先后13次组织开展全校师生、社区居民新冠疫苗接种,累计接种57 000余人次。组织医护人员为地大近40 000名在校师生、居家隔离人员及社区居民进行核酸检测,累计检测35 000余人次。按照上级卫生部门工作要求,医院发热门诊累计接诊患者2000余人次,切实把学校疫情防控各项任务落到实处。

(撰稿:雷晓庆、徐祝心;审稿:王海花、何晓玲)

社区建设

【概况】

地大社区隶属武汉市洪山区关山街道,是以中国地质大学(武汉)为依托的高校型社区,受中国地质大学在(武汉)和武汉市洪山区关山街道办事处的双重管理,并在街道办事处的指导下,开展社区居民的社会保障与民政服务工作。社区所辖面积1.1平方千米(110公顷),共有3个小区(南望山庄小区、喻家山庄小区、东区家属区),住宅楼63栋,住宅面积30余万平方米,现有居民3232户,居民人口9616人,在校学生近30 000人。社区内设有一站式综合服务大厅及居家养老服务中心、党员活动室、法律咨询室、文体活动室、图书资料室、计生服务站、市民学校等多种类型活动室,满足和丰富居民的文化和娱乐生活需求。

地大社区以党建工作为引领，以构建和谐社区为目标，社区工作人员齐心协力、扎实工作，不断完善和提高社区建设，规范社区管理，提高服务水平，以良好的工作获得多项荣誉。2021 年 1 月被武汉市委组织部评为“五星级基层党组织”，2021 年 3 月被洪山区委组织部评为“2020 年洪山区最佳下沉单位党组织”，2021 年 3 月被洪山区政府评为“洪山区文明社区”。2021 年 16 月 30 日，在中国共产党成立 100 周年之际，洪山区召开“两优一先表彰大会”，地大社区党总支获得“全区先进基层党组织”光荣称号。

【开展党史学习教育】

社区两委班子认真贯彻落实党的路线、方针、政策，自觉提高思想政治素质，充分发挥团队的凝聚力和战斗力。开展党史学习教育，深入学习贯彻习近平新时代中国特色社会主义思想。紧密联系两委班子、个人思想和工作实际，深入进行党性分析，认真开展批评和自我批评，切实增强党内政治生活的政治性、时代性、原则性、战斗性，增强“四个意识”、坚定“四个自信”、做到“两个维护”，以永不懈怠的精神状态和昂扬向上的奋斗姿态抓好基层党建工作。

【履行基层党建责任制】

抓班子强队伍，夯实党建基础，真正体现了党总支在社区各项工作的领导核心作用。创新工作方法，提高党建质量，以“党员服务”为抓手，从政治上、生活上、感情上关心和服务党员。强化教育，优化形式，增强基层党组织的影响力。

【围绕中心服务大局】

落实党员干部下沉社区工作，让下沉党员也有了真正参与社区治理的窗口和平台。将党史学习教育与“我为群众办实事”实践活动紧密结合起来，真心真情为群众解决“急难愁盼”问题。压紧压实各方责任，落实落细疫情防控措施。全员核酸、疫苗接种、风险排查、发热送诊，社区工作人员始终坚守防疫一线，保障社区居民的身体健康和社区和谐稳定。

【落实基层党建工作重点任务】

基层治理，关系千家万户，社区两委班子把更多资源、服务、管理放到社区基层。定期组织社区、物业和业委会举行“三方联动”会议，解决与居民生活息息相关的问题。探索下沉党员担任社区联络员制度，将政治素质过硬、富有服务意识、居民群众认可的下沉党员选聘为社区信息联络员。加强党的领导、充分发扬民主，依法依规顺利完成了社区“两委”换届。新一届的两委班子将恪尽职守、开拓创新、勤勉工作、竭尽所能，奋力推动社区发展再上新台阶。

（撰稿：罗映焱；审稿：王文起）

基础教育

【概况】

学校基础教育主要由幼儿园、小学、初中组成，由附属学校统一管理。2021 年，附属学校共有在校生 1989 人，56 个教学班。其中：幼教部有 16 个教学班，在园幼儿 504 人；中小学部有 40 个教学班，在校学生 1485 人。附属学校共有在编教师 78 人（含人事代理26人、流动编制4人、非事业编制3人)。其中,中学职工33人,小学职工26人,幼儿职工19人。在编教师中,有国家级优秀教师1人,省级骨干教师1人,武汉市学科带头人2人。洪山区名师1人,洪山区学科带头人12名,中学高级教师24名。

2021年,附属学校荣获洪山区绩效管理立功单位,教育教学质量立功单位,教育教学质量提升单位,教学常规管理先进学校,幼教部荣获洪山区保教质量立功单位;荣获湖北省教育系统关心下一代工作先进集体;荣获中国地质大学(武汉)模范分工会,脱贫攻坚优秀组织单位,文明教学教研先进单位。

【党建工作】

2021年8月,大学党委任命张瑞生同志为附属学校党总支书记。本年度附属学校接受大学党委和行政的政治巡察和经济责任审计。

党总支部下属幼教党支部、小学党支部、中学党支部,有中共党员66人。党组织吸收许梅、杨爱芳、殷子一、马寒露、刘毅等5名同志为入党积极分子,确定胡金芙同志为发展对象,韩晏莉同志按期转为正式党员。党总支坚决贯彻学校党委和巡察组整改要求,结合经济责任审计,立行立改,制定整改措施,分解整改任务,整改完成率100%。党总支运用党史教育学习成果指导教学实践,积极为群众"办实事"。支教援藏,学校与竹山县秦古小学、云南施甸二中开展空中课堂教研。开展幼小衔接系列活动,党员点对点帮扶困难学生,建立"倍爱生"档案,开展心理咨询与服务。安排党员干部参与疫情防控,保障学校安全稳定。加强五育并举工作理念,落实"五项管理"措施,细化党总支对统战、工会和团、队等工作的领导,党建带团建,团建促党建,通过国旗下讲话、宪法晨读等活动,开展中小学生爱国主义教育和社会主义核心价值观教育。每学期开展1~2次党建引领团建工作,每学期召开1次少工委全体会议研究落实团队改革工作。在发展团员、团员教育、主题团日等方面规范管理,严格要求。

加强师德师风建设,组织全体教职工开展师德师风专题学习与讨论,建立学校师德师风建设长效机制,统筹谋划师德师风建设。严格党员教育管理,规范党的组织生活,推动党建工作与教育教学、德育和思想政治工作深度融合。加强对优秀教师的政治引领和政治吸纳,健全"双培养"机制,民主测评后备干部,为打造精干优秀的依法治校、教学管理队伍做好基础性工作。

【教师队伍建设】

在编教师中,有国家级优秀教师1人,省级骨干教师1人,武汉市学科带头人2人。洪山区名师1人,洪山区学科带头人12名,中学高级教师24人。

本年度陈爱丹荣获"湖北省青年教学能手",刘媛荣获武汉市第二十二届职业技能大赛"技术能手",李燕荣获洪山区"四有教师"称号。刘丹被评为洪山区学科带头人,李娲、刘晓琴、刘娟被评为洪山区杏坛新秀,董海燕、郭冰冰、程吟评为洪山区"教育教学能手",冯涛、袁海霞被评为洪山区"教育教学管理能手”。中学部方海兵、刘晓琴、李琼、尹书丽、潘林萍等22人荣获洪山区教育局常规教学工作先进个人。

李萍获湖北省学前教育研究会“十三五”课题研究成果二等奖。陈爱丹获武汉市高校附小联盟课堂教学选拔赛一等奖、湖北省第七届中小学教师教学竞赛获三等奖。刘媛获洪山区第十六届教师五项技能比赛特等奖、武汉市第二十二届职业技能大赛暨第十七届教师五项技能竞赛中学组教学演示单项第一名、武汉市教师五项技能竞赛一等奖。皮淑芳获洪山区教师技能大赛二等奖。洪山区班主任基本功技能大赛，孙茜获一等奖，石小芬获二等奖。洪山区游戏案例比赛特等奖：左伶伶；一等奖：刘丹、马寒露、邓橙；二等奖：殷子一、丁媛、刘华洁、肖静。小学部26名教师参加洪山区小学进取杯赛，22名教师分获一、二、三等奖。武汉市教学论文评比二等奖：王芃 。洪山区教育云智慧课堂评比一等奖：孙茜；三等奖：刘水晴。

“礼赞中国共产党成立100周年2021湖北电视台‘百年风华·合家欢’”艺术盛典优秀指导教师奖：管颖；“2021锦绣之花·全国舞蹈艺术展演”湖北赛区优秀指导教师奖：陈悦；“庆祝建党100周年暨红五月艺术展演”优秀指导教师奖：陈悦；洪山区中小学体育教师教学技能评比二等奖：刘天格；洪山区教育局中小学乒乓球比赛优秀指导教师奖：孙辉。

附属学校青年教师开展赛课活动。12门学科教师参赛，欧月、胡婷、孙茜、刘阳、刘媛、刘晓琴、蔡小川等32名教师分获一、二、三等奖。

附属学校新技术新媒体优质课竞赛，李琼、肖星、胡婷、陈向莲获一等奖，漆超、刘娟、陈星、孙茜、冯奥博获二等奖，段亚清、陈国威、石小芬获三等奖。

2021年武汉市田径运动会上，李子晴获初中女子组铅球第6名，任丞铄获男子组铅球第5名，两学生成为武汉市体育后备人才。

2020年学校合唱团走上CCTV后，2021年6月学校合唱团参加湖北省电视台“百年风华正青春”歌咏会活动。2021年7月学校舞蹈团参加湖北省电视台“百年风华·合家欢”艺术盛典活动。2021年11月，在大学教职工运动会上，附属学校勇夺男团第三名，女团第三名。

2021年6月期末考试，七、八、九3个年级均分均超过区总均分，A+人数均在15%以上，B+人数均在60%以上，2021年中考普高升学率达到63.5%。2021年11月期中考试，七、八、九三个年级总分、平均分均超过全区总分、平均分等。

2021年5月罗红兵副校长参加湖北省第七届少代会，当选省少工委委员、省少先队工作学会理事，会上罗红兵副校长交流地大附校少先队工作经验。

2021年9月29日黎义波校长在全区教育教学工作会上作了提为《践行内涵五部曲，开创高质量发展新局面》的经验交流。

【教育教学】

治理机制美，真聘动心。认真落实治理机制，“多方位”深化改革满足发展需要。结合学校实际，真聘动心，不断优化教师队伍，增强教师的责任感，激发教师队伍的活力和创造力，不断提高附属学校教育教学质量。

深化培训美，真材匠心。认真实施校本研训，"多渠道"提升教师整体素质。一是以训促培，提升教师能力。对教师进行信息化、微课制作、心理健康等专题培训，新教师岗前培训、各级骨干教师培训、各级教研交流培训等。二是以赛促培，强化教师基本功。三是以带促培，促教师能力提高。建立骨干教师工作室，即小学语文、数学、英语、中学语文、英语教师工作室。制定《附校青蓝工程五年规划》，实现校园区域资源共享、同伴互助。

主动教研美，真研壮心。一是常规教研主题化。各教研组每周进行一次固定时间、固定主题、固定交流人的"三固定"教研活动。活动前有布置、研讨中有图片、过程中有反思。被评为区级十佳备课组的有中学部语文教研组、英语教研组、数学教研组、小学部语文教研组、数学教研组、道法教研组。二是教学科研课题化。积极参与全国少工委课题研究活动，学校承担的省少先队重点课题于2021年9月顺利结题。近5年，学校承担2项省级教育规划课题，1项武汉市教育科学规划课题，3项区级教育规划课题，4项武汉市教育规划个人小课题，10项洪山区教育规划个人小课题。三是特色教研品牌化。乔皓霖、李燕老师分别多次送教到板桥中学、张家湾中学、梨园中学。小学部英语教研组在武汉市进行展示交流；小学部语文教研组、数学教研组分别在学校召开全区现场会，展示教研成果。

设计作业美，真智惠心。落实教育部"双减"文件精神，学校制定了《关于加强作业管理工作方案》《作业公示制度》等，从制度上进一步加强作业管理，严格控制各班日均作业数量，引导各科作业统筹与协调。

培养兴趣美，真玩开心。在延时服务背景下，一是采用"1+X"模式，"1"即老师对学生的集中管理，进行作业辅导；"X"即多种形式的课外活动，主要是户外文体兴趣活动。二是学校继续利用各种教育资源，拓展学生时间和空间，认真开展兴趣班40个，形成了两横(校内、校外)、五纵(文化、科技、体育、艺术、生活)的校本课程体系，深受学生喜欢。

落实细则美，真德民心。制定《附属学校自编作业管理细则》，根据教育部门"五项管理"要求，学校拟定了《中国地质大学附属学校五项管理实施方案》《附属学校课外读物管理细则》，规范阶段测试与读书学习要求，强化学生体育活动时间、休息时间和手机管理要求。

【德育工作】

执行制度美，真品悟心。一是实施学校德育常规管理量化积分。落实《班主任绩效考核方案》《班级安全值班制度》，通过学校微信公众号、主题班队会、美篇、班科联席会等途径宣传安全及心理健康知识。二是加强学生日常行为规范检查管理，将分数公布于纪律卫生公示栏，按比例计入班级德育积分。三是根据德育积分情况，顺利推进1～9年级个人和集体评优工作。

孕育文化美，真评细心。2021年10月，全校40个班进行“真美空间”班级文化达标建设，共评出一等奖6个，二等奖15个。根据学校红领巾奖章一星级奖章实施方案，学校认真开展红领巾“红旗章、红星章、火炬章”争章活动，营造学校真美教育文化氛围。

提升环境美，真实润心。建设学生乒乓球馆，改造学生篮球场，改造中学部微机室，解决教师电动车停车难题，增加教师电脑，改扩音乐室和教学用房等，质量优、速度快、效果好。配合武汉市文明卫生城市创建进行班级文化规划与建设，深入开展中小学校园文化提升行动，学校“校园文化建设”润物细无声。

根植党恩美，真练赤心。一是进行极具仪式感的新生入学“开笔礼”，开展朱砂开智、入校第一笔、入校第一张、接送演练等系列活动，让刚入学的一年级小朋友真正感受到入学是人生中的一件大事。二是每周开展“知党情　跟党走”红歌展演活动，讲述红歌背后的红色故事。继续开展“传承红色基因　做新时代的好队员”六一表彰暨红歌展演活动，9月10日“红心向党、真美启航”开学典礼暨建党百周年庆祝活动。三是组织线上学雷锋系列活动，学校涌现出一批雷锋式的好少年拾金不昧、助人为乐。如三(2)中队罗奕阳、张佳蕊、李子涵等同学。

细化专题美，真学导心。一是落实了各年段安全教育、消防教育、国防教育、劳动教育、美德少年、禁毒教育、心理健康教育等专项教育活动，以及“紧急疏散演练”活动。落实了我校少先队活动课程计划，完成湖北省网上禁毒知识竞赛注册、学习、测试工作。二是继续完善“三位一体”教育，注重学校、家庭、社会教育资源整合.组织“家长课堂”活动30余节。校外家庭教育专家线上讲座一次(“如何加强亲子之间的沟通，做一个合格家长?”)，学生专项讲座一次。

践行情感美，真情贴心。2021年我校“纸短情长・情满中秋”第三届书信比赛活动继续举行，共收到作品230余篇，评出一、二、三等奖，并进行了隆重的颁奖仪式。2021年8月，学校举行了隆重的九年级毕业典礼。岁月不居，春秋作序，相聚情依依，离别情更长。2021年11月我校携手团省委成功举办“强国新生代——中小学生专场”活动，在学习强国、抖音、长江云等平台播出。

【幼教工作】

规范行为美，真干凝心。成熟廉洁幼教氛围，“多措施”建设优良师德师风。一是积极组织全体教职工开展师德师风专题学习与讨论，把习总书记对教师的寄语作为幼儿园师德师风建设的核心内涵和精神引领，带领全体教职工重温《新时代幼儿园教师职业行为十项准则》，学习《市教育局关于有偿补课和教师违规收受礼品礼金问题专项整治工作通知》，签订《地大幼儿园教师师德师风承诺书》。二是结合实际，撰写学习心得体会，将每个人的学习心得体会发布于在线文档进行交流。三是树立身边典型，在微信公众平台开辟“最美幼教人”专栏，宣传行业优秀人物。加强引领，注重感召，形成强大正能量，增强教师职业的责任感、自豪感和使命感，树立全心全意为幼儿、为家长服务的意识。

提升能力美,真言向心。成长年轻幼儿教师,“多载体”打造优秀教工团队。一是支部书记李萍讲授了以《百年奋斗路,启航新征程》和《立德树人,做新时代“四有好教师”》为主题的党课。二是严格落实“四个一”,参观红色纪念馆、观看党史电影,采取集体学习与讨论、个人自学党史著作、撰写读书笔记、每月两人轮流交流心得体会等多种形式,增强党史学习教育的吸引力和感染力。三是执行新党章党员标准,发展入党对象,吸收殷子一、马寒露两名同志为入党积极分子,确定胡金芙同志为发展对象,按期将韩晏莉同志转为正式党员。四是在注重教职工思想政治教育的同时,我园紧紧围绕课改中心工作,将教、研、培融为一体,圆满完成湖北省学前教育研究会“十三五”课题——“以绘本为载体的主题探究活动研究”结题工作。

落实活动美,真境合心。成就幸福幼教职工,“多渠道”开展优质教工活动。一是重视教职工身体健康,支持全体教职工参加健康体检。二是工会和团支部利用课余时间开展瑜伽、气排球、诗朗诵、健步走等丰富多彩的活动。三是幼儿园始终高度重视疫情防控工作和幼儿疫苗接种工作,切实提高幼儿膳食质量。2021年无一例安全责任事故发生。四是积极推进未来城校区幼儿园2023年开园前期准备工作。

(撰稿:陈文雄;审稿:张瑞生)

Nianjian

机构与干部

学校领导班子成员

党委书记：黄晓玫
校　　长：王焰新
副 书 记：王焰新　成金华（兼纪委书记）
　　　　　唐辉明　王林清
副 校 长：傅安洲（—2021.6）　赖旭龙　王　华　刘　杰　刘勇胜　周爱国（2021.6—）
党委常委：黄晓玫　王焰新　傅安洲（2021.6—）　成金华　唐辉明　赖旭龙　王　华
　　　　　王林清　刘　杰　刘勇胜　周爱国（2021.6—）　储祖旺
校长助理：蒋少涌　周爱国

中共中国地质大学（武汉）第十二届委员会委员名单

（2018 年 1 月学校第十二次党代会选举产生，按姓氏笔画排序）

马　腾　王　华　王　甫　王林清　王焰新　成金华　刘　杰　刘勇胜
李建威　张　玮　张宏飞　周爱国　胡圣虹　胡祥云　殷坤龙　唐辉明
唐　勤　黄晓玫　蒋少涌　喻芒清　傅安洲　储祖旺　赖旭龙　解习农

中共中国地质大学(武汉)纪律检查委员会委员名单

(2018 年 1 月学校第十二次党代会选举产生,按姓氏笔画排序)

王　芳(女)　成金华　李宇凯　杨从印　余　敬(女)　张吉军　陈文武(女)
高　芸(女)　陶继东　黄　菊(女)　隋　红(女)

中共中国地质大学(武汉)纪律检查委员会书记、副书记名单

(2018 年 1 月学校纪律检查委员会第一次全体会议选举产生)

书　记:成金华　　**副书记:**陶继东(—2021.07)　唐　勤(2021.07—)

中国地质大学(武汉)第二届学术委员会成员名单

(2020 年 12 月 25 日,按姓氏笔画排序)

主任委员:童金南
副主任委员:王　华　李建威　吴　敏　胡守庚　赖旭龙
委　　员:丁华锋　马　瑞　马　腾　王力哲　王占岐　王国灿　文国军　甘义群
宁伏龙　成金华　刘勇胜　关庆锋　孙　军　严春杰　李　超　杨明星
吴　亮　沈传波　张宏飞　张奇华　张峻峰　张梅珍　陈　鑫　罗银河
周建伟　周爱国　於世为　郑建平　赵军红　赵来时　胡圣虹　胡兆初
胡祥云　夏　帆　夏庆霖　高翔莲　郭上江　曹卫华　章军锋　董　范
蒋少涌　程　胜　焦玉勇　储祖旺　谢树成　蔡之华　熊　熊

教学科研机构中层干部

学院	职务	姓名
地球科学学院	党委书记	王　甫(—2021.07)　周　刚(2021.07—)
	院长	章军锋
	副院长	冯庆来(—2021.05)　郑建平(—2021.05)　吴元保　朱宗敏　赵军红(2021.05—)　罗根明(2021.05—)
	党委副书记	章军锋　赵得爱
资源学院	党委书记	高复阳
	院长	李建威
	副院长	赵葵东　严德天　朱红涛　沈传波
	党委副书记	李建威　张建华(—2021.07)　谭文伦(2021.07—)
材料与化学学院	党委书记	黄　菊
	院长	夏　帆
	副院长	公衍生　田熙科　李国岗　周　炜　杨华明(兼)(2021.06—)
	党委副书记	夏　帆(2021.02—)　余江涛
环境学院	党委书记	李素矿
	院长	马　腾(—2021.06)　史建波(2021.06—)
	副院长	孙自永　柴　波　谢先军
	党委副书记	马　腾(—2021.06)　王海锋
工程学院	党委书记	李红丽
	院长	焦玉勇
	副院长	王亮清　倪晓阳　窦　斌　罗学东
	党委副书记	焦玉勇　江广长(—2021.07)　高晓东(2021.07—)
地球物理与空间信息学院	党委书记	刘子忠(—2021.07)　马彦周(2021.07—)
	院长	熊　熊
	副院长	顾汉明　罗银河　吴　柯　蔡红柱(2021.04—)
	党委副书记	熊　熊　李周波(—2021.02)　姜明敏(2021.02—2021.06)　黄金波(2021.06—)

续表

学院	职务	姓名
海洋学院	党委书记	成　军
	院长	孙　军(2021.07—)　陈学恩(—2021.07)
	副院长	姜　涛　陈　刚　孙启良　宫　勋
	党委副书记	钟　苹
机械与电子信息学院	党委书记	瞿祥华
	院长	丁华锋
	副院长	李　波　文国军　罗　杰　黄田野
	党委副书记	于晓舟
自动化学院	党委书记	董浩斌
	院长	曹卫华
	副院长	陈　鑫　宗小峰　熊永华　陈略峰(2021.04—)
	信息技术教学实验中心主任	熊永华
	党委副书记	曹卫华　何建新
经济管理学院	党委书记	杨昌锐
	院长	杨树旺
	副院长	肖建忠　於世为　郭　锐　程　胜　王广民
	MBA 教育中心主任	杨树旺
	MBA 教育中心副主任	郭　锐(兼)
	MPcc 教育中心主任	杨树旺(兼)
	MPcc 教育中心副主任	郭　锐(兼)
	党委副书记	杨树旺　李少杰
外国语学院	党委书记	张基得(—2021.07)　刘世勇(2021.07—)
	院长	张峻峰
	副院长	刘　芳(—2021.02)　杨红燕　张伶俐 周宏图(2021.05—)
	教育部出国留学培训与研究中心副主任	敖　练(副处级)(—2021.10) 孙来麟(正处级)(2021.10—)
	党委副书记	张峻峰　胡文勤

续表

学院	职务	姓名
地理与信息工程学院	党委书记	许德华
	院长	王绍强
	副院长	刘修国(—2021.12)　潘　雄　关庆锋　王伦澈 陈能成(兼)(2021.04—)
	党委副书记	王绍强(2021.01—)　武彦斌
数学与物理学院	党委书记	吴太山
	院长	郭上江
	副院长	张光勇　黄　刚　张保成　魏周超
	党委副书记	郭上江　徐　超
珠宝学院	党委书记	薛保山
	院长	杨明星(—2021.01)　尹作为(2021.01—)
	副院长	尹作为(—2021.01)　郝　亮　周琦深 张荣红(2021.05—)　陈全莉(2021.05—)
	党委副书记	杨明星(—2021.01)　尹作为(2021.01—) 高翠欣(—2021.07)　陈汉英(2021.07—)
艺术与传媒学院	党委书记	郭秀蓉
	院长	桂宇晖
	副院长	张梅珍　杨　喆　袁　玥　彭　静
	党委副书记	桂宇晖　吴仁喜(—2021.07)　边建华(2021.07—)
公共管理学院	党委书记	张吉军
	院长	王占岐(—2021.04)　胡守庚(2021.04—)
	副院长	才惠莲　龚　健　王　忠
	MPA 教育中心副主任	王　忠
	党委副书记	王占岐(—2021.04)　胡守庚(2021.04—)　刘国华
计算机学院	党委书记	吕　军
	院长	王力哲
	副院长	刘　刚　张冬梅　胡成玉　陈云亮
	党委副书记	王力哲　傅　苑

续表

学院	职务	姓名
马克思主义学院	党委书记	刘世勇(—2021.12) 汪再奇(2021.12—)
	院长	阮一帆
	副院长	陈 军 孙文沛 李海金(2021.05—) 邬海峰(兼)
	党委副书记	阮一帆 徐 胜
体育学院	党委书记	庞 岚
	院长	董 范(—2021.09) 李 元(2021.09—)
	副院长	杨 汉 刘良辉 李 元
	党委副书记	董 范(—2021.09) 张延平(—2021.07) 朱 军(2021.07—)
教育研究院(2021.05成立,之前名称为高等教育研究所)	党总支部书记	徐绍红(兼)(2021.04—)
	院长	柯佑祥(2021.06—)
	副院长	蒋洪池(2021.06—)
	党总支部副书记	陈 彪(兼)(2021.04—)

管理服务机构中层干部

部　门	职　务	姓　名
学校办公室（与校长办公室、保密委员会办公室、综合改革与政策法规办公室合署，维护稳定工作办公室、督查督办工作办公室挂靠，2021.07起政策法规办公室更名为综合改革与政策法规办公室）	主任	侯志军
	综合改革与政策法规办公室主任	陶继东(2021.07—)
	督查督办工作办公室主任	侯志军(兼)
	学校办公室副主任	陶继东(兼)(2021.07—)　陈华荣(兼)(—2021.07) 尚东光　朱　军(—2021.07)　汪再奇 黄少成(—2021.07)　邓云涛(2021.07—) 单红峰(2021.07—)　王　芳(兼)(2021.08—)
	保密办公室副主任	王　芳
	维护稳定办公室副主任	尚东光(兼)(—2021.07)
	督查督办工作办公室副主任	朱　军(兼)(—2021.07)
	2021.07前政策法规办公室与学校办公室合署办公，中层干部情况	
	政策法规办公室副主任	吕凌燕(校内挂职)(—2021.11)
党委组织部、党委统战部（与党校合署，机关党委挂靠，2021.07前统战部为独立二级单位）	组织部部长（兼机关党委书记、兼党校常务副校长）	储祖旺(—2021.05)　陈文武(2021.05—)
	统战部部长	唐　勤(—2021.07)　陈文武(2021.07—)
	正处级专职组织员	梁本哲(2021.12—)　刘国华(2021.12—)
	组织副部长	梁本哲　冷再心　周　刚(兼)(—2021.08) 龙　涛(兼)(2021.08—)　孙　莉(兼) 曾　杰(校内挂职)
	机关党委副书记（兼党委党校副校长）	孙　莉
	统战部副部长	曾　希(2021.07—)　蒋怀柳(兼)
	副处级专职组织员	徐家忠(2021.12—)　林小艳(2021.12—)
	党委党校校长	黄晓玫(兼)

续表

部　门	职　务	姓　名
党委宣传部	部长	胡守庚(—2021.04)　储祖旺(2021.04—)
	副部长	陈华文　魏海勇　吴仁喜(2021.09—) 宋冬冬(校内挂职)(—2021.11)
	学校新闻发言人	胡守庚(兼)(—2021.05)　储祖旺(兼)(2021.05—)
纪委办公室(与监察处、巡察办合署,监督检查室挂靠)	纪委办主任兼巡察办主任、监察处处长	陶继东(—2021.07)　唐　勤(2021.07—)
	纪委办公室副主任	陈　慧
	监察处副处长	晋　曦
	监督检查室主任	陈　慧(兼)
	巡察办公室副主任	高艳丽
	2021.07 撤销派驻未来城校区纪检组组长岗位设置	
	派驻未来城校区纪检组组长(副处级)	高晓东(—2021.07)
本科生院(与党委学生工作部合署,党委武装部、李四光学院挂靠,2021.07 由教务处、学工处(部)等组建成立)	院长	王　华(兼)(2021.08—)
	常务副院长	周建伟(2021.07—)
	学生工作部部长	邬海峰
	副院长	邬海峰(兼)(2021.07—)　张建和(2021.07—) 王　莹(2021.07—)　肖梦琼(2021.07—) 苏洪涛(2021.07—)　蒋怀柳(2021.07—) 朱继(2021.07—)　杨　飞(校内挂职)
	学生工作部副部长	蒋怀柳(兼)　朱　继(兼)
	党委武装部部长	邬海峰(兼)(2021.07—)
	李四光学院院长	周建伟(兼)
	李四光学院副院长	曾　希(—2021.07)　张建和(兼)(2021.09—) 罗银河(兼)　刘修国(兼)　朱宗敏(兼)
	2021.07 前教务处中层干部情况	
	教务处处长	周建伟(—2021.07)
	教务处副处长	张建和(—2021.07)　王　莹(—2021.07) 肖梦琼(—2021.07)　曾　希(兼)(—2021.07)
	2021.07 前学生工作处中层干部情况	
	学生工作处处长	邬海峰(—2021.07)
	学生工作处副处长	苏洪涛(—2021.07)　蒋怀柳(—2021.07) 朱继(—2021.07)

续表

部门	职务	姓名
研究生院(与党委研究生工作部合署,研工部自2021.07起恢复;2021.07前自然资源管理学院挂靠)	院长	赖旭龙(兼)
	常务副院长	张宏飞(—2021.08)　王力哲(2021.08—)
	研工部部长	王　甫(2021.08—)
	研究生院副院长	王　甫(兼)(2021.08—)　吴堂高(—2021.06) 成中梅　王　蕾　洪　军　刘　珩(2021.07—)
	研工部副部长	李江敏(校内挂职)(2021.12—)
	2021.07前自然资源管理学院挂靠研究生院,中层干部情况	
	自然资源管理学院执行院长	张宏飞(—2021.08)
	自然资源管理学院副院长	成中梅(兼)(—2021.08)　吴堂高(兼)(—2021.06) 王　蕾(兼)(—2021.08)　郭明晶(校内挂职)(—2020.11)
学生就业指导处(2021.07前名称为学生就业创业指导处)	处长	严　嘉
	副处长	沈　波　孙　剑(校内挂职)(—2021.11)
科学技术发展院(与先进技术研究院合署,学术委员会挂靠、地球科学科普研究与创作中心挂靠)	院长兼先进技术研究院院长	赖旭龙(兼)(—2021.08)　刘勇胜(兼)(2021.08—)
	常务副院长	胡圣虹(—2021.07)　胡祥云(2021.07—)
	副院长	刘　珩(—2021.08)　郭海湘　黄祥嘉　吴春明 单华生(2021.08—)　严　森(校内挂职)
	先进技术研究院常务副院长	李　晖
	学术委员会副主任	段平忠
	地球科学科普研究与创作中心主任	胡圣虹(兼)(—2021.07)　胡祥云(兼)(2021.07—)
	地球科学科普研究与创作中心常务副主任	刘　珩(兼)(—2021.08)　单华生(兼)(2021.08—)
	地球科学科普研究与创作中心副主任	邢作云(兼)　胡　肖(兼)　吴春明(兼)

续表

部门	职务	姓名
发展规划与学科建设处(2021.07前名称为发展规划处，学科建设办公室挂靠，2021.05前高等教育研究所挂靠)	处长	徐绍红
	副处长	蒋洪池(兼)(—2021.08) 陈 彪 周延菲 张 京(校内挂职)(—2021.11)
	2021.05前高等教育研究所挂靠发展规划处，中层干部情况	
	高等教育研究所所长	周爱国(兼)(—2021.06)
	高等教育研究所副所长	蒋洪池(—2021.06) 徐绍红(兼)(—2021.04) 陈 彪(兼)(—2021.06)
人力资源部(与党委教师工作部、党委人才工作办公室合署；2021.07前名称为人事处；2021.07前人才办为独立二级单位)	部长	夏 帆(2021.12—)
	教师工作部部长	胡祥云(兼)(—2021.12) 夏 帆(兼)(2021.12—)
	人力资源部副部长	张晓红 路金阁 刘治国(兼) 龙 涛(2021.07—) 游茂林(校内挂职)(—2021.11)
	教师工作部副部长	刘治国 梁本哲(兼) 魏海勇(兼)
	人才办主任	周 刚(—2021.12) 夏 帆(兼)(2021.12—)
	人才办副主任	龙 涛(兼)
	2021.07前人事处中层干部情况	
	人事处处长	胡祥云(—2021.12)
	副处长	张晓红 路金阁 刘治国(兼) 游茂林(校内挂职)(—2021.11)
财务与资产管理部(国有资产监督管理委员会办公室、国有经营性资产监督管理委员会办公室、采购与招标管理中心挂靠；2021.07前名称为财务处；2021.07前采购与招标管理中心为独立二级单位)	部长	杨从印
	国资办主任、经资办主任	杨从印(兼)
	副部长	马晓霞 孙雅静(—2021.07) 刘晓华 彭 磊(2021.07—) 胡军华(2021.07—) 齐世学(2021.07—)
	国资办副主任、经资办副主任	胡军华(—2021.08)
	2021.07前采购与招标管理中心中层干部情况	
	采购与招标管理中心主任	张宽裕(—2021.07)
	采购与招标管理中心副主任	陈汉英(—2021.07)

续表

部　门	职　务	姓　名
实验室与设备管理处	处长	徐四平(—2021.08)　马　腾(2021.08—)
	副处长	王春阳(—2021.07)　杨　茜　田永常
国际合作处(与国际教育学院、港澳台事务办公室合署,孔子学院工作办公室、丝绸之路学院、中约合作办学办公室挂靠)	处长兼院长	甘义群
	副处长	范　铭　孙来麟(正处级,兼)(—2021.07)
	港澳台事务办公室主任	孙来麟(正处级,兼)(—2021.07) 甘义群(兼)(2021.07—)
	国际教育学院副院长	张立军(—2021.08)　许　峰　范陆薇(2021.08—)
	孔子学院工作办公室主任兼中约合作办学办公室主任	张立军(兼)(—2021.08)
	丝绸之路学院院长	王焰新(兼)
	丝绸之路执行院长	甘义群(兼)
校友与社会合作处(深圳研究院、浙江研究院挂靠,2021.07由社会合作办公室、校友工作与教育基金管理处合并组建而成)	校友与社会合作处处长	陈华荣(2021.07—)
	校友与社会合作处副处长	胡　肖(2021.07—)　袁　江(2021.07—) 张延平(2021.08—)
	浙江研究院院长	田熙科(2021.12—)
	浙江研究院副院长	王肖戈(2021.12—)
	深圳研究院副院长	王　强
	2021.07前社会合作办公室、校友工作与教育基金管理处中层干部情况	
	校友工作与教育基金管理处处长	徐　岩(—2021.07)
	校友工作与教育基金管理处副处长	吕占峰(—2021.07)　胡　肖(—2021.07)
	社会合作办公室主任	陈华荣(—2021.07)
	社会合作办公室副主任	邓云涛(—2021.07)　袁　江(—2021.07) 胡　肖(兼)(—2021.07)
校园规划与基建处(2021.07前名称为基建处)	处长	王耀峰
	副处长	齐世学(—2021.07)　呙青松　宋中华 陈保国(校内挂职)

呙续表

部　门	职　务	姓　名
信息化工作办公室（2021.07前名称为网络与信息中心）	主任	
	副主任	李振华（2021.07—）　李　琪（2021.07—）
	2021.07前网络与信息中心中层干部情况	
	主任	吕国斌
	副主任	李振华（—2021.07）　李　琪（—2021.07）
审计处	处长	李宇凯
	副处长	曹桂华　韩　静　孙雅静（2021.07—）
离退休工作处/离退休工作党委（2021.07前名称为离退休干部处/离退休干部党委）	书记	李门楼
	处长	陈文武（—2021.07）　蔡楚元（2021.07—）
	副书记	张信军
	副处长	张志毅
安全保卫部（2021.07前名称为保卫处）	部长	代清风
	副部长	单红峰（—2021.08）　郭敬印 彭冠军（2021.08—）
后勤保障部/后勤党委（2021.07前名称为后勤保障处/后勤党委）	书记	徐　岩（2021.07—）　蔡楚元（—2021.07）
	部长	王文起
	副部长	卢　杰　刘清华　傅艾平　林　芸　贺亚锋
未来城校区管理办公室	主任	张　玮
	副主任	马红祥　罗勋鹤　高莹莹
资源环境科技创新基地暨新校区建设指挥部	指挥长	刘　杰（兼）
	副指挥长	李鹏翔（正处级）
	总工程师	钱同辉（正处级）
	建设部主任	陈　胜
校庆工作办公室	主任	储祖旺（兼）（2021.04—）
	常务副主任	吴堂高（正处级）（2021.06—）
	副主任	张建华（2021.07—）

续表

部门	职务	姓名
工会（与妇委会合署）	工会主席	王林清(兼)
	妇委会主任	朱勤文(兼)
	常务副主席兼常务副主任	喻芒清
	副主席	于荣萍(—2021.07)　杨世清
团委(学生艺术教育中心挂靠)	书记	朱荆萨
	副书记	谭文伦(—2021.07)　吴　迪　郭小玉 周克清(校内挂职)(2021.06—)
远程与继续教育学院/远程与继续教育学院党总支部(2021.07前二级党组织设置为继续教育与网络信息党总支部,2021.07撤销改设置为远程与继续教育学院党总支部;自然资源管理学院2021.07前挂靠研究生院,2021.07起挂靠远程与继续教育学院)	院长	隋明成
	远程与继续教育学院党总支部书记	隋明成(兼)(2021.07—)
	副院长	刘雪梅　王　兴　刘东杰
	自然资源管理学院院长	隋明成(兼)(2021.08—)
	自然资源管理学院副院长	刘雪梅(兼)(2021.08—)　王　兴(兼)(2021.08—) 刘东杰(兼)(2021.08—)
	2021.07前二级党组织名称为继续教育与网络信息党总支部,中层干部情况	
	继续教育与网络信息党总支部书记	吕国斌(—2021.07)
高等研究院/高等研究院党委(地质过程与矿产资源国家重点实验室、生物地质与环境地质国家重点实验室、国家地理信息系统工程技术	院长	周爱国(兼)(2021.08—)
	党委书记	赵来时(2021.07—)
	常务副院长	胡圣虹(正处级)(2021.07—)
	副院长	刘　征(2021.07—)　吕占峰(2021.07—) 翁华强(2021.07—)　龚松林(2021.07—) 李正汉(2021.07—)　侯建湘(2021.07—) 郑　祺(2021.07—)　胡　波(2021.07—)

续表

部　门	职　务	姓　名
研究中心、教育部长江三峡库区地质灾害研究中心、地质调查研究院、紧缺战略矿产资源协同创新中心、地质探测与评估教育部重点实验室、沉积盆地与能源资源重点实验室(筹)、纳米矿物材料及应用教育部工程研究中心挂靠;2021.07 由上述单位合并组建而成)	副书记	高翠欣(2021.07—)
	地质过程与矿产资源国家重点实验室办公室主任	翁华强(兼)
	生物地质与环境地质国家重点实验室副主任、办公室主任	单华生(—2021.07)　刘　征(兼)(2021.11—)
	国家地理信息系统工程技术研究中心主任	陈能成(正处级)(2021.04—)
	国家地理信息系统工程技术研究中心专职副主任	郑　祺(兼)
	教育部长江三峡库区地质灾害研究中心办公室主任	龚松林(兼)
	地质调查研究院院长	吕新彪(—2021.07)　胡圣虹(兼)(2021.07—)
	地质调查研究院副院长	边建华(—2021.07)　刘　征(—2021.07) 吕占峰(兼)(2021.11—)
	紧缺战略矿产资源协同创新中心专职行政副主任、地质探测与评估教育部重点实验室专职行政副主任	李正汉(兼)
	地质探测与评估教育部重点实验室副主任	李　晖(兼)　焦玉勇(兼)　王力哲(兼) 吕新彪(兼)
	沉积盆地与能源资源重点实验室(筹)专职行政副主任	侯建湘(兼)

续表

部门	职务	姓名
	纳米矿物材料及应用教育部工程研究中心主任	杨华明(正处级)(2021.06—)
	纳米矿物材料及应用教育部工程研究中心专职副主任	胡　波(兼)
	紧缺战略矿产资源协同创新中心主任、地质探测与评估教育部重点实验室主任	蒋少涌(兼)
	2021.07前二级党组织设置名称为科研平台联合党总支部(由地矿国重实验室、生环国重实验室、三峡中心相关支部联合而成)中层干部情况	
	科研平台联合党总支部书记	赵来时(正处级)(—2021.07)
	2021.07机构改革后,以下岗位不再纳入中层岗位管理	
	地质过程与矿产资源国家重点实验室副主任	赵来时(正处级)(—2021.07)
	生物地质与环境地质国家重点实验室专职副主任	祁士华(正处级)(—2021.07)
	紧缺战略矿产资源协同创新中心常务副主任	夏庆霖(正处级)(—2021.07)

续表

部　门	职　务	姓　名
图书档案与文博部/图书档案与文博党委(2021.07将图书馆、博物馆、档案馆(校史馆)合并组建而成,2021.07之前二级党组织名称为三馆党总支部,2021.07—2021.09二级党组织名称为图书档案与文博部党总支部)	图书档案与文博党总支部书记/党委书记	帅　斌(2021.07—)
	图书档案与文博部部长	刘先国(2021.07—)
	图书档案与文博部副部长	张　峰(2021.07—)　明厚利(2021.07—)　邢作云(2021.07—)　朱　丹(2021.07—)
	2021.07前二级党组织名称为三馆党总支部,中层干部情况	
	三馆党总支部书记	王海花(—2021.07)
	2021.07前图书馆、博物馆、档案馆(校史馆)中层干部情况	
	图书馆馆长	徐世球(—2021.07)
	图书馆副馆长	张　峰(—2021.07)　明厚利(—2021.07)　徐家忠(—2021.07)
	博物馆馆长	刘先国(—2021.07)
	博物馆副馆长	邢作云(—2021.07)　范陆薇(—2021.07)
	档案馆馆长兼校史馆馆长	帅　斌(—2021.07)
	档案馆副馆长兼校史馆副馆长	朱　丹(—2021.07)
	教育部科技查新工作站站长	徐世球(兼)(—2021.07)
	教育部科技查新工作站副站长	张　峰(兼)(—2021.07)
出版社/出版社党总支部	书记	李国昌(—2021.07)　毕克成(兼)(2021.07—)
	社长	毕克成
	副社长	张晓红(—2021.08)　张瑞生(—2021.07)　江广长(2021.08—)
	总编辑	李国昌(兼)(—2021.07)　毕克成(兼)(2021.07—)

续表

部 门	职 务	姓 名
期刊社/期刊社党总支部	党总支部书记	王淑华(兼)
	副社长	王 革(—2021.07) 王开明
	社长兼总主编	王淑华
附属学校/附属学校党总支部	校长	黎义波(副处级)
	书记	彭冠军(副处级)(—2021.07) 张瑞生(副处级)(2021.07—)
医院/医院党总支部	院长	何晓玲
	副院长	杨漫沩 何 刚(—2021.01) 杜鹏辉(2021.01—)
	书记	马彦周(—2021.07) 王海花(2021.07—)
武汉中地大资产经营有限公司/武汉中地大资产经营有限公司党总支部	书记	鲁 元(正处级)
	董事长	鲁 元(兼)
	总经理	孙劲松(副处级)
	副总经理	张本敏 尹兴敬(—2021.08) 程 伟(2021.12—)

学校外派挂职中层干部

	职务	姓名
外派挂职干部	美国阿尔弗莱德大学孔子学院中方院长	彭　涛
	武汉工程科技学院党委书记、教育督导专员	高　芸
	驻圣彼得堡总领馆领事(一等秘书)兼港澳台事务办主任(正处级)	孙来麟(—2021.07)
	驻外返校(教育部一等秘书、正处级)	杜海坤(—2021.04)
	竹山县副县长、湖北省竹山县扶贫工作队队长(省直驻农村工作队队长)	李　杰
	巴东县县政府党组成员、产业顾问	黄金波(—2021.01)
	中央教育工作领导小组秘书组秘书局副处长	李周波
	教育部政法司副处长	姜明敏(—2021.01)
	教育部思想政治工作司宣传教育处副处长	姜明敏(2021.06—)

(撰稿:郭倩;审稿:梁本哲)

Nianjian

2021年学校发布规范性文件

序号	文号	文件名	发文日期
1	地大党发〔2021〕2号	中共中国地质大学(武汉)委员会关于加强法治工作提升依法治校能力的实施意见	2021年1月10日
2	地大党发〔2021〕3号	中共中国地质大学(武汉)委员会青年拔尖人才国际培养计划实施办法(试行)	2021年1月1日
3	地大党发〔2021〕9号	中国地质大学(武汉)"美丽中国讲师团"实施方案	2021年3月18日
4	地大党发〔2021〕11号	关于深入推进党史学习教育 开展庆祝中国共产党成立100周年系列活动的实施方案	2021年3月24日
5	地大党发〔2021〕12号	中国地质大学(武汉)援派挂职干部人才工作生活保障实施办法	2021年4月9日
6	地大党发〔2021〕13号	中国地质大学(武汉)纪检监察部门和处级纪检监察干部考核工作暂行办法	2021年4月19日
7	地大党发〔2021〕16号	中国地质大学(武汉)三级、四级职员岗位聘任暂行办法	2021年4月27日
8	地大党发〔2021〕22号	中共中国地质大学(武汉)委员会关于进一步深化改革的意见	2021年5月18日
9	地大党发〔2021〕29号	中国地质大学(武汉)学院党委会会议议事规则	2021年6月8日
10	地大党发〔2021〕30号	中国地质大学(武汉)学院党政联席会议议事规则(修订)	2021年6月21日
11	地大党发〔2021〕31号	中共中国地质大学(武汉)委员会关于进一步加强和改进党支部建设的实施办法	2021年6月16日
12	地大党发〔2021〕33号	党员领导干部与党外代表人士联谊交友工作实施办法	2021年6月21日
13	地大党发〔2021〕42号	中国地质大学(武汉)"清廉地大"建设实施方案	2021年11月20日

续表

序号	文号	文件名	发文日期
14	地大党发〔2021〕49 号	中国地质大学(武汉)领导干部经济责任审计实施办法	2021 年 7 月 23 日
15	地大党发〔2021〕53 号	中国地质大学(武汉)马克思主义理论学科特区建设实施方案(2021—2025 年)	2021 年 8 月 19 日
16	地大党发〔2021〕58 号	中国地质大学(武汉)中层领导干部选拔任用工作办法	2021 年 9 月 23 日
17	地大党发〔2021〕59 号	中国地质大学(武汉)中层干部兼职管理办法	2021 年 9 月 23 日
18	地大党发〔2021〕72 号	中国地质大学(武汉)“清廉地大”建设实施方案	2021 年 11 月 20 日
19	地大党发〔2021〕82 号	《中国地质大学(武汉)本科生培养改革方案》《中国地质大学(武汉)研究生培养改革方案》《中国地质大学(武汉)提升信息化建设水平改革方案》	2021 年 12 月 23 日
20	地大发〔2021〕9 号	中国地质大学(武汉)国家知识产权试点高校建设工作方案	2021 年 3 月 30 日
21	地大发〔2021〕16 号	中国地质大学(武汉)基本建设管理办法(2021 年修订)	2021 年 5 月 25 日
22	地大发〔2021〕21 号	中国地质大学(武汉)荣誉教授聘任管理办法	2021 年 6 月 1 日
23	地大发〔2021〕28 号	中国地质大学(武汉)校长经济责任审计整改工作方案	2021 年 6 月 21 日
24	地大发〔2021〕31 号	中国地质大学(武汉)博士生导师遴选办法(2021 年修订)	2021 年 7 月 5 日
25	地大发〔2021〕32 号	中国地质大学(武汉)博士生导师招生资格审核办法(2021 年修订)	2021 年 7 月 5 日
26	地大发〔2021〕35 号	中国地质大学(武汉)“地大学者”岗位管理办法(2021 年修订版)	2021 年 8 月 5 日
27	地大发〔2021〕37 号	中国地质大学(武汉)财务管理办法	2021 年 8 月 8 日
28	地大发〔2021〕61 号	中国地质大学(武汉)“百人计划”实施办法(2021 年修订版)	2021 年 12 月 23 日
29	地大学校办发〔2021〕2 号	中国地质大学(武汉)工会会费收支管理办法(试行)	2021 年 1 月 1 日
30	地大学校办发〔2021〕6 号	中国地质大学(武汉)领导干部因私出国(境)证件管理办法	2021 年 4 月 19 日
31	地大学校办发〔2021〕9 号	中国地质大学(武汉)防控电信网络诈骗宣传教育活动方案	2021 年 4 月 23 日
32	地大学校办发〔2021〕13 号	中国地质大学(武汉)建设项目工程变更及工程现场签证管理办法	2021 年 5 月 25 日

续表

序号	文号	文件名	发文日期
33	地大学校办发〔2021〕14 号	中国地质大学(武汉)建设项目竣工验收和移交保修管理办法(试行)	2021 年 5 月 25 日
34	地大学校办发〔2021〕15 号	中国地质大学(武汉)劳动服务公司撤销过渡工作方案	2021 年 6 月 1 日
35	地大学校办发〔2021〕16 号	中国地质大学(武汉)重要会议及重大活动管理实施办法(试行)	2021 年 5 月 25 日
36	地大学校办发〔2021〕17 号	中国地质大学(武汉)教师资格管理暂行办法	2021 年 6 月 1 日
37	地大学校办发〔2021〕18 号	中国地质大学(武汉)家具类资产管理办法(试行)	2021 年 6 月 8 日
38	地大学校办发〔2021〕20 号	中国地质大学(武汉)教职工劳动纪律管理办法	2021 年 6 月 18 日
39	地大学校办发〔2021〕24 号	中国地质大学(武汉)“师德标兵”“师德模范”评选表彰暂行办法	2021 年 6 月 23 日
40	地大学校办发〔2021〕25 号	中国地质大学(武汉)师德专题教育实施方案	2021 年 6 月 23 日
41	地大学校办发〔2021〕26 号	关于加强二级党组织全面从严治党“四责协同”工作的实施办法(试行)	2021 年 6 月 27 日
42	地大学校办发〔2021〕31 号	中国地质大学(武汉)本科教学卓越奖评选表彰管理办法	2021 年 7 月 8 日
43	地大学校办发〔2021〕32 号	中国地质大学(武汉)本科生奖励与资助管理办法	2021 年 7 月 8 日
44	地大学校办发〔2021〕35 号	中国地质大学(武汉)差旅费管理办法	2021 年 8 月 5 日
45	地大学校办发〔2021〕37 号	中国地质大学(武汉)学生食堂饭菜价格平抑基金管理办法(试行)	2021 年 8 月 7 日
46	地大学校办发〔2021〕38 号	中国地质大学(武汉)本科课程修读管理办法	2021 年 8 月 12 日
47	地大学校办发〔2021〕39 号	中国地质大学(武汉)本科课程考核管理办法	2021 年 8 月 12 日
48	地大学校办发〔2021〕41 号	中国地质大学(武汉)特任教授(特任研究员)和特任副教授(特任副研究员)岗位管理办法(2021 年修订版)	2021 年 8 月 25 日
49	地大学校办发〔2021〕44 号	《中国地质大学(武汉)区域引导计划管理办法(试行)》和《中国地质大学(武汉)领域引导计划管理办法(试行)》	2021 年 9 月 6 日
50	地大学校办发〔2021〕49 号	中国地质大学(武汉)银龄教师支援西部计划实施方案	2021 年 9 月 23 日

续表

序号	文号	文件名	发文日期
51	地大学校办发〔2021〕50 号	中国地质大学（武汉）实验室危险废弃物安全管理办法	2021 年 9 月 23 日
52	地大学校办发〔2021〕56 号	中国地质大学（武汉）总值班管理办法（试行）	2021 年 10 月 18 日
53	地大学校办发〔2021〕57 号	中国地质大学（武汉）实验室安全教育与准入规定	2021 年 10 月 21 日
54	地大学校办发〔2021〕58 号	中国地质大学（武汉）实验室安全检查管理办法	2021 年 10 月 21 日
55	地大学校办发〔2021〕59 号	中国地质大学（武汉）组织员工作管理办法（修订）	2021 年 11 月 3 日
56	地大学校办发〔2021〕60 号	中国地质大学（武汉）本科教学督导工作管理办法	2021 年 10 月 29 日
57	地大学校办发〔2021〕61 号	中国地质大学（武汉）仪器设备出租出借管理办法（试行）	2021 年 10 月 29 日
58	地大学校办发〔2021〕63 号	中国地质大学（武汉）涉密科研项目保密管理办法	2021 年 11 月 20 日
59	地大学校办发〔2021〕66 号	中国地质大学（武汉）全面加强本科课堂纪律管理办法（试行）	2021 年 12 月 6 日
60	地大学校办发〔2021〕67 号	中国地质大学（武汉）一流本科专业建设管理办法	2021 年 12 月 17 日
61	地大学校办发〔2021〕73 号	中国地质大学（武汉）所属企业国有资产管理办法	2021 年 12 月 28 日
62	地大学校办发〔2021〕74 号	中国地质大学（武汉）项目预算绩效管理办法（试行）	2021 年 12 月 30 日
63	地大学校办发〔2021〕75 号	中国地质大学（武汉）委托社会中介机构开展审计业务管理办法	2021 年 12 月 30 日
64	地大学校办发〔2021〕76 号	中国地质大学（武汉）议事协调机构和临时机构管理规定	2021 年 12 月 31 日
65	地大学校办发〔2021〕77 号	中国地质大学（武汉）招收和培养国际学生管理规定（2022 修订版）	2021 年 12 月 31 日

2021届先进毕业班和优秀毕业生

地大学校办发〔2021〕21号

一、先进毕业班(共计31个)

地球科学学院(1个):010171班

资源学院(2个):020171班　025171班

材料与化学学院(2个):030171班　031175班

工程学院(3个):050171班　052176班　055171班

地球物理与空间信息学院(1个):061172班

海洋学院(1个):241171班

机械与电子信息学院(3个):071175班　074171班　074172班

自动化学院(2个):231175班　231176班

经济管理学院(3个):083171班　084172班　086172班

外国语学院(1个):091172班

地理与信息工程学院(3个):113171班　113172班　174171班

数学与物理学院(1个):121171班

珠宝学院(1个):142172班

公共管理学院(1个):172172班

计算机学院(2个):191173班　194171班

体育学院(1个):131171班

艺术与传媒学院(1个):161172班

马克思主义学院(1个):181171班

李四光学院(1个):201172班

二、优秀毕业生(共计778名,其中本科生476名,研究生302名)

地球科学学院(共计43人)

本科生(18人)

张曼有　向春林　刘一龙　郑锦浩　刘轩宇　覃丽莎　成　创　张　笑　宋显浓
曹育瑞　王启超　邹渊欢　刘　威　易旭阳　单增曲珠　陈海鹏　陈雨欣　董明帅

研究生(25人)

曹汉琛　崔贵锴　冉维菊　武　洋　肖　宇　徐晓波　戴意蕴　张　旭　尚云锋
曹慧颖　李孝文　秦慕天　何　倩　喇瑞霞　谢睿捷　梁承华　熊志武　朱　宁
冯　玲　王　琦　姚　强　易智星　杨　义　薛竹青　刘冬洋

资源学院(共计49人)

本科生(23人)

丁　涛　苏宗邦　陆泽语　王　博　张晨光　董加祥　朱晓萌　马舒悦　容雅鑫
王可欣　万晓帆　邱　粤　秦新虎　林方布　洛桑曲扎　刘斯雨　郑远博　肖　祺
邵家斌　徐佳艺　万　霄　胡　飞　过　帅

研究生(26人)

柳青兵　臧　博　罗　涛　杨　超　周杨杨　何　迪　巩天浩　陈少伟　魏晶晶
王　飞　胡　斌　黄大正　张　龙　张　奥　史邵贤　王　萌　钟　叶　郑文鑫
邓成飞　刘　强　何　杰　乐　亮　刘　颜　孙中恒　范谢均　龚　银

材料与化学学院(共计45人)

本科生(29人)

王　芳　佘思雨　刘天乐　张华强　梁　誉　李东妮　邹　娟　王叶珺　郄浩飞
王明涛　赵诗宇　李旭瑶　王森昊　史羽喆　王　文　胡悦丰　王懿鸣　朱玉菡
吴伟明　魏梦贞　江　寒　吴　卉　马　骏　温语晨　杨　峰　杨　逸　周　力
冯　洋　杨文强

研究生(16人)

何　阳　廖佩珊　邱入云　刘新豪　郭　亮　李　耀　田　硕　车华超　陈　鑫
林士君　王　全　曾文斌　马　群　王大贵　李海涛　艾　靖

环境学院(共计44人)

本科生(28人)

陆煜迪　毕广宇　邓　芳　张心阳　侯　婕　刘玉姣　毛烁宇　徐远航　牛雪琦
孙　融　毛嫵琳　张天伦　郄泽锋　米乔声　李　超　马勤栋　马学伟　罗洁丹
汪　杰　高东浩　范瑞宇　柳玲玉　于茂君　欧阳怡欣　董秀婷　杨世敏　胡靖怡
李卫娜

研究生(16人)

易曼玲　牛真真　唐明悦　罗志强　孙泽伟　周尚蓉　许向南　周　浩　罗成杰
任晨晨　郝时光　黎振兴　乐文喜　刘　珊　秦　云　丁　洋

工程学院(共计75人)

本科生(45人)

蒋益涵　张文广　季庆丰　高振朝　刘佳豪　瞿　茹　张海燕　胡小悦　李庆年
樊赖宇　蒋梦寒　聂于涛　苏莉芸　黄金花　郭思达　朱　涛　贾彦平　朱宗林
王　晋　李　珂　耿少寒　陈鑫彪　杨宜静　周冠军　韦春光　李艺东　邓志强
陈　炜　吴兴禹　吴圣保　霍利朋　吴传星　韦秋妹　张贤彪　刘玉伟　吕佳男
徐浩东　王景玉　王群茸　李　存　莫尚坤　郭博旭　殷金周　岳朝薇　张沁晟

研究生(30人)

史国棚　周　浩　叶　超　王志明　吴天予　张子涵　汪　君　姚远基　马邦闯
宋宇航　李国徽　梁嘉炜　林大伟　薛　伟　李信杰　巩振龙　胡志新　李庆远
朱豪豪　谢登登　王智良　刘　兵　刘志江　毛思晴　覃　鑫　王清清　谢坤志
周家全　张俊荣　朱振南

地球物理与空间信息学院(共计35人)

本科生(21人)

何　旭　楼子杭　田正圆　戴周庆　见仙阁　徐　杨　胡芳泽　李　游　史枫霆
梁　媛　王润哲　程高明　石钰泽　刘　浩　王　雍　李　波　王　源　王悦广
雷　飞　周　波　何　飞

研究生(14 人)

蔡浩杰 郝金鑫 李世鹏 李昱霖 刘博政 刘景强 路志远 石子昭 宋佳慧 孙 军 杨建华 袁 霜 章 梁 郑晓雄

海洋学院(共计 7 人)

本科生(3 人)

蔺旭东 白勋霆 麦粮静

研究生(4 人)

熊鹏飞 周 良 李文睿 郭军营

机械与电子信息学院(共计 54 人)

本科生(44 人)

高嘉浩 徐慧敏 漆小梦 黄仕恒 张依依 朱倩倩 刘婷婷 赵昺琛 韦 意 巴都木才次克 陈 琪 陈雅玲 时乾渊 张佳朕 李仁和 杨佳佳 吴一平 谢思茹 郭 昂 职铭明 叶建宏 师伟光 覃潇扬 周子璇 严 炜 胡 烜 方信明 刘庆涛 朱佳清 王 优 桑明琪 汤 格 闫樨霖 徐 佳 李雅青 魏万奇 陈 曦 张振南 宋玉洁 吴 玥 热伊莱·吐尔洪 曾德忠 邹晋玄 蒙洁婷

研究生(10 人)

樊辰星 付仕雄 许桂珍 刘子绪 孟宪钊 苏兆杰 孙云鹤 魏 倩 许 权 崔子阳

自动化学院(共计 38 人)

本科生(30 人)

何志伟 蓝皓议 李婷婷 尚传新 方澳伦 罗明师 吴 军 陈 伟 叶 全 段富彬 赵克贤 曾 雯 王稳康 陈远群 何佳宁 张煜葵 逄雅琪 贺 江 柯 帅 姜 昱 佘欣然 赵兴旺 范烜赫 齐天宇 万 旭 胡宸昱 刘博涵 吴 炼 赵天意 陈帅男

研究生(8 人)

胡 杰 丁学文 简 旭 杨东明 冯 颖 蔡云飞 陈奕滔 鞠槟樯

经济管理学院(共计 74 人)

本科生(52 人)

杨国庆　胡红亮　李　冰　马菘锾　吴　樟　巴合达那·加那尔　崔鹏淇　柳　君
王　铭　李静瑞　傅海娟　黄瑞丹　宋皓月　符昌武　石灵晓　郭灵金　马昳昀
康雪倩　张　冰　董　倩　黄程蓥　陈星宇　王艺瑾　杨俊坡　张蓝方　王　辉
韩雨豪　姜　露　曹俊如　郭振华　兰田清　牛金叶　熊璐瑶　张　倩　冯静逸
胡莹雪　郑可欣　孙乐妍　李雪淳　汪芷霄　冯晓华　赵紫瑞　马苗僖　朱嫣然
孔佳宁　张子琛　王晨曦　王靖萱　张　康　滕玉霆　张梦婷　余慧敏

研究生(22 人)

李　娜　赵俊洋　郑　悠　罗露平　罗　捷　熊雅莉　徐卓程　周　静　罗奕雯
伍青青　李静远　肖雨彤　吴德胜　赵　豪　高淑敏　王文豪　谢雪莲　王冰希
唐红菱　张　宇　梁小涵　程仕菊

外国语学院(共计 20 人)

本科生(10 人)

孙颖黎　肖　瑶　张琳梓　梁司颖　吴文熠　宋　骏　赵润东　王莹莹　肖丽民
宁佳诚

研究生(10 人)

李　敏　李　洁　李子裕　高换换　申雅青　徐明霞　林　昇　张子同　娄寒雨
高　超

地理与信息工程学院(共计 65 人)

本科生(45 人)

李佳伦　朱朝梁　曾宇阳　陈鹏伟　董少帅　郭　伟　郭　泽　刘　令　龙周洋
骆玉琳　栾欣怡　罗雨佳　闵政扬　覃文凯　覃楔子　田　鑫　王璐琳　王运星
魏　麒　杨　杰　杨　顺　尹　港　张　迈　赵　昕　周长昂　邹仁伟　陈　然
王钰莹　张紫微　霍　然　金　霖　孔维超　李航昊　张昊哲　董　正　高梦洁
袁梦佳　唐韬韬　李静涛　李双越　李　智　梁　馨　刘心怡　刘轩佐　徐皓冉

研究生(20 人)

陈志斌　周　欣　吴晓俊　潘羽杰　杨　柳　周圆锈　张　铖　杨亚仑　杨水化
闫超阳　李特雅　霍少孟　韩成德　管梦林　龚秉生　方露露　储钰昊　陈　涛
潘永婷　梁　栋

数学与物理学院(共计 22 人)

本科生(17 人)

郭杨宸　牛宇童　刘　畅　高　畅　王伟豪　周　倩　唐　凤　周骁俊　范智谋
闫智瑀　韩德琪　戴淑良　王　迪　赵　楠　徐　妍　罗　澜　田如月

研究生(5 人)

潘永杰　杨文军　杨　静　丁　越　阚渟渟

珠宝学院(共 20 人)

本科生(14 人)

杜嘉恩　顾一露　黄莉莹　高艺嘉　李雅婷　王君宇　霍雨佳　蒋振宇　杨周运
尹希严　雷天婷　张傲尘　张　夜　陈泳霖

研究生(6 人)

陈照敏　程卡卡　林锦辉　卢　笑　张斯婧　张　悦

公共管理学院(共计 48 人)

本科生(23 人)

丁永琦　陈明珠　向　兰　艾世雪　何子耕　付冀冉　刘　明　田洪泉　申梦洁
刘雪奇　洪皓阳　邢旺斌　谢孟君　李嘉豪　云　龙　王宁波　殷瑞敏　向　黎
张馨月　宫子强　谢谨谦　狄致远　李　曼

研究生(25 人)

赵森峰　蔡　茜　陈聪聪　张秀婧　郭洋洋　邓雨辰　张梦娣　吴　琼　张　璨
周　婷　朱　杰　杨　斌　王向阳　王新萌　田　丽　陈国慧　胡君晗　石　航
谢俊伟　党利奎　何倩文　洪胜男　林巳翔　徐晓华　郑思元

计算机学院(共计 50 人)

本科生(35 人)

夏星明　苏秋琴　崔吉星　方　清　庞晨璇　杨　周　姚思玥　胡祎伟　帖桂尧
朱嘉瑞　崔祥森　杨浩哲　李延炽　王攀攀　赵玉炜　程韵嘉　冯　竹　刘天吉
高志锐　张红晓　刘经纬　阿力木·图如普　魏思媛　丁胤杰　晋政洋　景　锐
袁道雄　潘银穗　王雅洁　魏　来　牟鑫一　任子威　魏千紫　柳　鹏　杨深煜

研究生(15 人)

吉学琴　童　伟　王　开　程宇婷　董志敏　韩　伟　李艳迪　李风朋　沈　可
孙　松　覃　悦　王　统　杨兆宇　张　克　王晨威

体育学院（共计 6 人）

本科生（3 人）

盖志杰　李伟杰　孙先华

研究生（3 人）

梅汪良　向　杰　朱倍锋

艺术与传媒学院（共计 39 人）

本科生（25 人）

陈恁宇　罗敬文　纪　瑶　石单单　汪玙晞　唐钰君　刘欣然　高天时　刘　畅

马依鸣　杜卉娟　汪勇延　曹道靖　王小壮　程　翔　蔡华建　霍钟灵　夏乙力

牛碧晨　胡灵瑶　王黎新羽　钱傅缘　叶如宣　李　娜　魏悦卿

研究生（14 人）

杨丛逊　向文杰　唐　恬　张　晋　孙　静　薛　敏　刘晓琴　王一婧　赵　莹

吴思伟　职　卓　王品璇　刘笑然　任红星

马克思主义学院（共计 12 人）

本科生（3 人）

姚乃文　李源博　田　甜

研究生（9 人）

赵继刚　赵乐乐　宗舒晓　张　威　冯文博　刘　豫　杨馨梦　刘　薇　徐若瑄

李四光学院（本科生 7 人）

陈奕竹　胡　泊　马金志　石紫希　田雨露　郑金波　郑熠祯

教育研究院（研究生 3 人）

方佳琳　韦福欣　吴小凡

地质调查研究院（研究生 3 人）

刘　昭　孙晓梁　侯保全

地质过程与矿产资源国家重点实验室（研究生 2 人）

胡子豪　李　想

生物地质与环境地质国家重点实验室(研究生 2 人)

邓绮思　焦　振

教育部长江三峡库区地质灾害研究中心(研究生 1 人)

刘　月

国际教育学院(共计 14 人)

本科生(1 人)

QUDRAT NUSRAT

研究生(13 人)

AMJAD HUSSAIN

JAWDAT SAFI YOUSEF ALKASASSBEH

MUSTAPHA NASIRU ABBA

AL-ALIMI AHMED MOHAMMED MOHAMMED

NAQIBULLAH SAFI

KAMAUNJI VANDI DLAMA

MAIMUNA IDDY ABDY

EME CHAN

MUHAMMAD ALI KAMRAN YOUSAF SHAH

HOANG DINH TUAN

ISMAIL SHAH

TANAKLIT TEJA

YARINE SANYA VOLASOA BEZOKINY

2020—2021 学年度奖助学金、先进集体和优秀个人

地大学校办发〔2021〕1 号

一、“国家奖学金”获奖学生名单（155 人）

地球科学学院

吴秀静　占诗冉　杨新勉　孙佳瑞　张诚玉　林艳婷

资源学院

吕骏腾　刘斐凡　彭玉婷　佟　傲　汪健民　李浩然　曹献宁

材料与化学学院

史明明　李　怡　黎仪劭　许依玲　游鑫榆　辛浩宇　蒋晨璐　孟　莹　宋文卓

环境学院

余平平　邓　睿　许　涵　张　宇　党婧萱　廖文倩　柴江琦　马凡凡

工程学院

宋坤明　陈源龙　毕航波　熊承志　吴俊俞　郑　璇　白欣悦　黄　灿　赵梦琪
王振平　苗宇芃　龚祝存　张启航　刘子畅　王善成　张　毅

地球物理与空间信息学院

牛新月　肖皓文　王舜杰　裴璇子　王韬智　姜　枭

海洋学院

李亚琳　陆俊超

机械与电子信息学院

秦寒冰　王　喆　黄玥玥　魏力夫　程　宇　裴婧汝　蔡炜文　由　佳　何　婷
黄　俊　宋德浩　刘腾飞　朱静文　刘薛峰　李炳煜

自动化学院

江　旭　周静怡　向逸雯　高志毅　杜倩倩　朱基博　张　川　王新宇　王银哲

经济管理学院

冯玫婷　魏振坤　王文静　尹艳悦　王思蕲　李舒奕　王秀姗　张　爽　池淑婷
蔡丽云　原毅璨　周晓洁　朱　恒　刘亚鹏　欧阳航

外国语学院

徐希元　张乙乙　张珽

地理与信息工程学院

郭佩欣　李东升　鲁明蕾　许　鹏　李子强　施立豪　刘立之　王立增　房晗祯
徐佳丹　王新源　李毅超　倪宸睿　马楚瑞

数学与物理学院

王　健　琚苏婷　孔凯文　周思婕　米虹锦　王艺萤

珠宝学院

吕　洋　张宇璇　赖嘉怡　刘　可

公共管理学院

孙嘉良　齐坤伟　贾博雅　朱嘉敏　胡学淅　韩子蕙　陶　冉

计算机学院

金圣杰　刘亦凡　祝馨平　岑佳歆　石俊杰　陈英科　杨　轩　高　尚　高天弘
于　桐　马　睿　胡　京　毕妍君　方光耀　张　哲

体育学院

鞠长江　徐元昊

艺术与传媒学院

姜芊芊　汤　雨　王一骄　李怡静　柴沈露　柳子依　刘嘉欣　杨贝涵

马克思主义学院

蔡安禧

李四光学院

高伟斌　陈书勰

二、“国家励志奖学金”获奖学生名单(524人)

地球科学学院

李　欢　李征宇　张璐璐　韩佳旭　葛朝霞　李蕴慧　谢　袁　杨　辉　李　阳
田婉婷　张佳妮　罗贵月　宋　建　冯祖炜　秦鹏举　吴喆涛　任启鑫　杨　帆
陈之越　万成民　韩欣瑶　张佳和

资源学院

黎宥余　李玉钊　庄文龙　姚泽贤　张攸钧　江红满　雷青青　张新乐　刘文萍
崔志杰　田正军　曹芷萱　高　原　宁才倍　张立炀　王继康　周雨航　陈　静
赵万成　王　彬　侯　轶　朱万里　聂思嘉　罗志翔　刘晖鹏　赵　旭　江子润
高亚仙　赵自立　王　婷　靳鑫洲

材料与化学学院

曾思涵　徐奥琴　柴天琪　黄　锐　靖佳欣　刁晨欣　宋方方　刘佳乐　张可可
李　函　陈心润　邵鸿博　李昊坤　丁　伟　王金霞　程　倩　王丽欣　谈　秀
白云芳　李　湘　栗婷婷　向荣华　薛世纪　陈　明　李明哲　李晨曦　吴小登
黄永龙　田　格　陈明昱　杨俊伟　张婷婷　余　风　吴婷芳　孙　杰　张　涵

环境学院

马　浩　李仲丹　邹　阳　庄胜杰　崔宸铭　何子琦　刘亚琦　冯川玉　刘　念
武　宁　李梦寒　吴巧珍　侯佳怡　仇静旋　杨诗雨　贾　松　周蝴蝶　韦李宏
李晨曦　武荣昌　吕　楠　臧　露　陈娇玲

工程学院

高　卉　寇桓嘉　张云龙　易应民　孔　政　徐红剑　刘　畅　王官贺　徐先锋

张璐璐　陈文义　成红星　蒋银龙　李　冉　杨丰源　郭云涛　崩兴涛　彭　洪
李青青　张硕彦　胡龙康　胡　楠　钟　超　李小龙　杨林杰　颜盼林　余永强
张显伟　牟文墉　吕　来　钟　杰　王鹏鹏　童　浩　台　硕　徐静波　黄婷婷
刘　傲　潘永峰　瞿诗发　徐　宇　汪东婷　谷怀蒙　马　超　张如阳　张航盛
尹朝阳　毛　珍　武文娣　杜晨西　李文智　宋梦洁　荆俊楠　邓晶晶　周嘉乐
付宇强　吴浩然　崔晨昊　周星晨　何思睿　赵天宇　刘　昊　韩艺冰　王晓涛

地球物理与空间信息学院

方长江　严新婷　彭　玲　冯亚军　王亚达　华罗泽　陈佳君　朱明涛　徐　也
何汉圳　侯燕燕　李　想　邵乘霖　杨可意　潘可悦　李欣然　李俊斌

海洋学院

胡双静　徐　波　刘　楠　李雨晨　陈子睿

机械与电子信息学院

胡馨丹　方　健　黄芷欣　马　璐　池田雨　刘奕龙　石俊杰　陈小龙　张人山
张　欣　戴玉娇　赵皓楠　夏高祥　马儒生　宋坤坤　雷长江　黄　涛　张　青
李林浩　郑明杰　何　政　王　煜　侯宇凡　梁浩越　王海超　杨欣雨　茆　微
施文瑾　沈　恬　侯　尧　郭仁杰　芦舒琪　杨　珺　张晓庆　丁　伟　王正东
邓　杰　王廷柱　叶　坤　柴静雯　陈巧兰　李锦添　陈　伟　耿　迪　刘　强
陈方科　杨　明　刘　杠　刘　燕　杨新琪　范剑飞　唐　婷　胡家伟　谷　乐
杨晓清　张鑫成　汪文静

自动化学院

辛浩男　杨豫龙　张　丹　于广威　张国耀　李梦迪　王辰轩　单梦丽　王珺璟
王思远　叶　洋　黄　杰　王荣嘉　刘　洋　陈梓炫　刘义鑫　张文靖平　张子豪
李　桅　唐小双　王豪鹏　李梦昕　张浩洋

经济管理学院

周慧敏　牛吉彬　谭开元　吴　麟　丁江滢　胡　钰　曾莹稼　靳一鸣　王曼洁
徐杨祎　王梦思　曹晓逸　周紫瑄　樊昕悦　胡施思　周心怡　靳玉洁　姚帅宇
刘玟姗　张　燃　熊瑀瑄　张佳妮　贾文春　刘秋平　陈　星　刘明莉　陈可舒

赵芳琪 朱晶磊 王梦苗 庞 格 魏雅洁 章可怡 袁 亮 朱珍玉 郑龙威
林 腾 倪兴华 牛虹莹 李银燕 熊俊风 王 雪 刘彤彤 龚美怡 何梅丽

外国语学院

陈路风 危 薇 罗文慧 童晴晴 卢玉娇

地理与信息工程学院

赵经生 范佳薇 孙思思 杜慧琳 滕德淋 樊嘉昊 陈柯帆 梅佳欣 胡文常
方碧滢 张灵冉 蓝锡林 赵沁心 徐书怡 刘九溥 畅清艳 崔 恒 刘慧凡
俞 慧 宫程宇 徐泽鑫 钟 艺 闫淑锦 伍棋坪 郑成龙 祁婧娇 李子琪
傅乐乐 肖海清 李冰怡 任婵月 杨若曦 卢芷欣 陈子浩 林英宗 尚霆锋
黄晴泓 张效通 陈 浩 王海涛 杨伟昕 张文博 周广翔 李 雷 王鹤源
王 宁 任思思 赵若希 段文豪 王 涵 冯旭宇 叶 铃 吴晨辉

数学与物理学院

陈赞波 王 佩 胡 榕 陆雨成 刘思涵 王洛冰 胡 洋 汤小文 马 超
姚少雨 唐纯一 席寒冰 黄 帆 张孟斐 李昊泽 胡志博 谭倩倩

珠宝学院

万金玲 张博雅 孟昱璇 杨玉爽 张 启 周 洋 龚若辰 曾倩倩 李佳珊

公共管理学院

胡艺川 梁 悦 刘 星 黄文俊 樊益绮 李锦腾 王绅云 洪嘉慧 裴欣羽
唐凤兰 张雪雨 张伊扬 焦振琪 王泽瑜 訾一寒 王敏捷 谢 媛 冉启林
白雨婷 卢家宝 段佳文 李焕正

计算机学院

杜 乾 马 浩 龙 勇 叶 蓓 苏 驰 温振华 郭程展 张 斌 屈霜恒
张文然 聂梦飞 朱轩宇 陈子豪 石 玲 涂云鹏 赵昊楠 曾 为 刘永欣
郝昕宇 王德良 王泽清 郭荟青 钱汉旭 其木格 李子豪 任庆达 魏英杰
冯世元 曹 芸 王玺卿 郑怀帆 赵起萌 乔晓晓 邓 虎 李 腾 谢 孜
李 豪 李太龙 管仁祥 申琪琦 饶骁扬 段 苗 张如甜 董文静 金梦楠

唐德成　孙伟祥　王　鑫　谢高亮　张雨欣　李　想　李俊俨　万晶晶　黎　金
周　乾

体育学院

张乃方　魏志强　韩裕鹏　万合培　冉腾越　徐泽意

艺术与传媒学院

张　娇　高　尚　刘　冰　王艺伟　马凝珂　李　阳　吴秉谦　蔡育超　陈雪莲
王　甜　蔡　伟　闫玥霖　黄洁明　刘佳宜　汤皓婷　武　涵　吕泽铃兰　曹　颖
刘艺婷　钟祖荣　彭江迪　杨洁欣　陈炳伊　李文芊　杨小茹

马克思主义学院

谭　静　吴思远　庞仁洪　叶碧琳

李四光学院

安军伟　戴佳坤　王琛琦　姚华鑫　王晓雅　周逸恒　杨延晨

三、"中国地质大学英才奖学金"获奖学生名单(645 人)

(一)校长奖学金(181 人)

地球科学学院

彭宇洋　康国秀　门溪川　卢阳阳　孙继尧　孙　涛

资源学院

李　冉　胡　銮　肖舒逸　尹燕梁　孟亚琪　李涌祺　鲁　豫　董　洋

材料与化学学院

胡译丹　汪若涵　柴鹏程　徐婉卿　肖怡婷　李传福　杨玥琳　尹　舸　高方宇
陆炜祺　李乃竹

环境学院

李秋汶　季玉轩　许诗滢　徐皓杰　覃晓琳　陈　雨　姚　瑶　李依然　段　翔
李　翔

工程学院

刘东岩　张宇欣　周　易　梁　可　李学鸿　熊　挺　李新纪元　张峰瑜　翁雨佳
吴　凡　王音智　黄慧静　耿志鹏　刘　畅　肖　娴　朱　雨　胡睿扬　黄斯藤

地球物理与空间信息学院

马宇龙　张　恒　赵林轩　朱师锐　田　婧　侯泽坤　仲　朔

海洋学院

王锦怡　张艺萱

机械与电子信息学院

何梓芊　罗昌盛　苏绮淇　孙　阳　史展天　阳晨彤　刘凌逸　赵睿思　吴懿轩
任梦宇　王叶梓　魏雪姚　丁驰洋　周明杨　龙之瑶　邹　婷　刘　鑫　杨曜先

自动化学院

杨关泰　钱子渊　张宇一　刘学文　陶梓兴　刘志杰　殷　乐　代子琛　荆雨彤
陈涵毅　吴　哲

经济管理学院

李宜璋　董　珺　王铭铭　吴鑫宜　钱雅婷　王洁彬　陈诗仪　张运睿　余欣芸
刘婉婷　郭志刚　谢琨淮　张书琪　张馨蕾　石瑾怡　潘彦锟　杨艺恬

外国语学院

谢艺玮　高宇慧　刘博文

地理与信息工程学院

刘茜文　王　楠　王松海　朱　迅　程亚男　张正旭　冯子怡　蔡豪爽　陈　卓
黄中宇　田济生　王　岚　许　睿　王泽堃　雷东虎　潘霏霏　陈　静

数学与物理学院

汪亚楠　陈　玉　常贺瑞　王　样　黄　磊　张心怡　计贝劼

珠宝学院

杨慕涵　汪真伊　胡　昊　陶泓旭　韦　玮

公共管理学院

应嘉禾　宋代伊　赵宇欣　宋　宁　朱珂洁　邢佳宜　范瀞予　温家琦

计算机学院

刘博宁　何向洋　苏毓泽　韩慧芯　姜冰欣　张婉怡　李江沐　王晴宇　苗春玲
孔　翔　朱国强　方知雨　谭以宁　饶　杰　徐诗怡　霍奥林　侯宇威

体育学院

杨欣欣　李春香　徐　旺

艺术与传媒学院

宋佳宁　姜　笑　李一平　王恩泽　徐纤祉　李若兰　吴禹翰　马一含　张莉敏
刘淼聪

马克思主义学院

刘王飞

李四光学院

周　湛　宋有朋

（二）院士奖学金（147 人）

地球科学学院

刘思睿　薛龙飞　柯慧芳　罗晓煜　王万喆

资源学院

沙荣花　张　昊　王玉成　饶丽强　徐华欣　胡　强

材料与化学学院

邱沛萌　杨美青　郭玥　陈杨子誉　亢恒越　汪溢偲　孙启培　陈　涛　李　栋

环境学院

贾　露　钟雨杏　蔡子延　许　铮　潘思逸　高雨萌　陈　云　龚学梓

工程学院

付子进　魏德谦　袁　勋　丁　源　李美权　黄德崴　邹　航　曹剑峰　鲁宛杰
吴洪涛　刘宇佳　李嘉怡　李婉蓉　杨乙飞

地球物理与空间信息学院

钱　权　饶　欢　郭　晴　徐鹤宁　郑逸榛　李宇轩

海洋学院

姜　正　沈晶晶

机械与电子信息学院

陈　磊　汤柏辉　成　果　唐超群　姚佳奇　苏广思　张宇轩　李佳鑫　施　雨
范　恺　莫茗心　汪雨萱　刘晗博　战翔宇　刘思颖

自动化学院

赵桂瑜　孙　皓　金浩然　郑一楠　范豪辉　张奕驰　李云龙　孙李洋　王　棋

经济管理学院

李海佩　李政辉　张博彦　周雨婷　王子鑫　顾思怡　周心悦　贲雅雯　徐闻谦
刘瑾沂　任逸霏　郑咏杰　郑　毅　焦　颖

外国语学院

吴妮蔓　蔡　琪　田昊宇

地理与信息工程学院

王子越　余　磊　杨思洁　李欣宜　刘思思　付宇涛　赵　霄　黄　晓　王禹熹
杨　泰　陈柏舟　杨雨凝　王浩然　袁杨皓玥

数学与物理学院

曹　妍　卜宇茜　郑贵文　颜嘉彤　莫冰毅　闫雨歆

珠宝学院

王世莹　吕　洋　张懿佳　骆彦方

公共管理学院

朱颜玙　卢芷怡　邱宇莹　蔡宇超　包琳欣　袁可怡　邓子欣

计算机学院

沈义凡　石绣文　田　冰　朱天泽　程浩鋆　叶诗洋　张沛豪　魏　来　王靖涵
刘哲伟　刘林凯　温芷萱　张邱德　司子猷

艺术与传媒学院

郝文竹　李虹佳　卢宣竹　李乔石　赵立堃　杜俊彦　林钰滢　罗羽淇

马克思主义学院

左　睿

李四光学院

王浩宇　姚华鑫

(三)创新奖学金(33人)

资源学院

余司琪　余旭庭

材料与化学学院

刘　凯　陆子成

环境学院

陈　博　苑亦菲　邹一飞

地球物理与空间信息学院

舒一鸣

机械与电子信息学院

曾莹莹　张东琳　梁　澈　方榉炫　杨天祺　江龙辉　姚　禹　宋鹏武　赵思雨
闫林林

自动化学院

张　浩　王思彤

经济管理学院

李廷璐　陈丽洁　罗景兮　怀晓露　李嘉欣　郑谋军　苑子義　任希曦

计算机学院

唐宁远　徐修成　潘子怡　梁雄壮

艺术与传媒学院

徐文玉

(四)自强之星奖学金(29人)

材料与化学学院

姜　妍　田嘉森

环境学院

江哲林

工程学院

江佳文　李沛霖　楚亚军

地球物理与空间信息学院

刘思雨　付祉祥

机械与电子信息学院

刘　安　吴珂莹

自动化学院

白雅楠　魏玉洁　苗沛垆　何梦洁

经济管理学院

杨皖婷　候海燕

地理与信息工程学院

段佳源　齐　妙

数学与物理学院

黄新月　王张佳　李诗琪

珠宝学院

李碧莹

公共管理学院

奴尔西瓦克·努尔巴合提　曹　翀

计算机学院

李卓颖

体育学院

位鹏鹏

艺术与传媒学院

董　敏　陈丽娟　王艺斐

(五)学习进步奖学金(65人)

地球科学学院

何智浚　吴　震　刘亦婷　卢嘉新

材料与化学学院

庞雨婷　赵瑾瑜　戴鸿伟

环境学院

蔡亚飞　张晓宇　陈葛般若

工程学院

李浩林　祝浩然　黎小平　王瑜楷　刘子铭　张寒康　刘体锐　刘宇航

地球物理与空间信息学院

郭　垚　李玉涵　张颜浩

海洋学院

刘宏羽

机械与电子信息学院

廖　漩　徐文红　崔述武　杨书娴　郭昊林　蔡佳骏

自动化学院

刘诗雨　白睿豪　汪　胜

经济管理学院

刘美含　余　丹　李传文　张佳瑶　夏雯萱

外国语学院

许　珂

地理与信息工程学院

陈泓嘉　刘世龙　杜荥卓　李泽诚　柏志怀　郭子豪　王　睿　曹　彬

数学与物理学院

徐天培　王　振　杨　璐

珠宝学院

石倩茹　李紫怡

公共管理学院

吴景瑞　乌丽盼

计算机学院

李宇豪　秦成军　邹　阳　翟梁举　李铂浩　易文俊　万俊豪　邓　芳　须文杰　钟俊涛

艺术与传媒学院

王　卓　宋梓仪

李四光学院

井若凡

(六)社会实践奖学金(31 人)

地球科学学院:彭建伟

资源学院:巴嘉昊

材料与化学学院:黄　洁　欧阳铭炜　乔　宇　杜文祥

环境学院:李清怡

工程学院:赵胜南　郭耀功　黄福嘉

地球物理与空间信息学院:刘运隆

自动化学院:刘筱琛

经济管理学院:赵旭阳　郑雯琪　易虹妍　闫博浩　郑泽楷

外国语学院:李智媛　金唯一

地理与信息工程学院:杜妍钰　杨宇童　赵文鹏

数学与物理学院:崔彩群

公共管理学院:张雯迪　牛心茹　张芸静

计算机学院:桂子铭　王子震

艺术与传媒学院:张　璇　张潇月

李四光学院:张小龙

(七)服务之星奖学金(92人)

地球科学学院

陈　宇　温伟基　李建伟　孙建昊

资源学院

姜鑫悦　黄程欣然　余静远　徐振宇　陈智涛　王美洁

材料与化学学院

赵云娜　毛宇舟　刘浩然　赵文硕　储迎宇

环境学院

胡誉文　卢逸凡　丁奎元　徐溪清　张乐相　范一洲　孟思羽

工程学院

白雪峰　包雅婷　杨晶颖　孙奥鸿　李帛林　李　鑫　苏雯洁　张　静　郭　峰
廖苇铭　张泽鑫　张　秒

地球物理与空间信息学院

张凤珠　陆佳欣

海洋学院

吕汉东

机械与电子信息学院

吕福份　颜莹莹　曾子津　高玉磊　周昊冉　李昌婧　邢佳宁　吴丁一

自动化学院

孙嘉宁　陈力子　蒋光辉　贾长逸　尚依纯

经济管理学院

刘亚旭　徐倩倩　张钰茹

外国语学院

鞠冉冉　刘　悦　刘晓萌

地理与信息工程学院

段　炼　马璟　林培凤　陈　阳　张星怡　安子玥　李俊逸

数学与物理学院

宋　扬　肖彬玉　孙嘉谊　肖佳慧

珠宝学院

张楚婷　雷金嘉

公共管理学院

王英格　叶容容　罗佳敏　刘栗凤

计算机学院

陈怡佳　郭嘉乐　李　枫　吴　翔　舒　真　潘鹤文　王殷飞　张喆　凌静雯
魏明杰

体育学院

梁玉佳

艺术与传媒学院

保　悦　罗易函　鲍　越　易四维　杨　柠

马克思主义学院

侯玲玲

李四光学院

王则灵　王铭浩

(八)艺术之星奖学金(23人)

地球科学学院:王一璇
资源学院:马铭泽
工程学院:阳惠龄
地球物理与空间信息学院:魏媛媛
海洋学院:罗　婧
机械与电子信息学院:曾　婉　邹其峰
经济管理学院:王嘉慧　司　羽　赵成祥　杨梦婷
地理与信息工程学院:王之恒　万宇扬　何悦溪　朱淑丹　方萧楠
数学与物理学院:田逸凡
珠宝学院:刘怡含
公共管理学院:张柯卿
计算机学院:张晋扬
艺术与传媒学院:刘静雯　张雨菲
马克思主义学院:周静怡

(九)体育之星奖学金(20人)

地球科学学院:梁乔郅
资源学院:苑重阳　王雅琪
材料与化学学院:隋俊霖　刘星辰
环境学院:周　翔
工程学院:毕小超　孙世嘉　陈宇轩
地球物理与空间信息学院:孙姝颖
机械与电子信息学院:王思达
自动化学院:黄　赳　张重阳
经济管理学院:刘煜希　杜雨菲
珠宝学院:莫绮璇　朱莞蓉
公共管理学院:芦尚夫　黎子傲
体育学院:任琪玮

(十)文学之星奖学金(3人)

地理与信息工程学院:吕雨龙　彭　渤
艺术与传媒学院:李云秀

(十一)少数民族学生奖学金(11人)

环境学院:杨蕊菡　冯若楠
工程学院:周　明
经济管理学院:朱天羽　古丽斯坦·阿布拉
公共管理学院:苏毕努尔·肉孜　覃子丹　古丽米拉·叶尔江　马妍妮
计算机学院:周荣祺　潘　洁

(十二)创业先锋暨创业之星奖学金(10人)

公共管理学院:蔡明勋
机械与电子信息学院:陈奕璇
经济管理学院:王子鑫
自动化学院:王绍然(研究生)
珠宝学院:陈泳霖(研究生)
资源学院:余如洋(研究生)
环境学院:张济法(研究生)
工程学院:孙思璇(研究生)　周　杰(研究生)
地球物理与空间信息学院:陈　超(研究生)

四、本科生社会奖学金获奖学生名单(160人)

(一)李四光优秀学生奖学金(1人)
地球科学学院:刘一龙

(二)殷鸿福与金钉子奖学金(2个)
1.个人　环境学院　王玥璇子
2.团体　自动化学院　王辰轩　辛浩男　刘　潇

(三)刘光文奖学金(1人)
环境学院:郑　智

(四)锐鸣校友奖学金(20 人)

地球科学学院:陈雨萱　陈思慧　曾婷婷　黄贵治　陈日水　孙永芳　吕　涛　王若水　王语奇　喻　蝶

环境学院:田靖龙

工程学院:蔡志蓝

地球物理与空间信息学院:韩雪菲

机械与电子信息学院:远非凡

自动化学院:肖子恺

经济管理学院:李雅薇

数学与物理学院:赵双倩

计算机学院:史　阳

艺术与传媒学院:沈丽婷

李四光学院:张宇宁

(五)鲲鹏奖学金(3 人)

地球科学学院:蔡芳森　刘丹娜　宿　悦

(六)1988 届地质-地化系校友奖学金(5 人)

地球科学学院:卢怡伉　李　絮　陈　婷　侯　晏　张峰旗

(七)赵鹏大奖学金(1 人)

资源学院:徐　铮

(八)香港同心文化教育慈善奖学金(40 人)

环境学院:焦瑞佳　韩雪婷　张　璐　张雅萍　姜　帆　朱文琪　付　倩　张　帅　李　程　陈鹏飞　郭　韬　王君浩　刘宇杰　郑晓川　胡治翔　祝秀庭　杨家纯　胡慧婷　方馨悦　高　迎　崔　昊　龚　熹　于保江　丁建明　张　遥　朱逸飞　余诗慧　关焱鑫　李应保　曼孜兰木·阿布来提

材料与化学学院:蒋尤祺

工程学院:刘世龙　寇启花

地球物理与空间信息学院:苏润铃

海洋学院:操时逸

机械与电子信息学院:贾　延

自动化学院:张　弛

经济管理学院:夏梦萍　黄　颖

计算机学院:刘凡宇

(九)水科学之星奖学金(7人)

环境学院:华祎梓　蔡文君　张东明　杨熙隆　胡志凌　韩政豪　王雨婷

(十)宇驰学术卓越奖学金(4人)

宇驰国际交流之星

环境学院:罗静真

宇驰学习进步之星

环境学院:张　萌　周家恒　胡才希

(十一)82级水文创新奖学金(6人)

环境学院:雷　诺　吴　怡　刘铭颖

工程学院:杨文韬　李俊良　陈　豆

(十二)梓亮奖学金(5人)

工程学院:孙燕姿　孙　懿　邓庆龙　李依伦　游志刚

(十三)占志斌校友励志奖学金(3人)

工程学院:章梓汀　余思琴　赵雯婕

(十四)占志斌校友特等奖学金(3人)

工程学院:杨翼辰　李海云　温　浩

(十五)爱贝尔72911奖学金(5人)

机械与电子信息学院:丁泉彬　田辰煜　沈璐涵　周子轩　燕庆龙

(十六)072941班优秀本科生奖学金(5人)

机械与电子信息学院:童毅然　沈立人　邓子业　李孟洲　彭汉尧

(十七)王大纯励志奖学金(7人)

环境学院:李　程　吴　怡

工程学院:刘弟民　王旋博　江佳文　赵裕兵　熊　伟

(十八)三江中电奖学金(10人)

自动化学院:张　浩　张思维　董文洋　郑一楠　陈世鹏　林　解　赵宝红　贾长逸
何梦洁　汪　鑫

(十九)数理校友奖学金(3人)

数学与物理学院:景琳惠　刘　迪　卢　耀

(二十)汗青艺术奖学金(2人)

三等奖　艺术与传媒学院:王美霞　李若澜

(二十一)李万亨奖学金(10人)

经济管理学院:邓恬音　叶媛婕　李威龙　夏梦萍　李　佩　童　话　赵彦潇　谢重阳
周均花　梁艾西

(二十二)融创奖学金(5人)

经济管理学院:方俊婷　王　曦　郭润晗　彭　磊　李志惠

(二十三)钻探薪火奖学金(6人)

工程学院:史芳玉　岳嘉诚　黎子阳　赵硕勋　沈誉坤　胡　哲

(二十四)包头城建创新奖学金(1人)

工程学院:凌小宝

(二十五)工程学院054072班校友奖学金(5人)

工程学院:苏董超　龚　杰　赵　嘉　胡志鹏　邢振新

五、优秀国际学生获奖学生名单(16人)

(一)预科生(1人)

1. NILTON CUNHA BETTENCOURT SILVA(佛得角)

(二)本科生(5 人)

1. ALEXANDRINO DOS SANTOS DA COSTA OLIVEIRA(东帝汶)

2. ABDULJALIL FUAD ABDULJALIL ALI(也门)

3. NANCY JOSEPHAT MBAGO(坦桑尼亚)

4. OMAR ALI MAHMOUD NAJEM(约旦)

5. DIDAR SHAYMANOV(土库曼斯坦)

(三)硕士研究生(5 人)

1. WAJID ALI TURI(巴基斯坦)

2. CHRISTOPHER NYANGI MKONO(坦桑尼亚)

3. MOUIGNI BARAKA NAFOUANTI(科摩罗)

4. WARDA KHALID(巴基斯坦)

5. JEAN-TYCHIQUE S GBELIHO DOSSA(贝宁)

(四)博士研究生(5 人)

1. SINONMATOHOU DAMIEN TIANDO(贝宁)

2. ANNA TIKHOMIROVA(俄罗斯)

3. MUHAMMAD KHAYYAM(巴基斯坦)

4. HUSSAIN ALI(巴基斯坦)

5. CHOWDHURY, MOHAMMAD ABIR SHAHID(孟加拉)

六、校级先进班集体标兵、校级先进班集体名单(131 个)

(一)校级先进班集体标兵(20 个)

地球科学学院(1 个):010192 班

资源学院(1 个):021181 班

材料与化学学院(1 个):034181 班

环境学院(2 个):042193 班　045181-2 班

工程学院(1 个):050181 班

地球物理与空间信息学院(1 个):064192 班

海洋学院(1 个):241191 班

机械与电子信息学院(1 个):07D204 班

自动化学院(1 个):231183 班

经济管理学院(1个):085191班
外国语学院(1个):091191班
地理与信息工程学院(1个):113182班
数学与物理学院(1个):121182班
公共管理学院(1个):172191班
计算机学院(3个):191193班　195182班　191191班
艺术与传媒学院(1个):161191班
李四光学院(1个):201181班

(二)校级先进班集体标兵单项奖(7个)
1.学风建设(2个)
地球科学学院010202班　机械与电子信息学院07J205班
2.文化建设(2个)
地理与信息工程学院111191班　公共管理学院17G201班
3.文艺体育(2个)
地理与信息工程学院11J202班　艺术与传媒学院16S202班
4.社会服务(1个)
数学与物理学院12S204班

(三)校级先进班集体(104个)
地球科学学院(3个)
x11184　x11204　x11195
资源学院(7个)
021196班　021192班　021194班　021195班　022191班　022192班　021205班
材料与化学学院(7个)
031201班　031202班　031204班　03L205班　033191班　031193班　034192班
环境学院(5个)
042191班　04H202班　04H204班　04H206班　045201班
工程学院(12个)
052191班　05T201班　05T203班　05T202班　05D201班　055202班　050201班
051191班　051192班　052192班　051193班　050191班

地球物理与空间信息学院(4个)

061192班 061201班 061202班 06D203班

机械与电子信息学院(10个)

071183班 071191班 072192班 075181班 071192班 071193班 072183班 072185班 075194班 07D201班

自动化学院(6个)

231193班 231184班 23Z201班 231192班 231194班 23Z205班

经济管理学院(11个)

08S205班 08S207班 08G201班 08G202班 081191班 082191班 083191班 08S202班 080192班 086191班 088191班

外国语学院(2个)

091201班 091193班

地理与信息工程学院(8个)

114193班 11C202班 111193班 118191班 115192班 11C205班 11J203班 11D203班

数学与物理学院(5个)

121191班 122192班 123191班 12S201班 12S203班

珠宝学院(4个)

142202班 141191班 142181班 141201班

公共管理学院(4个)

175191班 17G202班 175202班 173191班

计算机学院(7个)

19C20B班 19C208班 191181班 194181班 195191班 192191班 19C206班

体育学院(1个)

131191班

艺术与传媒学院(6个)

164181班 164192班 161192班 16S202班 161201班 165191班

马克思主义学院(1个)

181201班

李四光学院(1个)

201192班

七、第七届中国国际“互联网十”大学生创新创业大赛优秀团队(8个团队共105人)

(一)国赛金奖项目优秀团队

《“硒“望无限——专注为相对贫困地区提供精准公益富硒服务》

张越鹏　陈玥　孟繁兴　况志伟　刘莹莹　董健彪　马佳怡　付中彪

DIEGO ARMANDO PINZON NUNEZ　方宜芯　张文开　唐沫岚　宋建博

(二)国赛银奖项目优秀团队

《久违空间——“北斗物联”智慧监测解决方案创导者》

陈　超　邵乘霖　蔡明勋　解天宇　靳玉洁　余司琪　张煜炜　黄润林　刘　桐

陈世萱　李嘉欣　安德鹏　吴云浩　李柏洋

《风华生态水产——可移动太阳能曝气富氧净水全自动一体化生态仪》

李开元　邓驰骋　范一洲　陈海洋　李天奇　胡志凌　相飞帆

(三)国赛铜奖项目优秀团队

《脉恩环境-矿山生态复绿引领者》

张济法　万　舟　苏丹辉　燕智杰　杨佳苗　王佳怡　刘　鹏　李　冉　朱娉逸

程毅康　胡雅雯　赵乾坤　陈苗欣　杨书颖　王子鑫

《金石科技——时尚3D硬金无氰技术领航者》

邓柏依　郭润晗　张宝玉　曾子明　蔡明勋　韩　晓　靳玉洁　秦佳欣　高山月

蒋振宇　卢保迪　王美皎　罗学维　葛　文　郝　亮

《地灾管家-全国地灾监测预警组网践行者》

孙思璇　安鹏举　苏雪雪　赵　萌　方堃　唐春燕　张洁飞　顾思怡　王小溪

刘亚倩　李思蓓　杨宇哲　康展晨　王娇娇　闫琦琳

《人人孕——辅助生殖互联网全域服务商》

印　凯　李　乐　胡新月　李　响　林钰滢　周欣然　李欣茹　黄斯藤　尹桂芬

宋建博　王箫鳕

《灵动松石出竹山——绿松石国际电商平台》

程毅康　祖成意　黄月华　库彦榜　柳子坤　罗博闻　苑亦菲　龚学梓　刘自旻

夏济宇　曾为一　孙笑羽　徐雨欢　蔡　添　尤江羽

脱贫攻坚优秀组织单位、突出贡献团队和先进个人

（排名不分先后）

地大党发〔2021〕37号

一、脱贫攻坚优秀组织单位（10个）

党委组织部　工会　人事处　离退休干部处　后勤保障处　材料与化学学院
环境学院　珠宝学院　公共管理学院　附属学校

二、脱贫攻坚突出贡献团队（10个）

材料与化学学院富硒农业团队
负责人：田熙科
成　员：聂玉伦　杨　超　罗东岳　王龙艳
经济管理学院精准脱贫项目评估研究团队
负责人：帅传敏
成　员：丁丽萍（女）　程　欣（女）　帅　竞　黄赋斌（女）
经济管理学院旅游扶贫研究团队
负责人：李会琴（女）
成　员：肖拥军　侯林春　刘晶晶（女）　罗玉杰（女）
公共管理学院精准扶贫工作成效第三方评估团队
负责人：胡守庚
成　员：方世明　卓成刚　杨剩富　童陆亿
公共管理学院国土空间优化与治理团队
负责人：龚　健
成　员：李江风　叶　菁（女）　朱江洪　杨建新
体育学院户外资源调查与规划团队
负责人：董　范
成　员：陈昆仑　牛小洪　何鹏飞　刘小琼（女）
马克思主义学院脱贫攻坚研究团队
负责人：李海金
成　员：焦方杨　陈文华　巴且古铁　冯雪艳（女）

远程与继续教育学院脱贫攻坚教育培训工作团队

负责人:刘雪梅(女)

成　员:叶洪波　李　欣　王群星　刘　萍(女)

中国地质大学(武汉)云南省施甸县扶贫工作队

负责人:向敬伟

成　员:袁　杰　朱　峰

中国地质大学(武汉)研究生支教团

当前负责人:韩　鹏(环境学院学生)

成　员:历任研究生支教团学生

三、脱贫攻坚先进个人(20人)

党委组织部:梁本哲

工　会:汤　吉

发展规划处:朱　峰

实验室与设备管理处:陈少才

离退休干部处:杜　飚

后勤保障处:傅艾平　卢　杰

环境学院:陈华清　杨　涛

地球物理与空间信息学院:黄金波

经济管理学院:邓宏兵　李江涛

珠宝学院:杨明星　尹作为　孙仲鸣　周琦深

公共管理学院:向敬伟

远程与继续教育学院:叶洪波

附属学校:袁　杰　陈红兰(女)

“五月的鲜花”2020年度五四评优活动先进集体和先进个人

地大学校办发〔2021〕29号

一、五四红旗团委（6个）

地球科学学院团委

工程学院团委

机械与电子信息学院团委

经济管理学院团委

公共管理学院团委

计算机学院团委

二、五四红旗团支部标兵（10个）

地球科学学院：x11173团支部

材料与化学学院：030181团支部

环境学院：“张国旗班”团支部

地球物理与空间信息学院：1041903团支部

机械与电子信息学院：071183团支部

经济管理学院：08S197团支部

数学与物理学院：12Y202团支部

公共管理学院：173181团支部

计算机学院：191173团支部

艺术与传媒学院：161191团支部

三、标兵学生会（5个）

环境学院学生会

机械与电子信息学院学生会

经济管理学院学生会

公共管理学院学生会

计算机学院学生会

四、标兵研究生会(6个)

环境学院研究生会
地理与信息工程学院研究生会
海洋学院研究生会
经济管理学院研究生会
公共管理学院研究生会
计算机学院研究生会

五、十大标兵社团(10个)

山中花儿爱心助学团　法律协会
地球科学俱乐部　书画协会
演讲与辩论协会　侏罗纪电子制作协会
逸夫科普讲解队　明德风·爱心助学团
三叠口琴社　相声社

六、十大标兵学生,授予青年五四奖章(10人)

何子耕　张依依　季庆丰　蔡安禧　崔祥森　张　爽　牛宇童　朱晓萌　杨　熙
杨文星

七、优秀研究生标兵,授予青年五四奖章(10人)

学术科研类(6人)
金　丽　何　阳　张林浩　张一帆　王晓斌　熊志武
综合发展类(4人)
王　颖　郭楚枫　杨兆宇　饶炜博

八、五四红旗团支部(105个,含团支部标兵)

地球科学学院(5个)
x11173团支部　010192团支部　010202团支部
2019级地球表层系统科学系研究生团支部
2019级地球生物学系研究生团支部

资源学院(6个)

021194团支部　021196团支部　021195团支部　022201团支部
2020级资源信息工程系研究生团支部　2020级资源系研究生团支部

材料与化学学院(4个)

030181团支部　03L205团支部　031193团支部　03L195团支部

环境学院(6个)

04H194团支部　045181-2团支部　04H192团支部　“张国旗班”团支部
2020级专硕三班团支部　2020级学硕五班团支部

工程学院(10个)

052191团支部　050191团支部　052192团支部　051193团支部　05D202团支部
05D206团支部　05T201团支部　05T205团支部　2020级硕研工岩系第三团支部
2020级硕研工岩系第二团支部

地球物理与空间信息学院(4个)

1041903团支部　064192团支部　064182团支部　061202团支部

海洋学院(2个)

2020级研究生团支部　24H191团支部

机械与电子信息学院(9个)

071183团支部　075182团支部　071191团支部　072191团支部　075191团支部
07D204团支部　07J205团支部　2019-3团支部　2020-4团支部

自动化学院(6个)

231184团支部　23Z192团支部　231185团支部　23Z207团支部
18级学硕1班团支部　19级学硕2班团支部

经济管理学院(9个)

080181团支部　085181团支部　08G194团支部　08S195团支部　08S197团支部

08S202 团支部　08S204 团支部　2020 级学硕经济班团支部
2020 级会计专硕班团支部

外国语学院(2 个)

091193 团支部　091183 团支部

地理与信息工程学院(9 个)

113182 团支部　114181 团支部　11J191 团支部　11J193 团支部　11J202 团支部
11C205 团支部　2019 级硕士 4 班团支部　2020 级硕士 1 班团支部
2020 级 GIS 中心 1 班团支部

数学与物理学院(3 个)

121191 团支部　12Y202 团支部　12S204 团支部

珠宝学院(2 个)

141191 团支部　141201 团支部

公共管理学院(5 个)

173181 团支部　17G191 团支部　17G201 团支部
研法硕专业 20 级第一团支部　研法学 19 级团支部

计算机学院(7 个)

191173 团支部　191191 团支部　191193 团支部　195182 团支部　19C208 团支部
19C20B 团支部　2020 级专硕第二团支部

体育学院(2 个)

131191 团支部　体育学院 2019 级研究生团支部

艺术与传媒学院(6 个)

161191 团支部　16S196 团支部　16S202 团支部　161181 班团支部
2020 级研究生环境设计一班团支部　2019 级研究生新闻传播学团支部

马克思主义学院(2 个)

181191 团支部　2020 级马克思主义理论团支部

李四光学院(1 个)

201181 团支部

地质调查研究院(1 个)

地质调查研究院 2019 级团支部

生物地质与环境地质国家重点实验室(1 个)

生物地质与环境地质国家重点实验室研究生一年级团支部

教育部长江三峡库区地质灾害研究中心(1 个)

教育部长江三峡库区地质灾害研究中心研究生一年级团支部

高等教育研究所(1 个)

高等教育研究所 2019 级研究生团支部

附属学校(1 个)

地大附属学校九(1)班团支部

九、优秀共青团干部(685 人)

地球科学学院(30 人)

本科生(16 人)

韩佳旭　陈思慧　高　健　薛龙飞　喻　蝶　吴秀静　陈参志　栗千贺　孙继尧
周　易　吴喆涛　孙　涛　徐　圳　门溪川　陈昀晖　张佳和

研究生(14 人)

黄亚飞　罗　琳　穆楚琪　徐晓波　张慧敏　姜　昕　王兴红　孟建南　王昱荦
温大鹏　付政豪　王汝成　肖安国　乔　赫

资源学院(37人)

本科生(21人)

帕尔扎娜·帕尔哈提　聂思嘉　陈智涛　汪旭煜　陈博元　黄程欣然　王雪蛟
胡恩源　孟亚琪　程　吉　朱万里　李　响　佟　傲　李　冉　冷红程　高　原
刘兴国　彭玉婷　尹燕梁　胡雪松　付少坤

研究生(16人)

王　双　王　畅　张玉霞　杨雅煜　陈　凯　杨　梦　程茂策　钞　楠　高海兰
吴思伟　彭宇崊　佘晓慧　张铭轩　王　珍　王　飞　徐启立

材料与化学学院(36人)

本科生(23人)

彭　榛　唐志伟　汪溢偲　李　政　陈　涛　刘浩然　陈冠宇　邵鸿博　程　倩
刘慧如　李伊峰　王天宇　于子旭　李　想　王　瑜　谢宗远　岳嘉宁　黄晓聪
简烁锋　陈　明　刘毅恒　李晨曦　王月辉

研究生(13人)

谭晓玲　陈雅捷　刘子莹　匡诸君　刘姝雯　宋小洁　杨　刚　肖雅姿　许　鹤
安　永　尚小兰　陈　森　吴海燕

环境学院(38人)

本科生(21人)

李　翔　张雨菲　邓　睿　许　涵　李秋汶　王　倩　刘继轩　侯佳怡　崔宸铭
刘铭颖　范一洲　宋和洋　于保江　林宇航　胡治翔　李佳森　陈一帆　段　翔
李依然　张思齐　贺沁文

研究生(17人)

董天一　严　璐　付鹏宇　张紫琼　向少锋　刘　静　钱　成　施　雯　王　禹
薛伟广　王懿洁　肖　竞　谢国苹　向奕萱　朱雨锋　邓晓宇　王雅娟

工程学院(57人)

本科生(38人)

李新纪元　梁　可　刘　畅　台　硕　孙奥鸿　晁潇涵　王　锐　周睿智　李加滨
张璐璐　冯娜敏　王海洋　夏益文　刘　堃　张　静　杨林杰　廖苐铭　耿志鹏
陶偭瑾　罗宏义　吕　萌　张恒瑜　王舒敏　熊　挺　宋坤明　孔琦芮　隋景玉

王梦韬　谢正峰　詹振宇　李　昊　阳惠龄　蔡　琳　胡睿扬　吴骏梓　王雪萦
张如阳　李　冉

研究生(19 人)

李晓坤　李振华　李　海　王梦辉　梁　玳　王娴婕　张　旭　李家轩　孔繁盛
孙文昌　倪顺程　陈　星　王超哲　裴康辉　张　琦　缪明昊　周　浩　韩辰锴
林　巍

地球物理与空间信息学院(25 人)

本科生(16 人)

王韬智　刘明燃　邵乘霖　邹　毅　陈蓓蓓　王舜杰　闫行健　黄润林　郑逸榛
汪文希　朱芙瑶　买鸿轩　刘芯宇　刘思雨　董　秀　张　恒

研究生(9 人)

金西正　梁梦姣　张佳音　吴　双　高　筱　付争妍　韦俊坤　郭峻竹　汪　振

海洋学院(8 人)

本科生(5 人)

陈子睿　王　贲　徐　波　王瀚浦　欧　媛

研究生(3 人)

饶炜博　陈科一　田茂竹

机械与电子信息学院(46 人)

本科生(36 人)

曾子津　柴静雯　丁泉彬　郭　欢　何梓芊　侯　尧　黄玥玥　李炳煜　梁浩越
刘超凡　刘千一　刘　强　刘　鑫　刘子鸣　龙之瑶　罗昌盛　沈璐涵　沈　恬
石俊杰　苏绮淇　王廷柱　王叶梓　王　煜　吴茂源　阳晨彤　袁梦汉　远非凡
岳玉立　张东琳　张　翔　张晓庆　张晓童　赵皓楠　郑文浩　周明杨　朱丽璇

研究生(10 人)

赵益红　程伟鹏　彭玉龙　杨秀晴　欧江琳　王晶晶　肖　蕃　王瑱祺　杨　迪
刘　彬

自动化学院(36 人)

本科生(21 人)

赵欣彦　姜　昱　辛浩男　钱利昆　程世界　江　旭　周梦颖　薛钧宇　刘志杰
侯姝祺　张宇一　刘学文　范豪辉　叶　洋　陶梓兴　宋京岳　陈涵毅　金　豪
刘曙杰　孙龙银　欧阳亚东

研究生(15 人)

王晨睿　黄恒宇　黄贝诺　张哲益　王鸿璋　李嘉伟　吴振坤　戈汪洋　王宽林
杨傲雪　高　旭　程　鑫　蔡　磊　刘博文　任　艺

经济管理学院(43 人)

本科生(33 人)

陈高同　仇梦娜　郭思琪　季小艺　靳一鸣　雷雨濛　李柯依　刘晨曦　刘瑾沂
刘彤彤　牛虹莹　牛吉彬　潘晓娜　司　羽　王婧娴　王梦思　王　晓　吴军锦
吴鑫宜　肖玙蝶　谢琨淮　尧卓睿　易虹妍　张芳源　张　恺　张　燃　赵成祥
郑龙威　郑雯琪　郑咏杰　周慧敏　周欣然　周雨婷

研究生(10 人)

纪雅星　李子晴　孙培源　谭文博　檀一帆　王琳琳　韦　唯　赵雨佳　郑英杰
郑　悠

地理与信息工程学院(54 人)

本科生(33 人)

练益丞　徐佳宜　徐书怡　钟　艺　郑成龙　张效通　杨伟昕　姚如意　林英宗
尚霆锋　崔　恒　刘九溥　王泽堃　肖海清　任立童　李欣宜　李俊逸　杨淞乔
叶　铃　高　祺　鲁明蕾　范佳薇　王　锐　刘宇阳　刘泽楷　杨立言　赵沁心
王　岚　严文涛　刘彦珠　杜毅恒　马　璟　王海涛

研究生(21 人)

陈佳鑫　张嘉辉　刘浩岚　伊晓薇　李亭谕　梁哲玮　武亚明　陈　慧　王超凡
王佳宁　朱超峰　蔡　虹　柳庆威　王　斌　张嘉琪　焦晨晨　江伟霞　杨　雪
申　伟　严　茜　陈鑫鑫

外国语学院(14人)

本科生(10人)

蔡　灿　高雨果　吴妮蔓　梁普新　倪一笑　何亦凝　陈晓凡　徐希元　张佳宁
廖山美

研究生(4人)

唐　为　贾园园　宋啟骏　唐元楠

数学与物理学院(15人)

本科生(12人)

常贺瑞　胡　榕　黄思睿　刘凯迪　卢　耀　毛辰路　彭锦蓉　其日娜　史可凡
郑贵文　王宇帆　翁九灵

研究生(3人)

杨雨岚　杨　雨　苏亚楠

珠宝学院(15人)

本科生(11人)

韦　玮　崔　粲　孟昱璇　周　祺　刘　可　马恺璐　杨慕涵　万　欣　万金玲
万岱妍　李雨静

研究生(4人)

刘亮钰　刘太巧　何　琰　周宇青

公共管理学院(28人)

本科生(17人)

鲁清华　张　丹　贾博雅　谢　媛　向恩慧　张雪雨　叶思婕　王敏捷　胡学淅
王英格　孙嘉良　赵宇欣　翟一帆　朱嘉敏　孟思家　应嘉禾　覃奕龙

研究生(11人)

简义龙　赵正川　李晓铮　张一帆　董　霄　李世清　闫凯玥　李　译　郑诗禹
谭　琳　宋泽文

计算机学院(36人)

本科生(30人)

刘婧雯　王梦娇　冯世元　李　庆　王玺卿　穆永恒　钟　欢　王　艳　何旭夏
柴文岳　方知雨　唐宁远　高天弘　刘广林　霍奥林　毕妍君　温芷萱　陈兴烨

孙杰策　张　哲　史　阳　赵起萌　张智昱　冯春生　冯雨桦　李　想　朱国强
王堃先　杨博帆　胡　京
研究生(6 人)
魏　铭　王浩屹　熊丽雯　代　刚　刘文凤　殷　鹏

体育学院(5 人)
本科生(3 人)
闫　茜　谭宇珺　薛文浩
研究生(2 人)
胡戈意　沈　晨

艺术与传媒学院(37 人)
本科生(24 人)
李怡静　赵彬琪　徐纤祉　卫林鹏　张凯立　黄伟宸　陈畅媛　柳子依　曹　颖
姜芊芊　刘　冰　仲晓瑄　杜俊彦　柴沈露　罗嘉灵　王　睿　杨梦婷　李嘉雨
李健一　钟雨芝　刘雅文　兰林坚　汪楚妍　邓鹏娟
研究生(13 人)
李　雪　雷雪晴　丁泽伟　刘诗言　黄　茜　肖淋译　沈　甜　陈柏伊　曾戈晖
池典雅　黄天佑　李莹洁　刘　沫

马克思主义学院(8 人)
本科生(3 人)
权昊楠　秦祎阳　陈子怡
研究生(5 人)
杜先芸　李静妍　李志铨　刘燕芬　赵乐乐

李四光学院(5 人)
本科生(5 人)
陈书勰　胡林兵　宋有朋　王铭浩　周　湛

地质调查研究院(3 人)
张济法　李倩婕　李　典

生物地质与环境地质国家重点实验室(2 人)

姚秉富　张妍婷

教育部长江三峡库区地质灾害研究中心(2 人)

刘君浩　谭玉龙

高等教育研究所(3 人)

孙　佳　田家玮　刘明雪

校级学生组织(54 人)

吕　晴　陈雨蛟　王可一　姚天宇　陈妍伶　高士奇　黄　锐　谢　薇　易林立
李东阳　陈　玉　严佳颖　肖　可　韦怡君　樊　华　高　伟　宁　帅　张雯迪
赵　雨　阮思琦　单百慧　杨　婧　史竞择　胡一博　赵经生　陈世萱　郸雯静
汪丽莹　余司琪　苗若桐　李昭懿　高　洁　赵林轩　骆　威　高　尚　宋　扬
王晓雅　侯玲玲　李清怡　李庆豪　聂紫涵　牛浩坤　杨丁华　石惠文　宋　蒿
邵　迪　王心妍　郑自欢　陈欣媛　程韵韵　吴禹翰　潘雅婷　薛旭飞　李　欣

优秀文艺骨干(40 人)

张　羽　王悦涵　李佳燕　庆子硕　张　懿　张　艳　张星怡　王亚洲　郝屿璠
罗　婧　方彰铭　黄　曦　高晔豪　刘　洁　刘　瑾　蔡欣颖　朱淑丹　丁　宁
穆芃璇　王　样　岳思铭　铁子佳　钱汉旭　陈奕帆　袁嘉婧　张晋扬　孙　畅
王一璇　葛依玲　张祎楠　倪英博　何晨曦　张小龙　徐熙杰　彭　杨　胡宝灵
王　娜　杨书睿　邬广博　王柯懿

机关团工委(3 人)

程　旬　李雨竹　宋　超

后勤团工委(3 人)

杨钦祎　王　茁　周佼颖

附属学校(2 人)

管　颖　段亚清

十、优秀共青团员(742人)

地球科学学院(31人)

本科生(16人)

罗贵月　田婉婷　卢怡伉　张峰旗　刘思睿　王艺霏　曾祥斌　聂锴凝　申伏云
葛朝霞　孙佳瑞　陈致远　顾　铱　康国秀　刘世伟　郑怡欣

研究生(15人)

秦慕天　卞　霄　马　骁　窦宇航　巩宇成　朱玉晴　宁文彬　汪　翔　邬春雪
张　静　梅铧方　雷紫光　张翠贞　袁志伟　柯宇铮

资源学院(37人)

本科生(20人)

胡　强　姚泽贤　高亚仙　王鹤鸣　王继康　裴紫杞　谢昊伦　王　婷　陈展鹏
吕骏腾　沙荣花　赵万成　杜文静　刘　桐　权申云　李林梓　刘哲文　徐振宇
苑重阳　徐华欣

研究生(17人)

向洋阅　吴新月　张旭友　倪　伟　郑　帅　李跃国　徐雨帆　陈少伟　罗　涛
赵彦璞　黄大正　徐　豪　刘晓阳　刘　颜　谢卫东　巩天浩　魏　超

材料与化学学院(40人)

本科生(27人)

黄金平　邱沛萌　李芊芊　沈国焕　史皓丹　高宇杰　孙启培　王泽慧　许依玲
叶雪曼　周显奇　毛宇舟　陆炜祺　李乃竹　刘星辰　程　瑶　李晨希　李国正
袁延乐　杨慧莉　赵文硕　蒋尤祺　蒋晨璐　雷雨欣　李旋良　肖怡婷　甘宇飞

研究生(13人)

王一川　吴晓庆　孙国栋　饶文锦　邹毅臻　李茂森　吾怡文　高　敏　王　威
杨　磊　吴　霞　肖远强　徐旭东

环境学院(47人)

本科生(26人)

余平平　刘　洋　胡誉文　江哲林　魏宗恒　苑亦菲　祖成意　孟思羽　李　煜
许诗滢　华祎梓　周　翔　徐皓杰　高雨萌　杨熙隆　武荣昌　田靖龙　贾　露

雷　诺　陈　雨　丁奎元　陈　析　徐远航　程毅康　张乐相　刘　念

研究生(21 人)

易曼玲　牛真真　杨　晨　樊泽薇　陈　君　李春风　周　炜　宋　昀　徐雨潇
赵　恒　夏锦萱　闫玉清　陈雪杨　卫方成　张　彧　田静静　冯灵灵　姜曹键
黄小淳　杨　新　张　颖

工程学院(78 人)

本科生(51 人)

陈心仪　孟凡宇　姜　健　吴雅琴　李小龙　邹　航　王鹏鹏　刘　昊　车志杰
李骥丹　翟丹阳　李婉蓉　牟文墉　夏明蕾　何祖敬　王官贺　黄慧静　谷怀蒙
赵胜南　赵思雨　王浩歌　覃湘琳　李依伦　蒋银龙　曹泽华　张峰瑜　崩兴涛
谷钰坤　雷骏毅　邓小明　庄璐杰　邵文骏　牟　旭　宣向阳　高堂哲　张一鸣
刘海涛　黄琦昊　谢卓雅　李美权　付子进　殷金周　成红星　孙燕姿　孔　政
龚启航　李　鑫　邢振新　王　文　张祉歆　殷金周

研究生(27 人)

李晓岩　罗帅兵　胡　灿　邓妮娜　杨紫健　应春业　崔泽恒　邓才莹　孙思璇
刘清晨　寇俊辉　唐　琦　马义全　张俊荣　胡　超　吴坤波　贺　磊　赵　珂
庄佩佩　胡雨冬　张雪婷　张　娟　邓楚星　邓　黎　马　辉　方　熠　苏雪雪

地球物理与空间信息学院(27 人)

本科生(17 人)

韩雪菲　牛新月　钱　权　鲁昀暄　潘可悦　饶　欢　汤子于　姜　枭　孙义飞
李宇轩　阳太阳　杨泽涵　张钊铭　方中信　金伊娜　徐佳琪　田　婧

研究生(10 人)

陈　婕　殷浩林　张兴晨　冯泽竣　夏梦娇　王　震　于俊勇　董天成　吴　极
曾明哲

海洋学院(8 人)

本科生(5 人)

刘惠玲　郭航成　李心怡　刘　楠　胡双静

研究生(3 人)

吴　畏　汪佳莹　叶雨阳

机械与电子信息学院(53 人)

本科生(43 人)

赵玉贞　黄芷欣　张　青　钟卓林　杜映慧　茆　微　唐毅涵　杨欣雨　郭仁杰
贾　培　刘晗博　蔡炜文　芦舒琪　杨　珺　刘名琦　成　果　龙　鑫　王　喆
唐超群　李孟洲　徐飞扬　侯宇凡　李佳鑫　赵睿思　莫茗心　王海超　丁　伟
宋鹏武　叶　坤　魏雪姚　李锦添　何　婷　战翔宇　赵怡欣　汪启睿　邢佳宁
朱静文　肖毅斌　唐　婷　肖鸿鹏　朱一锋　汪文静　杨曜先

研究生(10 人)

雷蓉蓉　李梦芹　张俊仓　吴奕德　吴宁燕　骆迎东　吴易恒　刘金润　金　天
伍文豪

自动化学院(39 人)

本科生(27 人)

马哲家祺　贺　江　佘欣然　范烜赫　赵桂瑜　张　浩　李梦迪　王辰轩　许　航
朱基博　苗沛垆　衷雨欣　郑一楠　周汶昊　郭思雨　王泽毅　李云龙　向逸雯
聂心宇　邓志雯　刘虹良　荆雨彤　侯雅馨　汪　鑫　陈东阳　陈永鑫　张胜杰

研究生(12 人)

杜　胜　毕乐宇　郭琳炜　金　丽　闫　泽　孟庆鑫　黎育朋　陈奕滔　李　洋
周小雪　尹　枫　张杏林

经济管理学院(61 人)

本科生(46 人)

贲雅雯　曹晓逸　曾伊凡　陈　黎　陈诗仪　刁永鑫　董　珺　郭志刚　胡沄清
黄　杰　简国慧　李佳庆　李　佩　李　骁　李银燕　梁艾西　刘术怡　刘婉婷
刘亚旭　刘煜希　栾晓珺　罗　苗　倪兴华　钱雅婷　任逸霏　石瑾怡　宋　琼
宋思梦　童　话　万晨雨　王洁彬　王铭铭　王若琳　王索瑞雪　王　雪　王子鑫
吴雪纤　席欣琪　叶媛婕　张书琪　张运睿　赵昊辰　赵彦潇　周均花　周晓洁
周心怡

研究生(15 人)

陈新月　程英爽　廖云倩　刘　璇　栾雅慧　马　莉　宁屹立　买吾兰江·阿不拉
苏中瑞　王麟翰　王　蕊　杨柳青　易佳慧　张　可　周　恒

外国语学院(15 人)

本科生(9 人)

梁文君　邓好雨　刘梦雪　郭世丽　李智媛　罗文慧　周凤洁　殷梦溪　金唯一

研究生(6 人)

蔡李欣　秦　多　王伶俐　冯翠萍　叶　媛　张文月

地理与信息工程学院(72 人)

本科生(44 人)

周冰倩　殷鹏成　郭佳硕　黄嘉雯　朱佳睿　王晓楠　吴晨辉　马楚瑞　曾子怡
鲍澜华　李东升　方碧滢　胡　楠　蔄宇飞　林培凤　郭梓皓　方兴宇　闫淑锦
孙振辉　黄中宇　杨若曦　龙佳雯　钱兢业　刘　童　董泽凯　杨雨凝　郜旭辉
陈　阳　祁婧娇　许怡然　王立增　李子琪　陈　卓　杜慧琳　许　鹏　胡文常
梅佳欣　房晗桢　袁杨皓玥　杨　婕　田济生　滕德淋　冯　骁　陈紫琳

研究生(28 人)

金晟玉　景宣乔　张之政　李　强　刘翠艳　唐　娟　张越凡　杨淞晰　马欣悦
胡佳豪　孙宗元　崔轶伦　谢佳军　李向媛　张　悦　李彦磊　刘侦海　陈叶瀚森
廖一鸣　王琳琳　陈旭东　朱　威　杨家乐　俞　兰　张学满　褚乾年　孙　鑫
王　倩

数学与物理学院(20 人)

本科生(17 人)

常文静　陈锦晗　郭杨宸　何岩峰　李文涛　刘　畅　刘昕桐　刘宗德　陆雨成
马双喜　孙雨洪　田进龙　王李俊　吴思琪　徐天培　颜喜彤　周　倩

研究生(3 人)

莫莉萍　吕春玥　潘润超

珠宝学院(16 人)

本科生(12 人)

武嘉欣　李佳珊　张欣然　张博雅　杨玉爽　陶泓旭　贾淑瑶　王世莹　胡　昊
李青如　张骏钰莹　张笑语

研究生(4 人)

荆永斌　陈　鑫　孔静露　贾雨歌

公共管理学院(35 人)

本科生(22 人)

洪嘉慧　索云龙　焦振琪　梁　悦　刘　星　石岩奇　曹　翀　刘宇腾　戴思雨
乔娅琳　黄靖儿　梅　可　陶　冉　温家琦　段佳文　李锦腾　马妍妮　郑慧珍
朱永娣　宋文恬　任韬睿　黄文俊

研究生(13 人)

高云霄　史见汝　张哲聪　王雪晴　王　歌　施颖佳　孔德明　纪梦婷　余　娟
周　淋　刘　鑫　侯玉珍　张　歌

计算机学院(53 人)

本科生(41 人)

丁杨杰　李家锴　孔　翔　潘子怡　李辰星　唐菽婧　靖泽文　张柏川　金梦楠
代子玉　凌静雯　吕静波　李双庆　张一卓　洪　爽　段　苗　蒋廷恺　郑笑雨
李子豪　王朝伟　朱靖宇　伍琳睿　郑怀帆　袁卓铭　吴　翔　桂子铭　金圣杰
李卓颖　刘博宁　祝馨平　邹梦珍　龙　勇　汤行杰　杨雨虹　周美怡　苏毓泽
朱轩宇　石　玲　李江沐　谭以宁　徐诗怡

研究生(12 人)

李　珊　简敏勇　吴志明　董世佛　朱安东　陈　庆　左洲同　郑嘉轩　谭　超
张楚研　金　敏　余倩倩

体育学院(5 人)

本科生(3 人)

杨欣欣　鞠长江　位鹏鹏

研究生(2 人)

戴子文　张　莹

艺术与传媒学院(33 人)

本科生(23 人)

卢宣竹　蔡　伟　汪林钦　鲍　越　罗羽淇　吴秉谦　李虹佳　李　阳　宋佳宁
马凝珂　黄洁明　王一骄　沈丽婷　赵依婷　王心怡　唐梦阳　陈钰莹　徐世炀
张雨禧　徐月芊　许　晴　吴承源　张　晨

研究生(10 人)

吴茹霞　于　洁　彭鑫媛　刘婧雅　杨　敏　王薇烨　陈　彭　周雨昕　曹嘉颖　周　悦

马克思主义学院(8 人)

本科生(3 人)

谭　静　叶碧琳　何彦贴

研究生(5 人)

陈文华　胡　婷　张东凯　左孟雯　杜燕然

李四光学院(6 人)

本科生(6 人)

井若凡　李　璐　唐子悦　王琛琦　薛　远　王璐雯

地质调查研究院(3 人)

邓宇林　曾圆梦　殷保国

生物地质与环境地质国家重点实验室(3 人)

罗珺月　马　力　刘羽初

教育部长江三峡库区地质灾害研究中心(3 人)

贾瀚英　牛晓旭　周天伦

高等教育研究所(3 人)

熊　英　曹春苗　占玲玉

校级学生组织(44 人)

吴云坤　朱舜华　郭倩男　任思思　刘　丹　何裕锦　王婷婷　熊　伟　张　贺　吴　哲　杜　乾　李海佩　王玮琦　杨占森　汤　雨　王松海　杨天悦　胡雨蝶　罗茜萌　李　喆　陆梦瑚　胡　冰　陈宇琪　李柏睿　雷宇琦　陈怡佳　焦炜捷　王梓涵　奴尔西瓦克·努尔巴合提　刘牧海　郭经熤　过雨旸　黄绍勃　王　一　王祎漫　周　曼　张芸静　张潇月　袁昊譞　魏茂盛　周凯笛　王正东　陈艺舟　杨心凯

附属学校(2 人)

石　琳　张　裕

十一、百名好支书/好班长(101 人)

地球科学学院(4 人)

郑锦浩　卢阳阳　吕　涛　孙孝元

资源学院(5 人)

靳鑫洲　余静远　王雅琪　李帅平　黄中泽

材料与化学学院(6 人)

冯　研　赵文硕　李国正　邵鸿博　蔡新雨　姚佳琪

环境学院(6 人)

季玉轩　陈　博　吕　楠　张　宇　徐溪清　曾为一

工程学院(10 人)

胡　莹　张泽鑫　黄　灿　李垚鑫　何思睿　周　明　姚振宇　包雅婷　张佳乐
郭　峰

地球物理与空间信息学院(4 人)

刘　露　孟令腾　李昕云　侯泽坤

海洋学院(1 人)

姜　正

机械与电子信息学院(9 人)

柯昊瑞　任梦宇　徐玉龙　史展天　由　佳　燕庆龙　高玉磊　王一鸣　邹　婷

自动化学院(5 人)

王绍然　单梦丽　刘　洋　陈奕衡　贾长逸

经济管理学院(9人)

何紫阳　李宜璋　陆中力　宁小苡　潘彦锟　宋文韬　王思蕲　魏振坤　郑　毅

外国语学院(3人)

黄紫荷　鞠冉冉　高宇慧

地理与信息工程学院(9人)

王　楠　潘霏霏　郭佩欣　周汝霖　张紫怡　曹原野　张星怡　杨思洁　朱　迅

数学与物理学院(4人)

郭子俊　胡华潇　彭锦蓉　王天悦

珠宝学院(3人)

张宇璇　胡贺文　邓子旭

公共管理学院(5人)

冯书涛　胡东哲　邱宇莹　罗名凯　周佳贺

计算机学院(8人)

涂云鹏　闫子丫　何向洋　韩慧芯　刘　浩　张　喆　侯宇威　张雨欣

体育学院(1人)

李春香

艺术与传媒学院(6人)

张　璇　马一含　郝文竹　王恩泽　苏　洁　胡新月

马克思主义学院(1人)

刘王飞

李四光学院(1人)

张京京

附属学校(1人)

汪子涵

十二、"挑战杯"专项奖(4项)

(一)优秀组织单位(8个)

地球科学学院　环境学院　工程学院　海洋学院　机械与电子信息学院

经济管理学院　计算机学院　艺术与传媒学院

(二)优秀指导老师(8个)

滕笑丽　文　新　李欢欢　王　碧　田　昆　陈　波　杜　育　刘庆庆

(三)优秀团队(12个)

1."挑战杯"全国大学生创业计划竞赛获奖作品(2个)

全国铜奖团队(2个)

地球科学学院:富硒农业产业化解决方案

获奖团队:张润秋　戴意蕴　黄　宁　伍松乐　秦幕天　陈思达

指导老师:谢淑云

地球科学学院:土壤医生一植物仿生原位土壤修复系统

获奖团队:郭科赶　赵云云　贺嘉奕　程运辉　陈飞洋　周思儒　熊康慧　贺茂辉

指导老师:向　武　王　珩

2."挑战杯"湖北省大学生创业计划竞赛获奖作品(10个)

湖北省金奖团队(2个):

地球科学学院:富硒农业产业化解决方案

获奖团队:张润秋　戴意蕴　黄　宁　伍松乐　秦幕天　陈思达

指导老师:谢淑云

地球科学学院:土壤医生-植物仿生原位土壤修复系统

获奖团队:郭科赶　赵云云　贺嘉奕　程运辉　陈飞洋　周思儒　熊康慧　贺茂辉

指导老师:向　武　王　珩

湖北省银奖团队(6个):

经济管理学院:烙笔生花

获奖团队:吴颖朝　裴欣羽　尹　颖　张世春　宋文恬　王秀姗　袁可怡　罗竹梅
　　　　　赵玉贞　王欣雨

指导老师:郭　锐　向龙斌

工程学院:防火匣——开拓新能源汽车动力电池壳体蓝海

获奖团队:印　恋　尹朝阳　郭润晗　周雨婷　夏玉欣　李珊珊　公凯利　谢登登

指导老师:周克清　向龙斌

海洋学院:"鹦鹉螺"海洋科普项目

获奖团队:姜　正　高雨果　张乙乙　张　爽　徐闻谦　张　晨　徐蕴辉　朱宇宸　李亚琳

指导老师:严　威

工程学院:智能化地灾侦察兵

获奖团队:苏莉芸　刘茂茁　李奇龙　高旭然　徐一凡　凌小宝　蔡安禧　张瑞艳　唐飘洋　刘　婷

指导老师:张永权　唐辉明　向龙斌

计算机学院:聚联科技

获奖团队:崔祥森　薛凤雅　李雪淳　李延炽　张馨月　夏星明　刘　惠　徐帅东　韩费翔　孙友轩

指导老师:李欢欢　傅　苑

环境学院:脉恩科技-矿山环境治理

获奖团队:张济法　周伟青　董子超　张胜男　冯静逸　周雨晴　高　婷　董秀婷　燕智杰　刘　璇

指导老师:周建伟　李　平

湖北省铜奖团队(2个):

机械与电子信息学院:基于深度视觉技术的智能体育检测系统

获奖团队:王智博　齐坤伟　段修栋　王思蕲　周维怡　郑　华　刘文奇　张　晨

指导老师:程　卓

艺术与传媒学院:一源文化——绘梦神州乡村改造服务队

获奖团队:张金瑞　季宗元　陆　征　沈沛颖　汤　灿　王梓扬　游瑞玥　洪良奋

指导老师:刘秀珍　曾健友

(四)优秀工作者(16人)

谢淑云　向　武　王　珩　郭　锐　向龙斌　周克清　严　威　张永权　唐辉明　李欢欢　傅　苑　周建伟　李　平　程　卓　刘秀珍　曾健友

十三、大学生志愿服务专项奖(4项)

(一)十佳大学生志愿服务团队(10个)

经济管理学院志愿者协会　逸夫科普讲解队

明德工程·志愿者协会　启明星盲校支教团

资源学院红星青年志愿者协会　夏心续梦公益社团

地球科学学院志愿者协会　“国旗卫士”专业志愿服务团队

公共管理学院志愿服务银行　山中花儿爱心助学团

(二)十佳大学生志愿服务项目(5个)

1+N区校联合志愿服务

科普小讲堂

山中花儿健康包

最美夕阳红敬老志愿服务项目

高数大物急救队

(三)十佳大学生志愿服务优秀指导老师(5人)

刘明辉　张怡悦　文　新　李姝慧　朱佳斯

(四)十佳大学生志愿服务个人(10人)

陈欣媛　刘亚旭　韦　意　杨丁华　丁　涛　张　康　杨　熙　韦仕莉　王雯雯

王　薇

十四、大学生文化素养培育专项奖

(一)话剧《大地之光》排演突出贡献奖(27人)

宋佳宁　张昕璐　白文卓　陈思宇　付昊晨阳　韩扬阳　李纪舟　李　晓　鲁钰洁

马　雪　毛梓艺　潘天乐　唐浩然　田安妮　王　高　王嘉慧　文宽祥　吴恺文

肖　扬　徐　鑫　杨贝涵　杨晨浩　岳超盛　张莉敏　张荣真　曲晨昊　郑　晗

(二)“五月的鲜花”全国大中学生文艺汇演突出贡献奖(1人)

李一平

十五、团属新媒体专项奖

(一)十佳团属新媒体平台(10 个)

地球科学学院:地球科学学院学生会

资源学院:资源人

材料与化学学院:地大材化人

环境学院:地大环境小水滴

机械与电子信息学院:地大机电人

经济管理学院:CUG 经管新生代

数学与物理学院:CUGI 数理

公共管理学院:南望公管人

计算机学院:CSer 在地大

大学生社团联合会:地大社团联

(二)十佳团属新媒体达人(10 个)

张煜炜　韦仕莉　陈世萱　孙继尧　裴婧汝　宋佳宁　王心怡　梁纪元　黄　翠
谭则宇

(三)团属新媒体平台优秀指导教师(5 个)

李姝慧　黄志炜　田　昆　李欢欢　杜　育

十六、"百生讲坛"专项奖(4 项)

(一)优秀组织单位(3 个)

材料与化学学院　机械与电子信息学院　马克思主义学院

(二)优秀指导老师(5 个)

徐　胜　杜　育　吴　迪　罗文旭　赵阳平

(三)活力团支部(2 个)

机械与电子信息学院:071183 团支部

马克思主义学院:181181 团支部

（四）优秀主讲人（2个）

材料与化学学院：梁　誉

机械与电子信息学院：韩　磊

2020—2021年度先进基层党组织、优秀共产党员、优秀党务工作者

地大党发〔2021〕38号

一、教职工

（一）先进基层党组织（20个）

环境学院党委

离退休干部党委

地球科学学院构造地质与地球动力学系党支部

资源学院石油工程系党支部

材料与化学学院教学实验中心党支部

工程学院安全工程系党支部

地球物理与空间信息学院固体地球物理系党支部

机械与电子信息学院机械工程系党支部

自动化学院测控系与研究所党支部

经济管理学院管理科学与工程系党支部

地理与信息工程学院地理系党支部

数学与物理学院物理实验中心党支部

计算机学院应用系党支部

马克思主义学院政治理论教研部党支部

组织部党支部

研究生院党支部

国际合作处党支部

生物地质与环境地质国家重点实验室教工党支部

医院第一党支部

后勤保障处物业服务中心党支部

(二)优秀共产党员(48名)

地球科学学院党委:李方林

资源学院党委:陈　思　付乐兵

材料与化学学院党委:李晓晔

环境学院党委:潘欢迎

工程学院党委:贾洪彪　黄　静

地球物理与空间信息学院党委:罗银河　严　哲

海洋学院党委:钟　苹

机械与电子信息学院党委:杜　育

自动化学院党委:张传科

经济管理学院党委:刘江宜　努尔夏提·居勒提

外国语学院党委:李孝奎

地理与信息工程学院党委:赵晓振　胡楚丽

数学与物理学院党委:王　毅

珠宝学院党委:张鹏飞

公共管理学院党委:刘国华

计算机学院党委:樊俊青

体育学院党总支部:李春卉

艺术与传媒学院党委:李伟娜

马克思主义学院党委:李海金

机关党委:梁本哲　晋　曦　郭玉凤　边建华　林小艳　丁继国

继续教育与网络信息党总支部:刘东杰

科研平台党总支部:王　璐

期刊社党总支部:李　根

资产公司党总支部:雷　艳

三馆党总支部:刘　欣

医院党总支部:刘　欣

后勤党委:周志锋　王　茁

出版社党总支部:毕克成

附属学校党总支部:冯　涛

离退休干部党委:侯光久　聂良佐　王树帆　严绛绛　于新洲　张胜业　张志毅

外派挂职、借调:熊　程

(三)优秀党务工作者(20 名)

地球科学学院党委:林文姣

资源学院党委:李国庆

材料与化学学院党委:陈文婷

环境学院党委:张学海

工程学院党委:江广长

地球物理与空间信息学院党委:张学强

机械与电子信息学院党委:瞿祥华

经济管理学院党委:海　鸣

地理与信息工程学院党委:武彦斌

数学与物理学院党委:孙宇涛

公共管理学院党委:周学武

计算机学院党委:傅　苑

艺术与传媒学院党委:吴仁喜

马克思主义学院党委:刘世勇

机关党委:孙　莉　于荣萍　单红峰

继续教育与网络信息党总支部:李振华

医院党总支部:李　晖

离退休干部党委:丁振国

二、学生

(一)先进基层党组织(30 个)

地球科学学院地质学国家基地班本科生党支部

地球科学学院地球生物学系生物与环境演化研究生党支部

资源学院盆地矿产系研究生党支部

资源学院石油工程系 2019 级研究生党支部

材料与化学学院党委可持续能源实验室党支部

环境学院水文专业大学生党支部

环境学院 2019 级博士研究生党支部

工程学院勘查技术与工程专业本科生党支部

工程学院地质工程实验班本科生党支部

工程学院 2019 级硕士研究生工岩系第一党支部

地球物理与空间信息学院实验班联合党支部
海洋学院 2019 级研究生党支部
机械与电子信息学院电信专业第一本科生党支部
自动化学院自动化专业大学生第二党支部
自动化学院控制科学与工程博士生第一党支部
经济管理学院经济学专业本科生党支部
经济管理学院 2019 级管理班硕士研究生党支部
外国语学院本科生第一党支部
地理与信息工程学院本科生第三党支部
地理与信息工程学院 2019 级硕士研究生第一党支部
数学与物理学院数学与应用数学专业本科生党支部
珠宝学院本科生鉴定党支部
公共管理学院 2018 级本科生党支部
计算机学院博士研究生党支部
体育学院学生联合党支部
艺术与传媒学院设计学研究生党支部
马克思主义学院本科生党支部
李四光学院本科生党支部
地质调查研究院研究生第一党支部
高等教育研究所教育学专业研究生党支部

（二）优秀共产党员（38 名）

地球科学学院党委：张曼有　刘小康　赵　赫
资源学院党委：陶世林　朱　冲
材料与化学学院党委：马　骏　尚小兰
环境学院党委：严　璐　刘　傲
工程学院党委：李晓坤　李振华　陶亚坤　张文广
地球物理与空间信息学院党委：汪　振
海洋学院党委：陈科一
机械与电子信息学院党委：谭淞元　张依依
自动化学院党委：李　敏　赵天意
经济管理学院党委：王晓博　刘亚旭　吴定斌

外国语学院党委:贾园园

地理与信息工程学院党委:徐佳宜　杨立言　李双江

数学与物理学院党委:牛宇童

珠宝学院党委:苏晓瑜

公共管理学院党委:韦仕莉　宋文恬

计算机学院党委:张　欢

体育学院党总支部:綦　霄

艺术与传媒学院党委:丁泽伟

马克思主义学院党委:姚乃文

机关党委:郑金波(李四光学院)

杨　赛(地质调查研究院)

付兴兴(高等教育研究所)

科研平台党总支部:王芮琪

Nianjian

院士、高层次人才计划入选者

中国科学院院士（14 人）

赵鹏大　殷鸿福　於崇文　翟裕生　李曙光　金振民　莫宣学　王成善　郝　芳　王焰新　成秋明　谢树成　邓　军　孙友宏

国家、省部级高层次人才计划入选者

国家杰出青年科学基金获得者 24 人

蒋少涌(2000)　李小凡(2000)　郝　芳(2001)　童金南(2003)　王焰新(2004)
郑建平(2004)　吴　敏(2004)　成秋明(2005)　谢树成(2005)　余家国(2006)
刘勇胜(2011)　何　勇(2011)　杨华明(2012)　李建威(2013)　章军锋(2014)
夏　帆(2015)　吴元保(2016)　胡兆初(2017)　李　超(2018)　王力哲(2019)
赵军红(2020)　袁松虎(2020)　史建波(2020)　张仲石(2021)

国家优秀青年科学基金获得者 29 人

胡兆初(2013)　黄春菊(2013)　赵葵东(2014)　蒋宏忱(2014)　丁华锋(2014)
左仁广(2015)　袁松虎(2015)　郑　勇(2015)　罗银河(2016)　宋海军(2016)
曹淑云(2017)　汪在聪(2017)　娄筱叮(2017)　马　瑞(2017)　蔡建超(2017)

朱振利(2018)　赵新福(2018)　朱宗敏(2018)　於世为(2018)　宗克清(2019)
王　墩(2019)　李长冬(2019)　文　章(2020)　李建慧(2020)　张传科(2020)
杨江海(2021)　李　辉(2021)　张伟军(2021)　刘　双(2021)

国家“百千万人才工程”入选者 8 人

郝　芳(2004)　王　琪(2004)　吴　敏(2004)　郑有业(2006)　谢树成(2009)
郑建平(2014)　李建威(2014)　焦玉勇(2017)

教育部“新世纪优秀人才支持计划”入选者 29 人

谢树成(2004)　刘勇胜(2005)　李建威(2005)　蒋国盛(2005)　吴元保(2006)
成建梅(2006)　成金华(2006)　晏鄂川(2007)　马　腾(2007)　刘修国(2007)
吕万军(2008)　王红梅(2008)　余　敬(2008)　何卫红(2009)　刘　慧(2009)
胡兆初(2010)　赵军红(2010)　黄春菊(2011)　李　超(2011)　章军锋(2011)
於世为(2012)　蒋良孝(2012)　蒋宏忱(2012)　宁伏龙(2013)　朱振利(2013)
左仁广(2013)　郭海湘(2013)　付丽华(2013)　袁松虎(2013)

湖北省“高端人才引领培养计划”入选者 1 人

谢树成(2012)

湖北省“新世纪高层次人才工程”入选者

第一层次(4 人)

王焰新(2002)　童金南(2005)　刘勇胜(2011)　谢　忠(2012)

第二层次(22 人)

吴信才(2002)　唐辉明(2002)　张宏飞(2002)　童金南(2002)　解习农(2002)
谢树成(2002)　成金华(2002)　王　华(2002)　张克信(2002)　郑建平(2002)
谢　忠(2002)　陈　刚(2002)　冯庆来(2005)　龚一鸣(2005)　章军锋(2011)
赵军红(2011)　刘修国(2011)　李　超(2011)　谢淑云(2011)　胡新丽(2012)
宁伏龙(2012)　沈传波(2015)

Nianjian

2021年学校十大新闻

1. 扎实开展党史学习教育，推动党建思政业务深度融合

3月16日，学校召开动员大会，开启学校党史学习教育序幕。学校紧扣“学党史、悟思想、办实事、开新局”总体要求，积极从党的百年奋斗历程中汲取奋进新征程的智慧和力量，坚持把党史学习教育与落实立德树人根本任务、推进巡视审计整改、加快“双一流”建设、编制“十四五”规划、深化改革提升治理能力等统筹推进，促进党建思政与学校事业发展深度融合。结合校史校情和学科特色，开展系列学习实践活动，一体化推进“导学、讲学、研学、比学、践学、督学”，扎实推进“清廉地大”建设，全体师生经历了深刻的政治教育、思想淬炼、精神洗礼。坚持以党的政治建设为统领，全面推进基层党建与教学科研深入融合，党建案例入选“湖北十大党建案例”，1名党员获评“湖北省优秀共产党员”。坚持把深化改革作为“管长远的办实事”，解决学校发展深层次难题和师生急难愁盼问题，把党的政治优势转化为学校改革发展优势，达到了“学史明理、学史增信、学史崇德、学史力行”的目标任务。

2. 精准出台改革方案和举措，推进学校治理能力现代化

学校党委坚持把方向、管大局、作决策、抓班子、带队伍、保落实，完善《中国地质大学(武汉)章程》，认真落实巡视审计整改，扎实推进教育评价改革，统筹议事协调机构和临时机构设置，推进所属企业改革，完善国有资产管理、项目预算绩效管理以及审计业务管理等办法，不断提升办学治校能力。学校加强前瞻性思考和全局性谋划，5月印发关于进一步深化改革的意见，明确加强党的全面领导、深化学科专业改革、深化人才培养改革、强化治理能力建设、深化资源管理改革、提升信息化建设水平等6项改革任务。7月印发管理与服务机构改革方案，精简机构设置，优化专职中层干部职数，推动科级干部岗位轮岗交流，将资源向教学科研单位倾斜，激发学院办学活力，建立适应一流大学建设需要的现代大学管理体制。

3. 编制发布“十四五”规划，引领学校高质量发展

7月13日—14日，学校召开深化改革与“十四五”规划研讨会，进一步凝聚“更高水平开放、更深层次改革、更高质量创新”的办学共识，编制发布学校“十四五”规划、七个专项行动规划，构成“1＋7＋*N*”战略规划体系，全力推进高质量、现代化、研究型大学建设。7月17日，学校召开第二轮“双一流”建设工作推进会，制定新一轮“双一流”建设方案，设置“6＋3”学科建设项目，推动形成高校、产业、科技创新协同发展、深度融合的新局面。12月14日，学校举行战略发展委员会第二次工作会议，为学校奋进“十四五”制定行动蓝图，凝聚深化改革思想合力。学校自主设立的8个交叉学科硕士、博士学位点获批备案，工程学学科领域首次进入ESI全球排名前1‰。

4. 五位地大人当选两院院士，学校共培养出44位两院院士

11月18日，中国科学院和中国工程院公布了2021年新增院士名单。中国地质大学谢树成教授、邓军教授当选中国科学院院士，中国地质大学孙友宏教授当选中国工程院院士，学校校友、中国海洋石油集团公司首席科学家谢玉洪教授级高级工程师当选中国工程院院士，学校校友、中国科学院古脊椎动物与古人类研究所朱敏研究员当选中国科学院院士。截至，学校共培养出44位两院院士(5年来新增11位)。

5. 深化人才体制机制改革，人才强校战略实施成效显著

学校坚持人才优先发展战略，成立人才工作委员会，聚焦碳中和、新能源、健康地学等科技问题和新兴交叉学科方向，深化人才体制机制改革。5月20日、12月22日，先后举行第六届、第七届“国际青年学者地大论坛”，邀请优秀青年学者把家庭安在武汉、把事业创在地大、把才华献给教育事业。修订“地大学者”“特任岗位”及“地大百人计划”系列文件，建立多维、多元评价体系。全年新增中国科学院院士1人、国家级人才计划项目入选者7人，从海内外引进高层次人才87人。1人获国家杰出青年科学基金项目资助，4人获国家自然科学基金优秀青年科学基金项目资助，9人入选自然资源部高层次科技创新人才工程。殷鸿福院士被授予首届“湖北省杰出人才奖”，王焰新院士当选国际地球化学协会会士，邓宏兵教授获评“湖北省最美社科人”，校关工委获评全国教育系统关心下一代工作先进集体。

6. 面向未来培养时代新人，高质量育人体系不断健全

学校成立人才培养工作领导小组，组建本科生院、优化研究生院，对学校各层次各类别人才培养工作中的专业教育和党建思政教育实施顶层设计、统筹协调、督促落实。优化人才培养结构布局，地球物理学入选拔尖学生培养计划2.0基地；新增应急管理、应急技术与管理2个本科专业；8个专业入选国家级一流本科专业建设点。推进人才培养模式改革，成立未来技术学院及人工智能研究院，选拔60名本科生成为未来技术学院首批学生，全力培养国家急需紧缺人才。高质量教材建设取得突破，《结晶学及矿物学》《矿产勘查理论与方法》获全国优秀教材二等奖，地球科学学院获全国教材建设先进集体。推动科教产教协同育人，成立12个产业技术创新中心，与华为共建“智能基座”产教融合协同育人基地，66个项目获批教育部产学合作协同育人项目，获批全国高校毕业生就业能力培训基地。加快构建“全程贯通、空间联通、队伍互通、内容打通、评价融通”的“三全育人”工作格局，“地球科学概论”“工程伦理”2门课程入选首批“全国课程思政示范项目”，2个团队获评全国课程思政教学名师和团队。

7. 聚焦碳中和战略和生态文明建设，科技工作再上新台阶

学校健全举校科研体制，组建了高等研究院，获批建设国家环境保护水污染溯源与管控重点实验室、自然资源部深部地热资源重点实验室、巴东地质灾害国家野外观测研究站，建成全球首个跨圈层扰动监测系统，助力生态文明建设和长江经济带高质量发展。服务“碳达峰、碳中和”战略实施，4月启动“碳达峰、碳中和”规划编制；5月合作成立长江流域碳中和产业技术创新中心，推动成立碳中和研究院；8月未来城校区获“武汉市碳中和先锋示范创建单位”称号；9月启动筹建国家深部零碳资源技术创新中心。全年获批国家自然科学基金项目212项，新增科技项目合同经费破8亿元；获批国家社科基金重大重点项目3项，一般项目6项；获批教育部人文社科项目7项。1项成果获国家科学技术进步二等奖，1项成果获教育部人文社科优秀成果奖。汪在聪教授、肖龙教授、张昊教授和何琦老师分别领到第一批和第二批、第三批月球土壤样品。

8. 学子在各类大赛中获得佳绩，地大人榜样竞相涌现

体育盛会再创辉煌，8名地大人随中国代表团出征东京奥运会，王懿律、黄雅琼、郑思维、闫子贝获1金2银；地大学子在第十四届全国运动会上获8金3银7铜，学校第七次荣获“校长杯”。学子在第七届中国国际“互联网＋”大赛中斩获1金2银5铜，获“挑战杯”全国一等奖，在全国及国际大赛中获奖100余项。牛笛、杜胜获评中国大学生自强之星；柯帅入选本专科生国家奖学金获奖学生代表名录；地大学子连续八年登上央视舞台。浩瀚星空中又新添一颗以地大人命名的小行星——“张弥曼星”，校友马永生任中国石化集团公司董事长、党组书记，校友侯启军任中国石油天然气集团有限公司总经理。唐文春、云露两位校友获李四光地质科学奖，陈行时、刘佳伟、徐方、王杜江、梅金华、熊伟等7位校友获“全国五一劳动奖章”，校友张犇、孔耀祖入选全国大学生就业创业典型人物事迹。

9. 提升社会服务能力，为“美丽中国宜居地球”作出新贡献

聚焦乡村振兴战略实施，持续做好定点和对口帮扶，与全国8个市县共建“乡村振兴学校实践育人基地”，学校驻竹山县小河村扶贫工作队获评“全省脱贫攻坚先进集体”。创建政府、学校、社区“三位一体”的科教融合模式，助力帮扶点杨家社区获批首批教育部直属高校服务乡村振兴创新试验培育项目。聚焦服务区域创新驱动发展，与山东济宁、江苏宜兴等地方政府，与中国交建、中国石化等单位签署战略合作协议。聚焦地球科学科普，谋划筹建习近平生态文明思想研究中心高校教育基地，实施“大学生长江大保护行动计划”，1部作品获评“全国优秀科普作品奖”。服务人类命运共同体构建，4月留学生“钢铁侠”亮相外交部湖北全球推介会；11月学校正式加入中国南南合作网，成为湖北地区高校首例。

10.“我为师生办实事”暖心聚力，幸福地大建设取得新进展

学校坚持不懈保障和改善民生，教职工二期住宅办证难题解决，三期住宅如期交房。信息化建设扎实推进，梳理优化414项服务流程，建立网上办事大厅，实现128项业务线上办理，减少会议数量15%。完善校领导带班制度，建立365天值班制度，提升两校区管理服务能力。签订“学子留汉”工程合作协议，为学生提供“就在身边”服务。全校范围内开展专题防骗教育，修订《教职工重大疾病互助基金管理办法》，搭建离退休服务管理信息化平台，让老年人共享改革发展成果。统筹疫情防控和事业发展，开展5次全员核酸检测超10万人次，持续推进疫苗接种7.5万剂次，筑牢战“疫”坚实屏障。启动70周年校庆筹备工作，发布视觉形象识别系统，封顶校史馆，增建攀登景观，凝聚起了推进研究型大学建设的强劲动力。

（撰稿：王俊芳、庞伟红、许小康；审稿：储祖旺、魏海勇、吴仁喜）

Nianjian

2021年大事记

一月

4日　机械设计及制造专业1996届校友卢禄华与厦门三烨清洁科技股份有限公司捐赠40万元，设立“新烨环保奖励金”，用于学校购置相关清洁技术实验设备、奖励环境清洁科技创新方面有突出贡献的师生。

7日　金属物探专业1983届校友龚树毅与公安县佳源水务有限公司捐赠40万元，注入“佳源奖助学金”，用于资助研究生科研及贫困本科生。

11日　山西省副省长贺天才一行来校考察调研，推动落实山西省与学校战略合作协议内容、共建山西研究院等事宜。

11日　学校召开法治工作会议。教育部政策法规司司长邓传淮、法制办公室处长翟刚学线上参会。

17日　学校新一届学科建设委员会第一次全体会议召开。

18日—23日　学校召开“十四五”规划编制研讨会。会议围绕“党的领导与治理改革、人才培养、师资队伍建设、科学研究和社会服务、文化传承创新、国际交流合作、办学规模和基础条件”等展开讨论，科学谋划学校“十四五”规划蓝图。

22日　教育部体制改革专家组组长、华中科技大学副校长湛毅青一行来校指导工作。

22日　顾松竹完成的著作《跟地质学家去旅行》获2019年“全国优秀科普作品奖”。

本月　孔少飞、娄筱叮入选共青团湖北省委组建的“青年宣讲团”。

本月　民进地大支部获评民进湖北省委员会“履职能力建设先进集体”。

二月

18日　湖北省委、省政府召开湖北省科技创新大会。学校作为第一完成单位获湖北省科学技术奖励9项，其中一等奖2项、二等奖4项、三等奖3项；作为参与单位获湖北省科学技术奖励7项，其中一等奖1项、二等奖2项、三等奖4项。

22日　教育部办公厅发布《关于公布2020年度国家级和省级一流本科专业建设点名单的通知》，学校8个专业入选国家级一流本科专业建设点，10个专业入选省级一流本科专业建设点。

23日　校长王焰新一行赴中国地质调查局广州海洋地质调查局，签署共建联合研究院合作协议。

25日　湖北省政协主席黄楚平、省政协秘书长翟天山一行来校，看望省政协委员、学校党委书记黄晓玫，全国政协委员、校长王焰新，全国政协委员童金南。

本月　九三学社地大委员会获评九三学社湖北省委员会"先进基层组织"。

三月

1日　学校新增应急管理、应急技术与管理2个本科专业。

2日　徐明完成的论文《大数据时代的隐私危机及其侵权法应对》获教育部第八届高等学校科学研究优秀成果奖(人文社会科学)"青年成果奖"。

12日　宋海军、代旭等完成的《二叠纪—三叠纪大灭绝事件对生物古地理格局的影响》、谢树成与合作单位完成的《三叠纪—侏罗纪之交气候变化与森林火灾事件：来自中国华南的化石证据》两项成果入选"中国古生物学2020年度十大进展"。

12日　2020年湖北省高校新闻奖评选结果揭晓，学校新闻作品获一等奖6项、二等奖7项、三等奖4项。

18日　刘先国获评"第五届湖北省科普先进工作者"。

24日　长江实验室建设推进会在学校召开。生态环境部长江流域监管局局长徐翀、湖北省生态环境厅副厅长李国斌，校领导王焰新、赖旭龙等参加会议。

29日　教育部党史学习教育高校第十巡回指导组组长欧可平、副组长罗中枢一行来校指导工作。

本月　2017级博士生大明、2019级博士生杜和曼、2017级本科生杨康获教育部2020年"中国政府优秀来华留学生"荣誉称号。

本月　校友张犇、孔耀祖入选"全国大学生就业创业典型人物"。

本月　资源勘查工程专业教学团队等4个教学团队获2020年湖北省高等学校"省级教学团队"称号，地球物质科学系等4个基层教学组织获"省级优秀基层教学组织"称号。

四月

1日　宋海军获"湖北青年五四奖章"。

6日　学校与华为技术有限公司举行"智能基座"产教融合协同育人基地签约仪式。

8日　由中国非洲研究院、中共湖北省委外事工作委员会办公室、中国地质大学(武汉)共同举办的"第四届中国讲坛"在学校举办。本次论坛以“武汉非洲留学生抗疫故事”为主题,在武汉的非洲留学生讲述了他们参与抗击新冠肺炎疫情的实践与经验。

9日　学校与中国石油化工集团有限公司在北京签署战略合作协议。协议约定,双方将在人才培养、科技研发等方面加强合作,为保障国家能源安全作出贡献。

10日　由唐辉明主持,长安大学、成都理工大学、中国科学院地质与地球物理研究所、兰州大学共同承担的国家自然科学基金重大项目“重大滑坡预测预报基础研究”启动与专家咨询会在武汉召开。

12日　以“英雄的湖北:浴火重生,再创辉煌”为主题的外交部湖北全球特别推介会在外交部南楼蓝厅举行。学校3名留学生代表——贝宁籍博士生大明、俄罗斯籍博士生安娜、孟加拉籍博士生安兵结合自身经历,讲述中国抗疫故事。

13日　环境学院党委申报的党建案例“注入红色基因铸魂育人”入选2019—2020年度“湖北十大党建案例”。

13日　学校驻十堰市竹山县秦古镇小河村扶贫工作队获评“湖北省脱贫攻坚先进集体”。

13日　湖北省人民政府颁发首届湖北专利奖,窦斌团队完成的专利“一种干热岩储层裂缝形成方法”和胡兆初团队完成的专利“一种激光剥蚀信号在线平滑装置”获金奖。

15日　全国劳动模范、“全国五一劳动奖章”、大国工匠年度人物获得者谭文波做客震旦讲坛,为师生作报告。

16日　首届湖北省高校教师教学创新大赛在武汉大学落幕,周建伟获正高组二等奖,姚夏晶获副高组三等奖,环境地质学课程群教学团队获“优秀基层教学组织奖”,学校获“优秀组织奖”。

22日　王焰新当选国际地球化学协会会士(IAGC Fellow)。

24日　地球科学学院2017级本科生刘一龙作为青年嘉宾登上中央电视台《开讲啦》栏目。

25日　《安全与环境工程》首次进入中国科学引文数据库核心库,成为三大科技类核心期刊。

27日　地质力学专业1987届校友陈行时、水文与水资源工程专业2009届校友刘佳伟、环境工程专业2006届硕士毕业生徐方、地质工程专业2009届校友王杜江、地质工程专业2017届硕士毕业生梅金华、市场营销专业2007届校友熊伟获“全国五一劳动奖章”。

本月　学校启动碳中和规划项目。

五月

4日　《人民日报》专版刊登《本专科生国家奖学金获奖学生代表名录》,2017级自动化学院本科生柯帅作为国家奖学金本专科学生优秀百人代表之一入选。

7日—10日　首届中国国际消费品博览会在海南国际会展中心举行,学校自主研发的“海百合”智能音乐情感机器人参加展会。

8日—12日　在全国第六届大学生艺术展演活动中，学校大学生艺术教育中心第五元素合唱团获艺术表演类一等奖，学校获“优秀组织奖”。

9日　在湖北省第十三届“挑战杯”大学生课外学术科技作品竞赛终审决赛上，学校代表队获一等奖5项、二等奖7项，学校获“优胜杯”。

14日—16日　在第三届全国大学青年教师地质课程教学比赛上，申添毅获特等奖，陈思获一等奖，王连训获二等奖，学校获“优秀组织奖”。

15日—16日　第六届“地大杯”校友足球赛在学校举行，16个校友分会足球队、500余人参赛，湖北校友会足球队获得冠军。

17日　在第十七届“挑战杯”全国大学生课外学术科技作品竞赛红色专项赛上，外国语学院学生作品《红色路上的外语人——湖北红色景点英译现状调研》获一等奖。

22日—23日　在第十一届中国石油工程设计大赛总决赛上，学校代表队获一等奖1项、二等奖3项、三等奖5项，钟志等8位教师被评为优秀指导教师，刘睿被评为大赛组织工作先进个人。

25日　乌拉圭驻华大使费尔南多·卢格里斯、乌拉圭驻上海总领事莱昂纳多·奥利维拉·德·安德烈一行来校访问。

27日　湖北欧美同学会留英分会成立大会举行，党委副书记唐辉明当选湖北欧美同学会留英分会首届会长。

28日　在第六届全国大学生测井技能大赛上，地球物理与空间信息学院4名本科生组成的代表队获非石油高校本科生组特等奖。

本月　民盟地大委员会获评民盟湖北省委员会“纪念民盟成立80周年先进集体”。

六月

2日　湖北省第七届高校青年教师教学竞赛结果公布，丁洁、戴煜、高翟分别获文史组、理科组和工科组三等奖，熊秦怡获外语组优秀奖，校工会获“优秀组织奖”。

5日　全球大地构造中心第四届学术年会暨“板块构造启动与演化”学术研讨会在学校举行。

13日　党委副书记成金华一行赴滇西应用技术大学珠宝学院调研对口帮扶工作。

19日　在第四届全国大学生国土空间规划技能大赛总决赛上，公共管理学院2018级本科生朱颜玙、程昊楠、胡楷淳、黄吴迪的作品《红色文旅，生态秣坡——商丘市民权县双塔镇秣坡村村庄规划》获一等奖，胡守庚、杨剩富获评“优秀指导教师”。

23日　湖北省委常委、组织部部长李荣灿一行来校看望慰问“全国模范教师”焦养泉和离休干部于新洲。

25日　72名在党50年老党员获“光荣在党50年”纪念章。

27日　中国地质大学甘肃校友分会成立。

27日—30日　第二十四届中国大学生羽毛球锦标赛丁组(超级组)在成都举行，学校代表队获2金1银1铜。

30日　中共湖北省委授予谢丛姣“全省优秀共产党员”称号。

30日　学校举行赵鹏大院士执教70年主题座谈会。中国科学院院士赵鹏大，党委书记黄晓玫、校长王焰新等学校领导，张锦高、郝翔、赵克让、姚书振等学校老领导，资源学院师生代表，相关单位负责人等参加座谈会。

本月　谢淑云团队申报的课程“地球科学概论”、窦斌团队申报的课程“工程伦理”分别入选教育部首批普通本科教育、研究生教育课程思政示范课程，相应团队和成员获评课程思政教学名师和团队。

本月　软件工程、测绘工程专业通过中国工程教育专业认证，水文与水资源工程、地质工程、资源勘查工程专业通过工程教育专业认证中期审核。至此，学校共有7个专业通过工程教育专业认证。

七月

8日　学校召开师生干部大会，宣布教育部党组关于学校领导班子部分成员职务任免的决定：周爱国任中国地质大学(武汉)党委常委、副校长，免去傅安洲中国地质大学(武汉)党委常委、副校长职务。

8日　学校脱贫攻坚总结表彰暨乡村振兴工作推进会召开，党委组织部等10个单位获评“脱贫攻坚优秀组织单位”，富硒农业团队等10个团队获评“脱贫攻坚突出贡献团队”，梁本哲等20人获评“脱贫攻坚先进个人”。

9日　国家能源集团董事长王祥喜一行来校调研，并与学校领导及相关单位负责人围绕强化校企合作、服务行业发展等进行座谈交流。

9日　2021年湖北省大中专学生志愿者暑期文化科技卫生“三下乡”“返家乡”社会实践活动出征仪式暨“大学生长江大保护行动计划”启动仪式在学校举行。

10日　在2021年湖北省科普讲解大赛决赛上，机械与电子信息学院学生韦意获二等奖和“2021湖北省十佳科普使者”称号，艺术与传媒学院教师丁洁、学生李虹佳获三等奖，学校获“优秀组织奖”。

12日　国家航天局探月与航天工程中心在北京举行嫦娥五号任务第一批月球科研样品发放仪式。汪在聪、何琦领到了第一批月球样品(CE5C0400)，共200毫克。

15日—18日　第八届湖北省大学生结构设计竞赛暨第十四届全国大学生结构设计竞赛湖北省分区赛在学校举行。学校代表队获一等奖1项、二等奖3项，学校获“优秀组织奖”。

17日　第十四届全国学生运动会闭幕，学校第七次荣获全国“校长杯”。

20日　湖北省教育厅公布2021年度省级一流本科课程名单，学校24门课程获批。

23日　自然资源部办公厅发布《关于公布重点实验室建设名单的通知》，学校牵头申报的“深部地热资源重点实验室”获批。

29日　生态环境部来函，学校组织申报的“国家环境保护水污染溯源与管控重点实验室”获批。

30 日　第七届中国国际“互联网＋”大学生创新创业大赛湖北省复赛落幕，学校代表队获 6 金 2 银 10 铜，金奖总数和获奖总数再创新高。

八月

8 日　东京奥运会闭幕。学校 8 名学子随中国代表团出征，其中体育学院 2018 级硕士研究生王懿律获羽毛球混双比赛金牌，公共管理学院 2019 届校友黄雅琼、2021 届校友郑思维获羽毛球混双比赛银牌，体育学院 2018 级硕士研究生闫子贝获男女 4×100m 混合泳接力赛银牌。

18 日　国家自然科学基金委员会公布 2021 年集中接收期项目评审结果，学校共有 206 项申请获得立项资助，获直接资助经费 11 223万元。其中获资助国家杰出青年科学基金项目 1 项、优秀青年科学基金项目 4 项，获重点项目 6 项、面上项目 106 项、青年科学基金项目 84 项、国际合作与交流项目 3 项、专项项目 2 项，获资助面上项目首次突破百项大关。

23 日　湖北省第十一次归侨侨眷代表大会在武汉开幕。项伟获评“全省归侨侨眷先进个人”，王力哲获“湖北省梁亮胜侨界科技奖励基金”表彰，学校侨联获评“全省侨联系统先进集体”。

24 日　学校 26 个项目入选教育部 2021 年第一批产学合作协同育人项目。

25 日　湖北省教育厅发布“十四五”湖北省高等学校优势特色学科(群)建设名单，学校申报的城市地灾防控与地下空间开发、地质环境保护与生态修复、智能地球探测、绿色纳米矿物新材料、资源环境安全与管理等 5 个学科群获批。

26 日—27 日　在第二届全国大学生化学实验创新设计竞赛总决赛上，材料与化学学院参赛团队获一等奖。

九月

13 日　在第六届湖北青年志愿公益项目大赛公益创业赛决赛上，大学生艺术教育中心选送的作品《“科学精神　薪火相传”文化传承志愿服务项目》以总分第一的成绩获公益创业赛金奖，学校获“优秀组织奖”。

14 日　《宝石和宝石学(中英文)》《中国地质大学学报(社会科学版)》入选 2021 中国精品期刊展，并在中国共产党建党 100 周年主题宣传精品期刊区域展出。

15 日—27 日　在第十四届全国运动会上，学校代表队在攀岩、羽毛球、游泳等项目中获 5 金 2 银 3 铜。

24 日　学校首个省校合作智库示范基地揭牌仪式在山西省晋城市举行。

26 日　自然资源部矿业权管理司司长谢承祥、副司长朱振芳一行来校调研自然资源部深部地热资源重点实验室。

26 日　首届全国教材建设奖揭晓。赵珊茸主编的《结晶学及矿物学》、赵鹏大和魏俊浩主编的《矿产勘查理论与方法》获全国优秀教材二等奖，地球科学学院获评“全国教材建设先进集体”。

29日　学校十二届第18次党委全委会审定通过《中国地质大学（武汉）“十四五”事业改革与发展总体规划》。

29日　在2021湖北省大学生创业大赛上，地球物理与空间信息学院博士生王中鹏团队获“创业之星”称号，并获15万元的创业扶持资金。

30日　岩矿分析专业1982届校友李忠荣与龙岩市永翠慈善基金会捐赠300万元，用于校史馆建设。

30日　邓宏兵获评第二届湖北省“最美社科人”。

30日　中国地质调查局西安地质调查中心主任李志忠一行来校调研。

本月　国务院学位委员会办公室批准学校自主设置遥感科学与技术、健康地学、人工智能与地球探测、绿色矿业、自然灾害与应急管理、自然资源与国土空间规划、碳中和与高质量发展管理、地学大数据等8个交叉学科博士学位点。

本月　陈鑫鑫等106名同学获国家公派资助赴国外攻读博士学位和公派联合培养博士。这是自2007年国家启动该项目以来，学校获得资助人数最多的一年。

十月

2日　1990届、1991届校友5000余人次参与云端返校活动。

7日—8日　党委书记黄晓玫、副校长王华一行前往巴东县，调研学校巴东科教基地维修改造项目建设和野外试验场运行情况，并与巴东县人民政府对接共建实践教学基地、野外观测研究基地和研究生支教团等事项。

10日　李长安入选武汉市2021年第三季度“武汉楷模”。

11日　科技部公布国家野外科学观测研究站，学校“湖北巴东地质灾害国家野外科学观测研究站”位列其中。

11日—21日　国际电信联盟物联网和智慧城市研究组全会召开。会议审议通过陈能成团队代表中国牵头制定的ITU-T国际标准《智慧城市时空信息服务的功能和元数据》。

12日　安剑奇获教育部首届全国高校自动化类专业青年教师讲课（说课）竞赛一等奖。

12日—15日　在第七届中国国际“互联网+”大学生创新创业大赛总决赛上，学校代表队获1金2银5铜，创历史最好成绩。

13日—17日　在第十四届全国大学生结构设计大赛上，学校代表队获1项二等奖，学校获“优秀组织奖”。

14日　未来技术学院及人工智能研究院成立。

14日　在第十届全国大学生金相技能大赛上，学校代表队获团体二等奖1项，个人一等奖1项、二等奖2项，徐林红和赵权获“优秀指导教师奖”。

17日　在第三届全国大学生土地国情调查大赛上，学校代表队获特等奖1项、一等奖1项。

22 日　由自然资源部中国地质调查局主办的首届“中国-非洲地调局长论坛”举行，副校长赖旭龙受邀作题为《打造“留学中国”品牌暨非洲地学人才培养现状及展望》的主旨报告。

22 日—24 日　在第五届全国油气地质大赛决赛上，学校代表队获二等奖 1 项、三等奖 4 项，学校获“优秀组织奖”。

23 日“建党百年中国反贫困历程与经验研讨会”在学校举行。

25 日　湖北省科学技术厅公布 2020 年湖北省优秀科普作品名单，学校出版社出版的《湖北地质博物馆》《山》《“雪龙”啊，你慢些游——南极科学考察科普丛书》《变魔术的宝石》《边游边学——黄冈大别山世界地质公园路边地质故事》等 5 本图书入选。

25 日　学校获批教育部“全国高校毕业生就业能力培训基地”。

26 日　第 17 次李四光地质科学奖颁奖大会在北京举行，1997 届校友云露、2008 届校友唐文春获“李四光地质科学奖野外奖”。

30 日　中国地质大学绍兴校友分会成立。

十一月

1 日　学校与中国交通建设股份有限公司签署战略合作协议。

3 日　中共中央、国务院在北京人民大会堂召开 2020 年度国家科学技术奖励大会，由国防科技大学和学校等单位联合申报的成果《自主可控高性能地理信息系统关键技术与应用》获国家科学技术进步二等奖，谢忠、万波分别排名第二、第九。

4 日　学校与烽火通信科技股份有限公司签署战略合作协议。

5 日　党委书记黄晓玫、副校长刘杰一行前往十堰市洽谈深化校地合作，并与十堰市委书记胡亚波等座谈。

7 日　学校 70 周年校庆工作动员大会在南望山和未来城两校区同步举行。

7 日　新华社《瞭望》新闻周刊以《培育未来创新人才　共建美丽中国》为题，刊发对学校党委书记黄晓玫的专访。

7 日　在第三届湖北省高校学术搜索挑战赛决赛上，学校代表队获一等奖，程惠兰、余思琨获评“优秀指导老师”，学校获“优秀组织奖”。

10 日　湖北省生态环境厅厅长吕文艳一行到未来城校区调研，并为湖北省大气复合污染研究中心揭牌。

14 日　在第 46 届国际大学生程序设计竞赛亚洲区域赛上，学校代表队获金奖，这是学校首次在亚洲区域赛事中获此荣誉。

15 日　学校知识产权贯标通过《高等学校知识产权管理规范》国家标准审核认证，学校成为湖北省首家通过认证的高校。

16 日　2021 年度全国高校学籍学历注册和管理工作视频会议召开。副校长王华以《全面提升学籍学历全过程管理工作水平》为题，介绍了学校的相关经验做法。

18 日　谢树成、邓军、校友朱敏当选中国科学院院士，孙友宏、校友谢玉洪当选中国工程院院士。

19日　中国大学生数学建模竞赛获奖名单公布,学校代表队获一等奖3项、二等奖5项,这是学校历年来在该竞赛中取得的最好成绩。

21日　学校与中国长江三峡集团有限公司共建的国家环境保护水污染溯源与管控重点实验室召开学术委员会成立大会。

26日　教育部发布《关于全国普通高校毕业生就业创业工作典型案例名单的公告》,学校申报的《"四全"理念凝共识 同心抗疫促就业》案例入选。

26日　2021年湖北新时代文明实践志愿服务项目大赛决赛在武汉举行,学校选送的"心系党史党情　传播红色之声"项目在决赛中获金奖。

26日—28日"第三届巴东国际地质灾害学术论坛"在学校举办。

29日　教育部发布《基础学科拔尖学生培养计划2.0基地(2021年度)名单》,地球物理学入选。至此,学校已有地质学、地球物理学两个基础学科入选拔尖学生培养计划2.0基地。

30日　殷鸿福院士获"湖北省杰出人才奖"。

30日　丹东百特仪器有限公司向学校捐赠50万元,设立"百特奖学金",用于奖励纳米矿物材料及应用教育部工程研究中心或与矿物材料中心开展合作研究取得创新成果的青年学子。

十二月

6日　学校与安康市人民政府签署战略合作协议。

6日　徐德义任首席专家投标的"战略性矿产资源产业链供应链安全的国家战略研究"获2021年度国家社会科学基金重大项目立项。张伟申报的"绿色金融推动碳中和目标实现的理论体系、政策框架与创新路径研究"获2021年度国家社会科学基金重点项目资助。

7日　湖北省委常委、组织部部长李荣灿来校宣讲党的十九届六中全会精神,并调研高校党建工作。

9日　魏周超、周克清、葛健、金贵4名青年教师成为湖北省首批青年拔尖人才培养对象,培养周期3年。

10日　学校在山东省济宁市与济宁市人民政府、山东省地质矿产勘查开发局签署战略合作协议。

19日　2021年全国大学生电子设计竞赛获奖名单公布,学校代表队获一等奖2项、二等奖3项,获湖北省一等奖6项、二等奖2项、三等奖4项。

21日　湖北省教育基金会向学校捐赠20万元,注入"助勤帮困基金",用于激励经济困难学生自强不息、顺利完成学业。

22日　学校关心下一代工作委员会获评全国教育系统关心下一代工作先进集体。

22日　在第十三届全国舞龙舞狮锦标赛上,学校女子舞龙队获自选套路冠军。

25日　在华为中国大学生ICT大赛2021全国总决赛上，学校两支代表队分获创新赛一等奖和三等奖。

26日　煤田地质专业1994届校友熊友辉与四方光电股份有限公司捐赠300万元，用于校史馆建设。

27日　《工程地球物理学报》首次入选“中国科技核心期刊”，并被中国科技论文与引文数据库收录。

27日—31日　在第二十三届中国国际高新技术成果交易会上，学校展品《便携式常压辉光放电微等离子体重金属分析仪》获“优秀产品奖”，学校获“优秀组织奖”和“优秀展示奖”。

29日　学校出版社出版的《漫游矿物世界》《江山地学科普丛书(3册)》《至暗历劫——显生宙五次生物大灭绝》《玩转世界地质公园科普丛书(2册)》4种图书入选2021年自然资源部优秀科普图书。

30日　学校与中国工商银行湖北分行在未来城校区举行智慧校园建设合作签约仪式。

31日　学校与中国地质调查局武汉地质调查中心合作建设的湖北省研究生工作站揭牌。

本月　国际教育学院组织申报的“美国课堂情境下的国际中文教学案例库建设”“COVID-19背景下保加利亚中文教育现状、问题及对策”等4项国际中文教育创新项目获教育部资助立项，总经费近百万元。

本月　全国哲学社会科学规划办公室公布新一轮国家社科基金学术期刊资助入选名单，《中国地质大学学报(社会科学版)》入选。

(撰稿：丁继国、邓云涛；审稿：侯志军)

Nianjian

2021年媒体地大

一、纸质媒体、网络类

媒体名称	文章名称	作者	日期
武汉晚报	13个国家留学生组建志愿队留汉战疫吸引世界关注	李　杏　刘晨玮　郑晓安	1月4日
长江日报	13个国家留学生组建志愿队留汉战疫吸引世界关注 西非国家贝宁主流媒体整版译载长江日报“钢铁侠”报道	李　杏　刘晨玮　郑晓安	1月4日
中国科学报	为了把月球“土特产”带到中国	秦志伟	1月5日
中国气象报	湖北省局与中国地质大学深化科技创新战略合作	唐　悦　王慧娟	1月7日
中国自然资源报	地大逸夫博物馆获评国家二级博物馆	徐　燕　彭　磊	1月7日
山西日报	贺天才在中国地质大学(武汉)调研	张　毅	1月13日
中国矿业报	珠宝教授扶贫:“疯狂石”变“幸福石”	邓云涛　张　祎	1月14日
湖北日报	省政协委员邓宏兵:构建“智能+”体系,促进消费提质升级	王际凯	1月26日
大同日报	山西高温地热资源开发利用科研示范基地揭牌暨试验电站启动仪式举行 张吉福贺天才王焰新高建军出席　彭东晓王学军等参加	李雪峰	1月27日
山西日报	我省建成首座高温地热发电试验电站	赵志成　姚晓敏	1月27日

续表

媒体名称	文章名称	作者	日期
忻州日报	原平开创山西利用地热资源为城市供暖新模式	张林泉	1 月 28 日
中国矿业报网	山西建成首座高温地热发电试验电站	王红杰　刘朝晖	1 月 29 日
楚天都市报	摸清长江家底　助力脱贫攻坚 地大倾力服务长江经济带建设	肖　杨　陈华文	1 月 29 日
科学导报	“煤都”大同向“新能源之都”战略转型山西首座高温地热发电站揭牌	杨　洋	1 月 30 日
中新网	武汉一高校 255 名留学生体验“中国年”	马芙蓉	2 月 6 日
湖北日报	255 名留学生的中国小年	龚　雪	2 月 7 日
大学生	安静的墙与奔腾的生命	徐　燕　张　凡	2 月 22 日
湖北日报	地大留学生欢度“中国年”	张　鸿　罗文旭　杨　素	2 月 26 日
湖北日报	留学生多喜唱出对武汉的诚挚祝福	王　楚　胡　媛	2 月 26 日
湖北日报	黄楚平勉励政协委员为开局“十四五”开启新征程贡献智慧力量	张　辉　郑　轩	2 月 26 日
长江日报	20 年磨一剑　学霸坐热“冷板凳”	李　佳	2 月 26 日
湖北日报	为开局“十四五”开启新征程贡献智慧力量	张　辉　郑　轩	2 月 26 日
武汉科技报	逸夫博物馆:匠心科普 地学筑梦	丁　莹　徐　燕	3 月 1 日
湖北日报	推动自然资源高质量开发利用	金　贵	3 月 3 日
南方日报	将嫦娥五号带回来的月壤颗粒放大数十倍后可以发现各种颜色的玻璃渣月球上的玻璃从何而来?	刘佳荣　卞德龙	3 月 4 日
南方日报	中国月壤亮相:专家揭秘月球钻探取样背后故事	新华社	3 月 4 日
湖北日报	熊召政等委员联名建议加强洪湖综合治理让革命之湖生态之湖更漂亮	张　辉　郑　轩	3 月 5 日
湖北日报	支持武汉建设国家科技创新中心和东湖综合性国家科学中心	张　辉　郑　轩	3 月 5 日

续表

媒体名称	文章名称	作者	日期
长江日报	全国政协委员做客长江日报“云端会客厅”普及地球和生命演变知识 注册会计师行业要助力乡村振兴	汪文汉 徐 佳	3月5日
湖北日报	助力科技强省建设,代表委员说——在压力下奋起,勇担科技自立自强使命	许 旷 曾雅青	3月9日
湖北日报	童金南、张金成、黄利鸣、肖凯旋委员联名建议支持鄂西页岩气 勘探开发综合示范区建设	张 辉 郑 轩	3月9日
荆楚网	全国政协委员王焰新:加快在武汉建设“长江水科学”国家实验室	刘晨玮	3月9日
科学网	王焰新委员:长江大保护必须依靠科技创新	王焰新	3月9日
农村新报	全国政协委员童金南——建设鄂西页岩气勘探开发示范区	方 桐	3月9日
中国黄金报	矿业绿色发展势头正逐步向好;两会专访让环境保护与经济发展同行——专访全国政协委员、中国地质大学(武汉)教授童金南	童金南	3月9日
中国矿业报	全国政协委员、中国地质大学(武汉)教授童金南建议将地球和生命演变历史知识纳入中小学课程	姜焕琴	3月9日
楚天都市报	童金南等多位委员联名建议在鄂西设页岩气开发重点实验室	陈 倩	3月10日
长江日报	“主心骨”“定盘星”带领人民创造历史伟业	郑汝可 刘晨玮 宋 磊	3月10日
中国科学报	全国政协委员、中国科学院院士王焰新:长江大保护须依靠科技创新	温才妃	3月10日
新华网	全国政协委员王焰新:提升国家资源与环境安全治理能力	魏海勇 连 迅 赵梦琪	3月11日
中国社会科学报	全力治理长江流域生态系统	王焰新	3月12日
中国自然资源报	全国政协委员王焰新建议加强地质工作,提升资源环境安全治理能力	王焰新	3月12日
中国自然资源报	全国政协委员童金南建议将地球和生命演变知识纳入基础教育	童金南	3月12日
武汉科技报	王焰新:加快在汉建设“长江水科学”国家实验室	郑莉莉 张宇驰 高 翔 王 冉	3月15日

续表

媒体名称	文章名称	作者	日期
中国科学报	中国古生物学 2020 年度十大进展发布	沈春蕾	3 月 15 日
中国自然资源报	广州海洋地质调查局：与地大(武汉)共建联合研究院	陈惠玲　李佳伟	3 月 15 日
武汉科技报	恐龙足印再现远古面貌	陈映琦　徐　燕	3 月 16 日
中国自然资源报	立足绿色，呼唤和谐共生——读《为真实的世界设计》	陈华文	3 月 16 日
中国黄金报	要开展更深层次的专项地质调查工作——专访全国政协委员、中国地质大学(武汉)教授童金南	王　蓓	3 月 17 日
中国矿业报	中国地调局广州海洋局与中国地质大学(武汉)签署合作协议联合培育新时代海洋地质人才	李佳伟　吴庐山	3 月 17 日
光明日报	2020 年，这些远古生物的谜题被解开	詹　媛	3 月 18 日
湖北日报	地大两项成果入选中国古生物十大进展	龚　雪　庞伟红	3 月 18 日
中国自然资源报	对话中国科学院院士王焰新：生态修复离不开地质机理诊断	王焰新	3 月 18 日
中国科技网	地球竟花一千多万年抚平二叠纪末大灭绝伤痛？	庞伟红　刘志伟	3 月 19 日
楚天都市网	地大团队首用数学模拟揭开二叠纪末大灭绝后生物复苏迟缓之谜	庞伟红　郭肖聪	3 月 22 日
鄂东晚报	地质科普走进鼓楼朝圣社区	刘霞　张馨月	3 月 22 日
荆楚网	地大团队首用数学模拟揭开二叠纪末大灭绝后生物复苏迟缓之谜	龚雪　庞伟红	3 月 22 日
新华网	数学模拟揭开二叠纪末大灭绝后生物复苏迟缓之谜	连迅　庞伟红	3 月 22 日
中国科学报	二叠纪末大灭绝复苏花了千万年	温才妃　庞伟红	3 月 22 日
中国社会科学网	2.52 亿年前二叠纪末大灭绝 仅 5%物种存活	明海英　庞伟红	3 月 22 日
楚天都市报	翻山越岭采集 5 万多件标本 为竹山绿松石量身定制标准地大教授让“疯狂石”变“幸福石”	肖　杨　黄士峰　庞伟红　邓云涛	3 月 23 日

续表

媒体名称	文章名称	作者	日期
乌鲁木齐晚报	中国科研团队最新研究初步揭示——2.52 亿年前，新疆水龙兽如何“熬”过生物大灭绝	饶俊华	3 月 27 日
湖北日报	地大学子发现武汉最早的鱼类化石	龚　雪　庞伟红　王紫璇	3 月 29 日
荆楚网	武汉鱼类历史又早了约 200 万年！大四学生酷爱“石头”接连发现世界古老鱼类新物种	肖　杨　庞伟红　王紫璇	3 月 29 日
武汉科技报	二叠纪末大灭绝后生物复苏迟缓之谜获解	庞伟红　陈映琦	3 月 29 日
长江日报	大四学生“捡石头”捡出新发现武汉鱼类历史提前了 200 万年	邓小龙　庞伟红	3 月 29 日
中国科技网	爱捡石头的大四学生 接连发现世界古老鱼类新物种	庞伟红　刘志伟　王紫璇	3 月 29 日
楚天都市报	抚平二叠纪末大灭绝伤痛 地球竟花了一千多万年地大团队解码 2.5 亿年前谜题	肖　杨　庞伟红	3 月 31 日
楚天都市报	武汉发现古生物化石“江夏鱼”证明 4 亿年前这里曾是滨海地区	周治涛　陆　缘　王夫之	3 月 31 日
中国自然资源报	数学模拟技术揭开生态系统缓慢复苏之谜	庞伟红	4 月 1 日
楚天都市报	86 岁院士接种后唱起“疫苗之歌”	陈凌燕　王永胜	4 月 2 日
武汉晚报	86 岁院士接种疫苗，学唱“疫苗网红歌”	王春岚　李　晗	4 月 2 日
长江日报	86 岁院士接种新冠疫苗	王春岚　李　晗	4 月 2 日
中国新闻出版广电网	主题图书更多 硬件不断升级	尹　琨	4 月 2 日
光明日报	促进横向生态补偿方式多样化	张　伟	4 月 6 日
河南日报	优秀教科书的阅读何以重要	陈华文	4 月 6 日
武汉科技报	行走美丽山河　探索地球奥秘	刘安璐	4 月 6 日
长江日报	跑步达人“训”出个游泳世界冠军女儿	余国华	4 月 6 日
武汉科技报	让垃圾分类由口号变习惯	陈映琦　甘雨晴	4 月 7 日
湖北日报	非洲留学生：武汉抗疫见证伟大奇迹	李　婷　邓延庭　罗文旭	4 月 9 日

续表

媒体名称	文章名称	作者	日期
长江云	第四届中国讲坛在汉举行　留学生讲述在武汉战“疫”的故事	杨　岚　程德明　王沁梓 邓延庭　周　舟　罗文旭	4月9日
中国新闻网	第四届中国讲坛武汉举行	梁　婷	4月9日
湖北卫视	第四届中国讲坛举行 武汉非洲留学生讲述抗疫故事		4月9日
武汉科技报	“小石头”做好科普大文章	陈映琦　甘雨晴	4月12日
中国社会科学报	深化中非携手抗疫的深厚友谊	明海英	4月12日
中国石化报	中国石化与中国地质大学(武汉)签署战略合作协议	戴安妮	4月12日
China Daily	African students discuss life after Wuhan lockdown	LIU KUN ZHAO XINYING	4月12日
武汉晚报	地大三名留学生齐声表白“武汉我爱你!”	徐　佳　陈静茹 罗文旭　赵阳平	4月13日
长江日报	地大“钢铁侠”志愿队讲述抗疫故事	徐　佳　陈静茹 罗文旭　赵阳平	4月13日
楚天都市报 极目新闻	幸福在“小河”流淌,地大扶贫工作队获评湖北省脱贫攻坚先进集体	肖　杨　庞伟红　徐　燕	4月15日
湖北电视台	“武汉我爱你”外国留学生眼中的武汉		4月15日
光明日报	办好一所学院　振兴一方产业	夏　静　王俊芳	4月16日
海口日报	地球“活”过来用了1000多万年	李　伟	4月19日
闽南日报	2.52亿年前的大灭绝 地球用了1000多万年才“活”过来	李　伟	4月19日
燕赵都市报	2.52亿年前的大灭绝 地球用1000多万年“活”过来	李　伟	4月19日
武汉科技报	“恐龙咬合力是狮子的三倍”	陈映琦　甘雨晴	4月19日

续表

媒体名称	文章名称	作者	日期
杭州日报	我不是“老外”我是中国地质工程师	李忆祖　林鲁伊　戴　维	4月20日
新华每日电讯	地球用一千多万年才“活”过来	李　伟	4月20日
中国矿业报	如花似画海百合	徐　燕	4月21日
楚天都市报	世界地球日 孩子唱主角	肖　杨　唐　玥　徐　燕　张玉贤　黄士峰	4月23日
光明网	一天三地 中国地质大学三峡中心开展地质灾害科普活动	张进进　熊一璇	4月23日
长江云	太阳系模型制作、月相观测……地大“玩转”世界地球日	吴宝洪　徐　燕　吴　松	4月23日
南京日报	有希望改写人类对于月球认识	马道军	4月25日
科技日报	中国探月工程,绝不只是从月球取土那么简单	张　晔　金　凤	4月26日
长江日报	武汉一些高校班级以英模校友名字命名	邓小龙　陈晓彤　庞伟红　高　翔	4月26日
中国自然资源报	聚力传播绿色正能量	王自堃　魏春霞　葛玉洲　徐　燕　张玉贤　张海清	4月26日
恩施日报	巴东开展“世界地球日”宣讲活动	黄　华	4月27日
武汉科技报	鹅卵石为什么是圆的?	张宇驰　孙佳瑞	4月27日
武汉晚报	武汉这些高校班级以他们之名	邓小龙　陈晓彤　庞伟红　高　翔	4月27日
中国科学报	“月亮土”为何如此“金贵”	甘　晓	4月27日
湖北日报	地大立志建设中国碳中和大学	龚　雪　庞伟红	4月28日
荆门日报	中国地质大学(武汉)与荆门市开展市校合作商谈	易荣荣	4月28日

续表

媒体名称	文章名称	作者	日期
人民政协报	特色高校，在担当中推进“双一流”建设	王焰新	4月28日
中国社会科学网	打造时代新典型 挖掘育人新元素	明海英 庞伟红	4月28日
江苏科技报	嫦娥五号样品如何研究？	甘 晓	5月6日
武汉科技报	月相观测、环保纸箱恐龙……	丁 莹 陈映琦 高领亚	5月6日
武汉晚报	他们的故事印证“成功绝非偶然”	艾晨光 陈晓彤	5月6日
武汉科技报	窥建筑科技 探生命起源	盛 甜	5月7日
湖北教育台	中国地质大学（武汉）碳中和规划正式立项		5月7日
海口日报	音乐机器人 现场奏妙音	陈晓洁	5月8日
长江日报	武汉黑科技精品闪亮首届消博会	张维纳	5月8日
中国新闻网	智能音乐情感机器人亮相首届消博会	林士杰 李佳励	5月8日
荆楚网	热爱飞行，这名大学生拥有17项国家专利	龚 雪 庞伟红	5月10日
池州日报	中国地质大学（武汉）来九华山开展科研与地质遗迹巡查	林启刚 章寅虎	5月11日
黄冈日报	中国地质大学（武汉）党史学习教育“百马行动”宣讲队走进英山	夏雨苗 刘 瀛	5月11日
中国矿业报	执着，让平凡变得不平凡	洪勇刚 通讯员 朱勇峰	5月11日
楚天都市报	坐2号线“文博快车”看文物参与趣味问答	夏 雨 田梦莹 罗利林	5月17日
海南特区报	这款无人驾驶车真酷	林文星 单正党	5月17日
荆楚网	展现博物馆之美 “文博快车”专列在武汉地铁2号线开跑	万建辉 田梦莹	5月17日
武汉晚报	这座纪念馆重装开放	冯爱华 周 强 傅少瑾	5月17日
长江日报	青灰色外墙变清爽 七成木质窗扇更新	冯爱华 周 强 傅少瑾	5月17日
中国科学报	祝融着陆火星：中国人走出“摇篮”第一步	甘 晓	5月17日

续表

媒体名称	文章名称	作者	日期
武汉科技报	“文博快车”开跑　展现博物馆之美	任　文	5 月 24 日
长江日报	2021 年武汉市科技活动周正式拉开序幕	陈　洁　王荣鹏 丘剑山　周　敏	5 月 24 日
长江日报	院士工棚内设课堂讲党史	雷　衎	5 月 24 日
大学生	优秀教科书的阅读何以重要?	陈华文	5 月 24 日
大学生	找水校友张国旗:为水而生	钟　鑫　晓　婷	5 月 24 日
中国科技网	长江流域碳中和产业技术创新中心在武汉揭牌	刘志伟　陈海润	5 月 24 日
中国社会科学网	以科技力量实现低碳发展	明海英　庞伟红	5 月 24 日
湖北日报	小朋友们迷上地大博物馆的石头	张　歆　徐　燕	5 月 24 日
荆门日报	图片新闻	文　雯　周宗国	5 月 24 日
光明日报	知识分子党员风采		5 月 24 日
武汉科技报	双脊波痕:探寻地球远古的记忆	徐　燕　张　凡　陈映琦	6 月 3 日
中国自然资源报	地大逸夫博物馆登上“文博快车”专列	徐　燕　陈　晶　刘安璐	6 月 3 日
楚天都市报	学校专业皆非我选 远大志向成就梦想	金文杰　吴江龙　庞伟红 陈　博　卓张鹏	6 月 7 日
武汉晚报	武汉湿地资源居全球内陆城市前三	黄亚婷　赵慧娟	6 月 7 日
长江日报	武汉创建国际湿地城市优势在哪	黄亚婷　赵慧娟	6 月 7 日
湖北日报	500 方篆刻印章印记百年党史	李　婷　赵雅婷　杨　素	6 月 11 日
长江日报	武汉科学家团队 8 年前赶往柴达木盆地考察	赵家新　庞伟红　郑　婷	6 月 15 日
人民网	第七届中国讲坛在武汉举行　向非洲学者讲述印章上的百年中国共产党	周　雯　赵雅婷 顾　峰　杨　素	6 月 15 日

续表

媒体名称	文章名称	作者	日期
武汉科技报	延续红色血脉 感悟地球沧桑	盛　甜	6月16日
武汉晚报	地大宝藏男生斩获 8 个 offer 成功入职阿里	赵家新　庞伟红　李江沐	6月17日
新华社客户端	洛桑曲扎：用己所学，回到高原建设家乡	李　伟	6月21日
长江日报	玩户外不能仅凭热情与勇气	朱文秀	6月23日
人民网	武汉一高校师生用编钟演绎红色经典献礼建党百年	金雨蒙　吴迪	6月24日
长江日报	“登峰小子”变身“圆梦师”	张　琳	7月2日
湖北日报	百年盛典 激荡荆楚	张鸿　张玉贤　罗文旭	7月2日
湖北日报	“80 后”教授夏帆 8 年攻克一个“孔”	张　歆　庞伟红	7月6日
中国自然资源报	中国地质大学(武汉)科普扶贫进校园	徐　燕	7月12日
楚天都市报	首批月球科研样品正式发放	胡　喆	7月13日
湖北日报	“挑战杯”：在挑战中逐梦科技创新	曾雅青　童莹莹	7月13日
三峡日报	创新模式早日实现页岩气商采	万龙云	7月13日
武汉晚报	嫦娥五号首批月球样品科研正式启动	胡　喆　赵家新	7月13日
长江日报	10 年研究“嫦娥”挖土 如今喜提月球“土特产”	赵家新	7月13日
楚天都市报	抵达江城！地大获得 200 毫克月壤	肖　杨　孙　叶 张莉媛　庞伟红	7月14日
荆楚网	地大获得嫦娥五号首批月球科研样品	张　歆　庞伟红　王俊芳	7月14日
武汉晚报	第一次无损实验测试月壤物理特性	赵家新　庞伟红　王书琪	7月14日
长江日报	“嫦娥”月壤来汉亮相地大实验室	赵家新　庞伟红　王书琪	7月14日
长江云 APP	首批月球“土特产”来湖北了	吴宝洪　姚　涛　何潜彬	7月14日

续表

媒体名称	文章名称	作者	日期
新华网	近距离感受月球“土特产”湖北科学家开启月壤科研	连　迅　张　潘	7月16日
武汉科技报	地大获得嫦娥五号首批月球样品	郑莉莉　张宇驰　庞伟红　王俊芳	7月19日
武汉科技报	优质科普品牌助力青少年成长	殷　花	7月19日
长江日报	武汉高校学子“最美毕业照”刷屏国际朋友圈	黄　哲　叶诗雨	7月19日
中国自然资源报	中国地大(武汉)赴云南施甸采集地质标本	徐　燕	7月20日
农村新报	恩施山里娃“地大”感受科技魅力	戴　蕾　李华国	7月27日
楚天都市报	羽毛球混双决赛 地大成最大赢家	肖　杨　黄士峰　孙　叶　徐枢延　宋东东　张玉贤　庞伟红	7月31日
长江日报	楚天都市报	邓小龙　宋冬冬	7月31日
长江日报	武汉地大学子提前一天“夺金”	谭　芳　邓小龙　王俊芳	7月31日
长江云 APP	东京奥运 中国精彩 地大学子获羽毛球混双冠亚军 湖北选手获赛艇项目铜牌	吴简雅　谭思为　郑　宪	7月31日
武汉晚报	在柴达木盆地打开火星窗口	杨佳峰　何晓刚	8月2日
长江日报	地大专家在柴达木盆地打开火星窗口	杨佳峰　何晓刚	8月2日
湖北日报	地大教授当选 联合国科学院首批院士	张　歆　庞伟红　丁苗苗	8月8日
党员生活	以红色基因铸魂 育生态环保铁军	欧阳吟子　肖　晗	8月14日
楚天都市报	土木博士把课题“写”在一线工地	黎先才　夏泉哲　杨爱国	8月15日
人民政协报	自强则立,无我则达	王焰新	8月15日
仙桃日报	战疫母子兵	胡　平	8月19日

续表

媒体名称	文章名称	作者	日期
中国矿业报	让青春之花绽放在乡村振兴第一线	郑雯琪	8月19日
中国矿业报	双方将在碳达峰碳中和研究等方面密切合作	康维海	8月19日
长江日报	全球首个地震“超级观测站”在乐山建成	谭　芳　庞伟红　王俊芳	8月20日
新华网	中国地大(武汉)引领学子开展乡村振兴社会实践	朱荆萨　郭小玉	8月23日
长江日报	全球首次！地大学者研究1亿年前“龟宝宝”	谭　芳　庞伟红	8月23日
乐山日报	全国首个跨圈层扰动垂向观测系统在乐山建成投用	唐诗敏	8月25日
三江都市报	全国首个跨圈层扰动垂向观测系统在乐山建成投用	唐诗敏	8月25日
厦门日报	我国科学家发现一亿年前龟蛋化石	谭　芳　庞伟红	8月25日
中国日报网	Turtle embryo fossil identified	TAN FANG PANG WEIHONG	8月25日
光明日报客户端	中国地质大学(武汉):打造行走在乡间的青春课堂	张　锐　魏海勇	8月27日
光明日报客户端	中国地质大学(武汉):为守护好一江碧水贡献青春力量	张　锐　魏海勇　郭小玉	8月27日
人民网	中国地质大学(武汉):青春“乡”约 强国有我	张　磊	8月27日
中国自然资源报	我国科学家揭开一亿年前“龟宝宝”身世	庞伟红	9月1日
科技日报	影响跨越多个圈层全球变暖何以“四处横行”	吴纯新　庞伟红	9月2日
长江日报	爷爷和父亲都是“地质人”	谭　芳　庞伟红	9月6日
武汉晚报	荣承家业的地大新生:我想去火星打洞	谭　芳　庞伟红	9月7日
科技日报	做了10年“仿月壤” 现在他们要看看正品如何“造”出来	吴纯新	9月8日
中国自然资源报	守护一江碧水	赵建东　朱荆萨　郭小玉	9月9日
中新网	武汉一高校学生连夜创作170余幅板画送老师	庞伟红　吴　迪　王心怡	9月10日

续表

媒体名称	文章名称	作者	日期
新华网	王焰新:和学生在一起,是幸福最大的来源	连　迅　李晓笛　赵梦琪	9月13日
长江日报	基层工作并非大材小用同样大有可为	胡义华　马振华　郝天娇	9月13日
人民政协报	扎根中国大地办大学——部分全国政协委员谈学习习近平总书记回信的体会		9月16日
武汉晚报	“既要仰望星空,也要脚踏实地”	胡义华　马振华　郝天娇	9月17日
武汉晚报	中秋夜,5名“小蜗牛”受邀地大“探月”	张　剑　毛　茵	9月22日
人民网	中国地质大学(武汉)校长寄语本科新生:胸怀天下 问学求新	张　沛　庞伟红	9月25日
湖北日报	地大校友企业到武汉招聘	张　鸿　张玉贤　郭玉凤	9月27日
山西晚报	晋能控股煤业集团参与开发阳高县地热资源	刘俊卿	9月27日
武汉科技报	肖龙:追寻太空 激发探秘宇宙兴趣	任　文	9月27日
北京青年报	组成我们身体的元素都来源于上一代恒星 我们都是星辰的孩子	武冰聪	9月30日
长江日报	2021年第三季度“武汉楷模”榜单发布	谭德磊　陈　颖　陈　丽	10月13日
中国自然资源报	图片新闻	庞伟红　王俊芳	10月13日
荆楚网	院士当导师,“一生一方案”,地大这样培养“未来技术人才”	陈晓彤　谭　芳　庞伟红	10月15日
长江日报	地大院士当导师 “一生一方案”	陈晓彤　谭　芳　庞伟红	10月15日
中国矿业报	共商西部健康地学建设发展大计	咸忠鑫	10月18日
长江网	在课堂上学习“迎风飞翔”,全国唯一开设滑翔伞课程的高校在武汉	谭　芳　庞伟红	10月22日
中国自然资源报	《漫游矿物世界》:那些“藏”在生活中的矿物	陈　蓉	10月26日
新华网	地大两位校友获李四光地质科学奖	张　歆　庞伟红	11月2日
湖北日报	将板块构造学说大规模实证前推2亿年	张　歆　庞伟红	11月4日
新华网	武汉一高校科研团队将板块构造学说大规模实证推至27亿年前	连　迅　庞伟红	11月4日

续表

媒体名称	文章名称	作者	日期
中国科学报	新研究为太古宙存在板块构造提供证据	连　迅　庞伟红	11月4日
鄂州日报	推动美丽田园鄂州建设	李　晨	11月5日
武汉科技报	江岸：亲密接触三叶虫化	安文斌　郑莉莉	11月9日
新华网	瞭望每1000名地学毕业生就有1位院士，这所高校为何频出地球科学领域领军人才？	李　伟	11月9日
荆楚网	地大校园小白狐现身，网友笑问"浅浅"是你吗	肖　杨　庞伟红　柯宇铮	11月10日
十堰晚报	加强校地合作 推进协同发展	彭　飞　段吉雄 全　正　陈　林	11月10日
人民邮电报	湖北发力氢能和智能网联汽车产业	云　上	11月12日
楚天都市报	上课如演讲，她用激情感染每个学生	柯　称　刘佳兆　简　颖	11月15日
朔州日报	全市地热资源调研座谈会在应县召开		11月16日
中国矿业报	无锰不成钢	詹海燕	11月16日
武汉晚报	"猴哥"现身地大校园和华科出现的是同一只吗？	谭　芳　柯宇铮　尹家一	11月17日
楚天都市报	湖北8名专家光荣当选 在鄂两院院士增至81人	李碗容　柯　称　张　屏 肖　杨　刘清清　王一婷	11月19日
长江日报	武汉新增两院院士数量全国第四	邓小龙　陈晓彤　谭　芳 周　劼　龚　萍　谢小琴 郑　婷　庞伟红　邓　达 王梦宇	11月19日
科技日报	瞄准氢能和智能网联汽车产业 湖北新增2家技术创新中心	吴纯新　刘嘉楠	11月22日
长江日报	范念寒去世30余年　同事方知他是烈士之子	汪　洋	11月22日

续表

媒体名称	文章名称	作者	日期
长江日报	沙湖曾是长江河道一部分	钟磬如	.11月23日
楚天都市报	女博士的化石缘	邹 斌 周 治	11月24日
武汉科技报	神奇矿物影响着人类生活	甘雨晴 陈映琦	11月24日
浙江工人日报	一名青年地质劳模的奋斗与浪漫	李 凡	11月24日
新华网	第46届世界技能大赛珠宝加工项目中国集训基地落户武汉	连 迅 陈汉英	11月26日
中国教育新闻网	中国地质大学(武汉):学生用创意实验演绎生活中的化学原理	唐 伟 李双越 余江涛 董鲁皖龙	11月26日
长江日报	7国学生共上气候变化课	谭芳 罗文旭	11月29日
中国教育报	为教育高质量发展献力尽责	夏 帆	11月29日
党员生活	殷鸿福:破译岩层密码	晓 丹 王 颖 庞伟红 林 莉	12月1日
光明网	专家学者云聚荆楚共研地质灾害防控大计——第三届巴东国际地质灾害学术论坛成功举办	张进进 龚松林 熊一璇	12月1日
楚天都市报	邓教授,带你飞	黄士峰 张鑫怡 庞伟红	12月2日
湖北日报	地大知识产权贯标获国标认证 系我省首家	张 歆 庞伟红	12月2日
武汉科技报	地质专家和小学生"趣话地球"	裴书敏 丁 莹	12月2日
恩施日报	第三届巴东国际地质灾害学术论坛举办	田 苗	12月3日
楚天都市报	每6个湖北人中就有一名志愿者	刘丁维 段俊杰	12月7日

续表

媒体名称	文章名称	作者	日期
中国环境报	厅校合力攻坚大气复合污染治理	喻　妙	12月7日
湖北日报	服务湖北经济社会高质量发展	张　翔	12月9日
湖北日报	如何打造各路人才“聚集地”	李　墨　朱　慧　张　鸿　张玉贤　郭玉凤	12月11日
安康日报	武文罡带队拜会中国地质大学(武汉)	吴　单	12月14日
湖北日报	省委宣讲团走进省委台办	许　旷　伍　洋	12月14日
济宁日报	市政府与省地矿局、中国地质大学(武汉)签署战略合作协议	宋仪凯	12月14日
楚天都市报	90后博导带90后学生快乐科考	肖　杨　庞伟红　赵得爱	12月15日
湖北日报	努力建设高校马院特色品牌	张　歆	12月21日
湖北日报	我省最先进大气污染研究综合实验室运行	胡　弦	12月21日
楚天都市报	29岁女博导带学生探究火的秘密	肖　杨　黄士峰　解　谢　付慧慧　庞伟红	12月22日
西宁晚报	“赵鹏大院士创新中心”成功落户西宁	王　琼	12月22日
中国自然资源报	地大(武汉)科研团队破解国际固体地球科学难题	庞伟红　刘　卉	12月23日
运城日报	市委宣传部与中国地质大学(武汉)艺术与传媒学院签订市校合作协议	韩维元	12月24日
人民日报	让中华文化绽放出新的时代光彩(新知新觉)	徐　佳	12月28日
光明日报	生态长江需要多元治理	张　蕾　周洪双	12月29日
四川日报	推动长江经济带发展给四川三点建议	赵荣昌	12月29日
中国黄金报	珠宝类专业教学改革势在必行	顾筱倩	12月29日

二、电视媒体

媒体名称	视频名称	日期
CCTV1	《新闻 1+1》86 岁中科院院士殷鸿福接种新冠疫苗唱疫苗歌	4 月 2 日
CCTV1	刘一龙在央视《来讲啦》栏目讲述武汉地区最早出现的鱼类	4 月 26 日
CCTV13	《焦点访谈》相约自贸港 共享新机遇——专访中国地质大学(武汉)“海百合机器人”	5 月 10 日
武汉电视台综合频道	第三期《武汉好好看》之地大逸夫博物馆	5 月 26 日
CCTV13	中国地质大学(武汉)获得首批月壤样品 200 毫克	7 月 12 日
湖南卫视	芒果 TV《党的女儿》第 72 集:池际尚　中国第一代地质学家	9 月 6 日
有数青年	黄晓玫书记介绍话剧《大地之光》	9 月 10 日
新华网	王焰新:和学生在一起,是幸福最大的来源	9 月 12 日
中国大学生在线	读懂中国 征文讲述 59:【回望春天里的故事】以身赴国难　少年把军参	9 月 30 日
湖北电视台	王焰新:全国创新创业大赛视频致辞	10 月 20 日
新华社	瞭望丨中国地质大学(武汉)党委书记黄晓玫:培育未来创新人才　共建美丽中国	11 月 7 日
湖北卫视	湖北省第二届最美社科人发布仪式　中国地质大学(武汉)邓宏兵教授获此殊荣	9 月 30 日
新华社	全球连线丨中国地质大学“钢铁侠”志愿队　兄弟齐心　联手抗疫	11 月 24 日
湖北电视台	殷鸿福院士获湖北省杰出人才奖	12 月 8 日

(撰稿:庞伟红、张睿;审稿:魏海勇)

Nianjian

2021年教育部网站登载学校信息目录

序号	信息标题	刊登时间
1	中国地质大学(武汉)构建"1+4"模式　着力提升依法治校水平	2021年6月23日
2	中国地质大学(武汉)扎实做好秋季学期开学和疫情防控工作	2021年9月1日
3	中国地质大学(武汉)党委书记黄晓玫谈学习贯彻党的十九届六中全会精神	2021年11月17日
4	中国地质大学(武汉)校长王焰新谈学习贯彻党的十九届六中全会精神	2021年11月17日
5	中国地质大学(武汉):"四全"理念凝共识 同心抗疫促就业	2021年11月26日
6	中国地质大学(武汉)以"四个强化"推进党史学习教育走深走实	2021年12月6日

（学校办公室）

中国地质大学校歌

电影《年青的一代》主题歌《勘探队之歌》

佟志贤 词
晓 河 曲

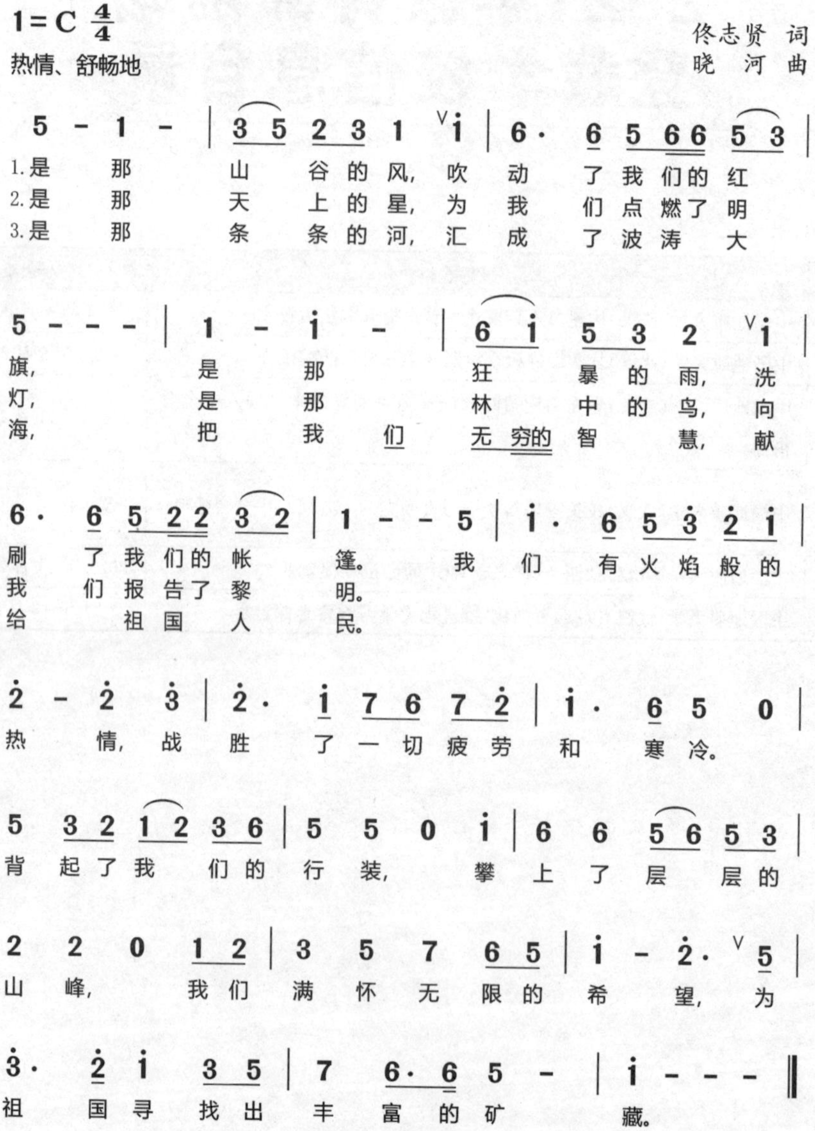